구조방정식모형

원리와 적용

Structural Equation Modeling: Principle and Application

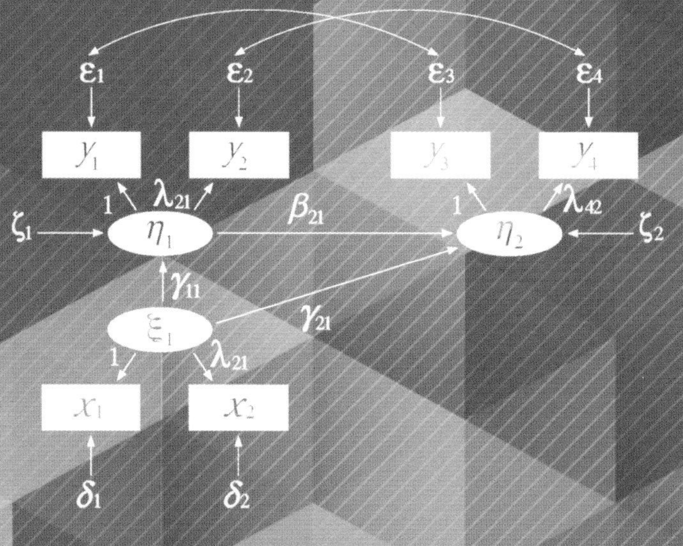

이기종 · 나종민 공저

학지사

머리말

지난 2000년과 2005년에 구조방정식모형 개설서를 출간하였으나 여러 군데 오류가 있었다. 이 책은 이러한 문제를 해결하기 위해 그동안 나타났던 오류를 바로 잡았으며, 구조방정식의 원리에 대한 이해를 돕고자 수식을 통해 이론에 접근하고 이러한 이론적 접근의 이해도를 높이기 위해 LISREL 9.1 프로그램을 사용해 분석 예시를 제시하였다. 보완이 필요하다고 생각했던 부분들을 놓치지 않으려 노력하였으나 여전히 해결해야 할 문제들이 남아 있을 것이다. 부족함은 앞으로 계속 메워 나가도록 하겠다.

나름대로 직관적 언어를 사용하여 독자의 이해를 높이고 구조방정식모형이 어렵다는 인식을 불식시키려고 서로 다른 각도에서 동일한 내용을 진술하다 보니 중언부언한 느낌이 없지는 않다. 이는 일부 독자에게는 오히려 혼란을 가중시켜 이해를 떨어뜨리는 걸림돌이 될 수도 있을 것이다. 제대로 뜻이 전달되지 못한 책임은 전적으로 저자들의 몫이다. 구조방정식모형에 대한 잘못된 이해로 인해 부족한 연구가 나오는 것을 바로잡고자 이 책을 준비했지만 오히려 이 책이 잘못을 저지르고 있는 것은 아닌지 우려된다. 덧붙여, 정독을 해도 이해가 되지 않는 부분이 있다면 그것 또한 저자의 글솜씨가 부족하기 때문이다. 이해가 되지 않는 부분에 대해서 이메일을 주시면 언제든지 자세하게 설명을 해 드릴 것이니, 주저하지 말고 연락 주시기를 바란다.

북한산이 바라보이는 연구실에서

2019년 8월

이기종 · 나종민

차례

제 1 장
시작하며

1. 구조방정식모형의 개념
2. 구조방정식모형의 생성과정 및 발전

1. 구조방정식모형의 개념

과학적 탐구의 목적은 연구자가 관심을 갖고 있는 현상에 대한 기술, 설명, 예측, 통제에 있다. 연구자가 현상을 이해하고 설명하는 것으로 만족하면 그 현상을 구성하고 있는 변수 간의 원인-효과 관계, 즉 인과관계에 관한 법칙을 확보하는 것이 필수적으로 요구되지는 않는다. 그러나 현상에 대한 예측이나 통제가 목적이라면 변수 간의 원인-효과 관계에 관한 법칙을 확보하여야 한다. 어떤 선행조건 *A*가 원인일 때 그 효과로 *B*가 야기된다는 법칙이 확보되었을 때에 비로소 어떤 현상을 예측할 수 있고 이를 통해 현상을 통제할 수 있기 때문이다.

그동안 엄밀한 의미에서 변수 간의 인과관계를 탐구하는 방법으로는 잘 통제된 실험뿐이었다고 해도 과장된 표현은 아닐 것이다. 그러나 실험은 독립변수를 제외하고 종속변수에 영향을 미치는 여러 변수를 통제하는 데 있어, 실험실 안에서는 효과적이지만 실험실 문을 나서면 통제하기 어려운 것 또한 사실이다. 실험실 안이라고 해도 종속변수에 영향을 미칠 수 있는 피험자 또는 실험대상에 내재되어 있는 각종 변수의 완벽한 통제는 불가능하다. 그렇기 때문에 연구자는 피험자의 무선배정이나 정교한 실험설계, 그리고 완벽한 조작과 통제를 통해 이들 변수의 영향력을 최소화시키려는 노력을 시도한다.

실험에 비해 상대적으로 피험자를 무선할당하기도 어렵고 연구자의 의도대로 독립변수를 조작하기 어려운, 그래서 일이 이루어지고 난 후에 왜 그런 일이 생겼을까를 밝히는 사회과학의 여러 분야에서 실험과 같은 수준의 또는 이에 버금가는 연구를 하기는 현실적으로 매우 어렵다. 예를 들어, 새롭게 개발된 영상매체 교수법이 전통적인 강의교수법보다 더 효과적인지를 알아보기 위해서는, 실험집단에게는 영상교수법을, 그리고 통제집단에게는 강의법을 사용해 일정기간 교육과정을 투입한 후에 두 집단의 학업성취도를 비교하는 방법을 사용할 수 있다. 이때 전제가 되는 것은 두 집단의 특성이 같아야 한다는 것이다. 만약 두 집단의 특성이 다르다고 하면 학업성취도의 비교는 아무 의미가 없다. 두 집단의 특성을 같게 하는 방안으로 학생들의 무선할당이 요구되지만 학교현장에서 이미 조직되어 있는 학급편성을 무시한 채 학생들을 무선으로 실험집단과 통제집단에 배정하기는 매우 어렵다. 이처럼 실험에 요구되는 선결조건들이 충족되기가 어려운 것이 사회과학의 현실이다.

덧붙여 실험연구의 또 다른 문제 하나는 실험이 완벽하게 수행되어도 연구에 동원된 변수의 숫자가 많아지면 변수 간의 인과관계에 관한 추론을 끌어내기가 쉽지 않다는 것이다. 변수의 수가 많아지면 어떤 변수가 종속변수에 어느 정도의 영향력을 미치는가를 수리적으로 확인할 수는 있으나 그것이 실제에서 어떤 의미를 갖는지 해석하기가 용이하지 않다. 예컨대, 독립변수가 4개인 실험이라면 4원 상호작용 효과가 있을 것이고, 그 상호작용 효과는 수리적으로 계산될 수는 있으나 실제에서 이 상호작용 효과를 해석하기는 매우 어렵다는 것이다.

이 글의 주제인 구조방정식모형(structural equation modeling)은 실험연구가 어렵거나 가능하지 않은 상황에서 변수 간의 인과관계에 관한 추론을 가능하게 해 주는 통계기법이다. 즉, 변수 간의 인과관계라는 인과관계가 있는 변수 간의 구조라고 할 수 있다.

통계라는 말을 들을 때 많은 사람들이 떠올리는 이미지는 방 한구석에 수북이 쌓여 있는 자료 뭉치일 것이다. 수집된 자료 뭉치는 각각의 사례를 연상시키고 이런 사례를 의미 있게 처리하는 것이 통계라고 생각하게 된다. 예를 들어, 단순회귀분석만 하더라도 각각의 사례가 갖는 실제 관찰 값과 회귀선에 의해 예언되는 값의 차이를 최대로 작게 하는 어떤 직선을 찾는 일인 것이다.

각 사례에 초점을 맞추는 통계기법도 있지만 사례 하나하나보다는 각각의 사례로부터 구해진 공분산에 초점을 맞추는 통계기법도 있다. 여기서 소개하려는 구조방정식모형이 그런 것의 한 예이다. 구조방정식모형은 사례 하나하나에 관심을 갖기보다는 수집된 자료에서 도출된 표본공분산행렬과 설정된 모형에 의해 예언되는 모형공분산행렬 간의 차이를 최대로 작게 하는 데 관심을 둔다.

실제로 관찰된 값과 예언된 값의 차이를 최대로 작게 한다는 점에서 앞서 예를 든 두 통계기법(회귀분석과 구조방정식)은 공통점이 있다. 그러나 회귀분석은 각각의 사례에 초점을 맞추는 반면에 구조방정식모형은 공분산행렬에 관심을 둔다는 점에서 차이가 있다.

구조방정식모형은 일반선형모형(general linear model)이다. 일반(general)이란 수식어는 어떤 하나의 경우에 국한되지 않은 글자 그대로 여러 경우에 두루 적용된다는 의미이다. 선형(linear)은 독립변수가 종속변수에 영향을 미쳐 종속변수의 값이 생성될 때, 독립변수의 종속변수에 대한 관계가 더하기나 빼기 같은 1차식 형태로 표현되는 것을 의미한다. 직선을 뜻하는 linear라는 단어는 두 변수 X, Y의 관계가 $Y=aX+b$처럼 1차식으로 표시되는 것을 의미한다. 달리 말해, 종속변수가 여러 독립변수의 효과로 나타내어질 때 1차식의 관계인 더하기나 빼기의 결과로 나타내어져서 직선형으로 표현되는 것이다. 그리고 모형(model)이란 어떤 종속변수의 값(점수, 관찰 값, 측정치)이 어떻게 해서 발생되는가에 관한 산술적 진술을 뜻한다.

따라서 일반선형모형이라는 의미에는 여러 요인들의 영향력 결합으로 어떤 현상이 일어난다는 것을 함축하고 있다. 다시 말해, 모든 현상은 여러 요인들로 구성되며, 이들 요인의 영향력이 구체적으로 반영되어 겉으로 나타난 것이 관찰된 현상인 것이다. 이런 현상은 달리 모형이라고도 한다. 이 글에서 모형과 현상은 호환적으로 사용된다.

그러면 모형이라는 것을 일상 언어로 표현해 보자. 어떤 현상이 있을 때, 그 현상의 구체적 표현은 종속변수에 대한 독립변수의 관계로 진술된다. 예를 들면, 다음과 같이 진술될 수 있다.

종속변수 = 모형에 포함된 요인들의 효과의 합 + 모형에 포함되지 않은 다른 요인들의 효과의 합

앞에서와 같은 언어적 진술을 모형이라고 한다. 물론 모형을 언어적 진술 대신 기호를 사용해 진술할 수도 있다.

종속변수를 설명하기 위해 모형에 포함된 요인들을 독립변수라고 한다. 독립변수가 모형에 포함된 것은 문제될 것이 없으나, 모형에 포함되지 않은 요인들을 어떻게 다루어야 하는가가 관심의 대상이 된다. 앞의 식에서 모형에 포함되지 않은 요인들을 다루는 방법으로는 두 가지가 있다. 첫째, 모형에 포함되지 않은 요인이 중요하나 연구자의 관심대상이 아니어서 상수로 통제되는 경우이다. 예를 들면, 스테로이드 투여량에 따른 근육강도에 관한 실험에서 연령의 차이에 따라 실험처치효과가 달리 나타날 수 있으나, 이런 것은 연구자의 관심이 아니어서 연구에서 피험자의 연령을 모두 같게 해서 연령 차이에 따른 효과를 상수로 통제하는 것이다. 둘째, 모형에 포함되지 않은 요인을 통제하는 것이 바람직하지 않다고 판단되어서 그런 요인을 피험자마다 고유한 값을 갖도록 하는 것이다. 예컨대, 앞의 실험에서 피험자의 연령이 서로 다르게 나타나도 문제 삼지 않는 것이다.

지금까지 논의된 것을 바탕으로 해서 종속변수에 관한 언어적 진술을 약간 변형하면 다음과 같이 쓸 수 있다. 새로운 진술에서 바뀐 것은 모형에 포함되지 않은 요인들을 다루는 방법이 두 가지로 세분화되었다는 것이다. 모형에 포함되지 않은 요인들의 효과의 합은 두 가지로 세분화된 것을 묶어 오차 항으로 만들어 모형에 포함되지 않은 요인들을 다루게 된다.

종속변수의 값 = 연령 같은 상수요인의 효과 + 모형에 포함된 요인들의 효과의 합 + 피험자마다 고유한 값을 갖도록 된 모형에 포함되지 않은 요인들의 효과의 합

종속변수의 값이 어떻게 구성되는지 아동의 지능이라는 현상을 예를 들어 설명해 보자. 아동의 지능형성에 영향을 미치는 요인들은 많지만, 이론적 근거나 연구

자의 경험적 판단에 의해 '부모의 사회경제적 지위' '부모의 지능' '부모와 함께 보내는 시간의 양'이 지능형성에 중요한 영향력을 행사한다고 판단되면, 각 아동의 지능점수는 다음과 같이 언어적 진술로 표시될 수 있다.

> **아동의 지능점수** = 기본지능점수 + 부모의 사회경제적 지위 효과 + 부모의 지능 효과 + 부모와 함께 보내는 시간의 양 + 다른 요인들의 효과

하지만 아동의 지능점수에 관한 언어적 진술은 앞에서 보는 것처럼 매우 길기 때문에 효과적인 의사소통을 위해 언어적 진술을 대신할 기호를 도입하게 된다. 동일한 내용을 기호로 진술하면 다음과 같다.

$$Y_i = \beta_0 X_0 + \beta_1 X_1 + \beta_2 X_2 + \beta_3 X_3 + \varepsilon_i$$

이 방정식에서 β_0는 모든 피험자들에게 공통되는 기본지능점수이고, β_1은 부모의 사회경제적 지위 효과를 나타내는 계수이며, β_2는 부모의 지능 효과를 나타내는 계수이고, β_3는 부모와 함께 보내는 시간의 양을 나타내는 계수이다. ε은 다른 요인들의 효과인 오차를 나타낸다.

이런 방정식을 수학적 모형이라고 부른다. 이 글에서는 모형이라는 용어를 사용할 때 특정한 단서를 붙이지 않는 한 모형의 언어적 표현보다는 수리적 표현 형태를 나타낸다.

앞의 모형에서 X들로 표시된 독립변수와 Y로 표시된 종속변수 간의 관계의 강도를 나타내는 것이 β로 표시된 계수이다. 독립변수가 종속변수에 대해 미치는 효과의 강도를 나타내는 계수들은 미지수여서 수집된 자료에서 추정된다. 미지수인 계수는 가능한 한 모형이 수집된 자료와 합치되도록 추정된다. 다시 말하면, 특정한 자료가 수집되었을 때 모형의 오차가 최소가 되도록 미지수가 추정된다.

전술한 바와 같이 아동의 지능점수라는 어떤 현상은 지능점수에 영향을 미치는 여러 변수들의 효과가 더하기 형태로 표시되었다. 물론 미지수의 부호가 더하기

(+) 대신에 빼기(−)일 수도 있다. 그러나 어떤 요인의 효과가 빼기로 표시된다고 해서 그것이 더하기 형태로 표시된 것이 아니라는 뜻은 아니다. 여기서 더하기 형태란 독립변수의 종속변수에 대한 관계가 1차식으로 표현되는 것을 의미한다. 다시 말해서, 곱하기나 나누기 관계가 아닌 더하거나 빼기 관계란 뜻이다.

구조방정식모형은 일반선형모형이기 때문에 변수 간의 관계가 선형(1차식)으로 표현되는 다른 많은 통계분석기법들을 특수한 경우로 갖는다. 앞에서 예를 든 회귀분석이나 분산분석 외에도 경로분석, 요인분석, 공분산분석 등 많은 경우를 특수한 경우로 갖는다. 또한 구조방정식모형은 이 기법이 성립되기 위한 통계적 가정에서 상대적으로 완화된 가정을 함으로써 기존의 통계기법이 갖는 제약의 구속력을 약화시켜 보다 탄력적인 응용이 가능하다. 예를 들어, 경로분석의 경우 변수 간의 관계가 한 방향으로만 가능하다는 가정은 구조방정식모형에서는 지키지 않아도 되는 것이다. 구조방정식모형에서는 변수끼리 서로 영향을 주고받을 수 있는 것이다.

2. 구조방정식모형의 생성과정 및 발전

구조방정식모형은 그 생성 및 발전과정이 여러 학문의 발전에 힘입은 바 크다. 구조방정식모형의 근간이라고 할 수 있는 잠재변수모형(latent variable model), 측정모형(measurement model), 경로도(path diagram)는 각각 계량경제학에서의 회귀분석, 심리측정학에서의 요인분석, 그리고 생물측정학에서의 경로분석의 토대 위에서 생성되었다. 또한 구조방정식모형에서의 모수추정은 응용통계학과 전자계산의 발전에 힘입어 성장해 온 것이다. 이런 연유로 구조방정식모형은 회귀분석, 요인분석, 그리고 경로분석이 혼합된 것이라고 할 수 있다.

구조방정식모형이 여러 학문분야의 발전을 하나의 통계기법으로 통합해 낸 것이라고 한다면 이것이 어떻게 생성 · 발전해 왔는가의 과정을 간략하게 살펴보는 것은 구조방정식모형의 개략적 이해에 도움이 될 수 있다. 구조방정식모형의 생성 및 발전과정에서 먼저 들 수 있는 사람은 Wright(1934)이다. 생물측정학자였던 그는 오늘날의 경로분석이라는 기법을 고안해 내고 발전시킨 공로가 크다. 그 다음으로 구조방정식모형의 발전에서 기폭제적 역할을 한 사람은 Jöreskog(1973), Keesling(1972), 그리고 Wiley(1973)이다. 이들은 요인분석과 회귀분석 그리고 경로분석이 혼합된 형태로 JKW모형을 고안해 냈고 이를 모체로 오늘날 LISREL (Jöreskog & Sörbom, 1993)이라는 구조방정식모형을 다루는 통계기법이 태동되었다. 구조방정식모형이 널리 사용되게 된 저변에는 LISREL이 새로운 연구결과를 꾸준히 확충해 자신의 질을 향상시키고 사용을 간편하게 한 공로가 있다.

JKW모형이란 용어는 구조방정식모형을 꽃피게 한 Jöreskog, Keesling, 그리고 Wiley 세 사람의 이름을 딴 합성어로, 이들이 고안한 구조방정식모형의 표기법을 사용해 구조방정식모형을 나타낸 것을 일컫는다. LISREL이란 단어는 LInear Structural RELations의 줄임말로, 직역하면 선형구조관계라는 의미이다. LISREL이라는 이름에서 LISREL은 변수 간의 구조관계가 선형으로 표현되는 것을 다루는 통계기법이라는 것을 쉽게 짐작할 수가 있다.

JKW모형 외에도 구조방정식모형을 다루는 통계기법은 많이 개발되어 있으며, 각자는 나름대로 구조방정식모형을 고유하게 표기하며 자료를 처리하는 통계프로그램을 갖고 있다. 대표적으로 AMOS(Arbuckle, 1997), CALIS(Hartmann, 1989), COSAN(McDonald, 1980), EQS(Bentler, 1985), Mplus(Muthén & Muthén, 1999), EZPATH(Steiger, 1989) 등이 있다.

이 글에서는 JKW모형을 사용해 구조방정식모형을 논의하고자 한다. JKW모형을 사용하는 이유는 JKW모형이 다른 것보다 우월해서가 아니라, 이것의 통계처리 프로그램인 LISREL이 상대적으로 널리 사용되어 연구자 간의 의사소통 수단으로 활용되기 때문이다. LISREL은 사용자들에게 행렬에 관한 지식을 요구하여 일반 사용자들이 쉽게 접근할 수 있는 것은 아니었으나, 최근의 새 판에서는 누구나 쉽게 사용할 수 있는 SIMPLIS라는 새로운 표현방식을 도입하여 구조방정식모형의 사용을 확산시키고 있다. SIMPLIS는 SIMPle LISrel의 합성어로, 이름이 시사하듯이 기존 LISREL을 보다 쉽게 나타낸 것이다.

구조방정식모형이 사용되는 곳은 매우 다양하다. Bielby와 Hauser(1977), Bentler(1986), Hayduk(1987), Kline(1998) 등은 구조방정식모형이 어느 분야에서 어떤 목적으로 쓰이고 있는지를 열거해 놓았으며, 이것의 사용례는 LISREL이나 EQS 등의 사용설명서에 많이 나타나 있다.

구조방정식모형은 공분산구조모형(covariance structure modeling) 또는 공분산구조분석(analysis of covariance structure)이라고도 불린다. 그러나 최근 많은 학자들이 비실험적 상황에서 변수 간의 구조를 밝히는 통계기법을 구조방정식모형이라고 부름에 따라 공분산구조분석보다는 구조방정식모형이라는 용어로 통일되어 사용되고 있다. 덧붙여 구조방정식모형의 하위부분인 잠재변수모형은 구조모형(structural model), 측정모형은 요인분석모형(factor analysis model)이라고도 한다. 그러나 이 글에서는 정확한 용어 사용을 위해 잠재변수모형과 측정모형이라는 용어만을 쓰기로 한다. 구조방정식모형에서 잠재변수모형만을 구조모형이라고 하는 것은 올바른 표현이 아니다. 왜냐하면 구조방정식모형에서의 모든 방정식들은 잠재변수모형이나 측정모형을 막론하고 모두 변수 간의 구조를 나타내는 구조방정식이기 때문이다. 잠재변수모형만을 구조모형이라고 하면 측정모형의 방정식들이 구조방정식이 아님을 뜻할 수 있다. 또한 측정모형을 요인분석모형이라고 하는 것은 부정확한 표현이다. 왜냐하면 요인분석은 크게 확인적 요인분석(confirmatory factor analysis)과 탐색적 요인분석(exploratory factor analysis)으로 구분되며, 구조방정식모형에서의 측정모형은 확인적 요인분석에만 초점을 맞추기 때문이다.

따라서 구조방정식은 크게 경로분석, 측정모형, 구조모형을 포함한다고 볼 수 있다. 첫째, 경로분석은 구조방정식의 가장 간단한 구조로서 직접 관찰된 변수들 간의 관계를 나타낸다([그림 1-1]). [그림 1-1]에서 질병의 징후, 사회경제적 수준, 낮은 의욕은 관찰변수들이다. 경로분석에서 관찰변수는 사각형(□)으로 표기한다. 질병의 징후는 사회경제적 수준과 낮은 의욕에 직접효과를 가지고 있다. 또한 질병의 징후는 사회경제적 수준을 통해 낮은 의욕에 간접효과를 가지고 있다.

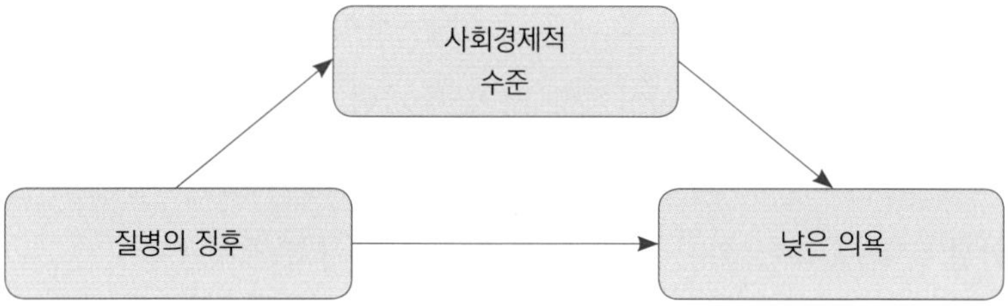

[그림 1-1] 경로분석

둘째, 측정모형은 보통 확인적 요인분석(confirmatory factor analysis: CFA)으로 불리기도 하며 직접 관찰된 변수와 직접 관찰되지 않은 변수(요인) 간의 관계를 나타낸다([그림 1-2]). [그림 1-2]에서 제시된 측정모형은 관찰변수(문항 1, 문항 2, 문항 3, 문항 4, 문항 5, 문항 6)와 요인들의 관계를 보여 주고 있다. 요인은 원(○)으로 표기하며 직접 관찰할 수 없고 관찰변수(문항)에 대한 응답으로부터 유추된다. 또한 요인들 간의 관계는 쌍방향 화살표(↔)을 이용해 상관관계를 표기한다. [그림 1-2]에서 제시된 측정모형에서는 문항 1, 문항 2, 문항 3은 우울(요인)에 직접 영향을 받고, 문항 4, 문항 5, 문항 6은 소외감(요인)에 직접 영향을 받는 관계를 보여 준다.

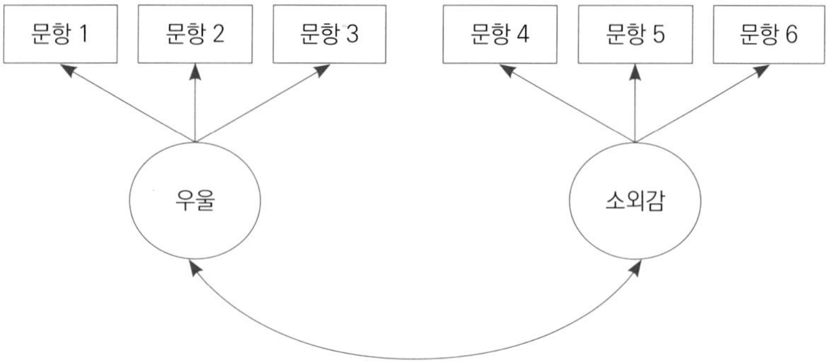

[그림 1-2] 측정모형

셋째, 구조모형은 직접 관찰된 변수와 요인들 간의 인과관계를 나타낸다([그림 1-3]). [그림 1-3]에서 제시된 구조모형은 3개의 요인(사회경제적 지위, 소외감 67, 소외감 71)과 6개의 관찰변수(교육년수, 사회경제적 지수, 실어경향 67, 무기력 67, 실어경향 71, 무기력 71)로 구성되어 있다. 사회경제적 지위는 교육년수와 사회경제적 지수에 대한 직접 영향을 미치고, 소외감 67은 실어경향 67과 무기력 67에 직접 영향을 미치며, 소외감 71은 실어경향 71과 무기력 71에 직접 영향을 주고 있다. 또한 [그림 1-3]에서 사회경제적 지위는 소외감 67과 소외감 71에 직접 영향을 미치고 소외감 67을 통해 소외감 71에 간접 영향을 미치고 있다.

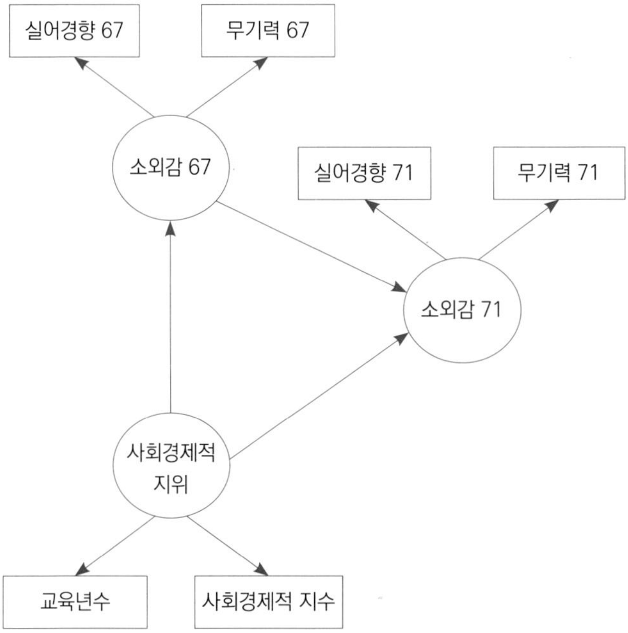

[그림 1-3] 구조모형

제2장

구조방정식모형의 표기 및 얼개

1. 구조방정식모형에서의 변수 및 구조모수
2. 구조방정식모형에서 사용되는 기호
3. 구조방정식모형의 하위모형

앞에서도 간략히 언급했듯이 구조방정식모형은 여러 학문분야의 성과를 하나로 묶은 것이다. 그러나 구조방정식모형이 여러 성과의 단순한 접합이라고 상상해서는 안 된다. 구조방정식모형은 단순한 모음이 아닌 여러 성과 간의 화학적 결합을 통해 새로운 것이 창출된 것이다.

비록 기존의 것들이 혼합되어 새로운 것으로 바뀌었다 해도 기존의 것들의 흔적이 남아 있게 마련이다. 구조방정식모형도 예외는 아니어서 새로운 것의 창출이 비롯된 뿌리가 구조방정식모형의 얼개를 이루고 있다. 구체적으로 이런 얼개가 어떻게 구성되어 있는가를 보기 전에 구조방정식모형에서 거론되는 변수의 성질에 대해 알아본다. 변수를 먼저 논의하는 것은 변수의 성질을 먼저 파악해야 얼개가 보다 쉽게 이해될 수 있기 때문이다.

1. 구조방정식모형에서의 변수 및 구조모수

구조방정식모형은 연립방정식처럼 일단의 구조방정식으로 구성되어 있다. 각각의 구조방정식은 변수와 구조모수(structural parameter)를 포함하고 있다.

변수는 잠재변수(latent variable), 관찰변수(observed variable), 오차변수(disturbance/measurement error)로 구분되며, 구조방정식모형에서의 변수는 어느 것이나 이 세 가지 가운데 하나이다. 또한 거의 모든 경우에서 구조방정식모형에 사용되는 변수는 확률변수(random variable)이나, 때로는 비확률변수(nonrandom variable)가 사용되는 수도 있다. 그러므로 이 글에서는 특별히 지칭하지 않은 한 변수라는 용어는 확률변수를 가리킨다. 따라서 잠재변수, 관찰변수, 오차변수는 확률변수이다. 영어의 random이란 용어는 뽑혀져 나올 확률이 동일하다는 뜻이나 여기서는 『통계학 용어집』(한국통계학회, 1997)에 따라 확률로 번역하고자 한다. 그러나 어떤 경우에는 랜덤이라고 쓰이기도 한다.

먼저 확률변수란 어떤 개념인지를 정리해 보자. 어떤 실험이나 조사연구의 결과는 정량적(quantitative)일 수도 정성적(qualitative)일 수도 있다. 예컨대, 학생들의 몸무게를 조사한다면 성봉이는 65.7kg, 영희는 42.3kg, 연아는 50.5kg이라는 정량적인 결과가 도출된다. 그러나 전공을 조사한다면 심리학, 교육학, 의상학 등과 같은 정성적인 결과가 나오게 된다. 이때 가능한 결과의 모든 집합을 표본공간(sample space)이라고 하며, 기호로는 Ω(omega)로 나타낸다.

한 반 학생들의 몸무게를 조사하기 위해 특정한 학생들의 몸무게를 측정할 때 표본공간은 $\Omega=\{kg|kg>0\}$으로, 또 학생들의 전공을 관찰할 때 표본공간은 Ω={심리학, 교육학, 아동학……}으로 나타내어진다. 몸무게의 경우처럼 표본공간의 원소(element)를 셀 수 없는 표본공간을 연속표본공간(continuous sample space), 전공에서처럼 표본공간의 원소를 하나씩 셀 수 있는 표본공간을 이산표본공간(discrete sample space) 또는 비연속표본공간(non-continuous sample space)이라고 한다.

이때 확률변수란 표본공간에서 정의된 실수 값을 갖는 함수를 말하며, 기호로는 영문 대문자를 사용해 확률변수를 나타낸다. 예를 들어, 대문자 X가 있다면 그 변수의 이름이 X임을 나타내며, 따로 특별히 지칭하지 않은 한 X라고 이름 붙여진 변수는 확률변수임을 나타낸다. 따라서 앞에서 예로 든 몸무게나 전공은 변수가 되는 것이다. 몸무게를 X라고 했다면 전공은 Y로 표기될 수 있을 것이다.

환언하면, 확률변수란 그 확률변수의 값이 주어진 표본공간에 속한 어떤 원소로도 나타날 수 있으며, 어떤 값이 나타날지는 표본공간의 원소에 대한 확률로부터 유도되는 함수를 뜻한다. 이런 확률변수는 두 가지 유형이 있다. 하나는 표본공간이 비연속인 경우이고, 또 하나는 연속인 경우이다.

먼저 비연속인 경우를 살펴보자. 다음과 같이 주사위를 던지는 실험을 생각해 보자. 주사위를 던지는 실험에서 표본공간은 $\Omega = \{1, 2, 3, 4, 5, 6\}$이며, 확률변수 X를 한 번 시행할 때 나타나는 표면의 숫자라고 정의한다면, X의 확률분포는 X가 1인 경우 한 번, X가 2인 경우 한 번, X가 3인 경우 한 번, X가 4인 경우 한 번, X가 5인 경우 한 번, 마지막으로 X가 6인 경우 한 번이 되고, 각각의 경우에서 그 숫자가 나타날 확률은 $\frac{1}{6}$씩이 된다. 이것이 변수의 성질이 비연속인 경우에서의 확률변수이다. 이처럼 표본공간이 비연속인 경우에서의 변수를 비연속변수라고 한다. 비연속변수는 이산변수 또는 질적변수라고도 부른다. 비연속변수의 예로는 성별이나 거주지 또는 종교 같은 것이 있다.

연속인 경우의 확률변수는 표본공간이 주사위 실험처럼 셀 수 있는 것으로 되어 있는 것이 아니라 구간(interval)으로 되어 있는 것이다. 예를 들면, 30명의 초급통계학 중간고사 성적을 X축과 그래프 아래의 면적이 1이 되도록 히스토그램으로 나타내는 경우를 생각해 보자. 그리고 그래프를 구간 a에서 b까지 적분한다고 하자. 그러면 적분한 것이 구간 a에서 b까지 확률 값이 되며, 이때 구간(a, b)는 그래프의 표본공간의 부분집합인 것이다([그림 2-1]). 이런 것처럼 표본공간이 구간이나 구간의 집합으로 나타나는 것을 연속확률변수라고 한다. 즉, 표본공간이 연속적으로 이어져 있고 실험의 결과로 관찰되는 값들이 연속공간의 어느 한 점에 위치하는 변수를 연속변수라고 한다. 연속변수는 양적변수라고도 부른다. 연속변수의 예로는 기말고사 성적이나 100미터 달리기 기록 또는 지능점수 같은 것이 있다. 비연속변수와 연속변수에 관한 논의는 4장에서 다시 한 번 논의된다.

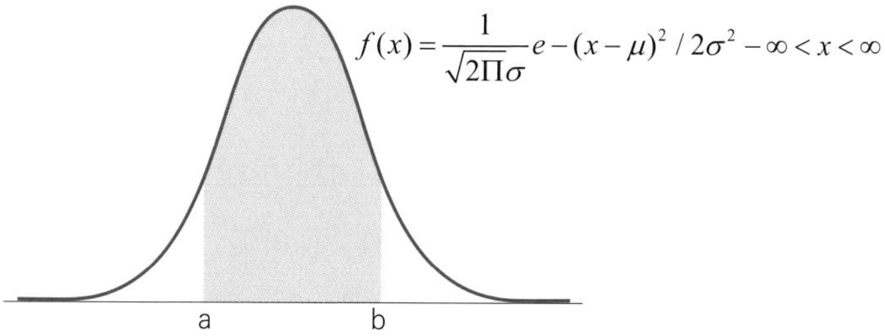

[그림 2-1] 정규분포에서 구간(a, b)의 확률

이상을 정리하면, 확률변수란 그 확률변수의 값이 주어진 확률분포에서 어떤 값이 나타날지를 확률로 예측되는 함수를 말한다. 어떤 값이 나타나는지가 확률로 예측된다는 뜻은 표본공간 안의 어떤 원소가 나타나지만 실제로 실험이 시행되기 전에는 어떤 값이 관찰될지 알 수 없다는 것이다.

잠재변수는 요인(factor), 가설적 구인(hypothetical construct) 또는 구인, 불관찰 변수(unobserved variable), 그리고 불측정변수(unmeasured variable) 등의 다른 이름으로도 불린다. 이 글에서는 이 용어들이 호환적으로 사용된다. 각 잠재변수는 지능이나 태도와 같은 직접적으로 관찰이 불가능한 일차원적 개념(unidimensional concept)을 나타낸다. 관찰변수도 측정치(measure) 또는 측정변수, 관찰지표(observed indicator) 등의 다른 이름으로 불리기도 한다. 이 글에서 이들 용어 또한 호환적으로 사용된다. 관찰변수라는 이름이 의미하듯이, 관찰변수는 잠재변수가 겉으로 드러나 관찰된 또는 측정된 상태를 말한다. 예를 들면, 지능점수는 지능이라는 잠재변수가, 소득이나 학력과 같은 변수는 사회경제적 지위라는 잠재변수가 겉으로 드러나 관찰된 것이라고 할 수 있다. 관찰변수는 직접적으로 관찰이 되지 않는 잠재변수를 현실에서 대리하는 역할이라고 할 수 있다. 어떤 관찰변수가 잠재변수를 대리하고 있다는 것은 그 관찰변수는 잠재변수가 겉으로 드러난, 즉 잠재변수의 외현화된 형태라고 할 수 있다.

그러면 직접적인 관찰이 불가능한 잠재변수가 어떻게 만들어지며 그 속성이 어떻게 측정되는가를 살펴보자. 우리가 운전을 하면서 길을 가다 보면 도로에 차를 세워 둔 채 운전자끼리 서로 삿대질을 하는 장면을 가끔 볼 수 있다. 이런 행동이 겉으로 표출된 것은 운전하는 도중에 차선을 지키지 않았다거나 갑자기 끼어들어 다툴 일이 생기게 되어서일 것이다. 겉으로 드러난 이런 행동의 저변에는 아마도 상대방에 대한 못마땅한 마음이 잠재해 있고 이런 마음이 겉으로 표현되어 서로 삿대질을 하게 된 것이라고 할 수 있다. 이때 이런 삿대질의 저변에 깔려 있는 못마땅한 마음에 대해 우리가 적개심이라고 이름 붙일 수 있으며, 적개심이라고 이름 붙여진 못마땅한 마음을 교육심리학의 용어로 구인이라고 하며, 이것이 바로 잠재변수인 것이다. 잠재변수가 어떻게 형성되는가는 Brodbeck(1963)의 논문에 잘 나타나 있다.

잠재변수는 직접적으로 관찰되거나 측정되지 않으며, 간접적인 방식으로 관찰되거나 측정된다. 예를 들어, 잠재변수 적개심은 서로 삿대질을 하는 것으로 관찰될 수도 있고, 삿대질은 하지 않지만 주먹을 불끈 쥐고 얼굴 근육의 경련이 일어나는 것으로도 측정될 수 있다. 잠재변수의 간접적인 관찰은 쉽지가 않다. 잠재변수의 우회적 관찰이 쉽지 않은 것은 잠재변수 자체가 겉으로 드러난 것이 아닌 어떤 행동의 기저에 잠재해 있는 심리적 구인이라는 특성에서 비롯된다. 잠재변수의 겉으로 드러나지 않은 속성으로 인해 일치된 정의가 불가능하고 그 결과 관찰이 쉽지 않다. 예컨대, 적개심은 삿대질하는 행동의 기저에 잠재해 있는 심리적 구인인 까닭에 적개심에 관해 하나의 일치된 정의를 도출해 내기 쉽지 않으며, 따라서 어떤 것들이 적개심이라는 구인을 나타내 주는 관찰변수인가에 관해서도 일치된 견해는 존재하기 어렵다.

이러한 이유로 잠재변수를 측정할 때 중요한 기능을 하는 것은 그 잠재변수가 어떻게 정의되었는가 하는 것이다. 정의를 통해 어떤 하나의 개념에 뜻을 주는 방법으로는 두 가지가 있다. 하나는 명명적 정의를 통해 개념을 정의하는 방법이고, 또 다른 하나는 조작적 정의이다.

만약 어떤 개념이 구체적인 것이라면 명명적 정의를 통해 쉽게 정의될 수 있다. 호랑이라는 개념에 관한 정의는 그 개념이 겉으로 드러난 것이어서 그 개념의 속성을 열거하면 개념이 정의된다. 예를 들어, 네 다리가 있고, 털은 짧고 윤기가 있으며, 꼬리는 늘어뜨린 채로 있고, 가죽에 얼룩무늬가 있으며, 몸길이는 2~3미터 사이이며, 키는 1미터쯤 되는 동물이라고 하면 호랑이를 모르는 사람이라도 정의를 통해 호랑이를 파악하게 된다.

그렇지만 만약 어떤 개념이 호랑이와는 달리 추상적인 것이면 명명적 정의를 통해 그 개념을 정의하기는 어렵다. 조작적 정의는 어떤 추상적 개념이 관찰되는 조건을 명시해 속성이 겉으로 드러나게 하는 것이다. 예컨대, 지능이라는 개념을 스탠퍼드-비네 지능검사를 실시했을 때 그 검사에서 피험자가 얻은 점수라고 정의하는 것이다. 앞의 예를 자세히 들여다보면, 스탠퍼드-비네 지능검사를 실시했을 때가 조건에 해당하는 것이고 그 검사에서 피험자가 얻은 점수가 조건이 제시되었을 때 겉으로 드러난 속성이 되는 것이다. 그러므로 조작적 정의는 조건과 결과가 함께 제시되는 형태로 진술됨을 알 수 있다.

조작적 정의는 하나의 개념에 담겨져 있는 여러 차원을 명확히 규정해 준다. 예를 든다면, Wechsler(1944)는 지능을 유목적적으로 행동하고 합리적으로 사고하며 환경을 효과적으로 다루는 한 개인의 총체적 능력이라고 정의하고 있다. 여기서 유목적적으로 행동한다든가 환경을 효과적으로 다룬다든가 하는 것이 지능을 구성하고 있는 여러 차원이 된다. 잠재변수가 일차원적 개념이기 때문에 구조방정식모형에서는 각각의 차원에 하나씩의 잠재변수가 대응된다.

또한 조작적 정의는 잠재변수를 측정할 때 길잡이가 된다. 달리 말하면, 잠재변수가 관찰변수들을 통해 관찰될 때 안내자가 된다. 여기 테러리즘이라는 개념이 있다고 하자. 이 용어에 대한 조작적 정의가 없으면 테러리즘이라는 용어는 수많은 뜻을 내포한다. 어떤 사람에게 테러리즘이라는 단어는 정치체제에 반대하는 일단의 폭력조직이 인질을 잡거나 비행기를 납치하는 것을 의미할 것이다. 또 다른 사람에게는 폭탄이나 세균소포를 배달하는 것을 떠올리게 할 것이다. 또한 일부 사람에게는 한 종교집단이 다른 종교집단을 학살하는 것을 연상하게 할 것이다. 테러리즘이라는 용어가 이런 것들을 모두 구체적으로 지칭하는 것인지는 테러리즘에 대한 조작적 정의 없이는 파악하기 어렵다.

결과적으로 테러리즘에 대한 조작적 정의가 있어야만 테러리즘이라는 잠재변수가 어떤 관찰변수를 통해 측정될 수 있는 것인지를 결정할 수 있다. 예컨대, 테러리즘이 정치체제에 반대하는 일단의 폭력조직에 의한 것이라고 정의했다면, 이것에 관계된 관찰변수들만이 테러리즘이라는 잠재변수를 측정하는 데 동원되는 것이다.

잠재변수가 어떻게 정의되는가에 따라 어떤 관찰변수들이 사용되는지가 결정된다. 잠재변수가 정의되면 그다음에 연구자가 고려해야 할 점은, 얼마나 많은 관찰변수를 사용해 잠재변수를 측정할 것인가 하는 것이다. 어떤 특정한 잠재변수를 관찰하기 위해 얼마나 많은 관찰변수가 요구되는가를 결정해야 하는 것이다.

관찰변수가 하나여도 관계가 없는지, 또는 두 개 이상의 관찰변수를 사용하면 하나만을 사용할 때와 비교해 어떤 이점이 있는지 등을 고려해야 한다.

먼저 잠재변수를 관찰하기 위해 관찰변수가 하나 사용되는 경우를 생각해 보자. 관찰변수가 하나이면 그 관찰변수는 잠재변수를 완벽하게 측정하는 것이라고 가정된다. 잠재변수를 완벽하게 관찰한다는 의미는, 잠재변수를 측정하는 관찰변수는 완벽하게 잠재변수를 측정해 주므로 관찰변수는 측정오차가 없다는 뜻이다. 즉, 관찰변수는 흠잡을 데 없이 잠재변수를 잘 대리하고 있어서, 대리인의 역할을 하는 관찰변수가 곧 잠재변수라는 의미이다. 관찰변수가 완벽하게 잠재변수를 대리한다는 것은 그 관찰변수가 잠재변수를 타당하고 신뢰할 수 있게 측정한다는 것을 의미한다. 또한 잠재변수를 관찰하는 데 사용되는 하나의 관찰변수는 타당도와 신뢰도가 보장된 것이어야 한다는 것이다. 관찰변수는 잠재변수를 충실하게 나타내지 못할 수도 있고 측정결과를 신뢰하지 못할 수도 있는 데 이런 개연성은 없다고 믿는 것이다. 그러나 이러한 개연성은 실제에서 그대로 지켜지기 어렵다는 것이 문제이다. 따라서 연구자는 적어도 하나 이상의 관찰변수를 사용하는 것이 바람직하다.

관찰변수가 하나인 경우 연구자가 취할 수 있는 것은 리얼리티와는 동떨어지지만 관찰변수의 측정오차가 0이라고 가정하거나, 아니면 관찰변수의 신뢰도 값을 알아 이를 지정하는 것이다. 관찰변수의 신뢰도 값이 얼마인지를 알아 이를 통해 관찰변수의 오차분산을 추정하는 것이다. 이는 관찰변수의 신뢰도에 관한 정보를 토대로 하여 간접적인 방식으로 관찰변수의 측정오차, 즉 오차분산을 추정하는 과정을 거친다. 오차분산의 추정은 다음과 같다.

관찰변수의 신뢰도가 완벽한 상태를 나타내는 1에서 관찰변수의 신뢰도 계수값을 뺀다. 그러면 이 값이 의미하는 것은 관찰변수에서 신뢰할 수 없는 부분이 된다. 이 신뢰할 수 없는 부분에 관찰변수의 분산을 곱해 오차분산을 구한다. 다시 말해, 관찰변수의 오차분산, 즉 측정오차는 신뢰도가 완벽한 상태인 1에서 신뢰도 계수 값을 뺌으로써 관찰변수에서의 오차가 차지하는 비율을 구하고, 여기에 관찰변수의 분산을 곱하면 구해지는 것이다. 따라서 연구자는 관찰변수를 하나만 사용해서 잠재변수를 관찰하려고 하면 반드시 그 관찰변수의 신뢰도 계수 값을 알아서 측정오차를 간접적인 방식으로 구해야 한다. 이 부분에 관한 더 상세한 논의는 제6장에 제시된다.

다음으로 관찰변수가 두 개 이상인 경우를 생각해 보자. 관찰변수가 두 개 이상이면 각각의 관찰변수는 측정오차를 갖고 있다. 측정오차가 있다는 것은 없는 것에 비해 상대적으로 보다 더 리얼리티에 근접한 것이다. 실제에서 잠재변수를 완벽하게 대리해 주는 관찰변수는 없기 때문에 측정오차가 있다고 하는 것이 더 리얼리티에 가깝다고 할 수 있다. 물론 이런 측정오차의 크기는 구조방정식모형을 통해 추정된다.

관찰변수가 단지 하나면 그것을 사용하는 수밖에 도리가 없지만, 두 개 이상인 경우는 많은 관찰변수들 가운데 어떤 것을 선발해 잠재변수를 대리하는 임무를 맡길 것인가를 결정해야 한다. 다시 말해, 관찰변수의 선발이 고려되어야 한다. 관찰변수의 선발과 관련한 원칙은 우선적으로 관찰변수의 타당도가 고려되고 그 다음에 신뢰도가 고려된다는 것이다. 예를 들어, 지능이라는 잠재변수를 대리하는 관찰변수로 몸무게를 선발하는 것은 아무런 의미가 없다고 할 수 있다. 몸무게가 지능과 어떤 형태로든지 연계되어 있으면 몸무게가 지능의 관찰변수로 기능할 수 있지만 이런 연계가 없다면 몸무게를 지능을 대리하는 관찰변수로 삼는 것은 문제가 있다. 따라서 선발의 기준은 먼저 관찰변수로 기능할 것이 잠재변수를 충실하게 나타내 주는가의 여부에 달려 있다. 다시 말해, 타당도가 확보되지 않은 관찰변수의 선발은 아무런 의미가 없어 측정오차만을 크게 해 줄 뿐이다.

그러면 어떤 것이 타당도가 있는 관찰변수인가의 문제가 대두된다. 타당도를 알아보려면 잠재변수와 관찰변수 간의 상관을 보면 된다. 상관이 높으면 높을수록 그 관찰변수는 잠재변수를 잘 대리하고 있는 것이라고 판단할 수 있다. 예를 들어, 지능이라는 잠재변수를 대리하고 있는 것으로 스탠퍼드-비네 지능검사 점수와 몸무게를 고려하고 있다면, 지능검사 점수는 지능과 상관이 매우 높겠지만 몸무게는 상관이 낮을 것이다. 따라서 지능검사 점수를 지능을 나타내는 관찰변수로 삼으면 된다.

그다음으로 신뢰도가 고려되어야 한다. 신뢰도는 측정된 관찰변수가 얼마나 한결같이 관찰되는가에 관한 문제이다. 예를 들어, 지능점수가 오늘 잴 때와 내일 잴 때가 다르다면 그 지능점수는 신뢰할 수 없는 것이 된다. 측정에서 이런 신뢰할 수 없는 부분이 커지면 커질수록 관찰변수는 잠재변수를 잘 대리하지 못하게 된다. 측정오차는 관찰변수가 대리하려고 하는 특정한 잠재변수 이외의 다른 잠재변수를 대리하고 있거나, 측정도구가 신뢰할 수 없는 경우에 발생한다. 이에 대한 자세한 논의는 이 장의 측정오차 부분에 제시된다. 오차변수는 다시 두 가지로 구분된다. 하나는 방해오차(disturbance)라고 불리는 오차 항이며, 다른 하나는 측정오차라고 불리는 오차 항이다.

방해오차는 하나의 종속변수가 다른 독립변수들의 선형결합으로 설명될 때, 독립변수들에 의해서 설명되지 못하고 남아 있는 부분을 가리킨다. 즉, 종속변수를 설명하는 모형에 포함된 독립변수들에 의해 설명되지 못하는 부분이다. 방해오차는 잠재변수에서도 나타날 수 있고, 관찰변수에서도 나타날 수 있다. 종속변수가 잠재변수이면 그 종속잠재변수를 설명하는 방정식에서 독립잠재변수들에 의해 설명되지 못하고 남아 있는 부분이 될 것이며, 종속변수가 관찰변수이면 그 종속관찰변수를 설명하는 방정식에서 독립관찰변수들에 의해 설명되지 못하고 남아 있는 부분이 될 것이다. 이런 이유로 인해 방해오차는 다른 말로 방정식오차(equation error)라고도 한다.

예를 들면, 아동의 지능이 부모와 함께 하는 과제 및 시간, 부모의 사회경제적 지위, 부모의 지능 등에 의해 설명된다고 하면, 독립변수 기능을 하는 부모와 함께 하는 과제 및 시간, 부모의 사회경제적 지위, 그리고 부모의 지능이 결합되어 아동의 지능을 설명하게 된다. 그러나 아동의 지능은 예로 든 세 가지 변수 이외의 다른 변수의 영향을 받을 수 있다. 그러나 이런 변수는 고려되지 않아 아동의 지능을 설명하는 방정식에 포함되지 않았다. 종속변수에 영향을 미치나 종속변수를 설명하는 방정식에는 포함되지 않은 이러한 변수들을 한데 묶어 하나의 변수로 만들고 이를 방해오차라고 한다.

이 예에서 알 수 있듯이, 방해오차를 작게 하는 길은 가능하다면 모형 안으로 독립변수를 많이 끌어들이는 것이다. 한 종속변수를 설명하는 모형에서 독립변수의 수가 많아짐에 따라 방해오차는 작아지게 된다. 물론 모형 속으로 새롭게 도입되는 독립변수는 가능하다면 이미 모형 속에 들어와 있는 기존의 독립변수와는 상관이 없거나 있어도 작은 것이 바람직하다. 그러나 모형 안으로 새로운 독립변수를 도입하는 것은 가능한 한 적은 수의 독립변수를 사용해 종속변수를 설명하려는 간명성의 규칙에 어긋난다. 따라서 새로운 독립변수의 도입은 그 새로운 독립변수의 투입을 뒷받침하는 이론적 근거가 있어야 한다.

또 하나는 오차라고 불리는 오차 항으로 관찰변수의 측정오차(measurement error)를 말한다. 이 측정오차는 측정변수를 관찰할 때 사용되는 측정도구의 미비함과 측정 당시의 통제할 수 없는 여러 요인들에서 비롯된다. 이런 측정오차는 관찰변수를 구성하는 한 부분이므로 연구자의 입장에서 보면, 이 측정오차를 최대한으로 작게 하는 것이 있는 그대로의 관찰변수를 잘 나타내는 것이 된다.

심리측정의 관점에서 이 측정오차의 성격을 규명해 보자. 먼저 Cronbach와 Gleser(1964)가 설명하는 신뢰도에 관한 예를 통해 측정오차에 대한 직관적 이해를 도모해 보자. 우리가 휴대전화로 이야기를 통해 정보를 주고받을 때, 송수신된 정보의 총량은 진짜로 주고받으려는 메시지와 찍찍거리는 소음으로 되어 있다. 이때 메시지를 신호(signal)라 하고, 소음을 잡음(noise)이라고 한다. 상대방의 뜻을 정확히 알아들었는지는 주고받은 정보의 총량 중에서 신호가 차지하는 비율에 달려 있다. 달리 말해, 비율이 커지면 커질수록 정확히 서로 상대방의 뜻을 알게 되는 것이다. 그러나 정보의 총량 중에서 잡음이 차지하는 비율이 커질수록 주고받은 메시지의 신빙성에 대한 의문의 정도가 높아지게 된다.

전통적인 심리측정방법인 고전검사이론에서는 관찰변수가 측정된 값인 관찰점수(점수, observed score)는 진점수(true score)와 오차점수(error score)로 구성된다고 본다. 즉, 관찰점수＝진점수＋오차점수이다. 여기에서 진점수는 메시지에, 오차점수는 잡음에 각각 해당된다고 할 수 있다. 우리의 관심인 측정오차는 오차점수와 잡음의 다른 이름이라고 보면 된다. 심리측정이론에서 관찰점수는 영문자 X로, 진점수는 희랍어의 τ(tau)로, 오차점수는 ε(epsilon)으로 표시된다($X=\tau+\varepsilon$).

진점수는 측정에서 체계적으로 나타나는 부분이고 오차점수는 무작위로 나타나는 부분이다. 무작위로 나타나는 측정오차의 이런 특성으로 인해 측정오차에 관한 다음의 두 가지 가정이 성립된다.

첫째, 측정오차의 평균은 0이다. 즉, 측정오차의 기댓값은 0이다. 측정오차는 무작위로 일어나므로 측정오차의 성격이 플러스(+)적인 것일 수도, 마이너스(−)적일 수도 있다. 따라서 이것들의 평균은 0이 되게 된다. 왜 0이 되는가를 수리적으로 표현하면 다음과 같이 된다. 학업성취도의 관찰지표로 학기말에 국어시험을 보았다고 하고, 그 국어시험은 세 개의 동형검사로 측정이 되었다고 가정하자. 이때 어떤 학생이 세 번의 동형검사에서 얻은 성적이 45, 60, 87점이라고 하자. 고전검사이론에 의하면 이 학생의 진점수는 64점(평균)이 되고, 세 번의 검사에서 오차점수는 각각 −19(45−64), −4(60−64), 23(87−64)이 된다. 그러면 주어진 표본에서 각각의 오차점수가 나타날 확률은 1/3씩이다. 따라서 오차점수의 기댓값은 [−19(1/3)]+[−4(1/3)]+[23(1/3)]이고, 이 값은 0이다. 측정오차의 기댓값이 0이라는 가정은 이렇게 해서 도출된 것이다.

둘째, 측정오차와 진점수는 상관이 없다. 오차점수는 그 성격이 무작위로 한 것이므로 진점수와 체계적인 관련성을 맺을 수가 없다. 그러므로 상관은 0이 될 수밖에 없다. 측정오차와 진점수 간의 상관이 왜 0이 되는가를 수리적으로 나타내면 다음과 같다. 두 변수 측정오차와 진점수 간의 상관이 0이라는 것은 두 변수의 공분산이 0이라는 것과 같다. 다시 말해, $COV(\varepsilon, \tau)=0$인 것이다. 여기서 $COV(\ )$는 괄호 속에 있는 변수 간의 공분산을 나타내는 기호이며 분산은 $VAR(\ )$로 표시된다. 이 $COV(\varepsilon, \tau)=0$은 $COV(x-\tau, \tau)=0$으로 다시 쓸 수 있다. 이렇게 쓸 수 있는 것은 오차점수는 관찰점수에서 진점수를 뺀 것이기 때문이다. 따라서 3장에 소개될 공분산 계산법칙에 따라 $COV(x, \tau)-COV(\tau, \tau)=0$이 된다. 첫 번째 항에서 관찰점수 x는 $\tau+\varepsilon$이므로 대치하여 첫 번째 항을 다시 쓰면 $COV(\tau, \tau)+COV(\varepsilon, \tau)$가 된다. 여기서 진점수와 오차점수 간에는 상관이 없다는 가정에 따라 $COV(\varepsilon, \tau)$는 0이 되고 남는 것은 $COV(\tau, \tau)$만 남게 된다. 따라서 첫째 항과 둘째 항을 다시 쓰면 $COV(\tau, \tau)-COV(\tau, \tau)=0$이 된다.

잡음에 대응되는 부분인 측정오차가 측정에서 안 나타나게 할 수 있는 방법은 없다. 연구자가 할 수 있는 것은 타당도와 신뢰도가 높은 측정도구를 사용함으로써 측정오차의 크기를 작게 하는 것이다. 측정결과를 의심하게 만드는 측정오차의 근원이 무엇인지를 알아 이 부분을 작게 할 수 있는 노력을 기울이는 것 외에 달리 길은 없는 것이다.

측정할 때마다 측정결과를 달리 나오게 만드는 측정오차의 근원은 크게 측정대상인 사람의 특성, 측정 당시의 환경, 그리고 순전히 우연적인 것으로 분류된다. 그리고 이들을 좀 더 세분해서 구분하면 여섯 가지로 대별된다.

첫째, 측정대상인 개인의 지속적이며 일반적인 특성을 들 수 있다. 여기서는 여러 가지 검사에 작용하는 한 개 혹은 몇 개의 일반적 특성에서의 능력수준이 있다. 예를 들면, 어떤 개인의 독해능력이나 일반지능은 상당히 오랜 기간 동안 나타나는 일반적 특성이다. 어떤 사람은 시험을 보는 요령이 있어 실력보다 점수가 잘 나오는 사람도 있다. 반면, 어떤 사람은 시험을 보는 것이 서툴러 자신의 능력보다 점수가 안 나오는 사람도 있다. 이런 검사를 치르는 일반적 기술도 지속적으로 나타나는 일반적 특성이다.

둘째, 개인의 지속적이며 특수한 특성에는 검사 전체에 특수한 것과 특정한 검사문항에 대한 것이 있다. 검사 전체에 특수한 것은 어떤 검사에는 요구되지만 다른 검사에는 요구되지 않는 것이다. 예를 들면, 암산능력은 수학시험에는 요구될 수 있으나 영어시험에는 필요하지 않다. 또 시험형식이 4지선다형인 경우, 그중에서도 보기 3번에 상대적으로 더 많이 답을 한다든가 하는 것이다. 특정한 검사문항의 경우는 어떤 사람이 시험 전날 우연히 읽은 것이 시험문제로 나와 정답을 맞혀 성적이 좋아질 수 있는 것이다.

셋째, 개인의 일시적이며 일반적인 특성에는 한 개인의 건강상태, 피로, 동기, 정서적 긴장, 시험 보는 환경 등을 들 수 있다. 어떤 사람이 감기가 걸려 정상적인 조건이 아니거나, 시험에서 좋은 성적을 올려 봐야 별 수 없다는 생각을 갖거나, 시험장소가 너무 덥거나 춥다면, 그 사람이 산출한 점수는 그 사람의 원래 능력과는 거리가 있을 수 있다.

넷째, 개인의 일시적이며 특수한 특성은 검사 전체에 대한 것과 특정 문항에 대한 것으로 나누어 생각할 수 있다. 검사 전체는 특수한 기능이 포함된 분야에서의 연습 정도와 특정한 검사에 대한 검사 당시의 마음가짐 등을 들 수 있다. 예를 들어, 철봉에서 회전을 하는 것에 대한 시험을 본다면 철봉 회전을 연습한 경우와 연습하지 않은 경우 같은 사람이라도 시험점수는 달라진다. 또 어떤 사람이 수학시험을 잘 보아야 한다는 생각을 평소에 하고 있어도, 이번 시험을 못 보아도 등수에는 아무 지장이 없다는 생각이 들면 성적은 달라지는 것이다. 특정 문항에 특수한 것으로는 수학시험에서 다른 문항을 풀 때는 관계가 없다가 어떤 문항을 풀 때 정확성이 떨어져 성적이 낮게 나오는 것을 예로 들 수 있다.

다섯째, 검사 실시 또는 검사 채점에서 있을 수 있는 체계적이거나 우연적인 요인에 관한 것이다. 평소에는 검사시간을 충분히 주었는데 특정한 시험을 볼 때 시간제한이 있다던가, 검사 실시에 관한 지시가 불명료하다던가, 채점자가 채점을 하면서 기준 없이 왔다 갔다 해서 오는 불이익이나 이익 등을 예로 들 수 있다.

여섯째, 순전히 우연적 요인에 의해 발생되어 설명할 수 없는 것이 있다. 이런 것으로는 시간제한에 걸려 되는 대로 답을 표시했는데 이것들 중 상당수가 정답인 경우나, 설명할 수 없는 이유로 순간적 착각이나 혼동이 일어나 엉뚱한 것에 답을 표시해 틀리게 된 것 등이 있다.

앞서 구조방정식모형에서의 구조방정식은 변수와 구조모수를 포함하고 있다고 하였다. 구조모수는 변수 간의 관계의 크기를 나타내는 계수이다. 여기에서 구조라는 용어는 구조방정식모형의 모든 방정식이 변수와 변수 간의 구조, 달리 표현하면, 인과관계이거나 또는 상관관계를 반영한다는 의미이다. 또한 모수라는 용어는 구조방정식모형에서 변수 간의 영향력의 크기(관계)를 나타내는 수치가 모집단의 관점에서 표시된다는 뜻이다. 즉, 변수 간의 구조를 나타내는 크기가 표본이 아닌 모집단의 특성치로 나타내진다는 의미이다. 구조모수는 구조계수라고도 한다.

2. 구조방정식모형에서 사용되는 기호

구조방정식모형을 LISREL로 나타낼 때에는 [그림 2-2]에서 나타나는 기호들이 사용된다. 물론 여기서 사용되는 기호는 구조방정식모형을 JKW모형으로 표기할 때만 통용되는 것이다.

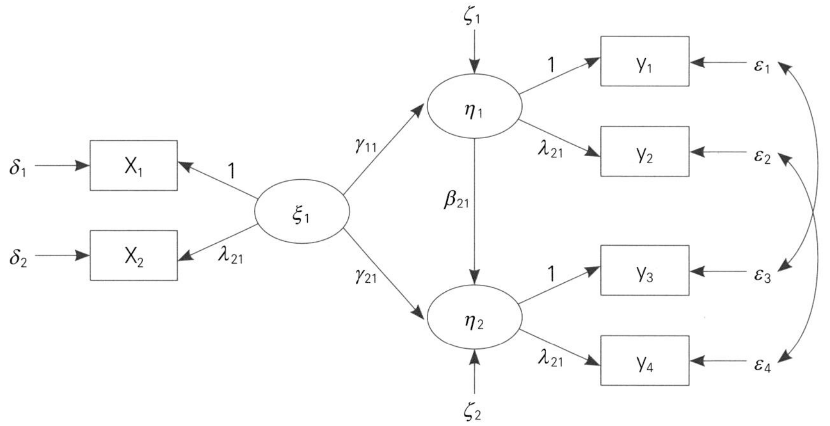

[그림 2-2] 구조방정식모형의 예

[그림 2-2]에서 원으로 표시되는 변수는 잠재변수이고, 사각형으로 표시된 변수는 관찰변수이다. 원이나 사각형이 없이 표시된 변수인 $\zeta, \varepsilon, \delta$는 오차변수이다. ζ는 방해오차이며, ε과 δ는 측정오차이다.

직선의 화살 표시(→)는 화살표의 시작 부분에 있는 변수가 화살표의 끝부분에 있는 변수의 원인임을 뜻하며, 화살표의 끝부분에 있는 변수는 화살표 시작 부분에 있는 변수의 효과임을 나타낸다. JKW모형에서 변수 간의 인과관계를 나타내는 계수의 표기는 아래 첨자로 표시하되 화살표 끝부분의 효과변수를 먼저 쓰고 화살표 시작 부분의 원인변수는 나중 표기하는 것이 관례이다. 예를 들어, 두 개의 변수 η_1과 η_2가 있을 때 η_1에서 η_2로 직선 화살표가 그어졌다면—η_1이 원인이고 η_2가 효과라면—계수는 β_{21}로 나타내어진다. 때로는 두 개의 직선 화살표가 서로 반대 방향으로 있을 수 있다. 예를 들어, 여기에서 η_2에서 η_1으로 가는 화살표가 하나 더 있다면, 이는 두 변수의 관계가 송환, 달리 말해 상호 인과관계임을 뜻한다([그림 2-2]).

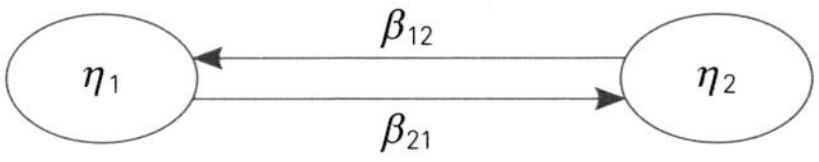

[그림 2-3] 상호 인과관계

이상에서 알 수 있듯이, 두 변수 간의 관계가 직선 화살표로 나타나 있는 것은 두 변수 가운데 하나는 원인이며 다른 하나는 효과임을 의미한다. 그러므로 화살표로 두 변수의 관계가 나타나 있는 것은 두 변수의 관계가 인과관계임을 나타내는 것이다. 또한 그림에서 ε_1과 ε_3, ε_2와 ε_4의 관계처럼 양끝에 화살이 있는 곡선(↔)은 두 변수가 서로 상관이 있음을 가리키며, 이것의 관계는 인과관계가 아닌 상관관계임을 나타낸다. 이런 경우에 첨자에서 어떤 변수를 먼저 쓰는가의 순서는 문제되지 않는다.

두 변수 간의 관계가 인과관계이건 상관관계이건, 두 변수 간의 관계를 나타내는 화살표를 경로(path)라고 부른다. 따라서 경로라는 용어를 사용할 때 이것은 두 변수 간의 관계를 나타내는 화살표를 지칭한다. 또한 변수 간의 관계는 아니어서 화살표로 표시되지는 않았지만 자신과의 상관관계를 나타내는 것, 즉 분산도 경로라고 한다. 예를 들면, ε_1과 ε_3은 서로 상관이 있으므로 두 변수 간의 공분산이 있고 각각의 분산이 있다. 여기서 각각의 분산은 자신과의 공분산이며 이러한 경우도 경로인 것이다. 엄밀히 따지면, 경로는 구조방정식모형에서 나타나는 모수행렬의 모든 자유모수이지만, 일반적으로는 계수행렬에서 추정되는 자유모수를 지칭한다.

따라서 경로는 잠재변수 간의, 잠재변수와 관찰변수 간의, 관찰변수와 관찰변수 간의, 오차변수와 오차변수 간의 관계를 나타내는 것이라고 할 수 있다. 그리고 이 경로의 값(크기)은 모집단의 모수로 표현된다. 다시 말하면, 경로가 얼마만큼 강하고 약한가를 나타내는 값은 표본통계량이 아닌 모집단 특성치로 표시된다. 물론 연구자는 실제에서 모집단에 관한 정보를 갖고 있는 경우가 매우 드물어 표본을 통해 모집단의 특성치를 추정하지만, 여기서 강조하고 싶은 것은 경로의 값이 모집단의 관점에서 표시된다는 것이다.

그리스 문자(The Greek Alphabet)			
		발음	
대문자	소문자	영어	한국어
A	α	alpha	알파
B	β	beta	베타
Γ	γ	gamma	감마
Δ	δ	delta	델타
E	ε	epsilon	엡실론
Z	ζ	zeta	제타
H	η	eta	에타
Θ	θ	theta	쎄타
I	ι	iota	이오타
K	κ	kappa	카파
Λ	λ	lambda	람다
M	μ	mu	뮤
N	ν	nu	누
Ξ	ξ	ksi	크사이
O	o	omicron	오미크론
Π	π	pi	파이
P	ρ	rho	로오
Σ	σ	sigma	시그마
T	τ	tau	타우
Y	υ	upsilon	업실론
Φ	ϕ	phi	파이
X	χ	chi	카이
Ψ	ψ	psi	프사이
Ω	ω	omega	오메가

[그림 2-2]와 같이 변수 간의 관계를 그림으로 나타낸 것을 경로도라고 한다. 구조방정식모형은 방정식으로도 표시될 수 있고, 앞과 같이 그림으로 표시될 수도 있다. '그림 하나가 천 마디의 말에 필적한다.'는 영국 속담처럼 현상을 쉽게 파악하는 데는 그림이 더 적격이어서 방정식보다 경로도가 주로 사용된다. 제시된 문자는 통계학 및 LISREL에서 사용되는 그리스 문자이다.

3. 구조방정식모형의 하위모형

구조방정식모형은 두 개의 하위 부분으로 구성되어 있다. 하나는 잠재변수모형이고, 다른 하나는 측정모형이다. 잠재변수모형은 경로분석과 회귀분석, 측정모형은 확인적 요인분석의 흔적이라고 할 수 있다.

1) 잠재변수모형

잠재변수모형은 잠재변수 간의 인과관계 및 상관관계를 나타내는 부분이다. 잠재변수에는 두 가지 종류가 있다. 하나는 독립변수의 역할을 하는 것이며, 다른 하나는 종속변수의 역할을 하는 것이다.

그리스 문자 ξ(xi, 발음은 ksi 또는 si)로 표시된 잠재변수는, 이 변수의 원인이 설정된 연구모형 밖에 존재하고 있음을 나타낸다. 원인이 설정된 모형 밖에 존재하므로 ξ는 설정된 모형 안에서는 절대로 종속변수의 역할을 하지 않는다. 따라서 ξ는 설정된 모형에서는 언제나 독립변수로만 기능한다. 이런 잠재변수를 그 잠재변수를 있게 한 원인이 설정된 모형 밖에 있고, 그 원인의 효과로 이 잠재변수가 설정된 모형 안에 생겼다 해서 외생잠재변수(exogenous latent variable)라고 부른다. 이 잠재변수는 모형 밖에 있는 어떤 잠재변수로 인해 모형 안에 생긴 것이라고 할 수 있다. 실제 연구에서 모형 밖에 있는 변수는 관심의 대상이 아니다. 따라서 그것이 무엇인지에는 관심을 기울이지 않게 된다.

이와는 달리, η(eta)로 표시되는 잠재변수는 그 변수의 원인이 설정된 연구모형 안에 존재하고 있음을 나타낸다. 따라서 이것은 다른 잠재변수—그것이 ξ이거나 η이거나 간에—의 효과임을 뜻한다. 달리 표현하면 η는 주어진 모형 안에 있는 어떤 잠재변수가 원인이고 그 잠재변수의 효과로 생긴 것이다. 그러므로 η는 설정된 모형 내에서 적어도 한 번은 종속변수의 역할을 하게 된다. 이런 잠재변수를 이 잠재변수의 원인이 모형 안에 있고, 그 원인이 되는 잠재변수로 인해 이 잠재변수가 설정된 모형 안에 생겼다 해서 내생잠재변수(endogenous latent variable)라고 부른다. 내생잠재변수가 적어도 한 번은 종속변수의 역할을 한다는 의미는 설정된 모형 안의 모든 내생잠재변수는 종속변수의 역할을 하지만 경우에 따라서 다른 내생잠재변수를 설명하는 독립변수의 역할을 하기도 한다는 것이다. 따라서 내생잠재변수의 숫자만큼 내생잠재변수를 설명하는 방정식이 있게 된다.

하나의 변수가 독립변수 또는 종속변수의 기능을 하는가의 관점과는 다른, 잠재변수모형에서의 또 하나의 변수는 ζ(zeta)로 표시되는 오차변수이다. 이 ζ 변수는 방해오차 또는 방정식오차라고 불리며, 원이나 사각형으로 표시되지 않는다(참고로 AMOS 프로그램에서는 방해오차 ζ를 원으로 표기한다). ζ 변수는 어떤 종속변수 η를 설명하기 위해 ξ와 η의 독립변수들의 선형결합으로 구성되는 각각의 방정식에서, 방정식에 포함되지 않은 잠재변수들의 영향을 나타낸다. 달리 말해, ζ 변수는 η에 영향을 주지만 방정식에는 포함이 되지 않는 잠재변수들의 영향력의 크기를 나타내는 것이다. 이상적으로는 독립잠재변수(외생잠재변수)의 종속잠재변수(내생잠재변수)에 대한 관계가 명료하게 드러나야 하는데 이를 훼방하는 것이 방해오차이다. 또한 방정식의 독립잠재변수들로 종속잠재변수가 완전히 설명되어야 하는데 설명되지 못한 부분이 방해오차이다. 앞서도 언급했듯이 방해오차를 적게 하는 길은 독립변수를 많이 도입하는 것이나, 새로운 독립변수의 도입은 그 당위성이 뒷받침되는 이론적 근거가 있어야 한다.

지금까지의 지식을 갖고 [그림 2-4]를 자세히 살펴보자. [그림 2-4]는 [그림 2-2]에서 잠재변수가 관계된 부분, 즉 잠재변수모형만을 발췌한 것이다.

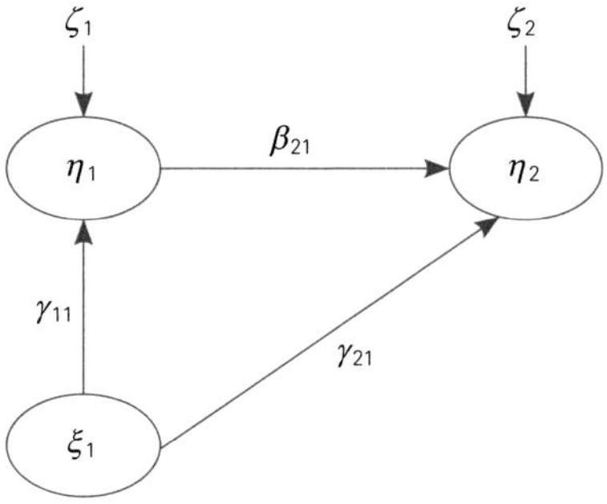

[그림 2-4] 잠재변수모형의 예

[그림 2-4]를 살펴보면 외생잠재변수에서 내생잠재변수로 가는 경로가 γ(gamma)로 표시되어 있다. 여기서 짐작할 수 있는 것처럼 γ는 ξ변수의 η변수에 대한 인과관계에서 영향력의 크기를 나타내는 계수이다. 또한 하나의 내생잠재변수에서 다른 내생잠재변수로 가는 경로는 β(beta)로 표시되어 있다. 동일한 논리로 β는 η변수의 다른 η변수에 대한 인과관계에서 영향력의 크기를 나타내는 계수이다. γ나 β 모두 계수의 값이 클수록 영향력의 강도가 높음을 나타낸다. 물론 계수의 부호가 마이너스로 표시되는 것은 영향력의 강도가 역으로 높음을 나타내는 것이다.

구조방정식모형이 다른 통계분석기법과 다른 것은 앞에서 보는 것처럼, 외생잠재변수에서 내생잠재변수로 가는 경로는 γ로, 내생잠재변수에서 내생잠재변수로 가는 경로는 β로 구분해 계수를 사용하고 있다는 점이다. 경로분석의 경우 외생변수에서 내생변수로 설정된 경로이든, 내생변수에서 내생변수로 설정된 경로이든 구분하지 않고 동일한 경로계수를 사용한다. 구조방정식모형이 계수를 구분해서 사용한다고 해서 이것이 곧 구조방정식모형이 다른 통계기법보다 우월한 것을 의미하지는 않으나, 계수를 구분해 사용함으로써 상대적으로 보다 정교한 해석을 가능하게 한다. 계수를 구분해 사용하는 것은 관찰변수가 대상이어도 마찬가지이다.

계수 γ는 Γ(gamma)행렬에 그 크기들이 나타난다. [그림 2-4]에서 외생잠재변수 ξ_1에서 첫 번째 내생잠재변수 η_1으로 가는 경로는 γ_{11}이고, 두 번째 내생잠재변수 η_2로 가는 경로는 γ_{21}이다. 이것들은 각각 Γ행렬의 첫 번째 행(row)과 첫 번째 열(column), 두 번째 행과 첫 번째 열의 원소에 해당된다.

$$\begin{array}{cc} & \xi_1 \\ \begin{array}{c}\eta_1\\ \eta_2\end{array} & \begin{pmatrix} \quad \\ \quad \end{pmatrix}\end{array} \longrightarrow \begin{array}{cc} & \xi_1 \\ \begin{array}{c}\eta_1\\ \eta_2\end{array} & \begin{pmatrix}\gamma_{11}\\ \gamma_{21}\end{pmatrix}\end{array}$$

여기서 알 수 있는 것처럼 경로의 아래 첨자로 나타난 것은 해당되는 행렬의 원소의 위치를 나타낸다. 행렬의 구성인자를 나타내는 용어인 원소는 다른 말로는 성분이라고도 한다. 행렬과 벡터를 나타내는 문자는 그것이 행렬과 벡터임을 표시하기 위해 진한 글씨로 표기된다.

계수 β는 B(beta)행렬에 그 크기들이 나타난다. [그림 2-4]를 보면 첫 번째 내생잠재변수 η_1에서 두 번째 내생잠재변수 η_2로 가는 경로는 β_{21}로 표시되어 있다. 이것은 B행렬의 두 번째 행과 첫 번째 열의 원소이다. [그림 2-4]에서는 두 번째 내생잠재변수 η_2에서 첫 번째 내생잠재변수 η_1으로 가는 경로는 그어져 있지 않으나, 만약 그어져 있다면 이것은 β_{12}로 표시되며 B행렬의 첫 번째 행과 두 번째 열의 원소가 된다.

$$\begin{array}{cc} & \begin{array}{cc}\eta_1 & \eta_2\end{array} \\ \begin{array}{c}\eta_1\\ \eta_2\end{array} & \begin{pmatrix} \quad & \quad \\ \quad & \quad \end{pmatrix}\end{array} \longrightarrow \begin{array}{cc} & \begin{array}{cc}\eta_1 & \eta_2\end{array} \\ \begin{array}{c}\eta_1\\ \eta_2\end{array} & \begin{pmatrix} 0 & \beta_{12} \\ \beta_{21} & 0 \end{pmatrix}\end{array}$$

또한 설정된 모형에서 경로가 표시되어 있지 않은 것은 해당되는 행렬의 원소가 0이다. 예를 들면, [그림 2-4]에서 두 번째 내생잠재변수 η_2에서 첫 번째 내생잠재변수 η_1으로 가는 경로는 그어져 있지 않다. 따라서 B행렬의 첫 번째 행과 두 번째 열의 원소는 0이 된다. 이처럼 설정된 모형에서 연구자가 관심을 갖는 경로만 행렬에 표시되고 연구자가 관심을 두지 않은 경로는 모두 0으로 표시된다.

연구자의 관심대상이어서 행렬에 나타나는 경로를 자유모수(free parameter)라고 하며, 관심의 대상이 아니어서 0이나 또는 0이 아닌 어떤 상수값으로 표시되는 것을 고정모수(fixed parameter)라고 한다. 고정모수는 대개 0으로 표시되며 0이 아닌 어떤 상수로 값이 지정되는 경우는 1이 대부분이다. 그러나 상수값이 반드시 1로 고정될 필요는 없으며, 필요에 의해서는 다른 값을 취할 수도 있다. 자유모수와 고정모수 외에, 어떤 경로가 다른 경로와 같은 값을, 또는 크거나 작은 값을 갖는다고 지정되는 경로가 있다. 이런 경로를 제약모수(constraint parameter)라고 한다. 같은 값을 갖는 경로를 등가제약(equality constraint)이라고 하며, 크거나 작은 값을 갖는 경로를 부등제약(inequality constraint)이라고 한다.

구조방정식모형의 잠재변수모형에서 B행렬과 Γ행렬은 잠재변수 간의 인과관계의 크기가 나타나는 계수행렬이다. B행렬과 Γ행렬의 각 원소는 한 잠재변수가 다른 잠재변수에 미치는 영향력의 강도를 나타내는 것으로, 이 두 개의 행렬을 사용하여 잠재변수 간의 인과관계에 대한 기술이 이루어지는 것이다. 설명의 편의를 위해 Γ행렬부터 먼저 소개하였지만 LISREL에서 계수행렬이 제시되는 순서는 B, Γ로 제시되며, 이에 맞추어 LISREL 프로그램이 작성되었다. 행렬의 제시 순서에서 B가 먼저 오는 이유는 이 장의 뒤에서 설명할 잠재변수모형의 네 번째 가정에 제시되어 있다.

앞의 두 계수행렬 B와 Γ만으로는 잠재변수모형에 대한 기술이 완전하지 않다. 두 계수행렬을 통해 외생잠재변수와 내생잠재변수, 그리고 내생잠재변수와 내생잠재변수 간의 인과관계는 기술이 된다. 그러나 두 계수행렬은 외생잠재변수 그 자체에 관한 기술과 내생잠재변수의 찌꺼기인 방해오차에 관한 기술은 아니다. 그러므로 이 두 부분에 대한 기술이 있어야 앞에 제시된 잠재변수모형이 완벽하게 기술이 된다. 다시 말해, 변수 간의 인과관계를 표시하는 두 계수행렬에 외생잠재변수 및 방정식오차에 관한 설명이 있어야 잠재변수모형이 제대로 설명이 된다. 이를 달리 표현하면, 우선 내생이냐 외생이냐를 떠나서 잠재변수 자체에 관한 기술이 필요하다는 것이다. 즉, 잠재변수의 분산은 어떠하며, 잠재변수 간의 공분산은 어떠한지에 관한 기술이 있어야 잠재변수모형을 구성하고 있는 잠재변수들이 누구인지를 파악할 수 있게 된다. 그러나 실제에서 종속잠재변수는 그것을 설명하는 독립잠재변수와 남아 있는 찌꺼기인 방해오차로 기술되므로 종속잠재변수에 대한 기술은 이론적으로 필요하지는 않다. 따라서 언제나 독립변수로 기능하는 외생잠재변수에 관한 기술만 있으면 충분하다.

또한 설정된 모형에서 종속변수의 역할을 한 번이라도 하게 되는 내생잠재변수는 독립변수로 기능하는 잠재변수에 의해 백 퍼센트 완벽하게 설명되지 못하는 경우가 매우 많다. 이론적으로 한 내생잠재변수는 그것을 설명하는 하나의 다른 잠재변수 혹은 여러 개의 잠재변수들의 선형결합으로 백 퍼센트 설명될 수도 있다. 그러나 이런 경우는 실제에서 거의 일어나지 않는다. 따라서 한 내생잠재변수가 하나 또는 여러 개의 독립변수들의 선형결합에 의해 완벽하게 설명되지 못하면, 그 내생잠재변수에는 독립변수에 의해 설명되지 못하는, 마치 찌꺼기 같은 부분이 남아 있게 된다. 이것이 바로 오차변수인 방해오차이며, 이것에 대한 기술이 있어야 한다. 이 부분에 관한 기술이 없다면 내생잠재변수에 관한 설명은 불충분하다.

주지하다시피, 이 방해오차는 방정식에 포함되는 독립변수가 늘어날수록 작아지게 된다. 따라서 이 방해오차를 작게 하는 방법은 가능한 방정식에 독립변수를 많이 포함시키는 것이지만, 그렇게 하면 할수록 그 모형은 점점 간명하지 않게 되는 약점이 있다. 어떤 모형의 간명성이 떨어져 복잡하게 될수록 그에 비례해서 그 모형을 사용해 현상을 설명하는 능력은 떨어지게 된다. 과학의 목적은 적은 수의 변수를 사용해 현상을 설명하는 데 있으므로, 변수를 많이 포함시켜 방해오차를 작게 하는 것이 반드시 옳은 것만은 아니다. 또한 새로운 독립변수의 도입은 그것에 대한 당위성이 확보되어야 하기 때문에 반드시 이론적 근거가 뒷받침되어야 하는 부담이 있다.

이론적 근거가 확보되고 필요에 의해 독립변수를 추가할 때 고려해야 할 것은, 새로 도입되는 독립변수가 이미 모형(방정식)에 들어 있는 기존의 독립변수와는 상관이 작으나 종속변수와는 상관이 커야 한다는 점이다. 만약 그렇지 않으면 새롭게 도입되는 독립변수가 종속변수를 설명해 주는 양은 많지 않게 되어 방정식에서 독립변수가 하나 늘어남에도 불구하고 방해오차가 줄어드는 정도는 크지 않게 된다.

잠재변수모형은 두 개의 계수행렬 B와 Γ 외에 언제나 독립변수 역할을 하는 외생잠재변수에 대한 기술과 내생잠재변수의 찌꺼기 부분인 방해오차에 관한 기술이 있으면 완벽하게 설명된다. [그림 2-4]를 통해 외생잠재변수를 기술해 보자.

[그림 2-4]에 설정된 모형에 의하면 외생잠재변수는 하나 있다. 따라서 이 외생잠재변수를 이해하기 위해서는 외생잠재변수의 분산에 관한 정보만 있으면 이 외생잠재변수가 어떤 모습의 변수인지를 파악할 수 있게 된다. 만약 외생잠재변수가 두 개 있고 이 변수들 간에 경로가 설정되어 있다면, 두 외생잠재변수의 분산과 이 둘 간의 공분산에 관한 정보가 있어야 할 것이다. 또 상관이 없는 것으로 설정되어 있으면 두 개의 분산에 관한 정보만 있으면 될 것이다.

외생잠재변수 간의 경로 설정에서 주지해야 할 것은 외생잠재변수 간의 관계는 언제나 화살표가 양끝에 있는 상관만이 가능하다는 점이다. 이는 논리적으로 외생잠재변수 간의 인과관계 설정이 가능하지 않기 때문이다. 외생잠재변수 간의 인과관계가 설정된다는 것은 외생잠재변수 간의 관계가 더 이상 독립변수와 독립변수의 관계가 아닌 독립변수와 종속변수의 관계로 바뀌게 됨을 의미한다. 따라서 외생잠재변수 간에 설정된 경로는 언제나 상관관계만이 가능하게 된다.

잠재변수모형에서 외생잠재변수인 ξ의 분산과 공분산에 관한 정보는 Φ(phi)행렬에 표시된다. 즉, 외생잠재변수인(ξ) 간의 연합의 정도는 Φ행렬에 나타난다. 이 Φ행렬은 외생잠재변수의 분산과 공분산에 관한 정보만을 담고 있어, 언제나 분산에 관한 정보가 있는 대각선을 중심으로 위아래가 대칭인 공분산행렬이다. 그리고 Φ행렬은 공분산행렬이므로 언제나 정사각형행렬이다. 공분산행렬인 이 Φ행렬을 표준화시키면 Φ행렬은 상관행렬이 된다. 다시 말해, 두 변수의 공분산을 두 변수의 표준편차의 곱으로 나누면 상관이 된다. 그렇게 되면 대각선의 원소는 1이 되고 대각선 외의 원소는 변수 간의 상관계수가 된다.

[그림 2-4]에 설정된 모형에서 ξ변수는 하나밖에 없기 때문에 Φ행렬은 분산에 관한 원소 하나밖에 없는 스칼라가 된다. 행렬의 차수가 1×1인 행렬을 스칼라라고 한다. 만약 ξ변수가 두 개 있고 이들 간에 상관이 있다면, Φ행렬은 분산에 관한 정보가 대각선에 있고 공분산이 대각선 위와 아래에 위치한 대칭행렬이 된다. 이 Φ행렬의 첫 번째 행과 첫 번째 열에는 첫 번째 ξ의 분산이, 두 번째 행과 두 번째 열에는 두 번째 ξ의 분산이 위치하고, 첫 번째 행과 두 번째 열에는 첫 번째 ξ와 두 번째 ξ의 공분산이 위치하게 된다. Φ행렬의 두 번째 행과 첫 번째 열의 원소는

첫 번째 행과 두 번째 열의 원소와 값이 같다.

잠재변수모형에서 방해오차인 ζ를 기술하기 위한 분산과 공분산에 관한 정보는 Ψ(psi)행렬에 나타난다. 찌꺼기인 방해오차의 분산과 방해오차 간에 경로가 설정되었다면 이것들의 공분산에 관한 기술은 Ψ행렬에 표시된다. [그림 2-4]의 모형을 보면 ζ는 두 개 표시되어 있다. 하나는 η_1, 또 하나는 η_2의 방해오차이다. 따라서 이것을 이해하려면 ζ_1과 ζ_2의 분산에 관한 정보만 있으면 된다. Ψ행렬은 대각선에 ζ_1과 ζ_2의 분산만 있고 대각선 외의 원소는 0이 된다. 즉, Ψ행렬의 첫 번째 행과 첫 번째 열에는 ζ_1의 분산이, 두 번째 행과 두 번째 열에는 ζ_2의 분산이 위치하고, 대각선 외의 원소인 두 번째 행과 첫 번째 열은 0이다. 만약 ζ_1과 ζ_2가 상관이 있다면 첫 번째 행과 두 번째 열에는 ζ_1과 ζ_2의 공분산이 위치하게 되며, Ψ행렬이 대각선을 중심으로 위아래가 대칭이므로 이 값은 두 번째 행과 첫 번째 열의 값과 같다.

앞에서 알 수 있는 것처럼 Ψ행렬도 Φ행렬과 마찬가지로 대각선에는 분산이, 대각선의 위아래에는 공분산이 위치하는 공분산행렬이다. 공분산행렬이므로 Ψ행렬은 대각선을 중심으로 위아래가 같은 대칭행렬이며, 따라서 정사각형행렬이다.

이제까지의 논의에 기초해 [그림 2-4]에 표시된 잠재변수모형은 다음과 같이 방정식으로 나타낼 수 있다. 먼저 η_1을 보면, η_1에 영향을 미치는 것은 ξ_1 하나뿐이다. 바꾸어 말하면, 종속변수 η_1에 영향을 미치는 독립변수는 ξ_1 하나이며 영향력의 강도는 γ_{11}이다. 이 종속변수 η_1을 독립변수 ξ_1이 백 퍼센트 설명하지 못하기 때문에 방해오차 ζ_1이 η_1에 붙어 있다. 이를 방정식 ①과 같이 나타낼 수 있다.

$$\eta_1 = \gamma_{11}\xi_1 + \zeta_1 \cdots\cdots ①$$

그다음 η_2를 보면, η_2에 영향을 미치는 것은 η_1과 ξ_1이다. 달리 말해, 종속변수 η_2를 놓고 볼 때 독립변수 노릇을 하는 것은 η_1과 ξ_1이며, 이것들의 η_2에 대한 영향력의 강도는 각각 β_{21}과 γ_{21}이다. 그리고 독립변수인 η_1과 ξ_1이 종속변수 η_2를 백 퍼센트 설명하지 못해서 방해오차인 ζ_2가 η_2에 붙어 있다. 이를 방정식 ②와 같이 나타낼 수 있다.

$$\eta_2 = \beta_{21}\eta_1 + \gamma_{21}\xi_1 + \zeta_2 \cdots\cdots ②$$

①과 ②의 두 개의 방정식으로 [그림 2-4]에서 제시된 모형에서의 잠재변수에 관한 설명이 이루어진다. 이때 방정식 각각은 모집단에서의 잠재변수 간의 관계를 나타낸다. 구조방정식모형에서 사용되는 방정식 하나하나가 변수 간의 구조를 나타내어 구조방정식이라고 한다는 설명은 제1장에서 한 바 있다. 구조방정식모형에서의 모든 방정식이 본질적으로 구조방정식이고 이 글에서는 이런 맥락에서 구조방정식이라는 용어를 사용하고 있으나, 잠재변수 간의 관계만을 지칭해 구조방정식이라고 하는 사람도 있으므로 다른 서적을 참고할 때는 이 점을 유의해야 한다.

각각의 구조방정식이 나타내는 이러한 잠재변수 간의 구조는 B, Γ, Φ, 그리고 Ψ행렬로 완전한 기술이 이루어지므로 이 4개의 행렬을 잠재변수모형에서의 모수행렬(parameter matrix)이라고 한다. 이 행렬들의 원소가 모집단에서의 변수 간의 구조를 나타내고 그 값이 모집단 특성치로 표시된다고 해서 모수행렬이라는 이름이 붙었다.

앞의 방정식을 주의해 보면, η_2를 기술할 때 잠재변수의 순서가 내생잠재변수인 η_1이 먼저 오고 다음에 외생잠재변수인 ξ_1이 온 것을 알 수 있다. 종속변수 η_2를 기술할 때 어떤 잠재변수가 먼저 오는가에 따라 η_2의 기술이 달라지지는 않는다. 즉, 외생잠재변수가 먼저 오고 내생잠재변수가 와도 달라지는 것은 없다. 그러나 구조방정식모형에서의 관행은 종속변수를 기술할 때 내생잠재변수가 먼저 오고 그다음에 외생잠재변수가 온다. ①과 ②의 구조방정식을 한데 모으면 다음과 같다.

$$\eta_1 = \gamma_{11}\xi_1 + \zeta_1$$

$$\eta_2 = \beta_{21}\eta_1 + \gamma_{21}\xi_1 + \zeta_2$$

이번에는 앞의 두 수식으로 진술된 두 구조방정식을 행렬로 나타낼 수 있는데, 구조방정식은 수식으로 나타내어지나 행렬로 나타내어지나 같다는 것을 다음을 통해 쉽게 알 수 있다.

$$\begin{pmatrix}\eta_1\\ \eta_2\end{pmatrix}=\begin{pmatrix}0 & 0\\ \beta_{21} & 0\end{pmatrix}\begin{pmatrix}\eta_1\\ \eta_2\end{pmatrix}+\begin{pmatrix}\gamma_{11}\\ \gamma_{21}\end{pmatrix}(\xi_1)+\begin{pmatrix}\varsigma_1\\ \varsigma_2\end{pmatrix}$$

즉, 행렬이나 두 개의 구조방정식이나 보는 바와 같이 [그림 2-4]의 잠재변수모형을 옮긴 것이다. 따라서 경로도, 방정식, 또는 행렬의 표시가 다 동일한 것의 다른 표현임을 알 수 있다. 앞에서 제시된 구조방정식을 행렬을 사용해 일반적인 형태로 다시 쓰면, 잠재변수모형은 다음과 같이 진술된다.

$$\begin{pmatrix}\eta_1\\ \eta_2\end{pmatrix}=\begin{pmatrix}0 & 0\\ \beta_{21} & 0\end{pmatrix}\begin{pmatrix}\eta_1\\ \eta_2\end{pmatrix}+\begin{pmatrix}\gamma_{11}\\ \gamma_{21}\end{pmatrix}(\xi_1)+\begin{pmatrix}\zeta_1\\ \zeta_2\end{pmatrix}$$

$$\eta \quad = \quad B\eta \quad + \quad \Gamma\xi \quad + \quad \zeta$$

B = η와 η를 관계시키는 계수행렬로 차수는 m×m

Γ = ξ와 η를 관계시키는 계수행렬로 차수는 m×n

ζ = 잠재변수오차 벡터로 차수는 m×1

η = 내생잠재변수 벡터로 차수는 m×1

ξ = 외생잠재변수 벡터로 차수는 n×1

m은 설정된 구조방정식모형 안에 있는 내생잠재변수의 숫자이며, n은 외생잠재변수의 숫자이다. 예를 들어, [그림 2-4]에서 m은 2이며, n은 1이다. 전술하였듯이 잠재변수모형에서는 차수가 m×m인 계수행렬 B와 차수가 m×n인 계수행렬 Γ를 사용해 잠재변수 간의 인과관계에 대한 진술이 이루어진다. 또 ξ변수 간의 상관의 정도는 Φ행렬을 사용해 진술되며 차수는 n×n이다. ζ변수 간의 상관은 Ψ행렬을 통해 진술되며 차수는 m×m이다.

이번에는 앞의 잠재변수모형을 잠재변수모형의 4개의 모수행렬(B, Γ, Φ, Ψ)을 사용하여 나타내 보자. 먼저 두 개의 계수행렬 B와 Γ에는 잠재변수 간의 인과관계가 나타난다. 계수행렬을 표기할 때, 효과가 되는 변수(종속변수)는 행렬의 행에, 원인이 되는 변수(독립변수)는 행렬의 열에 표시한다. 다음, 두 개의 공분산행렬 Φ와 Ψ에는 각각 외생잠재변수 간의 상관과 방해오차 간의 상관이 나타난다. 이 두 개의 공분산행렬은 변수 간의 인과관계가 아닌 연합의 정도를 나타내는 대칭행렬이므로 행렬의 행과 열에 어떤 변수가 위치하는지는 문제가 되지 않는다.

$$B = \begin{array}{c} \\ \eta_1 \\ \eta_2 \end{array} \begin{array}{c} \begin{array}{cc} \eta_1 & \eta_2 \end{array} \\ \begin{pmatrix} 0 & 0 \\ \beta_{21} & 0 \end{pmatrix} \end{array}$$

내생잠재변수 간의 인과관계를 나타내는 이 계수행렬의 차수는 2×2로, η_2에 대한 η_1의 영향력의 크기가 β_{21}로 나타나 있다. 계수 β_{21}은 두 변수 η_1과 η_2의 인과관계에서 η_1이 원인이고 η_2는 효과임을 나타낸다. 원소 밑에 사용된 아래 첨자로 변수 간의 인과관계를 나타내는데, 앞서도 언급했듯이 효과인 변수를 먼저 쓰고 원인인 변수를 나중에 쓴다. 달리 말하면, 종속변수의 역할을 하는 변수를 먼저 쓰고, 독립변수의 기능을 하는 변수를 나중에 쓴다. [그림 2-4]와 계수행렬 B에서 알 수 있는 것처럼 행렬에서 원소가 0인 것은 그 원소에 대응되는 경로가 없는 것을 나타낸다. 만약 앞의 잠재변수모형에서 η_2에서 η_1으로 가는 경로가 있다면 행렬에서 β_{12}가 있게 된다.

$$\Gamma = \begin{array}{c} \\ \eta_1 \\ \eta_2 \end{array} \begin{array}{c} \xi_1 \\ \begin{pmatrix} \gamma_{11} \\ \gamma_{21} \end{pmatrix} \end{array}$$

외생잠재변수에서 내생잠재변수로 가는 인과관계를 나타내는 이 계수행렬의 차수는 2×1로, η_1과 η_2에 대한 ξ_1의 영향력의 크기가 각각 γ_{11}과 γ_{21}로 나타나 있다.

만약 외생잠재변수가 하나 더 있고 이것이 η_1과 η_2에 영향을 미친다면, 행렬의 차수는 2×2가 될 것이며 영향력의 크기는 각각 γ_{12}과 γ_{22}로 나타나게 될 것이다.

$$\Phi = \begin{matrix} & \xi_1 \\ \xi_1 & \left(\phi_{11}\right) \end{matrix}$$

외생잠재변수 간의 연합의 정도를 나타내는 이 공분산행렬의 차수는 1×1로, ξ_1의 자신과의 공분산—ξ_1과 ξ_1의 공분산—의 크기가 ϕ_{11}로 나타나 있다. 여기서 ϕ는 Φ의 소문자로 Φ행렬의 원소를 나타내는 기호이며, 사용된 두 첨자가 같으면 분산, 첨자가 서로 다르면 공분산이다. 그러므로 ϕ_{11}은 $VAR(\xi_1)$의 다른 표현이다. 만약 모형에 ξ_1과 ξ_2의 외생잠재변수가 두 개 있고 이들 간에 상관이 있다고 하면, Φ행렬의 차수는 2×2가 되며 대각선에는 두 변수의 분산인 ϕ_{11}과 ϕ_{22}가 나타나고 대각선 외의 부분에는 공분산인 ϕ_{21}과 ϕ_{12}가 나타난다. 그리고 Φ행렬은 대각선을 중심으로 위와 아래가 대칭이므로 ϕ_{21}과 ϕ_{12}는 같은 값을 갖는다. 덧붙여, ϕ_{21}은 $COV(\xi_2, \xi_1)$의 다른 표현이다.

$$\Psi = \begin{matrix} & \zeta_1 & \zeta_2 \\ \zeta_1 & \psi_{11} & 0 \\ \zeta_2 & 0 & \psi_{22} \end{matrix}$$

각각의 종속잠재변수를 설명하는 방정식에서 설명되지 못하고 남아 있는 방정식오차, 즉 방해오차 간의 연합의 정도를 나타내는 이 공분산행렬의 차수는 2×2로, ζ_1과 ζ_2의 자신과의 공분산(즉, 분산)의 크기가 ψ_{11}과 ψ_{22}로 나타나 있다. 여기서 ψ는 Ψ의 소문자로 Ψ행렬의 원소를 나타내는 기호이다. Φ행렬과 마찬가지로, Ψ의 아래 첨자의 숫자가 같으면 분산을, 서로 다르면 공분산을 나타낸다. 예를 들면, ψ_{11}은 $VAR(\zeta_1)$의 다른 표현이다. 이 행렬에서 ζ_1과 ζ_2의 공분산에 관한 모수는 고려되지 않고 있는데, 이는 [그림 2-4]에서 ζ_1과 ζ_2가 양끝에 화살이 달린 곡선의 화살표로 연결되어 있지 않기 때문이다. 만약 연결되어 있다면, ζ_1과 ζ_2의 공분산인 $COV(\zeta_2, \zeta_1)$가 기호로 나타내면 ψ_{21}이 행렬에 표시되어야 한다. 이 ψ_{21}은 ψ_{12}의 값과 같다. 여기서 알 수 있듯이 공분산행렬은 대각선에는 분산이 위치하고 그 외의 부분에는 공분산이 위치한다.

이런 잠재변수모형이 성립되기 위해 필요한 통계적 가정은 다음과 같다.

(1) $E(\eta)=0, E(\xi)=0, E(\zeta)=0$이다

이 가정은 잠재변수모형에서 고려되는 모든 변수의 기댓값은 0이라는 것이다. 이 가정이 필요하게 된 것은 구조방정식모형에서는 모든 변수를 편차점수로 나타내기 때문이다. 편차점수는 원점수의 일차식변환이어서, 변수를 원점수나 혹은 편차점수의 형태로 나타내도 어떤 측정값이 갖고 있는 정보는 변하지 않는다. 구조방정식모형에서 변수를 편차점수로 나타내는 것은 관행이다. 여기서 0은 영행렬이라고 하며, 이 행렬의 모든 원소가 0임을 나타낸다.

(2) ζ와 ξ는 상관이 없다

방해오차 ζ는 독립변수 역할을 하는 외생잠재변수가 어떤 내생잠재변수를 설명할 때 완전히 설명되지 못하고 내생잠재변수에 남아 있는 부분이다. 바꾸어 말하면, ζ는 방정식에서 누락된 외생잠재변수가 한데 뭉쳐 표현된 것이다. 그러므로 이 방해오차는 외생잠재변수와는 상관이 있을 수 없다. 만약 상관이 있다면 그것은 외생잠재변수에 의해서 설명되는 것을 의미하고 그 결과 방해오차는 없어지게 된다.

(3) ζ는 동분산성(homoscedasticity)이며, 자기상관(auto-correlation)이 없다

어떤 종속변수가 독립변수들로 설명된다고 하자. 그리고 종속변수를 설명하는 이 방정식은 현상을 잘 나타낸다고 하자. 이때 방해오차 ζ는 그 성격이 독립변수에 의해서 설명되지 못하는 부분이다. 그러므로 어떤 특정한 사례의 방해오차 관찰값이 임의의 값을, 예를 들어 2.5라는 값을 갖게 된다면, 다른 사례의 방해오차 값도 2.5에 근사한 값이 될 것이다. 물론 어떤 경우는 극단의 값도 있을 것이지만 극단의 값을 갖는 사례는 많지 않을 것이다. 그렇다고 하면 방해오차의 분포는 일정한 형태를 가질 것이다. 만약 방해오차의 분포가 들쭉날쭉하다면 종속변수를 설명하는 방정식이 제대로 현상을 반영하고 있지 않은 것이 된다. 따라서 현상을 제대로 반영하고 있다면 방해오차의 분포 형태는 모든 사례에서 비슷한 모양을 갖게 된다. 이것이 동분산성의 가정이다.

어떤 변수가 두 번에 걸쳐서 측정된다고 하자. 그러면 이 두 번에 걸쳐 측정된 변수의 관찰값은 서로 상관이 있을 수 있다. 이번에는 관찰값이 아닌, 관찰값에서 독립변수에 의해 설명되지 못하는 방해오차를 고려해 보자. 어떤 특정한 사례의 첫 번째 시점과 두 번째 시점에서 측정된 방해오차 값이 서로 상관이 있다면 이것을 자기상관이라고 한다. 만약 방해오차 간에 자기상관이 있다면 이것은 방해오차가 순수한 찌꺼기라고 보기는 어렵다. 순수한 찌꺼기라고 할 수 없는 무엇인가가 있기 때문에 두 번의 시점에서 관찰된 방해오차 간에 상관이 있는 것이다. 순수한 찌꺼기가 아닌 것은 방해오차라고 할 수 없다. 자기상관이 없다는 가정은 이런 맥락 속에서 도출된 것이다.

(4) $(I-B)$는 정칙(nonsingular)이다

구조방정식모형에서 잠재변수모형을 나타내는 $\eta = B\eta + \Gamma\xi + \zeta$ 방정식은 등호 오른쪽에 내생잠재변수 항을 포함하고 있다. 그러므로 내생잠재변수가 설명되는데 자신에 관한 항이 등호 오른쪽에 있음으로써 자신이 스스로를 설명하는 것이 된다. 이는 어떤 개념을 설명할 때 'A는 A이다'라고 하는 것과 같다. 따라서 알려지지 않은 A에 관해 알려고 하는데 A를 A로 설명하면 아무것도 얻는 것이 없게 된다. 알려지는 대상인 A는 A가 아닌 다른 알고 있는 것으로 설명되어야 한다.

같은 논리로 구조방정식모형에서 내생잠재변수가 외생잠재변수의 항으로 설명되기 위해서는 등호 오른쪽의 내생잠재변수 항이 등호 왼쪽으로 이동되어야 하고, 이항된 후 인수분해가 되고 $(I-B)$항으로 양변을 나눌 수 있어야만 한다. $(I-B)$항으로 양변을 나눌 수 있으려면 $(I-B)$항이 반드시 역행렬 $(I-B)^{-1}$을 가져야 한다. 역행렬을 갖는 조건이 $(I-B)$항이 정칙인 것이다. 그렇게 되면 내생잠재변수는 외생잠재변수들로만 설명된다. 이것을 내생잠재변수가 외생잠재변수로 환원되었다 해서 환원형태(reduced form)라고 한다. 이를 수리적으로 나타내면 다음과 같다.

$$\eta = B\eta + \Gamma\xi + \zeta$$
$$\eta - B\eta = \Gamma\xi + \zeta$$
$$(I - B)\eta = \Gamma\xi + \zeta$$
$$\eta = (I - B)^{-1}(\Gamma\xi + \zeta)$$

내생잠재변수가 다른 것들로 설명되기 위한 조건이 바로 정칙인 것이다. 정칙행렬은 역행렬을 가질 수 있는 행렬을 말하고 $CA = AC = 1$로 나타낼 수 있으며 이때 $C = A^{-1}$으로 나타낸다. 앞에서 행렬 I는 단위행렬 또는 항등행렬이라고 하며, 대각선의 모든 원소가 1이며 그 외의 원소는 모두 0인 행렬이다.

2) 측정모형

측정모형은 잠재변수와 관찰변수들 간의 인과관계를 나타내는, 잠재변수가 어떻게 관찰변수를 통해 측정되는가를 살펴보는 것이다. 이 측정모형은 요인분석과 유사하나 초점이 다르다. 요인분석에서는 많은 관찰변수가 적은 수의 요인으로 환원되는 것에 초점을 두나, 측정모형에서는 잠재변수가 어떤 관찰변수를 통해 가시적으로 드러나는가에 초점을 둔다.

[그림 2-5]와 같은 측정모형을 생각해 보자. 이 측정모형은 앞의 [그림 2-2]의 구조방정식모형에서 잠재변수와 관찰변수 간의 관계를 나타내는 부분만을 떼어내고, 내생잠재변수 부분이 앞에 위치하도록 재배열한 것이다.

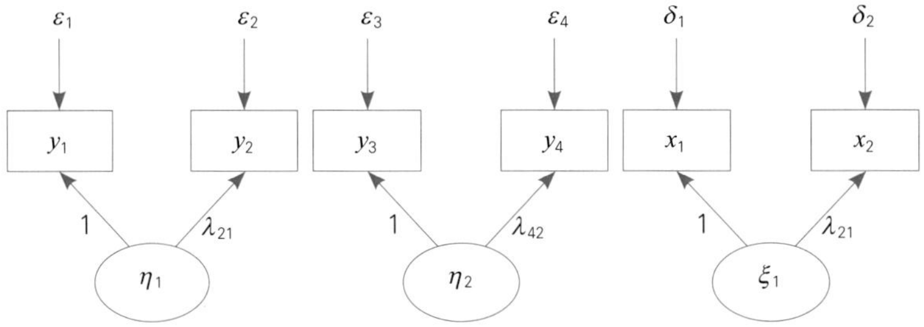

[그림 2-5] 측정모형의 예

통상적으로 통계분석에서 수집된 자료인 관찰변수를 구분할 때, 독립변수는 X로 표시하고 종속변수는 Y로 표시한다. 그러나 LISREL로 표현되는 구조방정식모형에서는 내생잠재변수와 외생잠재변수의 관찰변수를 구분하는 데 사용한다. 이 점에서 다른 통계분석과 차이가 있다. y로 표시된 변수는 내생잠재변수의 관찰변수임을 뜻하고, x로 표시된 변수는 외생잠재변수의 관찰변수임을 가리킨다. 그리고 LISREL에서는 내생잠재변수의 관찰변수를 앞에 위치시키고, 그다음에 외생잠재변수의 관찰변수를 위치시킨다.

어떤 잠재변수의 관찰변수가 어디 위치하는가에 따라서 통계분석 결과가 달라지지는 않으나 LISREL은 관행적으로 내생잠재변수의 관찰변수를 앞에 위치시키고 이런 관행에 맞추어 LISREL 프로그램이 구성되어 있다. 그런 관행에 따라 이 글에서도 내생잠재변수에 관계된 부분을 앞에 위치시켰다. 그러나 확인적 요인분석만이 목적일 때는 내생잠재변수와 외생잠재변수의 관찰변수를 구분하지 않고 일률적으로 기호 x를 사용해 관찰변수를 나열한다. 이에 대한 자세한 설명은 제6장에 제시되어 있다.

관찰변수는 원점수나 편차점수 둘 중 어느 것으로 표기되어도 무방하나, 구조방정식모형에서는 편차점수 형태로 표기하는 것이 관례이다. 이런 관행을 존중해 이 글에서도 관찰변수를 편차점수 형태인 소문자 y와 x로 표시한다. 편차점수는 원점수에서 상수인 평균을 뺀 것이므로, 원점수가 사용되거나 편차점수가 사용되거나 간에 숫자로 나타난 관찰값에 담겨져 있는 정보에는 변화가 없다.

측정모형을 제대로 나타내기 위해서는 두 가지가 필요하다. 하나는 잠재변수와 그 잠재변수의 외현적 대리인인 관찰변수와의 인과관계의 기술이다. 측정모형에서는 또다시 잠재변수를 기술할 필요가 없다. 이미 잠재변수모형에서 잠재변수는 기술되었기 때문이다. 남은 하나는 잠재변수가 관찰변수를 백 퍼센트 설명하지 못하므로 관찰변수에서 설명되지 못하는 부분에 관한 것, 다시 말해 측정오차에 관한 기술이다. 이 부분에 관한 기술이 있으면 관찰변수는 완벽하게 모습이 그려지게 된다. 잠재변수와 관찰변수 간의 구조를 나타내는 측정모형은 이 두 가지에 관한 기술만 있으면 충분한 설명이 이루어져 다른 정보가 보태질 필요가 없다.

[그림 2-5]에서 λ(lambda)는 잠재변수와 관찰변수 간의 인과관계를 나타내는 계수이다. 달리 표현하면, λ로 표시되는 값은 잠재변수가 한 단위 변할 때, 관찰변수가 변하는 양을 나타내는 것이다. 그리고 이 계수 λ는 잠재변수모형에서 β나 γ처럼 내생잠재변수와 외생잠재변수 부분의 계수를 따로 구분해 계수를 사용하지 않고, 동일한 기호인 λ를 사용해 내생잠재변수와 외생잠재변수의 관찰변수에 대한 관계를 표현하고 있음을 유의해야 한다. 그러나 이러한 계수가 표현되는 계수행렬은 내생잠재변수와 외생잠재변수의 관찰변수를 따로 구분하고 있다. 즉, 내생잠재변수와 그 내생잠재변수의 관찰변수 간의 구조를 나타내는 λ는 Λ_y(lambda y) 행렬에, 외생잠재변수와 그 외생잠재변수의 관찰변수 간의 구조를 나타내는 λ는 Λ_x(lambda x)행렬에 표시된다.

[그림 2-5] 모형에서 내생잠재변수의 관찰변수는 모두 4개(y_1, y_2, y_3, y_4)가 있다. 그 가운데 y_1과 y_2는 첫 번째 내생잠재변수인 η_1의 관찰변수이고, y_3과 y_4는 두 번째 내생잠재변수인 η_2의 관찰변수이다. η_1에서 y_1과 y_2로 향하는 경로는 1과 λ_{21}이고, η_2에서 y_3과 y_4로 향하는 경로는 1과 λ_{42}이다. 여기서 η_1에서 y_1으로 향하는 경로는 λ_{11}이지만 이 값이 1로 설정되어 있고, η_2에서 y_3으로 향하는 경로는 λ_{32}이지만 이 값도 1로 설정되어 있다. 네 개의 관찰변수로 가는 경로들은 각각 Λ_y행렬의 첫 번째 행과 첫 번째 열, 두 번째 행과 첫 번째 열, 세 번째 행과 두 번째 열, 네 번째 행과 두 번째 열의 원소에 해당된다. 그리고 이 가운데 첫 번째 행과 첫 번째 열의 값과 세 번째 행과 두 번째 열의 값은 이미 그 값이 정해져 1로 설정되어 있다. 유의해야 할 것은 η_1에서 y_2나 y_4로 향하는 경로가 없으며, 또 η_2에서 y_1이나 y_2로

향하는 경로도 설정되어 있지 않다는 점이다. 따라서 이것에 대응되는 원소들의 값은 0이다. 만약 η_1에서 y_3으로 향하는 경로가 그어져 있다면, λ_{31}이 Λ_y행렬에 나타나게 되며, 같은 논리로 η_2에서 y_2로 경로가 설정되어 있다면 λ_{22}가 Λ_y행렬에 나타난다.

그다음에 외생잠재변수의 관찰변수는 x_1과 x_2 두 개이다. 이 경우는 외생잠재변수는 ξ_1이 하나 있으며, 이 ξ_1에서 x_1으로 가는 경로는 1로 값이 정해져 있으며, x_2로 가는 경로인 λ_{21}이 설정되어 있다. 이것들은 각각 Λ_x행렬의 첫 번째 행과 첫 번째 열, 그리고 두 번째 행과 첫 번째 열의 원소를 구성하고 있다. 유의해야 할 것은 첫 번째 행과 첫 번째 열의 원소인 λ_{11}의 값이 1로 이미 그 값이 정해져 있다는 것이다.

구조방정식모형에서의 측정모형은 Λ_y와 Λ_x의 두 개의 계수행렬을 사용해 잠재변수와 관찰변수 간의 구조를 나타낸다. 그러나 앞에서도 언급했듯이 계수행렬만으로는 관찰변수를 백 퍼센트 기술할 수는 없고, 반드시 관찰변수의 측정오차에 관한 기술이 수반되어야 관찰변수를 완벽하게 기술할 수 있게 된다. ε(epsilon)은 내생잠재변수의 관찰변수에서의 측정오차를, δ(delta)는 외생잠재변수의 관찰변수에서의 측정오차를 나타내는 변수들이다.

[그림 2-5]에서 ε과 δ로 표시되는 측정오차에 관한 기술은 분산과 공분산으로 이루어진다. 내생잠재변수의 관찰변수 y에 붙어 있는 측정오차는 Θ_ϵ(theta epsilon) 행렬에, 외생잠재변수의 관찰변수 x에 붙어 있는 측정오차는 Θ_δ(theta delta)행렬에 나타난다. 이 두 개의 행렬은 대각선에는 측정오차의 분산을, 대각선 밖에는 측정오차 간의 공분산을 담고 있는 공분산행렬이다. 공분산행렬이므로 이 두 개의 행렬은 정사각형행렬이다.

내생잠재변수의 관찰변수의 숫자는 y_1에서 y_4까지 모두 4개이다. 따라서 관찰변수 y의 측정오차는 ε_1부터 ε_4까지 모두 4개 있게 된다. 측정오차 간에 양끝에 화살표가 달린 경로가 표시되어 있지 않으므로 측정오차 간의 공분산은 없다. 따라서 Θ_ϵ행렬에는 측정오차의 분산만이 존재한다. 이 경우에서처럼 행렬의 대각선 원소에만 값이 있고 대각선 밖의 모든 원소는 0인 행렬을 대각선에만 값이 있다 하여 대각선행렬이라고 한다. H_ϵ행렬의 첫 번째 행과 첫 번째 열에 측정오차 ε_1의 분산인 $VAR(\varepsilon_1)$, 두 번째 행과 두 번째 열에 ε_2의 분산인 $VAR(\varepsilon_2)$, 세 번째 행과 세 번째 열에 ε_3의 분산인 $VAR(\varepsilon_3)$, 네 번째 행과 네 번째 열에 ε_4의 분산인 $VAR(\varepsilon_4)$가 위치하게 된다. 측정오차 간에 상관이 없으므로 공분산은 0이다.

외생잠재변수의 관찰변수는 x_1과 x_2이다. 따라서 관찰변수 x의 측정오차는 δ_1과 δ_2만이 있게 된다. 이 경우도 측정오차 간에 양끝에 화살표가 있는 경로가 없으므로 측정오차 간의 공분산은 존재하지 않는다. 따라서 외생잠재변수 관찰변수의 측정오차를 담고 있는 H_δ행렬은 분산만이 있는 대각선행렬이다. H_δ행렬의 첫 번째 행과 첫 번째 열에 δ_1의 분산인 $VAR(\delta_1)$, 두 번째 행과 두 번째 열에 δ_2의 분산인 $VAR(\delta_2)$이 위치하고, 대각선 외의 원소인 두 번째 행과 첫 번째 열의 원소인 공분산 $COV(\delta_2, \delta_1)$는 값이 0이다.

주지해야 할 것은 어떤 관찰변수는 완벽하게 측정되어 측정오차가 없다고 판단할 수가 있다. 그러나 이런 경우는 실제에서 존재하지 않는다. 따라서 관찰변수가 있으면 반드시 측정오차에 관한 경로를 설정해야 한다.

지금까지의 논의에 비추어 [그림 2-5]에서의 측정모형을 구조방정식으로 나타내면 다음과 같다. 먼저 내생잠재변수 η_1을 관찰하는 측정모형의 구조방정식은 다음과 같이 된다.

$$y_1 = 1\eta_1 + \varepsilon_1$$
$$y_2 = \lambda_{21}\eta_1 + \varepsilon_2$$

내생잠재변수 η_2를 관찰하는 측정모형의 구조방정식은 다음과 같다.

$$y_3 = 1\eta_2 + \varepsilon_3$$
$$y_4 = \lambda_{42}\eta_2 + \varepsilon_4$$

다음으로 외생잠재변수 ξ_1을 관찰하는 측정모형의 구조방정식은 다음과 같다.

$$x_1 = 1\xi_1 + \delta_1$$
$$x_2 = \lambda_{21}\xi_1 + \delta_2$$

이런 관계를 나타내는 측정모형을 행렬을 사용해 일반적인 형태로 쓰면 다음과 같다. 이때 내생잠재변수의 관찰변수인 y를 먼저 쓰고 외생잠재변수의 관찰변수인 x를 쓰는 것이 관례이다.

$$y = \Lambda_y\eta + \varepsilon$$
$$x = \Lambda_x\xi + \delta$$

$y = \eta$의 관찰변수 벡터로 차수는 p×1
$x = \xi$의 관찰변수 벡터로 차수는 q×1
$\Lambda_y = y$를 η에 관계시키는 계수행렬로서 차수는 p×m
$\Lambda_x = x$를 ξ에 관계시키는 계수행렬로서 차수는 q×n
$\varepsilon = y$의 측정오차 벡터로서 차수는 p×1
$\delta = x$의 측정오차 벡터로서 차수는 q×1

p는 y 관찰변수의 숫자를, q는 x 관찰변수의 숫자를 나타낸다. 예를 들어, [그림 2-5]에서 p는 4이며, q는 2이다.

앞에서 논의된 것처럼 측정모형에서는 Λ_y와 Λ_x의 두 계수행렬이 있다. Λ_y는 내생잠재변수에서 내생잠재변수의 관찰변수로 가는 인과관계를 나타내며 차수는 p×m, Λ_x는 외생잠재변수에서 외생잠재변수의 관찰변수로 가는 인과관계를 나타내며 차수는 q×n이다. 그리고 측정모형의 관찰변수 측정오차에 관한 H_ϵ과 H_δ의 두 공분산행렬이 있다. H_ϵ는 y에서의 측정오차를 담고 있는 공분산행렬로 차수는 p×p이고, H_δ는 x에서의 측정오차를 나타내는 공분산행렬로 차수는 q×q이다.

LISREL8에서는 두 공분산행렬 외에 또 다른 공분산행렬을 도입하였다. 그동안은 내생잠재변수의 관찰변수들이 갖는 측정오차는 외생잠재변수의 관찰변수들의 측정오차와는 상관이 없다는 가정을 하고, 이런 가정하에서 LISREL이 제작되고 사용되었다. 그러나 이런 가정이 대부분의 경우에서는 리얼리티를 제대로 반영하는 것이나 어떤 경우에서는 리얼리티를 왜곡하는 것이라는 지적이 있어 왔다. 이런 지적을 반영하여 LISREL8은 내생 및 외생잠재변수의 관찰변수 측정오차 간의 상관이 있을 수 있다고 가정을 완화하고, $H_{\delta\epsilon}$(theta delta epsilon)이라는 공분산행렬을 도입했다. 이 $H_{\delta\epsilon}$행렬의 차수는 q×p이다.

측정모형에서는 Λ_y와 Λ_x의 두 계수행렬과 H_ϵ과 H_δ의 두 공분산행렬, 그리고 새롭게 도입된 $H_{\delta\epsilon}$ 공분산행렬이 모수행렬이다. 이 5개의 모수행렬이 있으면 잠재변수와 관찰변수 간의 구조를 완벽하게 기술할 수 있다. 그러나 이 글에서는 내생잠재변수의 측정변수 측정오차와 외생잠재변수의 측정변수 측정오차 간에 상관이 허락되는 경우는 매우 드물게 나타나므로 $H_{\delta\epsilon}$ 공분산행렬을 고려하지 않고 전통적인 LISREL로 구조방정식모형을 설명한다.

그러면 측정모형을 행렬로 나타내 보자. 먼저 η_1과 η_2가 관계된 측정모형을 살펴보자. 이 부분은 잠재변수가 두 개 있고, 이 잠재변수들을 대리하고 있는 관찰변수가 네 개 있다.

$$\Lambda_y = \begin{array}{c} \\ y_1 \\ y_2 \\ y_3 \\ y_4 \end{array} \begin{array}{c} \begin{array}{cc} \eta_1 & \eta_2 \end{array} \\ \begin{pmatrix} 1 & 0 \\ \lambda_{21} & 0 \\ 0 & 1 \\ 0 & \lambda_{42} \end{pmatrix} \end{array}$$

이 계수행렬 Λ_y는 차수가 4×2로 내생잠재변수 η_1에서 관찰변수 y_1과 y_2로 가는 영향력의 크기가 각각 1과 λ_{21}로 표시되어 있다. 그리고 내생잠재변수 η_2에서 관찰변수 y_3과 y_4로 가는 경로의 크기가 1과 λ_{42}로 나타나 있다.

다음으로 외생잠재변수 ξ_1이 관계된 측정모형을 행렬로 나타내면 다음과 같다.

$$\Lambda_x = \begin{matrix} & \xi_1 \\ x_1 & \\ x_2 & \end{matrix}\begin{pmatrix} 1 \\ \lambda_{21} \end{pmatrix}$$

이 계수행렬 Λ_x는 차수가 2×1로 외생잠재변수 ξ_1에서 관찰변수 x_1과 x_2로 가는 경로의 크기가 각각 1과 λ_{21}로 표시되어 있다.

계수행렬 Λ_y와 Λ_x에서 각 원소는 잠재변수가 한 단위 변했을 때 관찰변수에서 예측되는 변화의 크기를 나타낸다. 이런 의미에서 Λ_y와 Λ_x의 각 원소들은 잠재변수에 대한 관찰변수의 회귀계수와 같은 성격을 지닌다. 동시에 이 두 계수행렬의 원소들은 요인분석의 요인부하량이라고도 할 수 있다. 물론 탐색적 요인분석의 요인부하량과 정확히 동일한 의미를 갖지는 않으나 관찰변수가 어떤 요인에 얼마만큼의 부하가 걸려 있는가를 나타낸다는 점에서 요인부하량과 같은 성질이라고 할 수 있다.

측정모형의 계수행렬에서 두드러진 특징 중 하나는 잠재변수를 대리하는 관찰변수들 가운데 특정한 하나의 관찰변수로 가는 경로계수의 값을 1로 지정하는 경우가 있다는 점이다. 이런 행위를 하는 것은 계수행렬의 원소들이 타당하게 해석되려면 잠재변수가 척도를 가져야 하기 때문이다. 이렇게 계수값이 1로 지정된 관찰변수를 참조지표(reference indicator) 또는 참조변수(reference variable)라고 부른다. 참조지표와 참조변수라는 두 용어는 이 글에서 호환적으로 사용된다. 예를 들어, 외생잠재변수 ξ_1에서 관찰변수 x_1로 가는 경로인 λ_{11}은 값이 1로 지정되어 있고, 이에 대응되는 관찰변수인 x_1이 바로 참조변수인 것이다. 내생잠재변수와 관찰변수 간의 구조를 나타내는 계수행렬 Λ_y에서도 값이 1로 설정된 λ_{11}과 λ_{32}에 해당되는 관찰변수인 y_1과 y_3도 역시 참조변수이다.

이 참조지표의 기능은 참조지표의 값을 1로 지정했을 때, 잠재변수에서 다른 관찰변수들로 향하는 경로계수의 값들과 비교할 수 있다는 것이다. 예를 들어, Λ_x에서 실제로 계수행렬들의 값을 추정했을 때 λ_{21}의 값이 1.53이라면 잠재변수 ξ_1은 값이 1로 지정된 x_1을 통해 볼 때 x_2에 1.53배 더 영향을 미친다고 할 수 있다.

참조지표의 또 하나의 기능은 관찰변수들 가운데 하나의 관찰변수로 향하는 경로의 값을 1로 지정함으로써 그 관찰변수의 측정척도와 잠재변수의 측정척도를 일치시킨다는 것이다. 잠재변수는 직접적으로 관찰이 되는 것이 아니기 때문에 측정척도가 부여되어 있지 않다. 이런 잠재변수의 측정척도를 값이 1로 지정된 관찰변수의 측정척도와 같게 함으로써 잠재변수의 척도문제를 해결하게 된다. 예를 들어, 관찰변수 x_1이 사회경제적 지위를 나타내는 지표이고 이 사회경제적 지위가 상상상에 9점을 주고 하하하에 1점을 주는 9점 척도로 측정되었다고 하면 잠재변수도 x_1과 같은 척도를 갖게 되는 것이다.

잠재변수의 척도문제를 해결하는 또 하나의 방안은 잠재변수를 표준화시키는 것이다. 그러면 잠재변수의 분산은 1이 된다. 표준화시킨다는 의미는 표준화를 통해 분산이 1이 되는 새로운 척도를 만든다. 그리고 새롭게 창조된 척도를 통해 각각의 변수가 갖고 있던 원래의 척도를 새로운 척도로 통일하는 것이다.

참조변수의 계수값과 관련해 덧붙일 것은 참조지표의 계수값을 꼭 1로 지정해야 하는 것은 아니라는 점이다. 필요하다면 1이 아닌 값을 지정할 수도 있다. 그러나 1로 지정했을 때 다른 관찰변수의 계수값들과 서로 크기를 비교하기 쉽고, 잠재변수의 척도도 관찰변수의 척도로 일치시키기 쉽기 때문에 1로 지정하는 경우가 대부분이다.

또한 많은 관찰변수들 가운데 어떤 것을 참조지표로 선택하는 것이 바람직한가의 판단은 다음 두 가지 경우로 생각해 볼 수 있다. 하나는 수집된 자료에 의지하는 것이다. 관찰변수들 가운데 잠재변수와 가장 상관이 높은 것을 참조지표로 삼는 경우이다. 예를 들어, 지능이라는 잠재변수가 학업성취도와 학력(學歷)이라는 관찰변수로 관찰된다면 학업성취도가 학력보다는 지능과 상관이 높을 것이다. 또 하나는 선행이론에 의지하는 것이다. 선행이론에 의해 그 잠재변수를 가장 잘 대리하고 있다고 믿어지는 관찰변수를 참조지표로 삼는 것이다. 때로는 선행이론에 의해 선정된 참조지표가 잠재변수와 상관이 높지 않은 경우가 있다. 이렇더라도 계속해서 그 관찰변수를 참조지표로 삼는가의 판단은 연구자의 몫이다. 덧붙여, 참조지표를 선정하는 이 두 개의 방법은 본질적으로 같은 것일 수 있다.

$$
\Theta_\varepsilon = \begin{matrix} & \varepsilon_1 & \varepsilon_2 & \varepsilon_3 & \varepsilon_4 \\ \begin{matrix}\varepsilon_1\\ \varepsilon_2\\ \varepsilon_3\\ \varepsilon_4\end{matrix} & \multicolumn{4}{c}{\begin{pmatrix} VAR(\varepsilon_1) & 0 & 0 & 0 \\ 0 & VAR(\varepsilon_2) & 0 & 0 \\ 0 & 0 & VAR(\varepsilon_3) & 0 \\ 0 & 0 & 0 & VAR(\varepsilon_4) \end{pmatrix}} \end{matrix}
$$

내생잠재변수의 관찰변수 y의 측정오차를 담고 있는 공분산행렬 Θ_ϵ은 차수는 4×4이다. 측정오차 간에 상관이 없으므로 이 Θ_ϵ은 대각선 원소만이 있는 대각선 행렬이다. 만약 측정오차 ε_1과 ε_3 사이에 상관이 존재하는 것으로 경로가 설정되어 있다면 공분산 $COV(\varepsilon_3, \varepsilon_1)$과 $COV(\varepsilon_1, \varepsilon_3)$가 존재하게 된다. 물론 Θ_ϵ은 대칭행렬이므로 공분산 $COV(\varepsilon_3, \varepsilon_1)$의 값은 $COV(\varepsilon_1, \varepsilon_3)$와 같다.

$$
\Theta_\delta = \begin{matrix} & \delta_1 & \delta_2 \\ \begin{matrix}\delta_1\\ \delta_2\end{matrix} & \multicolumn{2}{c}{\begin{pmatrix} VAR(\delta_1) & 0 \\ 0 & VAR(\delta_2) \end{pmatrix}} \end{matrix}
$$

외생잠재변수를 측정하는 관찰변수 x_1과 x_2의 측정오차를 담고 있는 Θ_δ는 차수가 2×2인 공분산행렬이다. 이것도 측정오차 δ_1과 δ_2 간에 양끝에 화살표가 있는 경로가 설정되어 있지 않아 분산만이 존재하고 공분산은 없는 대각선행렬이다. 만약 경로가 설정되어 있다면 이 둘 간의 공분산인 $COV(\delta_2, \delta_1)$과 $COV(\delta_1, \delta_2)$가 행렬에 표시된다.

행렬 Θ_ϵ과 Θ_δ 원소는 y와 x에서의 측정오차를 나타내며, 이 측정오차가 크면 클수록 잠재변수와 관찰변수 간의 관계는 약함을 나타낸다. 측정오차는 그것이 ε이거나 δ이거나 모두 종속변수인 관찰변수를 독립변수인 잠재변수가 설명하지 못하고 남아 있는 부분이다. 설명되지 못하는 부분인 측정오차가 작아야 하는데 그러기 위해서는 관찰변수가 최대한 잠재변수와 비슷해야 한다. 관찰변수가 최대한 잠재변수와 비슷하려면 잠재변수가 가능한 한 관찰변수를 잘 설명할 수 있어야 한다. 달리 말해, 잠재변수가 관찰변수를 최대한 설명해야 측정오차가 작아지게 된다. 이런 의미에서 측정오차는 잠재변수모형의 방해오차와 그 성질이 비슷하다.

이 측정모형도 성립되기 위해서는 역시 통계적 가정들이 필요하다.

(1) $E(\eta)=0, E(\xi)=0, E(\varepsilon)=0, E(\delta)=0$이다

이 가정은 내생잠재변수, 외생잠재변수, 그리고 측정오차의 기댓값이 0이라는 것이다. 잠재변수의 기댓값이 0인 것은 그것들이 편차점수로 표시되기 때문이다. 측정오차의 기댓값이 0이 되는 것은 장기적으로 볼 때 플러스(+)적인 원소와 마이너스(−)적인 원소가 상쇄되어 0이 된다는 가정이다. 만약 측정오차의 기댓값이 0이 되지 않으면 그것은 더 이상 무작위(랜덤)하게 나타나는 측정오차가 아니게 된다. 그리고 이런 경향이 신뢰도에 반영된다.

(2) ε은 η, ξ, δ와 상관이 없다

이 가정은 내생잠재변수의 관찰변수에서의 측정오차가 내생잠재변수 및 외생잠재변수, 그리고 외생잠재변수의 관찰변수에서의 측정오차와 상관이 없음을 나타내는 것이다. 만약 측정오차가 잠재변수와 상관이 있다면 이 측정오차는 더 이상 순수한 측정오차가 아니게 된다. 또한 내생잠재변수의 관찰변수 측정오차가 외생잠재변수의 관찰변수 측정오차와 상관이 없다는 가정은 LISREL7까지는 지켜져 왔으나 LISREL8에 들어와서는 이 가정이 완화되어 상관이 있을 수 있음이 상정되었다. 달리 말해, $COV(\varepsilon, \delta)$가 있을 수 있다고 인정되었다.

(3) δ는 η, ξ, ε과 상관이 없다

이 가정은 앞의 가정과 동일한 논리이다. 외생잠재변수의 관찰변수 측정오차는 외생이거나 내생이거나를 막론하고 잠재변수와는 상관이 없음을 가리킨다. 외생잠재변수의 관찰변수 측정오차가 내생잠재변수의 관찰변수 측정오차와 상관이 없음을 나타내는 가정은 완화되어 상관이 있을 수 있음이 상정되었다.

3) 다변량 정규성 검증

잠재변수모형과 측정모형은 변수들의 정규성을 가정하고 있어 변수들은 일반적으로 등간(interval) 또는 비율(ratio) 척도로 측정된다. 하지만 잠재변수모형과 측정모형을 포함한 구조방정식은 일변량 정규성이 아닌 다변량 정규성을 가정하고 있다. 이는 관찰된 변수 하나하나가 정규성 가정을 충족하다는 것은 필요조건이지 충분조건은 아니라는 것을 의미한다. 즉, 관찰된 변수 하나하나가 정규성 가정을 충족하더라도 다변량 정규성을 보장하지 못한다. 하지만 모든 관찰변수들의 분포(joint distribution)가 정규성 가정을 충족(다변량 정규성)한다면 관찰변수 하나하나의 일변량 정규성 가정이 된다는 것이다. 잠재변수모형과 측정모형에 사용된 관찰변수의 다변량 정규성은 PRELIS를 이용해 다음과 같이 검증할 수 있다. PRELIS을 이용해 변수들의 정규성을 검증하기 위해서는 크게 두 가지 절차를 거쳐야 한다. 첫째는 정규성 검증을 할 변수들의 척도수준(명명, 서열, 동간, 비율)을 프로그램상에서 정의(define)내리는 것이다. 둘째, 연속변수로 정의내려진 관찰된 변수들이 일변량 정규성 및 다변량 정규성을 지니고 있는지 검증한다.

(1) 관찰변수의 속성을 정의 내린다

변수들이 지니고 있는 속성은 명명, 서열, 동간, 비율로 나눌 수 있지만 이를 다시 크게 분류하면 연속변수(continuous variable)와 비연속변수 또는 범주화변수(categorical variable)로 나누어 볼 수 있다. 하지만 구조방정식에서는 대부분 변수들이 연속변수로 측정되어 사용되는 경우가 많아 특별히 언급이 없는 한, 이곳에서 언급된 관찰변수들은 연속변수로 처리된다.

1 LISREL 프로그램을 클릭하면 다음과 같은 화면이 나타난다.

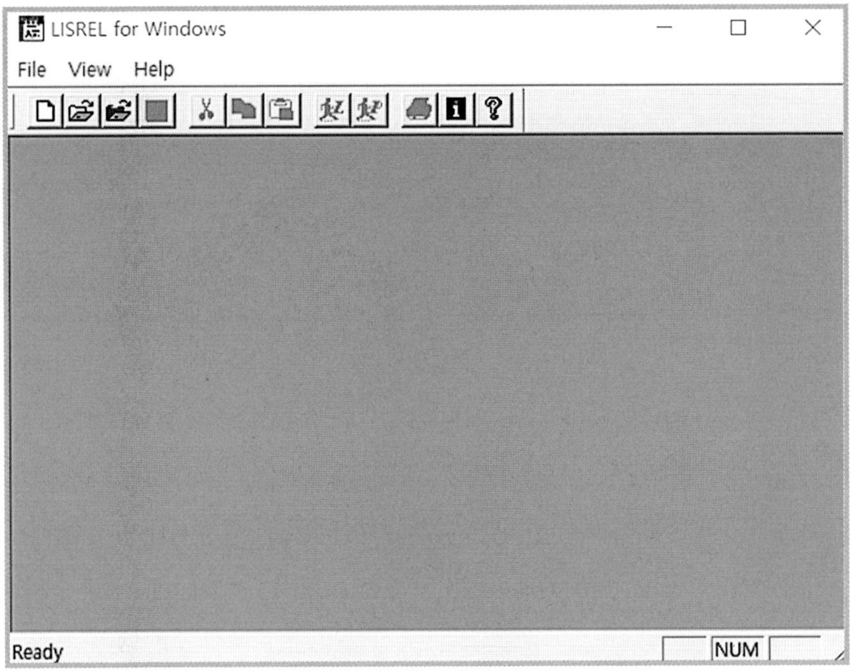

2 [File] 메뉴 아래 있는 'Import Data'를 선택한다.

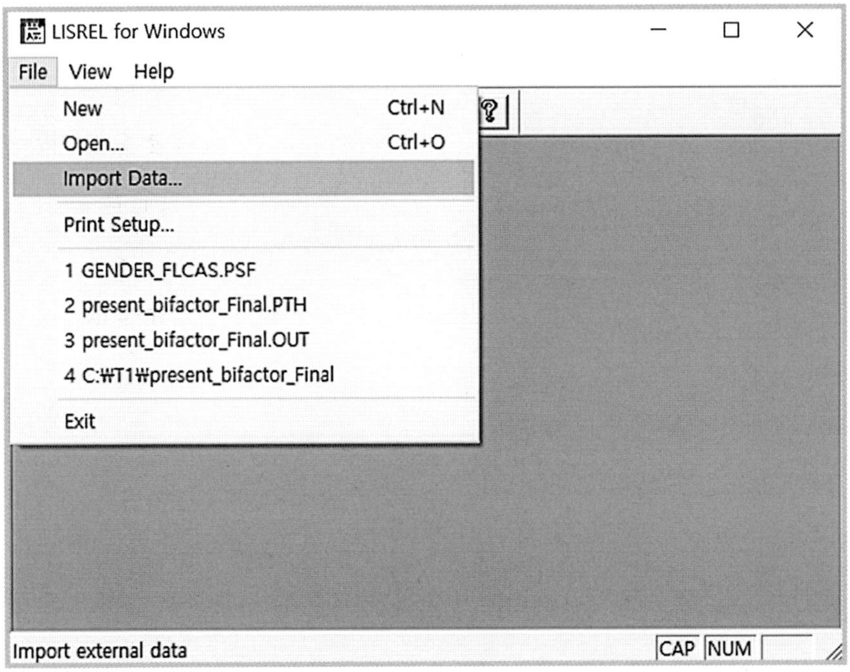

3 자료가 저장되어 있는 폴더로 이동. 파일 형식(T)를 누른 뒤 'SPSS for Windows (*.sav)'를 선택한다.

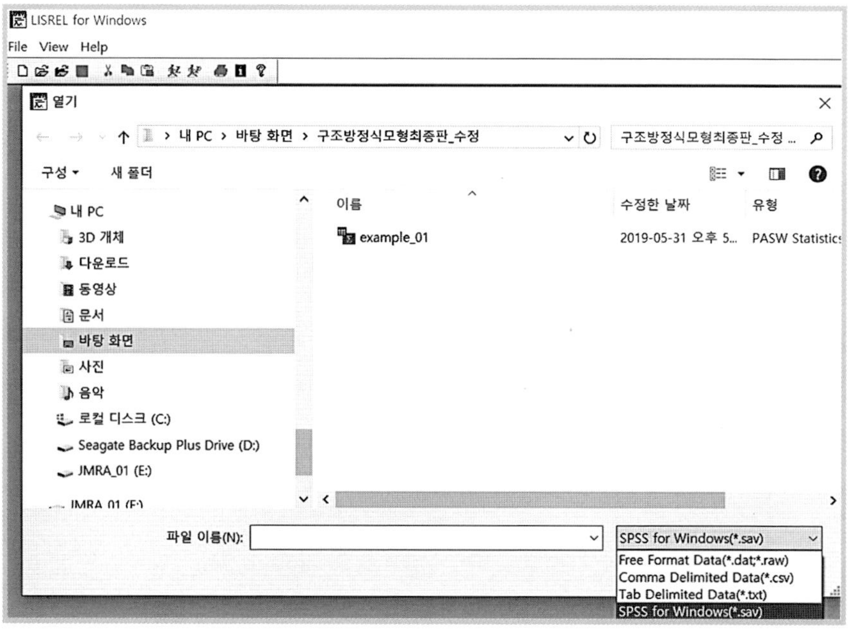

4 분석할 SPSS 자료를 선택 후 [열기]를 선택한다.

5 SPSS로 저장된 자료를 선택하면 'PRELIS Data (*.lsf)' 형태로 저장하기 위해 새롭게 파일 이름(N)을 지정한다.

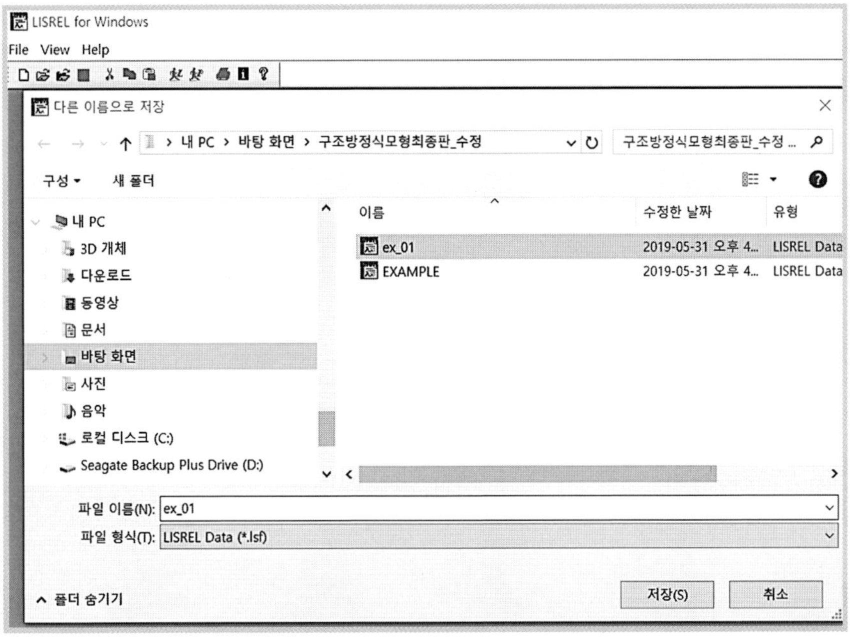

6 [Data] 아래 있는 'Define Variables'를 선택한다.

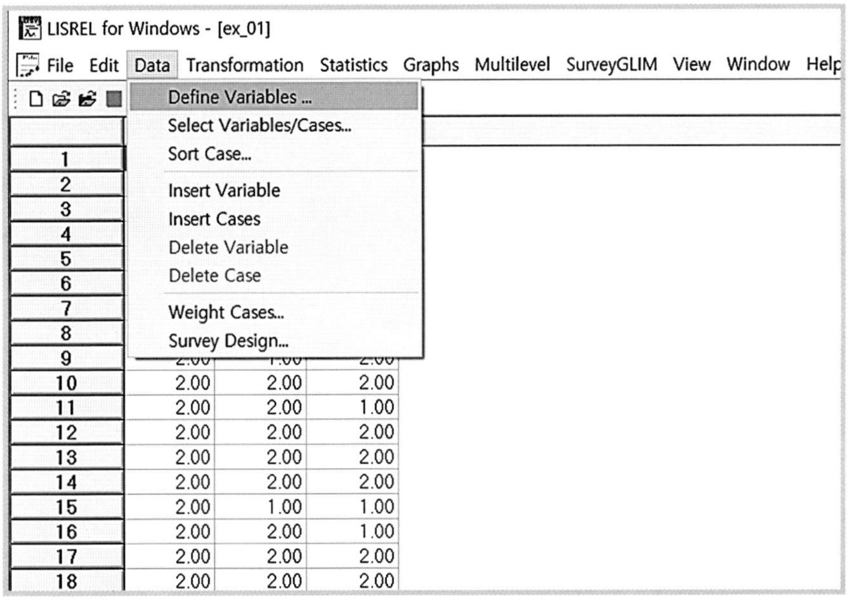

7 'Define Variables'에 나타난 변수들을 선택하면 모든 옵션이 활성화되어 나타난다.

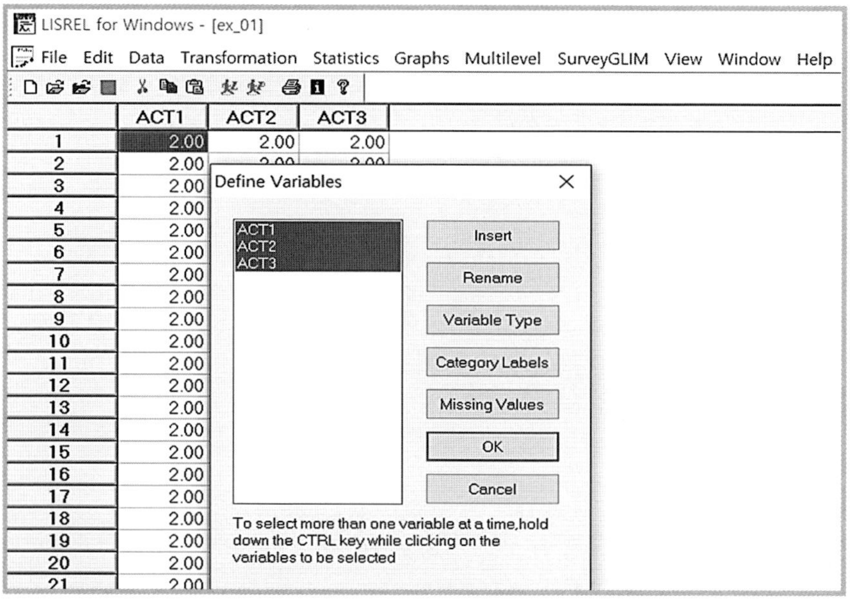

8 관찰변수를 선택한 후 'Variable Type'을 선택한다. 'Variable Type'을 선택하면 'Variable Types for ACT 1'과 같은 화면이 나타난다. 이후 관찰변수들의 속성을 연속(Continuous)으로 선택한 후 [OK]를 클릭하면 **7**의 화면으로 돌아가는데 이때 [OK]를 선택하면 된다.

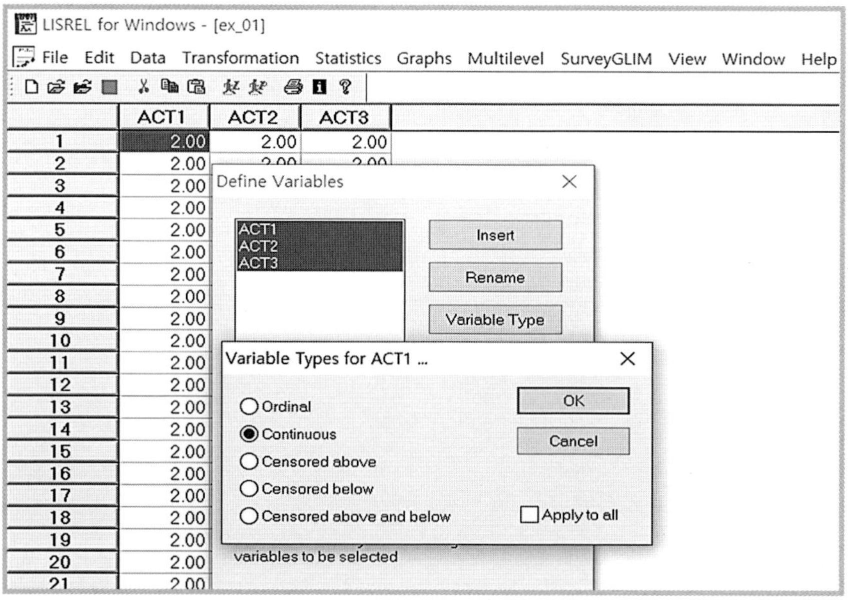

(2) 관찰변수의 정규성을 검증한다

관찰된 변수들의 속성이 연속변수로 지정되면 관찰된 변수들의 정규성을 검증한다. 이곳에서는 관찰된 변수들의 정규성 검증절차와 결과를 보여 준다.

1 새로운 PRELIS Data 형식의 저장된 자료(.lsf)를 선택한다.

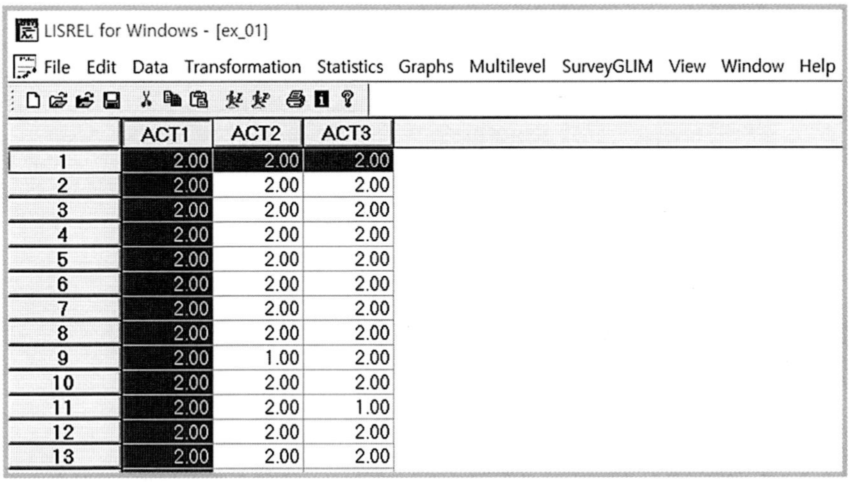

2 [Statistics] 아래 있는 'Normal Scores'를 선택한다.

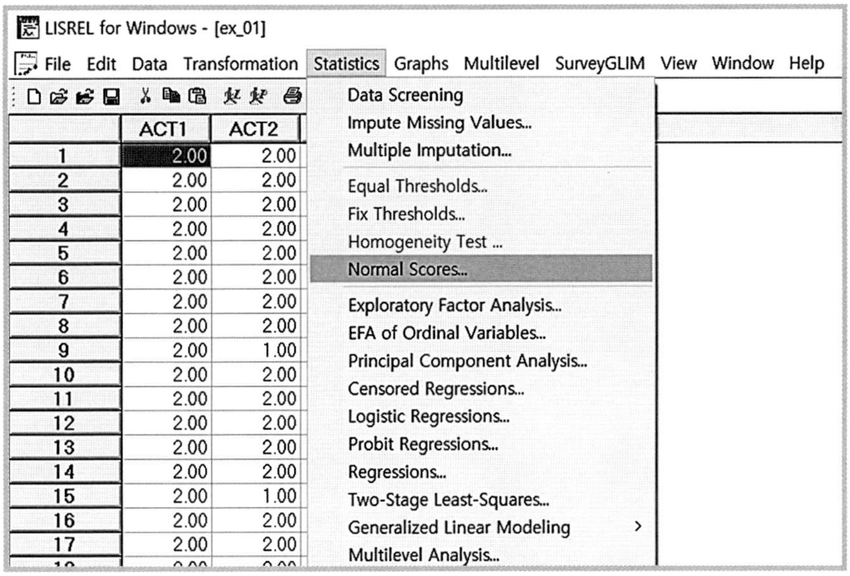

3 ① 'Variable List'에 있는 변수를 선택한 후 [Add]를 클릭하면 아래 보기와 같이 변수들이 이동한다.

② [Output Options]을 선택한다.

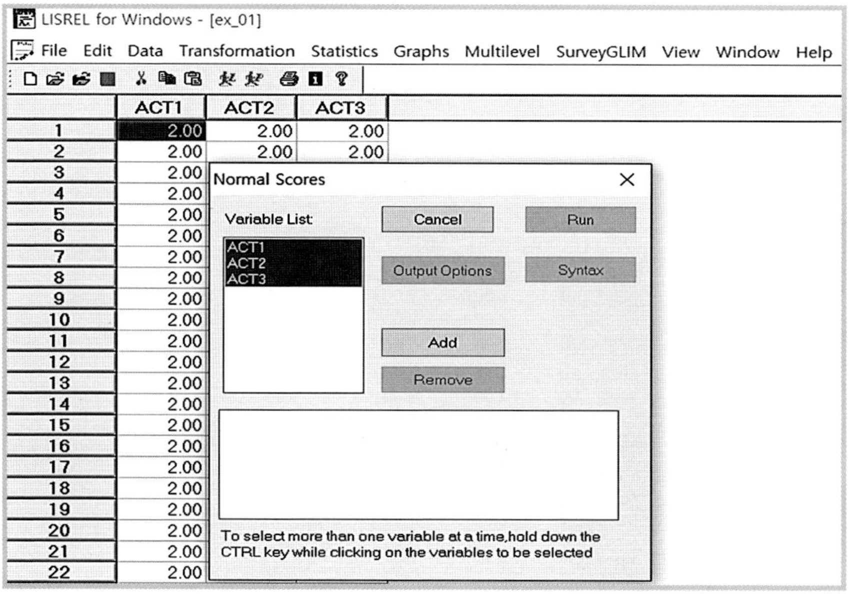

4 우측에 있는 [Perform tests of multivariate normality]를 클릭한다.

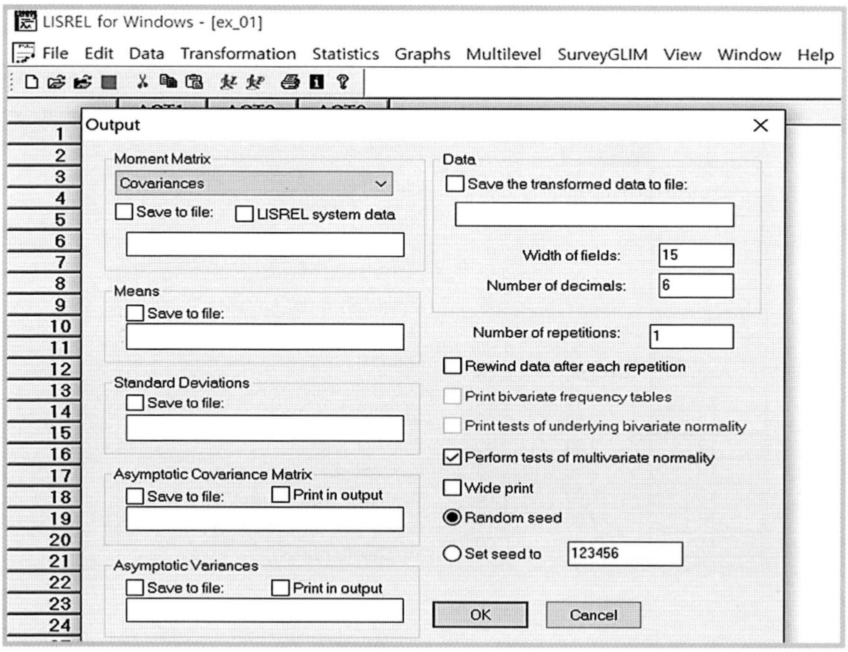

5 [OK]를 선택하면 3의 화면이 나타나는데 3의 화면에서 우측 상단에 있는 [Run]을 클릭하면 결과가 나타난다.

PRELIS 프로그램을 통해 검증한 관찰된 변수들의 정규성 검증결과는 다음과 같다. 분석결과, ACT1, ACT2, ACT3 변수 하나하나의 편포도(Skewness)와 첨도(Kurtosis)의 값이 통계적으로 유의하게 나타나 정규성 가정을 충족하지 못하는 것으로 나타났다.

Test of Univariate Normality for Continuous Variables

	Skewness		Kurtosis		Skewness and Kurtosis	
Variable	Z-Score	P-Value	Z-Score	P-Value	Chi-Square	P-Value
ACT1	-16.897	0.000	17.164	0.000	580.126	0.000
ACT2	-18.887	0.000	15.531	0.000	597.950	0.000
ACT3	-16.873	0.000	12.742	0.000	447.062	0.000

또한 ACT1, ACT2, ACT3 변수의 결합분포(joint distribution)의 다변량 정규성 가정은 편포도와 첨도의 값이 통계적으로 유의하게 나타나 정규성 가정을 충족하지 못하는 것으로 나타났다(z>1.96, p<.05).

Test of Multivariate Normality for Continuous Variables

Skewness			Kurtosis			Skewness and Kurtosis	
Value	Z-Score	P-Value	Value	Z-Score	P-Value	Chi-Square	P-Value
36.509	47.686	0.000	110.929	27.645	0.000	3038.200	0.000

제 3장

공분산 및 상관

구조방정식모형을 다른 용어로 공분산구조분석이라고 부르는 것에서 짐작할 수 있듯이 구조방정식모형에서 중요한 역할을 하는 것은 공분산이다. 이 장에서는 공분산과 상관의 의미, 그리고 이것들에 영향을 미치는 요인들에 대해 설명하였다.

1. 공분산이란

공분산은 두 변수가 동시에 같이 변하는 정도라고 할 수 있다. 이를 달리 표현하면, 두 변수가 연합되어 있는 정도가 공분산이라고 할 수 있다. 예를 들면, 몸무게와 키는 같이 변하는 관계에 있는 두 변수인 것이다. 두 변수가 같이 변하는 정도를 파악하기 위해서는 어떤 기준점이 있어야 한다. 이때의 기준점은 각 분포의 평균이며, 이 평균을 중심으로 같이 변하는 정도가 표시된다. 두 변수 X, Y가 있을 때 각 변수의 관찰치는 각 분포의 무게 균형점인 평균으로부터 떨어져 있는 거리에 있다. 즉, 각각의 변수에서의 관찰치는 모두 그 분포의 평균에 위치하는 것이 아니므로 어떤 관찰치는 평균으로부터 이탈되어 있게 된다. 이 떨어진 거리, 즉 평균으로부터 각 관찰치가 이탈된 정도를 편차라고 하고, 두 분포에서 서로 대응되는 편차를 곱한 것으로 두 변수가 같이 변하는 정도를 나타낸다.

다음과 같은 관계를 생각해 보자. 변수 X가 세 어린이의 수업태도 점수라고 하고, 점수가 2, 4, 6이라고 하자. 그러면 집합 X는 다음과 같다. $X=\{2, 4, 6\}$. 그리고 똑같은 어린이의 학업성취도가 7, 10, 13이라고 하고, 이를 변수 Y로 나타내자.

그러면 두 변수의 관계를 나타내는 짝은 {2, 7}, {4, 10}, {6, 13}이다. 두 분포의 평균은 각각 4와 10이다. 첫 번째 짝의 두 원소가 각각의 평균으로부터 떨어진 거리는 −2와 −3이다. 편차는 거리의 개념이므로 − 부호는 그 값이 평균의 아래에 위치한다는 의미이다. 첫 번째 짝에서 편차를 서로 곱한 것은 6이다. 이렇게 해서 생긴 값 6은 거리와 거리를 서로 곱한 것이므로 그 의미가 더 이상 거리가 아니고 면적이다. 달리 말해, 첫 번째 짝의 편차인 −2와 −3은 각각의 무게 균형점 평균으로부터 이탈된 정도를 표시하는 거리이므로, 이 둘을 서로 곱한 것은 넓이가 되는 것이다. 이런 식으로 두 번째와 세 번째 짝에서 면적을 구하면 각각 0, 6이다. 면적이 0이라는 의미는 두 번째 짝에서 관찰치는 각각의 평균에 위치함을 나타내고 따라서 각각의 편차는 0이다.

각각의 짝에서 이런 방식으로 구해진 넓이를 모두 더하고, 모두 더한 것의 평균값을 구한 것이 공분산이다. 이렇게 같이 변하면서 만들어 내는 면적의 평균값이 공분산이므로 공분산은 각각의 짝에서 두 편차점수가 같이 변하면서 만들어 내는 면적을 대표하는 값이라고 할 수 있다. 이를 [그림 3−1]처럼 나타낼 수 있다.

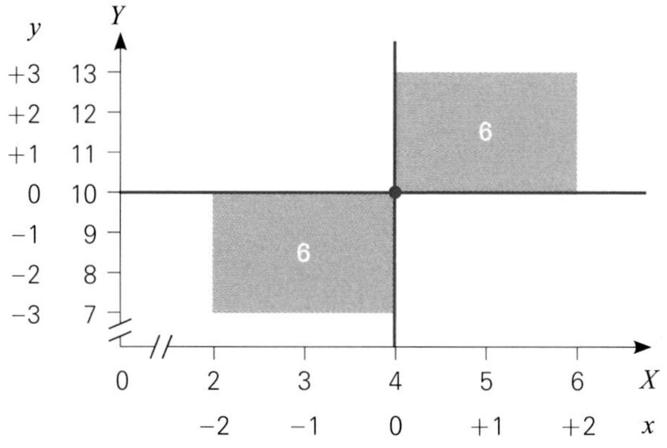

[그림 3−1] 공분산 예시

이렇게 설명된 것을 수리적으로 표현하면 다음과 같다.

$$
\begin{aligned}
COV(X, Y) &= E[(X - E(X))(Y - E(Y))] \\
&= E[XY - E(X)Y - E(Y)X + E(X)E(Y)] \\
&= E(XY) - E(X)E(Y) - E(X)E(Y) + E(X)E(Y) \\
&= E(XY) - E(X)E(Y)
\end{aligned}
$$

참고적으로 변수 X의 분산은 자기 자신과의 공분산이다.

$$
\begin{aligned}
VAR(X, X) &= COV(X, X) \\
&= E[(X - E(X))^2] \\
&= E[X^2 - 2XE(X) + E(X)^2] \\
&= E(XX) - 2E(X)\,E(X) + E[E(X)^2] \\
&= E(XX) - 2E(X)^2 + E(X)^2 \\
&= E(XX) - E(X)^2
\end{aligned}
$$

여기서 기호로 표시된 E는 기댓값을 구하는 연산자이다. 어떤 변수에 기댓값을 취한 것을 그 변수의 1차 모멘트(moment, m), 그 변수의 제곱에 기댓값을 취한 것을 2차 모멘트, 그 변수의 세제곱에 기댓값을 취한 것을 3차 모멘트…… 그 변수의 n제곱에 기댓값을 취한 것을 n차 모멘트라고 한다. 기댓값을 어떻게 구하는지는 4장의 구조방정식모형에서 요구되는 가정에 소개되어 있다.

일반적인 공분산 공식은 다음과 같다. 여기서 x는 변수 X의 편차점수이며, y는 변수 Y의 편차점수이다.

$$
COV(X, Y) = \frac{\sum_{i=1}^{N} xy}{N} \qquad x = (x_i - \overline{x}) \quad y = (y_i - \overline{y})
$$

공분산을 나타내는 이 수식에서 분자는 각 사례의 편차점수를 서로 곱한 것을 모두 더한 것이며, 분모는 표본크기 N 또는 $N-1$을 사용한다.

2. 공분산 계산법칙

c가 어떤 상수이고, X, Y, Z가 변수라고 하자. 그러면 공분산을 구하는 계산법칙은 다음과 같다.

1) $COV(c, X)=0$

이것은 어떤 상수 c와 어떤 변수 X 간의 공분산은 0임을 나타낸다. 어떤 변수가 변산이 없다면 그것은 변수가 아닌 상수이다. 따라서 정의에서 알 수 있는 것처럼 상수와 변수 간에는 같이 변하는 것이 없고, 그 결과 상수와 변수 간의 공분산은 값이 0이 된다.

2) $COV(cX, Y)=cCOV(X, Y)$

어떤 상수 c가 임의의 변수 X에 곱해져 있고, 상수가 곱해진 변수 X와 다른 변수 Y 간의 공분산을 구하면 변수 X, Y의 공분산 $COV(X, Y)$에 상수 c를 곱한 것이 된다.

3) $COV(X+Y, Z)=COV(X, Z)+COV(Y, Z)$

어떤 변수가 변수 X와 또 다른 변수 Y를 더한 형태이고 이것과 제3의 변수 Z 사이의 공분산은 변수 X와 Z의 공분산과 변수 Y와 Z의 공분산을 각각 구해서 더한 것과 같다.

이상 세 가지 계산법칙이 공분산을 구할 때 사용되는 것이다. 이 세 가지 법칙의 응용이 있을 수 있다. 예를 들면, 어떤 변수 X에 상수 c가 곱해지고, 다른 변수 Y에 또 다른 상수 b가 곱해졌을 때, 두 변수 간의 공분산은 $COV(X, Y)$에 상수 c와

b를 곱한 것, $cbCOV(X, Y)$가 된다.

3. 상관

두 변수 간의 연합의 정도를 검사하는 수단으로 상관이라는 개념을 고안한 사람은 Francis Galton이다. 그리고 Francis Galton의 아이디어를 통계적 사고로 접근해 상관을 구하는 공식을 구안한 사람은 Karl Pearson이다. 주지하다시피 Karl Pearson이 고안해 낸 상관은 두 변수 간의 연합의 정도를 나타내는 공분산을 두 변수의 표준편차의 곱으로 나누어 준 것이다. 그러므로 상관은 공분산을 표준화시킨 것이다. 달리 표현하면, 상관은 두 변수 X, Y가 같이 만들어 내는 평균면적인 공분산을 두 변수의 표준편차가 같이 만들어 내는 면적이 단위가 되어 비율로 나타낸 것, 즉 표준화한 것이다. 그리고 우리가 특별히 언급하지 하지 않는 한, 상관이라고 하면 Karl Pearson이 고안해 낸 Pearson 적률상관계수를 지칭할 정도로 Pearson 적률상관은 상관의 대명사이다. 이를 수식으로 표현하면 다음과 같다.

$$r = \frac{COV(X, Y)}{s_x s_y}$$

여기서 s_x와 s_y는 각각 변수 X와 Y의 표준편차이다. 영문자 r은 표본에서의 상관계수를 나타내는 기호이다. 모집단에서의 상관을 나타내는 기호는 그리스 문자 ρ(rho)이다.

그러나 Pearson 적률상관은 두 변수가 연속성을 띠고, 관계가 직선성을 가질 때만 타당하게 두 변수 간의 연합의 정도를 반영한다. 그 외의 경우에 Pearson 적률상관을 구하는 것은 리얼리티를 제대로 반영하지 못하는 것이 된다. 변수의 연속성에 관한 논의는 4장에 자세하게 제시되어 있다. 필요한 독자는 그 부분을 먼저 참고하면 도움이 된다.

불행하게도 사회과학에서 사용되는 변수는 연속성을 띤 것도 있지만 그렇지 못한 것도 매우 많다. 이럴 때 각각의 상황에 맞는 상관을 구하는 것이 연구자에게 필요한 과제이다. 대부분의 통계패키지(예를 들면, SPSS나 SAS)는 널리 사용되는 상관을 구하는 모듈은 갖고 있지만 드물게 쓰이는 상관을 구하는 모듈을 갖고 있지는 않다. 흔히 사용되는 상관은 Pearson 적률상관, 양분상관(tetrachoric correlation), 다분상관(polychoric correlation), 이연상관(biserial correlation), 그리고 다연상관(polyserial correlation)이다. 그러므로 연구자는 자신에게 필요한 상관을 구해 주는 통계패키지가 어떤 것이 있는가를 파악하고 있어야 하며, 그러한 패키지가 없다면 컴퓨터를 이용해 상관을 구할 수 있는 능력을 구비하고 있어야 한다.

두 변수 간의 연합의 정도를 나타내는 것으로 공분산이 있고 구조방정식모형의 입력자료로 공분산행렬이 사용됨에도 불구하고 상관을 논하는 이유는, 때로는 공분산행렬을 구할 수 없어 상관행렬이 구조방정식모형의 입력자료로 투입되는 경우가 있기 때문이다. 예들 들면, 잠재변수 간의 상관인 다분상관의 경우 공분산은 구할 수 없고 상관만을 구할 수 있다. 이런 경우는 공분산행렬을 입력자료로 사용하고 싶어도 사용할 수 없기 때문에 상관행렬을 사용하게 된다. 이런 경우를 대비해서 연구자는 자신에게 필요한 상관을 어떤 패키지가 구해 주는지를 알고 있어야 한다. LISREL은 구조방정식모형에서 필요한 상관행렬을 PRELIS(PREprocessor for LISrel)를 통해 모두 구해 준다.

상관은 두 변수가 어떤 척도를 통해 측정되었는가에 따라 여러 종류로 구분된다. 달리 말하면, 변수가 연속성을 띠는가의 여부와 비연속적이라면 유목의 숫자는 몇 개인가에 따라 상관을 구하는 방법이 달라진다. 주로 사용되는 상관의 유형 및 설명이 다음 〈표 3-1〉에 제시된다.

〈표 3-1〉 상관의 유형

Pearson 적률	두 변수가 모두 동간척도 이상의 것으로 측정되어 연속성을 띠는 경우
Spearman 등위(rank)	두 변수가 모두 서열척도로 측정되어 연속성을 띠지 못하는 경우

Kendall τ	두 변수가 모두 서열척도로 측정되어 연속성을 띠지 못하는 경우
ϕ	두 변수 모두 명명척도로 측정되어 연속성을 띠지 못하는 경우
γ	변수 하나는 서열척도, 또 다른 하나는 명명척도로 측정된 것인 경우. 이 경우 두 변수는 모두 연속성을 갖지 못함
등위 이연 (rank biserial)	변수 하나는 서열척도, 또 하나는 명명척도로 측정된 것인 경우. 이 경우 두 변수 모두는 연속성을 갖지 못함
유관(contingency)	두 변수 모두 명명척도로 측정되어 연속성을 띠지 못하는 경우
점이연 (point biserial)	변수 하나는 동간척도 이상의 것으로 측정되어 연속성을 띠고, 또 다른 하나는 서열척도나 명명척도로 측정되어 비연속적이며 유목이 두 개인 경우. 이 경우 비연속변수의 두 개 유목은 남자와 여자처럼 진정하게 둘로 나누어진 것이어야 함
이연 (biserial)	변수 하나는 동간척도 이상의 것으로 측정되어 연속성을 띠고, 또 하나는 서열척도나 명명척도로 측정되어 비연속적이며 두 개의 유목을 갖는 경우. 이 경우 비연속변수의 두 개 유목은 진정한 것이 아닌 인위적으로 구분된 것임. 예를 들어, 시험성적에서 60점 이상은 합격으로, 60점 이하는 불합격으로 처리
다연 (polyserial)	변수 하나는 동간척도 이상의 것으로 측정되어 연속성을 띠고, 또 하나는 서열척도나 명명척도로 측정되어 비연속적이며 세 개 이상의 유목을 갖는 경우
양분 (tetrachoric)	두 변수가 모두 서열척도나 명명척도로 측정되어 비연속적이며 단지 두 개의 유목만을 갖는 경우
다분 (polychoric)	두 변수가 모두 서열척도나 명명척도로 측정되어 비연속적이며 두 변수 모두 세 개 이상의 유목을 갖는 경우

앞에 제시된 유형이 상관에서 나타날 수 있는 모든 유형을 망라한 것은 아니다. 앞에 제시된 것은 두 변수 간의 관계가 직선성으로 나타나는 경우에 한정된 것이므로, 두 변수 간의 관계가 곡선 또는 다른 관계로 나타나는 경우에는 그에 맞는 적절한 방법을 사용해 상관을 구해야 한다.

4. 공분산 및 상관의 분해

어떤 임의의 두 변수 간에 공분산이나 상관이 존재하면, 이를 제시된 모형의 모수들로 분해할 수 있는 것이 구조방정식모형이다. 공분산이나 상관은 공분산 계산법칙에 의해 설정된 모형의 모수로 분해된다. 달리 말해, 두 변수 간에 공분산이나 상관이 있으면 이 공분산이나 상관이 설정된 모형의 모수의 함수로 표시되고, 분해하는 역할을 하는 것이 공분산 계산법칙인 것이다. 공분산이나 상관이 공분산 계산법칙에 의해 어떻게 설정된 모형을 구성하는 모수들로 분해되는지는 다음과 같이 나타낼 수 있다.

앞의 [그림 2-5]의 모형에서 외생잠재변수 ξ_1의 두 개의 관찰변수 x_1과 x_2의 공분산은 다음과 같이 분해된다. 보다 일반적인 경우를 예로 들기 위해 외생잠재변수 ξ_1에서 관찰변수 x_1로 가는 계수를 1 대신에 λ_{11}이라고 하자. 그러면 관찰변수 x_1과 x_2를 나타내는 두 구조방정식은 다음과 같다.

$$x_1 = \lambda_{11}\xi_1 + \zeta_1$$
$$x_2 = \lambda_{21}\xi_1 + \zeta_2$$

이 두 구조방정식을 공분산 계산법칙에 따라 다음 식에 대입한다.

$$\begin{aligned} COV(x_1, x_2) &= COV(\lambda_{11}\xi_1 + \delta_1, \lambda_{21}\xi_1 + \delta_2) \\ &= \lambda_{11}\lambda_{21}COV(\xi_1, \xi_2) + \lambda_{11}COV(\xi_1, \delta_2) \\ &\quad + \lambda_{21}COV(\delta_1, \xi_1) + COV(\delta_1, \delta_2) \\ &= \lambda_{11}\lambda_{21}COV(\xi_1, \xi_1) \end{aligned}$$

계산결과, 남아 있게 되는 항은 첫 번째 항뿐이다. 두 번째와 세 번째 항에서 공분산은 외생잠재변수와 측정오차 간에는 상관이 없다는 통계적 가정에 의해 0이 되고 따라서 항 전체가 0이 되어 사라지기 때문이다. 네 번째 항은 설정된 모형에 의하면 측정오차 간에 상관이 없는 것으로 나타나 있어 네 번째 항도 값이 0이 된다. 남아 있는 첫 번째 항은 어떤 변수의 자신과의 공분산이 바로 분산이기 때문에 다음과 같이 쓸 수 있다.

$$\begin{aligned} COV(x_1, x_2) &= \lambda_{11}\lambda_{21}VAR(\xi_1) \\ &= \lambda_{11}\lambda_{21}\phi_{11} \end{aligned}$$

이와 같이 두 관찰변수 x_1과 x_2의 공분산은 외생잠재변수 ξ_1의 관찰변수 x_1과 x_2에 대한 영향력과 외생잠재변수 ξ_1의 분산의 함수인 것이다. 결과적으로 두 관찰변수 x_1과 x_2의 공분산은 λ_{11}과 λ_{21} 그리고 ϕ_{11} 3개의 모수가 어떤 값을 갖는가에 따라 공분산의 값이 결정되는 모수의 함수인 것이다. 따라서 3개의 모수가 어떤 값을 취하는가에 따라 x_1과 x_2의 공분산의 값이 달라지므로 분해과정을 정확히 이해하는 것이 필요하다. 이런 방법으로 공분산이나 상관이 모수의 함수로 분해된다.

그러나 실제에서 일일이 이런 방법으로 낱낱의 공분산이나 상관을 분해하는 것은 귀찮고 번거로운 일이다. 앞에서 제시된 것과 같이 설정된 모형이 간단한 경우는 공분산 계산법칙에 의해 공분산을 분해할 수 있지만 복잡한 모형인 경우는 공분산이나 상관을 분해하는 것이 간단하지는 않다. 이런 경우는 공분산행렬을 사용해 공분산이나 상관을 분해한다. 공분산행렬을 사용해 변수들 간의 공분산이나 상관을 분해하는 것은 모형공분산행렬에서 자세하게 다루고 있다.

5. 상관에 영향을 미치는 요인

상관에 영향을 미치는 요인들로는 몇 가지가 있다. 그중에서도 특히 문제가 되는 것은 직선성과 측정변수가 갖는 값의 범위이다.

상관은 두 변수 간의 관계가 직선임을 가정하고 고안된 것이다. 다시 말하면, 두 변수 X, Y를 좌표평면에 도시했을 때 두 변수의 관계가 1차식으로 나타나는 것을 가정하고 고안된 것이다. 그 결과, 실제에서는 관계가 있어도 두 변수의 관계가 직선이 아니면 상관은 거의 없는 것으로 나올 수 있다. 예를 들면, 연령과 근육강도 간의 관계는 곡선성을 띠게 된다. 태어나서 아동기까지는 근육의 강도가 약하나 소년기에서 청년기까지는 근육의 강도가 아주 강하고 그 이후는 서서히 근육의 강도가 약해진다. 이런 관계는 직선이 아닌 곡선의 관계로 두 변수 간에 분명히 상관이 있는 것이다. 그러나 앞의 〈표 3-1〉에 제시된 상관은 이런 관계를 나타내 주는 것이 아니어서 이런 곡선의 관계를 앞의 상관을 구하는 방법으로 구하면 상관은 없거나 미미한 것으로 나오게 된다.

상관에 영향을 미치는 또 하나는 변수의 범위에 관한 것이다. 변수 측정값의 범위가 제한된다면 그렇지 않았을 때와 비교해 상관의 크기는 작아진다. 예를 들어, 대학수학능력과 지능의 상관을 구한다고 할 때, 대학에 진학하지 못한 사람을 제외했을 때의 상관의 크기는 대학에 진학하지 못한 사람을 포함했을 때의 상관에 비해 크기가 작아지게 된다. 변수가 취할 수 있는 값이 온전한 것이 아니고 범위가 축소되면 상관의 크기는 작아진다. 대학에 진학하지 못한 사람도 포함된 집단은 제외된 집단에 비해 동질성이 떨어지나 상관의 크기는 커진다. 반면, 집단의 동질성이 강해질수록 상관의 크기는 작아진다. 따라서 상관이 제대로 자신의 모습을 드러내게 하려면 측정치가 충분한 정도의 변산을 나타내야 한다.

연구자는 이 두 가지를 유의해서 자신이 수집한 자료의 특성을 정확히 파악하고 있어야 한다. 다시 말해, 수집된 또는 수집하려고 하는 자료가 직선성을 결여하지 않았는지 충분한 정도의 측정치 변산이 있는가를 파악해야 한다. 이런 점이 확인되지 않은 상태에서 구조방정식모형의 입력자료로 앞과 같은 자료를 투입한다면 분석결과가 리얼리티를 제대로 반영하지 못하게 된다.

6. 상관의 해석 및 유의점

상관은 단지 수집된 자료가 자신을 겉으로 드러내는 지표이기 때문에 이 지표를 아무 의심 없이 그대로 받아들이는 것은 위험할 수 있다. 이러한 위험은 두 가지로 구분될 수 있다.

하나는 두 변수 간의 상관이 진정한 것인가의 여부에 관한 판단이다. 다시 말해, 두 변수 간의 상관이 겉으로만 그렇게 보이는 것인지, 아니면 두 변수가 진짜로 관계가 있어 상관이 있는 것으로 나타났는지의 여부를 검토해야 한다. 예를 들어, 아이스크림 판매량과 성범죄 발생빈도 간에는 상관이 있다. 그러나 이 상관은 여름이라는 변수가 아이스크림 판매량과 성범죄 발생빈도에 동시에 영향을 미쳐서 겉으로 드러난 상관이다. 따라서 두 변수 아이스크림 판매량과 성범죄 발생빈도에서 여름이라는 변수를 제외시킨다면 아이스크림 판매량과 성범죄 발생빈도 간의 상관은 사라지게 된다. 이런 상관을 허위상관(spurious correlation)이라고 한다. 연구자는 자신이 수집한 자료에서 도출된 변수 간의 상관이 혹시 이런 허위상관이 아닌지를 확인해야 한다. 이런 측면에서 두 변수 간의 상관을 수집된 자료에 의거해 거론하는 것도 중요하나 두 변수의 상관에 관한 이론적 논거가 필요하게 된다. 만약 어떤 현상이 이런 허위상관으로 인해 발생된 것이며 이 현상을 나타내는 공분산이나 상관이 구조방정식모형의 입력자료로 투입된다면 분석결과는 무의미하게 될 수 있다.

다른 하나는 상관을 그 크기에 따라 기계적으로 해석하는 것이다. 겉으로 드러난 상관은 0에서 1까지의 값을 갖게 된다. 이러한 상관의 값, 즉 상관계수를 기계적으로 해석하는 것은 때로는 예기치 않은 우를 범하는 결과를 가져올 수 있다. 예를 들어, 어떤 새롭게 개발된 약의 투여기간과 암수술 후 생존기간의 상관이 .30이라고 하자. 투여기간과 생존기간의 상관계수 .30은 일반적으로 미미한 정도의 상관이라고 해석된다. 따라서 이 약을 개발한 제약회사는 새롭게 개발된 약이 별 효과가 없는 것으로 기계적으로 해석할 수 있다. 그러나 아직까지 암을 완치할 수 있는 약이 개발되지 않은 상태에서 상관계수 .30은 실질적으로 의미를 갖는 수

치인 것이다. 겉으로 드러난 통계량만을 보고 기계적으로 상관계수를 해석하는 것은 이런 중요한 정보를 놓치는 결과를 초래할 수 있다.

또한 상관계수가 −부호를 가지면 0보다 작은 상관이라고 해석하는데, 이 또한 틀린 것이다. 상관의 정도는 0에서 1까지며, 상관에서의 +나 −부호는 방향만을 나타낸다. 상관에서 +부호는 변수 X가 증가하거나 감소할 때 변수 Y도 같이 증가하거나 감소하는 관계이며, −부호는 변수 X가 증가하거나 감소할 때 변수 Y는 반대로 감소하거나 증가하는 관계를 나타낸다.

부가적으로 상관의 해석에 있어 유의해야 할 것은 상관에 기초한 인과관계의 추론이다. 주지하다시피 두 변수가 상관이 있다고 할 때, 이는 두 변수가 상관이 있음을 나타내는 것이지 인과관계를 나타내는 것은 아니다. 인과관계가 있다는 것과 상관관계가 있다는 것은 서로 다른 것이다. 두 변수 간에 상관이 있다고 해서 두 변수 간에 인과관계가 존재하는 것은 아니다. 상관은 두 변수가 서로 연합되어 있음을 나타내는 것이지, 두 변수 간의 관계가 인과관계임을 나타내는 것은 아니다. 두 변수 간의 상관을 통해 인과관계의 성립을 주장하려면 이를 뒷받침할 수 있는 강력한 이론적 근거가 있어야 한다. 예를 들어, 수면탈취시간과 자극에 대한 반응시간이라는 두 변수 간에 높은 정적 상관이 있는 것을 발견했다고 하자. 그러면 연구자는 수면탈취시간이 길어짐에 따라 자극에 대한 반응이 느려진다고 하는 주장을 하고 싶은 충동이 생기게 될 것이다. 그러나 이런 종류의 인과관계에 관한 주장을 하고 싶으면 왜 상관을 통해 그런 주장이 가능한가에 관해 충분하고 타당한 증거를 제시해야 한다. 만약 이 연구자가 선행연구나 자신의 실험을 통해 그런 증거를 확보했다면 두 변수 간의 상관을 통해 수면탈취시간이 원인이고 자극에 대한 반응이 효과라고 진술을 할 수 있을 것이다. 이러한 이론적 뒷받침이 있으면 상관을 통한 인과관계의 유추는 가능하다.

상관을 통해 인과관계가 성립되려면 충족되어야 할 전제조건이 있다. 시간적 순서, 두 변수의 연합, 다른 변수의 통제가 전제조건이다.

시간적 순서는 원인이 되는 변수가 효과 노릇을 하는 변수보다 앞서서 발생하는 것을 말한다. 예를 들면, 대머리 치료제와 발모량이 상관이 있는 경우라면, 대머리 치료제가 먼저 투여된 후에 나중에 발모량의 증가가 있어야 한다. 시간적 순서에서 중요한 것은 대머리 치료제의 투여에서 발모량의 증가로 인과관계가 설정되는 것처럼 인과관계의 방향에 관한 진술인 것이다. 이것은 실험에서 독립변수가 종속변수에 영향을 미칠 때, 시간적 순서에서 독립변수가 먼저 있고 종속변수가 나중에 있는 것과 같은 것이며, 관계의 방향이 독립변수에서 종속변수로 가는 것과 같은 논리이다.

두 변수의 연합은 두 변수 간에 상관이 존재해야 함을 말한다. 상관관계에 있는 두 변수가 서로 맞물려 있어야 함을 말한다. 예컨대, 대머리 치료제와 발모량 간에 인과관계를 추론하려면 대머리 치료제와 발모량 간에 상당한 정도의 상관이 있어야 한다. 여기서 말하는 상당한 정도의 상관이란 일률적으로 제시할 수 있는 것은 아니나 대체로 .70 또는 .80 이상의 높은 상관을 지칭한다. 그러나 이런 기준은 일반적인 것이고 경우에 따라서는 .30 정도의 미미한 상관도 의미 있을 수 있다. 새롭게 개발된 대머리 치료제와 발모량 간에 그렇게 높지 않은 상관이 존재해도, 그동안에 이런 상관을 보인 대머리 치료제가 없었다면 이것은 실질적으로 의미가 있는 상관인 것이다.

마지막으로 원인이 되는 변수를 제외한 효과변수에 영향을 미치는 다른 변수의 영향력이 제대로 통제되어야 한다. 원인의 역할을 하는 변수와 효과의 역할을 하는 변수만 핀셋으로 떼어 내듯이 다른 모든 것으로부터 분리시키는 것이다. 예를 들어, 대머리 치료제와 발모량의 두 변수가 있다면 대머리 치료제를 제외하고 발모량에 영향을 미칠 수 있는 영양상태, 질병여부, 정신적 건강 등의 변수가 통제되어야 한다. 이는 실험에서 독립변수의 종속변수에 대한 영향력을 제외하고 나머지 변수의 영향력을 통제하는 것과 같다. 이런 상황에서만 독립변수에 가해진 실험처치가 종속변수에서의 결과를 야기한다는 인과관계에 관한 추론이 가능한 것이다. 인과관계에 대한 심도 깊은 논의는 Pearl(2000), Bollen(1989), Glymour, Scheeines, Spirtes와 Kelly(1987)에 제시되어 있다.

제4장 구조방정식모형 연구의 일반적 절차

1. 표본크기
2. 모형설정
3. 모형공분산행렬($\Sigma(\theta)$)
4. 모수확인
5. 모수추정
6. 모형평가
7. 모형찾기
8. 구조방정식모형에서 요구되는 가정

구조방정식모형을 사용하는 연구가 어떤 정해진 절차를 밟아 진행되어야 한다는 법칙은 없다. 그러나 구조방정식모형을 사용하는 연구는 대략적으로 다음과 같은 절차를 밟아 진행된다(Bollen & Long, 1993). 선행이론에 의한 모형설정 → 설정된 모형의 자유모수를 수집된 자료인 공분산행렬의 정보로 확인하는 모수확인 → 자유모수의 값을 구하는 모수추정 → 추정된 값이 제대로 된 것인가를 따지는 모형평가 → 모형평가를 통해 나온 결과가 반영되는 모형찾기 또는 모형재설정의 순서이다.

1. 표본크기

표본크기가 어느 정도 되어야 연구자가 관심을 갖는 현상에 관한 탐구를 제대로 할 수 있는가 하는 질문은 사회과학 연구에서 오래전부터 제기되어 온 것이다. 이 표본크기의 문제는 두 가지 측면에서 연구와 밀접한 관계가 있다.

하나는 연구를 수행하는 데 있어 경비 및 자료관리 측면에 관한 것이다. 우리가 쉽게 생각할 수 있는 것처럼 표본크기가 커지면 커지는 만큼 자료수집과 관리에서 재정적 부담이 커지게 되고, 그만큼 노력과 시간이 더 소요된다. 예를 들어, 표본크기가 100일 때와 500일 때 자료수집에 소요되는 연구경비와 자료관리에 필요한 시간과 노력은 차이를 보이게 된다. 따라서 연구자의 입장에서는 다른 조건이 모두 같다고 하면 작은 표본을 택하는 것이 일반적 경향이다.

또 다른 하나는 통계적 측면에 관한 것이다. 주지하는 바와 같이 표본크기는 통계량과 직접적 관계가 있다. 예컨대, 구조방정식모형에서 추정되는 표준오차는 표본크기의 함수이다. 알고 있는 것처럼 표준오차는 모집단 표준편차에 대한 표본크기의 제곱근의 비율이다$\left(\frac{\sigma}{\sqrt{N}}\right)$. 이 사실에서 유추할 수 있는 것은 다른 조건이 동일하다고 하면 표본크기가 커짐에 따라 표준오차는 작아지게 된다는 것이다. 그 결과, 작아진 표준오차는 검증통계량(test statistic)의 값을 크게 만들며 따라서 영가설을 기각하게 된다. 순전히 표본크기가 크기 때문에 영가설을 기각하는 결과를 낳게 되는 것이다. 연구자의 입장에서 보면 리얼리티와는 상관없이 영가설을 기각해야 자신이 관심을 갖고 있는 대안가설을 채택할 수 있으므로 가능하면 표본크기를 크게 하고 싶은 유혹을 뿌리치기 힘들다.

이상에서 알 수 있는 것처럼 표본크기를 결정하는 문제는 한 측면을 강조하면 다른 측면이 희생되는 점이다. 따라서 연구에 적정한 표본크기를 선택해야 하는 것이다. 구조방정식모형에서 표본크기가 어느 정도여야 적정한지에 대한 합치된 기준은 없으나, 그간의 연구들을 통해 적정한 표본크기에 관한 시사를 얻을 수 있다(Boomsma, 1983; Gerbing & Anderson, 1993; Pedhazur, 1982; Rhee, 1992; Tanaka, 1987). 구조방정식모형이 아닌 실험연구의 경우는 연구자가 원하는 통계적 검증력을 얻기에 최저로 요구되는 표본크기를 안내해 주는 연구결과가 보고되어 있으며, 이런 결과는 구조방정식모형을 사용하는 연구에도 응용될 수 있을 것이다(Kirk, 1995).

앞의 두 측면을 고려하면서 구조방정식모형 연구에서 표본크기 선정에 관해 고려해야 할 점을 알아보자. 이 논의와 관련해 강조하고 싶은 것은 표본크기는 충분히 커야 한다는 것이다. 표본크기가 충분히 커야 하는 근거는 큰 표본은 작은 표본에 비해 표본오차가 작은 관계로 모집단을 보다 더 잘 대표한다는 것이다. 그리고 동일한 조건이라면 작은 표본에서 산출된 통계량에 비교해 상대적으로 안정적이라는 것이다. 또한 실제적 이유로 구조방정식모형에서 사용되는 대부분의 모수 추정 방법이 무한대표본 이론에 근거하기 때문이다. 표본의 크기가 충분히 클 때만 추정된 모수값이 모수와 일치하고, 편파되어 있지 않으며 최소한의 분산을 갖기 때문이다.

그러면 표본크기가 어느 정도여야 충분한 크기인가 하는 의문이 생긴다. 표본크기가 얼마나 커야 충분히 큰 것인가에 관해서 누구나 동의하는 기준은 없으나, 다음의 논의에서 독자는 시사점을 얻을 수 있다. 구조방정식모형에서 표본의 크기를 결정짓는 요인은 대략적으로 연구자가 관심을 갖고 있는 모형, 통계검증력, 모형과 자료와의 적합도(goodness-of-fit)라고 할 수 있다. 충분한 표본크기를 결정짓는 이들 요인은 개별적이라기보다는 서로 연계되어 있기 때문에 모형, 통계검증력, 적합도 등을 복합적으로 조명하여 결정하여야 한다.

먼저 결정인자의 하나인 모형을 조명해 본다. 연구자가 실제로 수집하게 되는 자료는 설정된 모형의 관찰변수에 관한 것이다. 일반적으로 어떤 모형에서 고려되는 관찰변수의 수가 많다는 것은 설정된 연구모형이 상대적으로 복잡하다는 것을 의미한다. 그리고 모형이 복잡해짐에 따라 추정되는 모수의 수도 증가하게 된다. 구조방정식모형에서의 모수추정은 설정된 모형의 모든 모수를 동시에 추정하는 것이므로, 추정해야 할 모수의 수가 적은 모형이 많은 모형보다 상대적으로 안정적인 결과를 가져온다. 모형이 복잡하면 그만큼 표본크기가 더 늘어나야 안정적인 결과를 갖게 되는 것이다.

실제로 표본크기에 관한 몬테카를로 연구들을 보면 관찰변수의 수가 5~6개이고 표본의 크기가 작은 경우, 예를 들어 150~200매 정도를 사용한 구조방정식모형의 합치함수가 모수값으로 수렴되지 않거나(non-converge) 비합리적 결과(improper solution)를 도출해 낸다고 보고하고 있다. 또한 표본크기가 작은 경우에서는 모집단에서의 변수 간의 구조를 있는 그대로 반영하는 모형을 찾아낼 수 없다는 연구결과도 나와 있다. 이런 결과들로 미루어 보아 연구모형이 복잡하면 상대적으로 더 큰 표본을 사용해야 한다는 유추가 가능하다(Jöreskog & Sörbom, 1990; MacCallum, 1986; Rhee, 1992; Silvia & MacCallum, 1988).

구조방정식모형에서 설정된 경로는 그 값이 추정되어야 하는 미지수이다. 이런 미지수를 원소로 갖는 것이 모수행렬이며 그 결과 모수행렬은 미지의 행렬이다. 미지의 모수행렬의 값을 결정하기 위해서는 모수행렬을 연구자가 이미 알고 있는 표본자료인 공분산행렬에 최대한 근접하게 하는 과정이 필요하게 된다. 합치함수(fitting function)란 모수행렬을 표본자료에 최대한 근접하게 하는 과정에서 모수행렬과 표본공분산행렬 간의 차이를 최소화하는 함수이다. 따라서 합치함수는 미지의 모수행렬과 표본자료의 함수이며, 기호로는 $F(S, \sum(\theta))$로 표시된다. 기호에서 F는 함수를 나타내며, S는 표본자료인 표본공분산행렬이며, $\sum(\theta)$는 미지수인 모수행렬로 구성된 모형공분산행렬이다. 합치함수는 불일치함수(discrepancy function)라고도 한다. LISREL에서 Fit function value나 Discrepancy function value라고 보고되는 것이 바로 계산된 합치함수의 값이다.

비수렴은 어떤 합치함수가 모수를 추정할 때 모집단의 값, 즉 모수로 수렴되지 못한 상태를 말한다. 합치함수가 모수를 추정하는 논리는 다음과 같다. 모수를 추정할 때 연구자가 추정될 모수값으로 적정한 값을 경험이나 선행지식에 근거해 제공하거나 컴퓨터 프로그램이 제공하는 방법에 따라 적절한 값을 구한다. 이런 값을 초기치(starting values) 또는 초기값이라고 한다. 이 초기치가 추정될 모수의 첫 번째 값이 된다. 그러면 이 초기치에 기초해 두 번째로 새로운 모수값을 추정한다. 그다음 두 번째 추정된 모수값과 초기치를 비교한다. 만약 초기치와 두 번째 추정된 모수값이 매우 근접하면 두 번째 추정된 모수값을 모수라고 보고한다. 그러나 두 번째 추정된 모수값과 초기치가 근접하지 않으면 두 번째 추정된 모수값에 기초해 다시 세 번째 새로운 모수값을 찾는다. 두 번째와 세 번째 추정된 값의 차이가 적으면 세 번째 추정된 값을 모수라고 보고한다. 그러나 차이가 있으면 세 번째 값에 기초해 다시 새로운 네 번째 값을 찾는다. 이런 과정을 반복(iteration)이라고 한다. 이때 컴퓨터 프로그램이 정한 반복 횟수 안에 모수를 찾지 못하는 것을 비수렴이라고 한다. LISREL의 경우 특별히 지정하지 않으면 반복 횟수는 자유모수 숫자에 5를 곱한 것이 기본값이다.

이런 반복을 언제 그만두는가의 기준은 다음 두 가지이다. 하나는 반복과정에서 먼저와 나중의 반복에서 합치함수가 계산해 낸 값의 차이가 일정기준 미만이면 반복을 그만두는 것이다. 또 하나는 먼저와 나중의 합치함수가 추정한 모수값의 차이가 일정기준 미만이면 반복을 그만두는 것이다. 첫 번째 방법은 각각의 모수값에 초점을 두는 것이 아니라 전체로 계산된 합치함수의 값에 주안점을 두는 것이고, 두 번째 방법은 각각의 추정된 모수값에 초점을 맞춘다. 대부분 컴퓨터 프로그램은 두 번째 방법을 사용한다. LISREL의 경우 먼저와 나중 반복에서 추정된 모수값들의 차이 평균이 0.000001 미만이면 반복을 그만둔다.

비합리적 결과는 추정된 모수값이 이론적으로 가능하지 않은 값으로 산출되는 것을 말한다. 예를 든다면, 어떤 변수의 분산은 언제나 양수인데 음수값을 갖는 것으로 추정해 놓는 것, 상관계수도 1을 초과할 수 없는데 1보다 큰 상관계수를 추정해 놓는 것 등이다. 설정된 모형이 리얼리티를 제대로 반영하고 있어도 모형이 복잡하거나 표본크기가 적으면 수렴되지 않거나 비합리적 결과가 산출된다.

그다음으로, 틀린 영가설을 받아들이지 않을 확률로 정의되는 통계검증력은 다른 조건이 다 동일하다고 할 때 연구에 사용된 표본크기에 따라 그 값이 달라진다. 표본크기가 커지면 통계검증력이 올라가고 표본크기가 작아지면 통계검증력은 떨어지게 된다. 그러므로 많은 연구자들이 통계검증력을 올리기 위한 수단으로 표본의 크기를 크게 하는 길을 택한다.

앞과는 반대로, 적합도에서 통계적 검증이 가능한 지표인 χ^2은 모수추정에 사용된 방법(합치함수)이 계산해 낸 값에다 $(N-1)$을 곱한 것이다. 따라서 다른 조건이 동일하다고 하면 표본크기가 커질수록 χ^2 값은 커지게 된다. 그 결과, 작은 값의 χ^2이 나올 확률은 낮아지게 되고 영가설을 기각하게 된다. 그러나 구조방정식모형의 관심인 영가설을 수용하기 위해서는 χ^2 값이 작아야 하는데 χ^2 값이 클 경우 바라는 것과는 반대의 결과가 나오게 된다. 이런 결과를 방지하기 위해 표본크기를 작게 하면 χ^2 값은 작아져 영가설을 수용할 수 있을지는 모르나 추정된 모수의 값이 불안정해지는 결과가 빚어지게 된다.

그러면 표본크기를 결정하는 절대적 기준이 없는 상황에서 어떻게 표본크기를 선정해야 합리적인 선택인가의 문제가 생긴다. 이런 상황에서 제시할 수 있는 방법은 두 가지이다. 하나는 관찰변수의 숫자라는 관점에서, 또 하나는 설정된 모형의 추정해야 할 모수의 숫자라는 관점에서 표본크기를 고려해야 한다. 다른 조건이 모두 같을 때 이론적으로 χ^2 값은 표본크기가 작아짐에 따라 작아지지만, 실제로는 표본크기가 작으면 모수추정이 불안정해 합치함수의 값이 영향을 받게 되고 그 결과 χ^2 값도 기대와는 달리 커질 수 있다.

관찰변수의 수가 대여섯 개인 경우 표본크기가 150～200이면 모수추정치는 매우 불안정하고, 500 정도면 안정성을 보인다는 것이다. 그러면 표본크기는 적어도 500 정도는 되어야 안정적 결과를 얻을 수 있다는 추론이 가능하다.

또 하나는 추정되는 모수 하나당 30:1 정도의 사례를 갖게 하는 것이다. 예를 들어, 어떤 모형에서 추정될 모수의 숫자가 17이면 510 정도의 표본크기를 선택하는 것이다. 그러나 이것도 일종의 안내자 역할을 하는 것이지 어느 상황에서나 통용되는 절대적인 것은 아님을 유념해야 한다.

또한 널리 사용되는 것의 하나로 결정적 표본크기(critical *N*, *CN*)가 있다. 이것은 χ^2을 이용해 표본크기를 정하는 방법으로 다음과 같이 정의된다.

$$CN = (\chi^2 \text{ 경곗값} / \text{합치함수값}) + 1$$

여기서 χ^2 경곗값은 설정된 유의수준에서 설정된 모형과 같은 자유도를 갖는 χ^2 분포의 경곗값이고, 합치함수값은 설정된 모형을 수집된 자료에 합치시켰을 때 합치함수가 계산해 낸 값이다. 예를 들어, 어떤 모형의 자유도가 4이고, 합치함수가 계산해 낸 값이 .03이라고 하고, 연구에서 설정된 유의수준이 .10이라고 하자. 그러면 *CN*은 유의수준 .10에서 자유도가 4인 χ^2 분포의 경곗값은 7.78이므로 이를 공식에 대입하면 (7.78/.03)+1로 259.33+1인 약 260이 된다. 이 방법으로 표본크기를 계산하면 경곗값과 합치함수값으로만 표본크기가 결정되므로 표본크기와 무관하게 *CN*의 값은 모든 표본에서 동일하다. 그러므로 *CN*은 적어도 표본크기가 200 이상이 되어야 함을 제시하고 있다(Hoelter, 1983).

덧붙여 구조방정식모형에 직접적으로 관계된 것은 아니지만 평균을 추정할 때 적정한 표본크기가 얼마인지를 결정하는 방법도 응용될 수 있다. 이 방법은 다음과 같이 정의된다.

$$\left(\sigma \frac{Z}{\varepsilon}\right)^2$$

N은 표본크기, ε은 효과크기로 모집단평균과 표본평균 간의 차이, Z는 신뢰수준의 경곗값, σ는 모집단표준편차이다. 여기서 실제로는 모집단표준편차를 알 수 없으므로 선행연구에서 도출된 것을 모집단표준편차로 삼거나 최댓값에서 최솟값까지의 점수범위를 6으로 나눈 것을 모집단표준편차의 추정값으로 삼는다. 표본 최댓값과 최솟값의 차이를 6으로 나누는 이유는 $-3\sigma \sim +3\sigma$의 구간에 전체 사례수의 99.7%가 포함되기 때문이다. 서울시 성북구 초등교사의 평균연령을 알고자 할 때 간단한 표본조사는 해 보니 최고령자가 62세이고, 최연소자가 22살이라면 범위는 40이고 이를 6으로 나눈 6.67이 모집단표준편차 추정치이다. 예를 들어, 선행연구에서 나온 모집단표준편차가 100, 원하는 신뢰수준이 95%(유의수준으로는 .05에 해당되는 경곗값 1.96), 효과크기가 2(모집단평균과 표본평균의 차이)이라면 적정표본크기는 $\left(\frac{6.67 \times 1.96}{2}\right)^2$으로 약 42이다.

2. 모형설정

자료수집 후, 구조방정식모형 연구의 다음 단계는 모수행렬에서 어떤 구조모수(원소, 경로)들이 추정되어야 하는가를 결정하는 일이다. 달리 말하면, 모수행렬에서 0이나 고정된 상수값을 갖지 않는 원소들을 선택해야 한다. 모수행렬의 원소 가운데 어떤 것을 추정할지 선택해야 하는 이유는 어떤 모형이 있을 때 그 모형에서 있을 수 있는 모든 경로가 모형에 나타나는 것이 아니라 선행이론이나 연구자의 경험에 의해 지시되는 경로만이 모형에 나타나기 때문이다.

모형에 설정된 경로에 대응되는 원소는 모수행렬에 표시되지만 경로가 없는 것에 대응되는 원소는 모수행렬의 값이 0으로 표시되고, 모수행렬의 값이 0인 원소는 추정되지 않는다. 모수행렬에서 값이 0으로 고정되어 추정되지 않는 모수를 고정모수라고 하며, 값이 추정되는 구조모수를 자유모수라고 한다는 것은 2장에서 언급한 바 있다. 예를 든다면, 2장의 [그림 2-2]에서 계수행렬인 B를 살펴보면 η_1에서 η_2로 경로가 있는 β_{21} 같은 것은 자유모수여서 B 행렬에 표시되지만, η_2에서 η_1으로 가는 경로는 없어 이것에 대응되는 원소인 β_{12}는 값이 0인 고정모수인 것이다. 연구자는 어떤 모수행렬에서는 모든 원소들이 추정되지 않는다는 것을 유념해야 한다.

어떤 구조모수가 추정되는가는 연구되는 현상에 관한 많은 선행이론 가운데 어떤 이론이 선택되는가에 달려 있다. 다시 말하면, 어떤 모형에서 추정되는 구조모수인 자유모수의 결정은 선택된 선행이론에서 도출된다. 선행이론이 어떤 모수는 자유모수가 되어 추정되고 어떤 모수는 고정모수가 되어 값이 추정되지 않는지를 결정하게 된다.

구조방정식모형에서 선행이론의 역할은 결정적이다. 탐구대상에 대해 그럴듯한 선행이론이 있는가? 그리고 있다면 얼마나 많이 존재하는가? 이 물음은 매우 중요해서, 구조방정식모형을 사용하는 연구의 성패를 가름하는 잣대가 되기도 한다. 선행이론이 중요한 이유는 동일한 자료에 잘 들어맞는 여러 개의 구조방정식모형이 있을 수 있기 때문이다(Bentler, 1985; Bollen, 1989; Glymour et al., 1987; Kline, 1998; Saris & Stronkhorst, 1984).

만약 경쟁관계에 있는 구조방정식모형들이 사소한 부분에서 다르다면, 선행이론의 범위 내에서 어느 모형을 택하더라도 크게 잘못된 선택은 아니라고 할 수 있다. 그러나 동일한 자료와 잘 합치하는 경쟁관계에 있는 구조방정식모형들이 중요한 경로에서 차이가 있다면 임의로 모형을 선택할 수는 없다. 이런 경우에, 여러 개의 모형 가운데 어느 하나를 선택하는 판단의 준거 역할을 선행이론이 하게 된다.

때로는 연구자가 관심 있는 분야가 상대적으로 새로운 분야여서 기존의 연구들에서 큰 도움을 얻지 못하는 경우도 있다. 이런 경우는 할 수 없이 연구자의 경험이나 직관에 의존할 수밖에 없다. 그러나 반대로 선행연구가 너무 많아 어떤 것을 선행이론으로 삼아야 할지 곤란한 경우도 있다. 연구분야가 오래되고 관심을 끄는 분야여서 너무 많은 정보가 있는 경우이다. 이런 경우에서는 어떤 변수를 모형 안으로 끌어들이고 어떤 변수를 제외해야 할지가 판단이 서지 않는다. 이런 경우 또한 연구자가 어떤 변수가 가장 중요한지에 관해 우선순위를 매기고, 이 우선순위에 의해 변수를 모형 안으로 끌어들인다.

구조방정식모형에서 어떤 변수들이 모형에서 선정될 수 있을까 하는 문제가 결정되면, 그다음의 순서는 선정된 변수 간 관계의 방향은 어떤 것일까 하는 것이 신중하게 고려되어야 한다. 예를 들어, 두 변수 *X*, *Y*가 인과관계가 있다면 *X*가 *Y*에게 영향을 미치는 것인지, 반대의 경우인지, 아니면 서로 영향을 주고받는지가 결정되어야 하는 것이다. 변수 간의 관계의 방향이 어떤 것일까를 결정하는 것은 구조방정식모형에서 매우 중요한 부분이다. 이 부분에 관해 충분한 시사점을 얻을 수 있는 정도로 선행연구가 축적되어 있다면 연구자로서는 크게 고민할 것이 없다. 선행연구에서 시사된 대로 관계의 방향을 설정하면 된다.

그러나 연구자가 주로 당면하게 되는 문제는 두 변수 간에 인과관계가 있음은 상정되나 관계의 방향이 어떤지에 관해 충분한 정보가 없는 경우이다. 이런 경우에 적용될 수 있는 길라잡이는 대체로 다음과 같다.

연구가 종단적 성격을 갖는다면 하나의 변수는 다른 변수보다 시간적으로 앞서서 측정된다. 예를 든다면, 젖 떼는 시기는 고형음식을 먹는 시기보다는 시간적으로 앞서는 변수라고 할 수 있다. 또는 동일한 변수라도 반복해서 측정되는 것이라면 시간적으로 앞서서 측정되는 것이 있다. 이럴 때는 자연히 시간적으로 앞서서 측정되는 것이 뒤에 측정되는 것에 영향을 미치게 되므로 관계의 방향은 앞의 것이 뒤의 것에 영향을 미치는 일방향(unidirectional)이 될 것이다.

그렇지만 변수가 동시에 측정되는 것이면 관계의 방향설정은 쉽지가 않아서, 왜 그런 방향으로 방향설정을 했는지에 관해 분명한 근거가 있어야 한다. 이러한 경우에 방향설정에 도움을 줄 수 있는 것은 건전한 상식이다. 예를 들어, 부모의 지능과 자녀의 지능이 동시에 측정되었다고 하면 부모의 지능이 자녀의 지능에 영향을 미치는 방향으로 관계설정이 될 것이며, 반대의 경우는 건전한 상식으로 추론할 때 성립되기 어렵다.

방향설정에 아무 정보가 없을 때 연구자가 취할 수 있는 방안은 다음과 같은 세 가지이다. 첫째는 통계분석의 수단으로 구조방정식모형 대신에 최소한의 선행이론이 요구되는 회귀분석 같은 방법을 택하는 것이다. 둘째는 서로 다른 방향을 갖는 대안모형을 설정하는 것이다. 셋째는 상호관계가 설정된 모형을 설정하는 것이다. 그러나 마지막 두 방법은 구조방정식모형을 꼭 사용하려는 연구자에게는 솔깃한 것일지 모르나 모두 바람직한 해답은 못된다. 차라리 첫 번째 방법이 더 낫다고 할 수 있다.

실제로 동일한 자료와 잘 합치하는 모형은 하나 이상일 수 있다. 그러면 어떤 대안모형을 선택해야 하는가? 모형 선택은 더 이상 통계적 방법으로 해결될 수 있는 성질의 것이 아니다. 어떤 통계적 방법도 자료와 합치하는 많은 모형 가운데 어느 특정한 모형을 택해야 하는가에 관해 해답을 제시해 주지는 못한다.

또한 두 변수 간에 상호관계가 설정이 된다면 이는 일방모형(recursive model)에 비해 해석하기가 더 힘들어지는 비일방모형(non-recursive model)이 됨을 의미한다. 따라서 방향의 불확실성에 대한 담보로 상호관계를 설정하는 것은 그만한 잠재적 위험이 뒤따르게 되는 것이다. 방향설정에 대한 확신이 서지 않아 상호관계를 설정하게 되면 방향설정은 용이하나, 편한 만큼 결과 해석이 쉽지 않은 대가를 치르게 되는 것이다. 구조방정식모형에서 모형에 투입된 변수 간의 관계가 일방향으로만 되어 있는 모형을 일방모형이라고 한다. 모형 내의 변수 간의 관계가 일방이 아니어서 어떠한 형태로든 한 변수가 자신에게 영향을 미치는 경우를 구조방정식모형에서는 비일방모형이라고 한다. 하나의 변수가 자기 자신에게 영향을 미치는 경우는 두 가지이다. 하나는 변수 *X*, *Y*가 있을 때, *X*가 *Y*에게 영향을 미치고 반대로 *Y*도 *X*에게 영향을 미치는 상호관계의 경우이다. 또 하나는 *X*가 *Y*에게 영향을 미치고 *Y*가 제3의 변수 *Z*에게 영향을 미칠 때, *Z*가 *X*에게 영향을 미치는 송환고리의 경우이다. 이 경우에서 변수 *X*는 *Z*를 통해 자신에게 영향을 미치는 것이다.

그러면 구체적인 경우를 들어 선행이론이 모형설정과 어떻게 관계되는지를 알아보자. 2장의 [그림 2-2]에서 잠재변수 간의 관계에 관한 선행이론은 다음과 같다. 잠재변수 ξ_1은 잠재변수 η_1과 η_2에 영향을 미친다. 동시에 η_1은 η_2에 영향을 미친다. 이 두 개의 가설이 동시에 고려되어 나타난 것이 잠재변수모형이다. 또한 잠재변수와 측정변수 간의 관계에 관한 선행이론은 다음과 같다. 잠재변수 ξ_1은 측정변수 x_1과 x_2로 측정된다. 잠재변수 η_1은 y_1과 y_2로 측정된다. 또 잠재변수 η_2는 y_3과 y_4로 측정된다. 이렇게 선행이론이 구체화된 것이 모형이며, 모형은 연구자가 관심을 갖는 현상에 관한 가설이 동시에 고려된 집합체인 것이다.

앞의 예에서 보듯이 선행이론은 변수 간의 관계에 관한 진술이다. 변수 간의 이런 관계는 다른 각도에서 보면 변수 간에 상관이 있다는 것이다. 상관이란 용어는 정확히 진술하면 두 변수 간의 공분산이 두 변수의 표준편차를 곱한 것의 비율로 표시된 것만을 의미하나, 여기서는 두 변수 간에 공분산이 있거나 이 공분산이 표준화된 상태를 의미한다. 이런 논리의 연장에서 상관이란 용어의 의미는 두 변수가 서로 연합되어 있다는 의미로 사용된다. 그러면 왜 변수 간에 상관이 생기는지를 알아보자.

구조방정식모형에서의 변수 간의 상관은 두 가지 경우로 분류될 수 있다. 하나는 변수 간의 인과관계에 의해 상관이 발생하는 경우이고, 이 경우는 다시 두 가지 유형으로 구분된다. 또 다른 하나는 비인과관계에 의해 변수 간에 상관이 발생하는 경우이며, 이 경우 또한 두 가지 유형으로 구분된다.

인과관계의 첫 번째 경우는 두 변수 간의 관계가 일방향 관계인 것으로 하나의 변수가 다른 변수에 직접효과가 있거나 또는 매개변수를 통해 영향력이 전달되는 간접효과의 관계인 경우이다. 동시에 방해오차 간에 상관이 없어야 한다. 두 번째 경우는 직접이거나 간접이거나 두 변수 간에 송환고리가 있는 경우이다. 두 변수가 서로 영향을 미치고 받는 경우이다. 방해오차 간에는 상관이 있거나 없거나 문제되지 않는다.

비인과관계에서는 분석되지 않는 상관과 허위상관의 두 가지 경우가 있다. 분석되지 않는 상관이란 독립변수 간의 상관을 말한다. 이런 유형의 상관은 두 변수 간에 상관이 있으나 그 상관이 인과관계에 의한 것인지 아니면 두 변수에 영향을 미치는 공통의 원인 때문인지에는 관심이 없는 경우이다. 이런 유형의 상관은 방해오차 간에도 가능하다. 방해오차가 종속변수에는 영향을 미치나 방정식에는 포함되지 않은 독립변수들의 영향력의 모음임을 감안하면 방해오차는 측정되지 않은 독립변수라고 할 수 있고, 이 측정되지 않은 독립변수 간의 상관이 바로 방해오차 간의 상관이다.

측정되지 않은 독립변수가 바로 방해오차이기 때문에 이런 관점에서 본다면 독립변수와 방해오차 간에도 상관이 가능하지 않을까 하는 의문이 든다. 이런 상관은 이론적으로 가능하다. 이런 유형의 상관은 독립변수와 종속변수에 영향을 미치지만 모형에서는 제외된 제3의 변수가 존재함을 시사한다.

그러나 구조방정식모형에서는 독립변수와 방해오차 간에는 상관이 없다는 가정을 하고 있다. 이런 가정을 하는 이유의 하나는 통계적인 것이다. 그렇지 않으면 추정된 모수값이 왜곡되기 때문이다. 구체적인 예를 들면, 회귀분석의 경우 방해오차와 독립변수 간에 상관이 없어야 한다는 것이 반드시 지켜져야 한다. 또 다른 이유는 개념적인 것으로 구조방정식모형의 틀에 관한 것이다. 독립변수와 방해오차 간에 상관이 없음이 가정되어야만 모형에서 제외된 독립변수의 영향을 상수로 묶어 두면서 독립변수의 종속변수에 대한 효과가 추정된다. 이 가정은 매우 엄격한 것이지만 실제에서 많이 위배된다. 이 가정을 위반할 때 수반되는 심각함의 정도는 모형에 포함된 변수와 모형에서 제외된 변수의 상관의 정도가 클수록 커지게 된다. 바로 이 점이 리얼리티를 반영하는 선행이론의 선택의 중요성을 말해 주는 것이다.

허위상관은 두 변수 간에는 직접적인 상관이 없으나 제3의 변수가 두 변수에 영향을 미쳐 두 변수 간에 상관이 존재하는 것을 말한다. 제3의 변수를 통제하면 상관이 사라지는 이런 허위상관은 변수 간의 관계를 나타내지만 비인과적 상관이다.

3. 모형공분산행렬($\Sigma(\theta)$)

모형공분산행렬($\Sigma(\theta)$)은 JKW모형의 8개 모수행렬의 조합으로 선행이론에 의해 설정된 모형을 나타낸 것이다. 설정된 모형이 있으면 연구자가 관심을 갖는 경로여서 그 모형에서 추정되어야 할 자유모수가 있고 관심을 갖지 않는 경로여서 추정되지 않는 고정모수가 있게 된다. 그러면 구조방정식모형의 8개 모수행렬 각각은 추정해야 할 원소인 자유모수와 추정되지 않는 원소인 고정모수를 담고 있게 된다. 그리고 이런 모수행렬들의 함수로 변수 간의 구조를 나타낸 것이 모형공분산행렬이다. 한마디로 표현하면 모형공분산행렬은 model-implied covariance matrix 또는 implied covariance matrix라는 이름이 의미하듯이 설정된 모형에 의해 시사되는 것이다. 모형공분산행렬은 기호 $\sum(\theta)$로 표시된다. 모형공분산행렬을 C로 표시하는 경우도 있으나 여기서는 $\sum(\theta)$만을 사용한다.

모형공분산행렬을 나타내는 기호인 $\sum(\theta)$에서 θ는 모형에서 추정되는 자유모수들을 구성 원소로 하는 벡터이다. 이 $\sum(\theta)$ 기호의 의미는 모형공분산행렬이 바로 이 자유모수들의 함수라는 의미이다. 그러므로 모형공분산행렬은 어떤 자유모수가 θ에 포함되는가에 따라 달라진다. 다시 말하면, 어떤 경로가 추정되고 추정되지 않는가가 달라지면 모형공분산행렬이 달라진다.

자유모수로 구성된 이 θ의 함수인 모형공분산행렬은 크게 네 부분으로 되어 있으며 [그림 4-1]과 같다.

$$
\begin{aligned}
&\Sigma(\theta)\\
&=\begin{bmatrix} \Sigma_{yy}(\theta) & \Sigma_{yx}(\theta) \\ \Sigma_{xy}(\theta) & \Sigma_{xx}(\theta) \end{bmatrix}\\
&=\begin{bmatrix} \Lambda_y(I-B)^{-1}(\Gamma\Phi\Gamma'+\Psi)[(I-B)^{-1}]\Lambda_y'+\Theta_\varepsilon & \Lambda_y(I-B)^{-1}\Gamma\Phi\Lambda_x' \\ \Lambda_x\Phi\Gamma'[(I-B)^{-1}] & \Lambda_x\Phi\Lambda_x'+\Theta_\delta \end{bmatrix}
\end{aligned}
$$

[그림 4-1] 모형공분산행렬

[그림 4-1]의 행렬표시에서 좌측 상단은 내생잠재변수들을 나타내는 관찰변수들에 관계된 모수행렬의 공분산행렬이며, 좌측 하단은 외생잠재변수들의 관찰변수들과 내생잠재변수들의 관찰변수들에 관계된 모수행렬 간의 공분산행렬이며,

우측 하단은 외생잠재변수들을 측정하는 관찰변수들에 관계된 모수행렬 간의 공분산행렬이다. 마지막으로 우측 상단은 내생잠재변수들의 관찰변수들과 외생잠재변수들의 관찰변수들에 관계된 모수행렬 간의 공분산행렬인데, 이것은 공분산행렬이 대칭이므로 좌측 하단 공분산행렬의 전위와 같다.

앞과 같은 모형공분산행렬이 어떻게 모집단공분산행렬에 연계되는지를 파악해야 구조방정식모형에 대한 전반적 이해가 가능하다. 모형공분산행렬과 모집단공분산행렬 간의 관계는 구조방정식모형의 영가설에 나타나 있다.

구조방정식모형의 영가설은 언제나 모집단공분산행렬이 모형에서 추정되어야 할 자유 구조모수들의 함수로 표현되는 모형공분산행렬과 같다는 것이다. 모집단공분산행렬과 모형공분산행렬이 같다는 것이 구조방정식모형에서의 영가설이다. 이를 기호로 나타내면 다음과 같다.

$$H_0 : \Sigma = \Sigma(\theta)$$

이것이 구조방정식모형에서 언제나 적용되는 영가설이다. 주지하다시피 모든 통계검증은 언제나 설정된 영가설이 리얼리티를 제대로 반영하고 있다는 데서 출발한다. 영가설이 맞다고 할 때 검증통계량이 얼마나 드물게 발생하는 것인가에 따라 영가설을 수용하기도 하고 기각하기도 하는 것이 통계검증의 논리이다. 구조방정식모형에서도 설정된 영가설이 맞다고 하는 동일한 논리가 적용된다.

구조방정식모형을 사용하는 통계검증에서 언제나 동원되는 앞의 영가설이 맞다면, 모집단공분산행렬의 ij번째 원소는 그에 대응되는 모형공분산행렬의 ij번째 원소와 같다는 관계가 성립된다. 여기서 i는 행렬에서 행, j는 열을 나타내는 기호이다. 예를 들어, i가 1이고 j가 2라면 행렬의 첫 번째 행과 두 번째 열에 해당되는 원소를 나타낸다. 따라서 i와 j가 같은 숫자라면 어떤 변수의 분산, 서로 다른 숫자이면 그 숫자에 해당되는 두 변수의 공분산이다. 또 이 영가설이 맞는다면, 이것이 시사하는 바는 어떤 선행이론에 따라 설정된 구조방정식모형이 모집단에서의 변수 간의 인과관계를 잘 반영하고 있다는 것이다. 이런 추론이 가능한 것은 모집단공분산행렬은 모집단 변수들의 인과관계에 의해서 발생된 것이기 때문이다. 모집단에서의 변수구조가 반영된 것이 모집단공분산행렬이므로 앞과 같은 추론이 성립된다.

구조방정식모형에서의 영가설은 다음과 같은 의미를 갖는다. 먼저 등호 왼쪽의 모집단공분산행렬을 살펴보자. 모집단에서의 여러 변수 간의 영향력의 관계, 달리 말해 변수 간의 구조는 이런 관계를 반영하는 하나의 모형으로 나타낸다. 모집단에서 변수 간에 어떤 구조가 존재한다는 것은 변수 간에 공분산이 있음을 뜻하고, 이런 변수 간의 공분산을 구성 원소로 갖는 것이 모집단공분산행렬이다. 즉, 모집단공분산행렬은 어떤 모형에 제시된 변수 간의 구조를 반영하는 것이다.

한편으로 등호 오른쪽의 선행이론에 의해 제시되는 모형공분산행렬은 변수 간에 있을 수 있는 모든 가능한 경로에 의해 생성된 것이 아니고 선행이론이 지시하는 경로들만 나타낸 것이다. 달리 말해, 선택된 선행이론에 의해 제시되는 모형에 나타난 경로들만이 구조방정식모형의 8개 모수행렬에 나타난다. 모형에 나타나는 경로들만이 8개 모수행렬의 원소가 된다. 이 8개 모수행렬은 [그림 4-1]에 제시된 행렬연산을 통해 하나의 공분산행렬을 형성하는데 이것이 바로 모형공분산행렬이다.

한마디로 구조방정식모형의 영가설은 모집단공분산행렬과 모형공분산행렬이 같다는 것이다. 달리 표현하면, 모집단공분산행렬은 현상을 반영하는 구조모수들의 함수로 표현되는 모형공분산행렬과 같다는 것이다. 이를 통계학적 관점에서 진술하면, 모집단에서의 변수 간의 구조를 나타내는 모집단공분산행렬과 선정된 선행이론이 제시한 모형에 의해 형성되는 모형공분산행렬은 표집오차의 범위 내에서 같다는 것이 영가설이다.

연구자가 어떤 선행이론에 따라 하나의 모형을 설정했다고 하자. 그러면 모형에서 나타난 경로들이 구조방정식모형의 8개 모수행렬의 0이 아닌 원소들이 된다. 이 8개 모수행렬에서 설정된 모형에 나타난 경로들은 어떤 값을 갖게 되는 원소이지만, 모형에 나타나지 않은 그 외의 다른 가능한 경로들은 원소의 값이 0이 된다. 설정된 경로들만 추정되는 8개 모수행렬을 [그림 4-1]에서 제시된 대로 행렬연산을 하면 그 모형이 시사하는 모형공분산행렬이 생성된다. 예를 들어, [그림 2-2]의 모형을 나타내는 8개 모수행렬을 [그림 4-1]에 대입해 행렬연산을 하면 이 모형이 시사하는 모형공분산행렬이 되는 것이다.

지금까지의 논의에서 짐작할 수 있는 것은, 모집단 변수 간의 관계를 어떤 하나의 모형이 잘 반영하고 있다면 모집단공분산행렬이나 모형에 의해 시사되는 모형공분산행렬은 같을 것이라는 유추이다. 연구자가 관심을 갖는 현상은 모집단 변수 간의 인과관계에 관한 것이고, 이런 인과관계를 반영하는 어떤 선행이론에 따라 형성된 모형은 모집단 변수들의 인과관계를 잘 반영할 수밖에 없을 것이다. 따라서 모집단 변수 간의 인과관계에 의해서 발생된 모집단공분산행렬과 그런 인과관계를 모형으로 나타낸 것을 담고 있는 모형공분산행렬은 같을 것이다. 즉, 모집단에서의 변수 간의 구조에 의해 발생된 모집단공분산행렬과 이런 구조를 반영하는 모형에 의해 시사되는 모형공분산행렬은 같게 된다.

그러나 변수 간의 인과관계를 나타내는 선행이론은 그럴듯한 어떤 특정한 관계들만을 담고 있으며 변수들 사이에서 있을 수 있는 모든 인과관계를 진술하지는 않는다. 예를 들어, 앞의 [그림 2-2]의 잠재변수모형에서 η_2에서 η_1으로 가는 경로는 있을 수 있으나 선행이론에 의해 지지되지 않아 설정된 모형에 나타나 있지 않은 것이다. 선행이론에 의해 설정된 구조방정식모형은 선행이론이 지시하는 변수 간의 인과관계만을 나타내는 것이지, 있을 수 있는 모든 경로를 나타내는 것은 아니다. 따라서 있을 수 있는 모든 경로들 중에서 선행이론이 지시하는 경로들만 표시되는 구조방정식모형은 가능한 모든 경로들 가운데 어떤 것들에 대해서는 제약이 가해진 것이라고 할 수 있다.

선행이론에 따라 이런 제약들이 반영된 구조방정식모형이 만약 모집단 변수들의 관계를 잘 나타낸다고 하면, 자유모수들의 함수인 모형공분산행렬과 모집단공분산행렬은 표집오차의 범위 내에서 서로 같을 것이다. 그러므로 이런 제약들이 타당하다면 가능한 경로들 가운데 제약되지 않은 경로들로 구성된 모형공분산행렬은 연구자가 정한 유의수준 내에서 모집단공분산행렬과 같다.

따라서 선정된 모형이 모집단에서의 변수 간의 관계를 잘 반영하는 것이라면 모형공분산행렬은 모집단공분산행렬을 잘 닮게 된다. 그 결과, 모형공분산행렬이 정확하게 모집단공분산행렬과 합치하지 않아도, 다시 말해 모집단공분산행렬의 각 원소와 이에 대응되는 모형공분산행렬의 각 원소가 갖는 값이 약간의 차이가 있어도, 이는 영가설이 맞다고 할 때 우연히 발생하는 경우라고 할 수 있다. 연구자가 정한 유의수준이란 것이 영가설이 맞을 때 표본의 결과가 우연히 발생하는 경우를 확률로 진술한 것임을 감안한다면, 모집단공분산행렬이 모형공분산행렬과 같다는 영가설은 수집된 자료에 의해 지지되며 영가설은 수용되는 것이다.

실제에서는 모집단에 관한 정보가 없는 경우가 많으므로 표본공분산행렬이 모집단공분산행렬의 추정치 역할을 하며, 그 결과 선행이론에 의해 부과된 제약에 의해 성립된 모형공분산행렬이 표본공분산행렬과 합치하면, 선정된 구조방정식모형은 수집된 자료와 합치하는 것이 된다. 우리가 표본에서 추출된 통계량을 통해 모집단의 모수에 관한 추론을 한다는 것에 암묵적으로 동의하면서도, 여기서 굳이 모집단이라는 용어를 사용하는 것은 연구자의 관심사는 통계가 아닌 모수에 있음을 다시 한 번 강조하기 위해서이다.

구체적인 예를 들어, 구조방정식모형의 영가설이 어떤 의미를 갖고 있는지를 살펴보자. 먼저 두 개의 변수만이 관계되는 아주 간단한 단순회귀분석의 경우를 검토해 보자. 이를 그 나타내면 [그림 4-2]와 같다.

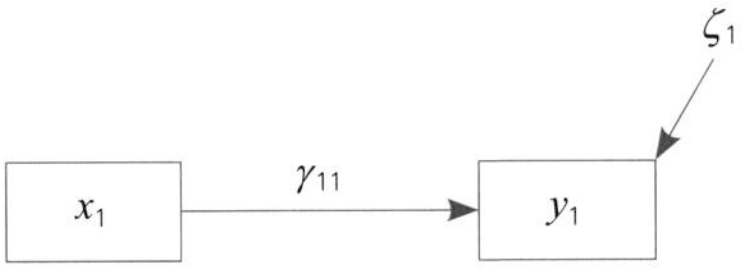

[그림 4-2] 단순회귀분석 모형

이 구조방정식모형은 관찰변수가 모두 두 개이다. 따라서 이 모형의 모집단공분산행렬은 차수가 2×2이며, 공분산행렬이므로 대각선을 중심으로 위아래가 같은 대칭행렬이다.

$$\Sigma = \begin{array}{c} \\ y_1 \\ x_1 \end{array} \begin{array}{c} \begin{array}{cc} y_1 & \quad\quad x_1 \end{array} \\ \begin{bmatrix} VAR(y_1) & COV(y_1, x_1) \\ COV(x_1, y_1) & VAR(x_1) \end{bmatrix} \end{array}$$

모집단에서의 변수 y_1과 x_1은 모집단을 구성하는 전체 사례를 조사하지 않아 그 값은 모르지만 어떤 값의 분산과 공분산을 갖는다. 연구자는 모르지만 모집단에 분명히 존재하는 분산과 공분산을 기호로 나타낸 것이 $VAR(y_1)$, $VAR(x_1)$, 그리고 $COV(x_1, y_1)$이다. 이 행렬에서 $COV(x_1, y_1)$과 $COV(y_1, x_1)$은 같은 값이다. 괄호 안의 변수의 순서가 다른 것은 앞에서도 언급했듯이 구조방정식모형에서는 내생변수를 먼저, 외생변수를 나중에 쓰는 것이 관례이어서, 열과 행이 모두 y_1, x_1의 순서대로 변수를 나열하므로 두 변수의 공분산을 나타내는 괄호 안의 순서가 대각선 위와 아래가 바뀌어 나타난 것이다.

앞의 모형은 잠재변수가 없고 관찰변수만으로 구성된 구조방정식모형이다. 이런 모형에서는 잠재변수가 관찰변수로 간주된다. 다시 말해, 잠재변수는 곧 관찰변수인 것이다. 따라서 이 모형을 나타내는 모수행렬은 독립변수 x_1의 종속변수 y_1에 대한 영향력의 강도인 회귀계수를 담고 있는 계수행렬인 Γ, 독립변수 x_1의 분산을 담고 있는 공분산행렬 Φ, 그리고 방해오차 ζ_1의 분산을 담고 있는 공분산행렬인 Ψ만 존재한다.

이 3개 모수행렬의 원소들이 어떠한지를 살펴보자. 이 경우 각 모수행렬은 원소가 하나뿐인 스칼라이다. $\Gamma=(\gamma_{11})$, $\Phi=(VAR(x_1))$, $\Psi=(VAR(\zeta_1))$. 앞에서도 언급했듯이 여기서 $VAR(x_1)$은 ϕ_{11}, $VAR(\zeta_1)$은 ψ_{11}이라는 기호로 나타내기도 한다. 기호나 이름 가운데 편한 것을 사용하면 된다.

그리고 이 3개의 행렬을 앞의 모형공분산행렬에 대입하고 행렬연산을 한다. 그러면 다음과 같은 행렬이 생성된다. 이것이 이 모형이 시사하는 모형공분산행렬이다.

$$\Sigma(\theta) = \begin{bmatrix} \gamma_{11}^2\phi_{11} + \psi_{11} & \gamma_{11}\phi_{11} \\ \gamma_{11}\phi_{11} & \phi_{11} \end{bmatrix}$$

그리고 구조방정식모형의 영가설 $H_0 : \Sigma = \Sigma(\theta)$에 의해 다음 관계가 성립된다. 등호 왼쪽이 모집단공분산행렬이며, 오른쪽이 모형공분산행렬이다.

$$\begin{bmatrix} VAR(y_1) & COV(y_1, x_1) \\ COV(x_1, y_1) & VAR(x_1) \end{bmatrix} = \begin{bmatrix} \gamma_{11}^2\phi_{11} + \psi_{11} & \gamma_{11}\phi_{11} \\ \gamma_{11}\phi_{11} & \phi_{11} \end{bmatrix} \cdots\cdots\cdots\cdots \text{수식 ①}$$

이번에는 앞서 주어진 모형이 시사하는 모형공분산행렬을 공분산 분해의 관점에서 다음과 같이 접근할 수 있다. 어느 방법을 사용하거나 동일한 결과에 도달하게 됨을 보게 된다.

앞의 단순회귀분석 모형에서 종속변수 y_1은 다음과 같이 나타내어진다.

$$y_1 = \gamma_{11}x_1 + \zeta_1$$

앞에서 γ_{11}은 회귀계수이고, x_1은 독립변수, ζ_1은 독립변수 x_1과는 상관이 없는 방해오차이다. 물론 y, x, 그리고 ζ는 확률변수이다. y, x, 그리고 ζ가 변수임에도 원점수 형태인 대문자로 표시하지 않고 편차점수 형태인 소문자로 표기한 것은 구조방정식모형의 관행을 따른 것이다. 어떤 편차점수 y는 $(Y - \bar{Y})$로 정의되기 때문에 관찰된 점수를 원점수 형태로 표기하나 편차점수 형태로 표기하나 원래 정보에는 아무런 유실이 없으므로 어떤 형태로 표기해도 자료의 통계적 처리에는 아무 영향이 없다.

그러면 앞의 모집단공분산행렬에서 첫 번째 행과 첫 번째 열의 원소인 종속변수 y_1의 분산은 공분산 계산법칙과 구조방정식모형의 통계적 가정에 의해 다음처럼 된다. 주지하다시피 어떤 변수의 분산은 그 변수 자신과의 공분산이다.

$$VAR(y_1) = COV(y_1, y_1)$$

종속변수 y_1을 나타내는 구조방정식을 앞의 식에 대입한다. 그러면 변수 y_1의 분산은 다음과 같이 된다.

$$=COV(\gamma_{11}x_1+\zeta_1, \gamma_{11}x_1+\zeta_1)$$

공분산 계산법칙에 따라 각각의 항의 공분산을 구한다.

$$=COV(\gamma_{11}x_{11}, \gamma_{11}x_1)+COV(\gamma_{11}x_{11}, \zeta_1)$$
$$+COV(\zeta_1, \gamma_{11}x_1)+COV(\zeta_1, \zeta_1)$$

방해오차와 독립변수 간에는 상관이 없다는 구조방정식모형의 통계적 가정에 의해 이 식에서 두 번째와 세 번째 항은 값이 0이 된다. 따라서 남는 항을 정리하면 다음과 같이 된다.

$$=\gamma_{11}^2COV(x_1, x_1)+COV(\zeta_1, \zeta_1)$$

자신과의 공분산은 곧 분산이므로 남는 항은 다음처럼 표시된다.

$$=\gamma_{11}^2VAR(x_1)+VAR(\zeta_1)$$

그리고 독립변수와 방해오차의 분산을 나타내는 기호를 사용해 앞의 식을 다시 쓴다. 반드시 각각의 분산을 나타내는 기호로 바꾸어야 하는 것은 아니나 관례가 그러하므로 여기서는 관례를 존중한다.

$$=\gamma_{11}^2\phi_{11}+\psi_{11}$$

그러면 이것이 의미하는 바는 모집단공분산행렬의 첫 번째 행과 첫 번째 열의 원소인 $VAR(y_1)$은 모수행렬의 구성원소인 γ_{11}^2, $VAR(x_1)$, 그리고 $VAR(\zeta_1)$으로 분해

된다는 것이다. 달리 말해, 독립변수 x_1에서 종속변수 y_1으로 가는 계수 γ_{11}의 값을 제곱한 것에다 독립변수 x_1의 분산을 곱하고 다시 이에 방해오차의 분산을 더한 것이 바로 $VAR(y_1)$인 것이다. 연구자가 관심을 갖는 경로들의 함수로 $VAR(y_1)$이 표시된 것이다.

마찬가지 논리로 모집단공분산행렬의 두 번째 행과 첫 번째 열의 원소인 $VAR(x_1, y_1)$을 모형공분산행렬의 구성원소로 다음과 같이 나타낼 수 있다.

$$\begin{aligned} COV(x_1, y_1) &= COV(x_1, \gamma_{11}x_1 + \zeta_1) \\ &= COV(x_1, \gamma_{11}x_1) + COV(x_1, \zeta_1) \\ &= \gamma_{11}COV(x_1, x_1) \\ &= \gamma_{11}\phi_{11} \end{aligned}$$

마지막으로 모집단공분산행렬의 두 번째 행과 두 번째 열의 원소인 $VAR(x_1)$은 독립변수의 분산이므로 공분산 계산법칙으로 분해할 필요없이 그 자체가 모형공분산행렬의 구성원소가 된다.

그런 다음 이들 구성원소를 모형공분산행렬의 각자의 자리에 놓고 영가설을 다음과 같이 쓸 수 있다. 이것은 앞의 것과 동일하다. 따라서 어떤 방법으로 모형공분산행렬을 생성하나 같은 결과에 도달함을 알 수 있다.

$$\begin{bmatrix} VAR(y_1) & COV(y_1, x_1) \\ COV(x_1, y_1) & VAR(x_1) \end{bmatrix} = \begin{bmatrix} \gamma_{11}^2\phi_{11} + \psi_{11} & \gamma_{11}\phi_{11} \\ \gamma_{11}\phi_{11} & \phi_{11} \end{bmatrix}$$

앞에서 보는 것처럼 모집단공분산행렬의 각 원소는 구조방정식모형의 모수행렬의 원소로 분해되었다. 여기서 주목해야 할 것은 모집단공분산행렬의 정보가 설정된 모형의 경로들의 함수로 표현되었다는 점이다. 모집단공분산행렬의 정보가 모수행렬에서 추정되어야 할 원소의 선형결합으로 표시된 것이 바로 모집단공분산행렬과 모형공분산행렬의 관계인 것이다.

영가설이 맞다면 추정되어야 할 자유모수들만의 함수로 구성된 모형공분산행렬과 모집단에서 변수 간의 관계를 나타내는 모집단공분산행렬은 유의수준의 범위 내에서 같을 것이다. 두 행렬은 영가설이 맞다고 할 때 표집오차의 한계 내에서 같은 관계에 있는 것이다. 만약 영가설이 리얼리티를 반영하고 있지 못하다면 모집단공분산행렬과 모형공분산행렬은 서로 같지 않을 것이다.

앞의 구조방정식모형이 나타내는 바는 독립변수 x_1이 종속변수 y_1에게 회귀계수 γ_{11}만큼의 영향을 미치고, 종속변수 y_1에서 독립변수 x_1으로 설명이 되지 않은 부분이 ζ_1만큼 있음을 나타낸다. 종속변수 y_1이 아동의 지능점수이고 독립변수 x_1이 부모의 지능점수라고 한다면, 연구자가 관심을 갖고 있는 이 현상은 아동의 지능이라는 변수에 부모의 지능이라는 변수가 γ_{11}만큼의 효과를 갖고, 부모의 지능 외에 아동의 지능에 영향을 미치는 다른 변수들의 효과의 합이 ζ_1으로 표시된 것이다.

모집단의 관점에서 앞의 현상을 바라본다면 두 변수 y_1과 x_1은 서로 관계가 있다. 그러므로 모집단공분산행렬은 두 개의 변수 y_1과 x_1의 분산과 두 변수가 함께 만들어 내는 공분산으로 구성된다. 또한 영가설에 의해 모집단공분산행렬에 대응되는 모형공분산행렬은 $VAR(y_1)$에 대응되는 위치에 $\gamma^2\phi_{11}+\psi_{11}$, $COV(y_1, x_1)$에 대응되는 위치에 $\gamma_{11}\phi_{11}$, $VAR(x_1)$에 대응되는 위치에 ϕ_{11}이 있게 된다. 공분산행렬은 대각선을 중심으로 좌우대칭이므로 $COV(y_1, x_1)$이나 $COV(y_1, x_1)$은 같은 값이다. 구조방정식모형에서는 종속변수부터 먼저 표시하고 독립변수는 나중에 표시하는 것이 관행이다. 이런 관계가 바로 다음 구조방정식모형의 영가설에 표시된 것이다.

$$\begin{bmatrix} VAR(y_1) & COV(y_1, x_1) \\ COV(x_1, y_1) & VAR(x_1) \end{bmatrix} = \begin{bmatrix} \gamma_{11}^2\phi_{11}+\psi_{11} & \gamma_{11}\phi_{11} \\ \gamma_{11}\phi_{11} & \phi_{11} \end{bmatrix}$$

이런 관계가 시사하는 것은 모집단공분산행렬의 첫 번째 행과 첫 번째 열의 원소인 $VAR(y_1)$은 모형공분산행렬의 첫 번째 행과 첫 번째 열의 원소인 $\gamma^2\phi_{11}+\psi_{11}$과 같다는 것이다. 또한 $COV(y_1, x_1)$은 $\gamma_{11}\phi_{11}$과 같으며, $VAR(x_1)$은 ϕ_{11}과 같다는 것이다. 여기서 어떻게 해서 $VAR(y_1)$이 $\gamma^2\phi_{11}+\psi_{11}$과 같은지에 대해서는 2장을 참고

하면 된다.

이번에는 가장 단순한 형태인 요인 하나에 두 개의 관찰변수가 있는 확인적 요인분석을 예로 들어 본다.

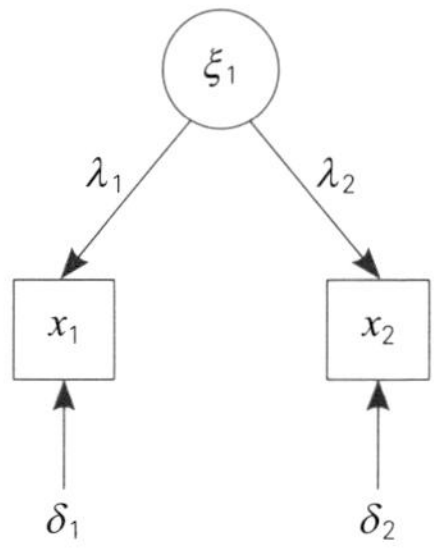

[그림 4-3] 확인적 요인분석 모형

[그림 4-3]의 구조방정식모형이 나타내는 바는 ξ_1으로 표기된 요인은 x_1과 x_2라는 두 개의 관찰변수로 측정된다는 것이다. 여기서 요인이 사회경제적 지위라는 잠재변수이며 두 관찰변수 x_1과 x_2가 각각 소득과 학력을 나타낸다고 하자. 그러면 이 현상은 다음처럼 설명된다. 잠재변수인 사회경제적 지위는 소득에 λ_{11}만큼의, 학력에는 λ_{21}만큼의 영향을 미치며, 소득과 학력에서 잠재변수에 의해 설명되지 않는 요인들의 효과, 다시 말해 측정오차가 각각 δ_1과 δ_2만큼 있는 것이다.

모집단에서 두 개의 관찰변수 x_1과 x_2는 관계가 있다. 그러므로 모집단공분산행렬은 x_1과 x_2의 분산과 두 관찰변수가 함께 만들어 내는 공분산이 있게 된다.

이 구조방정식모형도 영가설에 따라 다음처럼 표시된다.

$$H_0 : \Sigma = \Sigma(\theta)$$

이 모형을 나타내는 모수행렬은 요인의 관찰변수에 대한 영향력을 나타내는 계수행렬 Λ_x, 요인들의 연합의 정도를 나타내는 공분산행렬 Φ, 그리고 측정오차의 공분산행렬 H_δ 등 모두 3개이다. 확인적 요인분석에서는 언제나 이 3개가 모수행렬이다. 그리고 확인적 요인분석에서는 잠재변수가 내생변수이건 외생변수이건 모두 외생변수로 간주한다. 따라서 관찰변수도 그것이 내생변수의 관찰변수이어도 마치 외생변수의 관찰변수인 것처럼 간주한다.

앞의 모형에서 계수행렬 Λ_x의 원소는 $\lambda_{11}, \lambda_{21}$ 두 개이다. 요인은 하나밖에 없으므로 요인 간의 공분산행렬인 Φ는 ξ_1의 분산인 $VAR(\xi_1)$만 있는 스칼라이다. 또한 측정오차의 공분산행렬인 H_δ는 측정오차 간에 상관이 없으므로 관찰변수 x_1과 x_2의 측정오차인 $VAR(\delta_1)$과 $VAR(\delta_2)$만 있다.

이 3개의 행렬을 앞의 모형공분산행렬에 대입해 행렬연산을 하면 다음의 등호 오른쪽과 같은 행렬이 생성된다. 다음의 두 행렬이, 영가설이 맞다고 할 때 모집단공분산행렬과 모집단의 변수 간의 구조를 반영하도록 설정된 모형에 의해 시사되는 모형공분산행렬이다.

$$\begin{bmatrix} VAR(x_1) & COV(x_1, x_2) \\ COV(x_1, x_2) & VAR(x_2) \end{bmatrix} = \begin{bmatrix} \lambda_{11}^2 VAR(\xi_1) + VAR(\delta_1) & \lambda_{21}\lambda_{11} VAR(\xi_1) \\ \lambda_{21}\lambda_{11} VAR(\xi_1) & \lambda_{21}^2 VAR(\xi_1) + VAR(\delta_2) \end{bmatrix} \quad \cdots\cdots\cdots\cdots\cdots \text{수식 ②}$$

앞과 같은 방법으로 모형공분산행렬을 나타낸 것이나 공분산 분해의 방법으로 모형공분산행렬을 나타낸 것이나 결과는 동일하다. 공분산 분해에 의해 모형공분산행렬은 다음과 같이 나타낼 수 있다.

$$\begin{aligned} VAR(x_1) &= COV(x_1, x_1) \\ &= COV(\lambda_{11}\xi_1 + \delta_1, \lambda_{11}\xi_1 + \delta_1) \\ &= COV(\lambda_{11}\xi_1, \lambda_{11}\xi_{11}) + COV(\lambda_{11}\xi_{11}, \delta_1) + COV(\delta_1, \lambda_{11}\xi_1) \\ &\quad + COV(\delta_1, \delta_1) \\ &= \lambda_{11}^2 VAR(\xi_1) + VAR(\delta_1) \end{aligned}$$

앞의 두 번째 식을 공분산 분해법칙에 따라 전개하면 두 번째와 세 번째 항은 구조방정식모형의 가정에 의해 값이 0이 된다. 따라서 남는 항은 첫 번째와 네 번째 항만 남게 된다.

$$\begin{aligned} COV(x_2, x_1) &= COV(\lambda_{21}\xi_1 + \delta_2, \lambda_{11}\xi_1 + \delta_1) \\ &= COV(\lambda_{21}\xi_1, \lambda_{11}\xi_1) + COV(\lambda_{21}\xi_1, \delta_1) + COV(\delta_2, \lambda_{11}\xi_1) \\ &\quad + COV(\delta_2, \delta_1) \\ &= \lambda_{21}\lambda_{11}VAR(\xi_1) \end{aligned}$$

앞에서 첫 번째 식을 전개하면 두 번째와 세 번째 항은 구조방정식모형의 가정에 의해, 그리고 나머지 네 번째 항은 설정된 모형에 의해 값이 0이 된다. 따라서 첫 번째 항만 남게 된다.

$$\begin{aligned} VAR(x_2) &= COV(x_2, x_2) \\ &= COV(\lambda_{21}\xi_1 + \delta_2, \lambda_{21}\xi_1 + \delta_2) \\ &= COV(\lambda_{21}\xi_1, \lambda_{21}\xi_1) + COV(\lambda_{21}\xi_1, \delta_2) + COV(\delta_2, \lambda_{21}\xi_1) \\ &\quad + COV(\delta_2, \delta_2) \\ &= \lambda_{21}^2 VAR(\xi_1) + VAR(\delta_2) \end{aligned}$$

위에서 두 번째 식을 전개하면 두 번째와 세 번째 항은 구조방정식모형의 가정에 의해 값이 0이 된다. 그리고 이 3개의 정보를 모집단공분산행렬의 각자의 위치에 놓으면 영가설이 맞다고 할 때 모형에 의해 시사되는 모형공분산행렬이 생성된다. 공분산 분해에 의한 모형공분산행렬이나 모수행렬의 원소를 확인하고 모형공분산행렬에 대입해 나온 모형공분산행렬이나 같음을 알 수 있다.

4. 모수확인

연구자가 관심을 갖는 현상을 나타낸 것이 모형이라면 그 모형을 구성하는 변수들이 있게 된다. 그러면 모형이라는 것이 본질적으로 변수 간의 관계의 방향에 관한 것이므로 변수 간에 상관이 있게 된다.

어떤 모형을 구성하는 변수들이 서로 상관이 있다면 이 변수 간의 연합을 나타내는 공분산행렬이 존재한다. 이 공분산행렬의 대각선에는 각 변수의 분산이 위치하며, 대각선 외의 원소는 변수 간의 공분산이 위치한다. 그리고 이 공분산행렬은 대각선을 중심으로 좌우대칭이므로 이 행렬의 i, j번째 원소와 j, i번째 원소는 서로 중복된다.

모수확인은 어떤 모형이 있을 때, 이 모형을 구성하는 변수들의 분산과 중복되지 않은 공분산으로, 이 모형에서 추정되는 자유모수들이 고유하게 표현되는가를 확인하는 것이다. 모형에서 추정되는 자유모수들이 공분산행렬의 정보, 달리 말해 분산과 중복되지 않은 공분산의 함수로 고유하게 나타낼 수 있는가를 확인하는 것이 모수확인이다. 즉, 공분산행렬의 정보로 자유구조모수를 인지하는 것이다.

모수확인에서 눈여겨보아야 할 것은 공분산행렬의 분산과 중복되지 않은 공분산은 연구자가 알고 있는 정보라는 것이다. 연구자는 실제에서 모집단 전체를 대상으로 연구를 진행하는 것이 아니므로 모집단에 관한 정보가 없는 경우가 거의 대부분이다. 지능검사나 토플성적처럼 때로는 모집단에 관한 정보가 있는 경우도 있지만, 실제에서 연구자가 갖고 있는 정보는 표본에서 도출된 것이 전부이다. 이런 경우 연구자는 표본에서 나온 통계량을 모수의 추정치로 삼는다. 구조방정식모형도 예외는 아니어서 모집단공분산행렬의 추정치로 표본공분산행렬을 사용한다. 공분산행렬이 모집단에서 도출된 것이건 표본에서 나온 것이건 여하튼 공분산행렬은 연구자가 손에 쥐고 있는 정보인 것이다.

반면에 선행이론에 따라 설정된 경로는 그 값이 얼마인지를 모르는 미지수이다. 연구자가 관심을 갖는 자유모수는 연구자에게 자신의 정체를 노출시키지 않은 미지수다. 이 미지수인 자유모수의 방향과 강도에 연구자는 관심을 갖고 있는 것이다. 이 미지수가 양수인지 음수인지, 그리고 그 크기는 얼마인지가 관심의 대상이다.

이런 맥락에서 모수확인은 이미 알고 있는 공분산행렬의 정보로, 미지의 자유모수를 고유하게 인지하는 것이라고 할 수 있다. 따라서 모수확인이란 모형공분산행렬을 구성하는 미지의 자유구조모수를, 알고 있는 표본공분산행렬의 정보 또는 정보의 함수로 인지하는 것이다. 모수확인을 표본공분산행렬의 정보라고만 하지 않고 정보의 함수라고 표현한 것은, 어떤 자유모수는 표본공분산행렬의 분산이나 공분산으로 바로 확인이 되기도 하지만 표본공분산행렬의 정보와 이미 확인된 자유모수의 관계를 통해 확인되기도 하기 때문이다. 만약 어떤 자유구조모수가 분산과 공분산의 함수로 고유하게 표현된다면 그 구조모수는 확인되었다(identified)고 한다. 만약 고유하게 표현되지 못하면 그 자유모수는 미확인되었다(unidentified, nonidentified)고 한다.

구조방정식모형에서는 설정된 모형의 모든 자유모수를 확인하는 과정을 거친다. 이때 만약 어느 하나라도 확인되지 못하면 그 모형은 과소확인(under-identified)되었다고 한다. 한편으로 어떤 자유모수가 하나 이상의 고유한 방법으로 확인되면 그 모형은 과다확인(over-identified)되었다고 한다. 또한 모든 각각의 자유모수가 고유한 한 가지 방법으로만 확인되면 그 모형은 정확확인(just-identified, exactly-identified)되었다고 한다. 과소확인은 과소식별, 과다확인은 과대식별, 정확확인은 적정식별이라고도 한다.

만약 어떤 모형이 과소확인되면 모형을 수정해서 모든 자유모수들이 확인되도록 해야 한다. 모형을 수정한다는 것은 모수확인이 수집되는 자료의 문제라기보다는 모형의 문제라는 것을 시사한다. 구조방정식모형을 제대로 이해하고 있지 못한 일부 연구자는 모형이 과소확인이 되었을 때, 이를 해결하는 방안으로 표본의 크기를 증가시켜야 한다고 주장한다. 그러나 이론적으로 이런 주장은 설득력이 없다. 자유모수의 확인과 표본의 크기와는 아무런 연관이 없으며, 미확인된 모수가 확인되도록 모형을 수정하는 것 외에 다른 대안은 없다. 모형을 구성하는 자유모수들이 공분산행렬의 정보로 인지되도록 모형을 수정하는 것만이 유일한 방법이다. 여기서 강조하고자 하는 것은 모수확인이 표본크기의 문제가 아니라 설정된 모형의 문제라는 점이다.

이런 점에서 자료를 수집하기 전에 반드시 연구자가 관심을 갖고 있는 모형의 모수확인 여부를 이론적으로 검토해야 한다. 자유모수의 확인여부를 가리지 않고 구조방정식모형을 사용해 연구를 진행하는 것은 모형수정이 필요할 때 필요한 정보를 수집하지 못하는 우를 범할 수 있다. 예를 들어, 새로운 변수를 모형 안으로 도입하는 것이라면, 자료가 수집된 후의 모형수정은 불가능하게 된다. 물론 모형 수정의 결과가 모형 내의 변수를 제외하는 것이라면 관계는 없다.

그러면 모수확인이 이론적으로 어떻게 이루어지는지를 앞에 제시된 단순회귀 분석과 확인적 요인분석 모형을 예로 들어 살펴보자. 앞서도 언급되었듯이 연구자는 실제에서 모집단공분산행렬이 아닌 표본공분산행렬에 관한 정보를 갖게 되는 것이 대부분이다. 여기서도 표본공분산행렬을 사용한다. 표본공분산행렬의 원소는 영문 소문자로, 모집단공분산행렬의 원소는 영문 대문자로 표시한다.

다시 한 번 구조방정식모형의 영가설을 살펴보자. 영가설을 모수확인에 사용하는 이유는, 모든 통계검증이 영가설이 맞다는 전제하에서 이론적으로 기대되는 것을 도출하고 실제 표본에서 나온 결과를 비교하듯이, 구조방정식모형도 영가설이 맞다는 전제에서 출발하기 때문이다.

$$H_0 : \Sigma = \Sigma(\theta)$$

먼저 단순회귀분석의 경우를 수식 ①을 통해 살펴보자. 앞에 제시된 영가설이 맞으면 회귀분석모형에서 표본공분산행렬의 두 번째 행과 두 번째 열의 원소는 모형공분산행렬의 두 번째 행과 두 번째 열의 원소와 같다. 표본공분산행렬에서 두 번째 행과 두 번째 열의 원소는 연구자가 알고 있는 $VAR(x_1)$이고, 모형공분산행렬에서 두 번째 행과 두 번째 열의 원소는 미지의 자유모수인 ϕ_{11}이다. 따라서 모형공분산행렬의 자유모수인 두 번째 행과 두 번째 열의 원소 ϕ_{11}은 이미 알고 있는 정보인 표본공분산행렬의 $VAR(x_1)$으로 확인될 수 있다.

다음으로 모형공분산행렬의 두 번째 행과 첫 번째 열의 원소인 $\gamma_{11}\phi_{11}$을 보자. 여기서 ϕ_{11}은 이미 확인이 되었으므로 γ_{11}만이 미지수이다. 그러면 이 γ_{11}이 어떤 과정을 거쳐 확인이 되는지를 보자. 영가설이 맞다면 $COV(x_1, y_1)$은 $\gamma_{11}\phi_{11}$이다. 따라서 미지수인 γ_{11}에 대해서 풀면 된다.

$$COV(x_1, y_1) = \gamma_{11}\phi_{11}$$
$$\gamma_{11} = COV(x_1, y_1)/\phi_{11}$$

앞의 등식에서 등호의 왼쪽이 미지의 자유모수 γ_{11}이다. 그리고 이것은 이미 알고 있는 표본공분산행렬의 정보인 $COV(x_1, y_1)$과 앞에서 확인된 ϕ_{11}의 비율로 나타난다. 따라서 미지수 γ_{11}도 이런 방법으로 확인이 되었다. 모수확인에서 정보의 함수로 확인된다는 표현이 바로 이런 경우를 지칭하는 것이다.

마지막으로 모형공분산행렬의 첫 번째 행과 첫 번째 열의 원소는 $\gamma_{11}^2\phi_{11} + \psi_{11}$이다. 여기서 γ_{11}^2은 이미 알고 있는 γ_{11}을 제곱만 하면 되므로 미지수는 ψ_{11}이다. 앞에서와 같은 논리로 영가설이 맞으면 $VAR(y_1)$은 $\gamma_{11}^2\phi_{11} + \psi_{11}$이고, 이 관계를 미지수 ψ_{11}에 대해 푼다.

$$VAR(y_1) = \gamma_{11}^2\phi_{11} + \psi_{11}$$
$$\psi_{11} = VAR(y_1) - \gamma_{11}^2\phi_{11}$$

앞의 등식에서 등호 왼쪽이 미지의 자유모수 ψ_{11}이다. 그리고 이것은 표본공분산행렬의 정보인 $VAR(y_1)$에서 앞에서 확인된 두 자유모수 γ_{11}의 제곱에다 ϕ_{11}을 곱한 것을 뺀 것으로 확인된다. 이런 방법으로 모형공분산행렬을 구성하는 미지의 자유모수는 모두 확인이 되었다. 그리고 이 세 개의 자유모수는 이 방법 외에 달리 확인될 수 있는 길이 없으므로 이 모형은 정확확인되었다.

다음으로 확인적 요인분석 모형을 수식 ②을 통해 살펴보자. 영가설이 맞다면 표본공분산행렬의 첫 번째 행과 첫 번째 열의 원소인 $VAR(x_1)$은 모형공분산행렬의 첫 번째 행과 첫 번째 열의 원소인 $\lambda_{11}^2 VAR(\xi_1) + VAR(\delta_1)$과 같다.

$$VAR(x_1) = \lambda_{11}^2 VAR(\xi_1) + VAR(\delta_1)$$

앞의 식에서 등호 왼쪽이 알고 있는 정보이고 오른쪽이 미지의 자유모수이다.

미지수인 자유모수가 알고 있는 정보로 확인되어야 하나, 알고 있는 정보의 숫자는 $VAR(x_1)$ 하나이고 미지수는 λ_{11}, $VAR(\xi_1)$, 그리고 $VAR(\delta_1)$이다. 따라서 앞의 식을 어떤 형태로 바꾸어도 등호의 오른쪽이 미지수가 포함된 형태로 남는다. 예를 들어, $VAR(\delta_1)=VAR(x_1)-\lambda_{11}^2 VAR(\xi_1)$처럼 등호 오른쪽의 미지수는 어느 것도 확인될 수 없다. 그리고 앞의 식의 미지수인 λ_{11}과 $VAR(\xi_1)$이 다른 식에서 확인될 수 있으면 $VAR(\delta_1)$도 확인되나 λ_{11}과 $VAR(\xi_1)$도 확인될 수 있는 길이 없으므로 앞의 관계에서 세 개의 미지수는 어느 것도 확인되지 않는다. 다른 원소도 마찬가지로 알고 있는 정보보다 미지수가 많으므로 확인되지 않는다. 따라서 앞의 확인적 요인분석모형은 과소확인되었다.

이 모형은 관찰변수가 두 개이다. 그 결과, 표본공분산행렬에서 중복되지 않은 정보는 두 관찰변수 각각의 분산과 두 관찰변수가 같이 만들어 내는 공분산뿐이다. 이 사실에서 유추할 수 있는 것은 중복되지 않은 정보의 숫자가 미지수인 자유모수보다 더 많아야 모수확인이 가능하다는 것이다. 확인적 요인분석 모형에서 중복되지 않은 정보의 수는 3이고, 미지수인 자유모수는 다섯 개이다. 그러므로 앞의 확인적 요인분석 모형은 모형에 어떤 제약을 가하지 않는 한, 과소확인이 될 수밖에 없다. 중복되지 않은 정보의 숫자가 자유모수의 숫자보다 크거나 같아야 한다는 것을 t 규칙이라고 한다. 여기서 t는 모형공분산행렬의 자유모수를 모아 놓은 벡터 θ의 차수로, 자유모수의 숫자이다.

과소확인이 일어나는 이유는 대체로 연구자가 관심을 갖고 있는 현상에 관한 선행이론이 없거나, 충분한 통찰이 결여되어 가능한 경로를 모두 설정해 모형을 복잡하게 만든 데 있다. 모형을 복잡하게 설정하게 됨에 따라 미지수인 자유모수가 늘어나고 그 결과 모수확인의 벽을 넘지 못하는 것이다.

앞서도 언급되었듯이 모형이 과소확인되게 되면 그 모형이 확인되는 방법으로 모형을 수정하는 수밖에 달리 방법이 없다. 그러나 모형수정이 연구자가 그 모형을 도출해 낸 이론과 상치하게 된다면 구조방정식모형을 사용하는 연구는 이 단계에서 그치게 된다. 더 이상 구조방정식모형을 진행시킬 수 없으므로 수집된 자료를 다른 기법으로 분석하는 길을 모색해야 한다.

만약 모형수정이 선행이론과 크게 배치되지 않는다면 모형수정을 고려한다. 모형수정으로 가장 보편화된 것이 독립변수의 기능을 하는 변수를 모형에 더 끌어들이는 것이다. 끌어들이는 관찰변수의 숫자는 하나일 수도 그 이상일 수도 있다.

또 하나는 어떤 하나의 경로값을 다른 경로값과 같게 만드는 등가제약(equality constraint)을 사용하는 것이다. 예를 들어, 자유모수가 β_{21}과 β_{12}가 있다면 β_{21}의 값이 β_{12}와 같다고 하는 것이다. 이렇게 되면 실제로 모형에 나타난 경로는 두 개이지만 실제로는 하나의 경로값만을 추정하게 되므로 모수확인의 가능성을 높이게 된다.

덧붙여, 미지수인 자유모수를 영가설에 입각해 표본공분산행렬의 원소가 모형공분산행렬의 대응되는 원소와 같다는 관계를 통해 이론적으로 모든 자유모수가 확인되는지를 검토해 모든 자유모수가 확인이 되어도, 실제로 통계패키지가 자유모수를 확인하는 과정에서 모수확인에 사용되는 표본의 특이성으로 인해 표본공분산행렬의 정보로 자유모수가 확인이 안 되는 경우가 있다. 이런 경우를 경험적 과소확인(empirical underidentification)이라고 한다. 경험적 과소확인은 거의 일어나지 않지만 아주 드물게 일어나기도 한다.

경험적 과소확인이 발생되는 이유는 관찰변수 간의 다중공선성(多重共線性, multicollinearity 또는 collinearity)이 한 원인이다. 다중공선성에 관한 자세한 논의는 모수추정의 비양정치행렬의 발생원인에서 다루어진다.

또 하나의 원인은 설정된 모형이 비일방모형인 경우이다. 비일방모형에서 특히 두 변수 간에 상호송환관계가 있는 경우 어떤 경로의 값이 거의 0에 가까운 것이 있으면 경험적 과소확인이 발생할 가능성이 있다. 예를 들어, 경로값이 .01처럼 0에 매우 가까운 값이 있으면 경험적 과소확인의 원인이 된다.

때로는 연구에 사용된 표본의 크기가 작아 모수확인 과정에서 계산된 수치를 불안정하게 만들고, 이것이 원인이 되어 이론적으로는 자유모수가 확인이 되지만 실제로 확인이 되지 않는 결과를 얻을 수 있다. 표본크기가 작아 경험적 과소확인을 불러일으키는 것이다. 이런 경우는 표본의 크기를 크게 하지 않는 한, 달리 해결 방법은 존재하지 않는다.

경험적 과소확인이 발생되면 원인을 찾아 교정하거나 다른 표본을 취해 여기서 나온 표본공분산행렬로 다시 모수확인을 하게 된다. 그래도 경험적 과소확인이 계속되면 더 이상 구조방정식모형의 연구를 진행시킬 수 없게 된다.

마지막으로, 영가설에서 제시된 모집단공분산행렬과 모형공분산행렬의 관계를 이용해, 모든 자유모수를 일일이 손으로 확인하는 것은 귀찮은 일이다. 그러므로 표본공분산행렬을 갖고 통계패키지를 이용해 자유모수를 확인해 보는 것이 보다 손쉽다. 잠재변수가 없이 관찰변수로만 구성된 구조방정식모형인 경우, 측정모형인 경우, 그리고 일반 구조방정식모형의 경우에 사용하는 모수확인 방법이 개발되어 있다(Bollen, 1989; Wald, 1950).

5. 모수추정

표본공분산행렬의 정보 하나만으로, 또는 하나 이상의 결합으로, 또는 표본공분산행렬의 정보와 자유모수의 관계를 통해서 모든 자유모수들이 확인되면, 이 자유모수의 값을 수리적으로 구하는 과정을 거치는데 이를 모수추정이라고 한다. 다시 말해, 모수확인이 끝난 후 이들 모수값의 크기가 얼마나 되는지를 알아내는 과정을 모수추정이라고 한다. 모수추정은 설정된 영가설이 타당하다고 할 때, 모형공분산행렬이 모집단공분산행렬에 근접하도록 자유모수의 값을 정하는 것이다. 실제에서는 모집단공분산행렬 Σ를 모르기 때문에 모집단공분산행렬 Σ의 추정치로 표본공분산행렬 S를 사용하게 된다. 예를 들어, 앞의 [그림 2-2]에서 연구자가 관심을 갖는 모수의 하나로 γ_{11}이 있다. 모수추정은 이 γ_{11}의 값이 얼마인지를 찾는 것이라고 할 수 있다. 물론 γ_{11}의 값 하나만을 찾는 것이 아니고 모형에서 설정된 모든 자유모수의 값을 찾는다.

구조방정식모형에서는 설정된 자유모수의 값을 찾을 때 모든 자유모수의 값을 동시에 구한다. 이 점이 다른 통계적 기법과 다른 점이다. 예를 들면, 회귀분석의 경우 각각의 종속변수별로 회귀계수의 값이 얼마인지를 찾는다. 구조방정식모형에서는 자유모수의 값이 동시에 추정되므로, 만약 어떤 하나의 자유모수가 모형의 재설정으로 인해 더 추가되거나 제거된다면 다른 자유모수의 추정값도 영향을 받게 된다.

모수추정을 할 때 사용되는 합치함수는 여러 가지가 있다. 대표적인 것으로 최대가능법(maximum likelihood, ML), 일반화최소제곱법(generalized least squares, GLS), 가중최소제곱법(weighted least squares, WLS), 비가중최소제곱법(unweighted least squares, ULS), 이단계최소제곱법(two-stage least squares, TSLS) 등이 있다. 여기서는 통계적 가정이 엄격한 최대가능법과 상대적으로 통계적 가정이 완화된 가중최소제곱법에 대해 직관적 이해를 도모한다. 합치함수의 수리적 도출과정에 대해서 최대가능법은 4장, 일반화최소제곱법은 6장, 비가중최소제곱법은 7장, 그리고 가중최소제곱법은 4장과 7장에서 각각 소개된다.

그것이 어떤 것이든지 합치함수는 다음과 같은 특성을 갖는다. 첫째, 합치함수의 값은 스칼라이다. 둘째, 합치함수의 값은 0보다 크거나 같다. 셋째, 합치함수는 $\Sigma(\theta)$와 S가 같을 때 그 값이 0이다. 넷째, 합치함수는 $\Sigma(\theta)$와 S에서 연속적이다.

1) 최대가능법

영어의 maximum likelihood가 최대우도라는 용어로 널리 사용되지만 번역된 이름에서 뜻을 유추해 내기는 쉽지 않다. 이 글에서는 보다 뜻이 더 잘 드러나도록 최대가능이라고 번역해 사용한다(한국통계학회, 1997). 최대가능이라는 이름에서 짐작할 수 있듯이, 이 추정법은 만약 추정된 자유모수의 값이 모집단의 모수값이라면, 수집된 자료가 이 모집단으로부터 추출되었을 가능성이 최대가 되도록 자유모수의 값을 정하는 것이다. 다시 말해, 관찰된 표본자료가 단지 표본변산(sampling variation)에 의한 것일 가능성을 최대로 하는 값을, 미지의 모집단 모수값에 대한 추정치로 선택하는 것이다.

[그림 4-4]를 통해 최대가능법의 논리를 살펴보자. 다음의 왼쪽에 제시된 상관행렬은 표본에서 관찰된 것이고, 오른쪽의 세 가지 상관행렬은 잠정적으로 모두

모집단상관행렬의 후보이다.

표본상관행렬	상관행렬 1	상관행렬 2	상관행렬 3
$\begin{bmatrix} 1.0 & & \\ 0.0 & 1.0 & \\ .90 & .90 & 1.0 \end{bmatrix}$	$\begin{bmatrix} 1.0 & & \\ .80 & 1.0 & \\ 0.0 & 0.0 & 1.0 \end{bmatrix}$	$\begin{bmatrix} 1.0 & & \\ .20 & 1.0 & \\ .80 & .80 & 1.0 \end{bmatrix}$	$\begin{bmatrix} 1.0 & & \\ .10 & 1.0 & \\ .85 & .85 & 1.0 \end{bmatrix}$

[그림 4-4] 상관행렬

잠정적 모집단상관행렬과 표본상관행렬을 비교해 보자. 첫 번째 상관행렬에서 표본상관행렬이 뽑혀져 나왔을 가능성은 매우 낮다고 보인다. 만약 첫 번째 상관행렬이 모집단상관행렬이 되려면 표본상관행렬의 두 번째 행의 상관 .0은 모집단상관이 실제는 .8이나 표본변산에 의해서 .0인 것이라고 주장해야 하는 반면에, 세 번째 행의 두 .9의 상관은 모집단 상관이 실제는 .0이나 표본변산에 의해 .9가 된 것이라고 주장해야 한다.

첫 번째 상관행렬에 비해 두 번째 상관행렬에서 표본상관행렬이 뽑혀져 나왔을 가능성이 더 높아 보인다. 그리고 두 번째보다는 세 번째에서 표본상관행렬이 뽑혀져 나왔을 가능성은 더 높아 보인다.

만약 첫 번째 상관행렬이 모집단상관행렬이라면 표본상관행렬과의 값 차이를 표본변산으로 주장해야 하나, 이는 두 번째에 비해 설득력이 떨어지고, 마찬가지 논리로 두 번째는 세 번째에 비해 설득력이 떨어진다. 그러면 잠정적인 세 개의 모집단상관행렬 후보 가운데 세 번째 것에서 표본상관행렬이 뽑혀져 나왔을 가능성이 가장 높다고 할 수 있다.

최대가능법은 실제로 관찰된 표본자료와 여러 개의 잠정적 모집단 추정값 간의 차이의 정도를 계량화하여, 값의 차이가 표본변산에 의한 것일 가능성이 최대가 되는 모집단 추정값을 모집단의 모수값이라고 선택하는 것이다. 표본과 모집단 간의 값 차이가 표본변산에 의한 것일 가능성을 최대화하는 방법으로 모집단 모수값의 추정치를 찾아내는 것이 바로 최대가능법이다. 이때 사용하는 방법이 앞서 논의된 반복에 의한 것이다.

최대가능법으로 모집단 모수값을 추정하려면 충족되어야 할 전제조건이 있다. 하나는 구조방정식모형에 사용된 변수가 연속적이어야 한다는 것이다. 이 전제가 필요한 것은 변수가 연속적이어야만 최대가능법에서 요구되는 분산과 공분산을 구할 수 있기 때문이다. 이 전제는 달리 표현하면 구조방정식모형에 사용되는 변수가 적어도 동간척도 이상의 것으로 측정되어야 함을 뜻한다. 이 전제는 합치함수의 네 번째 특성을 일컫는 것이다.

물론 구조방정식모형에서는 동간척도 이하의 것으로 변수가 측정되어도 이를 처리하는 방법이 개발되어 있다. 예를 들면, 잠재변수 간의 상관을 구해 상관행렬을 입력자료로 사용하는 것이다. 그럼에도 구태여 이 전제를 기술한 것은 최대가능법에 사용되는 합치함수가 원칙적으로 분산과 공분산의 함수라는 것을 강조하기 위한 것이다.

또 하나는 여러 변수들이 모여 이룬 다중변수분포가 정상분포이어야 한다는 것이다. 다중변수분포가 정상분포이어야 공분산행렬로 변수들의 특성을 기술할 수가 있기 때문이다. 이 전제가 요구되는 것도 최대가능법이 사용하는 합치함수가 공분산행렬의 함수이기 때문이다. 예를 들어, 어떤 단일변수의 분포가 정상분포이어야 그 분포의 평균과 분산으로 그 분포의 모양을 기술할 수 있다. 만약 분포가 정상분포에서 이탈된 것이면 그 분포의 평균과 분산으로는 그 분포를 제대로 기술할 수 없고, 편포도(skewness)와 첨도(kurtosis)가 고려되어야만 그 분포가 제대로 기술된다. 마찬가지 논리로 다중변수분포도 정상분포여야만 평균벡터 μ와 공분산행렬 Σ로 다중변수분포의 특성을 나타낼 수 있기 때문이다.

다중변수분포가 정상분포임을 검사할 수 있는 간단한 방법은 각 변수의 단일변수분포를 살펴보는 것이다. 만약 다중변수분포가 정상분포이면 모든 변수의 단일변수분포는 정상분포이다. 그러나 반대의 경우는 성립되지 않는다. 즉, 모든 단일변수분포가 정상분포이어도 이것들이 같이 모여 이루는 다중변수분포는 정상분포일 수도 아닐 수도 있다.

최대가능법이 사용하는 합치함수는 다음과 같다. 다음에서 F는 합치함수를 나타내는 fitting function의 머리글자이고, 아래 첨자 ML은 maximum likelihood의 약자이다.

$$F_{ML} = \log|\Sigma(\theta)| + tr|S\,\Sigma(\theta)^{-1}| - \log|S| - (p+q)$$

최대가능법의 합치함수는 표본공분산행렬과 모형이 시사하는 모형공분산행렬의 함수이다. 이는 사용된 변수가 연속이고 정상분포이어야 합치함수가 제대로 기능함을 뜻한다. 또한 이 합치함수가 시사하는 것은 만약 표본공분산행렬과 모형공분산행렬이 같다면 최대가능법의 합치함수의 값은 0이 된다는 것이다. 왜냐하면 합치함수의 첫 번째 항과 세 번째 항은 서로 상쇄되어 값이 0이 되고, 두 번째 항은 표본공분산행렬과 모형공분산행렬의 역행렬을 서로 곱한 것이므로 대각선의 값은 1이고 그 외의 원소는 모두 0인 단위행렬이 되어, 대각선의 값을 모두 더한 것은 네 번째 항의 변수의 숫자와 같기 때문이다. 따라서 합치함수의 값이 0에 가까울수록 수집된 자료와 모형에 의해 형성된 모형공분산행렬과 같다는 논리가 성립된다. 달리 표현하면, 합치함수의 값이 0에 가까울수록 모형이 모집단을 잘 반영하고 있다는 것이다. 그리고 최대가능법의 합치함수에서 p는 외생변수(독립변수)의 수를, 그리고 q는 내생변수(종속변수)의 수를 의미한다.

최대가능법은 표본의 크기가 무한히 커짐에 따라 다음의 특성을 갖는다. 표본의 크기가 무한히 커지는 것을 무한대표본이론(asymptotic theory)이라고 한다. 최대가능법으로 추정된 모수는 모집단의 모수와 일치하고 불편파되어 있으며, 최소분산을 갖는다. 모수와 일치한다는 것은 표본의 크기를 무한히 해서 얻은 모수 추정값은 모집단의 모수와 일치한다는 의미이다. 불편파되어 있다는 것은 모수 추정값의 기댓값이 모집단 모수와 같은 것을 말한다. 마지막으로 최소분산을 갖는다는 것은 모수 추정값이 분포를 이룰 때 이 분포의 분산이 가장 적다는 의미이다. 분포의 분산이 가장 적다는 말은 추정값이 안정적이라는 말과 같다.

또 다른 특성으로는 자유척도(scale-free)와 불변척도(scale-invariant)가 있다(Jöreskog, 1970). 먼저 자유척도의 의미에 대해 살펴보자. 어떤 관찰변수가 몸무게라고 할 때 이 몸무게가 킬로그램으로 측정되었을 때와 파운드로 측정되었을 때, 추정된 모수값이 달라지면 이를 종속척도(scale-dependent)이라고 한다. 반면에, 어떤 척도로 측정되든지 추정된 모수값이 달라지지 않는 것을 자유척도라고 한다. 이를 달리 표현하면, 관찰변수가 원래 척도에서 다른 척도로 변환이 되어도 추정결과가 달라지지 않는 것이 자유척도이다. 여러 개의 모수추정방법 중에서 종속척도인 것은 비가중최소제곱법이다.

불변척도는 합치함수가 원래의 공분산행렬이 아니고, 상관행렬과 같이 다른 행렬을 사용해도 함수의 추정결과가 달라지지 않는 것을 말한다. 앞에 제시된 합치함수에서 공분산행렬 S가 DSD로, $\Sigma(\theta)$가 $D\Sigma(\theta)D$로 치환되어도 추정결과가 바뀌지 않은 것을 불변척도라고 한다. 여기서 D는 대각선에 양수의 값이 있고 대각선 외의 모든 원소는 0인 행렬이다. 이런 행렬을 대각선행렬이라고 한다. 만약 D가 관찰변수의 표준편차의 역수를 대각선에 담고 있으면 DSD는 상관행렬 R이 된다. 불변척도는 공분산행렬이 투입되나 상관행렬이 투입되나 추정된 결과는 동일하게 도출되는 것이다.

구조방정식모형을 다루는 통계패키지에서 특별히 모수추정방법을 정하지 않으면 최대가능법을 사용해 모수추정을 한다. 최대가능법이 널리 사용되는 모수추정방법이나 이를 사용하기 위해서는 현실에서 지키기 어려운 전제조건을 충족시켜야 한다는 부담이 있다.

2) 가중최소제곱법

모수추정방법으로 최대가능법이 요구하는 변수가 연속적이어야 하고, 분포가 정상분포이어야 한다는 가정은 아주 엄격한 가정이다. 그러나 실제에서 다중변수 분포가 정상분포인 경우는 드물다. 수집된 자료가 정상분포가 아닐 때 많이 사용하는 방법은 원자료를 정상분포로 변환하는 것과 원자료를 그냥 사용하되 추정된 값을 자료의 비정상성을 고려해 수정하는 것이다.

먼저 어떤 자료가 정상분포에서 이탈되어 있으면 적당한 방법을 사용해 원자료를 정상분포로 변환시킨 다음 모수추정을 하는 것이 보통이다. 그러나 이 방법은 어떤 자료변환 방법을 쓰느냐에 관계없이 원자료의 분포모양과 변환 후의 분포모양이 달라지게 마련이다. 따라서 어떤 구조방정식모형이 설정되었을 때 어떤 자료를 사용하는가에 따라 결과가 달라진다. 원자료를 사용할 때 산출된 표본공분산행렬과 변환된 자료에서 도출된 표본공분산행렬이 달라지고, 그 결과 모형은 같더라도 추정된 결과는 서로 다르게 도출된다.

자료변환과 관련해 생각해야 할 것은 원자료가 정상분포에서 심하게 이탈되어 있을 때 반드시 자료변환이 필요한가 하는 것이다. 수집된 원자료가 정상분포가 아니라면 연구자는 대개 다음과 같은 두 가지 추론을 한다.

하나는 표본이 모집단을 제대로 대표하지 못했을 가능성이다. 이 추론은 모집단은 정상분포인데 표본크기가 작아서 모집단을 충분히 대표하지 못하거나 또는 표본이 모집단을 잘 대표하지 못하는 모집단의 어느 부분에서 집중적으로 추출되었을 개연성이다. 이는 모집단은 정상분포인데 어떤 특정한 표본이 갖는 특이성으로 인한 것이므로 다른 표본을 취하면 사라질 수도 있음이 전제되는 추론이다.

또 다른 하나는 표본이 모집단을 잘 대표하고 있다는 것이다. 이런 견해는 모집단 자체가 정상분포가 아니므로 표본이 정상분포가 아닌 것은 당연하다고 보는 것이다. 만약 표본이 모집단을 잘 대표했다면 정상분포가 아닌 원인이 무엇이건 자료변환은 필요하지 않다고 판단된다.

자료변환은 그 표본의 특성을 없애는 방법이므로 변환 후의 표본특성은 모집단의 특성을 잘 나타내지 못할 수 있다. 표본이 모집단을 잘 대표하고 있을 때의 자료변환이란 마치 김치가 맵다고 해서 김치에서 매운 맛을 제거하는 것과 같다고 보는 것이다.

수집된 자료가 정상분포에서 이탈되어 있을 때, 또 다른 대안은 불변척도가 성립될 때 최대가능법을 통해 추정된 표준오차나 카이제곱적합도(χ^2 goodness-of-fit)를 원자료의 비정상성을 고려해 수정하는 것이다. 그러나 이 방법은 최대가능법이 표본의 크기가 무한대로 커짐에 따라 갖는 모수추정값의 최소분산 특성을 잃어버리게 한다. 그러므로 변수들이 비연속적이고 정상분포에서 이탈되어 있을 때, 이런 자료를 그대로 쓰면서 어떻게 올바른 결과를 얻느냐 하는 것이 관건이다. 이런 경우에 적용될 수 있는 모수추정방법이 가중최소제곱법이다.

가중최소제곱법은 변수가 동간척도 이하의 것으로 측정되었거나 정상분포가 아닐 때 사용할 수 있는 모수추정방법으로, 최대가능법과 마찬가지로 무한대표본 이론에 기초하고 있다. 가중최소제곱법이 제대로 그 기능을 발휘하려면 표본의 크기가 매우 커야 한다는 것이 전제이다. 이 가중최소제곱법이 성립되기 위한 통계적 가정은 변수의 8차 모멘트(8th order moment)가 어떤 값을 갖는다는 것이다. 그 외는 다른 전제가 필요하지 않다.

가중최소제곱법의 합치함수는 다음과 같이 정의된다. 영문자 F는 fitting function의 머리글자이며, 아래 첨자 WLS는 weighted least squares의 약어이다.

$$F_{WLS} = [s - \sigma(\theta)]' W^{-1} [s - \sigma(\theta)]$$

이 합치함수에서 s는 차수가 $\frac{1}{2}(p+q)(p+q+1) \times 1$의 벡터로서 표본공분산행렬 S의 중복되지 않는 원소들만 취한 것이다. $\sigma(\theta)$는 s에 대응되는 동일한 차수의 모형공분산행렬의 벡터이다. W는 가중행렬로서 차수가 $\frac{1}{2}(p+q)(p+q+1) \times \frac{1}{2}(p+q)(p+q+1)$이고, 표본크기가 무한대로 커짐에 따라 양정치행렬이 되는 확률행렬이다.

벡터 s가 표본공분산행렬의 중복되지 않은 원소를 취해서 만들어졌다는 것을 좀 더 자세히 알아보자. 표본공분산행렬 S는 그 차수가 $(p+q)(p+q)$이다. 그리고 이 대칭행렬인 표본공분산행렬에서 중복되지 않은 정보의 숫자는 대각선에 있는 각 관찰변수의 분산과 대각선 위 또는 아래에 위치한 공분산이다.

따라서 중복되지 않은 정보는 $\frac{1}{2}(p+q)(p+q+1)$이며 이것들을 벡터로 만든 것이 s이다. 그리고 모형에 의해 시사되는 모형공분산행렬도 차수는 $(p+q)(p+q)$이며 여기서 중복되지 않은 정보의 숫자는 표본공분산행렬과 마찬가지로 $\frac{1}{2}(p+q)(p+q+1)$이며, 이 중복되지 않은 원소를 벡터로 만든 것이 바로 $\sigma(\theta)$이다. 가중행렬 W가 양정치행렬이라는 것의 의미는 다음과 같다. 가중행렬 W가 전위가 되어도 전위되기 전의 행렬과 같다는 것이며, 가중행렬 W의 앞과 뒤에 어떤 벡터를 곱해도 그 값이 0보다 큰 값을 가지면 이를 양정치행렬이라고 한다.

가중최소제곱법은 최대가능법처럼 추정값이 모수와 일치하고, 불편파되어 있으며, 가중행렬 W가 $(N-1)^{\frac{1}{2}}\left[s-\sigma(\theta)\right]$로 정의된 잔차벡터 δ와 전위된 잔차벡터 δ'의 공분산행렬—다시 말해, $COV(\delta, \delta')$—을 모집단의 잔차벡터와 전위된 잔차벡터의 공분산행렬과 같거나 같게 되도록 추정하면 최소분산을 갖는다(Browne, 1984). 여기서의 δ를 측정오차 δ와 혼돈하면 안 된다. 같은 문자를 다른 의미로 사용하는 이유는 문자는 한정되어 있고, 사용해야 할 기호는 많기 때문이다. 또한 가중최소제곱법은 잔차벡터의 원소인 잔차를 제곱하여 더한 값이 최소가 되도록 θ 값을 선택한다.

모수추정에서 가중최소제곱법의 탄력성에도 불구하고 현실적인 문제는, 관찰변수의 숫자가 많으면 가중최소제곱법을 사용하기가 어려울 수도 있다는 것이다. 가중최소제곱법은 가중행렬 W의 앞뒤로 벡터를 곱하는 것이므로 중간계산 과정이 복잡해 컴퓨터의 기억용량이 이를 감당하기 어려워 중도에 계산이 끝나는 경우가 발생할 수도 있다.

모수추정과 관련해 유념해야 할 점은 여러 가지 조건들이 충족되지 않았을 때, 다시 말해 변수가 연속적이지 않거나 표본크기가 무한대로 크지 않은 경우에서, 통계적 가정이 엄격한 ML이 신뢰할 수 있는 결과를 낳았으며, 통계적 가정이 엄격하지 않은 WLS가 신뢰할 수 없는 결과를 내었다는 점이다(Rhee, 1992). 물론 이런 결과는 우리 주변에서 많이 접할 수 있는 표본크기 500이 사용되었을 때의 결과로서 표본크기가 무한히 커지면 ML이나 WLS나 같은 결과를 낼 수도 있음을 암시한다. 그러나 실제에서 표본크기를 무한대로 할 수 없음을 감안한다면 이 결과는 ML이 통계적 가정이 충족되지 못해도 항내성(robustness)이 높음을 시사한다. 따라서 연구자가 특별히 어떤 모수추정방법을 선택해야 하는 부담이 없다면 ML을 사용해 모수추정을 하는 것이 안전하다고 할 수 있다. LISREL은 연구자가 모수추정방법을 특별히 지정하지 않는 한 ML을 사용하여 모수추정을 한다.

3) 입력자료로서의 공분산행렬 및 상관행렬

모수추정에서 일반적으로 고려해야 할 것 중의 하나는 입력자료의 문제이다. 자료분석에 사용되는 입력자료의 성질에 관한 검토가 있어야 한다. 입력자료로는 이론적으로 원자료, 공분산행렬, 또는 상관행렬 등 어떤 것이나 사용될 수 있다.

그러나 모수추정에 사용되는 합치함수가 표본공분산행렬과 모형공분산행렬의 함수이기 때문에 구조방정식모형의 자료분석에 이용되는 것은 원칙적으로 공분산행렬이다. LISREL이나 EQS 같은 통계패키지는 입력자료로 원자료가 투입되면, 원자료의 공분산행렬을 구해 이를 자료분석에 사용한다. 또 입력자료로 변수의 평균과 표준편차가 딸린 상관행렬이 제공되면 특별히 따로 명령을 주지 않는 한 평균과 표준편차를 이용해 공분산행렬을 만들어 내고, 이를 분석자료로 사용한다. 이런 경우에는 공분산행렬이 투입되었을 때와 마찬가지로 특별히 명령을 주지 않는 한 산출되는 결과는 비표준화된 것이 출력된다. 만약 평균과 표준편차에 관한 정보가 따로 제공되지 않으면 변수의 평균은 0으로, 표준편차는 1로 지정되고, 이때 산출되는 결과는 표준화된 것이 출력된다.

상관행렬은 공분산행렬이 표준화된 것이므로 변수 간의 구조를 나타낸다는 점에서는 차이가 없다. 달리 말해, 원래 측정된 변수가 표준화된 변수로 바뀐 것이 상관이므로 변수 간의 구조에는 아무런 변동이 없다. 그러나 두 행렬은 변수측정에 사용된 척도의 정보라는 점에서 차이가 있다. 공분산행렬은 변수의 원래 척도에 관한 정보를 그대로 가지고 있는 반면에, 상관행렬은 원래의 척도에 관한 정보는 가지고 있지 않다. 공분산행렬이 표준화되면서 원래의 정보를 잃어버린 것이다. 따라서 두 행렬은 변수 간의 구조라는 측면에서 보면 차이가 없지만, 측정척도라는 측면에서는 차이가 있다.

모수추정에서 공분산행렬 또는 상관행렬을 입력자료로 할 것인가의 문제는 결과의 출력과 밀접한 관계가 있다. 공분산행렬이 입력되면 비표준화된 결과뿐만 아니라 표준화된 결과를 얻을 수 있지만, 평균과 표준편차가 제공되지 않는 상관행렬이 입력되면 표준화된 결과만을 얻을 수 있다. 주지하다시피 비표준화된 결과는 표본종속적이 아니어서 다른 표본에서 산출된 결과와 비교할 수 있다. 그러나 표준화된 결과는 원래의 측정척도에 관한 정보가 없어졌기 때문에 다른 표본에서 산출된 결과와는 비교할 수가 없다. 그렇더라도 표준화된 결과는 주어진 표본에서 각 변수의 상대적 중요성을 비교할 수 있다는 점에서 유용할 수 있다.

덧붙여, 상관행렬이 분석자료로 사용되면 부정확한 결과를 가져온다는 연구가 있다(Boomsma, 1983). 이 연구에서 발견된 것은 각 자유모수에 대응되는 표준오차가 부정확하다는 것이다. 이런 부정확한 결과는 상관행렬이 원래의 측정척도에 관한 정보를 잃어버리는 데서 오는 것으로 보인다. 상관행렬이 사용되었을 때 부정확한 표준오차를 교정하는 방법이 개발되어 있다(Browne, 1982; Lawley & Maxwell, 1971). 이러한 연유로 가능하면 구조방정식모형의 분석자료는 공분산행렬을 사용하는 것이 바람직하다.

4) 비양정치행렬의 발생 및 해결방안

모수추정에서 심심치 않게 접하는 에러메시지가 투입된 표본공분산행렬이나 추정된 모수들로 구성된 모형공분산행렬이 비양정치행렬(non-positive definite matrix)이라는 것이다. 이 메시지는 이것 외에 아무것도 같이 제공되는 것이 없어 연구자를 상당히 곤혹스럽게 만든다. 대부분의 연구자는 이 메시지를 접하면 이 문제를 달리 해결할 길이 없어 연구를 포기하기도 한다. 모수추정에서 비양정치행렬이 발생하는 원인을 진단하고 이에 대한 해결책을 모색한다.

(1) 공분산행렬의 특성

먼저 공분산행렬 또는 상관행렬의 특성에 관해 논의해 보자. 여기서 따로 특별히 지칭하지 않는 한 공분산행렬이란 용어는 동시에 상관행렬도 포함하는 의미로 사용된다. 공분산행렬은 직사각형이며 대각선을 중심으로 위아래가 대칭이다. 그리고 잘 알려져 있지는 않으나 공분산행렬은 공분산행렬에서 허용 가능한 구성원소를 제한하는 몇 가지 규칙이 있다. 다음과 같은 예를 살펴보자. 다음 예에서 공분산행렬은 위아래가 대칭이므로 대각선 아래만 표시되었다.

행렬 1

$$\begin{bmatrix} 1.0 & & \\ 0.3 & -2.1 & \\ 0.5 & 0.3 & 1.0 \end{bmatrix}$$

공분산행렬은 언제나 대각선 원소의 값은 양수이어야 한다. 왜냐하면 대각선은 분산이 위치하는 곳이기 때문이다. 행렬 1의 대각선의 두 번째 값이 음수이므로 행렬 1은 허용 가능한 공분산행렬이 아니다.

행렬 2

$$\begin{bmatrix} 2.0 & & \\ 0.3 & 0.5 & \\ 1.5 & 0.2 & 1.0 \end{bmatrix}$$

행렬 2의 변수 1과 3의 공분산은 1.5이다. 이 값은 변수 1과 3이 각각 갖는 분산의 기하평균보다 큰 값이다. 공분산은 절댓값을 취했을 때 두 변수 서로의 분산을 곱한 것에 제곱근을 씌운 것보다 클 수가 없다. 공분산 1.5를 상관으로 바꾸면 값이 $1.06\left(\dfrac{1.5}{\sqrt{2}\sqrt{1}}\right)$이다. 이것은 허용 가능한 값이 아니며, 따라서 행렬 2는 허용 가능한 공분산행렬이 아니다.

행렬 3

$$\begin{bmatrix} 1.0 & & \\ .90 & 1.0 & \\ -.50 & .90 & 1.0 \end{bmatrix}$$

두 변수 i와 j의 상관계수의 값은 i, j와 상관을 맺고 있는 다른 변수들의 상관에 의해 결정된다. 행렬 3은 변수 2가 변수 1 및 3과 .90의 상관을 맺고 있고, 변수 1과 3이 −.50의 상관이 있음을 보이고 있다. 이것은 삼각부등식(triangular inequality) 조건에 위배된다. 만약 변수 (1, 2)와 변수 (2, 3)의 두 상관이 .90이라면 변수 (1, 3)의 상관은 +.62와 1 사이에 있어야 한다. 그 이유는 삼각부등식 조건에 의하면 변수 i, j의 상관계수는 두 값 $\cos[\arccos(\rho_{jl}) - \arccos(\rho_{jl})]$과 $\cos[\arccos(\rho_{jl}) + \arccos(\rho_{jl})]$ 사이에 떨어지기 때문이다. 여기서 ρ는 모집단의 상관, 아래 첨자 l은 같은 상관행렬 내에 있는 임의의 제3의 변수, cos는 cosine, arccos는 arccosine을 나타낸다. 따라서 행렬 3은 허용 가능한 상관행렬이 아니다. 행렬의 차수가 커지면 차수에 따라 적용되는 조건이 늘어난다.

행렬 4

$$\begin{bmatrix} 1.00 & & \\ 0.30 & 2.00 & \\ 0.65 & 1.15 & 0.90 \end{bmatrix}$$

행렬 4의 차수는 3×3이나 rank(階數)가 3이 아니다. 행렬 4는 3차원이나 실제는 2차원으로 나타난다. 자세히 보면 변수 3은 변수 1과 2의 평균인 것을 알 수 있다. 따라서 변수 3은 아무런 새로운 정보를 주지 못하는 중복된 것이며, 이 행렬의 rank는 2이다. 이렇게 rank가 부족한 행렬은 다중변수 자료를 분석하는 데 필요한 역행렬을 가질 수 없다. rank 부족 자체가 행렬의 특성을 위반한 것은 아니지만 구조방정식모형에서 필요로 하는 통계기법의 사용을 어렵게 하거나 불가능하게 한다.

(2) 고유값 및 양정치

어떤 대칭행렬이 변수의 분산 및 공분산을 제대로 반영하고 있는 것인지에 관한 의문이 들면 앞에 제시된 대로 행렬을 검사해 보면 된다. 앞의 절차를 따라서 대각선 원소가 음수값인지 아닌지 또는 상관의 범위 같은 것은 쉽게 검사할 수 있으나, 행렬이 커지면 부가적으로 적용되는 조건을 손으로 계산하기가 쉽지 않다. 이런 것을 자동적으로 해결해 주는 절차가 개발되어 있다.

공분산행렬을 다른 대칭행렬과 구분 짓는 기준은 양정치성(positive definiteness)

이다. 이 기준은 행렬 고유값의 함수로 정의된다. 고유값(eigenvalue)은 특성근이라고도 불린다. 기호로는 λ로 표시한다. 계수행렬의 λ와 혼동할 수 있으니 주의해야 한다.

첫째, 차수가 $p \times q$인 어떤 행렬 S는 p개의 고유값을 갖는다. 때로는 p개의 고유값 가운데 어떤 것은 다른 고유값과 같은 값을 가질 수 있다. 둘째, 행렬 S의 모든 고유값을 곱한 것은 행렬 S의 행렬식과 같다. 셋째, 행렬 S의 0보다 큰 고유값의 숫자는 행렬 S의 rank와 같다. 넷째, 행렬 S의 고유값을 더한 것은 행렬 S의 대각선 원소를 더한 것과 같다.

각각의 고유값에 대해 각각의 고유벡터(eigenvector)가 존재한다. 고유벡터는 기호로 υ으로 표시한다. 표준화된 고유벡터를 흔히 주성분계수(principal component coefficient)라고 부른다. 주성분은 변수들의 가중합으로 생성되며 이때 주성분계수가 가중치가 된다. 즉, 주성분은 변수들의 선형결합으로 만들어진다. 주성분의 분산은 고유값과 같다.

고유값이 주어졌을 때 쉽게 하나의 행렬이 양정치인지의 여부를 가릴 수 있다. 만약 모든 p개의 고유값이 0보다 크면 그 행렬은 양정치이다. 만약 하나 또는 그 이상의 고유값이 0이고 나머지 고유값이 0보다 크면 그 행렬은 반양정치이다. 마지막으로 만약 적어도 하나의 고유값이 음수이면 그 행렬은 비양정치이다.

앞에서 예로 든 행렬 1, 2, 3은 음수의 고유값을 가지므로 비양정치이다. 행렬 1의 고유값은 1.549, .500, −2.149이며 행렬 2의 고유값은 3.138, .441, −.079, 행렬 3의 고유값은 2.04711, 1.50000, −.54711이다. 고유값 λ_1(2.04711)과 연계된 고유벡터 υ_1'=(.44923, .77224, .44923)이며, 고유값 λ_2(1.50000)과 연계된 고유벡터 υ_2'=(−.70710, .00000, −.70710)이다. 그리고 고유값 λ_3(−.54711)과 연계된 고유벡터 υ'=(.54606, −.63532, .546061)이다. 또한 행렬 4의 고유값은 2.91824, .98175, 0이다. 행렬 4는 고유값이 0인 것이 있으므로 반양정치이다. 어떤 행렬이 양정치이어야만 정칙행렬이며, 정칙행렬이어야만 그 행렬의 역행렬을 가질 수 있다. 따라서 모수추정 과정에서 비양정치행렬이라는 메시지가 출력되면 역행렬을 갖지 못해 더 이상 앞으로 나아갈 수 없음을 의미한다.

즉, 고유값과 고유벡터의 관계는 다음과 같이 설명할 수 있다. 정사각형행렬(같은 수의 행과 열을 갖는 행렬) **A**에 대하여 $\boldsymbol{AX}=\lambda \boldsymbol{X}$(상수 λ)가 성립하는 0이 아닌 상수 λ를 행렬 A의 고유값, X를 이에 대응하는 고유벡터라고 할 수 있다.

예를 들어, 정사각형행렬 **A**를 $\begin{bmatrix} a_{11}, a_{12}, \cdots\cdots & a_{1n} \\ \vdots & \\ a_{n1}, a_{n2}, \cdots\cdots & a_{nn} \end{bmatrix}$로 정의한다면

정사각형행렬 **A**의 고유값과 고유벡터는 다음과 같이 나타낼 수 있다.

$$\begin{bmatrix} a_{11}, a_{12}, \cdots\cdots & a_{1n} \\ \vdots & \\ a_{n1}, a_{n2}, \cdots\cdots & a_{nn} \end{bmatrix} \begin{bmatrix} x_1 \\ x_2 \\ \vdots \\ x_n \end{bmatrix} = \lambda \begin{bmatrix} x_1 \\ x_2 \\ \vdots \\ x_n \end{bmatrix}$$

이때 정사각형행렬 **A**에 대한 고유값은 λ이고, 이에 대한 고유벡터는 X이다. 예를 들어, 정사각형행렬 **A**가 $\begin{bmatrix} 4 & 2 \\ 3 & 5 \end{bmatrix}$일 때 고유값 λ와 고유벡터는 다음과 같이 나타낼 수 있다.

정사각형행렬 (square matrix)	$\begin{bmatrix} 4 & 2 \\ 3 & 5 \end{bmatrix}$	
고유값 (eigenvalue)	$\lambda = 7$	$\lambda = 2$
고유벡터 (eigenvector)	$\begin{bmatrix} 2 \\ 3 \end{bmatrix}$	$\begin{bmatrix} -1 \\ 1 \end{bmatrix}$

정사각형행렬 **A**가 주어졌을 때 앞에 제시된 고유값과 고유벡터를 구하는 과정은 다음에 자세히 기술되어 있다.

$AX=\lambda X$

	$\begin{bmatrix} 4 & 2 \\ 3 & 5 \end{bmatrix}\begin{bmatrix} x_1 \\ x_2 \end{bmatrix} = \lambda \begin{bmatrix} x_1 \\ x_2 \end{bmatrix}$
$AX-\lambda X=0$ $(A-\lambda I)X=0$	
	$\begin{bmatrix} 4 & 2 \\ 3 & 5 \end{bmatrix}\begin{bmatrix} x_1 \\ x_2 \end{bmatrix} - \lambda \begin{bmatrix} x_1 \\ x_2 \end{bmatrix} = 0$ $\left(\begin{bmatrix} 4 & 2 \\ 3 & 5 \end{bmatrix} - \lambda \begin{bmatrix} 1 & 0 \\ 0 & 1 \end{bmatrix}\right)\begin{bmatrix} x_1 \\ x_2 \end{bmatrix} = 0$ $\begin{bmatrix} 4-\lambda & 2 \\ 3 & 5-\lambda \end{bmatrix}\begin{bmatrix} x_1 \\ x_2 \end{bmatrix} = 0$
결정요인 (determinant)	$\begin{vmatrix} 4-\lambda & 2 \\ 3 & 5-\lambda \end{vmatrix} = 0$ $(4-\lambda)(5-\lambda)-6=0$ $20-4\lambda-5\lambda+\lambda^2-6=0$ $\lambda^2-9\lambda+14=0 \Rightarrow (\lambda-7)(\lambda-2)=0$
고유값	$\lambda=7$: $\begin{bmatrix} -3 & 2 \\ 3 & -2 \end{bmatrix}\begin{bmatrix} x_1 \\ x_2 \end{bmatrix} = 0$, $-3x_1+2x_2=0$, $3x_1-2x_2=0$, $x_1=\frac{2}{3}x_2$ $\lambda=2$: $\begin{bmatrix} 2 & 2 \\ 3 & 2 \end{bmatrix}\begin{bmatrix} x_1 \\ x_2 \end{bmatrix} = 0$, $2x_1+2x_2=0$, $3x_1-3x_2=0$, $x_1=-x_2$

고유값이 7일 때($\lambda=7$) 고유벡터에 들어가는 $x_1=2$, $x_2=3$이 된다. 반면, 고유값이 2일 때($\lambda=2$) 고유벡터에 들어가는 $x_1=-1$, $x_2=1$이 된다(물론 $x_1=1$ 그리고 $x_2=-1$로 처리해도 된다).

$AX=\lambda X$	$\begin{bmatrix} 4 & 2 \\ 3 & 5 \end{bmatrix}\begin{bmatrix} 2 \\ 3 \end{bmatrix} = 7\begin{bmatrix} 2 \\ 3 \end{bmatrix}$	$\begin{bmatrix} 4 & 2 \\ 3 & 5 \end{bmatrix}\begin{bmatrix} -1 \\ 1 \end{bmatrix} = 2\begin{bmatrix} -1 \\ 1 \end{bmatrix}$
고유벡터	$\begin{bmatrix} 2 \\ 3 \end{bmatrix}$	$\begin{bmatrix} -1 \\ 1 \end{bmatrix}$

고유벡터 $\begin{bmatrix} 2 \\ 3 \end{bmatrix}$와 $\begin{bmatrix} -1 \\ 1 \end{bmatrix}$의 공간이 정사각형행렬 $\begin{bmatrix} 4 & 2 \\ 3 & 5 \end{bmatrix}$에 의해 변환되는데 고유값($\lambda=7, \lambda=2$)만큼 변한다는 것이다. 즉, 고유벡터의 공간이 고유값만큼(7배, 2배) 변한다는 것이다. 이에 대한 설명은 다음 [그림 4-5]에 자세히 나타나 있다.

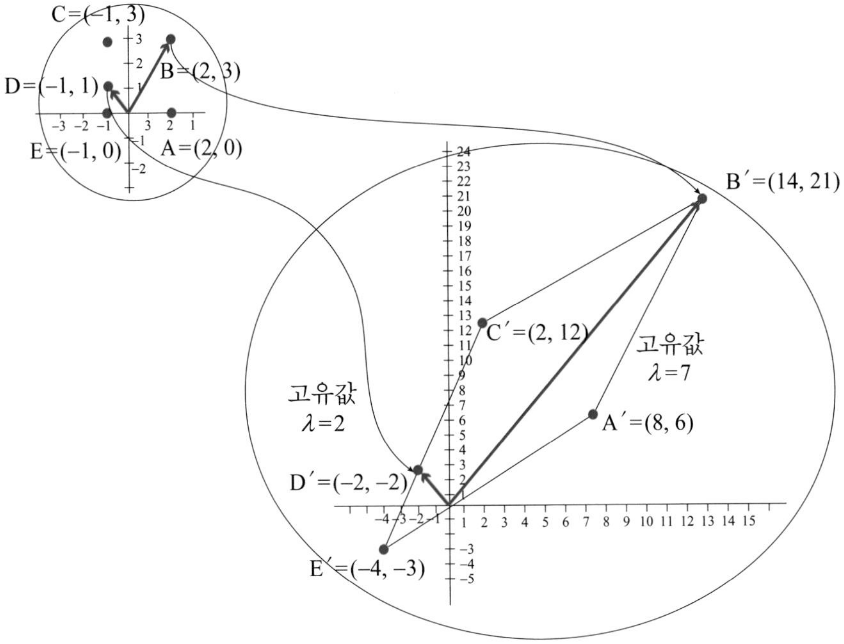

[그림 4-5] 고유값과 고유벡터와의 관계

고유값 상황에서의 A, B, C, D, E의 위치는 정사각형행렬 $\boldsymbol{A}$가 주어졌을 때 고유값($\lambda=7, \lambda=2$)만큼 변한 위치로 다음과 같이 나타낼 수 있다.

A: (2, 0)	$\Rightarrow$	A':	$\begin{bmatrix} 4 & 2 \\ 3 & 5 \end{bmatrix}\begin{bmatrix} 2 \\ 0 \end{bmatrix}=\begin{bmatrix} 8 \\ 6 \end{bmatrix}$
B: (2, 3)	$\Rightarrow$	B':	$\begin{bmatrix} 4 & 2 \\ 3 & 5 \end{bmatrix}\begin{bmatrix} 2 \\ 3 \end{bmatrix}=\begin{bmatrix} 14 \\ 21 \end{bmatrix}$
C: (−1, 3)	$\Rightarrow$	C':	$\begin{bmatrix} 4 & 2 \\ 3 & 5 \end{bmatrix}\begin{bmatrix} -1 \\ 3 \end{bmatrix}=\begin{bmatrix} 2 \\ 12 \end{bmatrix}$

D: $(-1, 1)$	$\Rightarrow$	D':	$\begin{bmatrix} 4 & 2 \\ 3 & 5 \end{bmatrix}\begin{bmatrix} -1 \\ 1 \end{bmatrix} = \begin{bmatrix} -2 \\ 2 \end{bmatrix}$
E: $(-1, 0)$	$\Rightarrow$	E':	$\begin{bmatrix} 4 & 2 \\ 3 & 5 \end{bmatrix}\begin{bmatrix} -1 \\ 0 \end{bmatrix} = \begin{bmatrix} -4 \\ -3 \end{bmatrix}$

(3) 비양정치행렬을 매끄럽게 하기

비양정치행렬을 만나면 더 이상 진전이 되지 않기 때문에 비양정치행렬을 매끄럽게 하는 기법이 필요하다. 여기서는 두 가지 방법이 제안된다. 하나는 능선(ridge)에 상수를 곱하는 방법이며, 또 하나는 주성분을 이용하는 것이다. 실제에서 자료분석을 하다 보면 이 두 방법 어느 것도 완전히 만족할 만한 결과를 주지 못할 때가 있다. 그런 경우에는 이 두 방법을 합쳐서 사용하면 보다 나은 결과를 얻을 수 있으며, 곱해 주는 상수는 0.001이다.

가. 능선 방법

이 방법은 이름이 의미하듯이 행렬의 능선인 대각선에 1보다 큰 상수를 곱하는 것이다. 음수의 고유값이 사라질 때까지 이런 과정을 계속한다. 능선 방법은 비양정치행렬을 언제나 양정치행렬로 바뀌게 해 주나, 비양정치 문제가 어디서 비롯되었는지에 관한 진단을 해 주지는 못한다. 다만, 행렬을 양정치로 바뀌게 해 수리적 연산이 가능하도록 자료를 고쳐 준다. LISREL에서는 ridge option이라는 이름으로 들어 있으며 곱해 주는 상수는 0.001이다.

나. 주성분 방법

이 방법은 원래 양분상관행렬에서 나타나는 음수의 고유값 문제를 해결하기 위해서 고안된 것이다. 이 방법은 비양정치행렬을 반양정치행렬로 바뀌게 한다. 따라서 자료분석을 더 앞으로 나아가게 하지는 못하지만, 음수의 고유값과 연계된 모든 공분산 요소가 매끄러워진 공분산행렬의 잔차에 남아 있게 만듦으로써, 이런 잔차의 크기와 형태에 대한 검사를 통해서 비양정치가 어디서부터 시작되었는지를 진단할 수 있게 해 준다.

주성분 방법은 다음과 같은 절차를 따라서 진행된다. 첫째, 비양정치행렬의 고유값과 고유벡터를 구한다. 비양정치행렬이므로 적어도 고유값 중의 하나가 음수일 것이다. 둘째, 음수나 0인 고유값은 버리고 모든 양수의 고유값에 연계된 고유벡터를 사용해 행렬을 구성한다. 이때 각각의 고유벡터를 고유값의 제곱근을 취한 값으로 곱한다. 고유벡터가 표준화된 것이므로 분산인 고유값에 제곱근을 취해 곱한 것이다. 셋째, 이렇게 구성된 행렬을 정사각형행렬로 만드는 행렬연산을 한다. 그 결과, 생성되는 행렬은 원래의 비양정치행렬보다 큰 대각선 원소값을 갖게 된다. 넷째, 앞에서 생성된 행렬의 대각선 원소를 원래 행렬의 대각선 원소와 같은 값이 되도록 재조정한다. 다섯째, 원래 행렬에서 대각선이 재조정된 행렬을 빼서 잔차행렬을 구한다.

주성분 방법의 예를 하나 들어 보자. 앞서의 상관행렬 3에서 양수의 고유값은 2.04711과 1.50000이다. 그리고 이것에 대응되는 고유벡터는 각각 다음과 같다.

$$\upsilon_1 = \begin{bmatrix} .449 \\ .772 \\ .449 \end{bmatrix} \qquad \upsilon_2 = \begin{bmatrix} -.707 \\ 0 \\ .707 \end{bmatrix}$$

고유벡터 υ_1에 고유값 2.0471의 제곱근을 취한 값을 곱하고, 고유벡터 υ_2에 고유값 1.5000에 제곱근을 취한 값을 곱한다. 그런 다음 두 개의 벡터로 행렬을 구성한다. 이렇게 구성된 행렬을 M이라고 하자. 그러면 행렬 M은 다음과 같다.

$$M = (\sqrt{\lambda}\,\upsilon_1 \; \sqrt{\lambda}\,\upsilon_2)$$
$$\begin{bmatrix} .6427 & -.8660 \\ 1.1049 & 0 \\ .6427 & .8660 \end{bmatrix}$$

그런 다음 행렬 $N = MM'$을 구한다. 행렬연산을 하면 N은 다음과 같이 된다.

$$N = \begin{bmatrix} 1.1631 & .7101 & -.3368 \\ .7101 & 1.2208 & .7101 \\ -.3368 & .7101 & 1.1631 \end{bmatrix}$$

이 행렬 N의 대각선 원소인 분산은 원래 행렬(행렬 3)의 대각선 원소보다 값이 크다. 따라서 원래의 행렬의 대각선 원소에 맞게 행렬 N을 재조정한다. 원래 행렬의 대각선 원소는 모두 1이므로 행렬 N의 대각선 원소를 1이 되도록 행렬 N을 재조정하는 것이다. 재조정하는 방법은 행렬 N의 대각선 원소만을 뽑아 여기에 제곱근을 씌우고 이것에 역수를 취한 대각선 행렬 D를 만들고 이를 행렬 N의 앞뒤로 곱하면 된다.

다시 말해, 행렬 $D = \frac{1}{\sqrt{diag(N)}}$를 정의한다. 그러면 행렬 D는 다음과 같이 된다.

$$D = \begin{bmatrix} .9272 & 0 & 0 \\ 0 & .9050 & 0 \\ 0 & 0 & .9272 \end{bmatrix}$$

그런 다음 행렬 $O = DND$를 구한다. 그러면 행렬 O는 대각선 원소가 모두 1이 되도록 재조정된 행렬이다. 이렇게 반양정치 요소만으로 재조정된 행렬 O는 행렬 5와 같이 된다. 이 행렬은 반양정치행렬이다.

행렬 5

$$\begin{bmatrix} 1.0000 & & \\ .5959 & 1.0000 & \\ -.2896 & .5959 & 1.0000 \end{bmatrix}$$

또한 원래 행렬인 행렬 3에서 재조정된 행렬 5를 빼면 잔차행렬이 구해진다. 잔차행렬은 행렬 6과 같다.

행렬 6

$$\begin{bmatrix} 0 & & \\ .3040 & 0 & \\ -.2103 & .3040 & 0 \end{bmatrix}$$

잔차행렬인 행렬 6의 형태가 행렬 3을 비양정치행렬로 생성시킨 원인을 나타내고 있다. 행렬 6의 (2, 1)과 (3, 2)의 원소값은 너무 크고, (3, 1)의 원소값은 너무 작아(또는 반대편으로 너무 커서) 삼각부등식 조건이 충족되지 않은 것이다. 따라서 이 부분이 행렬 3을 비양정치행렬로 만든 원인이 되는 것이다.

5) 비양정치행렬의 발생원인, 진단 및 개선책

수집된 원자료에서 계산된 표본공분산행렬은 대체로 양정치행렬이다. 그러나 때때로 비양정치행렬이 발생한다. 모수추정의 기법인 최대가능법(ML)이나 일반화최소제곱법(GLS) 같은 것은 표본공분산행렬이 양정치임을 전제로 하기 때문에, 연구자는 비양정치 문제를 피해 가도록 자료를 수집하거나, 통계적으로 엄격한 잣대를 들이대는 대신에 발견의 목적을 위해 비양정치행렬을 매끄럽게 하거나, 아니면 ML이나 GLS 대신에 다른 모수추정방법을 사용하면 된다. 하지만 그렇더라도 비양정치행렬의 원인을 진단해야 어떤 처방을 할 것인가를 결정할 수 있기 때문에 비양정치가 어디서 유래하는가를 파악하는 것은 도움이 된다. 비양정치행렬의 발생원인은 대체로 관찰변수 간의 다중공선성, 결측자료를 짝별로 지우기(pairwise deletion), 그리고 Pearson 적률상관이 아닌 다른 유형의 상관이 자료로 사용될 때로 구분될 수 있다.

(1) 다중공선성

다중공선성은 한마디로 정의하면 하나의 방정식에서 독립변수 사이에 선형종속이 있는 정도라고 할 수 있다. 선형종속이란 하나의 변수가 다른 변수들의 함수이거나 두 개 이상의 변수가 같은 함수를 갖는 것이다. 수리적으로 선형종속은 다음과 같이 정의된다.

어떤 벡터 x_0가 다음 형태를 갖는다고 하자. $x_0 = c_1x_1 + c_2x_2 + \cdots + c_px_p$. 이때 벡터 x_0를 벡터 $x_1, x_2, \cdots, x_p$의 선형결합(linear combination)이라고 한다. 여기서 $c_1, c_2, \cdots, c_p$는 임의의 상수이다. 예를 들어, 두 개의 행렬 $x = \begin{pmatrix} 2 \\ 4 \end{pmatrix}$, $y = \begin{pmatrix} 3 \\ 2 \end{pmatrix}$이 있다고 하자. 이때 $z = \begin{pmatrix} 13 \\ 14 \end{pmatrix}$이라면, $\begin{pmatrix} 13 \\ 14 \end{pmatrix} = 2\begin{pmatrix} 2 \\ 4 \end{pmatrix} + 3\begin{pmatrix} 3 \\ 2 \end{pmatrix}$이므로 $z = \begin{pmatrix} 13 \\ 14 \end{pmatrix}$는 $x = \begin{pmatrix} 2 \\ 4 \end{pmatrix}$와 $y = \begin{pmatrix} 3 \\ 2 \end{pmatrix}$의 선형결합이다.

$c_1x_1 + c_2x_2 + \cdots + c_px_p = 0$인 관계를 만드는 0이 아닌 임의의 스칼라 $c_1, c_2, \cdots, c_p$가 존재할 때, 같은 차수의 벡터 $x_1, x_2, \cdots, x_p$를 선형종속(linearly dependent)되었다고 한다. 만약 모든 스칼라가 0이어서 $c_1x_1 + c_2x_2 + \cdots + c_px_p = 0$가 되면, 같은 차수의 벡터 $x_1, x_2, \cdots, x_p$는 선형독립(linearly independent)이라고 한다. 예를 들어, $z' = (13\ 14)$, $x' = (2\ 4)$, $y' = (3\ 2)$라고 하면, $1(13\ 14) - 2(2\ 4) - 3(3\ 2) = (0\ 0)$이기 때문에 벡터들은 선형종속된다. 만약 벡터 z_1, z_2, z_3가 각각 다음 순서와 같다면, s_1, s_2, s_3가 0일 때만 $s_1\begin{pmatrix} 1 \\ 0 \\ 0 \end{pmatrix} + s_2\begin{pmatrix} 0 \\ 1 \\ 2 \end{pmatrix} + s_3\begin{pmatrix} 0 \\ 0 \\ 1 \end{pmatrix} = \begin{pmatrix} s_1 \\ s_2 \\ s_3 \end{pmatrix} = \begin{pmatrix} 0 \\ 0 \\ 0 \end{pmatrix}$이기 때문에 선형독립이다.

앞서의 경험적 과소확인에서도 언급되었듯이 다중공선성을 불러일으키는 원인은 크게 네 가지로 볼 수 있다. 첫째, 관찰변수 간의 상관이 높아 다중공선성을 일으키는 경우이다. 관찰변수 간의 상관이 매우 높아 명목상으로는 여러 개의 변수가 있지만 실제로는 그보다 적은 수의 변수로 감소되어, 표본공분산행렬에서 명목상 중복되지 않은 정보와 실제 중복되지 않은 정보가 차이가 있을 경우이다. 관찰변수 간에 상관이 매우 높아지면 변수는 여러 개 있어도 수리적으로 독립적 정보를 제공해 주는 변수의 수는 줄어들게 된다. 예를 들어, 두 변수 X, Y가 상관이 매우 높다면 변수 X나 Y는 실제로는 두 개 있지만 수리적으로는 하나로 감축되는 결과를 가져오게 된다.

둘째, 자료분석에 투입되는 자료에 총합점수가 있어 다중공선성을 불러일으키는 경우이다. 간단한 예를 들어 총합점수를 설명해 보자. 국어성적과 수학성적으로 학업성취도를 관찰하려 할 때 국어성적과 수학성적의 총점을 학업성취도라고 할 수 있다. 이렇게 되면 총점은 국어성적과 수학성적이라는 변수를 더해서 총점이라는 새로운 변수가 생기게 된 것이다. 그러나 총점은 어떠한 새로운 정보가 들어 있는 것이 아니고, 국어성적의 정보와 수학성적의 정보로 설명된다. 이런 총점처럼 변수는 있으나 기존 변수의 함수로 이루어진 변수가 선형종속을 일으킨다. 피험자의 반응형태보다 변수의 수가 많으면 예외 없이 선형종속이 일어난다. 예에서 보듯이 피험자는 국어와 수학에만 반응을 하는데 변수는 국어성적, 수학성적, 총점이 있으면 선형종속이 발생한다. 변수의 숫자가 반응형태를 초과할 수는 없는데도 종종 이 점이 간과된다.

셋째, 선형종속이 일어나는 또 다른 경우는 하나의 변수가 이중으로 분류되는 경우이다. 예를 들면, 성격검사 같은 검사배터리의 문항은 성격특성으로 한 번 분류되고, 평정방법으로 한 번 더 분류될 수 있다. 이런 경우는 문항 하나가 성격특성과 평정방법으로 두 번 채점되는 것이다. 그렇게 되면 성격특성의 총점과 평정방법의 총점이 같게 됨으로써 다중공선성이 발생하게 된다.

또한 수집된 자료의 모든 사례가 같은 어떤 상수의 총점을 갖게 됨으로써 다중공선성이 발생하기도 한다. 예를 들면, 각 개인이 소득을 어떻게 사용하는지를 백분율로 나타낸다고 할 때 다양한 용도로 소득이 지출되어 개인마다 백분율이 다양하게 나타날 것이나 백분율의 합은 누구에게나 100%가 될 것이다. 이런 것을 동귀(同歸)점수(ipsative measure)라고 한다. 동귀점수는 변수모음의 총점이 모든 사례에게 어떤 상수—이 경우에서 백분율의 합이 100이 되듯이—가 되는 것을 말한다. 이런 동귀점수는 자료에 어떤 인위적 제약이 가해진 것으로 이것이 다중공선성의 원인이 되기도 한다.

마지막으로 자료에 포함되어 있는 극단값(outlier)이 다중공선성의 원인이 되기도 한다. 극단값이란 변수가 하나 있는 단일변수분포에서는 표본자료의 대부분보다 아주 크거나 작은 값이지만, 여러 변수가 함께 모여 이루는 다중변수분포에서는 어떤 방향에서나 자료의 무게중심에서 떨어져 나와 있어 공분산 구조를 왜곡시키는 것이다.

단일변수분포에서는 극단값을 찾기가 상대적으로 쉬우나 다중변수분포에서 극단값을 찾기는 쉽지 않아 주변분포(marginal distribution)에서도 잘 드러나지 않는다. 극단값이 다중공선성의 한 원인이 되나 이 부분이 종종 간과되어 다른 곳에서 원인을 찾기도 한다. 극단값으로 인해 다중공선성이 발생했다고 판단되면 이를 찾아 제거하면 된다. 극단값을 제거하는 이유는 극단값으로 인해 통계결과가 받지 않아도 될 영향을 받는 것보다 극단값이 아닌 대부분의 자료가 통계결과에 반영되도록 하기 위한 것이다.

극단값의 발견방법은 일률적으로 진술하기 어렵다. 단일변수분포에서는 상대적으로 극단값을 찾기 쉬우나 다중변수분포에서는 극단값의 발견이 쉽지는 않다. 단일변수분포의 경우 대개 평균을 중심으로 해서 ±3 표준편차 밖의 것을 극단값으로 한다. 이렇게 하는 근거는, 만약 변수분포가 정상분포를 이룬다면 전체 사례의 99%가 평균을 중심으로 해서 ±2.57 표준편차 안에 있게 되고, 그 결과 ±3 표준편차 밖에 존재하는 사례는 자료의 대부분보다 아주 크거나 작은 값이 되기 때문이다. 또는 단일변수분포를 Tukey(1977, pp. 7-16)가 제안한 줄기와 잎(stem-and-leaf)으로 나타내어 극단값을 확인하기도 한다. 줄기와 잎을 사용해 자료를 그래프로 나타내는 방법은 [그림 4-6]과 같다. 예를 들어, 어떤 변수의 분포가 5, 20, 20, 22, 23, 23, 23, 24, 24, 26, 51이라고 하자.

줄기-잎										#
0	5									1
1										0
2	0	0	2	3	3	3	4	4	6	9
3										0
4										0
5										1

[그림 4-6] 줄기와 잎

[그림 4-6]에서 각 관찰값의 첫 번째 자리가 줄기이며, 두 번째 자리가 잎이다. 그리고 # 기호 아래 잎의 빈도가 표시된다. 이렇게 원자료를 줄기와 잎으로 나타내면 쉽게 극단값을 확인할 수 있는 이점이 있다. 여기서는 이상점이 5와 51이 될

것이다.

다중변수분포에서 극단값을 찾는 방법은 회귀분석의 경우 여러 방법이 개발되어 있다(Belsley, Kuh, & Welsch, 1980; Bollen & Jackman, 1985; Cook & Weisberg, 1982). 예컨대, 모자행렬(hat matrix)이나 Mahalanobis의 D를 사용해 극단값을 확인하는 절차가 그 예이다. 회귀분석에 비해 구조방정식모형에서 극단값을 찾는 방법은 상대적으로 덜 개발되어 있다. 구조방정식모형에서 극단값을 찾는 방법도 기본 논리는 회귀분석에서 모자행렬을 사용해 극단값을 찾는 방법과 같다.

회귀분석에서는 종속변수를 제외한 독립변수만을 이용해 차수가 $N \times p$인 행렬 X를 구성한다. 여기서 p는 독립변수의 숫자이며, 행렬 X는 독립변수의 관찰값을 담고 있는 원점수행렬이다. 그런 다음 원점수행렬 X를 사용해 행렬 $X(X'X)^{-1}X'$를 정의한다. 이렇게 정의된 행렬을 모자행렬이라고 한다. 모자행렬은 각각의 사례에 대해 모든 독립변수의 효과가 한데 결합되어 나타나는 것이 표시된 행렬이다. 차수가 $N \times N$인 모자행렬의 대각선 원소를 h_{ii}로 표시하며 이를 모자원소(hat element)라고 부른다. 모자원소는 0과 1 사이의 값을 갖으며 이를 사용해 극단값을 찾는다. 영어의 hat matrix를 모자행렬이라고 번역해서 사용하나 hat를 모자라고 하면 뜻이 쉽게 전달되지 않는다. 여기서 hat는 모자라는 의미보다는 어떤 값의 추정치를 나타내는 ^의 의미로 이것이 추정치의 머리 위에 있어 마치 모자 같은 역할을 하고 생기기도 모자처럼 생겨서 모자라고 부르는 것이다.

이 모자행렬의 대각선 원소 h_{ii}는 두 가지 의미를 갖는다. 하나는 i번째 특정한 사례가 독립변수에서 다른 사례들의 평균으로부터 떨어져 있는 거리를 나타낸다. 모자원소 h_{ii}의 값이 0에 가까우면 그 사례가 다른 사례들의 평균값에 가까운 것을 나타내며, 반대로 1에 가까우면 평균값으로부터 멀리 떨어져 있음을 나타낸다. 또 하나는 그 특정한 사례가 종속변수의 값을 예언함에 있어 반비례적 가중치를 갖게 됨을 나타낸다. 달리 말해, h_{ii}의 값이 0에 가까우면 그 i번째 사례는 큰 잔차를 갖게 되며, 반대로 1에 가까우면 작은 잔차를 갖게 된다.

구조방정식모형에서 극단값을 찾는 방법도 회귀분석에서 모자행렬을 사용하는 방법과 같다. 다른 것이 하나 있다면 회귀분석에서는 원점수가, 구조방정식모형에서는 편차점수가 사용된다는 점이다. 먼저 편차점수로 표시된 모든 관찰변수를 포함하는 차수가 $N \times (p+q)$인 행렬 Z를 구성하고, 차수가 $N \times N$인 행렬 $A = Z(Z'Z)^{-1}Z'$를 만든다. 이렇게 정의된 행렬 A의 대각선 원소 a_{ii}는 회귀분석에서의 모자원소 h_{ii}와 마찬가지로 여러 가지로 쓸모가 있다. 대각선 원소 a_{ii}는 모든 변수의 평균값들로부터 i번째 사례가 떨어진 거리를 나타낸다. 이 거리는 0과 1 사이의 값을 갖게 되며, 0에 가까울수록 평균값들로부터의 거리는 가깝고 1에 가까울수록 먼 것을 나타낸다. 그러므로 1에 가까우면 가까울수록 극단값이 되는 셈이다. 모자행렬에서 h_{ii}에 대응되는 것이 a_{ii}이며 이를 이용해 극단값을 찾아내는 것이다.

또 하나의 방법은 회귀분석의 모자행렬에서처럼 행렬 A의 대각선 원소 a_{ii}를 사례수 1부터 N까지 모두 더하면 관찰변수의 숫자인 $p+q$가 된다는 사실을 이용하는 것이다. 이는 a_{ii}의 평균값이 $(p+q)/N$임을 나타낸다. 그 결과, 각각의 a_{ii}는 그것의 크기를 판단하는 수단으로 평균값인 $(p+q)/N$에 비교될 수 있다. 이때 $2(p+q)/N$ 또는 $3(p+q)/N$보다 a_{ii}의 값이 크면 그 사례는 극단값이라고 할 수 있다(Hoaglin & Welsch, 1978; Stevens, 1992).

또 다른 방법은 a_{ii}의 단일변수분포를 줄기와 잎을 사용해 검사하는 것이다. 그렇게 함으로써 다른 값보다 훨씬 큰 값을 갖는 a_{ii}의 상대적 크기를 판단할 수 있다. 다른 것과 비교해 특정한 a_{ii}의 값이 크다면 그에 해당되는 사례는 극단값이라고 할 수 있다. 여기서는 크다, 작다의 기준을 정량적으로 제시할 수는 없으나, 다른 것과 비교해 상대적 크기를 판단할 수 있다. 덧붙여, 변수가 두 개인 경우에는 두 변수의 산포도를 통해 극단값을 확인할 수 있다. 두 변수가 같이 이루는 산포도상에서 다른 것들과 멀리 떨어져 있는 것이 극단값이다.

참고로 회귀분석에서 극단값의 진단에 사용되는 Mahalanobis의 D를 살펴보자. 이 방법은 종속변수마다 독립변수의 숫자가 달라지는 구조방정식모형에서 사용될 수는 없으나 논리를 이해하는 것이 극단값의 진단에 도움이 될 수 있다.

수리적으로 Mahalanobis의 D는 다음과 같이 정의되는 D^2에 제곱근을 씌운 것이다. 그러나 극단값을 찾을 때 제곱근을 취한 것을 사용하기도 하고 D^2을 사용하기도 한다. Mahalanobis의 거리에서 D^2은 $(x_i - \bar{x})'S^{-1}(x_i - \bar{x})$로 정의된다. 여기서

x_i는 사례 i의 자료를 담고 있는 벡터이며, $\bar{x}$는 독립변수의 평균값을 담고 있는 벡터이다. 이렇게 해서 각각의 사례에 대해 계산된 D^2을 설정된 유의수준에 따라 D^2 수표와 비교한다. 계산된 D^2이 수표의 경곗값보다 크면 그 사례는 극단값으로 판정받게 된다.

간단한 예를 들어 Mahalanobis의 D^2을 설명해 보자. 다음과 같은 10명의 자료 행렬이 있다고 하자.

$$\begin{array}{ccc} Y & X_1 & X_2 \end{array}$$
$$\begin{bmatrix} 476 & 111 & 68 \\ 457 & 92 & 46 \\ 540 & 90 & 57 \\ 551 & 107 & 59 \\ 575 & 98 & 59 \\ 698 & 150 & 66 \\ 545 & 118 & 54 \\ 574 & 110 & 51 \\ 645 & 117 & 59 \\ 556 & 94 & 97 \end{bmatrix}$$

여기서 종속변수 Y의 평균은 561.70, 독립변수 X_1과 X_2의 평균은 각각 108.70과 60.00이다. 그리고 독립변수 X_1과 X_2의 공분산행렬은 $\begin{bmatrix} 314.455 & 19.483 \\ 19.483 & 220.444 \end{bmatrix}$이며, 역행렬은 $\begin{bmatrix} .0032 & -.0002 \\ -.0002 & .0045 \end{bmatrix}$이다. 여섯 번째 사례의 D^2을 구하면 다음과 같다 (41.30은 150−108.70에서, 6은 66−60에서 구할 수 있다).

$$D^2 = \begin{bmatrix} 41.30 & 6 \end{bmatrix} \begin{bmatrix} 0.0032 & -0.0002 \\ -0.0002 & 0.0045 \end{bmatrix} \begin{bmatrix} 41.30 \\ 6 \end{bmatrix} = 5.484$$

이 값(5.484)은 유의수준 .05에서 경곗값 6.32보다 작다. 따라서 여섯 번째 사례는 극단값이라고 할 수 없다.

또한 이 D^2의 분포는 표본이 클 때－대개의 경우는 N이 50 이상－모자행렬의 원소 h_{ii}에 $(N-1)$을 곱한 것과 같다. 따라서 D^2이나 h_{ii} 중의 하나를 사용해 극단값을 진단할 수 있다. 예를 들어, 독립변수의 숫자가 7이고 표본크기가 50이면 큰 h_{ii}는 3(p)/N이므로 .42가 되며, 이것에 대응하는 큰 D^2는 (50－1)×.42인 20.58이다. 따라서 이 값보다 큰 것은 극단값이 되는 셈이다.

다중공선성의 진단에서 중요한 기능을 하는 것은 고유값과 고유벡터이다. 만약 공분산행렬이 그 값이 0인 또는 거의 0에 가까운 고유값을 갖는다면 그것과 연계된 고유벡터가 다중공선성을 정확하게 진술해 준다. 앞의 행렬 4에서 고유값이 0인 것과 연계된 고유벡터는 (－.40824, －.40824, .81649)이다. 따라서 이것의 주성분인 $-.4082\times VAR(1)-0.4082\times VAR(2)+0.8164\times VAR(3)$은 분산이 0이다. 그 이유는 고유값이 분산이기 때문이며 여기서 고유값은 0이다. 그 결과, 주성분은 어떤 상수 κ(kappa)와 같다. 왜냐하면 $VAR(3)=\kappa/0.816+[VAR(1)+VAR(2)]/2$이므로 변수 3은 변수 1과 2의 평균에다 어떤 상수를 더한 것과 같다. 달리 말해, 변수 3은 변수 1과 2의 함수로 생성된 것으로 다중공선성을 일으킨 원인이다.

고유값이 0이거나 0에 가까운 것이 여러 개 있을 때, 비록 고유하게 결정된 것이 아니더라도 그것들과 연계된 고유벡터를 한데 모아 검사하는 것은 필요한 정보를 제공해 준다. 이런 고유벡터들에서 원소가 0인 변수는 어떤 다중공선성에도 개입되지 않은 것이다. 달리 말해, 원소가 0이 아닌 변수가 적어도 하나의 선형종속에 개입된 것이며, 따라서 이것을 좀 더 자세하게 검사해야 한다. 벡터가 고유하게 결정된 것이 아니라는 것의 의미는 벡터는 크기와 방향을 가진 것이나 고유값이 0이거나 0에 가까운 것의 고유벡터는 그것만의 고유한 크기와 방향이 없다는 뜻이다.

다중공선성이 다중변수분포의 극단값에 의해 발생된 것이면 고유값과 고유벡터를 검사하는 것은 큰 도움이 되지 않는다. 이런 경우에는 앞에 제시된 방법에 의해 극단값을 확인하고 이를 제거해야 한다. 다중변수분포에서 극단값을 찾는 기법은 Parker(1989)가 만든 AcroSpin을 이용하거나 JMP(SAS Institute, 1991a)나 SAS-Insight(SAS Institute, 1991b)를 이용하면 된다.

덧붙여, 회귀분석에서 다중공선성을 진단하는 방법을 소개한다. 회귀분석에서 다중공선성은 언제나 독립변수에만 해당되는 문제이므로, 각각의 종속변수마다 독립변수가 달라지는 구조방정식모형에서는 회귀분석에서 사용되는 방법이 그대로 적용되지는 못한다. 그러나 회귀분석에서 다중공선성을 진단하는 방법의 이해가 구조방정식모형을 이해하는 데 도움이 될 수 있다.

회귀분석에서 다중공선성을 진단하는 방법은 두 가지이다. 하나는 독립변수 간의 상관을 조사하는 것이다. 독립변수 간의 상관의 정도가 반드시 다중공선성을 나타내는 것은 아니나 상관이 높으면 다중공선성이 발생할 개연성이 높다고 할 수 있다. 또 다른 하나는 분산팽창요인(variance inflation factor)을 검사하는 것이다. 분산팽창요인은 $1/(1-R_j^2)$으로 정의된다. 여기서 R_j^2은 다른 독립변수들로부터 j번째 독립변수를 예언하는 다중상관제곱(squared multiple correlation)이다. 분산팽창요인은 i번째 독립변수와 다른 독립변수 간에 강한 선형종속이 있는가를 나타내 주는 지표로 분산팽창요인의 값이 10을 넘으면 다중공선성의 가능성을 우려해야 한다. 이런 것에 대한 대안으로는 독립변수 간의 상관이 매우 높다면, 예컨대 .80 이상이면, 독립변수를 한데 묶어 하나로 만드는 것이다. 또 하나는 만약 독립변수가 매우 많다면 주성분분석을 통해 많은 독립변수를 보다 적은 수의 독립변수로 줄이는 것이다.

다중공선성을 치료하는 방법은 지금까지 논의된 바를 통해 상당부분 제시되었다. 중복된 변수나 극단값은 자료에서 제거하면 된다. 변수의 숫자에 비해 표본크기가 상대적으로 작으면 변수의 숫자를 줄이거나 사례수를 늘리면 된다. 또한 앞에 논의된 능선이나 주성분 방법으로 공분산행렬을 매끄럽게 할 수 있다. 다만, 공분산행렬을 매끄럽게 하는 것은 공분산행렬을 바꾸는 것이어서 χ^2통계량에 영향을 미치게 되므로 신중하게 사용되어야 한다. 행렬을 매끄럽게 하는 것에 대한 대안으로는 양정치행렬을 요구하지 않는 비가중최소제곱법(ULS)을 사용해 모수추정을 하는 방법이 있다.

(2) 결측자료를 짝별로 지우기

자료를 수집하다 보면 예기치 않게 결측자료가 생기게 마련이다. 연구자가 의

도한 대로 자료가 수집되지 못한 채 이런저런 이유로 결측자료는 발생된다. 이렇게 결측자료가 있을 때 이를 어떻게 다루어야 하는지가 문제가 된다. 연구자의 입장에서 보면 어떤 변수 하나에만 반응이 빠져 있고 다른 나머지 변수들에는 제대로 반응이 된 자료가 있다면 그 변수만 결측자료로 처리하고 나머지는 자료분석에 사용하고 싶은 욕망이 생기게 된다.

주지하다시피 구조방정식모형에서 입력되는 자료는 공분산행렬이다. 따라서 피험자 홍길동이 어떤 변수에 반응을 하지 않았다면 이 변수와 공분산을 맺는 다른 변수에서도 홍길동의 자료는 제거되어야 한다. 그렇지만 다른 변수에는 반응을 하였으므로 나머지 변수는 자료분석에 사용된다. 이런 결측자료 제거 방법을 짝별로 지우기라고 한다. 결측자료를 짝별로 지우는 방법은 자료분석에 사용되는 표본크기를 감소시키지 않는다는 점에서 선호되는 방법이다.

그러나 짝별로 지우기 방법의 부작용은 표본공분산행렬을 비양정치행렬로 만들 수 있다는 것이다. 결측자료를 짝별로 지우기를 한다고 해서 언제나 표본공분산행렬이 비양정치행렬이 되는 것은 아니다. 경우에 따라서 표본공분산행렬이 비양정치행렬이 될 수도 안 될 수도 있다. 여기서 강조하고자 하는 것은 결측자료를 짝별로 지우면 비양정치행렬이 발생될 개연성이 존재한다는 것이지 반드시 그렇게 된다는 것은 아니라는 점이다.

그러면 어떻게 해서 짝별로 지우기가 비양정치행렬을 불러일으키는지 알아보자. 표본크기가 같은 두 개의 집단이 있다고 하자. 그리고 각 집단은 모두 3개의 변수를 갖고 있다고 하자. 집단 1의 공분산행렬을 행렬 1로, 집단 2의 공분산행렬을 행렬 2로 나타내자.

행렬 1

$$\begin{bmatrix} 1.16 & & \\ -.32 & 1.20 & \\ .71 & .73 & 1.22 \end{bmatrix}$$

집단 1에서는 3개의 변수에 결측자료가 하나도 없었다고 하자. 그러나 집단 2에서는 세 번째 변수가 완전히 빠져 버렸다고 하자. 그리고 계산을 좀 더 쉽게 하기 위해서 관찰변수의 평균과 분산은 같다고 하자. 그러므로 두 행렬은 같고 단지 공분산 원소만 다른 것이다. 그러면 행렬 2는 다음과 같이 된다.

행렬 2

$$\begin{bmatrix} 1.16 & & \\ -.32 & 1.20 & \\ \text{결측} & \text{결측} & \text{결측} \end{bmatrix}$$

그런 다음 결측자료를 짝별로 지우기를 통해 두 집단의 자료를 한데 묶으면 공분산행렬은 다음과 같이 된다. 두 변수의 분산 및 공분산을 한데 더해 평균을 내는 방법으로 두 집단의 자료를 한데 묶었다.

행렬 3

$$\begin{bmatrix} 1.16 & & \\ -.32 & 1.20 & \\ .71 & .73 & 1.22 \end{bmatrix}$$

이 행렬의 고유값은 2.05476, 1.54892, −.02369이다. 따라서 이 행렬 3은 비양정치행렬이다. 결측자료를 짝별로 지우기를 한 것이 비양정치행렬을 불러일으켰음을 알 수 있다.

이 예에서는 결측자료의 형태가 하나만 나타났다. 모든 사례에서 앞의 두 변수만 관찰되고 세 번째 변수는 관찰되지 않은 형태이다. 대개의 경우, 결측자료의 형태는 매우 다양하게 나타난다. 예를 들면, 어떤 피험자는 변수 하나에만 반응을 하지 않았으나 어떤 피험자는 여러 개의 변수에 반응을 하지 않았을 수도 있고, 또 지금의 예에서처럼 모든 피험자가 반응하지 않은 변수도 있을 수 있다.

만약 결측자료의 형태가 여러 개 있을 때 여러 형태에서 평균 및 공분산 구조가 통계적으로 같은 것이면 결측자료를 발생시키는 과정은 무시해도 좋다고 말할 수 있다. 즉, 결측자료가 발생하는 과정이 자료 그 자체와는 무관하다는 것이다. 이런 경우에는 표본크기가 매우 크다면 결측자료를 짝별로 지우기를 해도 대체로 표본공분산행렬은 양정치행렬이 된다. 그러나 이 경우도 대체로 그렇다는 것이지 반드시 그렇다는 것은 아님을 유의해야 한다. 따라서 결측자료를 짝별로 지우기를 한다는 것은 표본공분산행렬이 비양정치행렬로 될 개연성이 언제나 있다고 보면 된다.

결측자료를 짝별로 지우기를 하는 것에 대한 대안은 결측자료를 사례별로 지우기(listwise deletion)를 하는 것이다. 사례별로 지우기란 어떤 사례가 하나라도 결측자료가 있으면 그 사례 전체를 자료분석에서 제거하는 것이다. 달리 말해, 어떤 피험자가 어떤 변수 하나에만 결측자료가 있고 나머지 변수에는 결측자료가 없다고 해도, 그 피험자의 모든 관찰값을 자료분석에서 제거하는 것이다. 즉, 그 사례를 자료에서 제거한다. 그러나 사례별로 지우기는 표본크기가 크다면 문제가 될 것이 없으나 표본크기가 작으면 결측자료 제거 후의 표본크기가 아주 작아질 수 있다. 그렇게 되면 표본크기가 작아서 발생하는 추정된 모수의 불안정성 같은 여러 부작용을 피하기가 어렵게 된다.

(3) Pearson 적률상관이 아닌 다른 상관행렬의 사용

구조방정식모형에서 사용되는 변수는 원칙적으로 연속변수여야 한다. 그러나 사회과학에서 수집되는 자료는 때때로 명명척도나 서열척도로 측정된 변수가 사용되기도 한다. 예를 들어, 시험성적 같으면 맞으면 1, 틀리면 0으로 채점되는 2진수자료나, 정치에 대한 태도 같으면 '아주 혐오한다'에서부터 '아주 좋아한다'까지 1에서 5점까지 채점되는 Likert척도 등이 그 예이다. 이런 경우에는 공분산행렬을 구할 수 없어 그 대안으로 다분상관, 양분상관, 그리고 다연상관행렬 등이 제시되어 왔다.

그러나 이런 Pearson 적률상관이 아닌 다른 상관은 비록 표본크기가 매우 크다고 하더라도 때로는 비양정치행렬이 된다는 것이 널리 알려져 있는 사실이다. 이런 경우에는 정상분포이론에 기초한 ML이나 GLS 같은 모수추정방법이 이론적으로 사용될 수 없다. 이런 경우에는 WLS 같은 모수추정방법이 이론적으로 선택되는 기법이다. 그렇지만 WLS는 점근공분산행렬(asymptotic covariance matrix, ACM)의 역행렬을 가중행렬로 사용하기 때문에 실제에서 컴퓨터의 기억용량이 매우 크지 않는 한 사용되기 어렵다. 모수추정 과정에서 생기는 모든 결과를 컴퓨터가 기억하고 있어야 하는데 기억용량이 작으면 중간에서 모수추정이 중단된다. 따라서 변수의 수가 많지 않아야 WLS의 사용이 가능하다. 지금까지 연구결과를 보면 대략 변수의 수가 25개 미만이어야 되는 것으로 나와 있다(Mislevy, 1986). 만약 이런 대안이 모두 실패해도 여전히 ULS를 사용해 모수추정을 할 수 있다. 그러나 ULS는 모수는 정확하게 추정해 주나 표준오차는 부정확하므로 사용자는 이 점을 유의하여야 한다. 정확한 표준오차가 요구되지 않으면 ULS를 사용해 문제를 피해갈 수 있는 것이다.

마지막으로 LISREL의 경우, 4개의 공분산행렬인 Φ, Ψ, H_ϵ, H_δ의 대각선 원소값을 0으로 고정시켜 놓으면 공분산행렬이 비양정치행렬이라는 메시지가 출력된다. 이 메시지는 분산을 0이라고 했기 때문에 발생되는 것으로 다른 것은 이상이 없는데 이런 메시지가 출력되면 입력된 명령문을 잘 살펴보아 만약 이들 공분산행렬의 대각선 원소를 0이라고 고정시켜 놓았으면 이를 해제하여야 한다.

6. 모형평가

연구자는 자신이 수집한 자료가 어떤 성질을 갖는지를 판단해 수집한 자료에 적합한 모수추정방법을 선택한다. 모수추정이 끝나면 설정된 모형이 수집된 자료와 잘 합치하는지의 여부를 따지거나, 추정된 자유모수 하나하나가 제대로 된 것인지의 여부를 가리게 된다. 설정된 구조방정식모형이 모집단을 잘 대표한다고 믿어지는 표본자료에 잘 합치하는지, 추정된 개별모수가 합리적인 값인지의 여부를 따지게 되는데 이를 모형평가라고 한다.

이때 설정된 모형 전체를 평가하는 것을 모형합치(model fit)라고 하며, 추정된 자유모수 하나하나를 개별적으로 평가하는 것을 모수합치(parameter fit)라고 한다. 모형합치이거나 모수합치이거나 모형을 평가하는 방법은 통계검증이 가능한 것과 상식적 판단에 의존하는 것으로 대별할 수 있다.

통계검증을 이용하는 방법은, 이미 알려져 있는 검증통계량의 통계분포에 비추어 표본에서 얻은 결과가 영가설이 맞다고 할 때 우연하게 발생하는지를 따지는 것이다. 만약 표본에서 얻은 결과가 영가설이 맞다고 할 때 우연히 일어나는 것이라면, 영가설을 수용하고 영가설은 리얼리티를 제대로 반영하고 있으며 표본결과는 단지 표본변산으로 인해 우연히 발생한 것이라고 결론을 내리게 된다. 통계검증을 반대편에서 진술하면, 이 경우에서는 표본에서 얻은 결과가 영가설이 맞다고 할 때 얼마나 드물게 일어나는지를 따지게 된다. 만약 표본에서 얻은 결과가 영가설이 맞다고 할 때 우연히 일어나는 경우보다 더 드물게 일어나면, 영가설을 기각하게 되며 영가설은 리얼리티를 제대로 반영하고 있지 못하며, 표본결과는 표본변산에 의해 우연히 발생한 것이 아닌 리얼리티를 반영하고 있다고 결론을 내리게 된다. χ^2이나 t-검증 같은 것이 여기에 해당된다. 상식적 판단은 통계적 상식에 의해 추정된 결과를 평가하는 것이다. 예를 들면, 두 변수 간의 상관은 1을 넘지 못하는데, 만약 1을 초과하는 상관이 보고되거나, 분산의 값은 제곱된 것이므로 언제나 양수여야 하는데 음수의 분산이 추정되면 이는 잘못된 것이다.

1) 전체모형 평가

먼저 설정된 모형 전체를 평가하는 모형합치에 대해 알아보자. 모형합치는 기본적으로 설정된 모형이 수집된 자료에 합치하는가의 여부이다. 설정된 모형은 받아들여지거나 받아들여지지 않게 된다. 따라서 설정된 전체모형을 대상으로 하는 모형합치는 설정된 모형 내의 어떤 자유모수가 의미 있는 것인가에는 관심을 기울이지 않는다. 일단 설정된 모형이 받아들여지게 되면, 그다음으로 모형 내의 자유모수가 의미 있는 것인지에 관심을 두게 된다. 그러므로 어떤 모형이 받아들여지지 않으면, 그 모형 내의 자유모수가 중요한 것이라고 해도 의미 있는 것이라고는 할 수 없다.

구조방정식모형을 다루는 통계패키지가 제공하는 모형합치에 관한 지표는 매우 다양하다. LISREL만 해도 χ^2을 제외하고도 15개의 모형합치 지표를 보고하고 있다. 어떤 것을 모형합치의 지표로 사용해야 하는가에 대해서는 의견의 일치가 이루어지지 않고 있다. Jaccard와 Wan(1996)은 관찰된 표본공분산과 예언된 모형공분산 간의 차이에 기초한 모형합치, 관찰된 표본공분산과 예언된 모형공분산 간의 차이에 기초하지만 간명한 모형에 보상을 주는 모형합치, 설정된 모형을 다른 대안적 모형과 비교하는 모형합치, 정보이론에 기초한 모형합치, Q그림 등에서 적어도 세 개는 선택해야 한다고 주장한다. Kline(1998)은 χ^2, GFI, NFI, CFI 가운데서 하나 그리고 NNFI, SMR을 사용해야 한다고 주장한다. 그러나 다양한 지표 가운데 어떤 것을 선택할 기준이 막막하다고 해서 모든 지표를 보고하는 것은, 마치 그물을 던져 아무 고기나 잡아 올리겠다고 하는 것처럼 비쳐질 수 있어 신중히 고려해야 한다.

모형합치를 해석함에 있어 주의해야 할 것은, 좋은 합치가 관계의 강도가 좋다는 것과 같은 의미로 받아들여져서는 안 된다는 점이다. 설정된 모형 변수 간의 상관이 낮아도 모형합치는 좋을 수 있다. 상관이 낮으면 비록 모형합치가 좋아도 추정된 자유모수의 값이 작아져서 의미 없는 경우가 종종 발생한다. 그러므로 연구자는 추정된 자유모수의 강도를 알아보기 위해 모형합치 지표뿐만 아니라 자유모수의 값도 같이 보고해야 한다. 모형합치가 좋기 때문에 설정된 모형이 좋은 모형이라고 판단하는 것은 성급한 것이다.

마찬가지로 리얼리티를 제대로 반영하지 못하는 잘못 설정된 모형도 수집된 자료에 잘 합치할 수 있다. 모형합치 지표는 좋아도 몇몇 수정지표의 값이 크게 나타나는 경우가 여기 해당된다. 큰 값의 수정지표는 다중공선성이나 오차항 간에 상관이 있음을 나타낸다.

또한 좋은 합치가 설정된 모형의 각 부분이 좋다는 것을 의미하지는 않는다는 점을 유의해야 한다. 수집된 자료에 잘 들어맞는 수많은 동치모형이 존재한다는 사실이 이를 증명한다. 설정된 모형의 일부분이 수정되어도 동일한 자료에 잘 들어맞는다는 점은, 설정된 모형의 각 부분이 언제나 리얼리티를 제대로 반영하는 좋은 상태를 나타내는 것은 아니라는 점을 시사한다. 이것과 관련해 덧붙일 것은 일반 구조방정식모형에서 모형합치가 나쁜 경우, 잠재변수모형은 좋아도 잠재변수를 관찰하는 측정모형이 좋지 않아서 나쁜 모형합치를 얻을 수 있다는 것이다.

마지막으로 모형합치는 다른 모든 조건이 동일하다고 할 때, 자유모수의 숫자가 적은 모형이 많은 모형에 비해 덜 들어맞는다는 것이다. 예컨대, χ^2을 사용하는 경우 자유모수의 숫자가 적은 모형이 더 큰 합치함수 값을 갖게 되어 수집된 자료에 설정된 모형이 잘 들어맞는다는 영가설을 기각할 개연성이 높아진다. 이 사실은 모형합치가 복잡한 모형에 비해 상대적으로 간명한 모형에 더 보상을 한다는 점을 시사한다.

모형합치에 관한 여러 지표를 어떻게 분류하는가 하는 문제는 어떤 기준을 사용하는가에 따라 다양하다. Arbuckle과 Wothke(1999)는 AMOS 4.0에서 간명성에 기초한 지표, 최소합치함수에 기초한 지표, 정보에 기초한 지표, 기초모형 비교에 기초한 지표, GFI와 같은 적합도 지표, 그 외의 지표 등으로 구분하고 있다. Hayduk(1987)과 SAS(2002)의 PROC CALIS는 χ^2에 기초한 지표와 잔차에 기초한 지표로 구분하며, 각각에서 파생된 지표를 소개하고 있다. Kaplan(2000)은 표본공분산행렬과 모형공분산행렬의 차이에 기초한 χ^2, 간명한 기초모형과 기초모형에 자유모수가 더해진 복잡한 모형에 불이익을 주는 모형비교, 추정오차에 기초한 모형합치, 교차타당화에 기초한 모형합치 등으로 분류한다. Jöreskog와 Sörbom(1999)은 LISREL 8.30에서 χ^2, GFI와 AGFI 같은 적합도 지표, 모집단추정오차에 기초한 지표, 정보에 기초한 지표, 그 외의 지표 등으로 구분한다. Loehlin (1998)은 단지 모형적합도만을 고려하는 지표와 모형의 간명성을 고려하는 지표, 규준이 있어 범위 0~1 사이에 떨어지는 지표와 그렇지 않은 지표, 표본에 기초한 지표와 모집단에 기초한 지표 등으로 분류한다. Schumacker와 Lomax(1996)은 표본공분산행렬과 모형공분산행렬 간의 차이에 기초한 방법, 모형비교에 기초한 방법, 모형의 간명성에 기초한 방법 등으로 구분한다.

어떤 기준이 사용되건 간에 모형합치는 대별하면 통계검증에 의한 것과 건전한 통계적 상식에 의존하는 것으로 구분된다. 어떤 방법으로 모형합치에 접근하든지 간에 대부분 모형합치 지표의 저변에 깔려 있는 아주 기본적인 논리는, 수집된 자료에서 도출된 표본공분산행렬과 선행이론에 의해 설정된 모형이 시사하는 모형공분산행렬이 얼마나 닮았는가를 비교하는 것이다. 두 행렬 간에 차이가 있는지를 따지고 만약 차이가 존재한다면, 이 차이를 어떻게 가공하는가에 따라 다양한 모형합치 지표가 탄생하는 것이다. 두 행렬 간의 차이를 어떻게 가공하더라도 통계검증을 통한 정량적 방식과 통계적 상식에 의한 정성적 방식으로 구분할 수 있다. 여기서 정량적 방식과 정성적 방식을 구분하는 잣대는, 차이를 가공해서 나온 모형합치 지표의 통계적 분포를 알 수 있는가의 여부이다. 여기서는 어떻게 차이를 가공하든지 간에 그 모형합치 지표의 통계적 분포가 알려져 있어 가설검증이 가능한 것은 정량적 방식으로, 그렇지 않은 것은 모두 정성적 방식으로 구분한다.

먼저 통계검증을 통해 모형 전체를 평가하는 기법을 살펴본다. 통계검증이 가능한 유일한 것으로 χ^2검증이 있다. 여기서는 χ^2에 대한 직관적 이해를 도모한다. 구조방정식모형에서 χ^2은 모수추정을 위해 사용된 합치함수의 값에다 표본에서 1을 뺀 것을 곱한 것이다. 즉, 합치함수의 값$\times(N-1)$이 χ^2이다. 이렇게 정의된 χ^2통계량은 $\frac{1}{2}(p+q)(p+q+1)-t$의 자유도를 갖는 χ^2분포이다. 여기서 t는 설정된 모형에서 추정되는 자유모수의 숫자이다.

χ^2분포를 이용해 설정된 모형 전체를 평가하는 논리는 다음과 같다. 구조방정식모형에서 영가설은 $H_0 : \Sigma=\Sigma(\theta)$이다. 이 영가설이 의미하는 바는, 모집단에서 변수들의 관계를 잘 반영하고 있는 모집단공분산행렬과 선행이론에 의해 설정된 모형이 시사하는 모형공분산행렬은 서로 같다는 것이다. 이를 자료와 모형의 관계로 진술하면, 모집단에서의 변수 간의 관계를 나타내는 모집단공분산행렬에 설정된 모형이 시사하는 모형공분산행렬이 잘 들어맞는다는 것이다.

이 영가설이 맞다는 전제하에 모집단을 잘 대표하는 표본이 하나 추출되었다고 하자. 그리고 이 표본에서 표본공분산행렬을 구했다고 하자. 그러면 이 표본공분산행렬은 모집단공분산행렬을 잘 대표하고 있을 것이다. 만약 영가설이 리얼리티를 잘 반영하고 있다면, 이 표본에서 모수추정을 위해 어떤 합치함수가 사용되더라도 합치함수의 값은 0이 될 것이며, 여기에다 $(N-1)$을 곱한 값도 0이 될 것이다. 즉, χ^2값도 0이 될 것이다. 이번에는 추출된 표본을 모집단에 다시 집어넣은 후, 역시 모집단을 잘 대표하도록 크기가 같은 또 다른 표본을 취했다고 하자. 영가설이 맞으면 이번에도 χ^2값은 0일 것이다. 이런 과정을 무한히 반복했다고 하자.

이때 표본은 아무리 모집단을 잘 대표한다고 해도 표본 그 자체가 모집단이 아님으로 해서 표본변산이 생긴다. 따라서 영가설이 맞다고 해도 이런 표본변산으로 인해 χ^2값은 어떤 경우들에 있어서는 0보다 아주 큰 값을 갖게 된다. 그러나 이런 경우는 영가설이 맞다면 우연하게 발생해 드물게 일어난다.

무한히 반복된 표본에서 나온 χ^2값으로 분포를 그려 보자. 그러면 대부분의 χ^2값은 0에 집중될 것이며 0보다 아주 큰 χ^2값은 드물어, 분포의 꼬리가 오른쪽으로 있는 정적편포의 모양을 띨 것이다. 이 분포가 영가설이 맞을 때 χ^2통계량이 이루는 이론적 분포인 것이다.

그러므로 영가설이 맞다면 χ^2값은 작은 값을 갖게 되고, 그 결과 영가설이 맞다면 이런 작은 χ^2값이 관찰될 확률은 높아진다. 표본변산으로 인해 영가설이 맞다해도 0보다 훨씬 큰 χ^2값이 발생할 수 있다. 그러나 이런 큰 χ^2값은 영가설이 맞으면 드물게 발생하므로 큰 χ^2값이 관찰될 확률은 낮아진다.

χ^2검증도 다른 통계검증과 마찬가지로 영가설이 맞다고 할 때 우연하게 일어날 수 있는 경우를 유의수준으로 정하게 된다. 구조방정식모형의 χ^2검증에서 대체로 설정되는 유의수준은 .10보다 큰 값이다. 예를 들면, .20이나 .30이 많이 설정되는 유의수준이다. 그리고 다른 통계검증과 마찬가지로 표본에서 계산된 χ^2통계량이 설정된 유의수준의 경곗값보다 작으면 영가설을 수용하게 되고, 반대로 경곗값보다 크면 영가설을 기각하게 된다. 예를 들어, 어떤 모형의 자유도가 7이고 설정된 유의수준이 .10이라면 경곗값은 12.02이다. 이때 표본에서 계산된 χ^2값이 12.02보다 작으면 영가설은 수용되고, 12.02보다 크면 영가설은 기각된다.

구조방정식모형의 모형합치에서는 선행이론에 의해 설정된 모형이 모집단에서의 변수 간의 관계를 잘 나타내는 것을 목적으로 하기 때문에 영가설을 수용하는 것에 관심을 둔다. 다른 통계검증에서는 영가설을 기각해야 연구자가 관심을 갖는 대안가설을 받아들일 수 있으므로 영가설을 기각하는 것에 관심을 두지만, 구조방정식모형의 모형합치에서는 설정된 모형이 모집단에서의 변수 간의 구조를 잘 나타낸다는 영가설에 초점을 맞추므로 영가설을 수용하는 데 관심을 두게 된다. 이 점 때문에 구조방정식모형의 모형합치에서 설정되는 유의수준은, 실험연구에서 전통적으로 설정되는 유의수준 .05나 .01과는 다른 보다 큰 값을 갖는다. 구조방정식모형의 모형합치에서는 영가설을 기각하는 데 관심을 갖는 것이 아니라 수용하는 데 초점을 둔다. 이 점이 여타의 통계검증과 구조방정식모형의 모형합치를 구분 짓는 중요한 특징이다.

구조방정식모형의 모형합치에서는 영가설이 맞으면 그 결과 작은 χ^2값을 갖게 되고 따라서 영가설을 수용하는 것이다. 영가설이 수용됨은 수집된 자료인 표본공분산행렬과 설정된 모형에서 도출된 모형공분산행렬이 유의수준이 정한 오차한계 내에서 같음을 나타낸다. 이를 확률의 관점에서 표현하면, 표본에서 계산된 χ^2값이 나타내는 확률수준은, 영가설이 맞다고 할 때 그 표본의 χ^2값이 나타날 확률을 나타낸다. 그러므로 χ^2값이 나타내는 확률이 클수록 설정된 모형은 수집된 자료인 표본공분산행렬에 더 잘 합치하는 것이다.

또한 구조방정식모형의 영가설 $H_0 : \Sigma=\Sigma(\theta)$는 다시 쓰면 다음과 같이 쓸 수 있다. $H_0 : \Sigma-\Sigma(\theta)=0$. 영가설이 $H_0 : \Sigma-\Sigma(\theta)=0$이므로 χ^2검증은 모집단공분산행렬의 ij번째 원소에 대응되는 모형공분산행렬의 원소를 뺀 잔차들이 0이라는 가설들을 동시에 검증하는 것과 같다.

또한 χ^2검증은 모형의 과다확인을 검증하는 수단이기도 하다. 어떤 모형이 과다확인이 되었다는 것은 모집단의 변수구조(관계)에 하나 이상의 제약이 가해졌다는 것이다. 만약 모형이 리얼리티를 제대로 반영하는 타당한 것이라면 이 제약은 제대로 된 제약으로서 모집단에서도 사실일 것이다. 그러므로 모형 전체를 평가하는 χ^2검증은 모집단 변수 간의 관계에 가해진 이런 제약이 타당한 것인가를 검증하는 것이고, 이는 곧 과다확인을 검증하는 것이다.

마지막으로 이런 χ^2검증을 사용할 때 주의해야 할 것이 있다. 먼저 관찰변수들의 분포가 다중변수 정상분포여야 한다는 것이다. χ^2은 다중변수 정상분포에서 멀어질수록 민감하게 반응한다. 다중변수분포가 정상분포가 아닐 경우, 편포도나 첨도만 홀로 나타나는 경우는 거의 없으며 대체로 편포도와 첨도가 함께 나타나게 되나, 다중변수분포가 정상분포에 가까운 편포도나 첨도를 갖는 것은 중요하다. χ^2은 특히 첨도에 민감하게 반응한다. 다중변수분포가 급첨이면 영가설을 너무 많이 기각하게 되며, 반대로 평첨이면 χ^2통계량을 너무 적게 추정하는 결과를 낳고, 그 결과 영가설을 너무 많이 수용하게 된다. 이 사실은 다중변수분포의 첨도가 정상분포에서 너무 떨어진 평평한 평첨이거나 뾰족한 급첨이어서는 안 된다는 것이다. LISREL에서는 PRELIS를 사용하면 관찰변수분포가 다중변수 정상분포인지를 확인할 수 있다.

χ^2검증을 사용할 때 두 번째로 주의할 것은 통계분석에 사용되는 자료가 공분산행렬이어야 한다는 것이다. 모수추정방법이 모두 공분산행렬에 기초하고 있음은 앞서 보인 바 있다. 따라서 통계분석에 투입되는 자료가 공분산행렬이면 별다른 문제가 야기되지 않는다. 그러나 상관행렬이 자료분석에 사용되면 χ^2추정치가 정확하지 않은 경우가 발생하기도 한다. 이런 경우는 Browne(1984)이 제안한 방식대로 χ^2추정치를 교정하여야 한다.

세 번째로 충분한 크기의 표본이 사용되어야 한다는 것이다. 표본크기가 작으면 χ^2통계량은 영가설이 맞을 때 이론적으로 기대되는 χ^2분포에서 이탈하게 된다. Anderson과 Gerbing(1984)은 표본크기가 작으면 χ^2통계량은 실제보다 커지는 경향이 있고, 그 결과 너무 자주 영가설을 기각하게 된다는 것을 보고하고 있다. 그러나 표본크기가 크면 다른 조건이 동일하다고 할 때 표본공분산행렬과 모형공분산행렬의 차이가 미세한 것이어도 추정된 χ^2통계량은 큰 값을 갖게 된다. 이는 χ^2통계량이 표본크기에 민감함을 나타내고 있다. χ^2은 표본크기에 종속적이나 영가설이 맞다면 합치함수의 값은 0에 가깝게 되며, 따라서 χ^2도 0에 가깝게 된다. 구조방정식모형에서 표본크기는 충분히 큰 대표본이 원칙이다.

네 번째로 $H_0 : \Sigma - \Sigma(\theta) = 0$이라는 영가설이 정확하게 사실임을 가정하고 있다는 것이다. 즉, 이 영가설은 설정된 모형이 모집단에서의 변수구조를 정확하게 반영하고 있다는 것이다. 그러나 실제에서 설정된 모형이 정확하게 모집단의 리얼리티를 반영하고 있지 못할 수 있다. 이 영가설이 지지되지 못할 경우 χ^2은 사실과는 다른 정보를 제공하게 된다.

마지막으로 추정된 χ^2값의 하한은 언제나 0이지만 상한은 정할 수 없다는 것이다. 왜냐하면 χ^2이 표본크기의 함수이기 때문이다. 따라서 규준화된 방법으로 추정된 χ^2을 해석하기 곤란하다는 것이다. 예를 들어, 상관계수 같으면 상한은 1이고 하한은 0이어서 규준화된 방법으로 상관계수를 해석할 수 있으나, χ^2은 그렇지가 못하다.

덧붙여, χ^2분포를 이용한 통계적 검증은 아니지만 모형 전체를 판단하는 기준으로 설정된 모형에서 나온 χ^2을 그 모형의 자유도로 나누는 방법도 있다. 즉, $\frac{\chi^2}{df}$의 비율을 구성하는 것이다(Jöreskog, 1969). 이 비율을 상대적(relative) χ^2 또는 규준적(normed) χ^2이라고 한다.

이 방법의 이론적 논리는 다음과 같다. χ^2의 기댓값은 자유도이기 때문에 이 비율은 합치함수가 계산해 낸 χ^2이 이론적으로 기대되는 χ^2을 닮을 때, 기대되는 값보다 얼마나 더 큰 χ^2이 도출되었는가를 나타내는 지표라고 할 수 있다. 만약 설정된 모형이 자료와 잘 합치한다면 모형에서 구해진 χ^2의 기댓값은 자유도가 될 것이며, 그 결과 이 비율의 값은 $\frac{df}{df}$가 되어 1이 된다. 따라서 이 비율의 값이 1에 가까우면 모형과 자료는 잘 합치한다고 결론을 내리는 것이다. 대체로 이 비율의 값이 2 또는 3, 아주 크게는 5 미만이면 모형과 자료가 잘 합치한다고 결론을 내리기도 한다(Carmines & McIver, 1981; Kline, 1998). 때로는 자료에 모형이 너무 들어맞으면, 이 비율의 값은 1보다 작을 수 있다. 이 비율의 값이 크면 그 모형은 리얼리티를 제대로 반영하지 못한 모형이어서 수정될 필요가 있다고 할 수 있다.

여기서 주의해야 할 것은 χ^2을 *df*로 나누는 이 방법이 표본크기가 큰 표본에서 생기는 과도한 χ^2의 추정 문제를 교정해 준다는 잘못된 인식이 있다는 것이다. 달리 말해, 큰 표본에 민감한 χ^2을 *df*로 나누는 행위를 통해 과도하게 추정되는 χ^2을 교정해 준다고 믿는 것이다. 그러나 이 방법은 다른 여느 χ^2이 표본크기 N에 대해 갖는 관계처럼 유사한 관계를 갖고 있으며 과도하게 추정되는 χ^2의 문제를 교정해 주지 못한다. 또한 이 방법은 과다확인된 모형이 산출하는 χ^2을 자유도로 나눠 주기 때문에, 리얼리티를 제대로 반영하지 못하는 어떤 과다확인된 모형이 순전히 우연에 의해 자료에 합치하는 잘못된 경우를 가려내 줄 수 있으나, 이 방법은 본질적으로 정성적인 것이어서 모형합치에서 보조적 자료로 활용되는 데 그쳐야지 의사결정의 직접적 자료로 사용될 수는 없다.

다음으로 통계적 상식에 비추어 수집된 자료에 설정된 모형이 합치하는지의 여부를 판단하는 기법을 살펴본다. 여기서 소개되는 것은 대표적으로 많이 사용되는 것이라고 판단되는 것이며 구조방정식모형이 제공하는 모든 기법이 망라되는 것은 아니다. 소개되는 것도 표본에서 나름대로 정의된 통계량이 계산되므로 통계적 상식에 의한 것이라고 분류되기 어렵다고 할 수 있으나, 이것들의 통계적 분포를 알 수 없어 통계검증이 불가능하다는 의미에서 통계적 상식에 의한 기법으로 분류한다. 다음에서 소개되는 각 지표를 구하는 방식도 여러 변형된 형태로 표현될 수 있음을 유의해야 한다.

(1) 적합도지수(goodness-of-fit index, GFI)

GFI는 수집된 자료에 설정된 모형이 얼마나 잘 합치하는가를 평가할 때 쓰이는 지표로서, 표본공분산행렬이 얼마나 정확하게 추정된 모집단공분산행렬에 의해 예언되는가를 나타낸다. 그 공식은 다음과 같다(Jöreskog & Sörbom, 1999).

$$GFI = 1 - \frac{F[S, \Sigma(\hat{\theta})]}{F[S, \Sigma(\theta)}$$

여기서 F는 합치함수의 값을 나타낸다. GFI는 완전한 합치를 나타내는 상태를 1로 나타낸다. 그리고 모형이 자료에 합치된 상태에서 표본공분산행렬과 모형공분산행렬 간의 차이로 계산된 합치함수의 값을 분자로, 모형이 자료에 합치되기 전의 상태인 표본공분산행렬만으로 계산된 합치함수의 값-달리 말해, 모든 모수의 값이 0일 때 계산된-을 분모로 비율을 구성한다. 그런 다음 완전한 합치를 나타내는 1에서 자료와 모형의 합치 정도를 나타내는 비율을 뺀다. 따라서 이 비율의 값이 작아질수록 모형과 자료가 잘 합치함을, 비율의 값이 커질수록 설정된 모형이 자료에 들어맞지 않음을 나타낸다. 만약 영가설이 맞다면 GFI는 1에 매우 근접하게 되고, 영가설이 리얼리티를 제대로 반영하지 못하고 있으면 1에서 멀어지게 된다. 일반적으로 GFI의 값이 .95 이상이면 좋은 상태를 나타낸다고 하나 이 기준은 임의적이다.

앞의 식에서 알 수 있듯이, GFI는 표본공분산행렬이 모형공분산행렬에 의해 예언되는 정도를 나타낸다. 표본공분산행렬의 분산과 공분산이 이에 대응되는 모형공분산행렬의 원소들로 예언되는 정도를 1을 기준으로 표시한 것이 GFI이다. GFI는 표본크기의 변화나 다중변수 정상분포의 위반에 별 영향을 받지 않고 모형의 자료에 의한 적합과 부적합을 나타내나, 일반적으로 큰 표본은 GFI의 값을 크게 한다.

(2) 조정적합도지수(adjusted GFI, AGFI)

표본크기에 비해 자유도가 상대적으로 크면 자유모수의 수가 많을 때를 제외하고 GFI의 값은 작아지게 된다. 이런 점을 고려해서 복잡한 모형에서는 불안정성을 감소시킨 적합도 지표를 사용하게 되는데 이것을 AGFI라 한다. 이는 다음과 같이 정의된다.

$$AGFI = 1 - \frac{q(q+1)}{2df}(1 - GFI)$$

AGFI는 GFI를 자유도로 수정한 것으로 q는 측정변수의 수, df는 모형의 자유도를 나타낸다. AGFI는 GFI를 설정된 모형에 사용된 변수의 숫자에 상대적인 자유도를 사용해 조정한 것이다. 이 AGFI 또한 GFI와 마찬가지로 자료에 모형이 완벽하게 합치하면 그 값은 1이 된다. 반대로 AGFI의 값이 1에서 멀어져 0에 가까워질수록 모형과 자료는 잘 합치하지 않는 상태임을 의미한다. 일반적으로 AGFI의 값이 .95 이상이면 좋은 상태를 나타낸다고 하나 이 기준은 임의적이다. AGFI도 GFI와 마찬가지로 표본크기가 크면 값이 커지며, 표본크기에 비해 자유도가 상대적으로 크면 자유모수의 수가 많을 때를 제외하고 AGFI의 값은 작아진다.

덧붙여, GFI와 AGFI에만 해당되는 것이지만 이 둘의 값이 이론적으로는 음수를 취할 수 있다. 달리 말해, 추정된 값이 0보다 작은 값이 될 수도 있다는 것이다. GFI와 AGFI가 음수값을 갖는 경우는 실제에서 거의 발생하지 않는다. 만약 음수값을 갖게 되면 이는 설정된 모형과 수집된 자료가 전혀 합치하지 않는 상태를 나타낸다. GFI와 AGFI 둘 다 모형이 자료를 설명하는 데 초점을 두기 때문에 이해하기 쉽다는 장점이 있으나, GFI와 AGFI 모두 표본크기가 작으면 모형합치를 과소추정하게 된다는 단점이 있다(Bollen, 1990).

(3) 잔차제곱평균제곱근(root mean square residual, RMR)

구조방정식모형의 영가설은 $H_0 : \Sigma = \Sigma(\theta)$이고, 이것은 수집된 자료에서 도출된 표본공분산행렬이 모형이 시사하는 모형공분산행렬과 같다는 것이다. 따라서 양변에서 $\Sigma(\theta)$를 빼면, 달리 말해 $\Sigma(\theta)$를 등호 오른쪽으로 옮기면, 영가설은 $H_0 : \Sigma - \Sigma(\theta) = 0$이 된다. 등호 오른쪽은 표본공분산행렬에서 모형공분산행렬을 뺀 잔차행렬(fitted residual matrix) $|S - \sum(\theta)|$이 되며, 영가설이 맞으면 이 잔차행렬은 모든 원소가 0이 되어 영행렬이 된다. 이때 영가설이 맞다고 해도 실제에서는 표본변산으로 인해 잔차행렬의 모든 원소가 0이 되지는 않는다. 어떤 원소는 0보다 큰 값을 갖게 되고, 어떤 원소는 0보다 작은 값을 갖게 된다. 즉, $s_{ij} - \sigma(\theta)_{ij}$는 +, 0, − 가운데 어느 한 값을 갖게 된다. 잔차의 값이 +값이면 설정된 모형이 작게 예측된 것이며, −이면 크게 예측된 것이다. 이런 잔차가 적을수록 모형합치가 좋다고 할 수 있다.

이런 잔차들을 제곱하면 모든 값이 양수로 변하게 되고, 이렇게 제곱된 잔차들에서 대각선 이하의 중복되지 않는 잔차들을 모두 더해 평균을 낸 다음, 여기에 2를 곱하고 제곱근을 씌운 것이 바로 RMR이다. 이 RMR을 계산하는 방법은 다음과 같다(Jöreskog & Sörbom, 1986).

① 각각의 원소별 잔차를 계산한다. $s_{ij} - \sigma(\theta)_{ij}$

② 잔차들을 제곱(양수로 만듦)하여 합한 후 $q(q+1)$로 나눈다.

$$\frac{\sum_{i=1}^{q}\sum_{j=1}^{i}\left|s_{ij}-\sigma_{ij}\right|^{2}}{q(q+1)}$$

③ ②에 2를 곱하고 $\sqrt{}$를 한다.

$$\text{RMR}=\left[2\sum_{i=1}^{q}\sum_{j=1}^{i}\frac{\left|s_{ij}-\sigma_{ij}\right|^{2}}{q(q+1)}\right]^{1/2}$$

RMR은 제곱된 값이므로 −값은 생기지 않으며, RMR값이 0에 가까우면 가까울수록 설정된 모형은 수집된 자료와 잘 합치한다고 할 수 있다. 일반적으로 RMR이 .05보다 작으면 양호하다고 하나, 이것은 어디까지나 임의적 기준이며 절대적 지침으로 받아들여서는 안 된다. 모형공분산행렬이 표본공분산행렬에 얼마나 가까운가를 따지는 RMR은 이해가 쉽다는 장점이 있으나, 표본의 크기가 작을수록 그 값이 커지는 경향이 있다.

잔차를 표준화시켜 만들어 낸 지표가 표준화잔차제곱평균제곱근(standardized root mean square residual, SRMR)이다. 해석은 RMR처럼 0에 가까우면 가까울수록 모형합치가 좋은 것이며, 멀어질수록 모형합치가 나쁜 것을 나타낸다.

(4) 근사오차제곱평균제곱근(root mean square error of approximation, RMSEA)

중심 χ^2분포(central χ^2 distribution)를 이용한 χ^2검증에서 집중적으로 거론되는 문제는 χ^2검증에서 사용되는 영가설이 너무 엄격하다는 것이다. 이는 설정된 모형이 모집단에서 정확하다고 하는 영가설은 무리한 가정이라는 뜻이다. 즉, 모형이 모집단에서의 변수 간의 구조에 정확하게 합치한다는 영가설은 모집단의 관점에서 볼 때 타당한 것이라고 할 수 없다는 것이다. 실제 연구에서는 모집단을 대상으로 하지 않고 모집단을 잘 대표하는 표본을 대상으로 하는 것임에도 이런 영가설을 가정하는 것은 한계가 있다. 그러므로 완벽하고 정확하게 들어맞는 모형이 아닌 적당하게 들어맞는 모형은 리얼리티를 제대로 반영하고 있어도 결국 정확하게 들어맞지 않음으로 인해 표본이 큰 연구에서는 영가설이 기각되는 결과를 초래하게 된다는 지적이다.

Browne과 Cudeck(1993)은 정확합치 대신에 적당하게 들어맞는 근사합치를 검증하는 방법인 RMSEA를 제안하고 있다. 이 RMSEA를 구하는 방법은 다음과 같다.

$$\text{RMSEA} = \sqrt{\frac{F - \frac{df}{N-1}}{df}}$$

앞의 식에서 분자는 모집단공분산행렬과 모형공분산행렬의 차이를 나타내는 합치함수값에서 모형의 자유도를 표본크기로 교정한 값을 뺀 것이다. 분자는 설정모형과 자료 간의 차이를 나타내는 것으로 설정모형이 얼마나 잘 들어맞는가에만 초점을 맞춘다. 설정모형이 복잡하면 자료에 잘 들어맞게 되며 그 결과 합치함수 값은 작아진다. 분자는 설정모형의 복잡성을 고려하지 않는다. 이런 점에 제재를 가한 것이 자유도로 분자를 나눈 것이다. 분자에 대한 분모의 비율에다 제곱근을 취한 것은 분자의 성질이 제곱값이기 때문에 해석이 쉽지 않아 보다 해석을 용이하게 하기 위해서이다. 편차점수제곱합을 표본크기로 나눈 분산에 제곱근을 취해 표준편차를 만든 것과 같은 이치라고 할 수 있다.

RMSEA에서 한 가지 제한점은 영가설이 맞다면 합치함수의 값은 0이 되어 분자는 음수값을 갖게 되며, 그 결과 제곱근 안의 값이 0보다 작은 음수가 나온다는 점이다. 일반적으로 RMSEA의 값이 작을수록 설정모형이 자료에 잘 들어맞는 것을 나타낸다. RMSEA이 .05보다 작으면 양호한 상태를 나타낸다고 하나 Browne과 Cudeck(1993)이 지적하는 바와 같이 이 기준은 본질적으로 주관적이다.

정확합치 대신에 근사합치를 검증하는 것은 RMSEA가 .05와 같거나 작다는 영가설을 설정하고 이를 검증하는 것이다. 영가설을 기호로 나타내면 다음과 같다.

$$H_0 : \text{RMSEA} \leq .05$$

이때 사용되는 검증통계량으로는 정확합치에서와 같이 $(N-1) \times F$를 사용한다. 그러나 이때 통계량이 관찰될 확률은 정확합치에서와 같은 방법으로 구해지는 것이 아니고, 비중심모수(noncentrality parameter) χ^2에 의해 결정되는 비중심 χ^2분포(noncentral χ^2 distribution)의 누적분포함수를 1에서 뺀 것으로 결정된다. 앞에 진술된 영가설에서 비중심모수 δ는 $N \times df \times .05^2$이다. 만약 RMSEA가 .05가 아닌 다른 값으로 설정된다면 비중심모수 δ는 $N \times df \times$다른 값의 제곱이다. 근사합치에서 이 영가설은 검증통계량이 관찰될 확률이 미리 정해진 유의수준보다 작다면 기각된다. 비중심모수 δ는 LISREL 표기에서 관찰변수 x의 측정오차 δ와 기호는 같지만 서로 다른 것이다.

여기서 하나 덧붙일 것은 앞의 영가설은 등호가 아닌 부등호의 형태로 진술되었다. 다시 말해, RMSEA=.05가 아닌 RMSEA≤.05로 진술된 것이다. 그러나 Browne과 Cudeck(1993)이 진술한 것과 같은 부등호와 등호가 결합된 형태는 영가설이 맞다고 할 때 표본분포의 모습을 알 수 없다는 치명적인 취약점이 있다. 예컨대, RMSEA가 .05보다 작다면 그것이 어떤 값을 지칭하는 것인지 불명료하게 되고, 그 결과 영가설이 맞다고 할 때 표본분포를 알 수가 없어, 영가설 수용역과 기각역을 구분하는 경곗값을 설정할 수 없게 되는 것이다. 따라서 영가설이 부등호와 등호가 결합된 형태로 진술될 수 있어도 이는 부적확한 표현이며, 실제 가설검증에서는 등호로 진술된 영가설을 사용하게 된다.

정확합치의 영가설인 $H_0 : \Sigma - \Sigma(\theta) = 0$을 근사합치의 관점에서 표현하면 다음과 같다. 정확합치와 근사합치의 영가설이 다른 점은 정확합치에서는 근사오차제곱평균제곱근이 0이라는 것이며, 근사합치에서는 이것이 .05보다 작거나 같다는 것이다.

두 영가설의 차이점을 구체적으로 비교해 보자. 정확합치에서는 설정된 모형이 모집단에서 변수구조를 정확하게 반영한다는 것이며, 만약 정확하게 반영하지 못한다면 이때 차이가 통계적으로 받아들일 수 있는 차이인지에 관심을 두는 것이다. 근사합치에서는 설정된 모형은 모집단에서의 변수구조를 어느 정도－예를 들면, .05만큼－는 정확하게 반영하지 못하고 있다는 것이며, 이런 가정하에 차이가 받아들일 수 있는 것인지에 관심을 둔다. 근사합치에서 어느 정도 덜 맞는 판단의 준거가 .05이어야 하는지, 또는 이보다 작은 값 혹은 큰 값이 되어야 하는지는 주관적이다.

(5) 규준합치지수(normed fit index, NFI, Δ_1)

Δ_1은 주어진 자료를 설명할 수 있는 가장 간명한 모형인 기초모형이 갖는 합치함수의 값에서, 기초모형보다는 자료와 더 잘 합치하는 모형이 갖는 합치함수의 값을 뺀 것을, 기초모형의 합치함수의 값으로 나누어 준 것이다. 따라서 Δ_1은 자료와 더 잘 합치하도록 모형을 재설정했을 때 재설정된 모형이 합치함수값을 어느 정도 감소시키는가를 비율로 표현한 것이다. 기초모형은 매우 간명한 모형이어서 리얼리티를 설명하기는 어려우나 출발점으로서 의의를 갖는 모형이다. Δ_1은 다음과 같이 정의된다(Bentler & Bonett, 1980).

$$\Delta_1 = \frac{F_b - F_m}{F_b}$$

여기서 F_b는 가장 간명한 기초모형에서 산출된 합치함수값, F_m은 기초모형보다는 자료에 더 잘 합치하는 모형에서 산출된 합치함수값이다. 아래 첨자 b는 baseline, m은 maintained를 나타낸다. 합치함수의 형태가 아닌 χ^2으로 나타낸 것은 다음과 같다.

$$\Delta_1 = \frac{(\chi_b^2) - (\chi_m^2)}{(\chi_b^2)}$$

Δ_1의 이론적 근거는 다음과 같다. F_m이 추정되었을 때의 문제점은, 추정된 F_m 값의 크기를 비교할 최고 큰 값을 갖는 대상이 없어 판단하기가 어려운 것이다. Δ_1

은 최댓값으로 F_b를 설정한다. 가장 좋은 상태의 모형합치는 F_m의 값이 0이 되는 경우이며, 이렇게 되면 Δ_1은 1이 된다. 가장 나쁜 상태의 모형합치는 기초모형보다 더 잘 합치하는 모형이 기초모형보다 나은 것이 없는 경우이며, 이렇게 되면 $F_m = F_b$이며 Δ_1은 0이 된다. 따라서 Δ_1은 0과 1 사이의 값을 갖는다. 비교할 대상이 있어서 규준합치지수라고 불린다.

보다 더 잘 합치하는 모형이 기초모형에 비해 아주 크게 값이 차이가 나지 않으면 Δ_1의 값이 1에 가깝게 된다. 이는 기초모형이 보다 더 잘 합치하는 모형에 비교해 큰 차이가 없음을 나타내며, 그 결과 보다 간명한 기초모형을 선택하게 된다. 이런 측면에서 Δ_1은 전체모형을 평가하는 기능을 수행한다. 또한 Δ_1은 기초모형에 비해 보다 더 잘 합치하는 모형의 상대적 모형합치 향상을 알 수 있게 해 준다. 일반적으로 Δ_1의 값이 .95 이상일 때 의미를 갖는다고 하나 이 기준 또한 임의적이다.

이 Δ_1의 제한점은 자유도에 대한 통제가 없다는 것이다. F_m의 값은 자유모수를 추가함에 따라 감소한다. 자유모수를 추가함에 따라 모형은 복잡해지고 자유도는 줄어들지만 그 결과 Δ_1은 점점 커져 1에 가까워진다. 마치 회귀분석에서 독립변수를 추가하면 R^2이 증가하는 것과 같은 이치이다. R^2은 증가하지만 자유도는 감소하고 회귀모형은 더 복잡하게 되는 것처럼, 동일한 현상이 이 경우에서도 그대로 발생하게 된다.

또 하나 고려할 것은 표본크기이다. F_m, F_b 그리고 각각의 자유도가 주어졌을 때, 표본크기가 100에서 1,000으로 바뀌면 Δ_1은 변동이 없을까? Δ_1의 계산에 표본크기가 사용되지 않기 때문에 Δ_1은 변하지 않는다. 따라서 Δ_1이 표본크기와 무관하다고 보이나, F_m과 F_b는 표본크기가 100에서 1,000으로 바뀌면 값이 달라진다. 그 결과, Δ_1의 값도 달라지게 되며 표본크기의 영향을 받게 된다. Δ_1이 표본크기에 의해 영향을 받지 않으려면 F_m과 F_b을 재척도화해야 한다. 또한 Δ_1은 표본크기가 작은 경우에서 실제보다 작게 추정되는 경향이 있다(Ullman, 2001).

Δ_1과 비슷하게 해석되는 Δ_2는 Δ_1을 표본크기와 자유도를 고려해 수정한 것으로 다음과 같이 정의된다(Bollen, 1988). χ^2을 사용해 나타내기도 한다.

$$\Delta_2 = \frac{F_b - F_m}{F_b - \left[\frac{df_m}{(N-1)}\right]} = \frac{\chi_b^2 - \chi_m^2}{\chi_b^2 - df_m}$$

(6) 비규준합치지수(non-normed fit index, NNFI, ρ_2)

ρ_2는 Tucker와 Lewis(1973)가 처음으로 고안해서 Tucker Lewis Index(TLI)라고도 한다. Δ_1의 약점은 자유모수를 추가하는 것에 대한 제재가 없다는 것이다. 자유모수를 새로 도입해 복잡해진 모형에 대한 제재를 가한 것이 ρ_2이다.

ρ_2를 살펴보기 전에 먼저 ρ_1을 살펴보자(Bollen, 1986). ρ_1은 기초모형에서 보다 더 잘 합치하는 모형이 떨어진 거리를 기초모형과 이상적 합치 간의 거리의 비율로 평가하는 방법이다. ρ_1는 다음과 같이 정의된다.

$$\rho_1 = \frac{\left(\frac{F_b}{df_b}\right) - \left(\frac{F_m}{df_m}\right)}{\left(\frac{F_b}{df_b}\right)}$$

여기서 F_b는 가장 간명한 기초모형에서 산출된 합치함수값, F_m은 기초모형보다는 자료에 더 잘 합치하는 모형에서 산출된 합치함수값, df_b는 기초모형의 자유도, df_m은 보다 더 잘 합치하는 모형의 자유도를 나타낸다. χ^2을 사용하여 다음처럼 나타내기도 한다.

$$\rho_1 = \frac{\left(\frac{\chi_b}{df_b}\right) - \left(\frac{\chi_m}{df_m}\right)}{\left(\frac{\chi_b}{df_b}\right)}$$

ρ_1의 이론적 근거는 Δ_1의 이론적 근거와 유사하다. Δ_1은 기초모형과 상대적으로 보다 잘 합치하는 모형의 모형합치를 비교하는 것이고, ρ_1은 기초모형과 보다 잘

합치하는 모형을 자유도를 고려해 비교하는 것이다. 새로운 자유모수를 모형에 도입하는 것이 자유도를 작게 하기 때문에, 복잡한 모형에서 ρ_1의 값이 변하지 않고 그대로 있거나 작아지는 것이 가능하다. 상대적으로 작은 자유모수를 갖게 되어 작은 합치함수값을 갖는 보다 잘 합치하는 모형은, 좀 더 복잡한 설정에서 같은 합치함수값을 갖는 모형보다 큰 ρ_1를 갖게 된다. F_m이 가질 수 있는 가장 작은 값은 여전히 0이며, 따라서 ρ_1이 가질 수 있는 최댓값은 1이다.

정확한 모형이 설정되었을 경우 χ^2에 대한 자유도의 비율은 1이다. 따라서 ρ_1의 분자는 가장 잘 안 맞는 모형과 보다 잘 맞는 모형 사이의 일종의 거리이다. 보다 잘 맞는 모형이 최적의 모형에 가까울수록 합치함수값은 0에 가까워지고, 그 결과 가장 잘 안 맞는 모형과 보다 잘 맞는 모형 간의 거리는 점점 가까워지고, 궁극적으로 분자에 대한 분모의 비율은 1에 가깝게 된다. 따라서 ρ_1은 0~1 사이에 있으며 1에 가까울수록 잘 맞는 모형이라고 할 수 있으며 0에 가까울수록 잘 맞지 않는다고 할 수 있다. 일반적으로 ρ_1의 값이 .95보다 크면 모형합치가 좋다고 하나, 이 기준은 본질적으로 임의적이다. 이론적으로는 분자의 두 번째 항이 첫 번째 항보다 커서 ρ_1이 음수값을 가질 수도 있으나, 실제에서 이런 경우는 거의 발생하지 않는다. 만약 이런 경우가 발생하면 설정된 모형은 자료에 전혀 합치하지 않는 것으로 간주된다.

앞의 정의에서 알 수 있는 것과 같이 ρ_1은 Δ_1을 자유도로 교정한 것이다. 따라서 ρ_1은 Δ_1과 비슷하게 해석되며 이런 측면에서 Δ_1과 마찬가지로 전체모형을 평가하는 기능을 수행한다. ρ_1을 표본크기를 고려해 수정한 ρ_2는 다음과 같이 정의되며, 그 기능은 ρ_1과 비슷하다(Bentler & Bonett, 1980). χ^2을 사용해 나타내기도 한다.

$$\rho_2 = \frac{\left(\frac{F_b}{df_b}\right) - \left(\frac{F_m}{df_m}\right)}{\left(\frac{F_b}{df_b}\right) - \left[\frac{1}{(N-1)}\right]} = \frac{\left(\frac{\chi_b^2}{df_b}\right) - \left(\frac{\chi_m^2}{df_m}\right)}{\left(\frac{\chi_b^2}{df_b}\right) - 1}$$

(7) 비교합치지수(comparative fit index, CFI)

CFI는 가장 잘 안 맞는 모형에서 잘 맞는 모형으로 옮겨가면서 비중심모수(noncentrality parameter)가 어떻게 향상되어 가는지에 초점을 맞춘다. 자유도가 큰 모형에서 작은 모형으로 이행되는 과정에서의 간명성의 차이에 관심을 가지며, 이 차이가 실질적인 차이인지를 확인하는 방법이다.

설정모형이 어느 정도 틀리다면 $\chi^2(N-1)\times F$로 정의된 χ^2은 중심 χ^2분포가 아닌 비중심 χ^2분포(noncentral χ^2 distribution)를 따르게 되며, 이 두 분포 간의 차이는 비중심모수 δ에 의해 결정된다. 설정모형이 정확하면 $(N-1)\times F$는 중심 χ^2분포가 되나, 설정모형이 틀릴수록 δ는 커져서 $(N-1)\times F$는 비중심 χ^2분포가 되는 성질을 이용한 CFI는 다음과 같이 정의된다.

$$CFI = \frac{\delta_m}{\delta_b}$$

여기서 비중심모수 δ는 다음 관계를 통해 구해진다.

$$\delta = (N-1)\left(F - \frac{df}{N-1}\right)$$

CFI의 정의에서도 알 수 있듯이 설정모형과 기초모형의 비중심모수 δ가 같으면 CFI값은 1이다. 따라서 CFI의 값이 1에 가까우면 설정모형이 자료에 잘 들어맞음을 나타낸다. 일반적으로 CFI의 값이 .95보다 크면 모형합치가 좋다고 하나, 이 기준은 본질적으로 임의적이다.

CFI는 설정모형의 간명성을 고려하지 않는다는 점이 취약점이다. 일반적으로 의미 없는 경로가 모형에 포함되어도 합치는 좋아진다. 따라서 불필요한 경로가 포함된 모형도 합치가 좋아질 뿐 나빠지지는 않는다. 이런 점으로 인해 CFI는 모형의 간명성을 따지는 ρ_2 같은 다른 보조지표와 동시에 고려되는 것이 바람직하다.

(8) Q그림

Q그림(Q-plot)도 앞의 RMR과 마찬가지로 잔차를 이용한 기법이다. Q그림이 RMR과 다른 점은 RMR이 잔차를 그대로 사용한 것이라면 Q그림은 잔차를 표준화시켰다는 것이다. 잔차의 절댓값이 클수록 모형이 자료를 잘 반영하지 못한다는 것을 의미한다. 잔차행렬의 모든 원소를 하나하나씩 살펴서 그 의미를 해석하기는 쉽지 않다. 그래서 고안된 것이 표준화잔차(standardized residual)이다. 표준화잔차는 각 잔차를 그들의 표준오차로 나눈 것이다. 잔차를 표준화시키면 잔차는 −3.5에서 +3.5까지의 범위에 거의 모두 떨어지게 된다. '거의 모두'란 표현은 표준화되어도 이론적으로는 −3.5와 +3.5의 밖으로 떨어지는 값이 있기 때문이다. 그러나 실제로는 모든 잔차가 이 범위에 떨어진다. 이렇게 표준화잔차들의 분포를 그림으로 나타낸 것이 Q그림이다. 이 표준화잔차의 절댓값 크기가 2.58보다 크면 '매우 크다'는 것을 의미한다. 즉, 모형이 그 특정한 분산 혹은 공분산을 완전하게 설명할 확률이 1% 미만일 만큼 실제의 분산 혹은 공분산을 잘 설명하지 못한다는 것이다.

표본공분산행렬에 모형공분산행렬이 합치한다면 표준화잔차는 0을 중심으로 정상분포를 갖는다. 이때 이론적인 누적정상분포를 Y축으로 실제 표준화잔차를 X축으로 표시한 것이 Q그림이다. LISREL은 계산의 편리와 시각적인 이유로 표준화된 잔차들을 X축(−3.5에서 +3.5)과 Y축(−3.5에서 +3.5)이 만드는 사각형의 그림에 나타냈다. 이때 사각형의 왼쪽 아래쪽의 −3.5에서 오른쪽 위쪽의 +3.5까지의 대각선이 정상분포를 나타내고 각각의 잔차는 이 사각형 안에 떨어지게 만들었다. 따라서 표준화된 잔차들이 정상분포를 이루면 Q그림에서는 대각선에 집중적으로 떨어지게 된다. Q그림의 기울기가 대각선보다 가파르면 모형합치가 좋다는 것을 의미하고 대각선보다 완만하면 모형합치가 좋지 않다는 것을 의미한다.

[그림 4-7]은 Q그림의 몇 가지 예를 제시하고 있다. ①은 모형합치가 적절한 모형에서 나타나며, ②는 과소추정 모형일 때, 그리고 ③은 과대추정 모형일 때 나타난다.

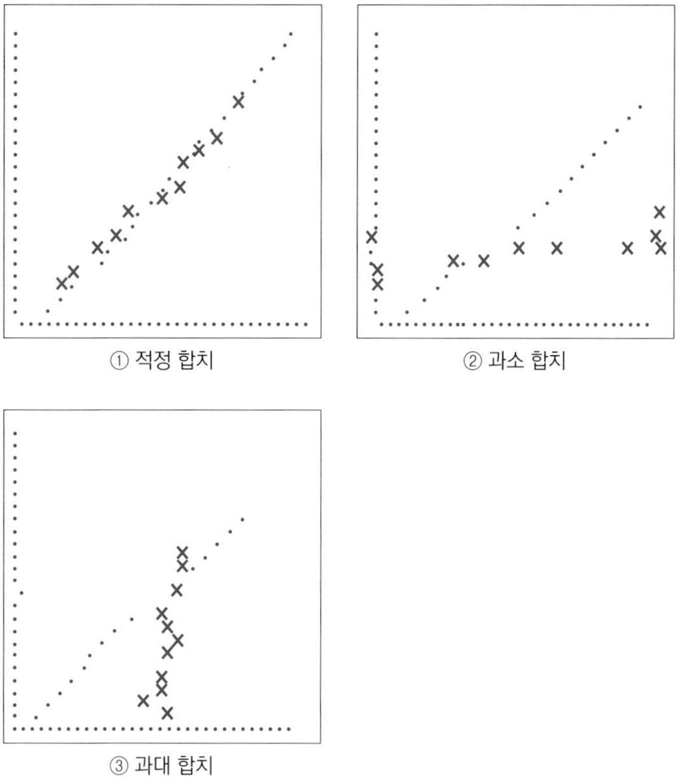

[그림 4-7] Q그림의 예

앞에서 보듯이, 설정된 모형이 수집된 자료와 잘 합치하면 표준화된 잔차들은 Q그림의 대각선에 집중적으로 떨어지게 된다(①). 그렇지 않은 경우는 표준화된 잔차들이 대각선에서 이탈해 수평방향으로 분포하게 된다(②). 표준화된 잔차들이 대각선에서 수평방향으로의 이탈 정도가 커짐에 따라 연구모형은 자료와 합치되는 정도가 떨어지게 됨을 나타낸다. 때로는 표준화된 잔차들이 대각선에서 수직방향으로 이탈되는 경우도 있다(③). 이런 모양은 설정된 모형이 자료와 잘 합치하는 것을 나타내나, 이런 모양도 대각선에서 이탈 정도가 너무 심하면 바람직하지 않으며, 이럴 때는 설정된 모형이 수집된 표본자료와 너무 합치하는지의 여부를 의심해 보아야 한다. 연구자는 Q그림의 모양을 보고 설정된 모형이 자료와 합치하는지의 여부를 결정해야 하나, 일반적으로 진술할 수 있는 것은 표준화된 잔차들이 수직방향으로 이탈하는 것이 바람직하다는 것 외에, 그 정도가 어느 정도어야 바람직하다는 것은 경우마다 다르므로 일률적으로 진술하기 어렵다.

그 외에 두 개의 모형을 비교하는 기능을 통해 모형합치 판정의 수단으로 사용될 수 있는 것 가운데 쓰임새가 있는 것으로는 Akaike(1974, 1987)가 구안한 Akaike정보준거(Akaike information criterion, A 또는 AIC), Akaike정보준거를 수정한 B(Schwarz, 1978), Browne과 Cudeck(1993)이 제안한 기대교차타당화지수(expected cross validation index, ECVI), Hoelter(1983)가 구안한 결정적 표본크기(critical N, CN) 등이 있다.

A와 B는 설정된 모형을 서로 비교하여 수집된 자료에 상대적으로 잘 들어맞는 모형을 찾는 방법으로 고안된 것이다. 설정된 모형이 서로 비교 가능하다는 점에서 A와 B는 설정된 모형 전체를 평가하는 기법으로 사용된다. 비교되는 모형 가운데 작은 A나 B 값을 갖는 모형이 수집된 자료에 잘 들어맞는 것이며, 큰 값을 갖는 것은 잘 합치하지 않는 것을 나타낸다. 이런 측면에서 부적합(badness-of-fit) 지표라고 할 수 있다.

A는 다양한 형태로 정의되나 가장 단순한 형태는 다음과 같다.

$$A = \chi^2 + 2t$$

여기서 χ^2은 설정된 모형에서 관찰된 통계량이며, t는 자유모수의 숫자이다.

B는 다음과 같이 정의된다.

$$B = \chi^2 + (t \times \log(N))$$

제시된 정의에서 알 수 있듯이, A와 B 모두 상대적으로 복잡한 모형에 불리하게 작용한다. 따라서 상대적으로 간명한 모형이 선호되며, 이런 측면에서 설정된 모형 전체를 평가하게 된다.

모형합치가 좋은 간명한 모형은 복잡한 모형에 비해 다른 새로운 표본에서 더 잘 맞을 가능성이 높다. 그 이유는 더 많은 자유모수를 갖는 복잡한 모형은 합치

과정에서 더 많이 우연성에 노출되기 때문이다. 이런 생각에서 *ECVI*는 다음과 같이 정의된다.

$$ECVI = N^{-1}(AIC) = F + (2t/N)$$

여기서 *F*는 설정된 모형의 합치함수의 값, *t*는 자유모수의 숫자이다. *ECVI*의 값이 작을수록 설정된 모형은 새로운 표본에서 더 잘 교차타당화된다. 서로 다른 관점에서 개발된 것이지만 *ECVI*는 *AIC*에 밀접하게 관련이 있다. *AIC*와 *ECVI*를 비교해 보자. 먼저 *ECVI*의 등호 오른쪽 항에 $N-1$을 곱했다고 하자. 그러면 첫 번째 항은 합치함수값에 $N-1$을 곱한 것이 χ^2이기 때문에 χ^2이 된다. 두 번째 항에서 $(N-1)/N$은 거의 같은 값이어서 1이라고 할 수 있다. 그렇게 되면 두 번째 항은 $2t$에서 약간의 차이만 있게 된다. 따라서 *ECVI*도 *AIC*처럼 비교되는 모형의 등위를 매기는 것이다. *ECVI*는 작은 값을 가지는 것이 선호된다는 측면에서 부적합지표라고 할 수 있으며, 모형이 비교된다는 측면에서 모형 전체를 평가하는 지표로 기능한다.

결정적 표본크기 *CN*은 다음과 같이 정의된다.

$$CN = (\chi^2\text{경곗값}/\text{합치함수}) + 1$$

여기서 χ^2경곗값은 설정된 유의수준에서 설정된 모형과 같은 자유도를 갖는 χ^2분포의 경곗값이고, 합치함수값은 설정된 모형을 수집된 자료에 합치시켰을 때 합치함수가 계산해 낸 값이다. 결정적 표본크기는 어떤 합치함수가 설정된 유의수준에서 영가설을 기각하는 데 필요로 하는 표본크기를 산정해 준다. 그 결과, 이 결정적 표본크기를 기준으로 해서 설정된 전체모형을 평가하게 된다.

마지막으로 이들 통계적 상식에 의한 지표를 해석할 때 주의할 점은, 이런 지표들은 어디까지나 정성적이라는 것이다. 이런 지표는 모형과 자료와의 합치상태가 어떠한지를 기술적으로 판단하는 정도에서 그쳐야지 이들 지표가 합치의 정도에 관한 의사결정에서 주요한 기능을 해서는 안 된다. 그럼에도 불구하고 많은 연구자들은 이들 정보가 경험에 의해서 도출된 어떤 기준을 넘으면 자료와 합치하는 것으로 해석하는 오류를 범하는 경우가 많다. 예를 든다면, 적합도지수가 .95를 넘으면 모형과 자료가 잘 합치한다고 결론을 내리는 경우가 많으나, 이런 해석은 어디까지나 경험에 의한 것이지 언제나 성립되는 진리가 아니라는 것이다.

덧붙여, 모형합치와 관련해 마지막으로 언급하고 싶은 것은 모형을 평가할 때 지금까지 논의된 여러 지표들이 동시적으로 고려되어야 한다는 것이다. 설정된 모형이 수집된 자료에 합치하는가를 판단할 때 어느 특정한 지표 하나에만 의존하는 것은 바람직하지 못하다. 어떤 특정한 지표는 합치여부를 판단할 때 특정한 측면에만 초점을 둔다. 따라서 어떤 특정한 지표가 나타내는 값이 만족할 만한 것이어도 그 자체가 좋은 합치상태를 나타내는 것은 아니다. 더 나아가 여러 개의 지표가 만족할 만한 값을 산출해도 그것이 반드시 모형과 자료가 합치됨을 보장하는 것은 아니다. 모형합치에 관계된 여러 지표는 모형의 전반적 합치상태만을 반영하는 것이기 때문이다. 따라서 여러 지표가 만족할 만한 값을 산출해도 모형과 자료가 실제로 잘 들어맞는지를 세심하게 살펴보아야 한다.

다음과 같은 경우를 예로 들어 보자. 다음은 학생의 진로결정에 영향을 미치는 여러 변수 간의 인과관계에 관한 가설을 검증하기 위한 구조방정식모형이다. 설정된 모형은 관찰변수가 6개이고, 이 모형에서 추정되는 경로는 20개이다. 자료

〈표 4-1〉 진로결정모형의 다분상관행렬

성격	직업흥미	인지복합성	진로결정	성별	학교유형
1.000					
.009	1.000				
.054	−.004	1.000			
.057	.072	−.013	1.000		
−.020	.034	.031	.163	1.000	
.013	.068	.033	.064	−.014	1.000

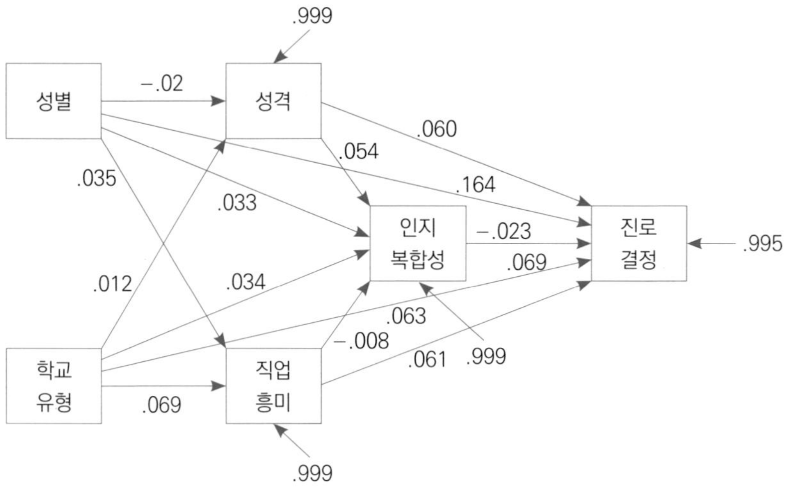

[그림 4-8] 진로결정 모형

분석에 사용된 행렬은 다분상관행렬이며, 표본크기는 930이다. 다분상관행렬은 〈표 4-1〉, 설정된 모형은 [그림 4-8]에 나타내고 있다.

[그림 4-8]의 모형과 관련해 다음과 같은 모형합치에 관한 지표들이 보고되었다. 자유도 1인 χ^2통계량의 값은 .08이고 이것이 관찰될 확률은 .779이다. 또한 정성적인 모형합치 지표인 적합도지수의 값은 1.00, 조정적합도지수의 값은 .999, 그리고 RMR의 값은 .002이다. 그리고 Q그림은 대각선에서 벗어나 수직방향으로 표준화된 잔차가 떨어져 있는 것으로 나타났다.

모형과 자료의 전반적인 합치에 관한 이런 지표들만을 놓고 볼 때, 설정된 모형은 수집된 자료에 아주 잘 들어맞는다고 결론 내릴 수 있다. 앞에 제시된 지표만으로 볼 때 설정된 모형과 자료는 잘 합치하는 것으로 보인다. 그러나 방해오차를 나타내는 Ψ행렬의 원소값들이 각각의 종속변수에 대해 .999, .999, .999, 그리고 .995이다. 그리고 종속변수에 대한 전체 결정계수의 값은 .039이다. 또한 각각의 종속변수에 대한 다중상관제곱의 값이 .001, .006, .005, 그리고 .039이다.

앞에서 각각의 종속변수에 대한 방해오차는 값들이 거의 1에 가깝다. 이는 각각의 종속변수를 설명함에 있어 방정식에 포함된 독립변수들이 아무 역할을 하고 있지 못함을 나타낸다. 즉, 종속변수는 방정식에 포함되지 못한 다른 변수에 의해 설명됨을 뜻하고 있다.

결정계수는 $1-\frac{|\Psi|}{|\Sigma_{yy}|}$으로 정의된다. 이 정의에서 알 수 있듯이, 결정계수는 종속변수에 대한 독립변수들의 공동효과를 나타낸다. 공동효과가 크면 클수록 $|\Psi|$는 0에 근접하게 되어 결정계수는 1에 가깝게 된다. 반대로 공동효과가 작으면 작아질수록 $|\Psi|$는 $|\Sigma_{yy}|$에 근접하게 되어, 결정계수는 0에 가깝게 된다. 결정계수의 값은 거의 0에 가깝다. 이는 수집된 자료가 설정된 모형보다는 다른 오차에 의해 설명됨이 거의 전부임을 나타내고 있다.

또한 다중상관제곱 $R_{y_i}^2$은 $1-\frac{\psi_{ii}}{\sigma_{y_i}^2}$로 정의된다. 이 정의에서 알 수 있듯이 i번째 y의 방해오차 ζ_i가 작을수록 $R_{y_i}^2$는 1에 가까워지며, ζ_i가 커져서 y_1의 분산에 근접하게 되면 $R_{y_i}^2$는 0에 가깝게 된다. 각 방정식의 종속변수와 독립변수 간의 다중상관제곱의 값은 거의 0에 가깝다. 이는 방정식에 포함된 독립변수와 종속변수가 아무런 관계가 없음을 의미한다. 이러한 결과들로 미루어 볼 때 설정된 모형은 자료와 합치하지 않다고 결론 내릴 수 있다. 전반적 모형합치에 관한 여러 지표들의 결과와는 상충되는 결론이 도출되는 것이다.

앞의 경우에서처럼 동일한 자료와 모형에서 이렇게 서로 상반되는 결과가 나오면 연구자는 당황하게 된다. 그러나 전반적 모형합치는 만족할 만한 수준이지만 모형의 내부를 좀 더 찬찬히 들여다보면 설정된 모형과 수집된 자료는 서로 합치하지 않음을 쉽게 알 수 있다. 때로는 모형평가를 시도함에 있어 전반적 모형합치를 나타내는 여러 지표만을 살펴보고 다른 결과는 주의 깊게 살피지 않은 채 모형을 평가하는 실수가 빚어지기도 한다. 이 경우에서 보는 것처럼 모형평가는 어떤 단일한 측면에만 초점을 둘 것이 아니라 여러 측면이 종합적으로 검토되어 최종 판단에 이르는 마치 예술비평가적 작업과 같은 것이어야 한다.

2) 개별모수 평가

다음으로 추정된 모수 하나하나를 개별적으로 평가하는 모수합치에 관해서 알아보자. 추정된 모수 하나하나를 평가하는 개별모수 합치에서도 통계검증과 상식에 의한 것이 있다.

통계검증을 이용하는 방법의 하나로 *t*-검증이 있다. 추정된 모수를 대상으로 *t*-검증을 할 때의 영가설은 추정된 모수가 0이라는 것이며, 대안가설은 0이 아니라는 것이다. *t*-검증은 어떤 자유모수가 추정되면 그 자유모수의 표준오차도 같이 추정되는데, 추정된 자유모수를 분자로 표준오차를 분모로 하는 비율을 구성한다. 이때 사용되는 유의수준은 연구자가 설정하기 나름이나 주로 사용되는 것은 .05 또는 .01이다.

만약 유의수준을 .05로 한다면 *t*-검증 통계량이 |1.96|미만이면 그 구조모수는 의미 없는 것으로 판단하게 된다. 물론 유의수준을 .01로 설정했다면 *t*-검증 통계량이 |2.58|보다 작으면 그 자유모수는 의미 없는 것이 된다. 따라서 이런 자유모수는 추정되지 않도록, 다시 말해 이런 경로를 모형에서 지워 버리고 다시 분석을 하는 것이 상례이다. 그러나 만약 *t*-검증통계량이 |1.96| 또는 |2.58| 미만이라 해도 그것이 선행이론에 의해서 중요한 구조모수라고 간주되면 그대로 존속시키게 된다. 대체로 어떤 자유모수가 *t*-검증을 통해 의미 없다고 판정되면 그 모수를 제거하고 다시 분석을 시도하나, 때로는 그 모수만 의미 없다고 판정을 내리고 다시 분석을 하지 않기도 한다. 어떤 길을 택할 것인가는 선행이론과 연구자의 통찰에 따라 달라지게 된다. 더 자세한 논의는 이 책의 다음 절인 모형찾기에서 제시된다.

부가적으로, 구조방정식모형의 초창기에서 *t*-검증은 원래는 Student *t*분포를 이용한 *t*-검증을 지칭하는 것이 아닌 검증값을 의미하는 test value라는 의미로 사용되었다. 검증값이라는 의미로 사용할 때 사용했던 검증통계량은 *t*가 아닌 *Z*였다. 그러나 구조방정식에서 사용되는 표본크기가 대표본인 관계로 실제에서 *t*-검증통계량의 경곗값이나 *Z*검증통계량의 경곗값이나 별 차이가 없고, 또 LISREL이 test value를 그냥 T-VALUES란 제목으로 출력을 하는 바람에 많은 사람들이 test value가 *t*-검증인 것으로 오해해서 받아들였고, 이런 것이 굳어져 test value가 *t*-검증으로 사용되게 되었다. 이런 연유로 바로 앞의 진술에서 유의수준

이 .05일 때 t−검증통계량의 경곗값을 |1.96| 이라고 했던 것이다.

모수 하나하나를 평가하는 또 다른 방법으로는 중첩모형(nested model)의 경우에 사용할 수 있는 것으로 가능비율(likelihood ratio, LR), Lagrange승수(Lagrange multiplier, LM), Wald(W)검증 등이 있다(Schumacker & Lomax, 1996). 중첩모형이란 다중회귀분석에서 충분모형(full model)과 제한모형(reduced model)의 개념과 비슷한 것으로, 어떤 모형이 주어졌을 때 그 모형에서 자유모수 하나가 삭제된 모형(reduced model)이 있다고 하면 자유모수 하나가 삭제된 모형은 자유모수 하나가 삭제되지 않은 원래의 모형(full model)에 중첩되어 있다고 한다.

구조방정식모형에서 사용되는 ML, GLS, WLS 같은 모수추정방법은 설정된 모형에 대해 χ^2값을 추정해 준다. 이것을 이용해서 각각의 자유모수 하나하나를 평가하는 것이다. 원래의 모형과 모수 하나가 삭제된 모형은 추정된 χ^2값이 다르다. 그 이유는 구조방정식모형에서의 추정된 자유모수 하나하나는 각각 자유도 1의 χ^2값을 갖기 때문이다. 따라서 자유모수 하나가 삭제된 모형의 χ^2값은 원래 모형의 χ^2값보다 더 큰 값을 갖게 된다. 왜냐하면 경로가 하나 더 있는 원래 모형은 경로가 하나 삭제된 모형보다 수집된 자료와 더 잘 합치하기 때문이다.

원래의 모형에서의 χ^2과 자유모수가 하나 삭제된 모형의 χ^2을 비교해 χ^2의 감소가 통계적으로 의미 있는 것인가를 확인한다. 만약 χ^2값의 감소가 통계적으로 의미 있는 것이라면 삭제된 자유모수는 모형에서 없어서는 안 될 경로라는 의미이다. 반대로 χ^2 감소가 통계적으로 의미가 없는 것이면 삭제된 자유모수는 있으나 마나 한 경로인 것이다. 따라서 그 자유모수를 구태여 설정된 모형에 둘 필요는 없다. 물론 앞에서 언급한 대로 그 자유모수의 존치가 선행이론에 의해 보장되는 것이면 그대로 존속시켜야 한다.

먼저 LR을 이용해 각각의 모수를 평가하는 법을 살펴보자. LR은 원래의 모형과 자유모수 한 개가 삭제된 모형 간의 χ^2값의 차이를 비교한다. LR검증에서의 영가설은 원래 모형의 χ^2값과 수정된 모형의 χ^2값의 차이는 0이며, 대안가설은 물론 차이가 0이 아니라는 것이다. LR검증은 수정된 모형의 χ^2값에서 원래 모형의 χ^2값을 뺀 것으로 정의되며, 이때의 자유도는 원래 모형의 자유도에서 수정된 모형의 자유도를 뺀 것이다. 그러므로 LR검증에서의 자유도는 언제나 1이다. 예를 들어, 원래 모형의 χ^2값과 자유도가 26과 20이고 수정된 모형의 χ^2값과 자유도가 46과 19라면, LR검증통계량의 χ^2값은 20이며 자유도는 1이다. 이 값은 만약 유의수준을 .05로 설정했다면 자유도가 1일 때의 경계값이 3.84이므로 통계적으로 의미 있는 값이다. 따라서 삭제된 자유모수는 있으나 마나 한 것이 아닌 있어야 할 경로라고 결론 내릴 수 있다.

LM검증은 동일한 표본공분산행렬이 주어졌을 때 수정된 모형을 덜 수정된 모형에 비교한다. 덜 수정된 모형이란 수정된 모형보다 자유모수가 많아 자유도가 적은 모형을 말한다. LR검증이 원래 모형과 수정된 모형의 두 χ^2값이 필요한 것에 비해, LM검증은 수정된 모형이 산출하는 하나의 χ^2값만을 필요로 한다. LM검증통계량은 수정된 모형의 자유도에서 덜 수정된 모형의 자유도를 뺀 것을 자유도로 하는 χ^2분포이다. 그리고 이때 수정된 모형의 χ^2값이 설정된 유의수준이 허락하는 경곗값을 넘으면, 달리 말해 수정된 모형의 χ^2값이 통계적으로 의미 있는 것이면, 수정된 모형에서 삭제된 자유모수는 있으나 마나 한 것이 아닌 중요한 자유모수로 모형 내에 남아 있어야 하는 것이다.

이 LM검증의 특징은 LR과는 달리 자유모수 하나하나를 평가할 수도 있지만 하나 이상의 자유모수를 동시에 평가할 수 있다는 것이다. 따라서 모수 하나하나를 각각 평가할 때는 자유도가 언제나 1이 되지만, 하나 이상을 동시에 평가할 때는 덜 수정된 원래 모형에서 삭제된 자유모수의 숫자가 자유도가 된다. 물론 LM검증에서의 영가설은 자유도를 고려할 때 수정된 모형이 발생하는 χ^2값이 덜 수정된 원래 모형의 χ^2값과 같다는 것이다. 즉, 수정된 모형의 χ^2값과 덜 수정된 원래 모형의 χ^2값의 차이가 0이라는 것이다.

마지막으로 W검증은 원래 모형에서 삭제된 자유모수로 차수가 $r \times 1$인 벡터 $r(\theta)$를 구성한다. 여기서 r은 원래 모형에서 삭제된 자유모수의 숫자이다. 그런 다음 이 벡터의 모든 원소를 0으로 놓는다. 달리 표현하면, 이 벡터의 모든 원소를 0이라고 간주한다. 만약 r개만큼의 자유모수가 삭제된 모형이 타당한 것이라면 $r(\theta)$는 모든 원소가 0인 벡터일 것이다. 그러나 자유모수의 삭제가 타당한 것이 아니라면 $r(\theta)$의 모든 원소는 0에서 멀리 떨어진 값을 갖는 벡터일 것이다. 만약 0에서 멀리 떨어져 있는 값을 갖는 벡터라면 원래의 모형이 타당함을 나타내며, 원래 모형에서 삭제된 자유모수는 그 모형에서 있으나 마나 한 것이 아님을 나타낸다.

W검증통계량은 삭제된 자유모수가 타당한가를 따지는 자유도가 r인 χ^2분포이다. 따라서 모수 하나 하나를 각각 평가하는 경우는 언제나 자유도가 1이지만, 만약 하나 이상의 자유모수를 동시에 평가하면 자유도는 삭제된 자유모수의 숫자인 r이다.

통계적 상식에 의한 것으로는 추정된 값이 합리적인 값인가의 여부와 올바른 부호를 갖고 있는지의 여부를 조사하는 것이다. 추정된 분산이 음수값을 갖는다거나, 두 변수 간의 상관 또는 다중상관의 값이 1보다 크다거나 하는 경우는 합리적인 값을 갖지 못한 경우에 해당된다. 분산은 제곱된 값이므로 음수가 될 수 없고, 상관은 크기가 1을 초과할 수 없다. 분산이 음수값을 갖는 경우를 Heywood case라고 한다. 이런 값은 이론적으로 가능하지 않으므로 부적절한 결과로 잘못된 것이다. 덧붙여, 탐색적 요인분석에서는 상관 또는 공유값(communality)이 1인 경우를 Heywood case라고 하며, 1보다 큰 것을 Ultra-Heywood case라고 한다.

두 변수 간의 관계를 나타내는 자유모수가 때로는 연구자가 설정한 관계의 방향과 다른 방향으로 모수가 추정되는 경우도 있다. 예를 들어, 변수 x에서 y로 가는 경로의 방향이 플러스인데 추정된 값은 마이너스일 수 있다. 이렇듯 추정된 값이 올바른 부호를 갖지 않을 수 있다. 연구자가 관계설정에서 방향을 잘못 설정하지 않은 한 이런 경우도 용인될 수 없는 성질의 것이다.

또한 주의를 갖고 살펴보아야 할 것이 표준오차이다. 표준오차는 어떤 특정한 자유모수의 추정값들이 이루는 분포의 표준편차이다. 어떤 자유모수 β_{21}을 예로 들어 보자. 모집단을 잘 대표하는 표본개수를 무한대로 취하고, 각각에서 β_{21}의 추정값이 구해졌다고 하면, 이 개수가 무한대인 표본에서 나온 β_{21}의 분포의 표준편차가 β_{21}의 표준오차이다. 표준오차는 추정된 자유모수 각각의 정확도를 나타낸다. 표준오차가 작으면 정확도가 높음을, 반대로 크면 정확도가 낮음을 나타낸다. 표준오차가 크냐 작으냐는 측정단위와 추정된 자유모수의 크기에 따라 달라지게 되므로 일률적으로 진술하기는 어렵다. 만약 표준오차가 매우 크다면 수집된 자료에 의해 합리적으로 자유모수를 추정하기 어려움을 나타낸다.

덧붙여, 어떤 관찰변수의 추정된 측정오차 분산의 값이 거의 0에 가깝다는 것은 그 관찰변수가 잠재변수를 거의 완벽하게 나타내는 것이라는 의미이다. 그러나 관찰변수가 잠재변수가 아닌 이상 잠재변수를 완벽하게 나타내기는 어렵다. 따라서 이런 경우도 상식적으로 받아들이기 어려운 것으로, 그 원인이 무엇인가를 조사해야 한다.

통계적 상식에 비추어 또는 연구자의 예상에 비추어 받아들일 수 없는 경우가 발생하면 이런 것이 발생하게 된 이유를 찾아 교정하여야 한다. 대체로 잘못된 모형 설정이 이런 경우를 야기한다. 설정된 모형이 리얼리티를 반영하고 있지 못하면 이런 경우가 생기게 된다.

7. 모형찾기

설정된 모형이 자료와 잘 합치하는지 또는 추정된 자유모수가 의미가 있는 것인지를 판단하는 모형평가의 과정에서, 모형의 자료와의 합치여부 그리고 추정된 자유모수의 존속여부 등이 결정된다. 만약 모형이 자료에 잘 들어맞고 추정된 자유모수들이 의미 있는 것이라면, 설정된 모형이 모집단에서의 변수구조를 잘 반영하고 있다고 결론 내릴 수 있다. 그러나 만약 설정된 모형과 수집된 자료가 잘 합치하지 않는다거나 또는 추정된 자유모수가 의미가 없는 것이라면, 자료에 모형이 잘 들어맞도록 모형을 수정해야 하고 의미 없는 자유모수가 모형에서 나타나지 않도록 모형을 다시 설정해야 한다. 이런 과정을 되풀이해, 주어진 자료와 가장 잘 합치하는 구조방정식모형을 찾아내는 것을 모형찾기(specification search) 또는 모형재설정(model respecification)이라고 한다.

모형찾기는 두 가지 경우로 구분할 수 있다. 하나는 모형에서 이미 설정된 경로인 자유모수를 삭제해 설정된 모형을 다듬는 것이다. 이를 모형다듬기(model trimming)라고 한다. 또 하나는 모형에 나타나지 않았던 경로인 고정모수를 자유모수로 만들어 새로운 경로가 모형에 나타나게 하는 것이다. 이를 모형만들기(model building)라고 한다. 모형다듬기나 모형만들기나 이미 설정된 모형을 수정한다는 측면에서 모형찾기이다. 그러나 모형다듬기는 이미 있는 경로를 삭제하여 모형을 좀 더 간명하게 만들어 새로운 모형을 찾는 것이고, 모형만들기는 없던 경로를 새롭게 설정해 자료와 보다 더 잘 합치하는 새로운 모형을 찾는 것이다.

모형다듬기는 두 가지 측면에서 이루어진다. 하나는 이론적 기초에서 이루어지는 것이고, 또 하나는 경험적 기준에 의지하는 것이다. 이론적 기초에서 이루어지는 모형다듬기는 특정한 선행이론에 관한 검증을 하는 것이다. 예를 들어, 변수 X가 변수 Y_2에 대해 직접효과가 있고 변수 Y_1을 통한 간접효과가 있다고 하자. 만약 연구자가 X의 Y_2에 대한 관계가 전적으로 Y_1을 통한 간접적 관계만이 있다고 판단하면, X에서 Y_2로 향한 직접적 관계를 나타내는 경로를 삭제함으로써 이 특정한 가설을 검증하는 것이다. 달리 표현하면, X의 Y_2에 대한 경로가 삭제됨으로써 모형다듬기가 이루어지는 것이다. 만약 경로가 삭제된 모형의 합치가 경로가 삭제되기 전의 모형합치에 비교해 현저하게 나빠지지 않았다면, X의 Y_2에 대한 관계는 Y_1을 통한 간접관계만이 있다는 가설이 받아들여지는 것이다. 이 예에서 강조점은 이처럼 중첩모형에 대한 가설검증을 통해 모형을 수정하는 것은 연구자의 가설에 의존한, 달리 표현해 이론적 기초에 의한 것이다.

한편으로 경험적 기준에 의존해 경로를 삭제하는 것은 선행이론에 따른 특정한 가설을 검증하는 것이 아닌 순전히 통계적 판단에 의한 것이다. 예를 들어, 모수 하나하나를 검증하는 t-검증에서의 결과가 유의수준보다 높은 것으로 나타났다면, 이 경로는 통계적으로 의미 없는 것이 되어 모형에서 삭제된다. 그 결과, 모형다듬기가 이루어지는 것이다.

모형다듬기에서 길라잡이 역할을 하는 것은 χ^2차이검증이다. 이름이 시사하는 것처럼 χ^2차이검증은 중첩모형에서 두 χ^2값의 차이를 검증통계량으로 하는 것이다. 이때의 χ^2검증통계량의 자유도는 두 중첩모형의 자유도의 차이이다. 만약 χ^2 검증통계량이 관찰된 확률이 설정된 유의수준보다 더 작은 것으로 나타났다면,

삭제된 경로는 지워서는 안 될 경로이다. 반대로 유의수준보다 크게 나타나면 삭제된 경로는 없어도 되는 경로라고 할 수 있다.

만약 이처럼 모형다듬기가 이론적 기초 없이 유의수준에 의한 통계적 판단에만 의지한다면 표본변산에 의한 우연적 결과의 발생가능성에 주의해야 한다. 다시 말해, 어떤 경로는 그 표본에서 순전히 우연에 의해 통계적으로 의미가 있을 수 있다. 만약 다른 표본을 취한다면 그 경로는 통계적으로 의미가 없을 수 있다. 따라서 이런 경로를 모형에 포함하는 것은 I종오류와 유사한 결과를 낳는다. 마찬가지 논리로, 어떤 경로는 모집단에서는 의미 있는 진정한 경로이나 수집된 특정 표본에서는 통계적으로 의미가 없을 수 있다. 따라서 이런 경로를 모형에서 제외하는 것은 II종오류와 같은 결과를 낳게 된다. 연구자는 수집된 특정 표본에 따른 이런 우연적 결과의 발생가능성에 언제나 주의를 기울여야 한다.

덧붙여, Wald의 *W*통계량도 모형다듬기에서 사용될 수 있다. *W*검증통계량은 어떤 특정한 자유모수가 고정모수가 되어 모형에서 삭제될 때, 전반적 모형합치를 나타내는 χ^2값이 증가하는 정도를 평가한다. 따라서 *W*통계량이 통계적으로 의미가 없는 것으로 나오면 그 자유모수가 모형에서 삭제되어도 전반적 모형합치는 나빠지지 않음을 나타낸다. 오로지 경험적 기준에 의해 모형다듬기를 한다면 의미 없는 *W*통계량을 갖는 자유모수를 모형에서 삭제하면 된다.

마지막으로 강조할 것은 χ^2차이검증이나 *W*통계량은 모두 두 개의 위계적으로 관계된 중첩모형에서 어느 모형이 상대적으로 나은 모형합치를 보이는가에 관한 것이다. 중첩된 두 개의 모형이 모두 자료와 합치하지 않은 것이면 어느 하나가 통계적으로 보다 나은 합치를 보일 수는 없다. 그러므로 소개된 두 방법은 모두 위계적으로 관계된 두 모형에서 보다 복잡한 모형이 자료와 잘 합치할 때 의미 있게 사용될 수 있는 기법이다. 또한 이 두 기법은 모두 표본크기에 매우 예민하다는 것이다. 그러므로 모형합치의 정도가 미미하게 개선된 것이라 해도 큰 표본에서는 통계적으로 의미가 있는 것으로 나오게 된다.

모형만들기에서 길라잡이 역할을 하는 것이 수정지표(modification index)이다. 수정지표는 자유도 1인 χ^2값이다. 수정지표는 또한 변수가 하나인 단일변수 형태의 LM이기도 하다. 구조방정식모형에서는 설정된 모형의 모든 고정모수에 대해 수정지표가 계산된다. 고정모수 가운데 가장 큰 χ^2값을 갖는 고정모수를 자유모수로 만들어 이를 추정하게 하는 것이 수정지표이다. 그러므로 고정모수 하나가 자유모수가 되면 표본공분산행렬의 중복되지 않은 정보의 숫자에서 설정된 모형의 자유모수의 수를 뺀 것으로 정의되는 자유도는 하나 줄어들게 된다. 자유도가 하나 줄어드는 대신에 자료에 대한 모형의 합치는 개선이 되는 것이다.

만약 모든 고정모수에 대해 계산된 χ^2값이 모두 1보다 작다면 그중의 하나를 자유모수로 하는 것은 아무 의미가 없다. 고정모수 하나를 자유모수로 해도 줄어드는 값은 1보다 작으므로 모형 전체를 평가하는 χ^2통계량이 실질적으로 작아지지 않아 모형과 자료의 합치 정도가 더 나아지지 않기 때문이다. 달리 말해, 모든 고정모수에 대해 계산된 χ^2값이 1보다 작으면 이는 곧 현재의 모형이 더 개선될 여지가 없는 최적의 모형인 것이다.

자유도가 하나 줄어든다는 것은 모집단 변수구조를 나타내는 것인 설정된 모형이 그만큼 더 복잡해진다는 뜻이다. 설정된 모형에 경로가 많아지게 되면 모형은 자료와 합치하는 정도가 높아지게 된다. 그 이유는 수집된 자료인 표본공분산행렬이 반영하는 리얼리티는 선행이론이 허락하는 범위 내에서 모집단 변수들의 관계에 관한 있을 수 있는 경로들이 모두 반영된 것이기 때문이다. 그 결과, 경로가 많은 모형이 적은 모형보다 상대적으로 자료에 더 잘 들어맞게 된다. 왜냐하면 경로가 많은 모형은 적은 모형보다 있을 수 있는 경로들로 구성된 표본공분산행렬에 더 가깝기 때문이다. 이것은 다중회귀분석에서 충분모형이 제한모형보다 자료를 더 잘 설명하는 것과 같은 논리인 것이다.

최소한의 경로로 모집단에서의 변수 간의 관계를 나타내려고 하는 것이 연구의 목적임을 감안하면, 설정된 모형에 경로가 하나 더 추가된다는 것은 모형의 간명성(parsimony)을 그만큼 떨어뜨리는 것이 된다. 같은 조건이라면 상대적으로 간명한 모형이 복잡한 모형에 비해 현상을 더 잘 나타낸다고 할 수 있다.

주지하는 바와 같이, 상대적으로 간명한 모형은 복잡한 모형에 비해 자료에의 합치 정도가 떨어진다. 그러나 연구자는 상대적으로 간명한 모형으로 자신이 수집한 자료를 나타내고 싶어 한다. 여기에 연구자의 고민이 있다. 수정지표를 좇아 모형을 수정하면 모형은 상대적으로 복잡해지는 반면에 모형의 자료에 대한 합치는 개선이 된다. 어디까지를 간명하다 하고 어디까지를 복잡하다 하는가의 문제는 연구자의 선택이다. 이는 선행이론의 범위 안에서 연구자가 판단할 성질의 것이다.

설정된 모형이 자료와 합치하지 않는 경우에 수정지표의 값이 큰 것들이 많이 보고될 수 있다. 이때 염두에 두어야 할 것은 χ^2값이 큰 고정모수들이 많이 보고되어도, 값이 가장 큰 고정모수를 한 번에 하나씩만 풀어 자유모수가 되게 하고, 그 자유모수의 값이 추정되도록 해야 한다는 점이다. 구조방정식모형은 모든 자유모수를 동시에 추정하므로 고정모수 여러 개를 한꺼번에 자유모수로 해서는 안 된다.

또한 수정지표의 값이 크다고 하더라도 그 고정모수가 이론적으로 자유모수가 될 수 없는 경로를 나타낸다면, 그것은 자유모수로 기능할 수 없다는 것을 유념해야 한다. 예를 들면, 측정변수 국어성적은 잠재변수 학업성취도의 관찰지표로 기능할 수 있지만, 잠재변수 건강의 관찰지표로 기능할 수는 없다. 이때 잠재변수 건강에서 관찰변수 국어성적으로 향하는 경로를 풀어 자유모수로 해야 한다고 수정지표가 지시해도, 그런 경로는 이론적으로 가능하지 않으므로 자유모수가 될 수 없는 것이다. Silvia와 MacCallum(1988)이 주장하는 것처럼 수정지표의 맹목적 사용은 우연성의 위험만 증대시킬 뿐 실질적 모형개선의 효과가 나타나지 않는다는 점을 유념해야 한다.

지금까지 논의했던 것은 두 모형이 서로 위계관계가 성립될 때 어떻게 모형을 찾는가에 관한 것이었다. 그러나 실제에서 때로는 동일한 자료에 서로 위계관계가 없는 두 모형이 설정될 수 있다. 이런 경우에서도 두 모형의 χ^2값을 비교할 수 있다. 그러나 두 모형의 χ^2값 차이는 통계검증의 대상이 아니다. 값 차이를 비교할 수는 있어도 통계검증을 할 수 있는 성질의 것은 아니기 때문이다.

두 모형의 관계가 위계적이 아니어도 두 모형을 비교하는 기법으로 *AIC*가 있다. *AIC*는 모형의 복잡성을 고려해 χ^2적합도를 변형한 것이다. 복잡한 모형은 자유도가 적고, 간명한 모형은 자유도가 많다. 이런 성질을 이용해 자유도로 χ^2값을 조정한 것이다. *AIC*는 다음과 같은 형태로도 정의된다.

$$AIC = \chi^2 - 2df$$

앞에서 보는 바와 같이 *AIC*는 전반적인 모형합치를 나타내는 χ^2값에서 해당되는 모형의 자유도에 2를 곱한 값을 뺀 것이다. 그러므로 자유도가 큰 모형일수록 *AIC*의 값은 작아진다. 달리 말해, 모형이 간명할수록 *AIC*의 값은 작아진다. 두 모형을 비교할 때 *AIC*의 값이 작은 것이 선호된다. 예를 들어, 다음 [그림 4-9]와 같은 두 개의 모형이 있다고 하자. [그림 4-9]는 심장수술 6개월 후의 적응에 관한 위계적 관계에 있지 않은 두 모형을 나타낸 것이다.

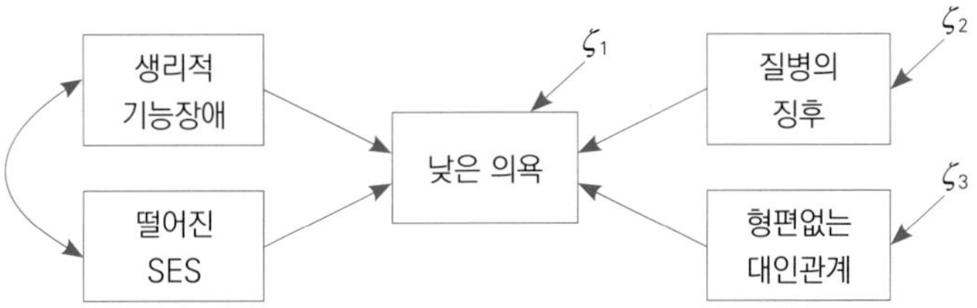

① 심인성 모형

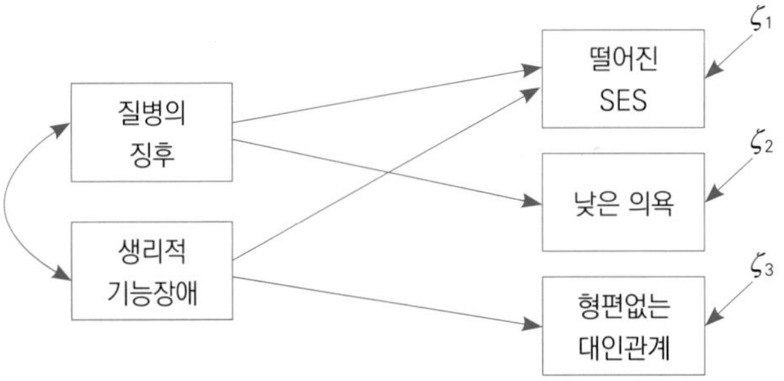

② 전통적 의료모형

[그림 4-9] 심장수술 후의 적응에 관한 대안적 관계의 두 일방모형

[그림 4-9]에 제시된 두 모형에 관한 자료는 469명의 수술환자에서 수집된 것이며, 상관행렬이 입력자료로 사용되었다. 상관행렬은 〈표 4-2〉와 같다(Romney,

Jenkins, & Bynner, 1992).

〈표 4-2〉 심장수술 6개월 후의 적응에 관한 상관행렬

낮은 의욕	질병의 징후	생리적 기능장애	형편없는 대인관계	떨어진 SES
1.00				
.53	1.00			
.15	.18	1.00		
.52	.29	−.05	1.00	
.30	.34	.23	.09	1.00

[그림 4-9]에서 보듯이 두 모형은 서로 위계적 관계에 있지 않다. 이때 전통적 의료모형의 χ^2은 3.24이며 자유도는 3인 반면에, 심인성 모형의 χ^2은 40.40이며 자유도는 5이다. 전반적 모형합치에 관한 정보인 χ^2은 복잡한 모형인 전통적 의료모형을 선호하고 있다. 그리고 *AIC*를 통해 두 모형의 모수숫자를 조정한 전통적 의료모형의 *AIC*가 2.76이고 심인성 모형의 *AIC*는 30.40으로 여전히 전통적 의료모형을 선호하고 있다. 이 경우에서는 복잡한 모형인 전통적 의료모형이 더 낮은 *AIC*값을 보였다.

왜냐하면 같은 조건이라면 모형이 복잡할수록 자료에 더 잘 합치하게 된다. 그러나 가능한 한 간명한 모형으로 자료를 나타내는 것이 목적인 만큼 간명한 모형이 선호되나 이는 자료에의 합치가 떨어진다. 이런 점을 감안해 모형의 복잡성에 불이익을 가한 것이다. 앞의 *AIC*의 정의에서 알 수 있는 것처럼 *AIC*는 복잡한 모형에 불이익을 부과한 것이다. 때로는 *AIC*는 값이 0보다 작을 수 있다.

모형찾기에서 마지막으로 연구자가 고려해야 할 것은 앞에서도 간략하게 언급했듯이 동일한 자료에 잘 들어맞는 모형이 많이 있다는 것이다. 달리 말해, 설정된 모형은 다르나 동일한 공분산행렬을 만들어 내는 모형이 존재한다. 이런 것을 동치모형(equivalent model)이라고 한다. 예를 들면, 정확확인된 모형의 경우, 어떤 모형이 설정되거나 수집된 자료에 완벽하게 들어맞게 된다. 이런 것이 동치모형

의 예이다.

그러므로 동일한 자료에 들어맞는 많은 모형 가운데서 왜 특정한 모형을 모집단에서의 변수 간의 관계를 설명하는 모형으로 선택했는가에 관한 타당한 이유가 있어야 한다. 수리적으로는 같은 공분산행렬을 만들어 내지만 동치모형들 가운데서 특정한 모형을 선택하는 것은 연구자가 갖고 있는 선행이론이나 통찰에 의지하는 수밖에 없다.

과다확인된 모형에서 동치모형은 다음과 같은 방법으로 만들어질 수 있다(Lee & Hershberger, 1990). 첫째, 변수가 블록으로 묶였을 때 모형의 시작부분이 정확확인되고 그다음 변수들로 가는 관계가 한 방향인 경우, 직접효과, 방해오차 간의 상관, 그리고 상호효과는 서로 바뀔 수 있다. 예를 들어, $Y_1 \rightarrow Y_2$는 $Y_2 \rightarrow Y_1$, $\zeta_1 \leftrightarrow \zeta_2$, $Y_1 \rightleftarrows Y_2$ 등의 하나로 교환될 수 있다. 또한 두 변수가 외생변수로 규정되었으면, 두 변수 간의 상관도 앞의 것으로 대치될 수 있다. 둘째, 그다음 부분에서 두 개의 내생변수가 같은 원인을 갖고 모형의 앞과 뒤에서 그들의 관계가 한 방향으로만 되어 있으면, $Y_1 \rightarrow Y_2$, $Y_2 \rightarrow Y_1$, $\zeta_1 \leftrightarrow \zeta_2$, $Y_1 \rightleftarrows Y_2$는 서로 대치될 수 있다. 이러한 방법을 Lee-Hershberger 치환규칙(relpacing rule)이라고 부른다.

그러면 어떻게 동치모형이 만들어지는지를 다음 [그림 4-10]을 예로 들어 설명해 보자. 원래의 모형은 [그림 4-9] 전통적 의료모형이다. 이 모형은 그림에서 나타난 것과 같이 관찰변수가 5개이며, 변수 간의 관계가 한쪽 방향으로만 이루어진 일방모형이다.

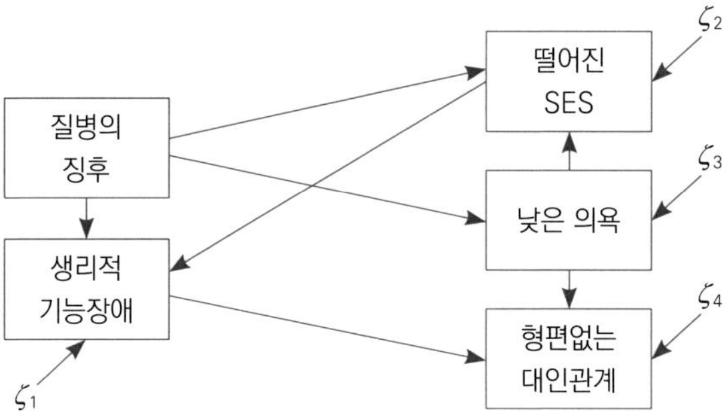

동치모형 1

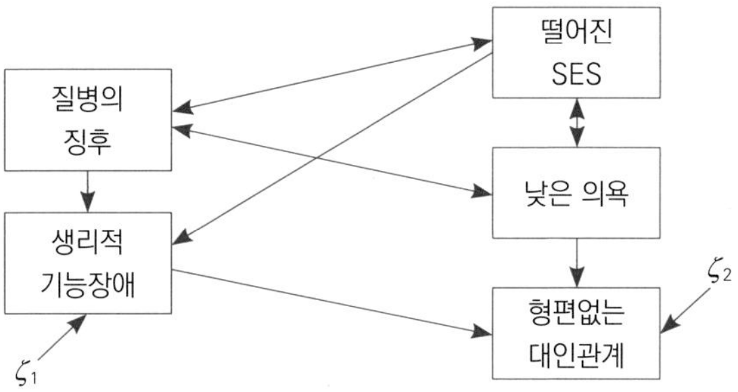

동치모형 2

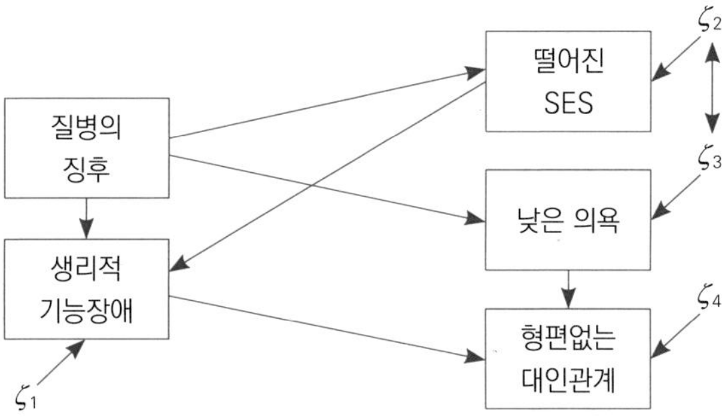

동치모형 3

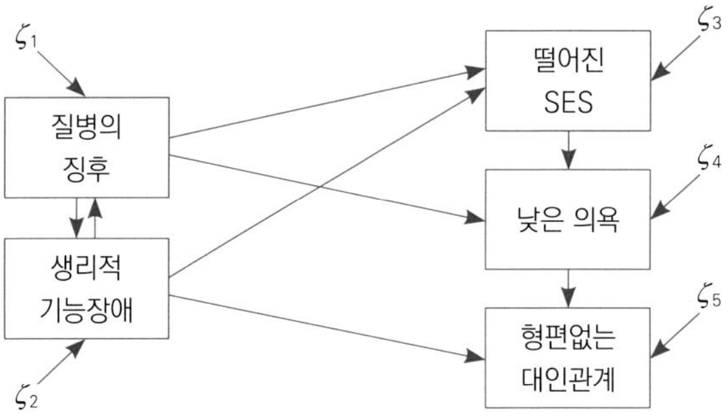

동치모형 4

[그림 4-10] 여러 동치모형

동치모형 1과 2는 일방모형이며, 그다음 두 개는 비일방모형이다. 동치모형 1은 원래 모형에서의 독립변수 간의 상관이 질병의 징후에서 생리적 기능장애에 대한 직접효과로, 그리고 Y_1(떨어진 SES)→Y_2(낮은 의욕)가 $Y_2 \rightarrow Y_1$으로 대치된 것이다. 동치모형 2는 원래 모형에서의 독립변수 간의 상관이 3개의 변수 질병의 징후, 떨어진 SES, 그리고 낮은 의욕로 구성된 블록으로 바뀌면서 생리적 기능장애에 대한 직접효과로 바뀐 것이다. 동치모형 3은 원래 모형에서의 독립변수 간의 상관이 질병의 징후에서 생리적 기능장애로 가는 직접효과로, 그리고 떨어진 SES의 낮은 의욕에 대한 직접효과가 두 변수의 방해오차 간의 상관으로 대치된 것이다. 동치모형 4는 원래 모형에서의 독립변수 간의 상관이 서로 영향을 주고받는 상호효과로 바뀐 것이다.

비교적 간명한 모형이라면 동치모형은 그 수가 많지 않지만, 조금만 복잡한 모형은 수십 또는 수백 개의 동치모형이 있다. 연구자가 이런 많은 동치모형을 모두 만들어 보는 것은 비현실적이며 또 그래야만 하는 당위성도 없다. 연구자는 실질적으로 의미 있다고 여겨지는 두세 개의 동치모형을 만들어 비교하면 된다. 동치모형을 만드는 이유는 확고한 선행이론이 있으면 무관하지만, 그런 선행이론이 없다면 많은 동치모형들 가운데 가장 그럴듯한 것을 선택해야 하기 때문이다.

Jöreskog과 Sörbom(1990)이 강조하듯이, 구조방정식모형은 원칙적으로 이론 검증의 방법이지 이론 창조의 수단은 아니다. 물론 선행이론이 자료를 제대로 설명하지 못한다면 모형찾기를 통해 새로운 이론을 창조할 수 있는 가능성이 배제되는 것은 아니다. 선행이론이 수집된 자료와 잘 합치하지 않는다면, 수집된 자료가 모집단을 잘 대표하고 있다는 전제하에 새로운 이론을 만들 수 있다. 그럴 개연성에도 불구하고 여기서 강조하고자 하는 바는 선행이론 없이 구조방정식모형을 사용하는 것은 마치 장님이 코끼리를 더듬는 것과 같다는 것이다.

8. 구조방정식모형에서 요구되는 가정

일반적으로 통계적 모형에서는 모수추정과 추정된 모수가 관계를 얼마나 잘 설명하는지를 가늠하기 위해 가정이 필요하게 된다. 구조방정식모형도 예외는 아니어서 구조방정식모형의 성립에 필요한 가정이 요구된다. 구조방정식모형에서 요구되는 가정은 두 가지이다. 하나는 모형의 설정에 필요한 일반적 조건에 관한 것으로 구조방정식모형의 얼개에 관한 가정이다. 또 하나는 설정된 모형의 모수추정과 가설검증에 관한 것으로 구조방정식모형의 통계적 가정이다.

1) 얼개에 관한 가정

얼개에 관한 가정은 다섯 가지로 구분될 수 있다. 첫째, 변수 간의 관계가 직선형이다. 이 가정은 가정이라는 명칭에 어울리지 않게 그렇게 구속적이지는 않다. 실제에서 비직선(nonlinear)의 관계가 추정될 수도 있으며, 또한 비직선의 관계는 여러 변환기법을 사용해 직선의 관계로 변환될 수도 있다. 그럼에도 이 가정을 진술한 것은 구조방정식모형이 사용되는 사회과학에서의 이론이 비직선 관계를 규정할 만큼 충분히 정교하지 않으며, 특별히 비직선의 관계를 규정할 만한 사유가 없으면 직선의 관계를 규정하는 것이 바람직하다는 점에서이다.

둘째, 잠재변수모형에서 독립변수의 종속변수에 대한 효과는 더하기 관계이다. 이 가정도 그렇게 구속적이지는 않다. 더하기라는 것은 각 변수의 효과가 방정식에 있는 다른 변수의 값과는 독립적이라는 것을 의미한다. 만약 한 변수의 효과가 다른 변수의 값에 달려 있다면 두 변수 간에 상호작용이 있음을 나타낸다. 구조방정식모형에서 두 변수 간의 상호작용은 여러 가지 방식으로 해결될 수 있다. 여기서는 주요한 두 가지 방법을 소개한다. 하나는 상호작용이 성별처럼 나타날 수 있는 값이 아주 작으면, 상호작용이란 용어 자체가 남자와 여자 집단에서 관계가 서로 다르게 나타날 것을 암시하고 있으므로 집단을 따로따로 분리해서 자료를 분석하는 것이다. 이때 남자집단에서의 관계가 여자집단의 관계와 다르다면 상호작용이 있음을 나타내는 것이라고 할 수 있다. 또 하나는 방정식에 상호작용을 나타내는 항을 하나 추가로 설정하는 것이다. 이것을 상호작용 지표(product indicator)라고 한다. 그러나 이 방법은 수집된 자료의 비정상성을 더 악화시킬 수 있다는 약점이 있다.

셋째, 잠재변수모형에서 독립변수와 종속변수의 관계는 확률적(stochastic)이다. 이 가정은 변수 간의 관계가 완전히 결정론적이지 않으며, 따라서 종속변수에서의 모든 변산이 독립변수로 완전히 설명되는 것은 아니라는 것이다. 그 결과, 종속변수에서 설명되지 않은 부분인 방해오차는 방정식에서 제외된 독립변수의 영향력을 나타내는 것임을 뜻한다.

넷째, 관찰변수는 연속적이며 적어도 동간척도 이상의 것으로 측정된다. 잠재변수는 언제나 연속적이므로 이 가정에서는 관찰변수의 성질만이 거론된다. 실제 사회과학에서 사용되는 변수의 대부분은 이 가정을 충족시키지 못하고 있다. 그러나 이 가정도 그렇게 구속적이지는 않다. 구조방정식모형에서 관찰변수 대신에 잠재변수의 상관을 구할 수 있는 기법이 개발되어 있기 때문이다. 그럼에도 이 가정을 진술한 것은 동간척도 이상의 특성을 갖는 연속변수이어야 구조방정식모형의 여러 과정이 제 기능을 다할 수 있다는 점을 강조하기 위해서이다.

다섯째, 수집된 자료는 평균벡터(μ)와 공분산행렬(Σ)로 나타난다. 달리 말해, 이 가정은 수집된 자료가 1차 및 2차 모멘트로 기술될 수 있어야 함을 뜻한다. 이는 수집된 자료가 정상분포를 이루고 있어야 함을 뜻한다. 여기서 분포의 정상성은 단일변수분포보다도 다중변수분포에서의 정상성을 강조한 것이다. 만약 수집된 자료가 정상분포이면 편포도나 첨도가 없음을 뜻하고 자료에 편포도나 첨도가 존재하지 않을 때 평균과 공분산만으로 기술될 수 있다. 달리 말해, 자료가 1차 및 2차 모멘트로 기술될 수 있는 것이다. 이 가정도 그렇게 구속적이지는 않다. 수집된 자료가 정상성에서 이탈한다 해도 이를 정상분포로 변환하거나 또는 비정상성을 감안해서 모형을 추정하고 검증하는 방법이 이미 개발되었기 때문이다. 그럼에도 이 가정을 진술한 것은 구조방정식모형의 합치함수가 공분산의 함수라는 점을 강조하기 위해서이다.

사회과학에서 사용되는 변수의 성질이 연속적임을 가정하는 것이 편리한 때가 많다. 만약 이 가정이 성립된다면, 관찰변수는 1차 및 2차 모멘트에 의해서 나타날 수 있다. 달리 말해, 관찰변수가 동간척도나 비율척도로 관찰되면 1차와 2차 모멘트에 의해 표시된다. 물론 이러한 주장도 척도올림을 감안하면 완전하다고 할 수는 없다. 예를 들어, 어떤 사람의 몸무게가 50.17kg이라면 실은 이 사람의 몸무게가 소수점 셋째 자리부터 무한대까지 0이 계속되는 것이 아니고 소수점 셋째 자리에서 둘째 자리로 척도올림이 일어나 50.17kg이 된 것이다. 이렇듯이 사회과학의 여러 분야에서 수집되는 자료는 언제나 척도올림 현상이 개입되므로 동간척도나 비율척도로 측정된 것이라 해도 엄밀히 말하면 1차와 2차 모멘트로 나타낼 수는 없다고 할 수 있다.

한편으로 관찰변수가 서열척도나 명명척도로 측정된 것이라면, 1차와 2차 모멘트는 변수가 연속적인 경우에서처럼 구해질 수 없다. 이러한 관찰변수는 연속적인 잠재변수가 겉으로 관찰되면서 비연속적인 형태로 관찰된 것으로 연속잠재변수의 이산형(discrete realization)이다. 만약 변수가 명명척도나 서열척도로 측정된 것이면 연속변수에서 사용되는 방법으로 모멘트를 구할 수는 없으며, 다른 방법을 사용해야 한다.

더 나아가서 관찰변수는 연속적이라 해도, 분포의 모양이 정상분포를 이룰 때만 1차와 2차 모멘트에 의해서 제대로 나타날 수 있다. 달리 말해, 어떤 변수의 분포가 정상분포인 경우에만 그 분포의 평균과 분산으로 그 분포를 제대로 기술할 수 있다. 변수가 여러 개인 경우는 다중변수분포가 정상분포이어야만 평균을 담고 있는 벡터와 공분산행렬로 그 다중변수분포를 제대로 기술할 수 있다. 분포가 정상분포가 아니라면 1차와 2차 모멘트만을 사용해 변수를 나타내기는 어렵다. 어떤 분포가 정상분포에서 벗어나 있다는 것은 편포도와 첨도가 그 분포에 내재하고 있음을 나타내고 이러한 편포도와 첨도가 관찰변수의 평균과 분산을 왜곡시키기 때문이다. 어떤 변수의 분포에 편포도와 첨도가 있다면, 평균과 분산뿐만이 아니라 편포도와 첨도에 관한 정보가 있어야 그 변수의 분포를 제대로 기술하게 된다.

따라서 관찰변수를 나타내는 수단으로 1차와 2차 모멘트를 사용하는 것은 변수의 연속성과 정상분포라는 두 가지 전제조건이 모두 충족될 때만 타당성을 지니게 된다. 구조방정식모형에서는 물론 두 개 이상의 관찰변수가 사용되므로 모형에 사용된 모든 변수의 연속성과 이러한 변수들의 분포인 다중변수분포가 정상분포이어야 한다는 전제가 확보되어야 한다. 구조방정식모형에서 이런 전제가 필요한 것은 구조방정식모형에서 사용되는 합치함수가 다중변수분포에서 도출된 공분산행렬의 함수이기 때문이다.

(1) 변수의 성질

어떤 변수가 연속적 또는 비연속적이라고 할 때, 지칭하는 것은 언제나 관찰변수이다. 비연속 관찰변수는 때로는 이산변수라고 하기도 한다. 잠재변수는 언제나 연속적임이 가정된다.

먼저 비연속변수라고 할 때, '비연속'의 의미는 어떤 변수가 척도를 통해 관찰될 때 연속성을 상정할 수 없는 경우를 나타낸다. 예를 들어, 대학전공 같은 변수는 교육학, 법학, 경영학, 의학, 공학 등으로 관찰되며, 이렇게 관찰된 대학전공 간에 연속성이 있다고 가정할 수 없다. 이런 대학전공이나 성별 또는 거주지 같은 것이 비연속변수의 예이다. 이런 변수는 명명척도나 서열척도를 통해 관찰된다. 그러므로 명명척도나 서열척도를 통해 관찰되는 변수는 비연속변수라고 보면 된다. 달리 말해, 어떤 변수에 대한 관찰이 유목에 대한 단순한 반응이거나 또는 서열화된 유목(ordered category)에 대한 반응일 경우, 그 변수는 비연속적이다. 이때 유목에 대한 단순한 반응을 명명측정, 서열화된 유목에 대한 반응을 서열측정이라고 한다.

비연속변수의 경우, 변수 X의 평균은 $\mu = \sum_{R} xf(x)$이며, 분산은 $\sigma^2 = \sum_{R} (x-\mu)^2 f(x)$이다. 예를 들어, 유치원 아동 6명의 연령에 대한 관찰이 5, 5, 5, 4, 4, 3이라고 하자. 그러면 연령 평균은 5(3/6)+4(2/6)+3(1/6)=26/6인 것이다. 여기서 알 수 있듯이 평균은 원소의 값(x)에 그 원소가 관찰된 확률 $f(x)$를 곱해 원소들에 대해 더한 것이다. 이것은 원소가 관찰된 확률을 가중치로 해서 원소의 기댓값을 구한 것이다. 여기서 알 수 있는 것은 어떤 변수의 평균은 그 변수의 1승에 기댓값을 취한 1차 모멘트라는 것이다. 달리 말해, 변수 X의 평균은 $E(X)$이다. 분산은 독자가 직접 구해 보자. 참고로 분산은 다음과 같이 정의된다. $VAR(X)=E(X^2)-[E(X)]^2$. 그리고 이 분산이 어떻게 2차 모멘트와 연계가 되는지 살피는 것이 도움이 된다.

연속변수는 어떤 변수가 척도를 통해 관찰이 될 때 연속성을 띤 것을 지칭한다. 예를 들어, 유치원 아동 3명의 몸무게가 저울을 통해 15.2kg, 16.5kg, 13.4kg으로 관찰되었다면, 이 관찰된 몸무게는 0kg에서 무한대까지 연속성을 띤 것이라고 할 수 있고, 3명의 아동은 이 연속성 위에 위치한 것이다. 이런 몸무게나 키 또는 아동의 지능점수 같은 것이 연속변수의 예이다. 이러한 변수는 동간척도나 비율척도를 통해 관찰된다. 따라서 측정이 동간척도 이상의 척도로 이루어졌다면 그 관찰변수는 연속변수이다.

관찰변수가 연속적이면 평균과 분산은 다음과 같은 방법으로 구해진다. 관찰변수 X가 연속인 경우 평균은 $\mu=\int_{-\infty}^{+\infty} xf(x)dx$이며, 분산은 $\sigma^2=\int_{-\infty}^{+\infty}(x-\mu)^2 f(x)dx$이다. 이 방법이 비연속변수의 경우와 다른 것은 더하는 대신에 적분을 한다는 것이다. 비연속변수는 연속성이 없으므로 더할 수밖에 없었지만, 연속변수는 연속성이 있으므로 더하는 대신에 적분을 하는 것이다. 구조방정식모형에서는 일반적으로 앞과 같은 방법으로 평균과 분산을 구한다. 달리 말해, 구조방정식모형은 사용되는 변수가 적어도 동간척도 이상의 것으로 측정된 연속변수임을 요구한다.

사회과학에서 사용되는 변수의 상당수는 명명척도나 서열척도를 통해 측정된 것이라고 볼 수 있다. 이런 경우에는 3장에서 소개된 상관을 참고해 자료에 맞는 상관행렬을 구하면 된다. 수집된 자료에 맞는 상관을 구하는 것도 중요하지만 가능하다면 연속변수가 원자료로 수집되도록 연구의 기획단계에서부터 준비를 하는 것이 필요하다.

지금까지 명명척도나 서열척도를 통해 원자료가 수집되었을 때 관찰변수가 아닌 관찰변수의 기저에 있다고 믿어지는 잠재변수 간의 상관을 입력자료로 사용하면 모수추정에 큰 영향을 미치지 않는 것으로 믿어 왔다. 그러나 잠재변수 간의 상관행렬이 입력자료로 사용된다고 해서 문제가 없는 것은 아니다. 잠재변수 간의 상관도 때로는 비양정치행렬을 발생시키는 원인이라는 점은 이미 지적한 바 있다. 또한 같은 잠재변수라도 유목의 수가 많고 적음에 따라 모수추정이 영향을 받게 된다.

관찰변수의 유목이 많고 적은 것은 모수추정에 직접적 영향을 미친다. 다른 대안이 없어 어쩔 수 없이 비연속변수를 원자료로 수집하게 된다면, 그 비연속변수가 최대한 많은 유목을 갖도록 관찰되는 것이 바람직하다. 달리 말해, 관찰변수를 측정하는 척도가 최대한 연속적이 되도록 하는 것이다. 예를 들어, 태도를 측정하는 척도라면 '좋다-나쁘다'의 두 개의 유목으로 관찰되는 것보다 '아주 좋다-좋다-나쁘다-아주 나쁘다'의 보다 많은 유목으로 관찰되는 것이 바람직하다. 이렇게 서열화된 유목변수에서는 유목의 숫자가 많아질수록 연속변수를 닮게 되며, 그 결과 모수추정에서의 부작용이 보다 감소되는 것이다. 모든 조건이 같을 때 유목이 두 개 있는 양분상관과 유목이 여러 개 있는 다분상관이 모수추정에 어떤 영향을 미치는가를 조사한 연구에서, 다분상관이 양분상관보다 비합리적 결과나 모수수렴, 그리고 비양정치행렬 등 부정적 결과를 덜 발생시킨다는 것이 경험적으로 확인되었다(Rhee, 1992).

(2) 변수의 분포

관찰변수는 편포도가 0이고 첨도가 3일 때 정상분포를 이룬다. 그 외의 경우는 정도의 차이는 있겠지만 모두 정상분포가 아니다. 물론 실제에서 정확하게 정상분포를 이루는 경우는 매우 드물며, 거의 비슷한 모양이면 정상분포를 이룬 것으로 해석한다.

편포도 γ_1은 한 분포의 모양이 좌우 대칭인가를 나타내 주는 것으로 다음과 같이 정의된다. 이 값이 0보다 적으면 분포는 꼬리가 오른쪽으로 있는 부적편포이며, 0보다 크면 분포의 꼬리가 오른쪽으로 있는 정적편포이다.

$$\gamma_1 = \frac{m_3}{(m_3)^{\frac{3}{2}}} \qquad m_2 = E[(X-\mu)^2],\ m_3 = E[(X-\mu)^3]$$

첨도 γ_2는 한 분포의 뾰족함의 정도를 나타내는 것으로 다음과 같이 정의된다. 이 값이 3보다 적으면 분포의 봉우리가 정상분포의 그것에 비해 납작한 모양인 평첨이며, 3보다 크면 봉우리가 정상분포에 비해 높은 급첨임을 나타낸다.

$$\gamma_2 = \frac{m_4}{(m_2)^{\frac{4}{2}}} \qquad m_4 = E[(X-\mu)^4]$$

편포도와 첨도를 나타내는 기호가 각각 γ_1과 γ_2여서 계수행렬의 γ와 혼동될 수 있다. 덧붙여, 많은 통계패키지는 첨도를 나타낼 때 정상분포인 경우의 값 3에서 3을 뺀 값인 0을 정상분포인 경우의 첨도로 표시하고 있다. 이는 편포도처럼 0을 기준으로 만들어 사용자의 편리를 도모하기 위한 것이다. 이렇게 해서 첨도의 값이 0보다 적으면 평첨, 0보다 크면 급첨인 상태를 나타낸다.

여러 변수들이 모여서 이루는 다중변수분포에서 편포도 $b_{1,p}$와 첨도 $b_{2,p}$는 다음과 같이 정의된다(D'Agostino, 1986; Mardia, 1970, 1974; Siotani, Hayakawa, & Fujikoshi, 1985).

$$b_{1,p} = \left(\frac{1}{N^2}\right)\sum_{i=1}^{N}\sum_{j=1}^{N}\{(z_i-\bar{z})'S^{-1}(z_j-\bar{z})\}^2$$
$$b_{2,p} = \left(\frac{1}{N}\right)\sum_{i=1}^{N}\{(z_i-\bar{z})'S^{-1}(z_i-\bar{z})\}^2$$

여기서 z_i는 i번째 사례(피험자)의 모든 관찰변수를 담고 있는 행벡터이며, z_j는 j번째 사례의 모든 관찰변수를 담고 있는 행벡터이고, $\bar{z}$는 모든 관찰변수의 평균을 담고 있는 행벡터이다. 편포도와 첨도의 아래 첨자 p는 다중변수분포를 이루는 관찰변수의 숫자이다.

다중변수분포가 정상분포이면 편포도 $b_{1,p}$는 그 값이 0이다. 또한 첨도 $b_{2,p}$는 그 값이 $p(p+2)$이다. 따라서 변수가 하나 있는 경우에서의 정상분포의 첨도는 3임을 알 수 있다.

앞에 제시된 방법으로 다중변수분포의 정상성을 확인하는 것은 간단하지는 않다. 실제에서 다중변수분포의 정상성을 확인하는 간단한 방법은, 다중변수분포가 정상분포이면 관찰변수들 각각의 분포는 정상분포라는 사실을 이용하는 것이다. 그렇지만 반대의 경우는 언제나 참이 아니다. 즉, 관찰변수들 각각의 분포가 정상분포여도 다중변수분포는 정상분포일 수도 있고 아닐 수도 있다. 관찰변수들 각각이 정상분포라는 사실이 다중변수분포도 언제나 정상분포임을 보증하지는 못하나, 정상분포일 개연성은 높으므로 선결되어야 할 것은 관찰변수들 각각의 분포가 정상분포여야 한다는 점이다.

구조방정식모형은 사용되는 변수의 성질이 연속적이며 분포는 정상분포임을 요구한다. 이런 가정이 충족되어야 구조방정식모형에서 사용되는 합치함수가 제대로 기능을 할 수 있기 때문에 연구자는 이런 가정을 충족시키도록 노력해야 한다. LISREL에서는 PRELIS를 사용해 다중변수분포의 정상성을 검증할 수 있다.

모수추정방법으로 많이 사용되는 ML이나 GLS는 분포의 정상성을 요구하고 있다. 그러나 WLS는 변수분포의 정상성을 요구하지 않는다. 따라서 이론적으로는 변수분포가 정상성에서 이탈되어 있어도 모수추정에는 아무 어려움이 없다. 그러나 실제에서 변수분포가 정상이 아니어도 표본크기와 무관하게 ML이 WLS보다 더 낫게 기능한다는 연구결과가 있다(Rhee, 1992).

2) 통계적 가정

모수를 추정하고 모형을 검증하기 위해 필요로 되는 통계적 가정은 이미 제2장의 잠재변수모형과 측정모형에서 기술된 바 있다. 여기서는 간략하게 이들을 다시 기술한다.

첫째, 방해오차의 기댓값은 0이다. 둘째, 방해오차는 외생잠재변수와 상관이 없다. 셋째, 측정오차는 잠재변수와 상관이 없다. 넷째, 측정오차와 방해오차는 서로 상관이 없다. 다섯째, 관찰변수의 분포는 정상분포이다. 여기서 앞의 4개 가정은 모수를 추정하는 데 필요한 가정이며, 마지막 다섯째 가정은 모형을 평가하고 검증하는 데 필요한 가정이다.

제5장
관찰변수로만 구성된 구조방정식모형

실제 연구에서 연구자는 때로는 관찰변수에 관한 정보만을 갖고 있을 수 있다. 연구자가 갖고 있는 선행이론이 관찰변수 간의 관계에 관한 시사점만 있을 뿐 잠재변수에 관해서는 아무런 언급이 없는 경우이다. 관찰변수에 관한 정보만 있는 이런 경우에는 관찰변수가 잠재변수에 대응된다. 즉, 관찰변수가 잠재변수의 기능을 한다고 할 수 있다.

이와 같이 관찰변수가 잠재변수의 역할을 하는 경우가 관찰변수로만 구성된 구조방정식모형에 해당된다. 이런 경우의 예가 회귀분석과 경로분석이다. 회귀분석과 경로분석에서 잠재변수는 등장하지 않으며 오로지 관찰변수 간의 관계만 나타난다.

1. 관찰변수로만 구성된 구조방정식모형에서의 모형설정

관찰변수로만 구성된 구조방정식모형에서의 연구모형은 잠재변수가 없으므로 제2장에 제시된 일반적 모형에서 잠재변수를 측정하는 측정모형이 제외된다. 그리고 관찰변수가 잠재변수의 기능을 하기 때문에 잠재변수모형에서 관찰변수가 잠재변수를 대치하게 된다. 따라서 관찰변수로만 구성된 구조방정식모형에서의 연구모형은 다음과 같이 된다.

$$y = By + \Gamma x + \zeta$$

B는 y와 y를 관계시키는 계수행렬로 차수는 $m \times m$

Γ는 x와 y를 관계시키는 계수행렬로 차수는 $m \times n$

ζ는 방해오차 벡터로 차수는 $p \times 1$

y는 내생변수 벡터로 차수는 $p \times 1$ (여기서 p는 내생변수 y의 수)

x는 외생변수 벡터로 차수는 $q \times 1$ (여기서 q는 외생변수 x의 수)

앞의 모형과 같이 관찰변수로만 구성된 구조방정식모형에서는 관찰변수 x와 y가 각각 잠재변수인 ξ와 η의 기능을 하고 있으므로 x와 y의 변수의 수는 각각 ξ와 η의 변수의 수와 동일하다. 즉, $p=m$이고 $q=n$이다.

관찰변수로만 구성된 구조방정식모형에서는 잠재변수가 상정되지 않는다. 따라서 구조방정식모형은 관찰변수만의 함수이다. 이런 경우는 구조방정식모형의 8개 모수행렬에서 B, Γ, Φ, 그리고 Ψ행렬만 나타난다. 달리 말해, 내생변수 간의 인과관계를 나타내는 계수행렬 B, 외생변수의 내생변수에 대한 인과관계를 나타내는 계수행렬 Γ, 외생변수 간의 공분산을 나타내는 공분산행렬 Φ, 그리고 내생변수에서 외생변수에 의해 설명되지 못하고 남아 있는 부분인 방해오차의 공분산을 나타내는 공분산행렬 Ψ로 구성되는 것이 관찰변수로만 구성된 구조방정식모형이다. 관찰변수로만 구성된 구조방정식모형에서는 잠재변수를 상정하지 않으므로 내생 또는 외생변수라고 할 때 지칭하는 것은 관찰변수이다.

관찰변수로만 이루어진 구조방정식모형에는 일방모형과 비일방모형의 두 가지 유형이 있다. 일방모형은 변수들 간의 상호관계가 가정되어 있지 않으며 변수들의 관계는 한 방향으로만 이루어져 있다. 이 경우에 B행렬은 하삼각행렬이 되며 Ψ행렬은 대각선행렬이 된다. 비일방모형의 경우는 변수 간에는 상호관계가 가정되어 있으므로 B행렬은 삼각행렬이 아니며, Ψ행렬 또한 대각선행렬이 되지 않는다. 다음 [그림 5-1]은 일방모형의 예를 보여 주고 있다.

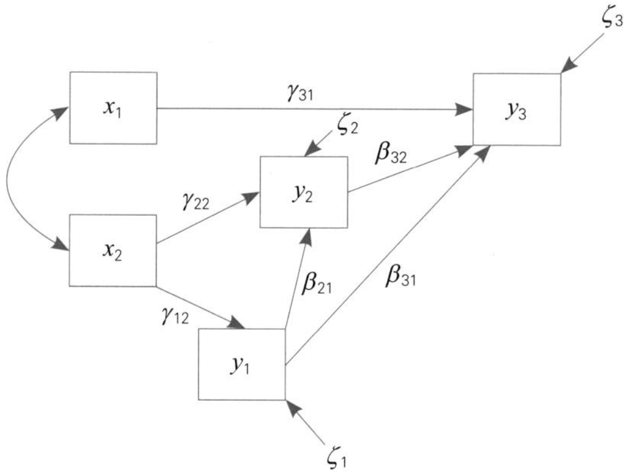

[그림 5-1] 일방모형의 예

[그림 5-1]에 제시된 모형의 행렬방정식은 다음과 같다. 여기서 B행렬은 하삼각행렬이 되며 Ψ행렬은 대각선행렬임을 알 수 있다.

$$\begin{bmatrix} y_1 \\ y_2 \\ y_3 \end{bmatrix} = \begin{bmatrix} 0 & 0 & 0 \\ \beta_{21} & 0 & 0 \\ \beta_{31} & \beta_{32} & 0 \end{bmatrix} \begin{bmatrix} y_1 \\ y_2 \\ y_3 \end{bmatrix} + \begin{bmatrix} 0 & \gamma_{12} \\ 0 & \gamma_{22} \\ \gamma_{31} & 0 \end{bmatrix} \begin{bmatrix} x_1 \\ x_2 \end{bmatrix} + \begin{bmatrix} \zeta_1 \\ \zeta_2 \\ \zeta_3 \end{bmatrix}$$

다음 [그림 5-2]는 비일방모형의 예를 보여 주고 있다.

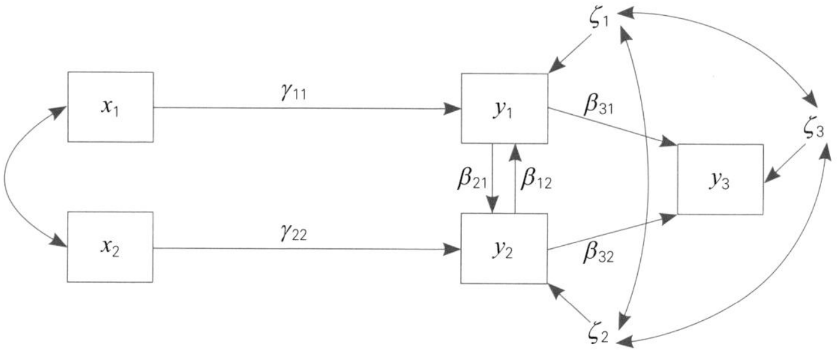

[그림 5-2] 비일방모형의 예

[그림 5-2]에 제시된 모형에서 B, Γ, Φ, 그리고 Ψ는 각각 다음과 같다. 여기서 B행렬은 삼각행렬이 아니며 Ψ행렬 또한 대각선행렬이 아님을 알 수 있다.

$$B = \begin{bmatrix} 0 & \beta_{12} & 0 \\ \beta_{21} & 0 & 0 \\ \beta_{31} & \beta_{32} & 0 \end{bmatrix} \qquad \Gamma = \begin{bmatrix} \gamma_{12} & 0 \\ 0 & \gamma_{22} \\ 0 & 0 \end{bmatrix}$$

$$\Psi = \begin{bmatrix} \psi_{11} & & \\ \psi_{21} & \psi_{22} & \\ \psi_{31} & \psi_{32} & \psi_{33} \end{bmatrix} \qquad \Phi = \begin{bmatrix} \phi_{11} & \\ \phi_{21} & \phi_{22} \end{bmatrix}$$

2. 관찰변수로만 구성된 구조방정식모형에서의 모형공분산행렬

관찰변수로만 구성된 구조방정식모형에서의 모형공분산행렬은 일반 구조방정식모형에서 측정모형과 관계된 두 계수행렬 Λ_y와 Λ_x와 측정오차에 관계된 두 개의 공분산행렬 H_ϵ와 H_δ가 제외되고 남은 B, Γ, Φ, 그리고 Ψ행렬만으로 구성된다. 즉, 측정모형과 관계된 모수행렬이 모두 영행렬이 되므로 모형공분산행렬은 다음과 같은 과정을 통해 구할 수 있다.

$$\Sigma(\theta) = \begin{bmatrix} \Sigma_{yy}(\theta) & \Sigma_{yx}(\theta) \\ \Sigma_{xy}(\theta) & \Sigma_{xx}(\theta) \end{bmatrix}$$

$\Sigma_{yy}(\theta)$, $\Sigma_{yx}(\theta)$, $\Sigma_{xy}(\theta)$, $\Sigma_{xx}(\theta)$를 구하는데 필요한 y는 다음과 같이 나타낼 수 있다.

$$\begin{aligned} & y = By + \Gamma x + \zeta \\ & (y - By) = \Gamma x + \zeta \\ & (I - B)y = \Gamma x + \zeta \\ & y = (I - B)^{-1}(\Gamma x + \zeta) \end{aligned}$$

$y = By + \Gamma x + \zeta$로 나타낼 수 있는데 y에 대해 풀면 $y = (I - B)^{-1}(\Gamma x + \zeta)$가 된다.

$$\Sigma_{yy}(\theta) = E(yy')$$

$$
\begin{aligned}
&= E[(I-B)^{-1}(\varGamma x+\zeta)\{(I-B)^{-1}(\varGamma x+\zeta)\}'] \\
&= E[(I-B)^{-1}(\varGamma x+\zeta)(x'\varGamma'+\zeta')((I-B)^{-1})'] \\
&= (I-B)^{-1}\{E(\varGamma xx'\varGamma')+E(\varGamma x\zeta')+E(\zeta x'\varGamma')+E(\zeta\zeta')\}(I-B)^{-1})' \\
&= (I-B)^{-1}(\varGamma\varPhi\varGamma'+\varPsi)((I-B)^{-1})'
\end{aligned}
$$

$$
\begin{aligned}
\textstyle\sum_{xy}(\theta) &= E(xy') \\
&= E[x\{(I-B)^{-1}(\varGamma x+\zeta)\}'] \\
&= E[x\{(x'\varGamma'+\zeta')((I-B)^{-1})'\}] \\
&= E[\{xx'\varGamma'+(x\zeta')\}((I-B)^{-1})'] \\
&= \varPhi\varGamma'((I-B)^{-1})'
\end{aligned}
$$

$$
\begin{aligned}
\textstyle\sum_{yx}(\theta) &= E(yx') \\
&= \{\varPhi\varGamma'((I-B)^{-1})'\}' \\
&= (I-B)^{-1}\varGamma\varPhi
\end{aligned}
$$

$$
\begin{aligned}
\textstyle\sum_{xx}(\theta) &= E(xx') \\
&= \varPhi
\end{aligned}
$$

$\sum_{yx}(\theta)$에서 $\varPhi' = \varPhi$ 이므로 마지막 줄에서 $\varPhi$로 표시한다. 따라서 모형공분산행렬은 다음과 같이 구성된다.

$$
\begin{aligned}
\Sigma(\theta) &= \begin{bmatrix} \sum_{yy}(\theta) & \sum_{yx}(\theta) \\ \sum_{xy}(\theta) & \sum_{xx}(\theta) \end{bmatrix} \\
&= \begin{bmatrix} (I-B)^{-1}(\varGamma\varPhi\varGamma'+\varPsi)((I-B)^{-1})' & (I-B)\varGamma\varPhi \\ \varPhi\varGamma'((I-B)^{-1})' & \varPhi \end{bmatrix}
\end{aligned}
$$

앞의 공분산행렬이 관찰변수로만 구성된 구조방정식모형에서의 모형공분산행렬이다. 관찰변수로만 구성된 구조방정식모형이 만약 회귀분석모형이라면 앞의 모형공분산행렬에서 다시 내생변수 간의 관계를 나타내는 계수행렬 B가 영행렬이 되게 된다. 그 결과, 남아 있게 되는 것은 $\varGamma$, $\varPhi$, 그리고 $\varPsi$행렬이다. 그러나 경로분석모형이라면 앞의 모형공분산행렬을 구성하는 모수행렬에서 영행렬이 되는 것이 없다. 따라서 경로분석의 경우는 앞의 모형공분산행렬이 그대로 유지된다.

3. 관찰변수로만 구성된 구조방정식모형에서의 모수확인

앞의 제4장에서 이미 논의된 바와 같이 구조방정식모형에서 추정되어야 하는 모든 자유모수는 확인이 되어야 한다. 그러나 제4장에서 제시된 방법을 따라 모든 자유모수를 일일이 확인하는 것은 번거로운 일이다. 따라서 여기서는 수리적으로 모든 자유모수를 일일이 확인하는 것과 같은 효과를 갖는 모수확인 방법을 살펴본다. 여기에 소개되는 방법은 관찰변수로만 구성된 구조방정식모형에 국한되는 것도 있고 다른 경우에도 적용되는 것이 있다. 그러므로 어떤 것이 일반화되는 것이고 어떤 것이 한정적인 것인가를 잘 구분해서 사용해야 한다.

일반적으로 모수확인은 과소확인(under-identified)된 경우, 정확확인(just-identified)된 경우, 과다확인(over-identified)된 경우의 세 가지로 구분된다. 이 중에서 과소확인된 경우에는 미지수가 유일한 해를 갖지 않는다. 이러한 경우는 모형을 수정해서 모든 자유모수들이 확인되도록 해야 한다. 모형을 수정한다는 것은 모수확인이 수집되는 자료의 문제라기보다는 모형의 문제라는 것을 시사한다. 이런 점 때문에 자료를 수집하기 전에 연구자는 모형의 모수확인 여부를 반드시 이론적으로 검토할 필요가 있다.

1) t 규칙

설정된 연구모형에서 추정되는 자유모수를 묶어 벡터를 구성하고 이 벡터를 θ라고 한다는 것은 제4장에서 기술된 바 있다. 이때 이 θ의 차수는 $t \times 1$이고, 여기서 t는 자유모수의 수를 나타내고 있다. 즉, 구조방정식모형에서 추정되는 자유모수의 숫자를 t로 나타낸다.

모수확인에서의 일반적인 기본 원칙은 수집된 정보인 표본공분산행렬에서 중복되지 않은 정보의 숫자가 추정되어야 하는 자유모수의 숫자보다 크거나 같아야 한다는 것이다. 다시 말해, 추정되는 자유모수의 숫자보다 중복되지 않은 정보가 더 많거나 아니면 같아야 확인이 가능하다는 것을 의미한다. 중복되지 않은 정보의 숫자보다 자유모수의 숫자가 더 많으면 어떤 자유모수는 확인이 될 수 있어도 다른 것은 확인이 불가능하다. 그렇게 되면 모수확인이 이루어지지 않아서 더 이상 구조방정식모형을 사용해서 연구를 진행할 수 없게 된다. 그러므로 확인되어야 할 자유모수의 숫자보다 확인해 줄 중복되지 않은 정보의 숫자가 더 많거나 적어도 같은 숫자가 되어야 한다. 수집된 자료인 표본공분산행렬에서 중복되지 않는 정보의 숫자는 $\frac{1}{2}(p+q)(p+q+1)$이다. 따라서 다음과 같이 규칙을 만족시켜야 하는데 이를 t 규칙이라고 한다. 여기서 p와 q는 앞에서 제시한 바와 같이 각각 내생변수 y의 수와 외생변수 x의 수를 의미한다.

$$t \le \frac{1}{2}(p+q)(p+q+1)$$

그러나 이 t 규칙은 모수확인의 필요조건이기는 하나 충분조건은 아니다. 그러므로 t 규칙을 통과하였다고 해서 연구모형의 모든 자유모수가 확인된 것은 아님을 유념해야 한다. 중복되지 않은 정보가 자유모수의 숫자보다 많아야 한다는 이 t 규칙은 구조방정식모형의 다른 경우에도 적용되는 일반적 원칙이다.

[그림 5-2] 모형의 예를 들어 보자. 이 모형에서 p는 3이고 q는 2이다. 따라서 중복되지 않는 정보의 숫자는 다음과 같다.

$$\frac{1}{2}(p+q)(p+q+1) = \frac{1}{2}(3+2)(3+2+1) = 15$$

또한 설정된 연구모형에서 $B, \varGamma, \varPhi$, 그리고 $\varPsi$는 각각 다음과 같다.

$$B = \begin{bmatrix} 0 & \beta_{12} & 0 \\ \beta_{21} & 0 & 0 \\ \beta_{31} & \beta_{32} & 0 \end{bmatrix} \qquad \varGamma = \begin{bmatrix} \gamma_{12} & 0 \\ 0 & \gamma_{22} \end{bmatrix}$$

$$\varPsi = \begin{bmatrix} \psi_{11} & & \\ \psi_{21} & \psi_{22} & \\ \psi_{31} & \psi_{32} & \psi_{33} \end{bmatrix} \qquad \varPhi = \begin{bmatrix} \phi_{11} & \\ \phi_{21} & \phi_{22} \end{bmatrix}$$

따라서 추정되는 자유모수의 숫자는 15이다. 그러므로 이 모형은 일단 t 규칙을 통과했다. 이 t 규칙은 연구자에게 손쉽게 모수확인의 여부를 가려내 주기 때문에 아주 유용하게 사용된다.

2) B 영행렬 규칙

내생변수 간의 인과관계를 나타내는 B행렬이 영행렬이 되는 경우에만 적용되는 규칙이다. 달리 말해, 내생변수 간에 아무런 인과관계가 없을 때만 성립되는 규칙이다. 그러니까 이 경우는 회귀분석의 경우에만 해당된다. 만약 B행렬이 영행렬이라면 모형공분산행렬은 다음과 같이 된다.

$$\begin{bmatrix} \Sigma_{yy}(\theta) & \Sigma_{yx}(\theta) \\ \Sigma_{xy}(\theta) & \Sigma_{xx}(\theta) \end{bmatrix} = \begin{bmatrix} \Gamma\Phi\Gamma' + \Psi & \Gamma\Phi \\ \Phi\Gamma' & \Phi \end{bmatrix}$$

그렇게 되면 구조방정식모형의 영가설 $H_0 : \Sigma = \Sigma(\theta)$에 의해 우측 하단의 공분산행렬 Σ_{xx}은 Φ행렬과 같게 된다. 다시 말해, $\Sigma_{xx} = \Phi$인 것이다. 이때 추정되는 자유모수를 담고 있는 모수행렬은 Φ이고 연구자가 수집해서 이미 알고 있는 정보는 Σ_{xx}인 것이다. 그러므로 미지의 모수행렬 Φ는 이미 알고 있는 정보인 Σ_{xx}에 의해서 확인된다.

또한 좌측 하단의 Σ_{xy}는 영가설에 의해 $\Sigma_{xy} = \Phi\Gamma'$이다. 이것은 다시 $\Gamma' = \Phi^{-1}\Sigma_{xy}$가 된다. 여기서 Φ행렬은 우리가 이미 알고 있는 정보인 Σ_{xx}이다. 따라서 $\Gamma' = \Sigma_{xx}^{-1}\Sigma_{xy}$가므로 Γ행렬도 확인된다.

마지막으로 좌측 상단의 공분산행렬 Σ_{yy}은 영가설에 의해 $\Gamma\Phi\Gamma' + \Psi$이다. 다시 말해, $\Sigma_{yy} = \Gamma\Phi\Gamma' + \Psi$이다. 이 방정식에서 모르고 있는 정보는 Ψ행렬뿐이다. 이 Ψ에 대해서 방정식을 풀면 $\Psi = \Sigma_{yy} - \Gamma\Phi\Gamma'$가 된다. 이 방정식의 등호 오른쪽은 이미 알고 있는 정보인 Σ_{yy}, Φ, 그리고 Γ로 확인된다. 즉, 다음과 같이 나타낼 수 있으므로 Ψ행렬도 확인된다.

$$\begin{aligned}\Psi &= \Sigma_{yy} - \Gamma\Phi\Gamma' \\ &= \Sigma_{yy} - \Sigma_{yx}\Sigma_{xx}^{-1}\Sigma_{xx}\Sigma_{xx}^{-1}\Sigma_{xy} \\ &= \Sigma_{yy} - \Sigma_{yx}\Sigma_{xx}^{-1}\Sigma_{xy}\end{aligned}$$

이와 같이 B행렬이 영행렬이면 모든 자유모수 행렬을 차례로 확인할 수 있게 된다. 이것을 B 영행렬 규칙이라고 한다. B 영행렬 규칙은 다음의 모형과 같이 내생변수 간의 인과관계가 상정되지 않는 경우에 찾아볼 수 있다.

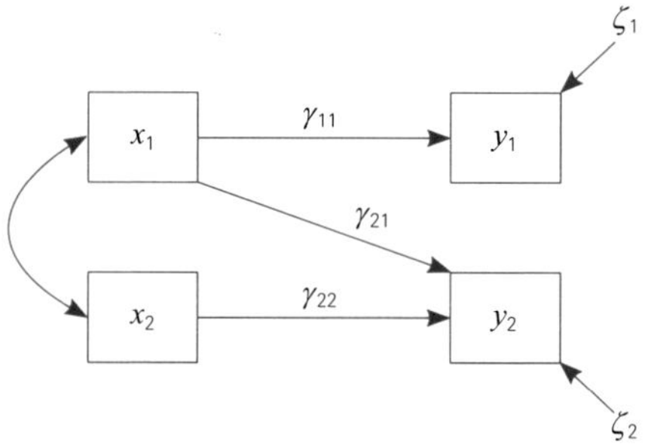

[그림 5-3] $B=0$인 모형의 예

이 경우 $B=\begin{bmatrix}0 & 0\\ 0 & 0\end{bmatrix}$이므로 B 영행렬 규칙을 충족하고 있으며, 이 B 영행렬 규칙은 충분조건이므로 이 조건을 통과하면 모든 자유모수는 확인된다.

3) 일방규칙

앞의 B 영행렬 규칙은 내생변수 간의 인과관계가 상정되지 않은 경우에만 적용된다. 그러나 이런 경우는 회귀분석을 제외하고는 없다. 일반적인 경우에서는 내생변수 간의 인과관계가 상정된다.

일방규칙은 내생변수 간의 인과관계가 상정되는 경우의 모수확인에 적용되는 규칙이다. 그러므로 B 영행렬 규칙보다는 보다 일반적인 경우에서 적용된다고 할 수 있다. 일방규칙은 B행렬이 삼각행렬이어야 하고, 동시에 Ψ행렬이 대각선행렬이어야 함을 요구하고 있다. 더 정확하게는 B행렬이 하삼각행렬이어야 한다.

삼각행렬이란 어떤 정사각형행렬이 있을 때 대각선과 대각선 위 또는 아래의 모든 원소가 0인 행렬을 말한다. 대각선과 대각선 위의 모든 원소가 0인 삼각행렬을 하삼각행렬이라고 하며, 반대로 대각선과 대각선 아래의 모든 원소가 0인 행렬을 상삼각행렬이라고 한다.

주지하는 바와 같이 B행렬은 정사각형행렬이다. 따라서 B행렬이 삼각행렬이어야 한다는 것은 내생변수 간의 인과관계가 일방관계라는 것을 뜻한다. 달리 말해, 두 변수가 있을 때 두 변수가 서로 상대의 원인과 효과가 되는, 즉 서로가 서로에게 영향을 미치는 관계는 설정되지 않는다는 것을 의미한다. 만약 서로 상대에게 영향을 미치면 대각선의 위와 아래에 자유모수가 나타나기 때문에 삼각행렬이 될 수가 없다. 따라서 B행렬이 삼각행렬이라는 것은 내생변수 간의 관계가 어느 한 쪽 방향으로만 영향을 미치는 일방관계만이 있음을 뜻한다. 이런 연유로 일방규칙이라는 이름이 붙었다.

이 규칙에서 모수가 확인되기 위한 또 다른 조건 하나는 Ψ행렬이 대각선행렬이어야 한다는 것이다. 만약 Ψ행렬이 대각선행렬이면 설정된 연구모형 내의 외생변수는 방해오차와는 상관이 없게 된다. 설정된 모형 내의 어떤 하나의 구조방정식에 나타나는 외생변수들이, 어떤 방해오차와도 상관이 없으면 그 구조방정식은 회귀분석에서의 회귀방정식과 같게 된다. 그 결과, 그 구조방정식의 자유모수는 확인된다. 앞의 [그림 5-1]의 모형을 예로 들어 모수확인 과정을 살펴보면 다음과 같다.

$$
\begin{aligned}
&y_1 = \gamma_{12}x_2 + \zeta_1 \\
&y_2 = \beta_{21}y_1 + \gamma_{22}x_2 + \zeta_2 \\
&y_3 = \beta_{31}y_1 + \beta_{32}y_2 + \gamma_{31}x_1 + \zeta_3 \\
&COV(x_2, \zeta_1) = 0,\ \ COV(x_2, \zeta_2) = 0,\ \ COV(x_1, \zeta_3) = 0
\end{aligned}
$$

방정식에서 변수 x와 잠재변수와의 상관이 0이라는 것은 이미 가정된 사실이다. 따라서 변수 y_1과 잠재변수 ζ_2와의 공분산도 다음과 같이 0이 됨을 알 수 있다. 이를 통해 두 번째 방정식의 두 설명변수 y_1과 x_2는 잠재변수 ζ_2와 상관이 없음을 알 수 있다.

$$COV(\zeta_2, y_1) = COV(\zeta_2, \gamma_{12}x_2 + \zeta_1) = 0$$

이와 동일한 과정으로 세 번째 방정식에서의 설명변수와 잠재변수와의 공분산을 구하면 다음과 같다.

$$\begin{aligned} &COV(\zeta_3, y_2) = 0 \text{ 이므로,} \\ &COV(\zeta_3, y_1) = COV(\zeta_3, \gamma_{12}x_2 + \zeta_1) = 0 \\ &COV(\zeta_3, y_1) = 0, COV(\zeta_3, x_2) = 0 \text{ 이므로,} \\ &COV(\zeta_3, y_2) = COV(\zeta_3, \beta_{21}y_1 + \gamma_{22}x_2 + \zeta_2) = 0 \end{aligned}$$

이를 일방모형에서의 i번째 방정식으로 일반화하면 ζ는 방정식에서의 설명변수, 즉 외생변수와 상관이 없음을 알 수 있다. 일방원칙을 다른 방식으로 증명하면 다음과 같다.

$$y_i = \left| \beta_i' | \gamma_i' \right| z_i + \zeta_i$$

여기서 β_i'는 B행렬의 i번째 행에서 모든 0을 제거하고 자유모수만 남긴 행벡터, γ_i'는 Γ행렬에서 모든 0을 제거하고 자유모수만 남긴 행벡터, z_i는 y와 x에서 y_i에 직접효과가 있는 변수로 구성된 열벡터이다. 즉, 열벡터 z_i는 y_i방정식에 있는 설명변수만을 포함하는 벡터이며, $\left| \beta_i' | \gamma_i' \right|$는 설명변수의 계수를 담고 있다. 여기서 양변에 z_i'을 뒤에서 곱하고 기댓값을 취하면 다음과 같이 된다.

$$\sigma'_{y_i z_i} = \left[(\beta_i)' | (\gamma_i)' \right] \Sigma_{z_i z_i} + \sigma'_{\zeta_i z_i}$$

여기서 $\sigma'_{y_i z_i}$는 관찰변수 y_i의 설명변수로 구성된 공분산 열벡터이고, $\Sigma_{z_i z_i}$는 z_i의 정칙(nonsingular) 공분산행렬, $\sigma'_{\zeta_i z_i}$는 i번째 방정식의 설명변수와 방해오차 ζ_i의

공분산벡터이다. ζ_i는 관찰변수와는 상관이 없으며 따라서 $\sigma'_{\zeta_i z_i}$는 0이 된다.

그런 다음 $\left[(\beta_i)' | (\gamma_i)' \right]$에 대해 풀면, $\left[(\beta_i)' | (\gamma_i)' \right] = \sigma'_{y_i z_i} \Sigma_{z_i z_i}{}^{-1}$이 된다. 등호 오른쪽의 관찰변수의 공분산인 $\sigma'_{y_i z_i}$와 $\Sigma_{z_i z_i}{}^{-1}$ 값은 모두 알고 있는 것이며, 등호 왼쪽의 $\left[(\beta_i)' | (\gamma_i)' \right]$는 이미 알고 있는 정보의 함수이기 때문에 역시 여기서 확인된다.

여기서 ψ_{ii}의 확인과정을 살펴보면, $y_i = [(\beta_i)' | (\gamma_i)'] z + \zeta_i$의 양변에 y'_i를 뒤에서 곱하고 기댓값을 취하면 $VAR(y_i) = \left[\beta'_i | \gamma'_i \right] \Sigma_{z_i z_i} \begin{pmatrix} \beta_i \\ \gamma_i \end{pmatrix} + \psi_{ii}$가 된다. 그런 다음 $\left[\beta'_i | \gamma'_i \right]$를 $\sigma'_{y_i z_i} \Sigma_{z_i z_i}{}^{-1}$로 대치하고 ψ_{ii}에 대해서 풀면 $\psi_{ii} = VAR(y_i) + \sigma'_{y_i z_i} \Sigma_{z_i z_i}{}^{-1} \sigma_{y_i z_i}$가 된다. ψ_{ii}는 분산과 공분산의 함수이기 때문에 역시 확인된다. 따라서 일방모형에서 B, Γ, Ψ, Φ는 확인된다.

달리 말해, $\left[(\beta_i)' | (\gamma_i)' \right] = \sigma'_{y_i z_i} \Sigma_{z_i z_i}{}^{-1}$은 B와 Γ행렬에서 i번째 행(i번째 방정식)이 확인됨을 보여 주며, $\psi_{ii} = VAR(y_i) + \sigma'_{y_i z_i} \Sigma_{z_i z_i}{}^{-1} \sigma_{y_i z_i}$는 Ψ행렬의 대각선 원소가 확인됨을 보여 준다. 그리고 $\Phi = \Sigma_{xx}$이기 때문에 B, Γ, Ψ, Φ행렬의 모든 자유모수는 확인된다.

일방규칙은 앞의 B 영행렬 규칙과 마찬가지로 충분조건이다. 그러므로 설정된 연구모형이 이 규칙을 통과하면 설정된 모형의 모든 자유모수는 연구자가 알고 있는 정보로 확인된다. 일방모형에서는 B 영행렬 규칙의 조건은 필요 없다. 이 원칙은 모형확인을 위한 충분조건으로서 이 규칙이 충족되지 않더라도 모형은 다른 방식으로 확인될 수 있다.

t 규칙을 제외한 다른 확인규칙들은 B 또는 Ψ에 제약을 가한 것이다. 따라서 비일방모형에 있어서는 이러한 제약이 모형확인을 충족시키지 못하며 따라서 다른 방식으로 확인할 필요가 있다.

4) 차수조건

지금까지 소개된 모수확인 규칙 중 t 규칙만 제외하고 B 영행렬과 일방규칙은 모수행렬에 어떤 제약을 가한 형태이다. 그렇기 때문에 비일방모형의 구조방정식모형은 이들 규칙의 적용에서 제외되었다. 주지하는 바와 같이 모수행렬에 제약을 가하면 자유모수는 제약이 없을 때보다 더 쉽게 확인될 수 있다. 이런 연유로 자유모수의 확인을 용이하게 하기 위해서 모수행렬에 제약을 가한 것이 B 영행렬과 일방규칙이다.

지금 제시되는 차수조건은 비일방모형에서도 적용될 수 있는 보다 일반적인 규칙으로 모수행렬에 어떤 제약을 가하지 않은 상태에서 자유모수의 확인을 검사할 수 있는 방법이다. 여기서 말하는 차수는 행렬의 차원을 지칭한다. 예컨대, 어떤 행렬이 3×2라면 차수는 3×2인 것이다.

이 차수조건도 B 영행렬과 일방규칙과 마찬가지로 충족되어야 할 전제조건이 있다. 전제조건은 설정된 모형 내의 각각의 내생변수를 설명하는 방정식에서의 방해오차는 그 방정식에 포함된 외생변수와는 상관이 없다는 것이다. 이 전제조건은 구조방정식모형에서 요구되는 보편적인 가정이고 특별히 새로운 것은 아니다. 이 가정에 대한 설명은 이미 2장에 소개되어 있다.

차수조건은 앞서의 B 영행렬과 일방규칙과는 두 가지 면에서 다르다. 첫째, B와 Ψ행렬이 어떤 형태로 있어도 무방하다는 것이다. 물론 이 두 모수행렬에 제약이 없을 때보다 있을 때가 더 모수확인이 용이하지만, 여기서 강조하려는 것은 두 모수행렬이 어떤 형태로 있어도 모수확인 여부를 가려낼 수 있다는 것이다. 행렬이 어떤 형태로 있어도 무방하다고 해서 $(I-B)^{-1}$이 존재하지 않아도 된다는 것을 의미하는 것은 아니다. 둘째, 앞서의 B 영행렬과 일방규칙은 설정된 모형 전체를 대상으로 확인여부를 가려내는 것인 반면에, 차수조건은 방정식 하나하나를 대상으로 확인여부를 가려낸다. 그러므로 설정된 모형을 구성하는 여러 개의 방정식에서 어떤 방정식이 문제를 안고 있는지 찾아낼 수 있다. 그 결과, 확인되지 못하는 경로를 수정해서 문제해결에 보다 쉽게 도달할 수 있다.

그러면 이 차수조건이 어떠한 것인지를 살펴보자. 설정된 모형 내의 내생변수를 설명하는 방정식은 내생변수 간의 인과관계를 나타내는 β, 외생변수의 내생변수에 대한 인과관계를 나타내는 γ, 그리고 방해오차 ζ로 구성된다. 이를 방정식으로 표현하면 다음과 같이 된다.

$$y_i = \left[\beta_i' | \gamma_i'\right] z_i + \zeta_i$$

여기서 β_i'은 표준화 계수 0을 제외한 차수가 $1\times(p-1)$인 벡터로 B행렬의 i번째 행과 같으며, γ_i'는 차수가 $1\times q$인 벡터로 Γ행렬의 i번째 행과 같다. z_i는 y_i를 제외한 모든 y와 x 변수를 포함하고 있는 벡터이다. 앞의 방정식의 양변에 x'를 뒤에서 곱한 후,

$$y_i x' = \left(\left[\beta_i' | \gamma_i'\right] z_i + \zeta_i\right) x'$$

기댓값을 취하면 다음과 같이 된다.

$$E(y_i x') = \left[\beta_i' | \gamma_i'\right] E(z_i x') + E(\zeta_i x')$$

여기서 $E(\zeta_i x') = 0$이므로 다음과 같은 식이 된다.

$$\sigma_{y_i x}' = \left[(\beta_i') | (\gamma_i')\right] \Sigma_{z_i x}$$

그리고 이를 $\left[\beta_i' | \gamma_i'\right]$에 대해서 풀면,

$$\left[(\beta_i') | (\gamma_i')\right] = \sigma_{y_i x}' \Sigma_{z_i x}^{-1}$$

앞의 방정식에서 $\left[(\beta_i)' | (\gamma_i)'\right]$가 $\sigma_{y_i x}'$와 $\Sigma_{z_i x}$의 함수이면 $\left[(\beta_i)' | (\gamma_i)'\right]$는 확인된다. 여기서 주목할 것은 벡터 $\sigma_{y_i x}'$와 행렬 $\Sigma_{z_i x}$의 원소는 이미 알고 있는 정보라는 것이다. 따라서 $\left[(\beta_i)' | (\gamma_i)'\right]$의 자유모수는 알고 있는 정보로 확인이 되는 셈이다.

이번에는 다른 각도에서 차수조건을 설명해 보자. 이 식에 의해 생기는 방정식의 숫자는 적어도 $\left[(\beta_i)' | (\gamma_i)'\right]$에 있는 미지수인 자유모수의 숫자와 같아야만 한다. 달리 말해, 미지수인 자유모수에 관한 해를 찾아 자유모수가 확인되려면, 방

정식의 숫자가 적어도 미지수의 숫자와 같아야만 하는 것이다. 여기서 벡터 $\sigma'_{y_i x}$의 원소의 숫자가 곧 방정식의 숫자이며, 벡터 $\sigma'_{y_i x}$의 차수가 $1 \times q$이므로 방정식의 숫자는 모두 q개이다. 이는 y_i와 함께 만드는 q개의 공분산이 벡터 x의 q개의 변수로부터 만들어지기 때문이다. 또한 계수행렬에 아무런 제약이 가해지지 않았으므로 $(\beta_i)'$에 있는 미지의 자유모수 숫자는 $p-1$이고, $(\gamma_i)'$에 있는 미지의 자유모수 숫자는 q이다. 따라서 방정식의 숫자는 q이고, 미지의 자유모수의 숫자는 $(p-1)+q$이다.

그 결과, 미지의 자유모수가 확인되려면 $(p-1)+q$가 방정식의 숫자인 q로 줄어들어야 한다. 그러므로 자유모수가 확인되기 위한 조건은 $(\beta_i)'$과 $(\gamma_i)'$의 원소에 $(p-1)$개의 제약을 가하는 것이다. 가장 흔한 제약은 $(\beta_i)'$과 $(\gamma_i)'$의 몇 개의 원소를 0으로 놓아 그에 대응되는 변수가 방정식에서 제외되도록 하는 것이다. 다른 제약을 가하지 않고 변수를 제외시키는 것이 유일한 제약이라면 i번째 방정식으로부터 $(p-1)$개의 변수가 제외되어야 자유모수가 확인된다. 즉, 몇 개의 원소를 0으로 만들 때, 그 몇 개가 바로 $(p-1)$인 것이다.

차수조건에서는 모형 속에 있는 모든 방정식이 확인되는지를 가려내기 위해 방정식 하나하나를 검사한다. 이런 검사의 수단으로 방정식 하나하나에 포함되어 있는 계수만을 취해 계수행렬 C를 구성하고, 이 계수행렬 C를 사용해 모수의 확인 여부를 가린다. 계수행렬 C는 다음과 같이 구성된다.

$$C = [(I - B) | -\Gamma]$$

이렇게 계수행렬 C를 구성한 뒤 각각의 행에서 0인 원소를 센다. 만약 각각의 행이 $(p-1)$개의 0 또는 그 이상의 0을 가지면, 그 행에 해당되는 방정식은 확인된다. 이런 방법으로 모든 행이 $(p-1)$개 또는 그 이상의 0을 가진다면, 설정된 모형에 포함되어 있는 모든 방정식의 자유모수는 확인이 되는 것이다. 이를 정리하면 다음과 같다.

① C를 만든다.

② 각각의 행에서 0인 원소를 확인하다.

③ $(p-1)$개의 0 또는 그 이상의 0 원소를 가지면 차수조건이 성립된다.

앞에서 제시한 [그림 5-2]를 통해 차수조건을 설명해 보자. 이 모형은 비일방모형이다. 따라서 앞서의 B 영행렬과 일방규칙은 적용할 수 없다. 이때 앞에서 기술한 방식에 따라 계수행렬을 구성하면 C는 다음과 같이 된다.

$$C = \begin{bmatrix} 1 & \beta_{12} & 0 & -\gamma_{11} & 0 \\ \beta_{21} & 1 & 0 & 0 & -\gamma_{22} \\ \beta_{31} & \beta_{32} & 1 & 0 & 0 \end{bmatrix}$$

설정된 모형에서 p는 y_1, y_2, y_3의 3이다. 따라서 $(p-1)$은 2가 된다. 계수행렬 C에서 각각의 행은 0인 원소를 $(p-1)$개 갖고 있다. 예를 들어, 첫 번째 행에서 0의 개수는 2이다. 따라서 이 모형에서는 차수조건이 성립된다. 이런 방식으로 비일방모형에서 어떤 구조방정식이 확인이 되는지 안 되는지 쉽게 가려낼 수 있다.

차수조건을 사용할 때 유념해야 할 것은 차수조건이 충족된다고 해서 설정된 모형이 확인된다고 보장할 수는 없다는 점이다. 그 이유는 모형 내의 어떤 방정식들의 선형결합으로 다른 방정식을 만들 수 있기 때문이다. 달리 말해, 계수행렬 내의 어떤 행들의 선형결합의 결과로 다른 어떤 행이 만들어질 수도 있기 때문이다. 그러므로 이 차수조건도 모수가 확인되기 위한 필요조건이지 충분조건은 아니다.

5) rank 조건

비일방모형에서도 사용될 수 있는 규칙인 차수조건은 필요조건이기는 하지만 충분조건은 아니다. 어떤 특정한 방정식은 다른 방정식들의 선형결합의 결과로 생겨날 수도 있기 때문이다. 계수행렬을 구성하는 어떤 행이나 열이 다른 행이나 열의 선형결합으로 생길 수도 있는 경우에는 겉으로 표현된 행렬의 차원과 실제의 차원은 다르다.

어떤 행렬의 행이나 열이 다른 행이나 열의 선형결합으로 나타날 수 없는 행렬은 겉으로 표현된 행렬의 차원과 rank가 같다. 그러나 어떤 행이나 열이 다른 행이나 열의 선형결합으로 나타나면 그 행렬의 rank는 겉으로 드러난 행렬의 차원보다 작게 된다. rank란 차수가 a×b인 어떤 행렬 A에서 독립적인 행이나 열의 숫자이다. rank는 행과 열 가운데 작은 것보다 작거나 같다. 즉, rank(A) ≤ min(a, b), 여기서 a는 행이고 b는 열이다. 다음과 같은 경우를 예로 들어 rank를 설명한다.

어떤 임의의 행렬 A가 다음과 같다고 하자.

$$A = \begin{bmatrix} 1 & 2 & 3 \\ 3 & 5 & 7 \\ 2 & 4 & 6 \end{bmatrix}$$

이 행렬 A의 겉으로 드러난 차수는 3×3이다. 이 행렬을 유심히 살펴보면 세 번째 행은 첫 번째 행의 각 원소에다 2를 곱한 것이다. 즉, 세 번째 행은 첫 번째 행에다 상수 2를 곱한 선형결합의 결과로 생성된 것이다. 이때 세 번째 행은 행렬을 구성하고는 있지만 아무런 새로운 정보를 주지 못한다. 따라서 행렬 A는 선형종속되어 있는 것이다. 선형종속이란 행렬의 어떤 벡터가 다른 벡터로부터, 또는 하나 이상의 벡터 선형결합으로부터 도출되는 것을 말한다. 이렇게 선형종속된 행이나 열을 삭제하고 난 후의 행렬차원에서 작은 수가 rank가 된다. 행렬 A의 실제 차원은 세 번째 행을 제외해야 하니까 2×3이 되며, 이때 rank는 행과 열 가운데 작은 숫자이어야 하므로 2가 된다.

계수행렬 C의 rank를 갖고 방정식 각각의 모수확인 여부를 가려내는 방법이 바로 rank 조건이다. rank 조건은 다음과 같은 순서를 따른다. 먼저 차수규칙에서와 같이 계수행렬 C를 구성한다. 그다음으로 각각의 i번째 행에서 0인 원소가 없는 모든 열을 지운다. 그런 후 남아 있는 열을 사용해 새로운 계수행렬 C을 구성한다. 이 새로운 계수행렬 C의 rank가 $(p-1)$과 같은지를 살펴본다. 만약 rank가 $(p-1)$과 같으면 그 i번째 방정식은 확인되나 작으면 확인되지 않는다. 이를 정리하면 다음과 같다.

① C를 만든다.
② i번째 행에서 0인 원소가 없는 모든 열을 지운다.
③ 남아 있는 열을 사용하여 새로운 행렬 C^*를 만든다.
④ 새롭게 만든 C의 rank를 확인한다. $(p-1)$인지를 확인한다.

그러면 실례를 들어 rank 조건을 설명해 보자. 다음과 같은 비일방모형이 있다고 하자.

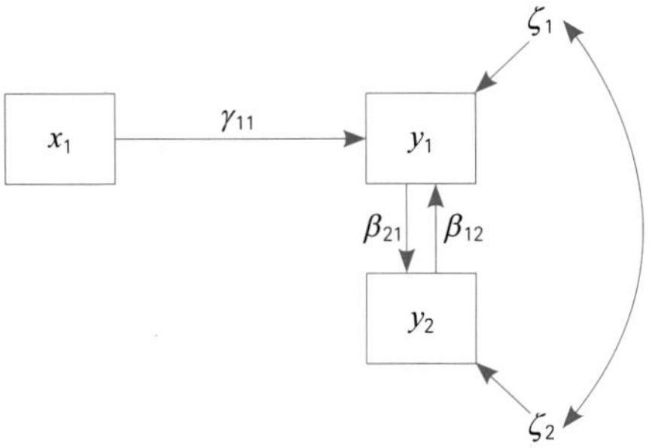

[그림 5-4] 비일방 구조방정식모형의 예

[그림 5-4]를 구조방정식으로 나타내면 다음과 같다.

$$y_1 = \beta_{12}y_2 + \gamma_{11}x_1 + \zeta_1$$
$$y_2 = \beta_{21}y_1 + \zeta_2$$

먼저 두 개의 구조방정식의 계수행렬 C를 구성해 보자.

$$C = \begin{bmatrix} 1 & -\beta_{12} & -\gamma_{11} \\ -\beta_{21} & 1 & 0 \end{bmatrix}$$

여기서 첫 번째 행, 다시 말해 첫 번째 방정식 y_1의 모수확인을 가려 보자. 이 계수행렬 C의 첫 번째 행에서 0이 아닌 원소가 있는 열을 지우면 아무것도 남는 것이 없게 된다. 새로운 계수행렬 C^*를 구성할 것이 없다. 따라서 첫 번째 방정식 y_1은 확인되지 못한다. 이번에는 두 번째 방정식을 살펴보자. 두 번째 행에서 0이 아닌 원소가 있는 열을 지우면 세 번째 열이 남게 된다. 그리고 남은 열로 새로운 계수행렬 C^*를 구성하면 다음과 같다.

$$C^* = \begin{bmatrix} -\gamma_{11} \\ 0 \end{bmatrix}$$

그러면 이 새로운 계수행렬 C^*의 두 번째 행은 원소가 0이어서 아무 정보가 없다. 따라서 새로운 계수행렬 C^*의 rank는 1이며, 그 결과 두 번째 방정식 y_2는 확인이 된다. 첫 번째 구조방정식은 확인이 되지 않고 두 번째 구조방정식만 확인이 되므로, 이 모형은 수정이 되지 않는 한 더 이상 앞으로 나아갈 수 없게 된다.

마지막으로 이 rank 조건은 차수조건과는 달리 필요충분조건이다. 따라서 이 rank 조건을 통과하는 모형의 모든 자유모수는 확인된다.

6) 확인규칙의 비교

앞에서 설명한 모수확인 규칙들을 정리하면 다음의 〈표 5-1〉과 같이 나타낼 수 있다. 여기서 t 규칙, B 영행렬 규칙, 일방규칙은 모형 전체를 확인하는 규칙이다. t 규칙은 필요조건이며 B 영행렬 규칙과 일방규칙은 충분조건에 해당된다. 특히 t 규칙은 앞에서 언급한 바와 같이 모든 모형에 적용되는 가장 일반적인 규칙이다. B 영행렬 규칙은 Ψ의 형태와 상관없이 B가 영행렬일 때 적용되며, 일방규칙은 B행렬이 삼각행렬이면서 Ψ행렬이 대각선행렬이라는 두 조건을 만족할 때만 적용된다. 차수조건과 rank 조건은 각각의 방정식에 대해서 확인이 이루어진다. 즉, 각 방정식이 조건을 만족시킬 때 모형 전체가 확인되는 것이다. 차수조건과 rank 조건은 모두 $(I-B)$에 대한 정칙행렬이 있어야 하며, Ψ행렬에 대해서는 특별한 제약이 없다.

〈표 5-1〉 관찰변수로 이루어진 구조방정식모형의 모수확인 규칙

$(y = By + \Gamma x + \zeta)$

확인규칙	평가대상	조건	필요조건	충분조건
t 규칙	모형	$t \le \frac{1}{2}(p+q)(p+q+1)$	○	×
B 영행렬 규칙	모형	$B=0$	×	○
일방규칙	모형	B=삼각행렬, Ψ=대각선행렬	×	○
차수조건	방정식	제약숫자$\ge(p-1)$	○	×
rank 조건	방정식	$\text{rank}(C_i)=(p-1)$	○	○

4. 모수추정

모수추정은 $H_0 : \Sigma=\Sigma(\theta)$라는 영가설을 통해 자유모수의 값을 정해 주는 절차이다. 즉, 관찰변수의 공분산행렬 정보를 이용해서 자유모수의 크기를 결정해 주는 절차라고 할 수 있다. 다음의 간단한 구조방정식을 통해 예를 들어 보기로 하자.

$$y_1=x_1+\zeta_1$$

이 식에서 γ_{11}은 1이라고 가정되어 있어 수식에는 직접적으로 보이지 않는다. 이 경우 y_1과 x_1에 대한 모집단공분산행렬과 자유모수에 대한 모형공분산행렬은 다음과 같다.

$$\Sigma = \begin{bmatrix} VAR(y_1) & COV(y_1, x_1) \\ COV(x_1, y_1) & VAR(x_1) \end{bmatrix}$$

$$\Sigma(\theta) = \begin{bmatrix} \phi_{11}+\psi_{11} & \phi_{11} \\ \phi_{11} & \phi_{11} \end{bmatrix}$$

영가설 $H_0 : \Sigma=\Sigma(\theta)$에 의해 모집단공분산행렬은 모형공분산행렬과 같으며, 이

때 자유모수 ϕ_{11}은 $VAR(x_1)$과 $COV(x_1, y_1)$ 같은 값을 갖게 되므로 과다확인된다.

실제로 우리는 모집단공분산이나 모수를 알지 못한다. 따라서 공분산행렬의 표본추정치를 통해 알지 못하는 자유모수를 추정한다. 이때 y_1과 x_1에 대한 표본공분산행렬 S와 $\hat{\phi}_{11}$와 $\hat{\psi}_{11}$에 대한 $\hat{\Sigma}$은 다음과 같이 나타낼 수 있다.

$$S = \begin{bmatrix} var(y_1) & cov(y_1, x_1) \\ cov(x_1, y_1) & var(x_1) \end{bmatrix}$$

$$\hat{\Sigma} = \begin{bmatrix} \hat{\phi}_{11} + \hat{\psi}_{11} & \phi_{11} \\ \hat{\phi}_{11} & \phi_{11} \end{bmatrix}$$

여기서 S의 원소를 영문 소문자로 표기한 것은 표본값임을 나타내기 위한 것이다. 영가설에 의해 $\hat{\Sigma} = \hat{\Sigma}(\theta)$이므로, 표본공분산행렬 S에 가능한 근접하는 $\hat{\Sigma}$를 찾기 위해 $\hat{\phi}_{11}$과 $\hat{\psi}_{11}$의 값을 선택하게 된다.

예를 들어, $S = \begin{bmatrix} 10 & 6 \\ 6 & 4 \end{bmatrix}$라고 할 때, 우리가 $\hat{\phi}_{11}$과 $\hat{\psi}_{11}$의 값을 각각 7과 3이라고 선택했다면 $\hat{\Sigma} = \begin{bmatrix} 10 & 7 \\ 7 & 7 \end{bmatrix}$이다. 이때 $\hat{\Sigma}$가 S에 얼마나 근접했는지를 보여 주는 지표인 잔차행렬 $S - \hat{\Sigma}$를 구할 수가 있다. 즉, $S - \hat{\Sigma} = \begin{bmatrix} 0 & -1 \\ -1 & -3 \end{bmatrix}$이다. 이 경우 표본의 $var(y_1)$은 정확하게 합치되었다고 할 수 있으나 $cov(x_1, y_1)$, $var(x_1)$은 정확하게 합치하지 못하고 $\hat{\Sigma}$가 과대추정되어 있음을 알 수 있다. 따라서 $\hat{\Sigma}$에 보다 근접하도록 $\hat{\phi}_{11}$과 $\hat{\psi}_{11}$의 값을 새롭게 설정하게 된다. 예를 들어, $\hat{\phi}_{11}=5$, $\hat{\psi}_{11}=5$라고 다시 설정했다면 $\hat{\Sigma} = \begin{bmatrix} 10 & 5 \\ 5 & 5 \end{bmatrix}$가 되고 $S - \hat{\Sigma} = \begin{bmatrix} 0 & 1 \\ 1 & -1 \end{bmatrix}$가 되어 첫 번째 경우보다 더 표본공분산행렬 S에 근접하게 된다. 절차상으로는 이와 유사하지만 실제로는 보다 복잡한 과정을 거쳐 B, Γ, Φ, Ψ행렬의 알려지지 않은 모수들이 추정된다.

이처럼, 자유모수의 값은 표본공분산행렬의 값에 최대한 근접하도록 추정되어야 한다. 여기서 '근접(closed)'을 나타내기 위해 합치함수를 사용하게 되는데, 합치함수가 최소화될 때 근접했다고 정의한다. S와 $\Sigma(\theta)$의 합치함수는 $F = [S, \Sigma(\theta)]$로 나타내는데 이 함수를 최소화시키면, 즉 값이 0이면 $\Sigma(\theta)$는 S와 합치한다고 본다.

일반적으로 사용되는 합치함수에는 여러 가지 종류가 있는데 이들 중 어떤 것을 사용할 것인가는 연구자의 선호 및 연구 상황에 따라 결정되며, 때로는 상황이나 조건에 의해 사용될 수 있는 합치함수가 제한되기도 한다. 여기서는 최대가능법에 대해서만 다루기로 하고 일반화최소제곱법과 비가중최소제곱법과 가중최소제곱법은 각각 6장과 7장에서 다루고자 한다.

최대가능법

최대가능법에 의한 모수산출은 가장 일반적으로 널리 사용되는 방법으로, 다음의 합치함수를 최소화하는 모수들을 찾아내게 된다. 즉, 추정된 자유모수들의 함수로 표현되는 모형공분산행렬이 최대한 표본공분산행렬에 근접하도록 하는 모수를 찾아내는 것이다.

$$F_{ML} = \log|\Sigma(\theta)| + tr(S\Sigma(\theta)^{-1}) - |S| - (p+q)$$

이를 설명하기 앞서 우선 가능함수(likelihood function)에 대해 살펴보고자 한다. 가능함수는 무선표본에서 각각의 값들이 나타날 수 있는 확률을 식으로 나타낸 것이며 L 또는 $L(\theta)$로 표시된다.

어떤 관찰변수 Z_i가 표본크기가 N인 무선표본을 갖는다고 하면, 표본 N을 구성하고 있는 각각의 관찰값들은 독립적이고 동일하게 분포되어(independently and identically distributed) 있다고 가정된다. 각 Z_i의 확률밀도함수는 $i-1, 2, 3, \cdots, N$에 대해 $f(Z_i;\theta)$이다. 여기서 θ는 각 Z_i의 확률밀도를 결정짓는 고정모수이다. 따라서 관찰값이 독립적이기 때문에 Z_i의 확률밀도함수 $f(Z_i;\theta)$의 결합확률밀도함수는 주변밀도함수의 곱으로 다음과 같이 나타낼 수 있다.

$$f(Z_1, Z_2, Z_3, \cdots, , Z_N;\theta) = f(Z_1;\theta)f(Z_2;\theta)f(Z_3;\theta)\cdots f(Z_N;\theta)$$

일단 어떤 표본에서 $Z_1, Z_2, Z_3, \cdots, Z_N$이 어떤 구체적 관찰값을 갖게 되면 가능함수를 다음처럼 쓸 수 있다.

$$
\begin{aligned}
L &= L(\theta) \\
&= f(\theta; Z_1, Z_2, Z_3, \cdots, Z_N) \\
&= L(\theta; Z_1)L(\theta; Z_2)L(\theta; Z_3)\cdots L(\theta; Z_N)
\end{aligned}
$$

여기서 $L(\theta; Z_i)$는 Z_i가 관찰된 표본값일 때 $f(Z_i; \theta)$의 값이다. 이 가능함수는 앞에서 제시한 확률밀도함수 $f(Z_i; \theta)$와 동일한 것을 알 수 있다. 그러나 $L(\theta)$는 Z_i의 함수가 아니라 Z_i라는 관찰값을 갖는 θ의 함수라는 특징이 있다. 결합확률밀도함수와 가능함수는 비슷하게 보이지만 중요한 차이가 있다. 결합확률밀도함수에서는 θ는 고정된 모수이며 Z_i는 자유롭게 어느 값이나 가질 수 있는 확률변수이다. 가능함수에서 Z_i는 어떤 특정한 표본에서 관찰값을 갖기 때문에 고정된 값이며, θ가 자유롭게 어느 값이나 가질 수 있는 자유모수이다. 그 결과, 가능함수는 Z_i가 아닌 θ의 함수이다. θ는 모집단에서 고정된 값이나 그 값이 얼마인지를 모르기 때문에, 가능함수가 어떻게 변하는지를 알기 위해 서로 다른 값을 집어넣어 본다.

최대가능법은 주어진 표본에서 Z_i가 최대가 되게 하는 θ를 찾는 것이다. 즉, 주어진 표본 관찰값 $Z_1, Z_2, Z_3, \cdots, Z_N$을 최대로 만들어 내는 θ를 찾는 것이다. 가능함수의 최댓값을 찾기 위하여 가능함수에 로그를 취한 로그가능함수 $\log L(\theta)$의 최댓값을 찾게 되는데 이는 로그함수가 단조함수이어서 θ의 값이 변하지 않기 때문이다. 가능함수에 로그를 취하는 것은 로그함수가 곱하기를 더하기로, 나누기를 빼기로 바꾸기 때문에 계산이 쉽기 때문이다.

Z_i를 최대로 하는 θ를 찾기 위해 가능함수에 로그를 취한 $\log L(\theta)$를 합치함수 F_{ML}과 비교하게 되는데 이 과정은 다음과 같다.

① N명의 독립적 관찰값으로 구성된 관찰변수 y와 x를 한데 묶어 $(p+q)\times 1$의 벡터 z를 구성한다. 이때 벡터 z는 편차점수로 되어 있고, 다중변수정상분포를 이룬다.
② z가 다중변수정상분포이므로 z의 확률밀도함수는 다음과 같다.

$$f(z;\Sigma)=2\pi^{-\frac{(p+q)}{2}}|\Sigma|^{-\frac{1}{2}}\exp\left[\left(\frac{1}{2}\right)z'\Sigma^{-1}z\right]$$

③ N의 독립적 관찰값인 무선표본 벡터 z에 대한 결합확률밀도함수는 다음과 같다.

$$f(Z_1, Z_2, \cdots, Z_N;\Sigma)=f(Z_1,\theta)f(Z_2,\theta)\cdots f(Z_N,\theta)$$

④ 주어진 표본의 값들을 관찰할 수 있고 $\Sigma=\Sigma(\theta)$라는 영가설에 입각해 Σ를 $\Sigma(\theta)$로 대치하면 주어진 표본에서 가능함수는 다음과 같다.

$$L(\theta)=2\pi^{-\frac{N(p+q)}{2}}|\Sigma|^{-\frac{N}{2}}\exp\left[\left(\frac{1}{2}\right)z'\sum_{i=1}^{N}{}^{-1}(\theta)z\right]$$

⑤ 가능함수에 log를 취한 후, 이를 합치함수와 비교한다.

$$L(\theta)=-\frac{N(p+q)}{2}\log(2\pi)-\frac{N}{2}\log|\Sigma|-\left(\frac{1}{2}\right)\sum_{i=1}^{N}z_i'\sum_{i=1}^{N}{}^{-1}(\theta)z_i$$

⑤에서 $-\left(\frac{1}{2}\right)\sum_{i=1}^{N}z_i'\sum_{i=1}^{N}{}^{-1}(\theta)z_i$를 다시 쓰면 다음과 같이 나타낼 수 있다.

$$-\left(\frac{1}{2}\right)\sum_{i=1}^{N}z_i'\sum_{i=1}^{N}{}^{-1}(\theta)z_i=-\frac{1}{2}\sum_{i=1}^{N}tr(z_i'\sum_{i=1}^{N}{}^{-1}(\theta)z_i)$$

이와 같이 되는 이유는 $z_i'\sum_{i=1}^{N}{}^{-1}(\theta)z_i$를 연산하면 1×1의 스칼라이며, 이 스칼라를 N개 더하는 것은 $z_i'\sum_{i=1}^{N}{}^{-1}(\theta)z_i$의 대각선을 더하는 것과 같다.

$$= N \times -\left(\frac{1}{2}\right)\sum_{i=1}^{N}\frac{tr(z_i'\sum_{i=1}^{N}{}^{-1}(\theta)z_i)}{N} \qquad (※ N \times N^{-1} = 1)$$

$$= -\left(\frac{1}{2}\right)\sum_{i=1}^{N} tr(N^{-1}z_i z_i' \sum_{i=1}^{N}{}^{-1}(\theta)) \qquad (※\, tr(ABC) = tr(CAB))$$

$$= -\frac{N}{2} tr[S^* \Sigma^{-1}(\theta)]$$

$z_i' z_i$는 연산을 하면 SSCP(sum of squares and cross products) 행렬이며, 이것을 다시 표본크기 N으로 나눈 것이 표본공분산행렬 S이다. S에 *를 한 것은 Σ를 추정하는데 $(N-1)$ 대신 N으로 나눈 것을 나타내기 위한 것이다.

마지막 ⑤항에 $\log L(\theta)$를 다시 쓰면 다음과 같이 쓸 수 있다.

$$\log L(\theta) = -\frac{N(p+q)}{2}\log(2\pi) - \frac{N}{2}\log|\Sigma| - \left(\frac{N}{2}\right) tr\left[S^* \sum_{i=1}^{N}{}^{-1}(\theta)\right]$$

그러면 $\log L(\theta)$의 첫 번째 항은 주어진 표본에서 상수가 되고, $\frac{N}{2}$을 앞으로 꺼내면 최종적으로 다음과 같게 된다.

$$\log L(\theta) = \text{상수} - \frac{N}{2}\left\{\log|\Sigma| + tr\left[S^* \sum_{i=1}^{N}{}^{-1}(\theta)\right]\right\}$$

이때 F_{ML}을 다시 살펴보면 다음과 같이 나타낼 수 있다.

$$F_{ML} = \log|\Sigma(\theta)| + tr(S\Sigma^{-1}(\theta)) - \log|S| - (p+q)$$

여기서, $\log L(\theta)$와 F_{ML}을 비교해 보면, 여러 가지가 다르나 차이점은 대수롭지 않은 것이다. 먼저 $\log L(\theta)$는 $\Sigma(\theta)$와 S^*의 함수이므로 $\log L(\theta)$에서 상수항은 θ의 선택에 아무 영향을 주지 못한다. 따라서 F_{ML}에서 이 상수항이 없이도 F_{ML}은 아무 영향이 없다. 둘째, 비슷한 논리로 F_{ML}에서 $-\log|S| - (p+q)$항이 있다 해도,

주어진 표본에서 S와 $(p+q)$는 상수이므로, 이것이 θ의 선택에 아무 영향을 주지 못한다. 따라서 이 항이 $\log L(\theta)$에 없어도 아무 문제가 없다. 셋째, F_{ML}에는 없는 $\left(-\frac{N}{2}\right)$이 $\log L(\theta)$에는 있어서 이것이 F_{ML}을 최소화시킨다. $\log L(\theta)$가 최대화되려면 $\left\{\log|\Sigma|+tr\left[S^{*}\sum_{i=1}^{N}{}^{-1}(\theta)\right]\right\}$가 음수가 되어야 하고 이것이 음수이면 F_{ML}은 최소화 된다. F_{ML}의 부호가 $+$에서 $-$로 바뀌기 때문이다. 마지막으로 F_{ML}에서는 S가 쓰이지만 $\log L(\theta)$에서는 S^{*}이 사용된다. 그러나 $S^{*}=\left(\frac{N-1}{N}\right)S$이므로 대규모 표본에서 S나 S^{*}는 실질적으로 같다. 이때 S와 S^{*}는 대표본의 경우 값의 차이가 거의 없으므로 같은 추정치를 갖는 것으로 본다. 여기에서 $\log L(\theta)$와 F_{ML} 둘 다 θ를 동일하게 추정함을 알 수 있으며 $\log L(\theta)$를 최대화하는 것이 F_{ML}을 최소화하는 것임을 알 수 있다. F_{ML}을 최소화하는 값을 추정하는 절차는 다음과 같이 네 가지로 간략히 요약할 수 있다.

① 계산의 편이를 위해 로그함수를 취한다. 로그함수는 단조증가 함수이므로, 즉 선형변환되므로 로그를 취해도 순서가 바뀌지는 않는다.

② 극값을 구하기 위해 θ에 대해 1차 편미분을 하고 1차 편미분한 값을 0으로 놓는다.

③ 최댓값과 최솟값을 확인하기 위해 2차 편미분을 한다.

④ 최댓값을 찾는다.

앞에서 제시된 $y_1 - x_1 + \delta_1$을 예로 들어, 각 단계의 추정과정을 설명하면 다음과 같다.

① F_{ML}을 계산한다.

$$F_{ML}=\log|\Sigma(\theta)|+tr(S\Sigma^{-1}(\theta))-\log|S|-(p+q)$$

각각의 항을 계산하면 다음과 같다.

$$\log|\Sigma(\theta)| = \log\begin{vmatrix}\phi_{11}+\psi_{11} & \phi_{11} \\ \phi_{11} & \phi_{11}\end{vmatrix}$$

$$\log|(\phi_{11}+\psi_{11})\phi_{11}-\phi_{11}^2| = \log(\psi_{11}\phi_{11})$$

$$tr(S\Sigma^{-1}(\theta)) = tr\begin{vmatrix}VAR(y_1) & COV(y_1, x_1) \\ COV(x_1, y_1) & VAR(x_1)\end{vmatrix}$$

$$\begin{vmatrix}\frac{1}{\psi_{11}} & -\frac{1}{\psi_{11}} \\ -\frac{1}{\psi_{11}} & \frac{\phi_{11}+\psi_{11}}{\phi_{11}\psi_{11}}\end{vmatrix}$$

$$=\psi_{11}^{-1}\{VAR(y_1)-2COV(y_1, x_1)+VAR(x_1)\}+\phi_{11}^{-1}VAR(x_1)$$

$$\log|S| = \log\begin{vmatrix}VAR(y_1) & COV(y_1, x_1) \\ COV(x_1, y_1) & VAR(x_1)\end{vmatrix}$$

$$\log\{VAR(y_1)VAR(x_1)-COV(y_1, x_1)^2\}$$

따라서, 다음과 같은 식이 나온다.

$$\begin{aligned}F_{ML} &= \log|\Sigma(\theta)| + tr(S\Sigma^{-1}(\theta)) - \log|S| - (p+q) \\ &= \log(\psi_{11}\phi_{11}) + \psi_{11}^{-1}\{VAR(y_1)-2COV(y_1, x_1)+VAR(x_1)\} \\ &\quad + \phi_{11}^{-1}VAR(x_1) - \log\{VAR(y_1)VAR(x_1)-COV(y_1, x_1)^2\} - 2\end{aligned}$$

② 극값을 구하기 위해 θ에 대해 1차 편미분을 한다(1차 편미분 값=0).

$$\begin{aligned}\frac{\partial F_{ML}}{\partial \phi_{11}} &= \frac{1}{\phi_{11}} - \frac{1}{\phi_{11}^2}VAR(x_1) \qquad \therefore \phi_{11} = VAR(x_1) \\ &= \frac{1}{\phi_{11}}\left\{1-\frac{1}{\phi_{11}}VAR(x_1)\right\} = 0\end{aligned}$$

$$\frac{\partial F_{ML}}{\partial \psi_{11}} = \frac{1}{\psi_{11}} - \frac{1}{\psi_{11}^2}\{VAR(y_1) - 2COV(y_1, x_1) + VAR(x_1)\}$$
$$= \frac{1}{\psi_{11}}\left[1 - \frac{1}{\psi_{11}}\{VAR(y_1) - 2COV(y_1, x_1) + VAR(x_1)\}\right] = 0$$
$$\therefore \psi_{11} = VAR(y_1) - 2COV(y_1, x_1) + VAR(x_1)$$

$\phi_{11} = VAR(x_1)$과 $\psi_{11} = VAR(y_1) - 2COV(y_1, x_1) + VAR(x_1)$이 F_{ML}을 최소화시키는 충분조건은 ϕ_{11}와 ψ_{11} 각각에 대해 F_{ML}을 2차 편미분한 것으로 구성된 행렬이 양정치(positive definite)여야 한다.

③ 최댓값과 최솟값을 확인하기 위해 2차 편미분을 한다.

$$\frac{\partial^2 F_{ML}}{\partial \phi_{11}^2} = \{\phi_{11}^1 - \phi_{11}^{-2} VAR(x_1)\}' = -\phi_{11}^{-2} + 2\phi_{11}^{-3} VAR(x_1)$$
$$\frac{\partial^2 F_{ML}}{\partial \psi_{11}^2} = \left[\psi_{11}^{-1} - \psi_{11}^{-2}\{VAR(y_1) - 2COV(y_1, x_1) + VAR(x_1)\}\right]'$$
$$= -\psi_{11}^{-1} - 2\psi_{11}^{-3}\{VAR(y_1) - 2COV(y_1, x_1) + VAR(x_1)\}$$

④ 2차 편미분 행렬이 양정치임을 확인한다.

$$\begin{bmatrix} -\phi_{11}^{-2} + 2\psi_{11}^{-3} VAR(x_1) & 0 \\ 0 & -\psi_{11}^{-1} - 2\psi_{11}^{-3}\{VAR(x_1) - 2COV(y_1, x_1) + VAR(x_1)\} \end{bmatrix}$$

$\phi_{11} = VAR(x_1)$과 $\psi_{11} = VAR(y_1) - 2COV(y_1, x_1) + VAR(x_1)$을 2차 편미분한 행렬에 대입하면 ϕ_{11}과 ψ_{11}의 양수값에 대해 2차 편미분 행렬이 양정치임을 알 수 있다. 따라서 $\phi_{11} = VAR(x_1)$이고 $\psi_{11} = VAR(y_1) - 2COV(y_1, x_1) + VAR(x_1)$이라는 해가 F_{ML}을 최소화시키는 것을 알 수 있다. 만약 표본에서 구한 $VAR(y_1) = 10$, $COV(x_1, y_1) = 5$, $VAR(x_1) = 8$이라면 ϕ_{11}과 ψ_{11}의 추정치는 모두 8이다.

앞의 행렬이 양정치행렬임을 확인하면 F_{ML}을 최소화시키는 충분조건이 충족되므로 앞에서 구한 계수값이 모수값임을 확인하게 되며 모수추정은 끝나게 된다. 양정치행렬은 정사각형행렬에서 고유값이 양수값을 갖는 행렬을 말한다. 만약 양정치행렬이 아닌 경우 모수추정이 모두 이루어졌다 하더라도 이 값이 최댓값임을 알 수 없으므로 추정된 값이 모수값인지를 알 수 없게 된다.

실제 모형을 추정할 때는 분명한 해가 존재하지 않는 경우가 많으므로 초기값을 주고 반복하여 추정하도록 한다. 이 과정에서 F_{ML}을 최소화시키는 θ값을 추정하게 된다. 이때 초기값을 해에 가깝게 설정하는 경우에는 비교적 적게 반복추정이 이루어지나 그렇지 않은 경우에는 수많은 반복추정이 이루어지며, 때로는 해가 수렴되지 않기도 한다. 초기값을 설정할 때는 선행연구에 근거하여 설정하거나, 자료로부터 초기값을 추정하고 그것을 바탕으로 초기값을 설정한다. 자료로부터 초기값을 추정할 때 TSLS가 주로 사용된다.

반복추정이 되다가 합치함수가 점점 작아질 때, 즉 0에 가까워질 때 반복추정은 멈추게 된다. LISREL의 경우는 $\theta_i - \theta_{i+1} < 0.000001$이면 반복추정을 멈춘다. 일반적으로는 표본이 모집단을 잘 대표할수록, 초기값이 모수에 가까울수록 반복추정의 수가 적어진다. LISREL의 경우 반복추정 수는 자유모수의 숫자에 5를 곱한 값이다.

구조방정식모형을 다루는 통계패키지에서 특별히 모수추정방법을 설정하지 않으면 최대가능법을 사용해 모수추정을 해 준다. 최대가능법이 널리 사용되는 모수추정방법이나 이를 사용하기 위해서는 현실에서 지키기 어려운 자료의 연속성과 다중변수정상분포라는 전제조건을 충족시켜야 한다는 부담이 있다.

5. 관찰변수로만 구성된 구조방정식모형의 분석 예시

회귀분석

사회과학의 여러 분야에서 변수 간의 이론적 관계를 규명하려고 할 때 널리 사용되는 것이 회귀분석이다. 회귀분석이라는 용어를 사용할 때 흔히 갖게 되는 의문 하나가 회귀의 뜻이 무엇인가 하는 것이다. 회귀라는 단어가 어디로 돌아간다는 의미로 사용되는 것이므로 막연히 그 뜻을 미루어 짐작할 수는 있으나 정확한 의미 파악이 안 되는 때가 있다.

회귀라는 용어는 영국의 Francis Galton의 가계연구에서 유래되었다. 그는 아버지와 아들의 키가 상관이 있는지를 조사하면서 다음과 같은 사실을 발견하였다. 아버지의 키가 크면 아들의 키도 크지만 아버지가 아버지 집단에서 큰 것만큼 아들이 아들 집단에서 크지는 않고 아들 집단의 평균키보다는 큰 경향이 있음을, 반대로 아버지의 키가 작으면 아들의 키는 아버지의 키보다는 크지만 아들 집단의 평균키보다는 작은 경향이 있음을 알아냈다. 그는 이런 현상을 아들의 키가 아버지 집단의 평균키로 돌아가려는, 달리 말해 회귀하려는 경향이라고 이름 지었다. 이 예에서 아버지의 키가 독립변수이고 아들의 키가 종속변수라고 한다면 종속변수인 아들의 키가 독립변수인 아버지의 키의 평균으로 회귀한다고 한다. Galton은 이를 '평균으로의 회귀'라고 하였다.

이렇게 두 변수 간에 상관이 있을 때 변수 간의 관계 파악을 시도하는 것이 회귀분석이다. 회귀분석은 독립변수가 하나일 때 단순회귀분석이라고 하며, 독립변수가 두 개 이상이면 다중회귀분석이라고 한다. 물론 회귀분석에서 종속변수는 언제나 하나이다.

구조방정식모형의 관점에서 회귀분석을 예를 들어 실행해 보자. 먼저 독립변수와 종속변수가 하나씩 있는 단순회귀분석의 경우를 생각해 보자.

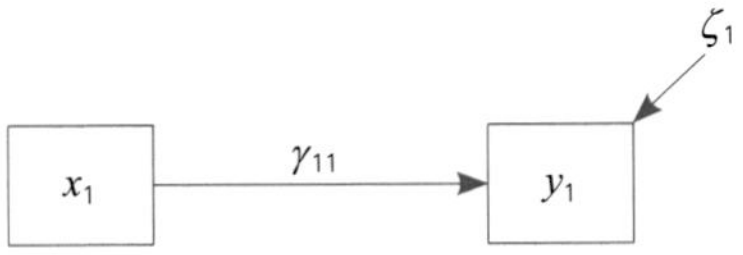

[그림 5-5] 단순회귀분석의 예

[그림 5-5]의 모형에서 독립변수는 교사기대이고 종속변수는 학습동기라고 하

자. 즉, 교사기대가 학습동기에 영향을 미치는지를 알아보고자 하는 모형이다. 실제 이 모형의 변수는 교사기대를 포함하여 학습목표, 불공정성, 학습동기 등 네 가지이나 여기서는 교사기대만을 독립변수로 하는 단순회귀분석만을 고려하도록 한다.

설정된 모형에서 모수행렬은 다음과 같으며, 각각의 모수행렬의 원소가 추정되어야 할 자유모수이다.

$$\Gamma = \begin{matrix} & x_1 \\ y_1 & [\gamma_{11}] \end{matrix} \qquad \Phi = \begin{matrix} & x_1 \\ x_1 & [\phi_{11}] \end{matrix}$$

$$\Psi = \begin{matrix} & \zeta_1 \\ x_1 & [\psi_{11}] \end{matrix}$$

이 모형의 입력자료로 상관행렬을 사용한다. 이 연구에 사용된 표본크기는 100으로 실제 분석자료로는 표본크기가 매우 작지만 간단한 설명을 위해 이러한 경우의 예를 들기로 한다.

〈표 5-2〉 **상관행렬**

교사기대	학습목표	불공정성	학습동기
1.00			
370	1.00		
.207	.268	1.00	
.543	.463	.171	1.00

LISREL 9.1 프로그램을 실행시키면 다음과 같은 기본 창이 나타난다.

데이터를 불러오기 위해 왼쪽 상단의 [File] → [Import Data]명령어를 클릭한다. [Open]명령어는 LISREL 관련 파일(syntax, PRELIS data, SIMPLIS project, LISREL project, Path Diagram)만 가능하다. 따라서 엑셀이나 SPSS, SAS 형태의 데이터는 [Import Data]명령어를 이용하여 불러와야 한다.

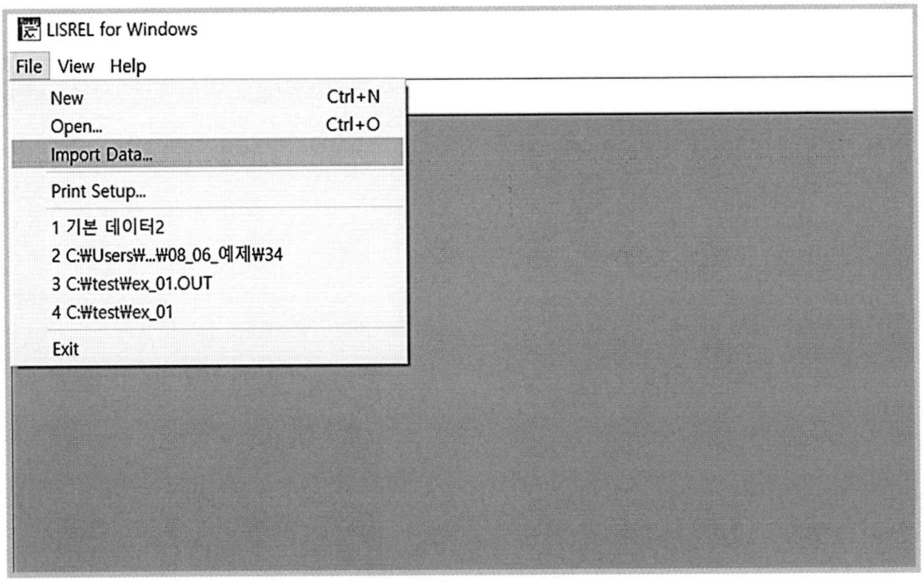

[Import Data]명령어를 클릭하면, 다음과 같은 대화 상자가 나타난다. 대화 상자 상단에서는 불러올 데이터의 위치(폴더)를 선택할 수 있으며, 하단에서는 불러올 파일형식을 선택할 수 있다. 여기서는 데이터 파일이 저장되어 있는 위치(폴더)로 간 다음 불러올 데이터 파일의 형식을 'SPSS DATA File(*.sav)'로 선택한다.

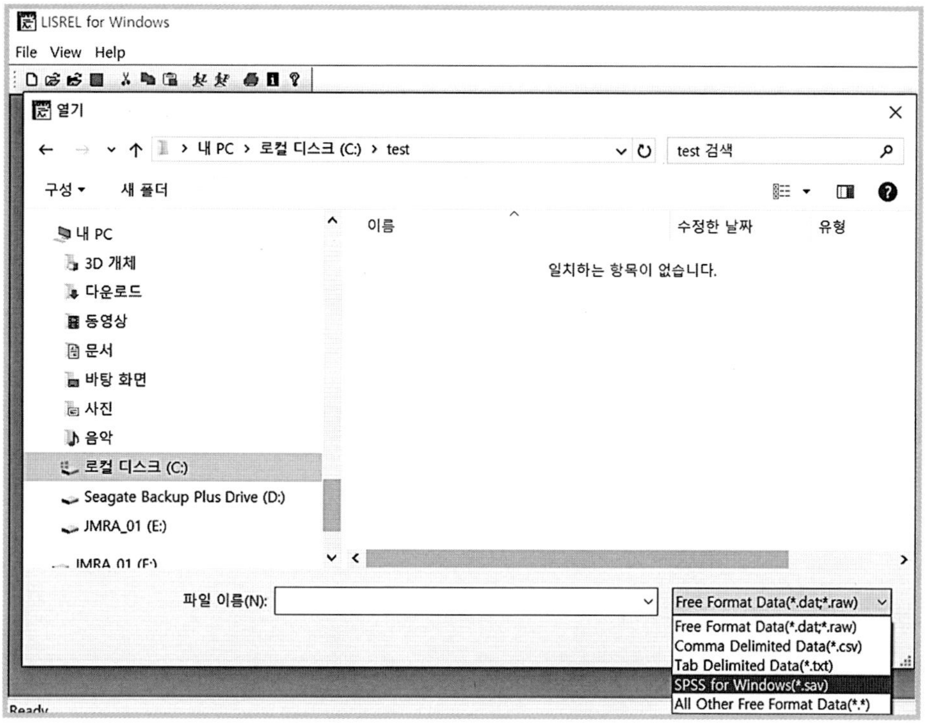

데이터 파일의 위치와 형식을 지정하면, 불러들일 데이터 파일이 나타난다. 데이터를 선택하고 [열기]를 누른다.

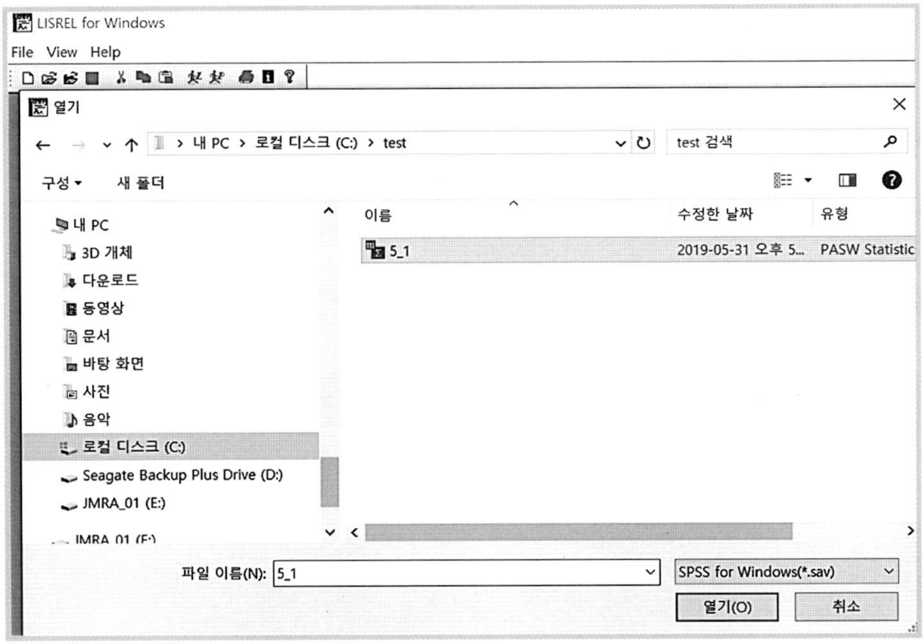

[열기]를 클릭하면 다음과 같이 [다른 이름으로 저장] 대화 상자가 나타난다. 이 대화 상자는 SPSS 파일을 PRELIS data 파일로 저장하는 대화 상자이다.

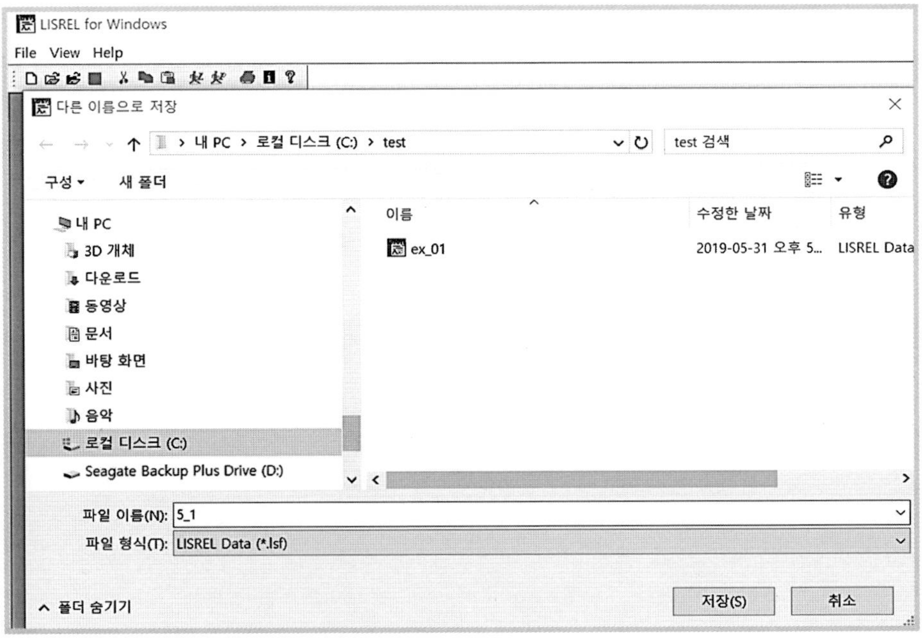

불러들일 원자료를 다른 이름으로 지정한다. 여기서는 '5-2장 데이터불러오기'로 한다. [저장]을 클릭한다.

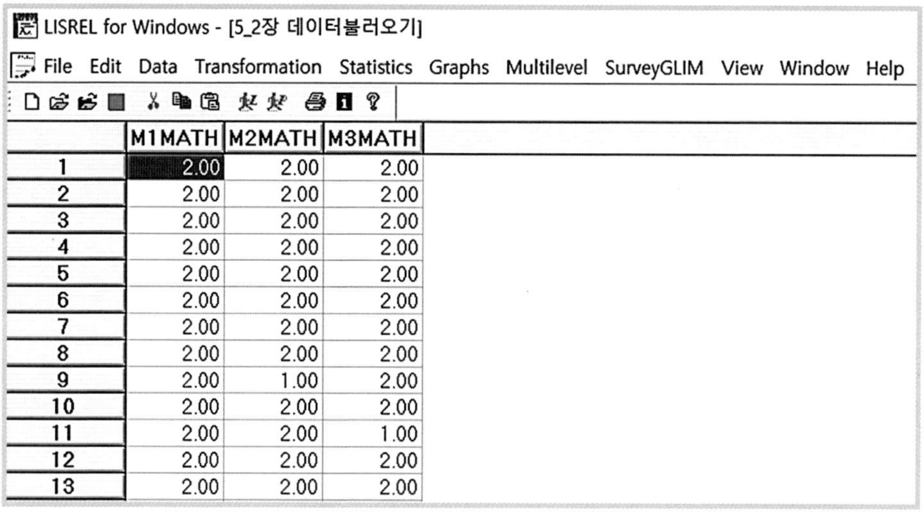

	M1MATH	M2MATH	M3MATH
1	2.00	2.00	2.00
2	2.00	2.00	2.00
3	2.00	2.00	2.00
4	2.00	2.00	2.00
5	2.00	2.00	2.00
6	2.00	2.00	2.00
7	2.00	2.00	2.00
8	2.00	2.00	2.00
9	2.00	1.00	2.00
10	2.00	2.00	2.00
11	2.00	2.00	1.00
12	2.00	2.00	2.00
13	2.00	2.00	2.00

다른 이름으로 저장한 PRELIS data 파일이 기본 화면창에 나타난다.

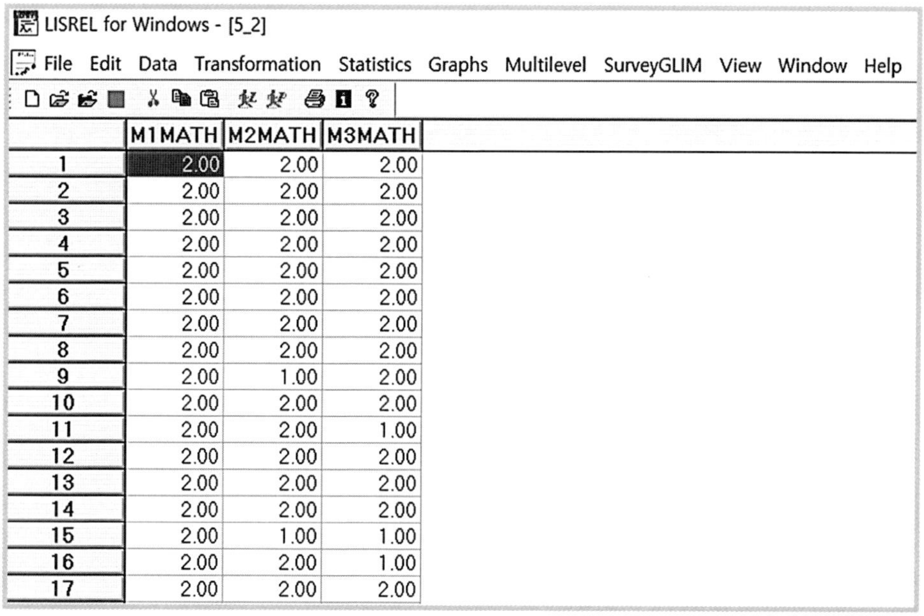

	M1MATH	M2MATH	M3MATH
1	2.00	2.00	2.00
2	2.00	2.00	2.00
3	2.00	2.00	2.00
4	2.00	2.00	2.00
5	2.00	2.00	2.00
6	2.00	2.00	2.00
7	2.00	2.00	2.00
8	2.00	2.00	2.00
9	2.00	1.00	2.00
10	2.00	2.00	2.00
11	2.00	2.00	1.00
12	2.00	2.00	2.00
13	2.00	2.00	2.00
14	2.00	2.00	2.00
15	2.00	1.00	1.00
16	2.00	2.00	1.00
17	2.00	2.00	2.00

모형을 그리기 위해서는 [Path Diagram]창을 열어야 한다. 먼저 [File] → [New]를 클릭한다.

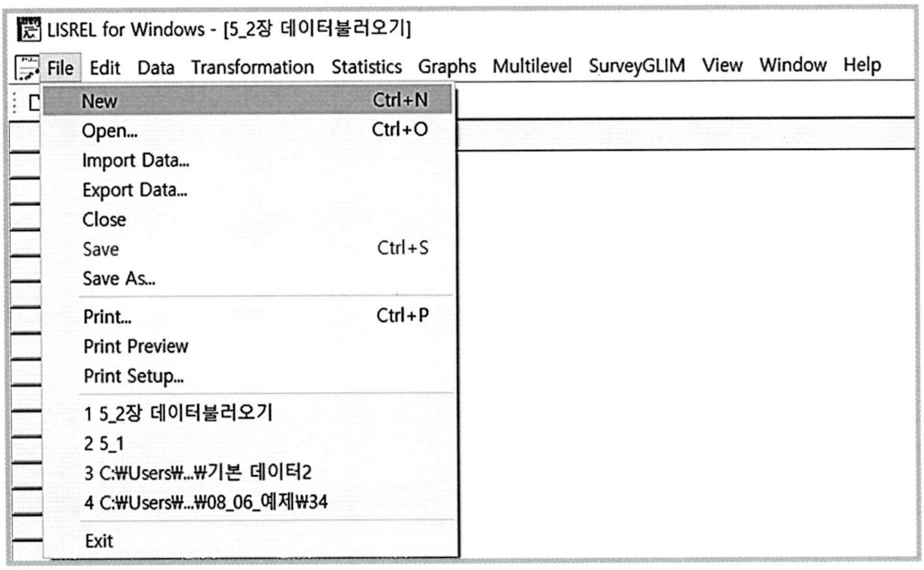

[New]를 클릭하면, 다음과 같은 대화 상자가 나타난다.

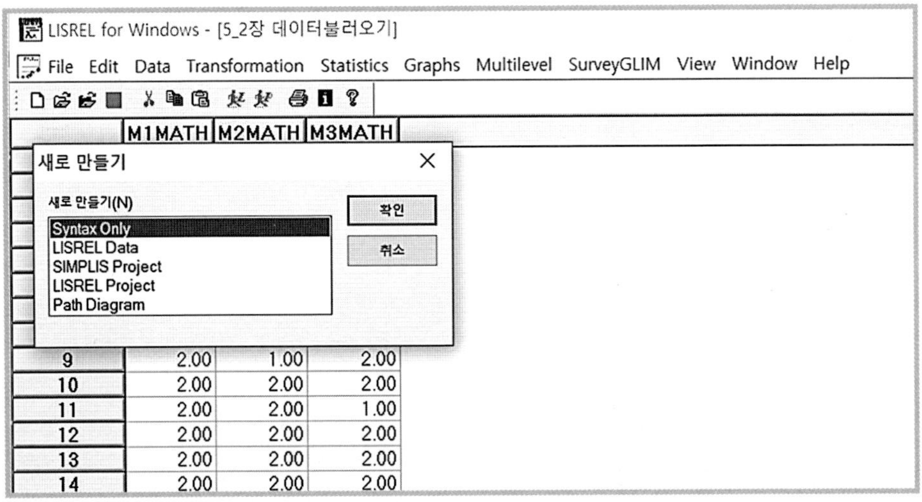

다양한 명령어들 중에서 가장 아래에 있는 [Path Diagram]을 선택하고, [확인]을 클릭한다.

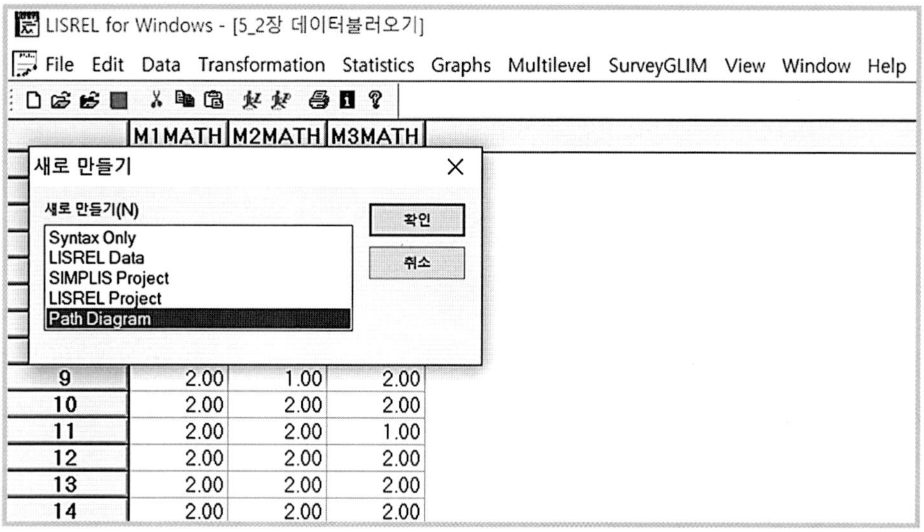

새롭게 만들어 낼 [Path Diagram]을 다른 이름으로 저장해야 한다.

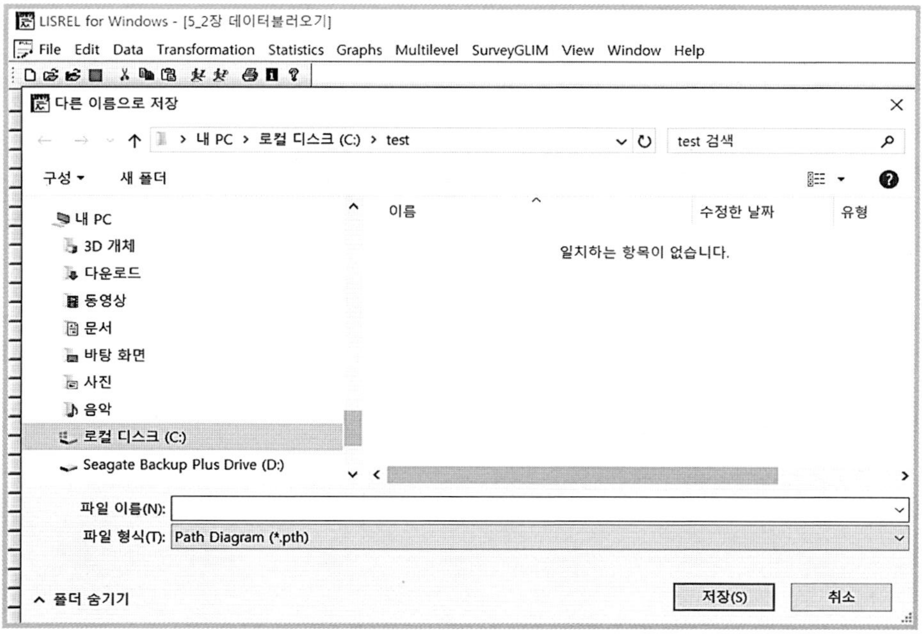

'5_2장 path diagram'이라는 이름으로 지정하고, [저장]을 클릭한다.

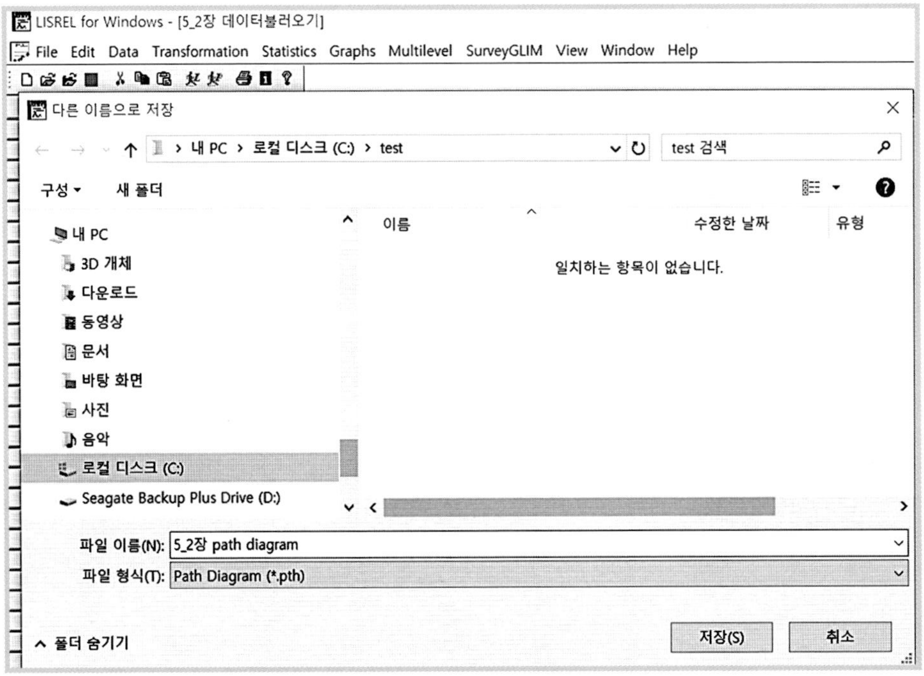

화면에 '5_2장 path diagram' 화면이 나타난다.

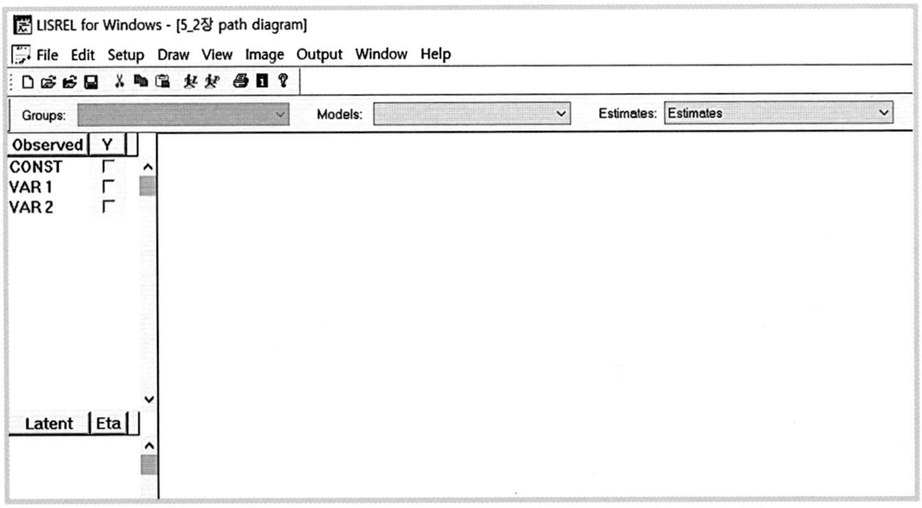

가장 먼저 데이터에 있는 관찰변수와 이론적으로 가정하고 있는 잠재변수를 불러오거나 만들어야 한다. 화면 상단의 [Setup] → [Variables]을 클릭한다.

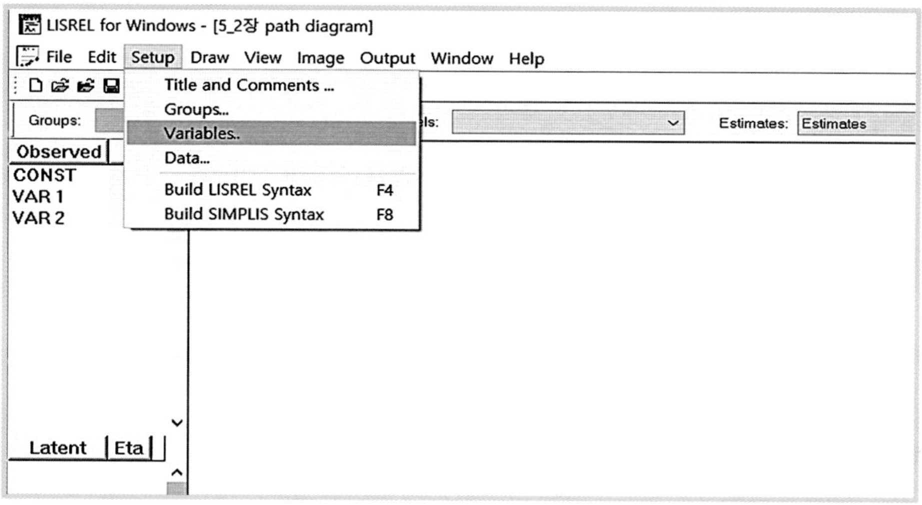

다음과 같은 대화 상자가 나타난다. 대화 상자 좌측은 관찰변수를 추가하거나 불러오는 창이며, 우측은 잠재변수를 생성하거나 추가하는 창이다.

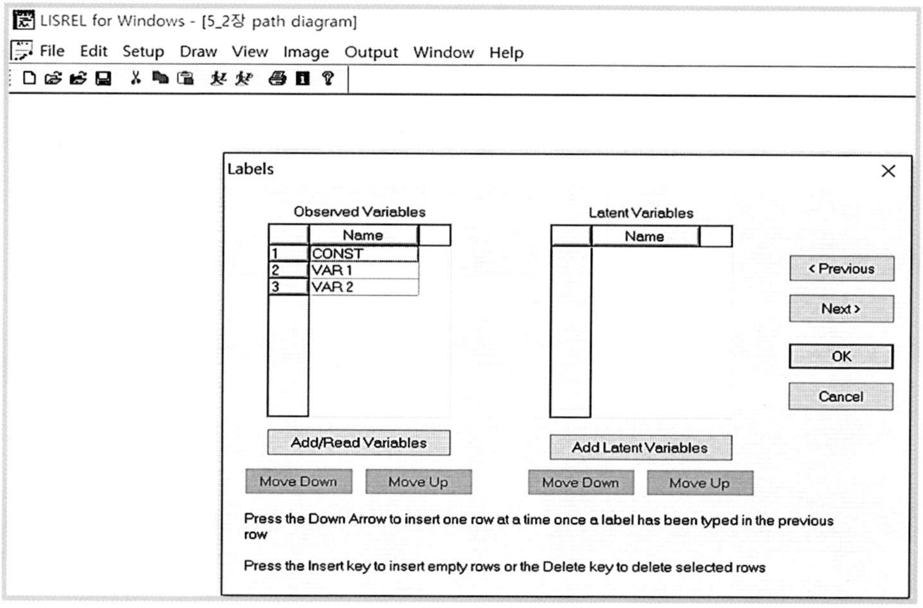

먼저 관찰변수를 불러오는 방법은 관찰변수의 창 하단에 있는 [Add/Read variables]를 클릭한다.

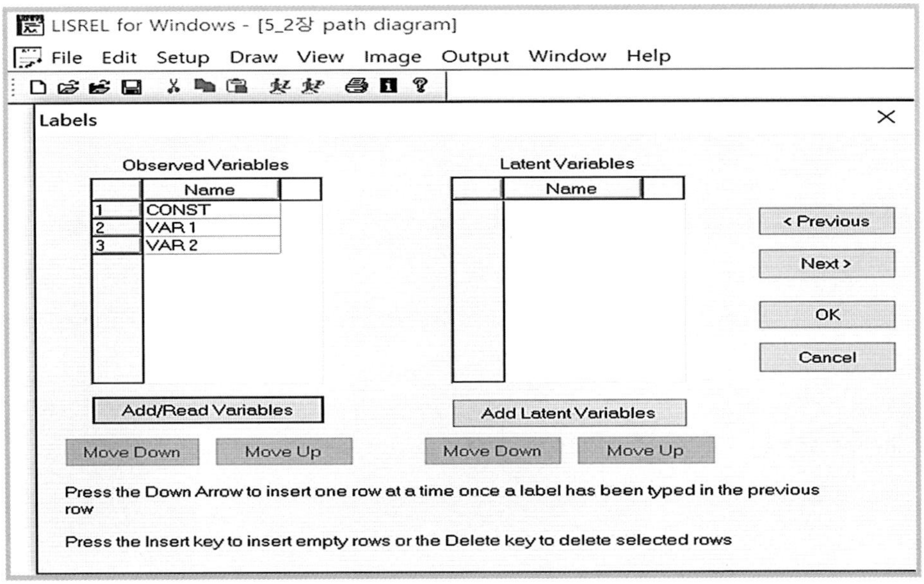

클릭하면 다음과 같은 별도의 대화 상자가 열린다.

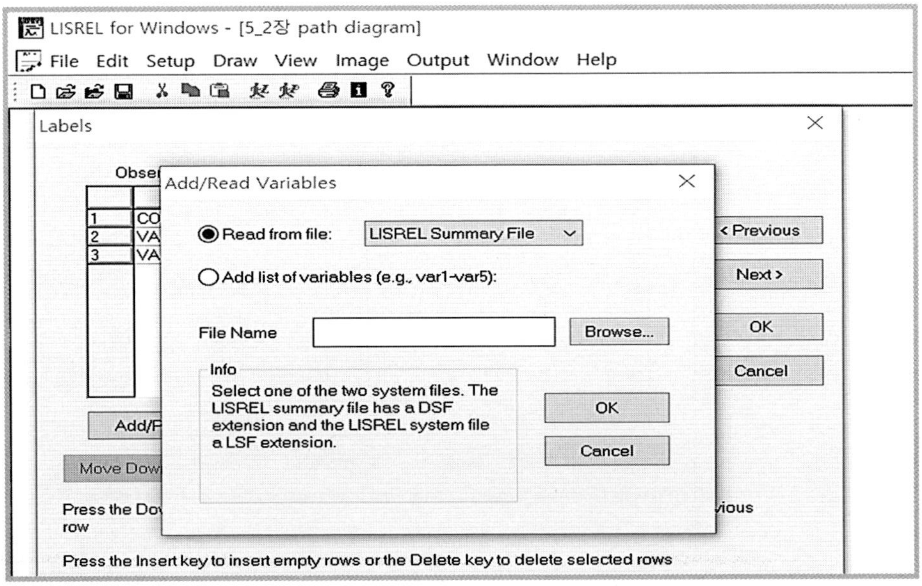

불러올 파일의 형식은 LISREL Summary File이 기본으로 지정되어 있다. 여기서 불러올 파일은 LISREL System File이기 때문에 파일형식을 변경한다.

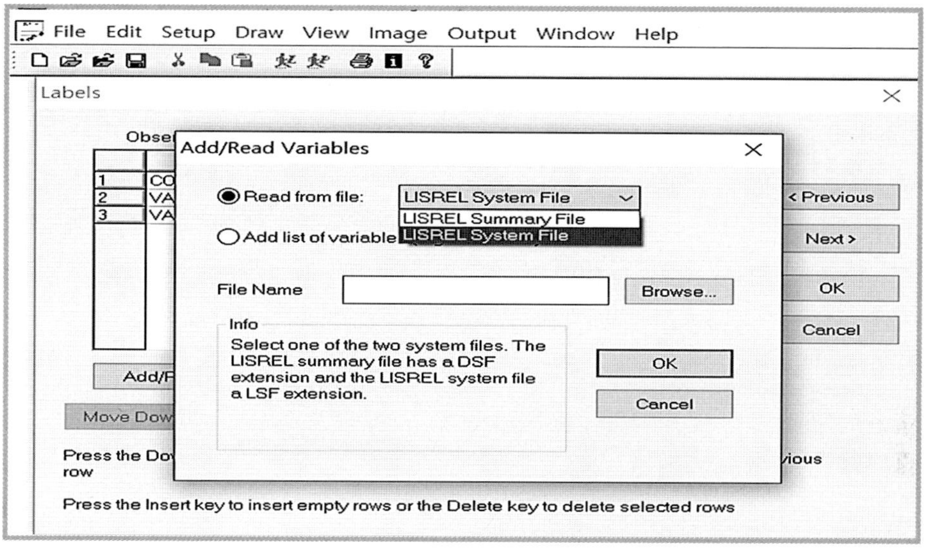

파일형식을 LISREL System File 파일로 지정한 후, 그 아래에 위치한 [Browse..]를 클릭한다.

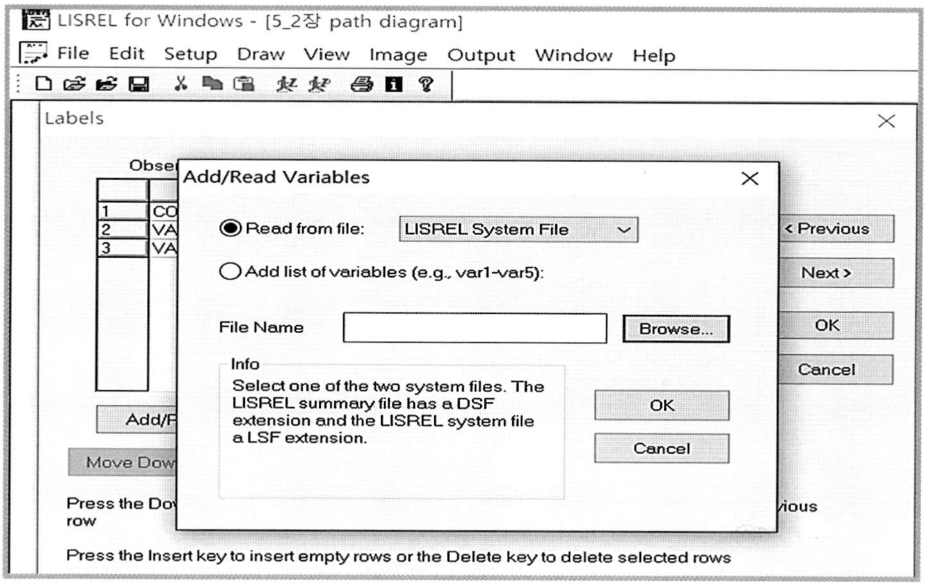

클릭하면, 별도의 대화상자가 열리고 아까 저장한 '5_2.lsf'를 선택한 후 [열기]를 선택한다.

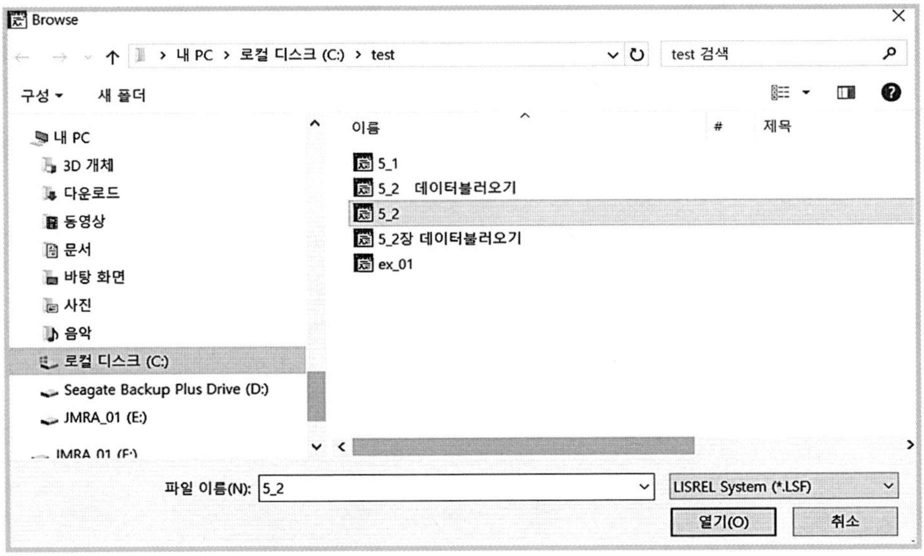

불러올 파일이 자동으로 'File Name'란에 입력된 것을 확인할 수 있다.

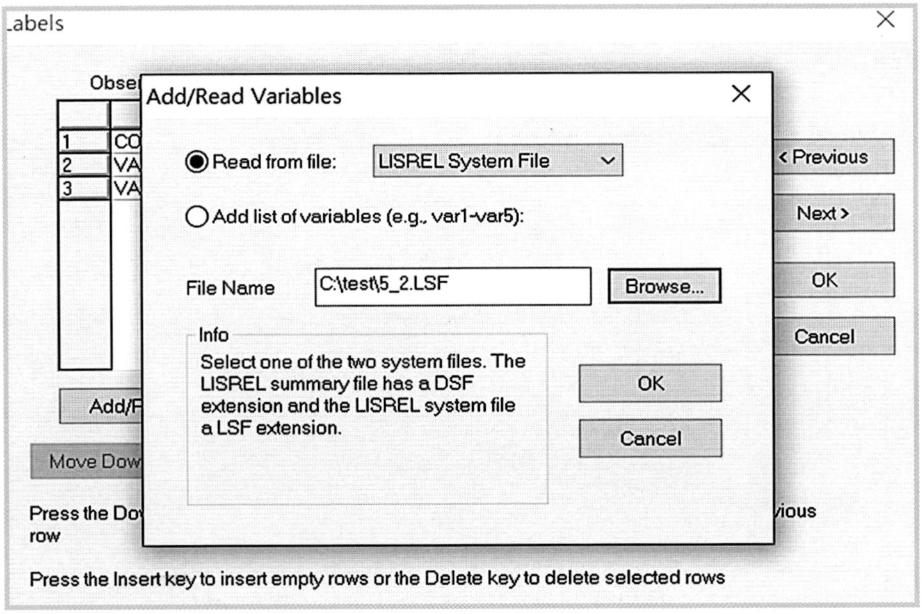

[OK]를 선택한다.

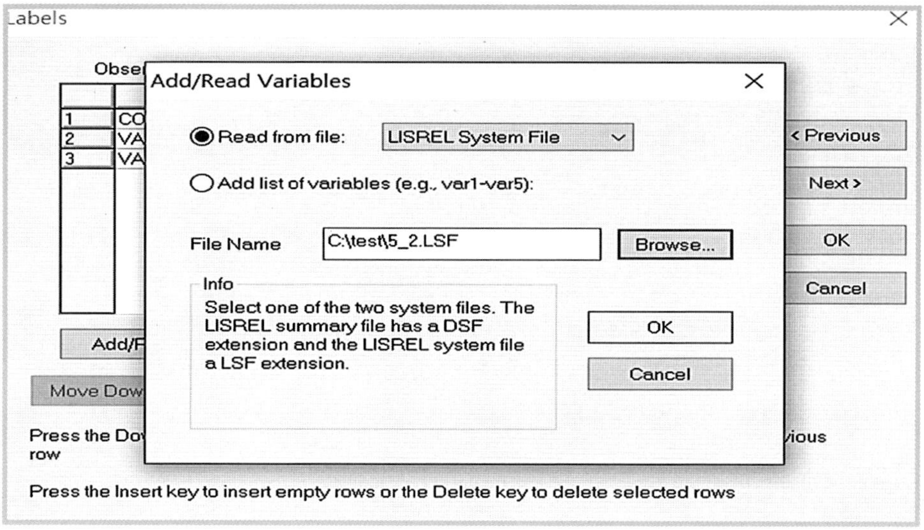

LISREL Data 파일에 있던 관찰치가 자동으로 대화상자 좌측 창에 입력된 것을 확인 할 수 있다. 우측에 있는 [OK]를 선택한다.

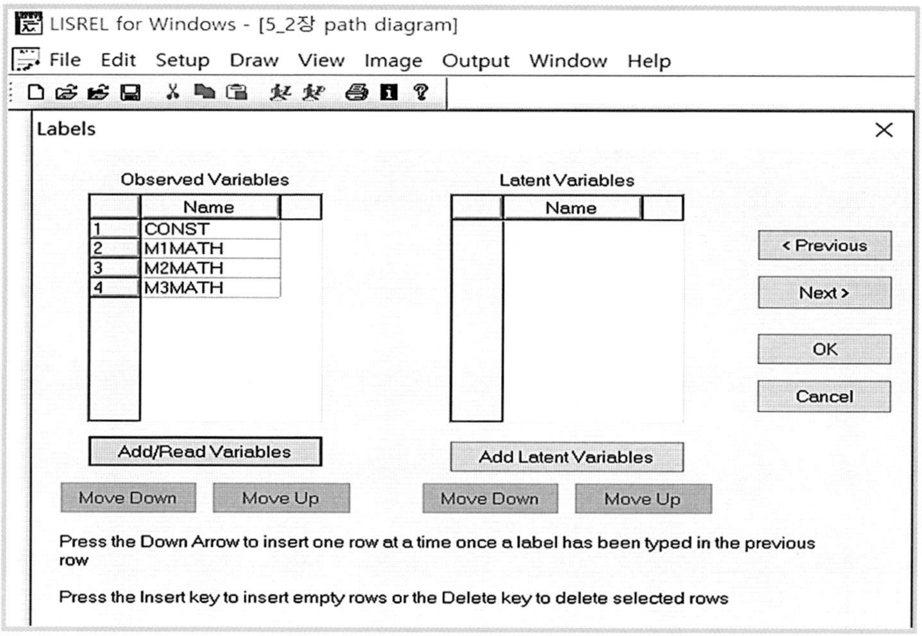

Path Diagram의 좌측을 보면, 관찰변수가 입력되어 있는 것을 볼 수 있다.

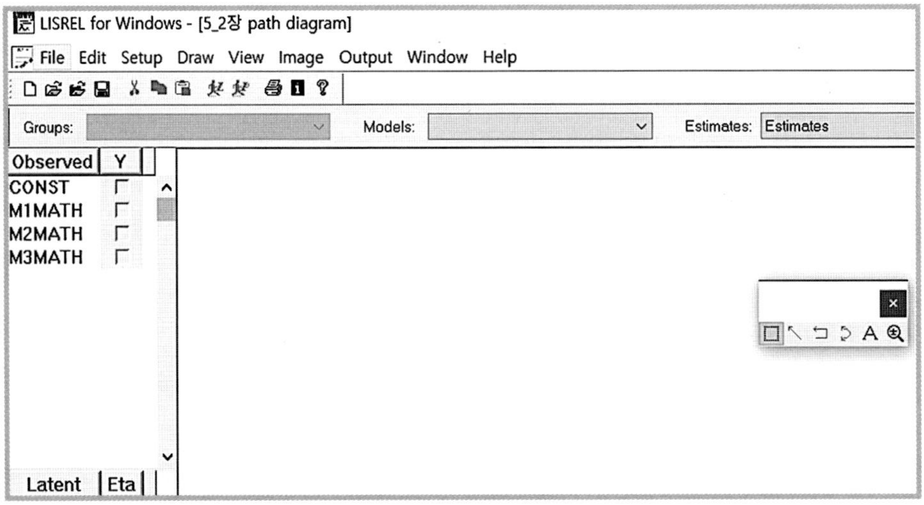

본격적으로 구조모형을 그리기 전에 어떤 변수가 종속(내생)변수인지를 지정해야한다. 관찰변수에서는 'Y' 항목에 체크한다. 클릭을 하면 선택된 변수에 'X' 표시가 생긴다.

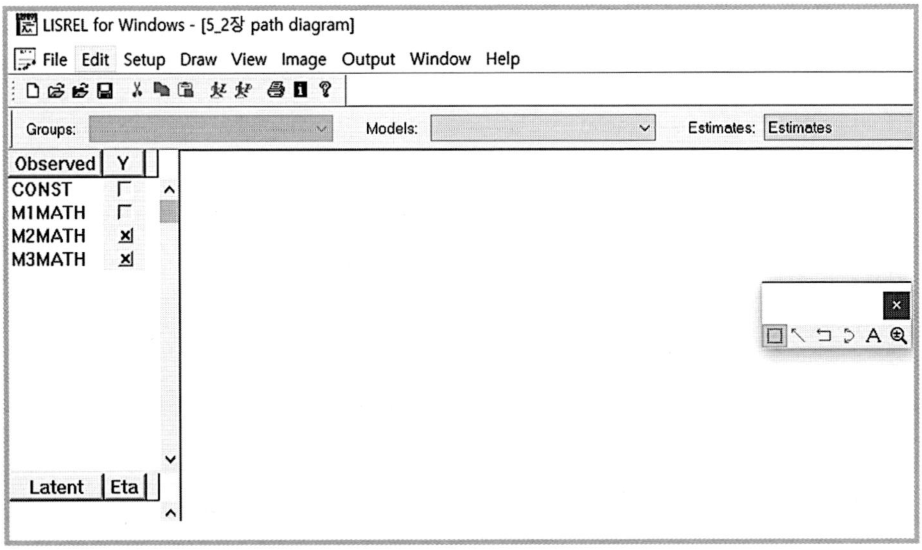

구조모형그리기를 시작한다. 좌측에 있는 'M1MATH'변수를 드래그하여 우측면으로 끌어오면, 'M1MATH'라는 변수가 생성된다. 이때 'M1MATH'변수는 독립변수이기 때문에 모형의 색이 회색이다.

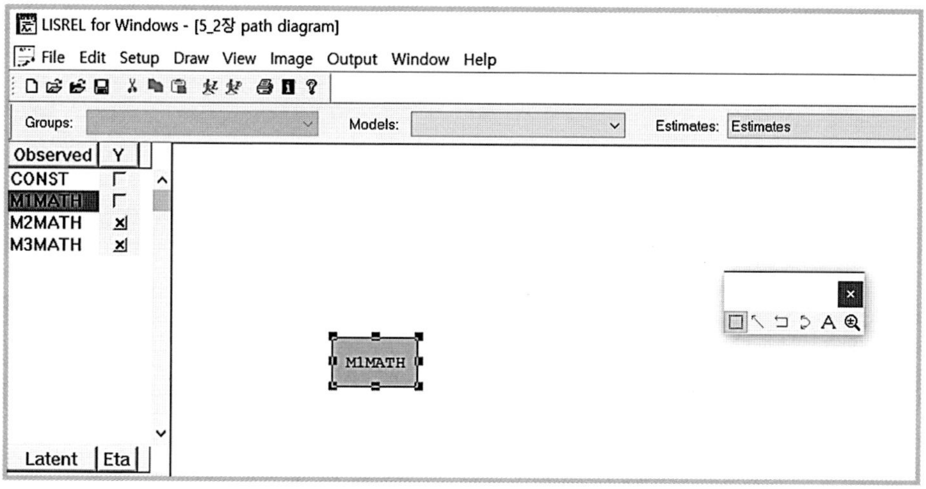

마찬가지로 동일한 방법으로 'M2MATH'를 드래그 하여 화면으로 끌어온다. 'M2MATH'변수는 종속변수로 지정되어있기 때문에 'M1MATH'와 다르게 파란색으로 나타난다.

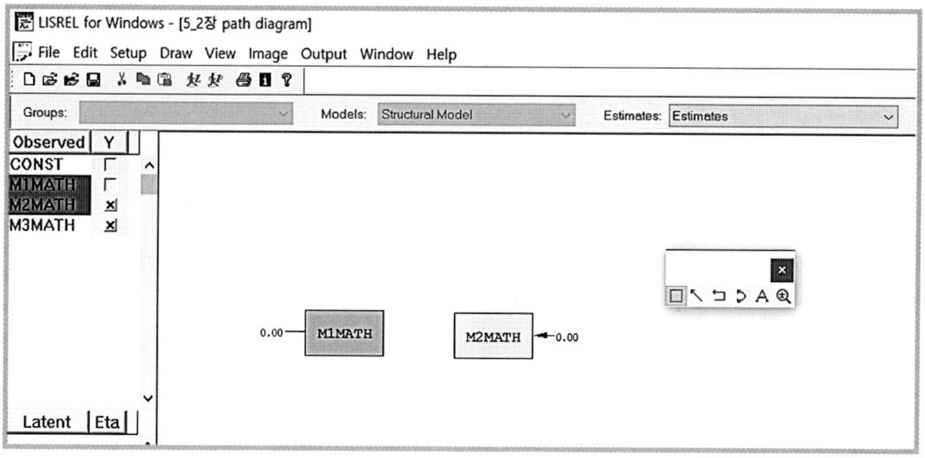

동일한 방법으로 'M3MATH'변수도 드래그하여 화면으로 끌어온다.

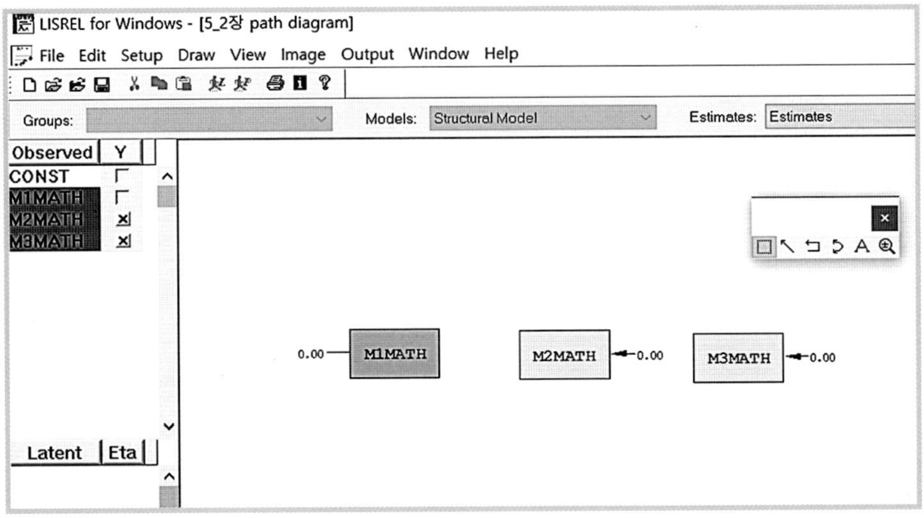

맨 우측의 조그마한 도구상자는 모형을 선택하고 경로를 지정하는 데 사용되는 도구모음이다. 기본적으로 '□'로 선택이 되어 있는데, 각 변수들 간의 관계를 표현하는 경로를 그리기 위해서는 화살표를 선택해야 한다. 도구모음 중 화살표는 일방경로, 양쪽화살표는 양방경로를 나타낸다. 여기서는 일방경로(One-way path) 화살표를 선택한다.

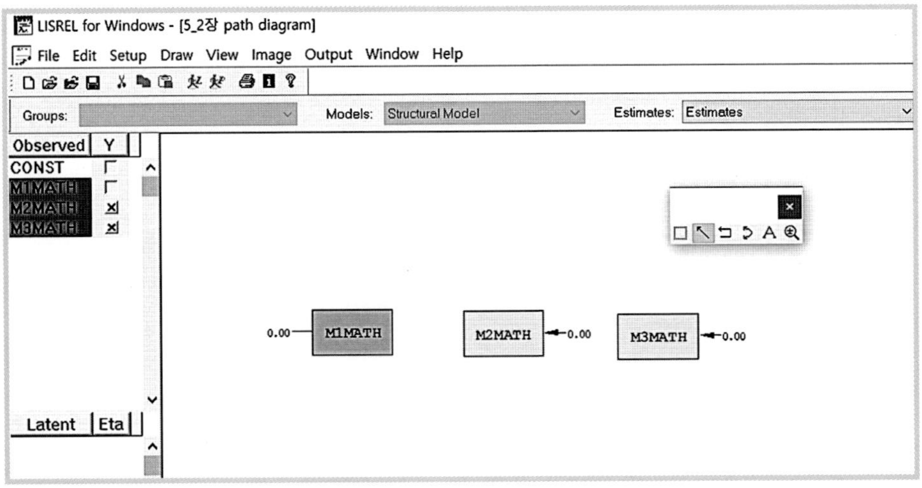

경로를 그릴 때 주의해야 할 점은 변수의 중간에서 다른 변수의 중간부분을 연결시키려고 해야 에러가 발생하지 않는다. 각 변수들을 연결시킨다.

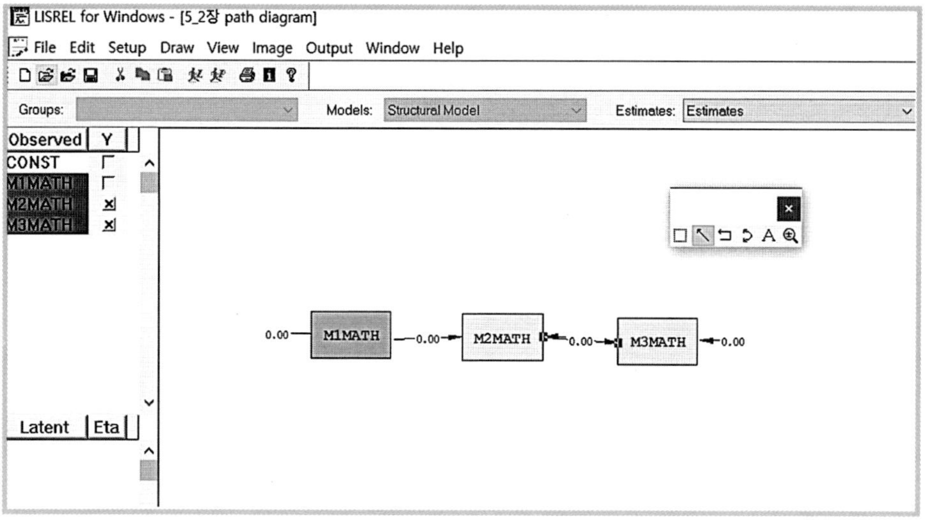

완성된 구조모형을 분석하기 위해서는 반드시 LISREL syntax나 SIMPLIS syntax를 구성해야 한다. [Setup] → [Build SIMPLIS Syntax]를 선택하면 자동으로 SIMPLIS syntax가 완성된다.

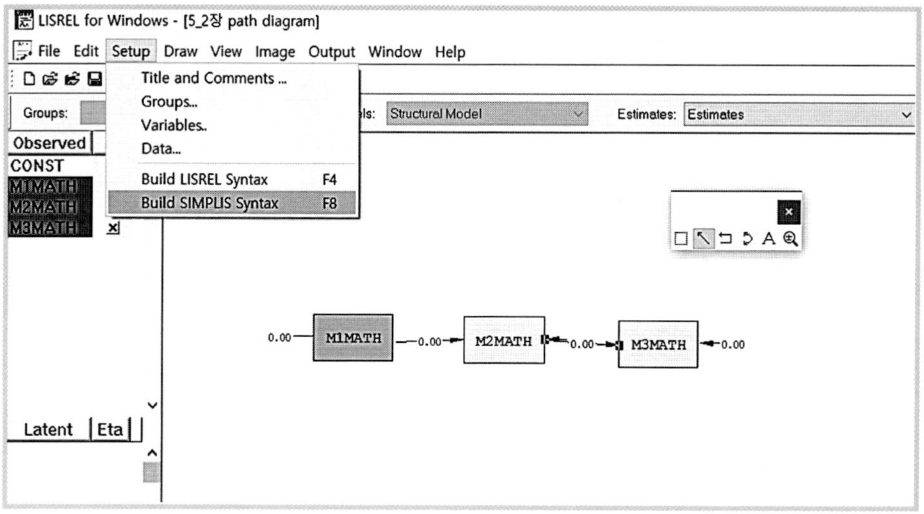

화면 상단 도구 모음 중 파란색 사람이 뛰는 모습 옆에 L이 새겨진 버튼, 을 선택하여 LISREL을 구동시킨다.

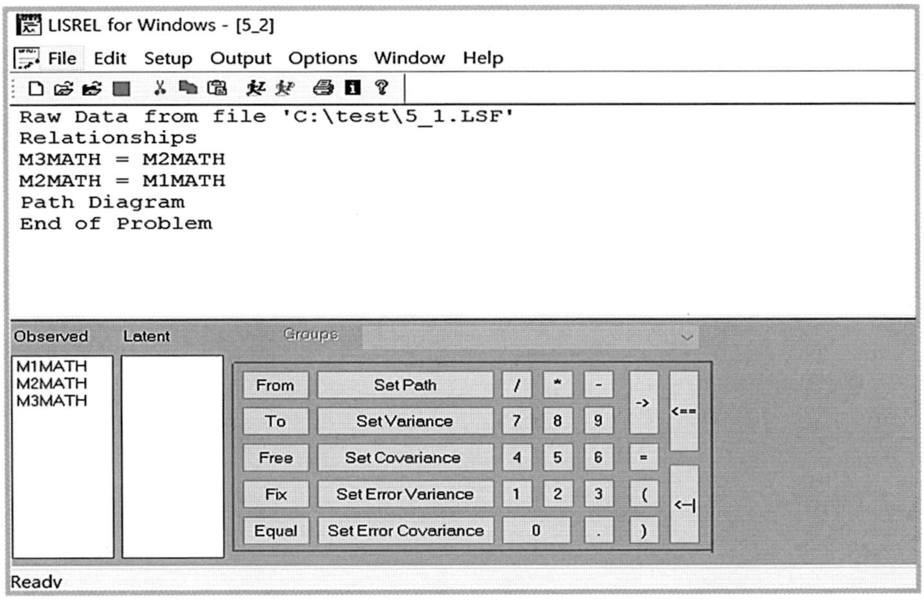

분석된 최종 결과가 diagram에 표시된 화면이다.

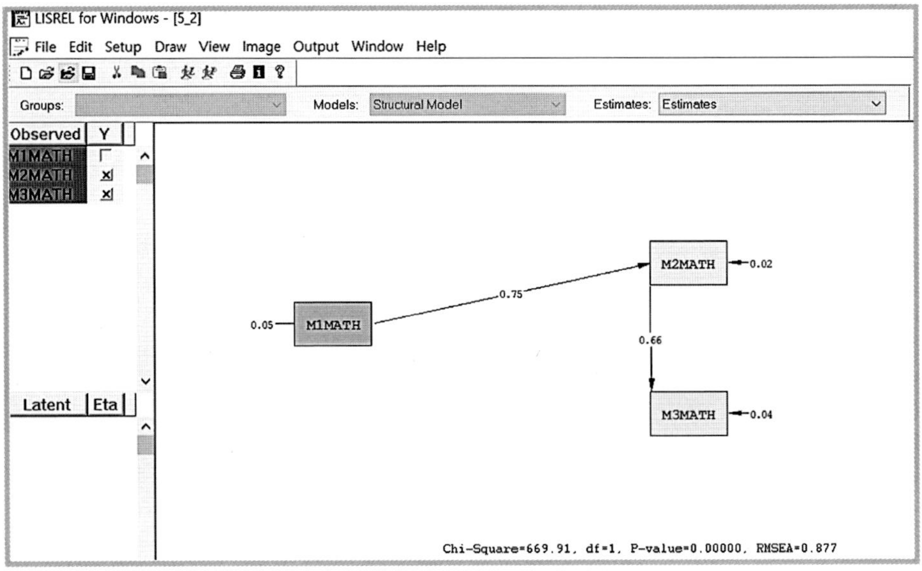

제6장
측정모형

1. 측정모형에서의 모형설정
2. 측정모형에서의 모형공분산행렬
3. 측정모형에서의 모수확인
4. 모수추정
5. 모형비교
6. 측정변수의 심리측정학적 특성
7. 측정모형의 분석 예시
8. Second-order CFA

측정모형은 잠재변수를 포함하는 모형이다. 제5장에서 진술된 관찰변수로만 구성된 구조방정식모형의 한계는 관찰변수가 곧 잠재변수이므로 각각의 잠재변수가 단지 하나의 관찰변수만으로 나타나야 한다는 것이다.

이러한 한계점은 다음의 두 가지 문제를 야기한다. 하나의 문제는 잠재변수를 설명할 수 있는 많은 관찰변수 가운데 하나만을 선택해야 한다는 것이다. 물론 잠재변수를 대리하는 관찰변수가 하나만 있는 경우는 예외가 되겠지만, 여러 개가 있을 때는 어떤 하나만을 강제로 선택해야 한다. 또 하나의 문제는 측정도구를 신뢰할 수 있다면 문제가 되지 않지만, 단지 하나만 사용되는 관찰변수는 측정오차에 취약할 수 있다는 것이다. 이런 문제를 해결하는 가장 좋은 방법은 잠재변수를 대리하는 관찰변수를 여러 개 사용하는 것이다.

여러 개의 관찰변수를 사용하는 방법은 각각의 잠재변수를 설명하는 데 하나의 관찰변수만을 사용하게 되는 문제와 측정오차의 문제를 전반적으로 완화시킬 수 있다. 각각의 잠재변수를 대리함에 있어 여러 개의 관찰변수를 사용하여 잠재변수와 관찰변수 간의 관계를 설명하는 것이 측정모형이다. 다시 말하면, 측정모형은 잠재변수를 관찰변수를 통해 외현화시키는 것이며, 이러한 관찰변수와 잠재변수 간의 관계를 검증하는 것을 확인적 요인분석이라고 한다.

확인적 요인분석이라는 용어를 처음 만든 Ledyard Tucker는 흔히 이루어지는 탐색적 요인분석은 잠재변수와 그것을 대리하는 관찰변수 간의 관계를 미리 규정할 수 없기 때문에 수많은 관찰변수를 보다 적은 수의 잠재변수, 즉 요인으로 환원시키는 기능이 주된 역할이라고 간파했다. 실제로 대부분의 통계패키지가 제공하는 요인분석은 Tucker의 지적대로 많은 관찰변수의 저변에 놓여 있는 잠재변수를 확인하고, 이들 각각의 잠재변수에 모든 관찰변수가 어떻게 연계되어 있는가에 초점을 맞추는 탐색적 요인분석이다.

탐색적 요인분석은 잠재변수와 관찰변수 간의 관계에 대한 어떤 가설이 요구되지 않는다. 여기서 말하는 가설이란 어떤 관찰변수들이 어느 특정한 잠재변수의 관찰변수로 기능한다는 것에 관한 잠정적 진술을 말한다. 탐색적 요인분석과 다르게 확인적 요인분석은 가설을 통해 잠재변수와 관찰변수의 관계를 미리 규정한다.

잠재변수가 직접적인 관찰이 불가능한 가설적 구인이라는 것은 이미 제2장에서 밝힌 바 있다. 여기서 잠재변수의 본질에 관해 좀 더 논의를 해 보자. Nunnally와 Bernstein(1994)은 가설적 구인이 무엇인가에 대한 논의에서, 구인은 어떤 행동이 다른 행동과 상관이 있다고 하는 가설을 반영하는 것이라고 정의하고 있다. 이러한 정의에 따르면, 구인, 즉 잠재변수가 사용되는 연구에서는 다음과 같은 점이 고려되어야 한다.

첫째, 구인은 조작적 정의가 필요하다. 조작적 정의는 그 구인을 대리하기 위해 어떤 관찰변수가 선택될 것인가에 관해 판단기준이 되기 때문이다. 또한 여러 개의 관찰변수가 동일한 구인을 대리하는 것이면 이들 관찰변수 간에는 어느 정도의 상관이 있어야 한다. 이러한 맥락에서 보자면, 어떤 잠재변수를 대리하는 관찰변수는 다른 구인을 대리하는 관찰변수와 높은 상관이 있어서는 안 된다는 예측이 가능하다. 따라서 수집된 자료가 이런 예측과 빗나가게 되면 선행이론을 토대로 설정한 구인에 대한 조작적 정의는 오류가 있으며, 이러한 구인은 리얼리티를 반영하지 못한 것이 된다. 구인 검증절차는 일반적인 구인타당화의 논리와 맥을 같이하고 있으며, 이러한 과정을 통해 잠재변수가 관찰변수에 의해 타당성 있게 대리되는가의 문제가 검증되는 것이다.

둘째, 잠재변수와 관계되어 유념해야 할 것은 잠재변수에 명명된 변수명이 그 잠재변수를 정확하게 반영하고 있다고 맹신해서는 안 된다는 것이다. 다시 말하면, 잘못된 이름(naming fallacy)을 붙이는 실수가 있을 수 있는 것이다. 잠재변수에 이름을 붙이는 추론의 과정이 타당하지 않으면, 잠재변수에 붙여진 이름은 제대로 붙여진 것이라고 하기 어렵다.

셋째, 가설적 구인인 잠재변수가 실제로 존재하고 있는 구체적인 것에 반드시 대응되어야 한다는 생각은 올바르지 않다. 즉, 어떤 잠재변수는 반드시 실제로 존재하고 있는 어떤 구체적인 형태의 지시체가 존재하지 않을 수도 있다. 예를 들어, 지능이론에서 일반능력인 *g*는 가설적 구인이다. 일반능력 *g*를 추상적인 것이 아니라 실제적인 것으로 간주하는 것은 구체적 지시물이 있어야 한다는 오류를 범하고 있는 것이다. 주지하는 바와 같이 *g*가 인간 두뇌의 어떤 특정한 부위에 직접적으로 연계된다고 말할 수는 없다.

마지막으로 잠재변수를 대리하는 관찰변수의 타당도와 신뢰도를 검사해야 한다. 타당도와 신뢰도가 확보되지 않은 관찰변수는 잠재변수의 대리인으로 제대로 기능할 수 없다. 구조방정식모형에서 사용되는 관찰변수는 타당도와 신뢰도가 있음을 전제로 한다. 따라서 잠재변수를 대리하는 관찰변수를 측정하기 위한 심리검사가 어떻게 제작되며, 심리측정학의 관점에서 심리검사의 타당도와 신뢰도가 무엇이며 어떻게 산정되는가를 따져 볼 필요가 있다. 심리검사의 제작과정 및 타당도와 신뢰도에 관한 정보는 『심리검사』(탁진국, 1996)나 『타당도와 신뢰도』(성태제, 2002) 등 심리측정에 관한 일반적인 교재를 참고하면 도움이 될 것이다.

1. 측정모형에서의 모형설정

측정모형에서는 잠재변수와 관찰변수 간의 인과관계에만 초점을 두고, 잠재변수 간의 인과관계에는 관심을 두지 않는다. 이론적 토대에 근거하여 잠재변수와 그것을 대리하는 관찰변수 간의 인과관계 가설을 검증하는 것이 주요 관심사인 것이다. 반면, 잠재변수 간에 관계가 있다고 해도 그 관계는 잠재변수 간의 인과관계가 아닌 상관관계이다. 잠재변수 간의 관계에서 상관관계는 존재할 수 있어도 인과관계는 설정되지 않는 것이다.

주지하는 바와 같이 상관관계는 두 변수가 서로 연합되어 있음을 나타내는 것이므로 잠재변수 간에는 영향을 주는 변수도 없고 영향을 받는 변수도 없다. 따라서 잠재변수를 외생잠재변수나 내생잠재변수로 구분하는 것이 무의미하게 된다. 그러므로, 측정모형에서 잠재변수는 외생잠재변수 또는 내생잠재변수로 구분하지 않고 모두 잠재변수로 통일하여 사용한다. 이때 잠재변수를 나타내는 기호로는 외생잠재변수를 나타내는 기호인 ξ를 사용한다.

측정모형에서는 잠재변수의 구분이 무의미하므로 관찰변수도 내생잠재변수의 관찰변수와 외생잠재변수의 관찰변수를 구분하는 것이 의미가 없게 된다. 관찰변수의 구분이 필요하지 않게 됨에 따라 측정모형에서 사용되는 모든 관찰변수는 외생잠재변수의 관찰변수를 나타내는 기호인 x로 표기된다. 관찰변수를 x로 표기하는 이유는 잠재변수를 ξ로 나타내기 때문이다. 측정모형에서의 연구모형은 다음과 같이 구성된다. [그림 6-1]은 측정모형을 그림으로 표시한 것이다.

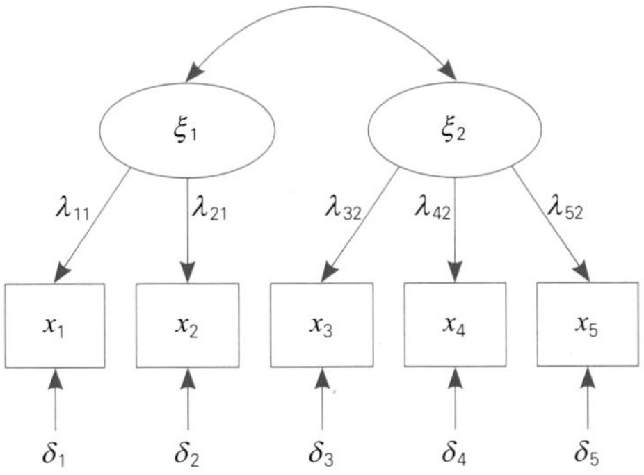

[그림 6-1] 측정모형

[그림 6-1]에 제시된 측정모형에서 관찰변수를 방정식으로 나타내면 다음과 같다.

$$x_1 = \lambda_{11}\xi_1 + \delta_1 \qquad x_3 = \lambda_{32}\xi_2 + \delta_3$$
$$x_2 = \lambda_{21}\xi_1 + \delta_2 \qquad x_4 = \lambda_{42}\xi_2 + \delta_4$$
$$x_5 = \lambda_{52}\xi_2 + \delta_5$$

그리고 이를 행렬로 표시하면 다음과 같다. n은 잠재변수의 개수이며, q는 관찰변수의 개수이다.

$x = \Lambda_x \xi + \delta$

x는 ξ의 관찰변수 벡터로 차수는 $q \times 1$

Λ_x는 x를 ξ에 관계시키는 계수행렬로 차수는 $q \times n$

ξ는 잠재변수 벡터로 차수는 $n \times 1$

δ는 x의 측정오차 벡터로 차수는 $q \times 1$

2. 측정모형에서의 모형공분산행렬

측정모형에서는 내생잠재변수와 외생잠재변수, 그리고 내생잠재변수의 관찰변수와 외생잠재변수의 관찰변수의 구분이 없다. 따라서 잠재변수 간의 인과관계를 나타내는 모수행렬 B와 Γ가 필요 없게 된다. 또한 내생잠재변수에서 외생잠재변수에 의해 설명되지 못하고 남아 있는 부분인 방해오차 모수행렬 Ψ, 내생잠재변수의 관찰변수의 계수행렬 Λ_y, 측정오차를 나타내는 행렬 Θ_ϵ이 나타나지 않는다. 필요 없는 행렬은 모두 영행렬이 되어 모형공분산행렬에서 없어지게 된다.

결과적으로 측정모형에서 나타나는 모수행렬은 잠재변수의 관찰변수에 대한 영향력을 나타내는 계수행렬 Λ_x, 잠재변수 간의 상관관계를 나타내는 행렬 Φ, 그리고 관찰변수의 측정오차를 나타내는 행렬 Θ_δ뿐이다. 결국 측정모형에서의 모형공분산행렬은 일반적인 경우의 모형공분산행렬에서 오른쪽 하단의 공분산행렬만 남아 있는 형태인 $\Sigma(\theta) = \Sigma_{xx}(\theta)$가 된다.

$$\Sigma(\theta) = \begin{bmatrix} 0 & 0 \\ 0 & \Sigma_{xx}(\theta) \end{bmatrix}$$

이러한 모형공분산행렬이 도출되는 과정은 다음과 같다.

$$x = \Lambda_x \xi + \delta$$

$$\begin{aligned}\Sigma(\theta) &= E(xx') \\ &= E\{(\Lambda_x \xi + \delta)(\Lambda_x \xi + \delta)'\} \\ &= E\{(\Lambda_x \xi \xi' \Lambda_x') + (\Lambda_x \xi \delta') + (\delta \xi' \Lambda_x') + (\delta \delta')\} \\ &= \Lambda_x E(\xi \xi' \Lambda_x') + \Lambda_x E(\xi \delta') + E(\delta \xi') \Lambda_x' + E(\delta \delta')\end{aligned}$$

이 식에서 두 번째와 세 번째 항은 가정에 의해 영행렬이 되므로 다음과 같이 된다.

$$\begin{aligned}&= \Lambda_x E(\xi \xi') \Lambda_x' + E(\delta \delta') \\ &= \Lambda_x \Phi \Lambda_x' + \Theta_\delta\end{aligned}$$

측정모형의 모형공분산행렬을 [그림 6-1]의 모형을 예를 들어 설명하면 다음과 같다. 먼저 측정모형에서 나타나는 Λ_x, Φ, Θ_δ 행렬은 다음과 같이 나타낼 수 있다.

$$\Lambda_x = \begin{bmatrix} \lambda_{11} & 0 \\ \lambda_{21} & 0 \\ 0 & \lambda_{32} \\ 0 & \lambda_{42} \\ 0 & \lambda_{52} \end{bmatrix} \qquad \Phi = \begin{bmatrix} \phi_{11} & \\ \phi_{21} & \phi_{22} \end{bmatrix}$$

$$\Theta_\delta = \begin{bmatrix} VAR(\delta_1) & & & & \\ 0 & VAR(\delta_2) & & & \\ 0 & 0 & VAR(\delta_3) & & \\ 0 & 0 & 0 & VAR(\delta_4) & \\ 0 & 0 & 0 & 0 & VAR(\delta_5) \end{bmatrix}$$

이 행렬을 측정모형의 공식 $\Sigma(\theta) = \Lambda_x \Phi \Lambda_x' + \Theta_\delta$에 대입하여 풀면, 다음과 같은 모형공분산행렬을 얻을 수 있다.

$$\Sigma(\theta)=\begin{bmatrix}\lambda_{11} & 0\\ \lambda_{21} & 0\\ 0 & \lambda_{32}\\ 0 & \lambda_{42}\\ 0 & \lambda_{52}\end{bmatrix}\begin{bmatrix}\phi_{11} & \\ \phi_{21} & \phi_{22}\end{bmatrix}\begin{bmatrix}\lambda_{11} & \lambda_{21} & 0 & 0 & 0\\ 0 & 0 & \lambda_{32} & \lambda_{42} & \lambda_{52}\end{bmatrix}$$

$$+\begin{bmatrix}VAR(\delta_1) & & & & \\ 0 & VAR(\delta_2) & & & \\ 0 & 0 & VAR(\delta_3) & & \\ 0 & 0 & 0 & VAR(\delta_4) & \\ 0 & 0 & 0 & 0 & VAR(\delta_5)\end{bmatrix}$$

$$=\begin{bmatrix}\lambda_{11}^2\phi_{11}+VAR(\delta_1) & & & & \\ \lambda_{11}\lambda_{21}\phi_{11} & \lambda_{21}^2\phi_{11}+VAR(\delta_2) & & & \\ \lambda_{32}\lambda_{11}\phi_{21} & \lambda_{32}\lambda_{21}\phi_{21} & \lambda_{32}^2\phi_{22}+VAR(\delta_3) & & \\ \lambda_{42}\lambda_{11}\phi_{21} & \lambda_{42}\lambda_{21}\phi_{21} & \lambda_{42}\lambda_{32}\phi_{22} & \lambda_{42}^2\phi_{22}+VAR(\delta_4) & \\ \lambda_{52}\lambda_{11}\phi_{21} & \lambda_{52}\lambda_{21}\phi_{21} & \lambda_{52}\lambda_{32}\phi_{22} & \lambda_{52}\lambda_{42}\phi_{22} & \lambda_{52}^2\phi_{22}+VAR(\delta_5)\end{bmatrix}$$

3. 측정모형에서의 모수확인

구조방정식모형의 다른 경우에서와 마찬가지로 측정모형에서의 자유모수는 모두 확인되어야 한다. 구조방정식모형의 영가설 $H_0 : \Sigma = \Sigma(\theta)$에 근거하여 모집단 공분산행렬과 모형공분산행렬은 같은 값을 가지게 되므로 다음과 같은 등식이 성립한다.

$$\Sigma=\begin{bmatrix}VAR(x_1) & & & & \\ COV(x_2,x_1) & VAR(x_2) & & & \\ COV(x_3,x_1) & COV(x_3,x_2) & VAR(x_3) & & \\ COV(x_4,x_1) & COV(x_4,x_2) & COV(x_4,x_3) & VAR(x_4) & \\ COV(x_5,x_1) & COV(x_5,x_2) & COV(x_5,x_3) & COV(x_5,x_4) & VAR(x_5)\end{bmatrix}$$

$$\Sigma(\theta)=\begin{bmatrix} \lambda_{11}^2\phi_{11}+VAR(\delta_1) & & & & \\ \lambda_{11}\lambda_{21}\phi_{11} & \lambda_{21}^2\phi_{11}+VAR(\delta_2) & & & \\ \lambda_{32}\lambda_{11}\phi_{21} & \lambda_{32}\lambda_{21}\phi_{21} & \lambda_{32}^2\phi_{22}+VAR(\delta_3) & & \\ \lambda_{42}\lambda_{11}\phi_{21} & \lambda_{42}\lambda_{21}\phi_{21} & \lambda_{42}\lambda_{32}\phi_{22} & \lambda_{42}^2\phi_{22}+VAR(\delta_4) & \\ \lambda_{52}\lambda_{11}\phi_{21} & \lambda_{52}\lambda_{21}\phi_{21} & \lambda_{52}\lambda_{32}\phi_{22} & \lambda_{52}\lambda_{42}\phi_{22} & \lambda_{52}^2\phi_{22}+VAR(\delta_5) \end{bmatrix}$$

$VAR(x)$	$COV(x_1, x_2) \quad i \neq j$
$VAR(x_1)=\lambda_{11}^2\phi_{11}+VAR(\delta_1)$	$COV(x_1, x_2)=\lambda_{11}\lambda_{21}\phi_{11}$
$\vdots$	$\vdots$
$VAR(x_5)=\lambda_{52}^2\phi_{22}+VAR(\delta_5)$	$COV(x_5, x_4)=\lambda_{52}\lambda_{42}\phi_{22}$

이때 등호 오른쪽의 자유모수를 왼쪽의 이미 알고 있는 정보(표본공분산행렬)로 확인하는데, 이때 미지의 자유모수의 값이 고유한 해를 갖게 되면 모수확인이 되는 것이다. 이와 같이 자유모수를 일일이 확인하는 것은 번거로운 일이다. 측정모형에서 적용될 수 있는 모수확인 방법이 개발되어 있다.

여기 소개되는 모수확인 방법은 측정모형에만 적용되는 한정적인 것도 있고, 다른 경우에도 일반화되는 것이 있다. 그러므로 독자는 이를 잘 구분해서 사용해야 한다.

1) t 규칙

앞서의 관찰변수로만 구성된 구조방정식모형에서 소개된 t 규칙과 동일한 것이다. 측정모형에서도 표본공분산행렬의 중복되지 않은 정보가 추정되어야 할 자유모수의 숫자보다 크거나 같아야 한다. 이 경우에서 중복되지 않은 정보의 숫자는 $\frac{1}{2}(q)(q+1)$이다.

$$t \leq \frac{1}{2}(q)(q+1)$$

[그림 6−1]의 모형을 적용하여 모수확인이 되는지 확인해 보면, 먼저 q는 관찰변수의 수로서 5이므로 $\frac{1}{2}(5)(5+1)=15$이다. 또한 산출되어야 할 미지수 t는 Λ_x 행렬에서 5개, Φ행렬에서는 3개 그리고 Θ_δ행렬에서는 5개이므로 미지수는 13개이다. 따라서 [그림 6−1] 모형은 모수확인이 가능하다고 볼 수 있다. 그러나 5장에서 진술한 바와 같이 이 t 규칙은 필요조건이기는 하나 충분조건은 아니다. 따라서 t 규칙을 통과해도 설정된 모형의 모든 자유모수의 확인이 보장되는 것은 아니다.

2) 세 개 지표 규칙

세 개 지표 규칙은 이름에서 시사되듯이 관찰변수가 세 개 있어야 함을 나타낸다. 이 규칙은 잠재변수가 하나만 있는 경우와 두 개 이상인 경우로 다시 구분된다. 잠재변수가 하나만 있는 모형을 단일요인모형(unifactor model)이라고 하며, 잠재변수가 두 개 이상인 것을 다중요인모형(multifactor model)이라고 부른다.

잠재변수가 하나만 있는 단일요인모형에서의 세 개 지표 규칙은 적어도 세 개의 관찰변수가 있어야 하며, 동시에 관찰변수의 측정오차 간에는 상관이 없어야 한다는 것이다. 잠재변수가 두 개 이상인 다중요인모형에서는 각각의 잠재변수에 적어도 세 개의 관찰변수가 있어야 하고, 계수행렬 Λ_x의 각 행에는 0이 아닌 원소가 하나만 있어야 하고, 동시에 관찰변수의 측정오차 간에는 상관이 없어야 한다는 것이다. 여기서 계수행렬 Λ_x의 각 행에서 0이 아닌 원소의 숫자를 요인복합성(factor complexity)이라고 한다. 그러므로 다중요인모형에서의 두 번째 조건은 요인복합성이 1이어야 한다는 것이다. 요인복합성을 [그림 6−2]와 행렬로 표시하면 다음과 같다.

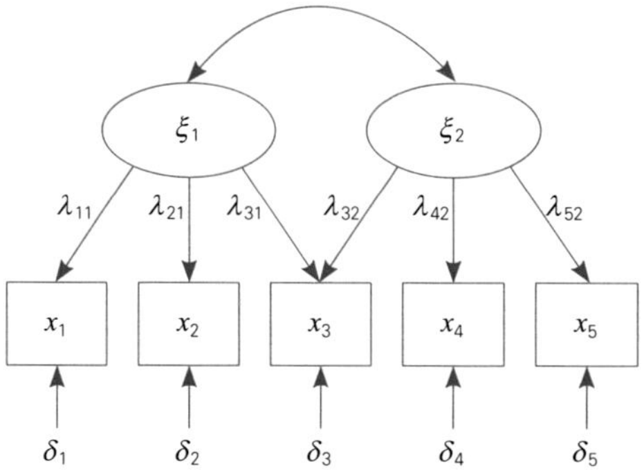

[그림 6-2] 요인복합성이 있는 측정모형

$$\Lambda_x = \begin{bmatrix} \lambda_{11} & 0 \\ \lambda_{21} & 0 \\ \lambda_{31} & \lambda_{32} \\ 0 & \lambda_{42} \\ 0 & \lambda_{52} \end{bmatrix} \qquad \Phi = \begin{bmatrix} \phi_{11} & \\ \phi_{21} & \phi_{22} \end{bmatrix}$$

$$\Theta_\delta = \begin{bmatrix} VAR(\delta_1) & & & & \\ 0 & VAR(\delta_2) & & & \\ 0 & 0 & VAR(\delta_3) & & \\ 0 & 0 & 0 & VAR(\delta_4) & \\ 0 & 0 & 0 & 0 & VAR(\delta_5) \end{bmatrix}$$

Λ_x행렬에서 $x_1(\lambda_{11}), x_2(\lambda_{21}), x_4(\lambda_{42}), x_5(\lambda_{52})$는 요인복합성이 1이며 $x_3(\lambda_{31}\lambda_{32})$는 요인복합성이 2이다. x_1, x_2, x_4, x_5는 모두 계수가 하나뿐이지만 x_3은 λ_{31}과 λ_{32}의 두 계수를 가지고 있다.

세 개 지표 규칙은 계수행렬 Λ_x와 측정오차를 나타내는 행렬인 Θ_δ에 제약이 가해진다. 제약은 구체적으로 요인복합성이 1이어야 하고, 동시에 Θ_δ가 대각선행렬이어야 한다는 것이다. 그러나 잠재변수 간의 상관을 나타내는 행렬인 Φ에는 아무런 제약이 없다. 상관행렬 Φ에 제약이 필요하지 않은 이유는, Λ_x의 요인복합성이 1이므로 두 개의 잠재변수 ξ_i와 ξ_j 간의 상관은 관찰변수 x_i와 x_j 간의 상관과 같기 때문이다. 그 결과, 미지수인 두 잠재변수 ξ_i와 ξ_j 간의 상관은 알고 있는 정보인 x_i와 x_j 간의 상관으로 확인된다. 이런 이유로 잠재변수 간의 상관을 나타내는 Φ에 제약이 필요 없게 된다.

[그림 6-2]의 모형은 잠재변수가 두 개인 모형으로, 각 잠재변수가 세 개 이상의 관찰변수를 가지고 있고, Θ_δ가 대각선행렬이기는 하지만, 각 관찰변수가 한 개의 잠재변수와 연결되어 있어야 한다는 조건, 즉 요인복합성이 1이어야 한다는 조건에 맞지 않으므로 모형확인이 되지 않는다. 세 개 지표 규칙은 측정모형에서 자유모수가 확인되기 위한 충분조건이다. 그러므로 이 조건을 통과하면 설정된 모형의 모든 자유모수는 확인된다.

3) 두 개 지표 규칙

두 개 지표 규칙은 이름이 시사하듯이 관찰변수가 두 개 이상이어야 함을 나타낸다. 이 두 개 지표 규칙도 세 개 지표 규칙과 마찬가지로 Θ_δ가 대각선행렬이어야 함을 가정하고 있다. 즉, 측정오차 간에는 상관이 없음을 가정하고 있는 것이다. 그리고 각각의 잠재변수에 척도가 부여된다. 예를 들어, 각각의 잠재변수를 나타내는 관찰변수 가운데, 하나의 관찰변수가 참조지표가 된다. 관찰변수 가운데 어느 하나의 관찰변수로 향하는 계수의 값을 1로 하여 관찰변수의 척도와 잠재변수의 척도를 일치시킨다. 이때 계수행렬의 Λ_x의 요인복합성이 1이고, 동시에 잠재변수 간의 연합을 나타내는 Φ에 0인 원소가 없어야 한다는 것이 두 개 지표 규칙이다.

이 조건만 통과하면 각각의 잠재변수에 관찰변수가 두 개 있어도 설정된 측정모형의 모든 자유모수는 확인이 된다. [그림 6-3] 모형을 통해 두 개 지표 규칙을 설명하면 다음과 같다.

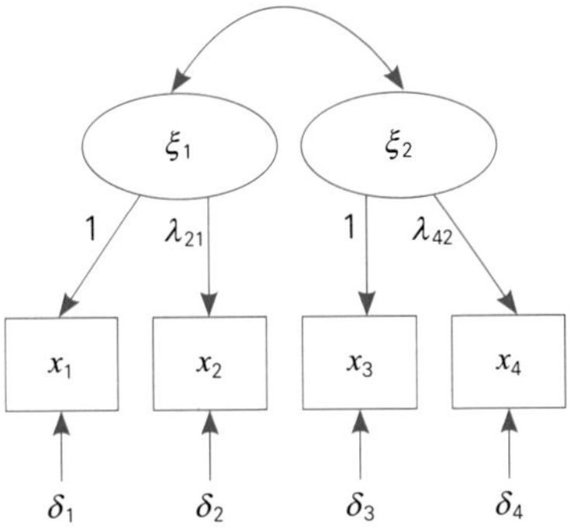

[그림 6-3] 관찰변수와 잠재변수의 척도를 일치시킨 측정모형

$$\Lambda_x = \begin{bmatrix} 1 & 0 \\ \lambda_{21} & 0 \\ 0 & 1 \\ 0 & \lambda_{42} \end{bmatrix} \qquad \Phi = \begin{bmatrix} \phi_{11} & \\ \phi_{21} & \phi_{22} \end{bmatrix}$$

$$\Theta_\delta = \begin{bmatrix} VAR(\delta_1) & & & \\ 0 & VAR(\delta_2) & & \\ 0 & 0 & VAR(\delta_3) & \\ 0 & 0 & 0 & VAR(\delta_4) \end{bmatrix}$$

먼저 각 잠재변수가 두 개의 관찰변수를 가지고 있고, Θ_δ가 대각선행렬이며, Λ_x의 각 요소들 중 한 개 값이 1로 고정되어 있으며, 각 관찰수가 한 개의 잠재변수와 연결되고, Φ행렬에 0이 없으므로 자유모수는 확인된다. 두 개 지표 규칙도 충분조건이다. 따라서 이 조건을 통과하면 설정된 모형이 확인된다.

t 규칙, 세 개 지표 규칙, 두 개 지표 규칙을 간단하게 요약하여 정리하면 〈표 6-1〉과 같다.

〈표 6-1〉 측정모형에서의 모수확인 규칙

확인 규칙	조건	필요조건	충분조건
t 규칙	$t \le \frac{1}{2}(q)(q+1)$	○	×
세 개 지표	잠재변수 한 개: 관찰변수 세 개 이상, Θ_δ는 대각선행렬 잠재변수 두 개: 관찰변수 세 개 이상, Λ_x의 요인복합성이 1, Θ_δ는 대각선행렬	×	○
두 개 지표	잠재변수에 두 개 이상의 관찰변수, Λ_x의 요인복합성이 1, Θ_δ는 대각선행렬, Φ행렬에 0이 없음(또는 Φ행렬의 비대각선 원소들 중 적어도 한 개가 0이 아님)	×	○

4. 모수추정

앞서도 언급되었듯이 모수추정은 구조방정식모형의 영가설 $H_0 : \Sigma = \Sigma(\theta)$를 이용하여 자유모수 값을 정해 주는 것이다. 관찰변수의 공분산행렬인 표본공분산행렬은 모집단을 잘 대표한다는 가정하에 $\Sigma(\theta)$의 추정값이 실제 모수값이라고 기대하는 것이다. 따라서 이러한 모수추정의 전제는 설정된 모형이 정확하다는 가정이다.

모수추정에 사용되는 합치함수는 여러 가지가 있다. 가장 일반적으로 사용하는 최대가능법에 대해서는 5장에서 자세하게 설명되었고, 가중최소제곱법, 비가중최소제곱법은 7장에서 논의가 된다. 따라서 이 장에서는 일반화최소제곱법에 대해서 설명하고자 한다.

일반화최소제곱법

일반화최소제곱법은 잔차행렬 $[S - \Sigma(\theta)]$에 가중치를 주어 자유모수를 추정하는 방법이다. 잔차행렬의 모든 원소가 모두 똑같은 값의 분산을 갖지는 않으며, 다른 원소 간의 공분산도 모두 똑같은 값을 갖지는 않는다. 원소의 분산이 서로 다르고 원소 간의 공분산도 서로 같지 않으므로, 각각의 분산과 원소 간의 공분산에 따라 잔차행렬의 모든 원소에 가중치를 주어 자유모수를 추정하는 것이 일반화최소제곱법이다.

일반화최소제곱법이 의미 있으려면 잔차행렬에 가중치를 주는 가중행렬이 제대로 선택되어야 하고 이렇게 선택된 가중행렬을 사용해 추정된 자유모수가 최적의 특성을 가져야 한다는 전제조건이 필요하다. 이 전제조건이 성립되기 위해서는 표본공분산행렬 S의 원소의 분포에 대한 가정이 필요하다. 표본공분산행렬 S의 원소들이 이루는 분포가 표본크기가 무한대로 커질 때, 평균과 점근공분산(asymptotic covariance, $ACOV$)을 갖는 다중변수정상분포라는 것이다.

$$\text{평균: } E(s_{ij}) = \sigma_{ij} \quad \cdots\cdots ①$$

$$ACOV\text{: } ACOV(s_{ij}, s_{kl}) = N^{-1}(\sigma_{ik}\sigma_{jl} + \sigma_{il}\sigma_{jk}) \quad \cdots\cdots ②$$

여기서 ①은 단지 S의 ij번째 원소의 기댓값이 존재하며 s_{ij}에 기댓값을 취한 것이 σ_{ij}이라는 것이다. 표본공분산행렬 S의 ij번째 원소의 기댓값이 모집단공분산행렬 Σ의 ij번째 원소와 같다는 것이다. 즉, s_{ij}의 기댓값이 σ_{ij}의 불편파 추정치라는 것이다. ②는 중요한 가정으로서, 모든 관찰변수 y, x의 분포에서 4차 누적적률(cumulant)이 0이라는 것이다. 관찰변수의 4차 누적적률이 0이라는 것은, 편포도와는 무관하게 관찰변수의 첨도가 0이라는 것을 나타내는데, 이는 4차 누적적률 k_{ijkl}이 다음과 같기 때문이다.

$$k_{ijkl} = \sigma_{ijkl} - \Sigma(\theta)_{ij}\Sigma(\theta)_{kl} - \Sigma(\theta)_{ik}\Sigma(\theta)_{jl} - \Sigma(\theta)_{il}\Sigma(\theta)_{jk} \quad \cdots\cdots ③$$

여기서 $\sigma_{ijkl} = E\left[(z_i - \overline{z}_i)(z_j - \overline{z}_j)(z_k - \overline{z}_k)(z_l - \overline{z}_l)\right]$이며, $\overline{z}_i = E(z_i)$이다. 관찰변수의 4차 누적적률 값이 0일 때 관찰변수의 첨도는 0이다. 왜냐하면 ③이 0이면 $i = j = k = l$일 때 4차 모멘트가 되는 σ_{ijkl}은 0이 되기 때문이다. 만약 ②에서 진술된 가정이 성립되지 않는다면, s_{ij}와 s_{kl} 간의 점근공분산은 다음과 같다.

$$ACOV(s_{ij}, s_{kl}) = N^{-1}(\sigma_{ik}\sigma_{jl} + \sigma_{il}\sigma_{jk}) + (N-1)N^{-1}\kappa_{ijkl}$$

표본공분산행렬 S와 점근공분산행렬(asymptotic covariance matrix, ACM)은 다른 것이다. 모두 공분산행렬이라는 표현이 들어 있어서, 많은 연구자가 막연히 두 개가 같은 것이라고 간주하는 경우가 있으나 분명히 다른 것이므로 오해하지 말아야 한다. 흔히 갖는 오해는 정상분포가 아닌 자료를 처리할 때 공분산행렬이나 상관행렬을 대신해 ACM이 입력자료로 사용되어야 한다고 하는 것이다. 표본공분산행렬과 점근공분산행렬의 차이점을 다음과 같은 경우를 예로 들어 설명해 보자. 여기 관찰변수 Y_1, Y_2, Y_3에 대해 각각 사례수 10인 세 집단의 자료가 있다고 하자.

Y_1	Y_2	Y_3	Y_1	Y_2	Y_3	Y_1	Y_2	Y_3
78	115	229	86	114	155	60	92	194
87	125	285	85	103	149	103	109	252
75	78	159	135	104	211	80	92	180
69	106	175	118	94	160	134	106	244
85	126	213	92	87	211	108	92	149
100	133	270	94	76	185	132	125	156
108	124	175	85	133	189	95	102	163
78	103	132	92	105	196	65	111	159
104	93	265	90	97	207	118	117	310
95	91	157	80	107	177	79	114	276

각각의 자료에서 구한 표본공분산행렬 S는 다음과 같다.

집단 1의 표본공분산행렬				집단 2의 표본공분산행렬			
	Y_1	Y_2	Y_3		Y_1	Y_2	Y_3
Y_1	176.544			Y_1	297.122		
Y_2	66.600	329.600		Y_2	−57.778	237.111	
Y_3	262.111	502.667	2933.778	Y_3	106.778	−58.556	538.667
평균	87.900	109.400	206.000	평균	95.700	102.000	184.000

집단 3의 표본공분산행렬

	Y_1	Y_2	Y_3
Y_1	688.933		
Y_2	135.556	131.556	
Y_3	299.533	239.889	3316.678
평균	97.400	106.000	208.300

관찰변수가 연속변수일 때, 관찰변수들에 대한 분산과 공분산을 구할 수 있으며 그것들은 각 집단의 표본공분산행렬에 제시되어 있다. 표본공분산행렬 S에서 중복되지 않은 정보의 숫자는 일반적으로 $\frac{1}{2}(p+q)(p+q+1)$이다. 그러나 측정모형에서는 p와 q를 구분하지 않고 q로 나타내기 때문에 여기서는 변수의 숫자가 3이다. 따라서 $\frac{1}{2}(3)(4)=6$이며, 이것은 앞서 세어 보면 6개인 것을 쉽게 알 수 있다. 참고로 상관행렬에서 중복되지 않은 정보의 숫자는 $\frac{1}{2}(p+q)(p+q-1)$이다. 이것은 상관행렬의 대각선 원소가 1로 모두 같기 때문이다.

표본공분산행렬의 중복되지 않은 원소들을 나열하면 다음과 같다. s_{11}, s_{21}, s_{22}, s_{31}, s_{32}, s_{33}. 세 개의 표본공분산행렬에서 중복되지 않은 원소들이 갖는 값—그러므로 표본공분산행렬의 분산과 공분산—을 변수로 하는 행렬을 구성하면 다음과 같이 된다. 중복되지 않은 원소가 6이므로 이 행렬은 차수가 3×6인 행렬이다.

s_{11}	s_{21}	s_{22}	s_{31}	s_{32}	s_{33}
176.544	66.600	329.600	262.111	502.667	2933.778
297.122	−57.778	237.111	106.778	−58.556	538.667
688.933	135.556	131.556	299.533	239.889	3316.678

이번에는 동일한 관찰변수 Y_1, Y_2, Y_3에 대해 사례수 10인 표본을 무한대로 취했다고 하자. 그러면 앞 행렬의 차수는 ∞×6이 된다. 변수가 6이고 관찰값이 ∞인 자료에서 각 변수의 분산과 변수 간의 공분산을 구한 것이 점근공분산행렬이다. 즉, ∞×6의 자료에서 차수 6×6의 공분산행렬을 구한 것이 점근공분산행렬이다. 점근(asymptotic)이라는 용어에서 앞과 같은 과정을 유추해 내기는 쉽지 않으나,

여기서는 통계학 용어집에서 나온 것을 그대로 사용한다.

이 경우 ACM에서 중복되지 않은 정보의 숫자는 $\frac{1}{2}(6)(6+1)=21$이다. 여기서 알 수 있듯이 관찰변수가 늘어난다면 ACM에서 중복되지 않은 정보의 숫자는 기하급수적으로 증가하게 된다. 관찰변수가 6인 경우 ACM에서 중복되지 않은 정보의 숫자를 직접 구해 보라.

실제에서 연구자는 ∞로 표본을 취할 수는 없다. 따라서 ACM은 한 표본의 정보에서 구해지며, 관찰변수가 연속성을 갖는지, 서열화된 범주에 대한 반응인지, 아니면 이것들의 혼합인지에 따라 구하는 방식이 달라진다. ACM을 구하는 대안은 스스로 만들기(bootstrap) 방법을 사용하는 것이다. 원자료에서 무선으로 수많은 표본을 뽑는 것이다. 이때 뽑혀져 나온 것을 계속해서 원자료에 되먹이며 시행한다. 예를 들면, 다음에 제시되는 자료는 첫 번째 집단에서 무선으로 추출한 것이다.

Y_1	Y_2	Y_3
87	125	285
87	125	285
75	78	159
69	106	175
85	126	213
85	126	213
108	124	175
78	103	132
78	103	132
78	103	132

일반화최소제곱법의 가정이 충족되는 충분조건은 각각의 관찰값이 독립적이고 동일하게 분포되어 있으며, 모든 관찰변수 y, x의 4차 모멘트가 존재한다는 것, 그리고 모든 관찰변수 y, x가 다중변수정상분포를 이룬다는 것이다. 점근공분산 ②에 대한 가정은 다중변수정상분포가 아니어도 과도한 첨도가 존재하지 않으면 충족된다.

이런 가정 속에서 일반화최소제곱 합치함수가 도출된다. 먼저 잔차의 이차형태를 검토해 보면 다음과 같다.

$$[s-\sigma(\theta)]'[COV(s, s')]^{-1}[s-\sigma(\theta)] \cdots\cdots\cdots\cdots\cdots\cdots ④$$

여기서 s는 S의 중복되지 않는 원소로 구성된 열벡터이고, $\sigma(\theta)$는 $\Sigma(\theta)$의 s에 대응되는 열벡터이다. 중복되지 않기 때문에 $s' = (s_{11}, s_{21}, s_{22}, s_{31}, \cdots, s_{(p+q)(p+q)})$이다. 벡터 s와 $\sigma(\theta)$는 $vecs(S)$와 $vecs(\Sigma(\theta))$로 표시되기도 한다. 여기서 벡터 s의 차수는 $\frac{1}{2}(p+q)(p+q+1)\times 1$이고, $\sigma(\theta)$는 s와 동일한 차수를 갖는다. 이 벡터를 이탤릭체로 표기한다.

먼저 잔차 이차형태에서 차수 $\frac{1}{2}(p+q)(p+q+1)\times\frac{1}{2}(p+q)(p+q+1)$인 행렬 $COV(s, s')$를 구한다. 행렬 $COV(s, s')$를 구하는 한 가지 방법은 크로네커 곱의 정리를 사용하는 것이다. 크로네커 곱은 직접곱하기라고도 한다. $\otimes$는 크로네커 곱을 나타내는 기호이다. 크로네커 곱은 A, B 두 행렬을 서로 곱할 때 첫 번째 행렬의 각 원소에 두 번째 행렬이 곱해지는 방법이다. A행렬의 각 원소를 스칼라 a_{ij}로 간주해 B행렬에 곱하는 방법이다. 예를 들면, $A\otimes B=[a_{ij}B]$가 된다.

크로네커 곱을 이용하여 어떤 공분산 s_{ij}와 공분산 s_{kl} 간의 공분산항 $COV(s_{ij}, s_{kl})$ —② 번째 가정—는 다음과 같이 나타낼 수 있다.

$$COV(s_{ij}, s_{kl}) =$$
$$N^{-1}\left\{\frac{1}{2}\Big([\Sigma\otimes\Sigma]_{ij,kl}+[\Sigma\otimes\Sigma]_{ji,kl}\Big)+\frac{1}{2}\Big([\Sigma\otimes\Sigma]_{ji,lk}+[\Sigma\otimes\Sigma]_{ij,lk}\Big)\right\}$$

이렇게 되는 이유는 등호 왼쪽의 원소형태를 오른쪽의 행렬형태로 바꾼 것이며, 괄호 밖의 $\frac{1}{2}$은 원래 하나인 것을 둘로 쪼갰기 때문이다. 하나인 것을 둘로 쪼갰기 때문에 첫 번째 괄호의 아래 첨자와 두 번째 괄호의 아래 첨자가 반대순서로 나타난다.

그러면 중복되지 않은 원소들로 구성된 차수가 $\frac{1}{2}(p+q)(p+q+1)\times\frac{1}{2}(p+q)$

$(p+q+1)$인 행렬 $COV(s, s')$는 다음과 같다.

$$COV(s_{ij}, s_{kl}) = 2N^{-1}K'(\Sigma \otimes \Sigma)K$$

여기서 K는 차수가 $(p+q)^2 \times \frac{1}{2}(p+q)(p+q+1)$인 행렬이며, 원소는 $[K]_{ij,kl} = \frac{1}{2}(\delta_{ik}\delta_{jl} + \delta_{il}\delta_{jk})$이며, $i \le (p+q), j \le (p+q), k \le l \le (p+q)$이다. δ_{ij}는 크로네커 δ를 나타내는 기호이다. $i \neq j$이면 $\delta_{ij}=0$이며, $i=j$이면 $\delta_{ij}=1$이다. 따라서 행렬 K의 특성은 다음과 같다.

$$[K]_{ii,ii} = 1$$
$$[K]_{ij,ij} = [K]_{ij,ji} = \frac{1}{2},\ i \neq j \text{일 때}$$
$$[K]_{ij,kl} = 0,\ ij \neq kl,\ ij \neq lk \text{일 때}$$

또한 K의 역행렬은 다음과 같다.

$$K^{-1} = (K'K)^{-1}K'$$

이 역행렬 K^{-1}의 차수는 $\frac{1}{2}(p+q)(p+q+1) \times (p+q)^2$이며, 원소는 다음과 같이 나타난다.

$$\begin{aligned}[K^{-1}]_{kl,ij} &= (2-\delta_{kl})[K]_{ij,kl} && (i \le (p+q), j \le (p+q), k \le l \le (p+q)\text{일 때}) \\ &= 1 && (ij=kl \text{ 또는 } ij=lk\text{일 때}) \\ &= 0 && (\text{그 외 다른 경우})\end{aligned}$$

표본공분산행렬 S는 대칭행렬이므로 중복되지 않은 원소들로 구성된 열벡터 s는 간단한 행렬연산을 통해 다음처럼 표시될 수도 있다. $s = K'\boldsymbol{s}$이다. 여기서 K'는 중복되지 않은 원소만 선택하기 위해 사용되었다.

여기서 $\boldsymbol{s}$는 S의 모든 원소를 포함하는 열벡터이다. 이것은 $vecs(S)$로도 표기된다. $\boldsymbol{s}$는 s와 다르다. 이탤릭체 s는 S의 중복되지 않은 원소만으로 구성된 열벡터이고, 로만체 $\boldsymbol{s}$는 $\boldsymbol{s}' = (s_{11}, s_{21}, s_{22}, s_{31}, \cdots, s_{(p+q)(p+q)})'$이다. 즉, S의 모든 원소를 포함하는 열벡터이다. 여기서 $\boldsymbol{s}$의 차수는 $(p+q)^2 \times 1$이고, $\Sigma(\theta)$에서 이에 대응되는 열벡터 $\sigma(\theta)$ 또한 $\boldsymbol{s}$와 차수가 같다.

두 번째, $COV(s, s')$의 역행렬을 구한다.

$$
\begin{aligned}
[COV(s, s')]^{-1} &= [2N^{-1}K'(\Sigma \otimes \Sigma)K]^{-1} \\
&= 2^{-1}NK'(\Sigma^{-1} \otimes \Sigma^{-1})K^{-1\prime}
\end{aligned}
$$

역행렬이 이렇게 되는 이유는 크로네커 곱에서 서로 정합인 정칙행렬은 $(A \otimes B)^{-1} = (A^{-1} \otimes B^{-1})$의 정리를 따르고, $[K'(W \otimes W)K]^{-1} = K^{-1}(W^{-1} \otimes W^{-1})K^{-1\prime}$이기 때문이다. 여기서 $K^{-1} = (K'K)^{-1}K'$는 앞에서 이미 밝힌 바 있다. 또한 $2^{-1}N$은 $(2N^{-1})^{-1}$이기 때문이다.

세 번째, 이렇게 구한 $COV(s, s')$의 역행렬 $[COV(s, s')]^{-1}$을 잔차 이차형태 ④에 대입한다. 그러면 잔차 이차형태는 다음과 같이 된다. 이제부터 잔차 이차형태를 $NF(\theta|\Sigma^{-1})$로 나타낸다. 기호에서 $F(\theta|\Sigma^{-1})$는 $[COV(s, s')]^{-1}$, 즉 Σ^{-1}이 주어졌을 때 θ를 추정하는 합치함수이며, N은 표본크기이다.

$$
\begin{aligned}
&NF(\theta|\Sigma^{-1}) \\
&= 2^{-1}N[s - \sigma(\theta)]'K^{-1}(\Sigma^{-1} \otimes \Sigma^{-1})K^{-1\prime}[s - \sigma(\theta)]' \cdots\cdots ⑤
\end{aligned}
$$

그러면 $\boldsymbol{s} = K^{-1\prime}s$이기 때문에 $K^{-1\prime}[s - \sigma(\theta)]$가 $[\boldsymbol{s} - \sigma(\theta)]$로 되고 따라서 다음처럼 쓸 수 있다.

$$
\begin{aligned}
&NF(\theta|\Sigma^{-1}) \\
&= 2^{-1}N[\boldsymbol{s} - \sigma(\theta)]'(\Sigma^{-1} \otimes \Sigma^{-1})[\boldsymbol{s} - \sigma(\theta)] \cdots\cdots ⑥
\end{aligned}
$$

여기서 ⑤의 s와 $\sigma(\theta)$는 이탤릭체로 쓰고 ⑥의 $\mathbf{s}$와 $\sigma(\theta)$는 로만체를 써서 구별한다. $[\mathbf{s}-\sigma(\theta)]$가 사용되는 이유는 이차형태가 잔차에 관한 것이므로 표본공분산행렬 S의 모든 원소가 대상이 된다. 이것은 $[s-\sigma(\theta)]$에 비해 보다 일반적이다.

이때 잔차 이차형태인 ⑥은 알려지지 않은 미지의 공분산행렬 Σ의 함수이다. 따라서 알려지지 않은 공분산행렬의 역행렬인 Σ^{-1}은 다른 행렬 V에 의해 대체될 수 있다. N이 상쇄되면 잔차 이차형태는 다음과 같아지며, 이것이 일반화최소제곱 합치함수이다.

이 합치함수는 θ에 대해서 최소화된다. 즉, 이 합치함수를 최소화시키는 θ에서 산출되는 자유모수의 값이 자유모수 추정값이다.

$$F(\theta|V) = 2^{-1}[\mathbf{s}-\sigma(\theta)]'(V \otimes V)[\mathbf{s}-\sigma(\theta)]$$

앞의 식에서 크로네커 곱은 대각선더하기로 나타낼 수 있다. 예를 들면, $x'(V \otimes V)y = tr(XVY'W')$이 된다. 여기서 $x = vec(X)$, $y = vec(Y)$이다. 이를 이용해 앞의 식을 다시 쓰면 다음과 같아진다.

$$F_{GLS} = F(\theta|V)2^{-1}tr\left(\{[S-\Sigma]\}^2\right)$$

그리고 가중행렬 V를 일반적으로 많이 사용하는 W^{-1}로 표시하면 다음과 같다. 이것이 일반화최소제곱 합치함수의 일반적 표현이다.

$$F_{GLS} = \frac{1}{2}tr\left(\{[S-\Sigma]W^{-1}\}^2\right)$$

W^{-1}은 잔차행렬에 대한 가중행렬이다. 가중행렬 W^{-1}은 표본크기가 무한히 커짐에 따라 확률적으로 양정치행렬에 수렴하는 확률행렬이거나 상수들로 구성된 양정치행렬이다.

변수가 큰 분산을 가지는 경우에는 그에 해당하는 잔차행렬의 원소도 큰 숫자를 갖게 된다. 또한 변수가 작은 분산을 갖게 되는 경우에는 역시 잔차행렬도 작은 숫자를 가지게 될 가능성이 높다. 따라서 단순감산에 의해 잔차행렬을 산출하고 그것을 최소화하는 계수를 찾는 대신, 잔차행렬이 원래 변수의 행렬에 대하여 차지하는 비율을 산출하고, 그 비율을 최소화하는 계수를 찾아내는 것이 더 합리적이다. 즉, $[S-\Sigma(\theta)]$를 최소화하는 대신, $[S-\Sigma(\theta)]W^{-1}$이나 $[S-\Sigma]\Sigma^{-1}$을 최소화하는 것이다. $[S-\Sigma(\theta)]$가 잔차행렬이라면 $[S-\Sigma(\theta)]W^{-1}$이나 $[S-\Sigma]\Sigma^{-1}$은 각 변수가 전체 공분산구조에 갖는 기여도에 비례하도록 가중한 잔차행렬이 되는 것이다.

그러나 모든 가중행렬 W^{-1}이 일반화최소제곱법 추정치가 최소분산을 갖게 하지는 않는다. 예를 들면 W^{-1}이 I일 때는 최소분산을 갖지 않는다. 따라서 W^{-1}이 올바로 선택되기 위한 조건은 표본공분산행렬 S의 ij번째 원소의 기댓값은 모집단공분산행렬 Σ의 ij번째 원소의 값과 같아야 하며, 즉 $E(s_{ij})=\sigma_{ij}$이어야 하며, S원소들이 이루는 점근분포가 평균$=\sigma_{ij}$, 점근공분산 $ACOV(s_{ij}, s_{kl})=N^{-1}(\sigma_{ik}\sigma_{jl}+\sigma_{il}\sigma_{jk})N^{-1}$을 갖는 다중변수정상분포이어야 한다는 것이다. 이러한 전제가 충족되도록 W^{-1}을 선택하게 되는데, 이때 plim $W^{-1}=c\Sigma^{-1}$이 되도록 W^{-1}을 선택한다. 여기에서 plim은 확률극한(probability limit)을 나타내는 기호이며, c는 상수이고 일반적으로 상수값은 1이다.

이와 같이 W^{-1}이 선택되면 일반화최소제곱법은 점근적 속성(asymptotic properties)을 갖는 점근적 다중변수정상분포를 이루게 된다. θ의 ACM은 정보행렬 기댓값의 역행렬에 $\frac{2}{N-1}$를 곱한 것으로 다음과 같다.

$$\text{ACM}=ACOV(\hat{\theta})=\left(\frac{2}{N-1}\right)\left[E\left(\frac{\partial^2 F_{GLS}}{\partial\theta\partial\theta'}\right)\right]^{-1}$$

대부분의 W^{-1}이 Σ^{-1}을 추정하지만 가장 많이 쓰이는 것은 $W^{-1}=S^{-1}$이다. 이 경우 일반화최소제곱법은 다음처럼 된다.

$$F_{GLS} = \left(\frac{1}{2}\right) tr\left(\{[S - \Sigma(\theta)]S^{-1}\}\right)^2$$
$$= \left(\frac{1}{2}\right) tr\left([I - \Sigma(\theta)S^{-1}]\right)^2$$

또한 W^{-1}이 Σ^{-1}이면, 일반화최소제곱법은 다음과 같아진다.

$$F_{GLS} = \left(\frac{1}{2}\right) tr\left(\{[S - \Sigma(\theta)]\Sigma(\theta)^{-1}\}\right)^2$$
$$= \left(\frac{1}{2}\right) tr\left([S\Sigma^{-1}(\theta) - I]\right)^2$$

$W^{-1}=I$이면 일반화최소제곱법은 비가중최소제곱법의 특수한 형태가 된다. 그러나 비가중최소제곱법의 문제는 잔차행렬 $[S - \Sigma(\theta)]$의 모든 요소들이 분산일 경우 모두 동일한 분산으로, 공분산일 경우 모두 동일한 공분산을 갖는 것처럼 간주하는 것이다.

일반화최소제곱법은 다른 합치함수(예를 들면, F_{ML})와 마찬가지로 추정된 모수는 모집단의 모수와 일치하며, 불편파되어 있으며 최소분산을 갖는다. 즉, 일반화최소제곱법은 최대가능법 추정치가 가지는 속성들을 모두 공유하는데, 척도불변성을 갖기 때문에 변수의 단위가 바뀌거나 상관계수 행렬이 사용되어도 동일한 합치함수가 산출된다(Browne, 1984).

또한 일반화최소제곱법은 F_{ML}과 마찬가지로 최종모형에 대한 χ^2검증을 가능하게 한다. 표본의 크기가 클 때, $(N-1)F_{GLS}$는 자유도가 $df = \left(\frac{1}{2}\right)(p \times q)(p \times q + 1) - t$인 χ^2분포에 접근한다. 즉, $(N-1)F_{GLS} \approx \chi^2$이다. 그러나 F_{GLS}는 표본의 크기가 작거나, 자료가 정상분포가 아니거나, 혹은 연속변수가 아닐 때, 안정된 추정치를 구할 수 없다는 문제점을 갖고 있다.

5. 모형비교

설정된 모형을 비교하는 방법으로는 개별모수 평가에서 논의된 내용이 그대로 적용된다. 중첩모형인 경우에 사용하는 LR, LM, W검증이 모형비교의 수단으로 사용될 수 있다. 여기서는 각각이 어떻게 도출되는지를 살펴본다.

먼저 일반적으로 LR은 $\lambda = \dfrac{L(\omega)}{L(\Omega)}$로 정의된다. 여기서 $L(\omega)$는 θ가 ω에 포함될 때 θ에 대한 가능함수의 최댓값이며, $L(\Omega)$은 θ가 Ω에 포함될 때 θ에 대한 가능함수의 최댓값이다. λ는 비음수함수들의 지수이므로 영보다 크거나 같다. 즉, $\lambda \geq 0$이다. 또한 ω가 Ω에 포함되므로 $L(\Omega)$는 $L(\omega)$보다 크거나 같다. 즉, $L(\Omega) \geq L(\omega)$이다. 따라서 λ는 1보다 작거나 같으므로, 그 결과 λ는 0보다 크거나 같으며 1보다 작거나 같다. 즉, $0 \leq \lambda \leq 1$이다. 여기서 Ω는 전체모수공간(total parameter space)이고, ω는 부분모수공간(sub parameter space)이다. ω에서 L의 최댓값이 Ω에서 최댓값보다 작으면 자료는 영가설 $H_0 : \theta \in \omega$를 뒷받침할 수 없게 된다. 즉, λ의 값이 0에 가깝게 되면 H_0을 기각하게 된다. 반면에 λ의 값이 1에 가까우면 H_0을 수용한다.

θ_r을 제한모형, θ_f를 충분모형의 값이라고 하자. 그러면 앞에서 알 수 있듯이 LR은 $\lambda = \dfrac{L(\theta_r)}{L(\theta_f)}$이다. 이것에 log를 취하면 $\lambda = \log L(\theta_r) - \log L(\theta_f)$이다. 다시 여기에 -2를 곱하면 중첩된 제한모형이 타당할 때 χ^2분포가 된다. 즉, $LR = -2[\log L(\theta_r) - \log L(\theta_f)] \approx \chi^2$이다. 이때 χ^2의 자유도는 제한모형의 자유도에서 충분모형의 자유도를 뺀 것이다.

5장의 χ^2검증에서 제시한 $\log\left(\dfrac{L_0}{L_1}\right)$의 일반적 형태가 지금 제시한 λ이다. 5장에서의 L_1은 어떤 정확확인된 모형이고, 그러므로 자유도가 0인 모형이고, 여기서 $L(\theta_f)$는 반드시 정확확인된 모형일 필요는 없으며 제약이 없는 것이면 된다. 또 $(N-1)F_{ML}$이 χ^2이기 때문에 LR은 다음처럼 쓸 수 있다.

$$\begin{aligned} LR &= (N-1)F_r - (N-1)F_f \\ &= (N-1)(F_r - F_f) \end{aligned}$$

여기서 F_r은 θ_r에서 추정된 F_{ML}값이며 F_f는 θ_f에서 추정된 F_{ML}값이다. 이 식이 시사하는 것은 LR도 χ^2검증처럼 작은 표본보다는 큰 표본에서 보다 잘못된 제한모형을 잡아내는 힘이 크다는 점이다. 그 이유는 LR이 $(N-1)$에 종속적이므로 F_r과 F_f가 상수라면 $(N-1)$의 값에 따라 LR의 값이 정해지기 때문이다. LR의 단점은 모형비교를 위해 F_r(또는 $L(\theta_r)$)과 F_f(또는 $L(\theta_f)$)를 매번 계산해야 하는 것이다. LM이나 W검증에서는 이런 것이 필요하지 않다.

LM은 주어진 제약을 조건으로 함수를 최적화하는 것이다. 예를 들면, 사각형 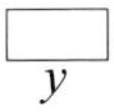

x의 면적은 xy이다. 즉, 면적$=xy$이다. 이때 사각형 둘레의 길이를 10이라고 할 때 면적을 극대화하려면, 제약조건은 $2x+xy=10$이다. 그다음 모든 제약이 다음 형태를 갖도록 쓴다. $2x+xy-10=0$, 면적$=xy$. 이때 제약조건이 지금처럼 단순하지 않고 복잡하면 문제해결은 간단하지 않다. 이때 LM이 필요하다.

LM의 논리는 다음과 같다. 주어진 조건 $g(x, y)=0$을 갖고 $f(x, y)$를 최적화한다고 하자. 이때 보조변수 λ를 도입하자. 이 λ를 LM이라고 부른다. λ를 포함해 다음 함수를 꾸민다. $F(x, y, \lambda)f(x, y)+\lambda g(x, y)$. 그다음 최적값을 찾기 위해 $F(x, y, \lambda)$를 각각에 대해 편미분하고 편미분한 것을 동시에 푼다.

$$\frac{\partial F}{\partial x}=0, \quad \frac{\partial F}{\partial y}=0, \quad \frac{\partial F}{\partial \lambda}=0$$

여기서 최적화한다는 것은 최대화 또는 최소화를 의미한다. 편미분한 것을 0으로 놓는 것은 1차미분의 기울기가 0인 점에서 극값(critical points)을 갖기 때문이다. 이 극값에서 함수는 증가하거나 감소한다. 이 극값들이 최댓값이나 최솟값의 후보이다. 이것들이 최댓값 또는 최솟값—달리 말해, 변곡점—인지는 2차미분을 해야 알 수 있다.

LM도 제한모형의 모형합치를 충분모형의 모형합치에 비교한다. LM은 LR과는 달리 단지 제한모형만을 추정한다. LM은 다음과 같이 정의된다.

$$LM = \frac{\partial \log L(\theta)}{\partial \theta}$$

여기서 $\log L(\theta)$은 충분모형의 로그가능함수이다. 이 편미분된 벡터를 $s(\theta)$라고 한다. 이것은 θ에서 로그가능함수의 순간변화율을 나타내는 것이다. 편미분된 것을 0으로 놓은 후 θ_r에 대해 풀기 때문에 θ_r의 제약되지 않은 원소들은 편미분 0값을 갖는다. 그러나 $s(\theta)$의 제약된 원소는 제약이 정확할 때만 0이 된다. $s(\theta)$의 θ를 θ_r로 대치하고 제약된 원소들이 0에서 얼마나 떨어졌는가의 크기를 검사하면 제약들이 타당한지를 알 수 있다. 물론 제한모형이 타당해도 표본변산으로 인해 0이 아닌 값들이 생길 수 있다. 따라서 이를 고려한 것이 다음 식이다.

$$LM = [s(\theta_r)]' I(\theta_r) s(\theta) \approx \chi^2_{df} \cdots\cdots\cdots ①$$

여기서 $\Gamma^{-1}(\theta_r) = \left\{ -E\left(\frac{\partial^2 \log L(\theta)}{\partial\theta \partial\theta'} \right) \right\}^{-1}$이며, $s(\theta_r) = s(\theta)$이다. 이 두 개는 모두 θ_r에서 구한 값이다.

$(N-1)F_{ML} = \chi^2 \Leftrightarrow \chi^2 = -2\log\left(\frac{L(\theta_r)}{L(\theta_f)}\right)$이고, 따라서 $-\frac{(N-1)}{2}F_{ML} = \log\left(\frac{L(\theta_r)}{L(\theta_f)}\right)$ $= \log L(\theta)$가 된다. 이것을 θ에 대해 편미분하면 $s(\theta)$가 된다. 즉, $\frac{\partial \log L(\theta)}{\partial \theta} = s(\theta)$이다. 그런데 $\log L(\theta) = -\frac{(N-1)}{2}F_{ML}$이기 때문에 $-\frac{(N-1)}{2}F_{ML}$을 θ에 대해 편미분한다. $-\frac{(N-1)}{2}\frac{\partial F_{ML}}{\partial \theta}$이 $s(\theta)$이다. F_{ML}과 $\log L(\theta)$의 이런 관계로 인해 ①을 다시 쓰면 다음과 같이 나타낼 수 있다.

$$LM = \frac{(N-1)}{2}\left\{ \left(\frac{\partial F_{ML}}{\partial \theta}\right)' \left[E\left(\frac{\partial^2 F_{ML}}{\partial\theta\partial\theta'}\right)\right]^{-1} \left(\frac{\partial F_{ML}}{\partial \theta}\right) \right\} \approx \chi^2_{df} \cdots\cdots ②$$

$-\frac{(N-1)}{2}\frac{\partial F_{ML}}{\partial \theta}$으로 ①에 있는 $s(\theta)$를 대치하면, 모두 $-\frac{(N-1)}{2}$을 가지므로 이를 앞으로 빼고 정보행렬 I에서 $(-)$가 빠지므로 $\frac{(N-1)}{2}$로 된다.

W검증은 원래 모형에서 제한된 자유모수로 차수 $r \times 1$인 벡터 $r(\theta)$를 구성한다. W검증은 θ_f가 제한모형에 부과된 제약들로부터 얼마나 떨어져 있는가를 결정해 준다.

$$W = [r(\theta_f)]' \left\{ \left[\frac{\partial r(\theta_f)}{\partial \theta_f} \right]' [ACOV(\theta_f)] \left[\frac{\partial r(\theta_f)}{\partial \theta_f} \right] \right\}^{-1} [r(\theta_f)] \cdots\cdots\cdots ③$$

여기서 $r(\theta_f)$는 θ_f에서 구해진 $r(\theta)$이다. $ACOV(\theta_f)$는 θ_f의 ACM이다.

이 식을 보면 { } 안에 있는 항은 $r(\theta_f)$의 ACM이므로 W는 제한모형에 부과된 제약들의 ACM의 역행렬에 θ_f에서 구해진 $r(\theta)$를 앞과 뒤에서 곱한 것이다. 이 W검증통계량은 제한모형이 타당할 때 제한된 자유모수의 숫자를 자유도로 갖는 χ^2분포를 이룬다.

$r(\theta)$의 차수가 1×1이면, 즉 제한된 자유모수가 하나이면 W는 다음과 같다.

$$W = \frac{\theta_1^2}{AVAR(\theta_1)}$$

여기서 $AVAR(\theta_1)$은 θ_1의 점근분산이며, 이때 W의 자유도는 1이다. 제한된 자유모수가 하나일 때, $W = \frac{\theta_1^2}{AVAR(\theta_1)}$은 모수 하나를 검증하는 Z검증의 일반화된 경우로 볼 수 있다.

모형비교에 사용되는 세 가지 방법의 차이점을 [그림 6-4]에서 설명하면 다음과 같다. 하나의 자유모수에 대한 세 가지 방법의 관계를 그림으로 나타낸 것이다. LR은 $\log(\hat{\theta}_f)$와 $\log(\hat{\theta}_r)$의 값을 비교하고 이들 값의 차이가 클수록 제한모형이 맞을 확률은 점점 감소한다. LR은 $\hat{\theta}_r$에서 가능함수의 기울기가 어떻게 변화하는지를 보게 되는데, 기울기가 0에서부터 멀어질수록 제한모형에 가해진 제약이 맞을 가능성이 점점 희박해진다. W는 $\hat{\theta}_f$에서 $\hat{\theta}_r$이 떨어진 거리를 제곱하고 이 거리의 제곱이 커질수록 제한모형이 사실일 가능성은 점점 낮아진다.

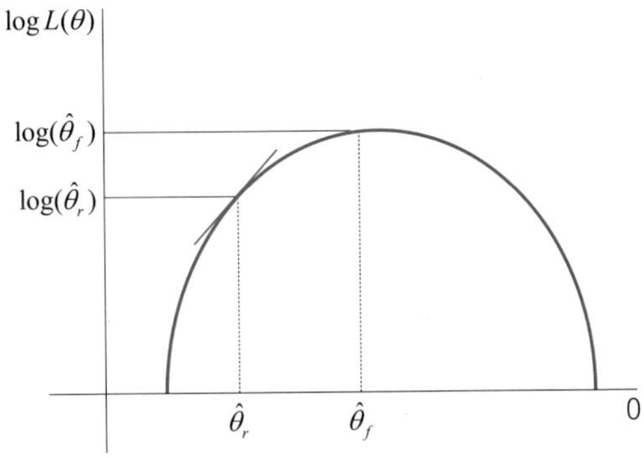

[그림 6-4] *LR*, *LM*, *W*의 관계비교

*W*와 *LM*은 제한모형과 충분모형을 따로 구할 필요가 없다. *W*는 추정된 모형에 제약이 부과될 수 있는가를 따지는 반면에, *LM*은 제약이 제거될 수 있는가를 따진다. 덧붙여 세 가지 방법은 대표본에서 등가적이다.

6. 측정변수의 심리측정학적 특성

측정모형은 잠재변수와 그 잠재변수를 잘 대변하는 측정변수와의 관계를 나타내는 모형이다. 잠재변수는 이론적 구인으로 추상적이고 일반적인 개념이며, 측정변수는 경험적인 지표, 감각자료, 반응으로 표현되는 관찰변수이다. 추상적인 잠재변수를 경험적인 지표인 측정변수를 통해 드러나게 해 준다.

잠재변수는 어떤 개념적인 형태로 구체화된다. 따라서 개념은 리얼리티를 반영하고 있는 것이다. 잠재변수를 어떤 개념의 형태로 구체화하는 방법에는 세 가지가 있다. 첫째, 공통속성을 지각해서 개념을 형성한다. 둘째, 기존의 개념을 의미 있게 조합한다. 셋째, 현상의 기저에 있다고 여겨지는 것을 추론하여 형성한다 (Brodbeck, 1963).

개념을 형성하여 잠재변수를 측정하는 과정은 다음과 같다. 첫째, 개념에 의미를 부여하여 개념을 확인한다. 둘째, 개념의 차원을 확인하고 개념을 나타낼 잠재변수를 확인한다. 셋째, 관찰변수를 만든다. 넷째, 관찰변수와 잠재변수와의 관계를 구체화한다. 이러한 측정과정을 통해 측정된 개념은 측정오차가 수반된다. 측정오차는 작을수록 바람직하다. 관찰변수를 측정하기 위해서 선결되어야 할 것은 타당도와 신뢰도이다.

1) 타당도

타당도는 측정변수 내용의 적합성을 평가하는 것이다. 따라서 측정되는 검사가 사용되는 목적에 따라 달라질 수 있기 때문에 무엇에 비추어 본 타당성으로 설명이 가능하다.

(1) 내용타당도

내용타당도는 어떤 하나의 개념을 구성하는 영역이 명료하며 그 영역을 관찰변수가 있는 그대로 측정하고 있는가를 따지는 질적인 정성적 유형의 타당도이다. 내용타당도에서의 핵심은 어떻게 그 개념의 영역을 파악할 수 있는가이다. 따라서 그 개념의 의미를 설명하는 이론적 정의가 필요하다. 이론적 정의는 그 개념을 구성하는 차원을 명료하게 나타내야 하며, 각각의 차원은 적어도 하나 또는 그 이상의 관찰변수로 측정되어야 한다. 이론적 정의에서 나타난 모든 차원이 하나 이상의 관찰변수로 측정되면 타당하다고 할 수 있으나, 내용타당도가 전적으로 이론적 정의에 의지하게 되므로 제대로 된 이론적 정의가 내용타당도의 선결요건이다.

이론적 정의에서 언급된 내용을 측정도구가 빠트리지 않고 포괄하고 있는가의 정도를 나타내는 것이 내용타당도라고 할 수 있다. 이론적 정의에 언급된 차원이 다 언급되면 타당하다고 할 수 있다. 연구자가 이론적 근거에 따라 정의한 개념을 잘 측정하면, 내용타당도에는 문제가 없게 된다.

그러나 어떤 개념에 관해 누구나가 동의하는 이론적 정의를 내리기가 쉽지 않다는 약점이 있다. 또한 영역도 다의적인 경우가 많아 이를 측정하는 관찰변수를 만들기도 쉽지 않다.

(2) 준거타당도

준거타당도는 관찰변수와 외적준거 사이의 대응 정도에 관한 것이며 주로 상관으로 측정된다. 즉, 관찰변수와 준거변수 간의 상관이 준거타당도인 것이다. 이때 준거가 관찰변수와 같은 시점에 존재하면 공인타당도라고 하며, 준거가 미래시점에 존재하면 예언타당도라고 한다. [그림 6-5]의 모형을 통해 추정과정을 살펴보면 다음과 같다.

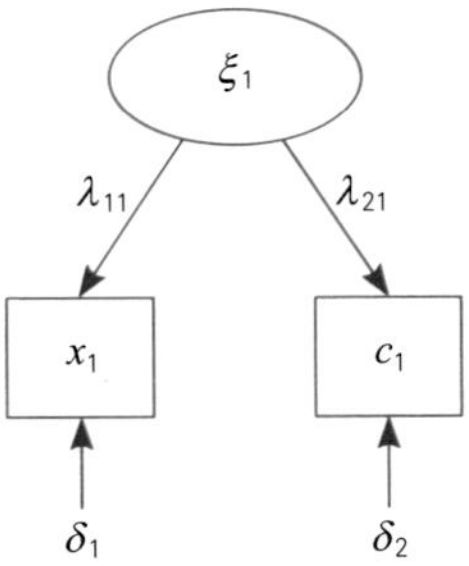

[그림 6-5] 준거변수를 포함한 모형

이 모형에서 관찰변수는 $x_1 = \lambda_{11}\xi_1 + \delta_1$이며, 준거변수는 $c_1 = \lambda_{21}\xi_1 + \delta_2$이다.

상관관계 공식 $\rho_{x_1c_1} = \frac{\sigma_{x_1c_1}}{\sigma_{x_1}\sigma_{c_1}}$에 $x_1 = \lambda_{11}\xi_1 + \delta_1$, $c_1 = \lambda_{21}\xi_1 + \delta_2$를 대입하면, $\rho_{x_1c_1} = \frac{COV(x_1, c_1)}{\sqrt{VAR(x_1)VAR(c_1)}}$이 되며, 결과적으로 다음과 같은 공식이 유도된다.

$$\rho_{x_1c_1} = \frac{\lambda_{11}\lambda_{21}\phi_{11}}{\sqrt{VAR(x_1)VAR(c_1)}}$$

[그림 6-5]의 예를 통해 볼 수 있듯이 타당도계수 $\rho_{x_1c_1}$은 x_1과 ξ_1이 얼마나 가까운가에 달려 있는 것이 아니고 다른 요인에 의해 결정되고 있음을 알 수 있다. x_1, c_1, ξ_1의 분산을 1로 표준화시키면 $\rho_{x_1c_1} = \lambda_{11}\lambda_{21}$이 되고, 이것은 λ_{11}이 x_1과 ξ_1의 상관이고, λ_{21}이 c_1와 ξ_1의 상관이므로 만약 λ_{11}을 고정시켜도 $\rho_{x_1c_1}$의 값은 λ_{21}의 변화

에 영향을 받게 되는 것이다. 다시 말하면, 관찰변수 x_1과 잠재변수 ξ_1의 연합 정도가 변하지 않아도 준거변수 c_1이 잠재변수와 어떻게 관계되는가에 따라 타당도가 서로 다른 값을 가지게 된다. 따라서 준거타당도는 준거변수가 명확해야 하는 제한점을 갖는다.

(3) 구인타당도

구인은 어떤 행동의 기저에 있다고 믿어지는 심리적 실체로서 가설적 개념이다. 이 구인 때문에 그 특정한 행동이 겉으로 표출되었다고 본다. 가설적 개념인 구인은 심리측정학적 관점에서 보면 일차원적이며, 심리적 특성이나 행동양상을 설명하기 위해 조작적인 정의를 통해 그 요인을 규정해 놓은 것을 말한다.

일반적으로 내용타당도는 개념을 명확하게 정의하기 어렵고, 준거타당도 또한 명확한 준거변수를 설정하기 어렵기 때문에 한계를 갖는다. 이러한 제한점을 조작적 정의를 통해 내용과 준거를 비교적 명확하게 하는 방법으로 구인타당도를 사용한다.

한 구인에 포함된 관찰변수와 다른 구인의 어떤 관찰변수 간의 관계가 이론적으로 규정된 관계와 일치한다면 구인타당도가 존재한다고 한다. 구인 간의 이론적 관계가 설정된 후, 그러한 구인의 지표 간의 연합 정도가 측정되고 이런 연합 정도에 기초해 측정변수와 구인 간의 이론적 관계를 검토하는 방법으로 구인타당도가 검증되는 것이다. [그림 6-6] 모형을 통해 그 과정을 설명하면 다음과 같다.

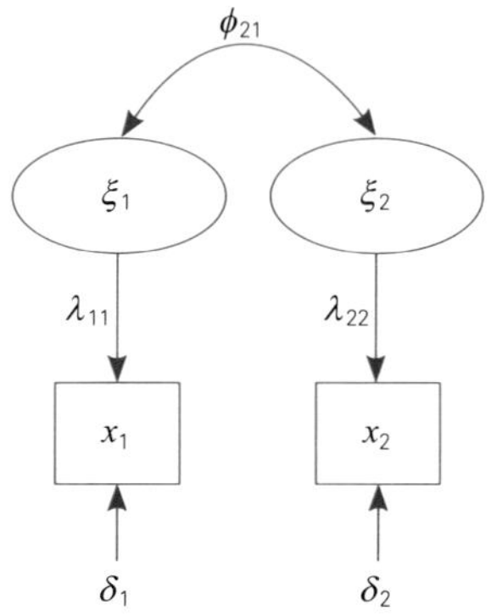

[그림 6-6] 측정모형

[그림 6-6]의 모형에서 x_1의 구인타당도에 관심이 있고, ϕ_{21}이 정적관계라고 하면, x_1과 x_2의 상관을 구해야 한다. $x_1=\lambda_{11}\xi_1+\delta_1$이고, $x_2=\lambda_{22}\xi_2+\delta_2$이다. x_1과 x_2의 상관은 다음과 같이 나타낼 수 있다.

$$\rho^2_{x_1x_2}=\frac{[COV(x_1,x_2)]^2}{VAR(x_1)VAR(x_2)}=\rho_{x_1x_1}\rho_{x_2x_2}\rho^2_{\xi_1\xi_2}$$
$$\rho_{x_1x_2}=\sqrt{\rho_{x_1x_1}\rho_{x_2x_2}}\;\rho_{\xi_1\xi_2}$$

$\rho_{x_1x_2}$는 $\rho_{x_1x_1}$, $\rho_{x_2x_2}$, $\rho_{\xi_1\xi_2}$에 의해 영향을 받는다. $\rho_{\xi_1\xi_2}$가 0이면 전체가 0이 되고 $\rho_{\xi_1\xi_2}$가 크더라도 $\rho_{x_1x_1}$, $\rho_{x_2x_2}$가 약하면 전체가 작은 값을 갖게 된다. 그러므로 $\rho_{x_1x_2}$에 의해 구인타당도를 해석하는 것은 매우 제한적이라 할 수 있다. 만약 ϕ_{21}이 거의 0에 가깝다면 x_1이 얼마나 ξ_1의 타당한 측정변수인가에 관계없이 거의 0이 된다. 만약 ϕ_{21}의 값이 크고 높은 신뢰도 $\rho_{x_1x_1}$를 갖고 있으나, x_2가 낮은 신뢰도 $\rho_{x_2x_2}$를 갖고 있으면, $\rho_{x_1x_2}$의 값은 작아진다. 따라서 x_1의 구인타당도는 믿을 수가 없게 된다. 결국 구인타당도 $\rho_{x_1x_2}$는 $\rho_{x_1x_1}$, $\rho_{x_2x_2}$, $\rho_{\xi_1\xi_2}$에 따라 결정되기 때문에, 이러한 측면에서 타당도를 측정하는 데 제한점을 갖는 것이다. 만약 x_1이 동시에 ξ_1과 ξ_2의 관찰변수이면 문제는 더 어려워진다. x_2는 ξ_2의 관찰변수로만 가능하지만, x_1은 ξ_1과 ξ_2의 양의 함수이므로 $\rho_{x_1x_2}$의 값이 커지게 된다. x_1과 x_2가 ξ_2에 종속되기 때문에 $\rho_{x_1x_2}$의 어느 부분이 없던 것이 새로 생기게 된다. 따라서 구인타당도는 개념이 불명료할 때 문제가 생길 수 있다.

(4) 수렴타당도와 변별타당도

수렴(convergent)타당도는 하나의 구인(특성)을 각기 다른 방법으로 측정해도 유사한 결과를 얻는 정도를 나타내는 것이다. 하나의 구인을 측정하기 위해 서로 다른 도구를 한 집단에 적용했을 때 유사한 결과가 또는 높은 상관이 나타나면 측정이 타당하므로 수렴타당도가 높은 것이라 할 수 있다.

변별(discriminant)타당도는 하나의 구인은 다른 구인과 경험적으로 구분되어야 함을 나타내는 것으로, 서로 다른 구인을 같은 도구로 측정하여 상이한 결과가 또는 낮은 상관이 나타나면 이 또한 측정이 타당하므로 변별타당도가 높다고 할 수 있다.

수렴타당도는 변별타당도보다는 일반적으로 크지만, 타당도와 관련없는 다른 요인에 의해 영향을 받을 수 있다. 〈표 6-2〉의 다특성-다방법(Multitrait-Multimethod, MTMM) 상관행렬을 예로 든다면, ρ_{BA}(method 1-trait B, trait A), ρ_{BA}(method 2-trait B, trait A)는 다른 특성, 같은 방법에 따른 변별타당도 계수이고, ρ_{BA} (method 2-trait A, method 1-trait B), ρ_{BA}(method 2-trait B, method 1-trait A)는 다른 특성, 다른 방법의 변별타당도 계수이다. 또한 ρ_{AA}(method 2-trait A, method 1-trait A)와 ρ_{BB}(method 2-trait B, method 1-trait B)는 같은 특성, 다른 방법의 수렴타당도 계수이다. 수렴타당도 계수는 변별타당도 계수보다 커야 한다.

〈표 6-2〉 **다특성-다방법 상관행렬**

		method 1		method 2	
		trait A	trait B	trait A	trait B
method 1	trait A	1			
	trait B	ρ_{BA}	1		
method 2	trait A	ρ_{AA}	ρ_{BA}	1	
	trait B	ρ_{BA}	ρ_{BB}	ρ_{BA}	1

〈표 6-2〉에서 (점선 둥근 상자)로 표시된 것은 다른 특성, 같은 방법의 변별타당도 계수이며, (사각 상자)로 표시된 것은 다른 특성, 다른 방법의 변별타당도 계수이다. (둥근 상자)로 표시된 것은 같은 특성, 다른 방법의 수렴타당도 계수이며, 대각선 원소 1은 같은 특성, 같은 방법의 신뢰도 계수이다.

수렴타당도 계수는 충분히 크고 통계적으로 의미 있어야 하는데, 수렴타당도 계수 또한 상관이므로 타당도와 관계없는 다른 요인에 의해 값이 영향을 받는다는 것이다. [그림 6-7]을 통해 구체적으로 설명하면 다음과 같다.

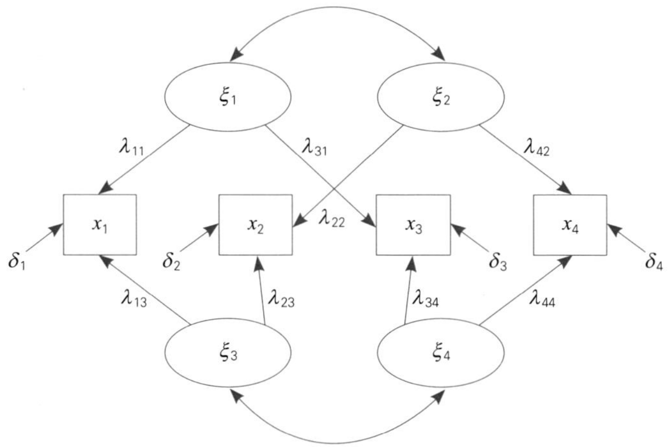

[그림 6-7] 두 특성(ξ_1과 ξ_2)과 두 방법(ξ_3과 ξ_4)을 갖는 다특성 - 다방법 구조방정식모형

모든 변수들을 표준화시킨 후 ξ_1, ξ_2는 두 특성, ξ_3, ξ_4는 두 방법, 그리고 x_1, x_3은 ξ_1의 측정변수, x_2, x_4는 ξ_2의 측정변수로 했을 때, $\rho_{x_1x_3}$ 또는 $\rho_{x_2x_4}$의 수렴타당도 계수는 다음과 같아진다.

$$\rho_{x_1x_3} = \frac{COV(x_1, x_3)}{\sqrt{VAR(x_1)VAR(x_3)}} = \lambda_{11}\lambda_{31} + \lambda_{13}\lambda_{34}\rho_{\xi_3\xi_4}$$

$\rho_{x_1x_3}$은 ξ_1의 x_1과 x_3에 대한 영향, 두 방법 ξ_3과 ξ_4의 상관, ξ_3이 x_1에, ξ_4가 x_4에 미치는 영향의 함수이다. λ_{11}과 λ_{31}은 특성 ξ_1의 x_1과 x_3에 대한 관계를 나타내며, λ_{13}은 방법 ξ_3의 x_1에 대한 관계, λ_{34}는 방법 ξ_4의 x_3에 대한 관계이다.

$\rho_{x_1x_3}$이 작은 값을 가질 수 있는 경우는, λ_{11}과 λ_{31}의 값이 중간 정도이고, λ_{13}과 λ_{34}도 중간 정도이나 $\rho_{\xi_3\xi_4}$가 서로 부적관계일 때, 그리고 λ_{11}과 λ_{31}, λ_{13}과 λ_{34} 그리고 $\rho_{\xi_3\xi_4}$가 모두 작은 값을 가질 때이다. 반면, $\rho_{x_1x_3}$이 큰 값을 가질 수 있는 경우는, λ_{11}과 λ_{31}, λ_{13}과 λ_{34} 그리고 $\rho_{\xi_3\xi_4}$가 모두 큰 값을 가질 때이다. 따라서 수렴타당도는 다양한 이유로 그 값이 높거나 낮을 수도 있는데, 특성과 측정변수 간의 대응에 관계없는 것에 의해 그 값들이 영향을 받는다는 것이 제한점이다.

(5) 구조방정식모형에서 타당도 대안

고전검사이론에서 타당도는 관찰변수만 거론하며 이 관찰변수는 잠재변수를 잘 대변한다는 전제하에 있다. 따라서 이러한 전제가 맞지 않으면 타당도는 언제나 문제가 될 수 있다는 제한점을 갖는다.

구조방정식모형에서는 이에 대한 대안으로 다음과 같이 타당도에 대한 정의를 내린다. 잠재변수 ξ_j의 측정변수인 x_i의 타당도는 ξ_j와 x_i 간의 직접적 구조관계이다. '직접적'이란 의미는 만약 x_i가 타당한 측정변수라면 ξ_j와 x_i 간에 매개변수가 없음을 뜻하며, '구조'의 의미는 ξ_j와 x_i의 연계가 불변이고 안정적임을 뜻한다.

먼저 어떤 관찰변수 x_i의 타당도는 x_i와 잠재변수 ξ_j와의 관계인 λ_{ij}로 나타낸다. 즉, λ_{ij}로 타당도 계수를 사용하는 것이다. 비표준화 타당도 계수 λ_{ij}는 잠재변수의 관찰변수에 대한 직접적인 영향관계를 나타내는 계수이다. 그러나 이것은 $x_1 = \lambda_1\xi_1 + \delta_1$에서 잠재변수의 단위가 바뀌면 이 계수들도 바뀌게 되며 따라서 측정을 어떻게 하느냐에 따라 계수값이 크게 달라지는 문제를 갖게 된다. 이것은 회귀분석에서 비표준화 회귀계수와 유사한 특성을 갖는다.

비표준화 타당도 계수는 동일한 잠재변수를 측정하는 측정변수일지라도 각각 척도가 다를 수 있으며, x_1과 x_2가 각기 다른 척도로 사용될 때 λ_{ij}를 타당도로 사용하는 데 한계가 있다. 이러한 한계를 극복하는 방법은 타당도 계수를 표준화시켜서 사용하는 것이다.

$$\lambda_{ij}^2 = \lambda_{ij}\sqrt{\left[\frac{\phi_{jj}}{VAR(x_i)}\right]}$$

이러한 방식은 잠재변수를 설명하는 측정변수들을 상대적으로 비교 가능하게 해 주는 것으로, 회귀분석에서 표준화 회귀계수와 유사한 특성을 갖는다.

표준화 타당도 계수도 취약점을 가지고 있는데 그것은 주어진 표본에서만 비교 가능하다는 것이다. 이러한 제한점을 극복하는 타당도 측정방법으로 Bollen(1989)은 고유타당도분산(Unique Validity Variance)을 제안하고 있다. 고유타당도분산

$U_{x_i\xi_j}$가 계산되는 공식은 다음과 같다.

$$U_{x_i\xi_j} = R^2_{x_i} - R^2_{x_i(\xi_j)}$$

$R^2_{x_i}$는 x_i에서 독립변수에 의해 설명되는 분산의 비율, $R^2_{x_i(\xi_j)}$는 x_i에서 ξ_j를 제외한 독립변수에 의해 설명되는 분산의 비율이기 때문에 $U_{x_i\xi_j}$는 ξ_j의 차이에 의해 결정된다. $U_{x_i\xi_j}$의 여러 경우를 살펴보자.

① 하나의 잠재변수가 x_i에 영향을 미칠 때

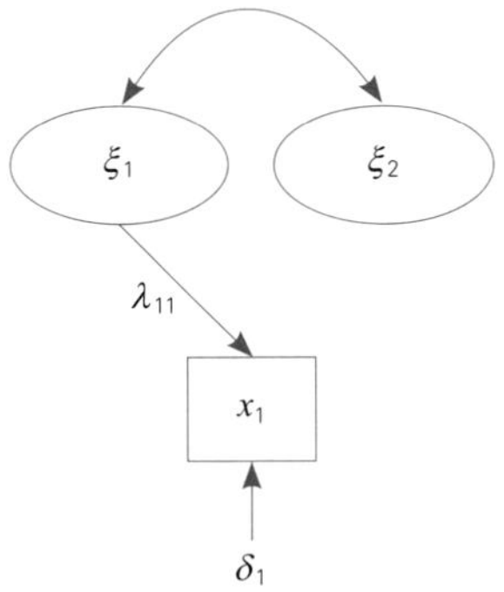

[그림 6-8] 하나의 잠재변수의 영향을 받는 모형

$x_1 = \lambda_{11}\xi_1 + \delta_1$이다. 변수가 하나이고 다른 변수의 영향이 없으므로 $R^2_{x_1}$은 x_1과 ξ_1의 다중상관제곱이며, $R^2_{x_1(\xi_1)}$은 ξ_1을 제외하고 x_1에 영향을 미치는 것이 없으므로 0이며, 따라서 $U_{x_1\xi_1}$은 $R^2_{x_i}$이 된다.

② 여러 개의 잠재변수가 영향을 미칠 때

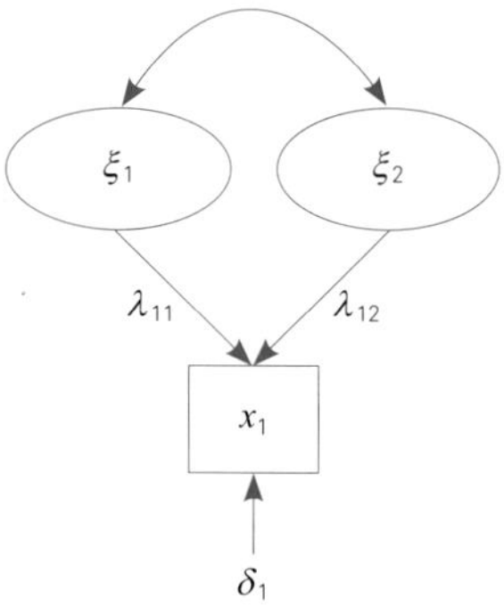

[그림 6-9] 두 개의 잠재변수의 영향을 받는 모형

[그림 6-9]에서 $x_1 = \lambda_{11}\xi_1 + \lambda_{12}\xi_2 + \delta_1$이고 $R^2_{x_1}$은 다음과 같다.

$$R^2_{x_1} = \frac{COV(x_1, x_2)}{VAR(x_1)} = \left[\frac{\lambda_{11}^2\phi_{11} + 2\lambda_{11}\lambda_{12}\phi_{12} + \lambda_{12}^2\phi_{22}}{VAR(x_1)}\right] \cdots\cdots\cdots\cdots ①$$

ξ_1을 제외하고 x_1에 직접 영향을 미치는 변수는 ξ_2이므로,

$$\begin{aligned} R^2_{x_1(\xi_1)} &= \frac{\{COV(x_1, \xi_2)\}^2}{VAR(x_1)\phi_{22}} \\ &= \left[\frac{\lambda_{11}^2\phi_{12}^2 + 2\lambda_{11}\lambda_{12}\phi_{12}\phi_{22} + \lambda_{12}^2\phi_{22}^2}{VAR(x_1)\phi_{22}}\right] \\ &= \left[\frac{(\lambda_{11}^2\phi_{12}^2 / \phi_{22}) + 2\lambda_{11}\lambda_{12}\phi_{12} + \lambda_{12}^2\phi_{22}}{VAR(x_1)}\right] \cdots\cdots\cdots\cdots ② \end{aligned}$$

①에서 ②를 빼면 $U_{x_1\xi_1}$은 다음과 같다.

$$U_{x_1\xi_1} = \frac{\lambda_{11}^2(\phi_{11} - (\phi_{12}^2 / \phi_{22}))}{VAR(x_1)} \cdots\cdots\cdots\cdots ③$$

이것이 측정변수 x_1에서 ξ_1에 의해 고유하게 설명되는 분산이다. 동일한 논리로 $U_{x_1\xi_2}$는 $\frac{\lambda_{12}^2(\phi_{12}-(\phi_{12}^2/\phi_{22}))}{VAR(x_1)}$이 된다.

2) 신뢰도

신뢰도는 얼마나 정확하게, 얼마나 오차 없이 측정하고 있느냐의 정도를 평가하며 측정의 일관성에 초점을 둔다. 신뢰도 계수는 검사점수의 신뢰성 또는 안정성의 정도와 크기를 나타내는 지수이며 검사점수가 얼마만큼 변동할 수 있는지를 알려 준다. 그러나 왜 변동되는가의 이유는 나타내 주지 않는다.

고전검사이론에서 관찰점수 x는 진점수(τ)와 오차점수(ε)의 합으로 $x=\tau+\varepsilon$로 나타낼 수 있다. 따라서 관찰변수 진점수는 관찰점수에서 오차점수를 뺀 것이다. 전제는 오차점수와 진점수는 상관이 없으며, 또한 오차 간에는 상관이 없다는 것이다. 그리고 오차점수의 기댓값은 0이라는 것이다($E(\varepsilon)=0$, $E(\varepsilon\varepsilon)=0$, $E(\varepsilon_i, \varepsilon_j)=0$).

고전검사이론에서 서로 다른 측정치의 측정오차는 상관이 없으며, 두 측정치 간의 상관은 두 측정치 진점수 간의 연합 정도에서 비롯된다. 그러므로 진점수가 관찰된 측정치 간의 상관을 결정짓는 요소이다.

평행측정치(parallel measure), 진점수동형측정치(τ-equivalent measure), 동종측정치(congeneric measure)가 고전검사이론에서 주요 측정형태이다. 예를 들면, 두 측정치 x_i와 x_j가 있다고 하면 x_i와 x_j는 다음과 같이 나타낼 수 있다.

$$x_i=\alpha_i\tau_i+\varepsilon_i$$
$$x_j=\alpha_j\tau_j+\varepsilon_j$$

여기서 진점수는 같다고 가정된다($\tau_i=\tau_j$). $\alpha_i=\alpha_j=1$이고 $VAR(\varepsilon_i)=VAR(\varepsilon_j)$이면 x_i와 x_j는 평행측정치가 되고, $\alpha_i=\alpha_j=1$이고 $VAR(\varepsilon_i)\neq VAR(\varepsilon_j)$이면 x_i와 x_j는 진점수동형측정치이다. 또한 $\alpha_i\neq\alpha_j$이고 $VAR(\varepsilon_i)\neq VAR(\varepsilon_j)$이면 x_i와 x_j는 동종측정치가 된다. 동종측정치가 가장 일반적인 측정형태이다.

고전검사이론에서 어떤 측정치의 신뢰도 $\rho_{x_i x_i}$는 측정치 분산에서 진점수 분산이 차지하는 비율로 정의된다. $\rho_{x_i x_i} = \frac{\alpha_i^2 VAR(\tau_i)}{VAR(x_i)}$이며, 평행측정치나 진점수동형측정치인 경우는 $\rho_{x_i x_i} = \frac{VAR(\tau_i)}{VAR(x_i)}$로 단순화된다. 측정모형에서 오차분산 $VAR(\delta_i)$는 $VAR(x_i) - \lambda_i^2$이므로, 신뢰도 $\rho_{x_i x_i} = \frac{\lambda_i^2}{VAR(x_i)} = \frac{\lambda_i^2}{\lambda_i^2 + VAR(x_i)} = 1 - \frac{VAR(\delta_i)}{\lambda_i^2 + VAR(\delta_i)}$이다. 계수행렬 Λ_x의 원소를 제곱한 것이 진점수분산이다. 신뢰도 측정방법은 검사-재검사 신뢰도, 동형검사 신뢰도, 반분신뢰도, Cronbach Alpha 계수 등이 있다.

(1) 검사-재검사 신뢰도

동일한 문항을 동일한 피험자들에게 t, $t+1$의 시점을 달리하여 검사를 실시함으로써 검사점수의 변동이 얼마나 있는지 확인하는 방법으로 신뢰도를 계산하는 방법이다. 두 시점에서 관찰된 검사의 상관을 낸 것이 검사-재검사 신뢰도이며, 두 시점 간의 검사결과의 안정성에 주목하기 때문에 안정성계수라고도 한다.

① $x_t = \alpha_t \tau_t + \varepsilon_t$ (1차 검사)

② $x_{t+1} = \alpha_{t+1} \tau_{t+1} + \varepsilon_{t+1}$ (2차 검사)

검사-재검사 신뢰도의 전제는 $E(\varepsilon_t) = E(\varepsilon_{t+1}) = 0$이며, 진점수와 오차점수, 그리고 오차점수 간에는 상관이 없다, $COV(\tau_t, \varepsilon_t) = COV(\tau_t, \varepsilon_{t+1}) = COV(\tau_{t+1}, \varepsilon_t) = COV(\tau_{t+1}, \varepsilon_{t+1}) = 0$. 또한 x_t, x_{t+1}은 평행측정치($\tau_t = \tau_{t+1}$, $VAR(\varepsilon_t)$, $\alpha_t = \alpha_{t+1} = 1$)이다.

$$
\begin{aligned}
\rho_{x_t x_{t+1}} &= \frac{COV(x_t, x_{t+1})}{\sqrt{\{VAR(x_t) VAR(x_{t+1})\}}} \\
&= \frac{COV(\alpha_t \tau_t + \varepsilon_t, \alpha_{t+1} \tau_{t+1} + \varepsilon_{t+1})}{\sqrt{\{VAR(x_t) VAR(x_{t+1})\}}} \\
&= \frac{\alpha_t \alpha_{t+1} COV(\tau_t, \tau_{t+1}) + \alpha_t COV(\tau_t, \varepsilon_{t+1}) + \alpha_{t+1} COV(\varepsilon_t, \tau_{t+1}) + COV(\varepsilon_t, \varepsilon_{t+1})}{\sqrt{\{VAR(x_t) VAR(x_{t+1})\}}} \\
&= \frac{VAR(\tau_t)}{VAR(x_t)} = \rho_{x_t x_{t+1}}
\end{aligned}
$$

검사-재검사 신뢰도의 제한점은 다음과 같다. 첫째, 두 시점에서 나타난 진점수의 크기가 시간의 흐름에 따라 다르게 나타난다. 둘째, 두 시점에서 측정기간 간에 태도나 가치판단과 같은 측정변수들의 특성이 변화될 수 있다. 셋째, 기억이나 연습으로 인해 첫 번째 검사가 두 번째 검사에 영향을 미칠 수 있다. 넷째, 첫 번째 검사의 오차와 두 번째 검사의 오차가 상관이 있을 수 있다. 즉, $COV(\varepsilon_t, \varepsilon_{t+1}) \neq 0$으로, 첫 번째 시점에서 x에 영향을 주지만 모형에서 제외된 요인들 중 몇 개와 두 번째 시점에서 x에 영향을 주지만 역시 제외된 요인들과 상관되어 있을 수 있다. 마지막으로 $VAR(\varepsilon_t) = VAR(\varepsilon_{t+1})$가 성립되지 않을 수 있다.

(2) 동형검사 신뢰도

동일한 집단에 동형의 두 개 검사를 통해 각각 다른 시점에서 실시하여 얻은 점수 간의 상관계수를 구하는 방법이다. 검사의 동형성계수라고도 한다.

① $x_A = \alpha_A \tau_A + \varepsilon_A$

② $x_{A+1} = \alpha_{A+1} \tau_{A+1} + \varepsilon_{A+1}$

동형검사 신뢰도에서 두 번의 시점에 걸쳐 얻은 검사점수 x도 본질적으로 검사-재검사 신뢰도에서의 관찰점수와 같으나, 동일한 아래 첨자를 사용하면 구분하기 어려워 다른 아래 첨자를 사용한다. 동형검사 신뢰도가 계산되어 나오는 과정은 검사-재검사 신뢰도의 과정과 같으므로 계산과정을 보이지는 않는다.

검사-재검사 신뢰도에 있어 ①과 ②시점의 검사는 유사한 특성을 가지고 있으나 다른 검사이다. 동형검사 신뢰도 또한 검사-재검사 신뢰도가 갖는 문제점이 여전히 남아 있으나, 검사가 서로 다르기 때문에 연습이나 기억효과는 나타나지 않으며, 두 시점 오차 간에 상관이 있을 개연성도 없다. 그러나 두 개의 동형검사 제작이 쉽지 않다는 점이 동형검사 신뢰도 사용의 걸림돌이다.

(3) 반분신뢰도

하나의 검사를 한 집단의 피험자에게 실시한 다음, 적절한 방법으로 두 부분으로 분할하여 두 부분 점수 간 상관을 내는 방법이다. 검사의 동질성계수라고도 한다.

① $x_{H_1} = \tau_1 + \varepsilon_1$

② $x_{H_2} = \tau_2 + \varepsilon_2$

반분신뢰도는 두 부분 검사 사이의 상관이 기초가 된다. 이때 나타난 신뢰도는 검사 전체의 신뢰도가 아니라 반분된 부분검사의 신뢰도가 된다. 따라서 검사의 반이 서로 평행하다면 두 부분을 합쳤을 때의 검사 전체의 신뢰도를 계산하기 위해 Spearman–Brown 공식을 사용하여 교정해야 한다.

$$\rho_{x_i x_i} = \frac{2\rho_{x_{H_1} x_{H_2}}}{1 + \rho_{x_{H_1} x_{H_2}}}$$

Spearman–Brown 교정공식이 도출되는 과정은 신뢰도의 정의에서 출발한다.

$$\rho_{xx'} = \frac{VAR(\tau)}{VAR(x)}$$

검사 x가 반분된 두 검사 H_1과 H_2의 합이므로

$$= \frac{VAR(\tau_{H_1} + \tau_{H_2})}{VAR(x_{H_1} + x_{H_2})}$$

분산은 자신과의 공분산이므로, 즉 $VAR(x) = COV(x, x)$이므로

$$= \frac{COV(\tau_{H_1} + \tau_{H_2}, \tau_{H_1} + \tau_{H_2})}{COV(x_{H_1} + x_{H_2}, \tau_{H_1} + \tau_{H_2})}$$

공분산 계산법칙에 따라 공분산을 구하면

$$=\frac{VAR(\tau_{H_1})+VAR(\tau_{H_2})+2COV(\tau_{H_1},\tau_{H_2})}{VAR(\tau_{H_1})+VAR(\tau_{H_2})+2COV(\tau_{H_1},\tau_{H_2})}$$

반분된 두 개 검사의 진점수와 오차점수가 같고, 진점수분산도 동일하기 때문에

$$VAR(\tau_{H_1})=VAR(\tau_{H_2}),\ VAR(x_{H_1})=VAR(x_{H_2})$$

$$COV(\tau_{H_1},\tau_{H_2})=VAR(\tau_{H_1})=VAR(\tau_{H_2})\text{이므로}$$

$$=\frac{4VAR(\tau_{H_1})}{2VAR(x_{H_1})+2COV(x_{H_1},x_{H_2})}$$

$\rho_{x_{H_1}x_{H_2}}=\dfrac{COV(x_{H_1},x_{H_2})}{VAR(x_{H_1})}$이므로, $COV(x_{H_1},x_{H_2})=\rho_{x_{H_1}x_{H_2}}VAR(x_{H_1})$이 되며

$$=\frac{4VAR(\tau_{H_1})}{2VAR(x_{H_1})+2\rho_{x_{H_1}x_{H_2}}VAR(x_{H_1})}$$

$VAR(\tau_{H_1})=\rho_{x_{H_1}x_{H_2}}VAR(x_{H_1})$이므로

$$=\frac{4\rho_{x_{H_1}x_{H_2}}VAR(x_{H_1})}{2VAR(x_{H_1})+2\rho_{x_{H_1}x_{H_2}}VAR(x_{H_1})}$$

분모에서 분산을 앞으로 끄집어내면

$$=\frac{4\rho_{x_{H_1}x_{H_2}}VAR(x_{H_1})}{2VAR(x_{H_1})(1+\rho_{x_{H_1}x_{H_2}})}$$

분모와 분자에서 분산을 서로 상쇄하면 최종적으로 다음 식이 남는다.

$$= \frac{2\rho_{x_{H_1}x_{H_2}}}{(1+\rho_{x_{H_1}x_{H_2}})}$$

반분신뢰도도 검사-재검사 신뢰도와 동형검사 신뢰도와 같이 상관에 기초하고 있기 때문에 상관의 문제점이 그대로 남아 있으며, 이를 해소하기 위해서는 충족 요건을 만족시켜 주어야 한다. 반분신뢰도는 검사-재검사 신뢰도가 부적당하거나, 동형검사를 만들기가 어려울 때 쉽게 사용할 수 있다. 그러나 신뢰도가 검사-재검사 신뢰도와 동형검사 신뢰도보다는 낮다. 또한 검사 각각의 반이 평행측정치가 아니면 Spearman-Brown 공식이 성립되지 않는다. 이러한 단점을 보완해 주는 것이 Cronbach Alpha이다.

(4) Cronbach Alpha(α)

반분신뢰도뿐만 아니라 상관에 기초한 신뢰도가 갖는 문제를 극복해 주는 방법으로 검사의 내용이나 문항성분의 동질성 정도를 추정해 주는 신뢰도 계수가 Cronbach α이다. 검사-재검사, 동형검사, 반분검사는 x_1, x_2 또는 x_t, x_{t+1}의 두 측정치를 갖는다. 그러나 Cronbach α에서는 x_1, x_2 또는 x_t, x_{t+1} 같이 두 측정치를 갖는 것이 아니라 진점수동형측정치나 평행측정치들을 더한 것으로 신뢰도를 추정한다. Cronbach α는 검사를 실시할 때 나타나는 오차의 문제를 제외하고는 결함이 없어 사회과학에서 널리 사용되는 신뢰도 계수이다. 추정과정은 다음과 같다.

한 검사를 구성하는 각각의 문항 x_i를 더한 것을 H라 하자.

$$x_1 + x_2 + x_3 + \cdots + x_q \rightarrow \sum_{i=1}^{q} x_i = H$$

그러면 H의 신뢰도는 정의에 의해 진점수 τ_1과 H 간의 상관의 제곱이다.

$$\rho^2_{\tau_1 H} = \frac{\{COV(\tau_1, H)\}^2}{VAR(\tau_1)VAR(H)} = \frac{\{COV(\tau_1, x_1 + x_2 + x_3 + \cdots + x_q)\}^2}{VAR(\tau_1)VAR(H)}$$

H는 모든 문항을 더한 것이기 때문에 다음과 같이 나타낼 수 있다. q개의 문항에서 τ가 같으므로 q개의 τ를 더하는 것이 τ에 q를 곱하는 것과 같다. 오차점수는 같지 않으므로 더하기 기호로 나타낸다.

$$\begin{aligned}
x_1 &= \tau_1 + \varepsilon_1 \\
x_2 &= \tau_2 + \varepsilon_2 \\
x_3 &= \tau_3 + \varepsilon_3 \\
\vdots \quad & \quad \vdots \quad \vdots \\
x_1 + x_2 + x_3 + \cdots + x_q &= q\tau_1 + \sum_{i=1}^{q} \varepsilon_1
\end{aligned}$$

이것을 앞의 식의 분자 H에 대입하면

$$= \frac{\left\{COV(\tau_1, q\tau_1 + \sum_{i=1}^{q}\varepsilon_i)\right\}^2}{VAR(\tau_1)VAR(H)} = \frac{\left\{qCOV(\tau_1) + COV(\tau_1, \sum_{i=1}^{q}\varepsilon_i)\right\}^2}{VAR(\tau_1)VAR(H)}$$

$COV(\tau, \varepsilon)=0$이므로 분자의 두 번째 항은 없어진다.

$$= \frac{q^2 COV(\tau_1)^2}{VAR(\tau_1)VAR(H)}$$

분모, 분자에서 $VAR(\tau_1)$을 상쇄하면

$$= \frac{q^2 COV(\tau_1)}{VAR(H)} = \rho_{HH}$$

결과적으로 H의 신뢰도 계수는 q개의 진점수동형측정치들의 신뢰도 계수이다. ρ_{HH}에서 흔히 보는 Cronbach α를 도출해 내면,

$$\rho_{HH} = \frac{q^2 COV(\tau_1)}{VAR(H)}$$

$(q-1)$을 분모, 분자에 곱하고 q^2을 $q \cdot q$로 나눠 쓰면

$$= \frac{q(q-1)qVAR(\tau_1)}{(q-1)VAR(H)}$$
$$= \left(\frac{q}{q-1}\right)\left\{\frac{(q^2-q)VAR(\tau_1)}{VAR(H)}\right\}$$
$$= \left(\frac{q}{q-1}\right)\left\{\frac{q^2VAR(\tau_1)-qVAR(\tau_1)}{VAR(H)}\right\}$$

$\sum_{i=1}^{q} VAR(\varepsilon_i)$를 분자에 더하고 빼면

$$= \left(\frac{q}{q-1}\right)\left\{\frac{q^2VAR(\tau_1)+\sum_{i=1}^{q}VAR(\varepsilon_i)-qVAR(\tau_1)-\sum_{i=1}^{q}VAR(\varepsilon_i)}{VAR(H)}\right\}$$

$H = q\tau_1 + \sum_{i=1}^{q}\varepsilon_i$이고, $VAR(H) = COV(H, H)$이고, $COV(H, H) = q^2VAR(\tau_1) + \sum_{i=1}^{q}VAR(\varepsilon_i)$이기 때문에 분자에서 앞의 두 항은 $VAR(H)$가 된다.

$$= \left(\frac{q}{q-1}\right)\left\{\frac{VAR(H)-\left(qVAR(\tau_1)+\sum_{i=1}^{q}VAR(\varepsilon_i)\right)}{VAR(H)}\right\}$$

$x_1 = \tau_1 + \varepsilon_1$이고, x의 분산 $VAR(x_1)$은

$$VAR(x_1) = COV(x_1, x_1)$$
$$= COV(\tau_1+\varepsilon_1, \tau_1+\varepsilon_1)$$
$$= VAR(\tau_1) + VAR(\varepsilon_1)\text{이다.}$$

따라서 q개의 $VAR(x_i)$를 더한 $\sum_{i=1}^{q}VAR(x_i)$는 다음과 같다.

$$\sum_{i=1}^{q} VAR(x_i) = qVAR(\tau_1) + \sum_{i=1}^{q} VAR(\varepsilon_q)$$

이것을 분자의 마지막 항을 대입하고 정리하면

$$= \left(\frac{q}{q-1}\right)\left\{1 - \frac{\sum_{i=1}^{q} VAR(x_i)}{VAR(H)}\right\}$$

Cronbach α는 진점수 τ_1의 안정성이라는 전제가 필요 없으며, 평행측정치가 아니어도 된다. 또한 연습이나 기억효과가 없다는 장점을 가지고 있다. 그러나 동종 측정치에 대한 신뢰도가 과소추정되거나 단일문항인 경우, 즉 x_1 하나만 있을 때는 Cronbach α를 추정할 수 없다는 단점이 있다. 좀 더 일반적 절차는 신뢰도의 정의에 따라 다음을 따른다.

$$\rho^2_{x_i\tau_i} = \frac{\{COV(x_i, \tau_i)\}^2}{VAR(x_i)VAR(\tau_i)}$$

$x_1 = \alpha_i\tau_i + \varepsilon_i$이고, 이를 분자에 대입하면

$$= \frac{\{COV(\alpha_i\tau_i + \varepsilon_i, \tau_i)\}^2}{VAR(x_i)VAR(\tau_i)}$$

$$= \frac{\{\alpha_i COV(\tau_i) + COV(\varepsilon_i, \tau_i)\}^2}{VAR(x_i)VAR(\tau_i)}$$

$$= \frac{\alpha_i^2 COV(\tau_i)^2}{VAR(x_i)VAR(\tau_i)}$$

$$= \frac{\alpha_i^2 COV(\tau_i)}{VAR(x_i)}$$

$$= \rho_{x_i x_i}$$

이 공식은 어떤 하나의 x_i가 갖는 신뢰도 계수이며, x_i가 동종측정치이든, 진점수 동형측정치이든, 평행측정치이든 관계없이 사용할 수 있는 것이다.

하나의 x_i를 나타내는 단일지표가 아니고 측정치들이 더해졌을 때 $\left(H=\sum_{i=1}^{q}x_i\right)$, 신뢰도 계수는 정의에 따라 다음과 같은 공식이 유도된다.

$$
\begin{aligned}
\rho^2_{\tau_i H_i} &= \frac{\{COV(\tau_i, H)\}^2}{VAR(\tau_i)VAR(H)} \\
&= \frac{\{COV(\tau_i,\ \alpha_1\tau_i+\varepsilon_1+\alpha_2\tau_i+\varepsilon_2+\cdots+\alpha_q\tau_i+\varepsilon_q)\}^2}{VAR(\tau_i)VAR(H)} \\
&= \frac{\{\alpha_1 COV(\tau_i)+\alpha_2 VAR(\tau_i)+\cdots+\alpha_q VAR(\tau_i)\}^2}{VAR(\tau_i)VAR(H)} \\
&= \frac{VAR(\tau_i)^2(\alpha_1+\alpha_2+\cdots+\alpha_q)^2}{VAR(\tau_i)VAR(H)} \\
&= \frac{VAR(\tau_i)\left(\sum_{i=1}^{q}\alpha_i\right)^2}{VAR(H)} \\
&= \rho_{HH}\ (H\text{의 신뢰도 계수})
\end{aligned}
$$

(5) 구조방정식모형에서 신뢰도 대안

고전검사이론과 측정모형 간의 관계를 이해하기 위해서는 진점수 τ가 어떻게 잠재변수 ξ에 관계를 맺는지를 이해하여야 한다. 고전검사이론에서 관찰점수는 ①과 같다.

$$x = \tau + \varepsilon \quad \cdots\cdots ①$$

x는 관찰점수로 차수가 $N\times1$의 벡터, τ는 진점수로 차수가 $N\times1$의 벡터, ε은 측정오차로 차수가 $N\times1$의 벡터이다. 또한 $E(\varepsilon)=0$이며, ε과 τ는 서로 상관이 없다. 잠재변수 ξ에 종속된 진점수 τ는 다음과 같이 잠재변수와 관계를 맺기 때문에 ②와 같다.

$$\tau = \Lambda_x \xi + s \cdots\cdots ②$$

Λ_x는 차수가 $q \times N$인 계수행렬이고, s는 차수가 $N \times 1$인 고유분산 벡터이며, s는 ξ, ε과는 상관이 없다. ②를 ①에 대입하면 ③이 도출된다.

$$x = \Lambda_x \xi + s + \varepsilon \cdots\cdots ③$$

만약 $\delta = s + \varepsilon$이라면, $x = \Lambda_x \xi + \delta$가 되고 이것은 측정모형의 방정식이 된다. 여기서 $x = \tau + \varepsilon$과 $x = \Lambda_x \xi + \delta$를 비교해 보면, ε과 δ는 x에서 측정오차이지만 그 성격은 다르다. δ는 x에서 잠재변수 ξ를 측정할 때 생기는 오차이며, ε은 x에서 진점수 τ를 측정할 때 생기는 측정오차이다. 그러나 δ는 진점수 τ를 측정할 때는 오차가 아니다. 그 이유는 δ가 s와 ε으로 되어 있고, s가 τ의 일부분이기 때문이다.

s가 측정모형에서 오차항이므로 실제로는 신뢰도 계수를 과소평가하게 된다. 이와 같이 기존의 신뢰도 계수가 갖는 문제를 극복하기 위한 대안으로 Bollen(1989)은 구조방정식모형에서는 신뢰도를 x_i에 포함된 모든 변수들의(δ를 제외한) 직접 상관의 크기로 사용하는 것을 제안하였다. 이 정의는 $x = \Lambda_x \xi + \delta$를 전제로 하고 있으며, 신뢰도 계수는 $R^2_{x_i}$이 된다.

7. 측정모형의 분석 예시

다음 [그림 6-10]에 제시되는 측정모형을 LISREL을 통해 분석해 보고자 한다. 설정된 모형은 두 개의 잠재변수 간에 상관이 있으며, 하나의 잠재변수는 네 개, 또 하나는 두 개의 관찰변수로 측정된다.

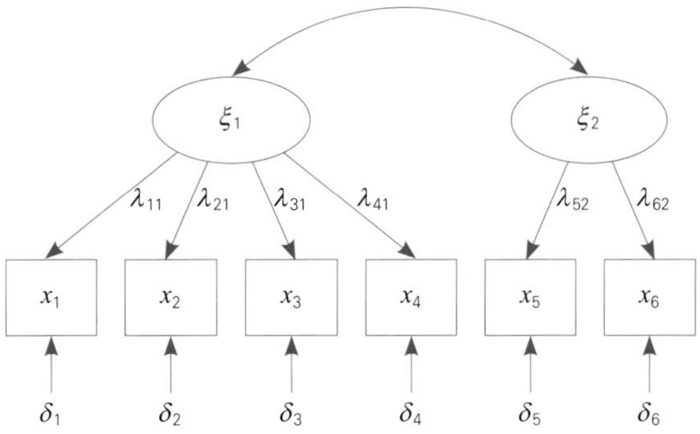

[그림 6-10] 측정모형

설정된 모형에서 모수행렬은 다음과 같다. 각각의 모수행렬에서 나타나는 원소가 추정되어야 할 자유모수이다.

$$\Lambda_x = \begin{array}{c} \\ x_1 \\ x_2 \\ x_3 \\ x_4 \\ x_5 \\ x_6 \end{array} \begin{array}{c} \xi_1 \quad \xi_2 \\ \begin{pmatrix} \lambda_{11} & 0 \\ \lambda_{21} & 0 \\ \lambda_{31} & 0 \\ \lambda_{41} & 0 \\ 0 & \lambda_{52} \\ 0 & \lambda_{62} \end{pmatrix} \end{array} \qquad \Phi = \begin{array}{c} \\ \xi_1 \\ \xi_2 \end{array} \begin{array}{c} \xi_1 \quad \xi_2 \\ \begin{pmatrix} \phi_{11} & \\ \phi_{21} & \phi_{22} \end{pmatrix} \end{array}$$

$\Theta_\delta = (VAR(\delta_1)VAR(\delta_2)VAR(\delta_3)VAR(\delta_4)VAR(\delta_5)VAR(\delta_6))$는 대각선행렬이다.

측정된 관찰변수의 상관행렬은 다음 〈표 6-3〉과 같다. 연구에 사용된 표본크기는 600이다.

〈표 6-3〉 측정변수의 상관행렬

x_1	x_2	x_3	x_4	x_5	x_6
1.00					
.73	1.00				
.70	.68	1.00			
.58	.61	.57	1.00		
.46	.43	.40	.37	1.00	
.56	.52	.48	.41	.72	1.00

LISREL 9.1 프로그램을 실행시키고, 데이터를 불러들인다. 데이터를 불러오는 방법은 5장을 참고한다. 다음은 데이터를 불러들인 화면이다.

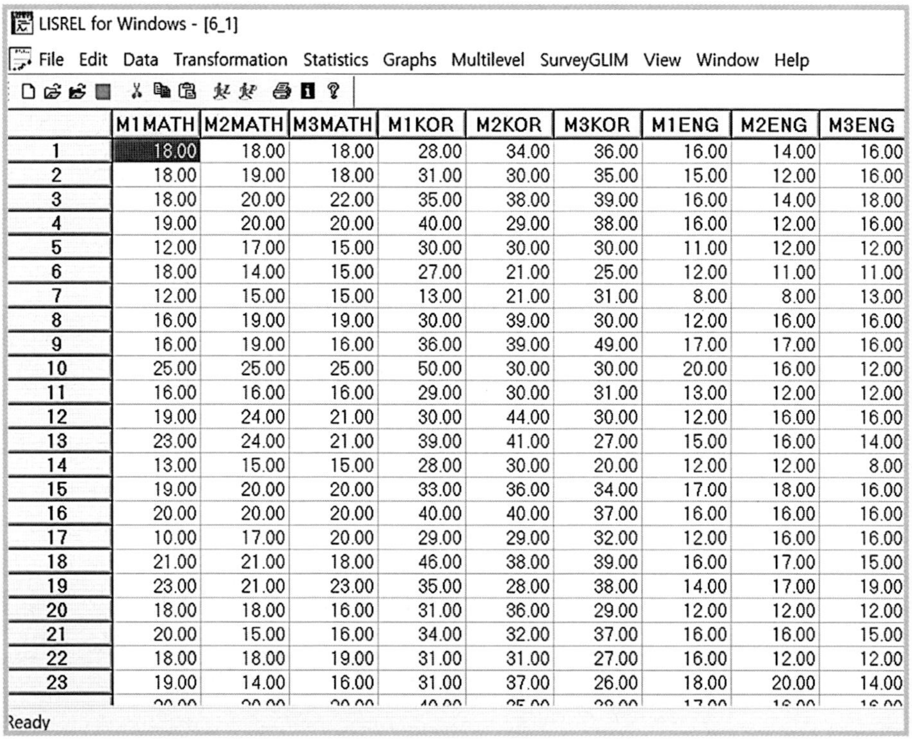

	M1MATH	M2MATH	M3MATH	M1KOR	M2KOR	M3KOR	M1ENG	M2ENG	M3ENG
1	18.00	18.00	18.00	28.00	34.00	36.00	16.00	14.00	16.00
2	18.00	19.00	18.00	31.00	30.00	35.00	15.00	12.00	16.00
3	18.00	20.00	22.00	35.00	38.00	39.00	16.00	14.00	18.00
4	19.00	20.00	20.00	40.00	29.00	38.00	16.00	12.00	16.00
5	12.00	17.00	15.00	30.00	30.00	30.00	11.00	12.00	12.00
6	18.00	14.00	15.00	27.00	21.00	25.00	12.00	11.00	11.00
7	12.00	15.00	15.00	13.00	21.00	31.00	8.00	8.00	13.00
8	16.00	19.00	19.00	30.00	39.00	30.00	12.00	16.00	16.00
9	16.00	19.00	16.00	36.00	39.00	49.00	17.00	17.00	16.00
10	25.00	25.00	25.00	50.00	30.00	30.00	20.00	16.00	12.00
11	16.00	16.00	16.00	29.00	30.00	31.00	13.00	12.00	12.00
12	19.00	24.00	21.00	30.00	44.00	30.00	12.00	16.00	16.00
13	23.00	24.00	21.00	39.00	41.00	27.00	15.00	16.00	14.00
14	13.00	15.00	15.00	28.00	30.00	20.00	12.00	12.00	8.00
15	19.00	20.00	20.00	33.00	36.00	34.00	17.00	18.00	16.00
16	20.00	20.00	20.00	40.00	40.00	37.00	16.00	16.00	16.00
17	10.00	17.00	20.00	29.00	29.00	32.00	12.00	16.00	16.00
18	21.00	21.00	18.00	46.00	38.00	39.00	16.00	17.00	15.00
19	23.00	21.00	23.00	35.00	28.00	38.00	14.00	17.00	19.00
20	18.00	18.00	16.00	31.00	36.00	29.00	12.00	12.00	12.00
21	20.00	15.00	16.00	34.00	32.00	37.00	16.00	16.00	15.00
22	18.00	18.00	19.00	31.00	31.00	27.00	16.00	12.00	12.00
23	19.00	14.00	16.00	31.00	37.00	26.00	18.00	20.00	14.00

모형을 그리기 위해서 [Path Diagram] 창을 연다. 먼저 [File] → [New]를 선택한다.

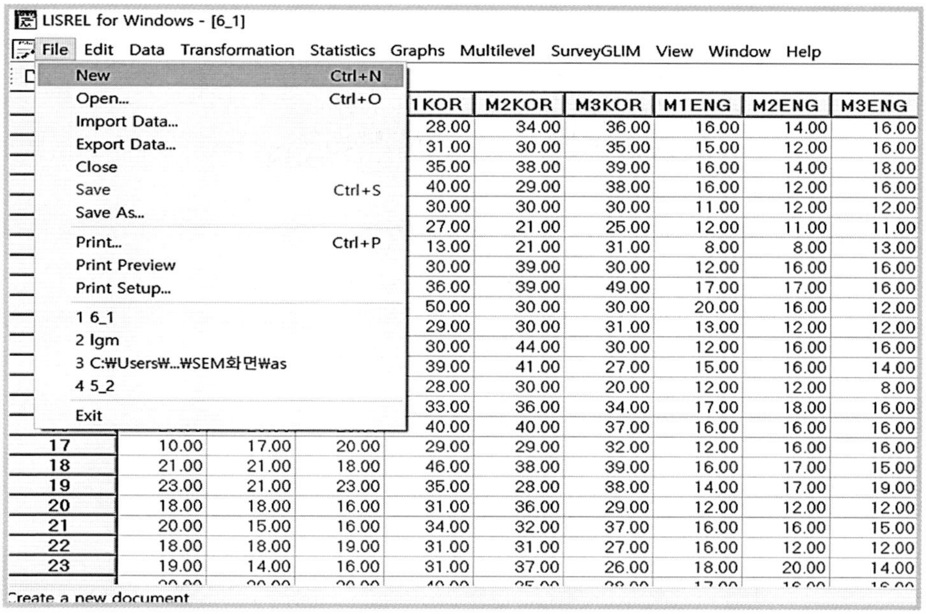

[New]를 선택하면, 다음과 같은 대화상자가 나타난다.

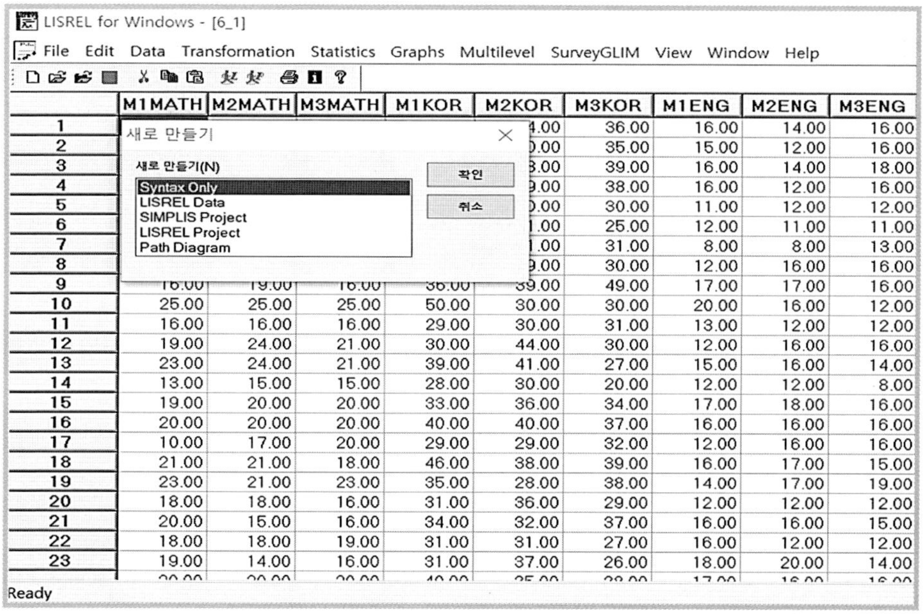

다양한 명령어들 중에서 가장 아래에 있는 [Path Diagram]을 선택하고, [확인]을 선택한다.

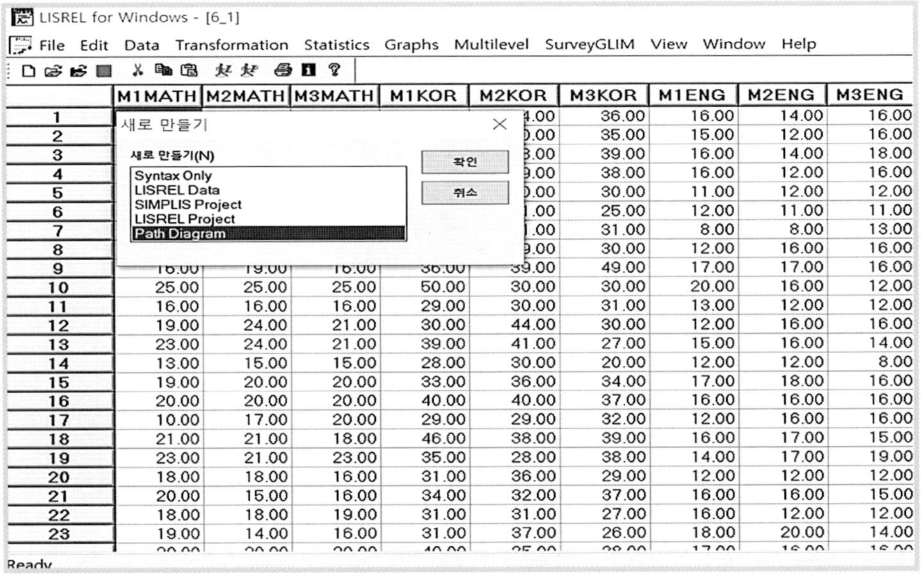

새롭게 만들어 낼 Path Diagram을 다른 이름으로 저장해야 한다.

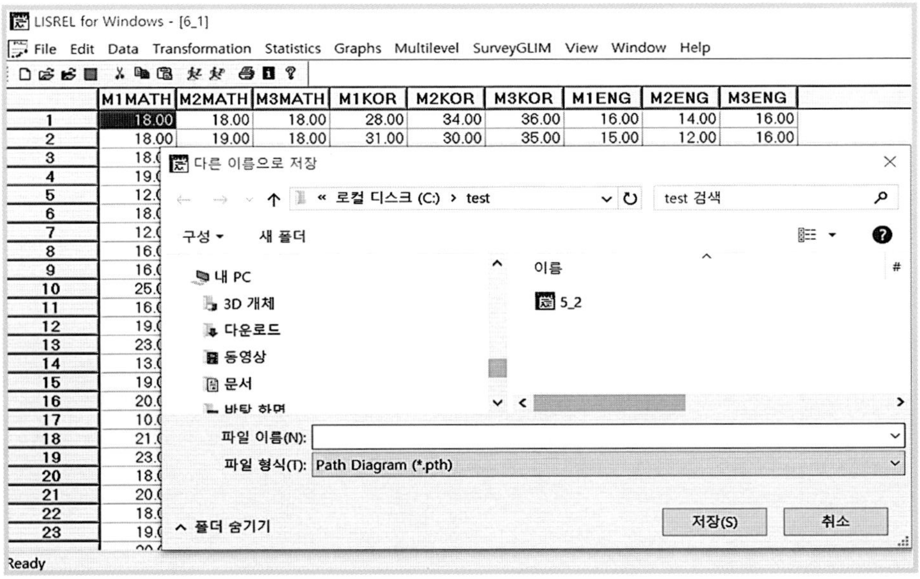

'6_1 path diagram'이라는 이름으로 입력하고, [저장]을 선택한다.

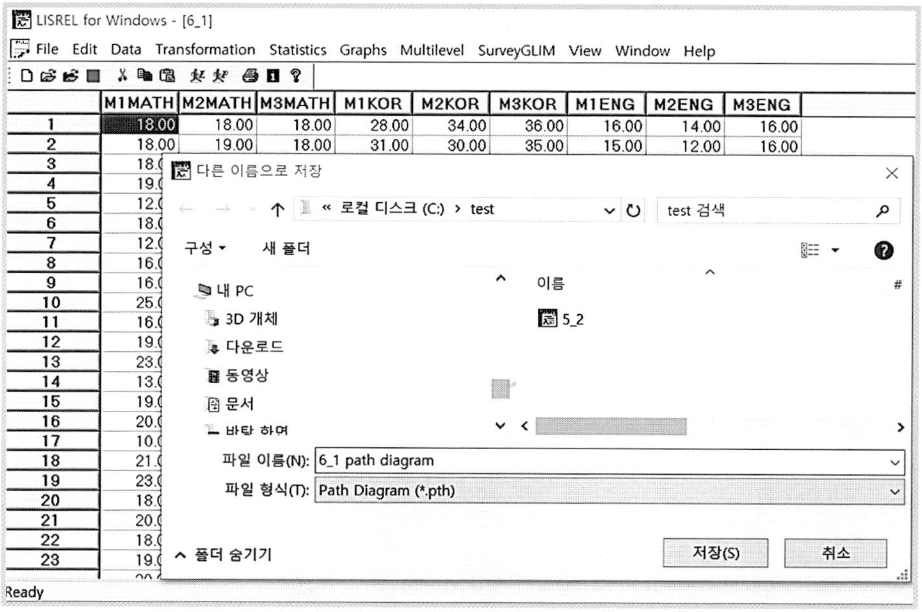

화면에 '6_1 path diagram.pth' 화면이 나타난다.

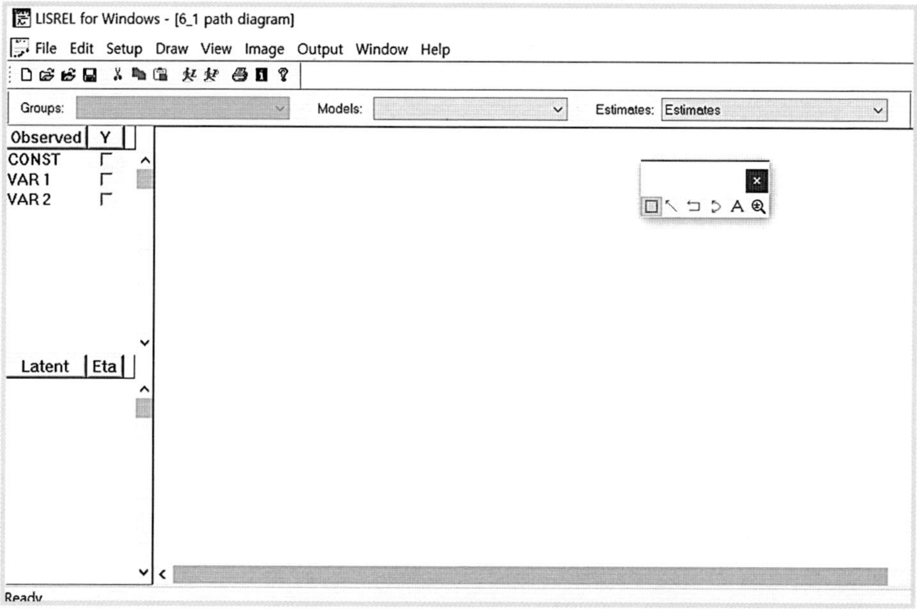

변수를 불러오기 위해 화면 상단의 [Setup] → [Variables]를 선택한다.

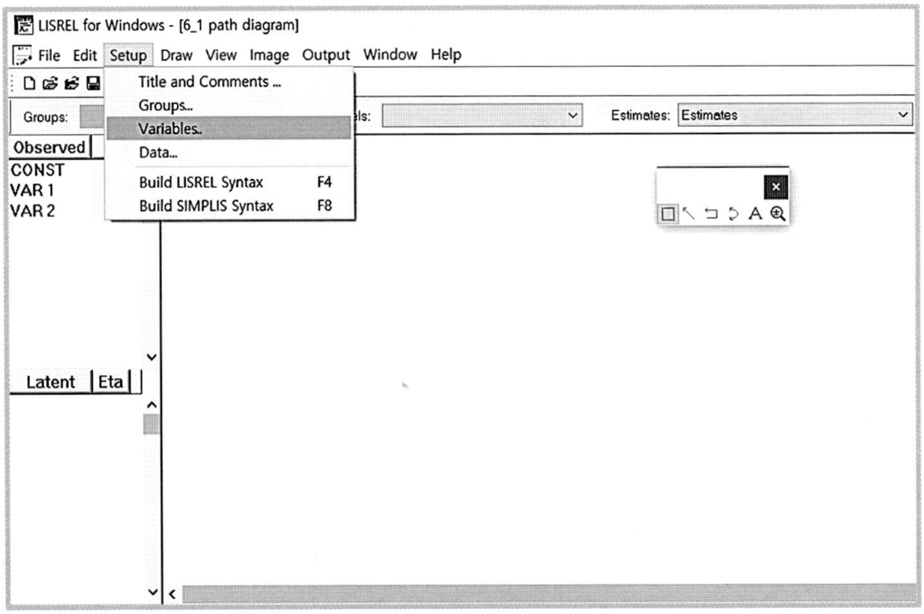

다음과 같은 대화 상자가 나타난다.

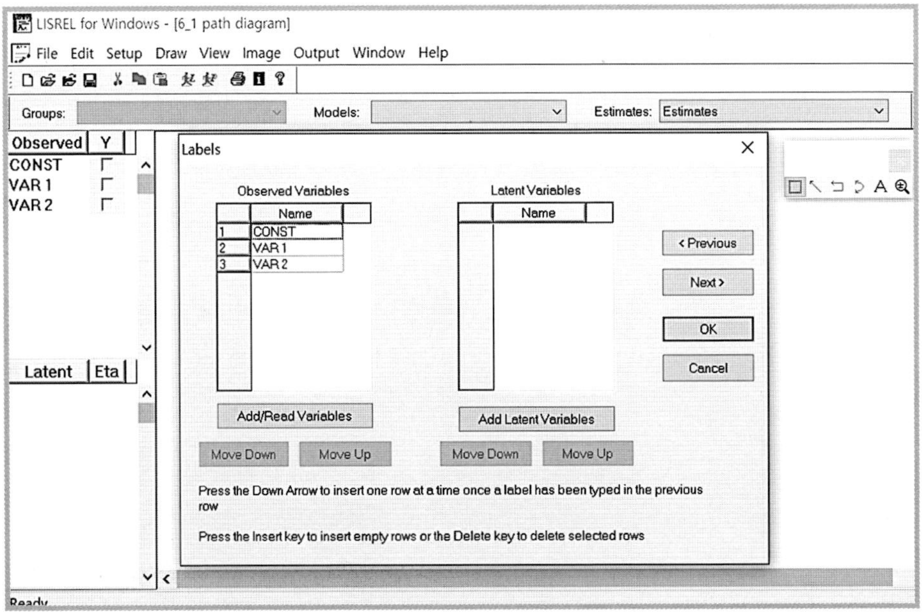

관찰변수를 불러오기 위해 관찰변수의 창 하단에 있는 [Add/Read variables]를 선택한다.

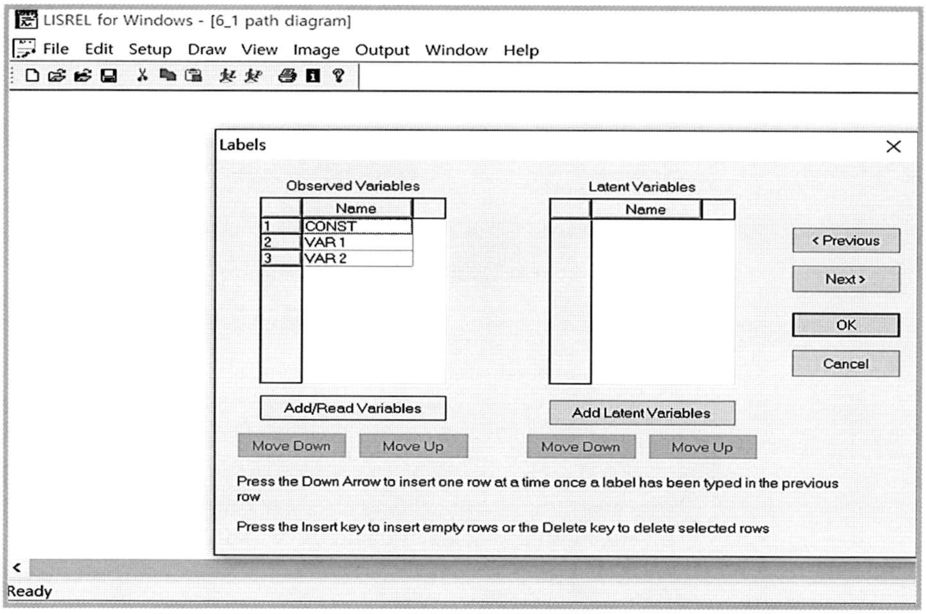

클릭하면 다음과 같은 별도의 대화상자가 열린다.

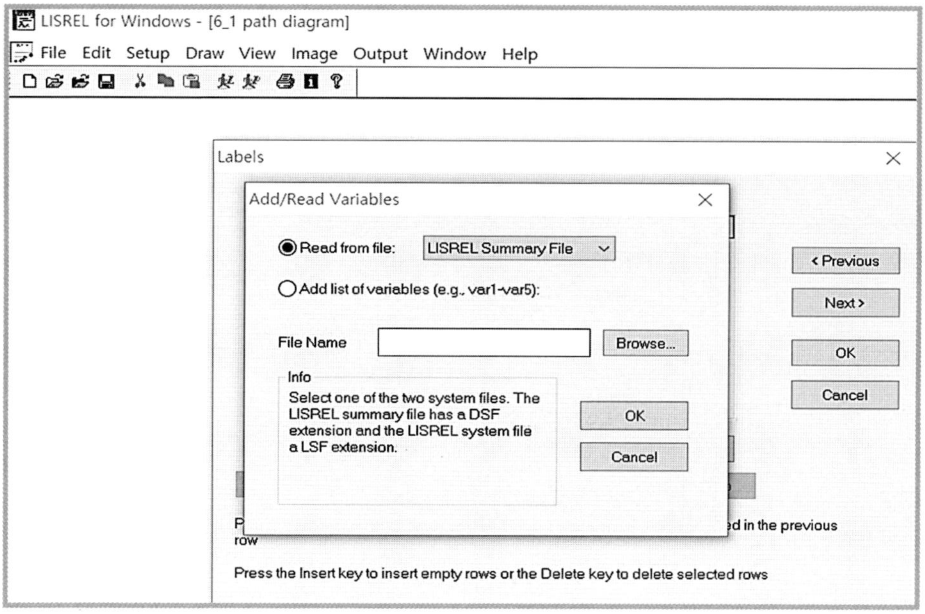

불러올 파일은 LISREL System File이기 때문에 파일형식을 변경한다.

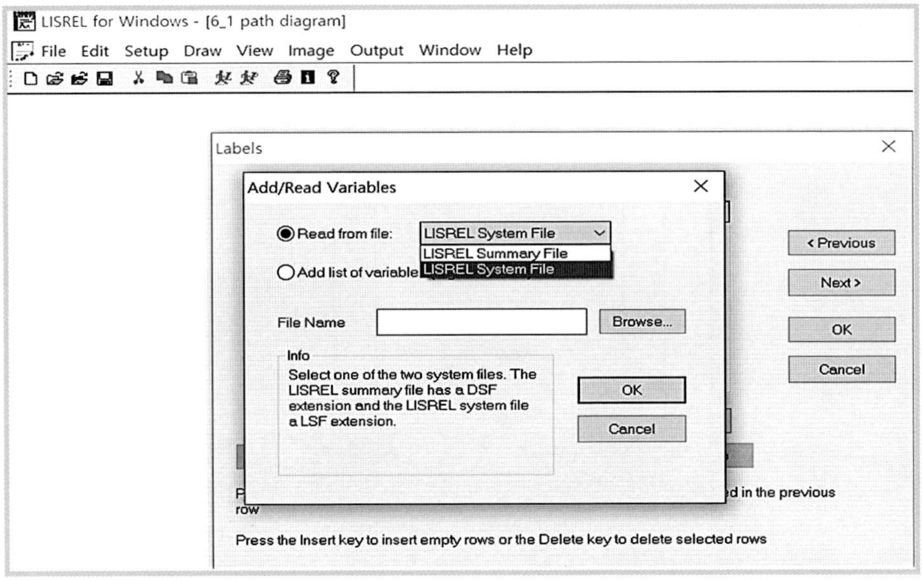

파일형식을 LISREL System File로 지정한 후, 그 아래에 위치한 [Browse..] 버튼을 선택한다.

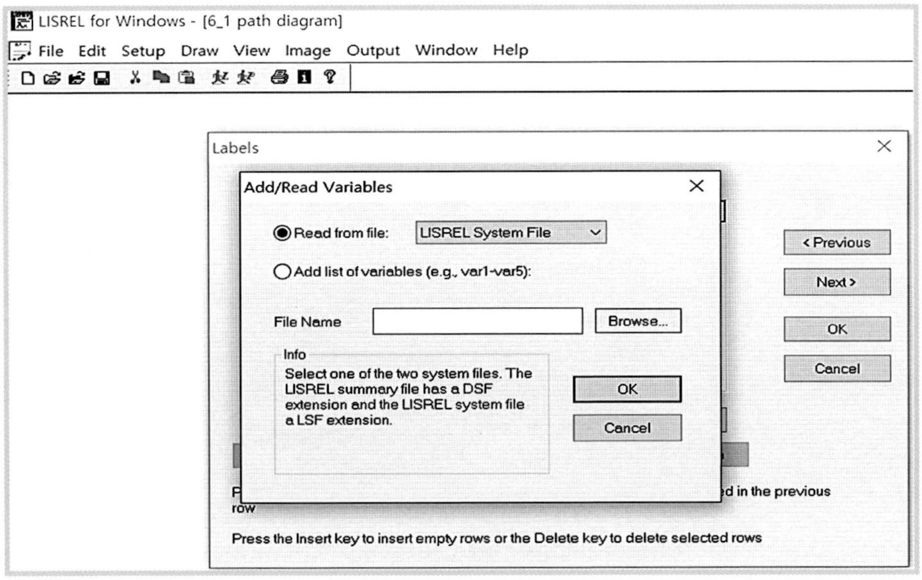

선택하면, 별도의 대화상자가 열리고, 처음에 저장한 '6_1.lsf'를 선택하고, [열기]를 선택한다.

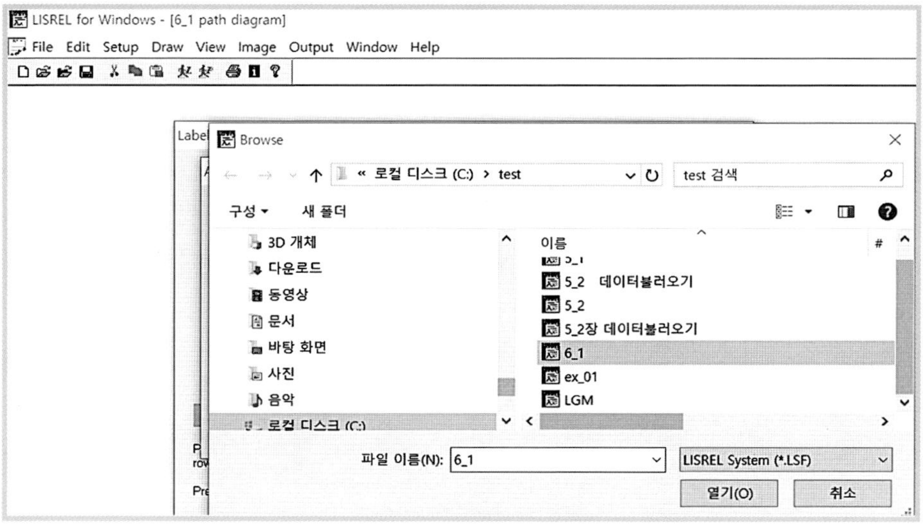

불러올 파일이 자동으로 'File Name'란에 입력된 것을 확인할 수 있다.

이후 OK를 선택한다.

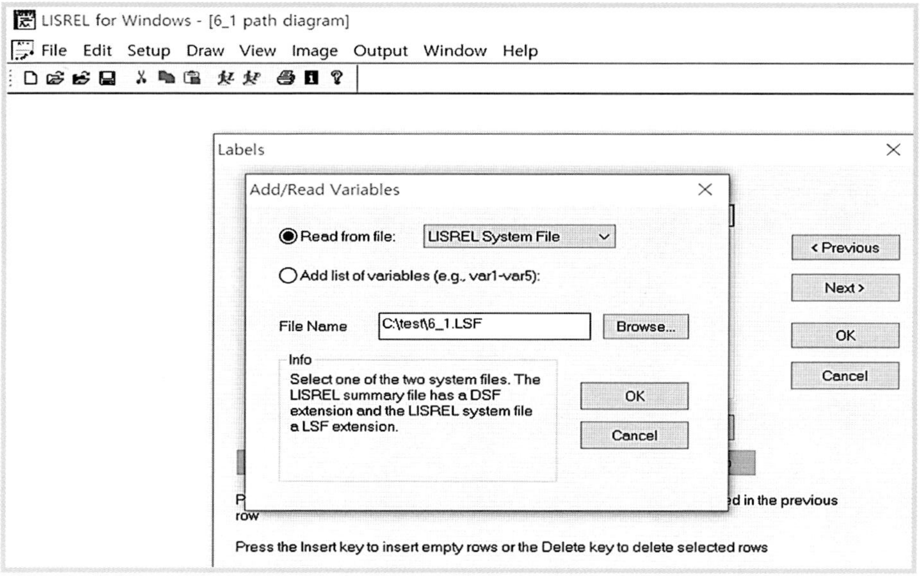

그 다음으로 대화상자 우측에 있는 [Add Latent Variables]를 선택하여 잠재변수를 생성한다.

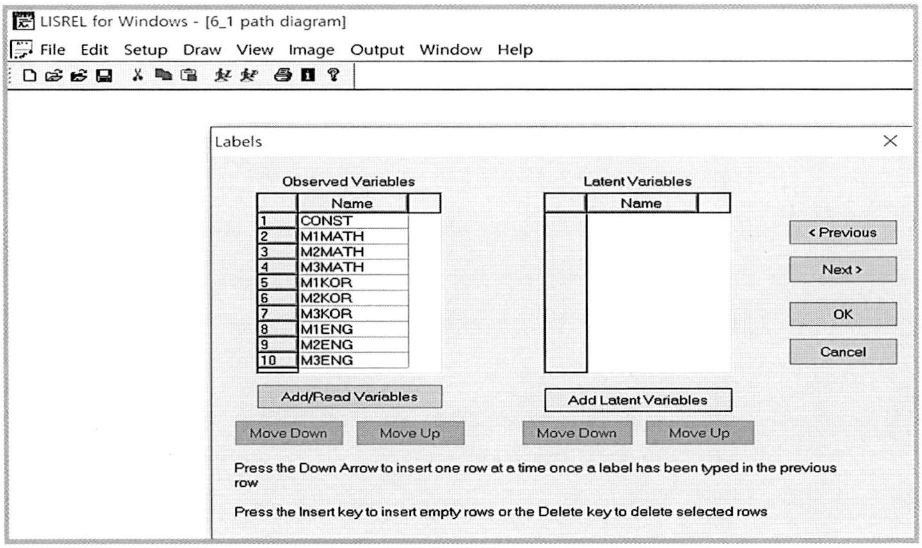

연구자가 설정한 잠재변수의 이름을 입력하고 [OK]를 선택한다. 여기서는 잠재변수의 이름을 '수리능력'이라고 지정한다. 이 과정을 잠재변수 수만큼 반복해야 한다.

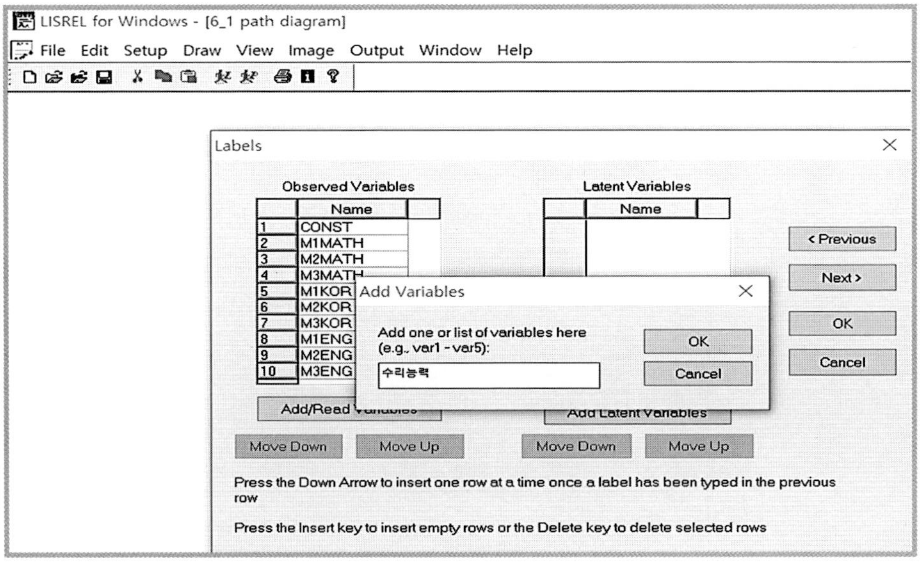

[OK]를 선택하면 우측 창에 잠재변수가 입력된 것을 확인할 수 있다. [OK]를 선택한다.

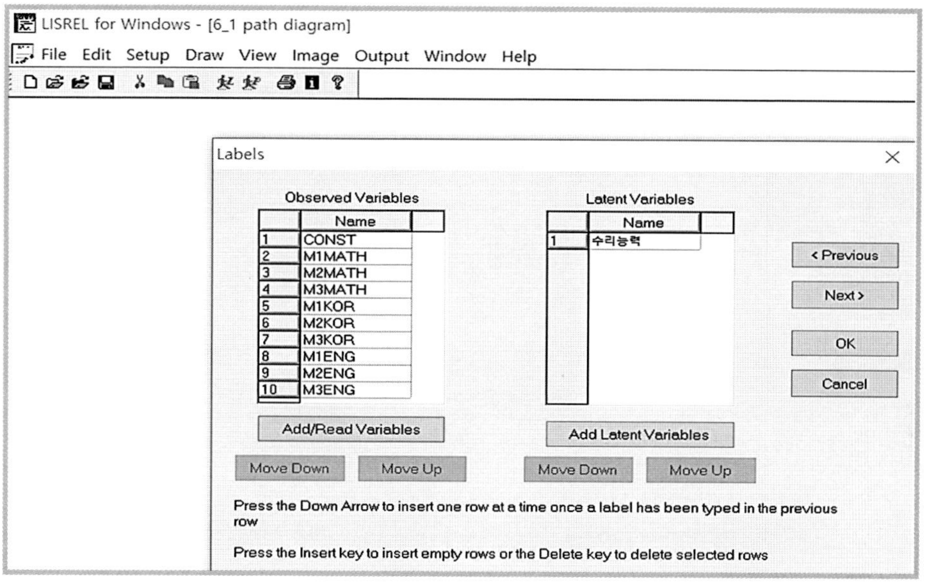

'Path Diagram' 창 좌측을 보면, 관찰변수와 잠재변수에 각 변수들이 입력되어 있는 것을 확인할 수 있다.

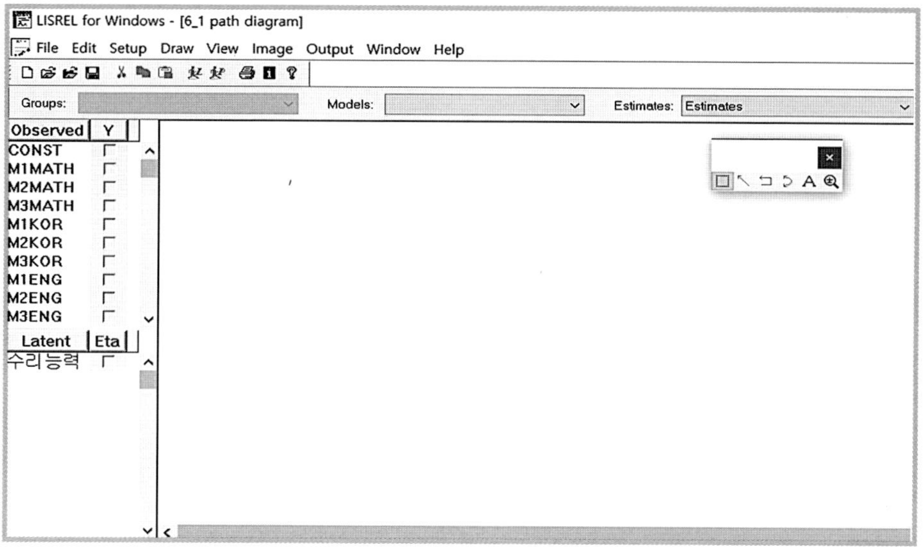

관찰변수('M1MATH' 'M2MATH' 'M3MATH')와 잠재변수 '수리능력' 변수를 차례로 우측 화면에 끌어온다.

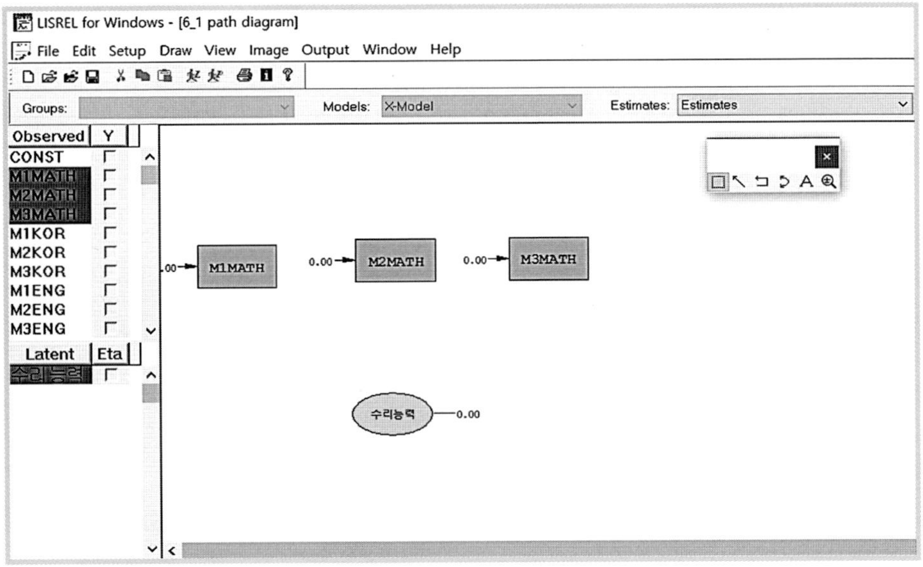

구조모형을 좀 더 보기 좋게 만들고자 한다면, 먼저 변수를 선택한 후 화면 상단의 [Image] → [Rotate] → [Clockwise 90°]를 선택한다.

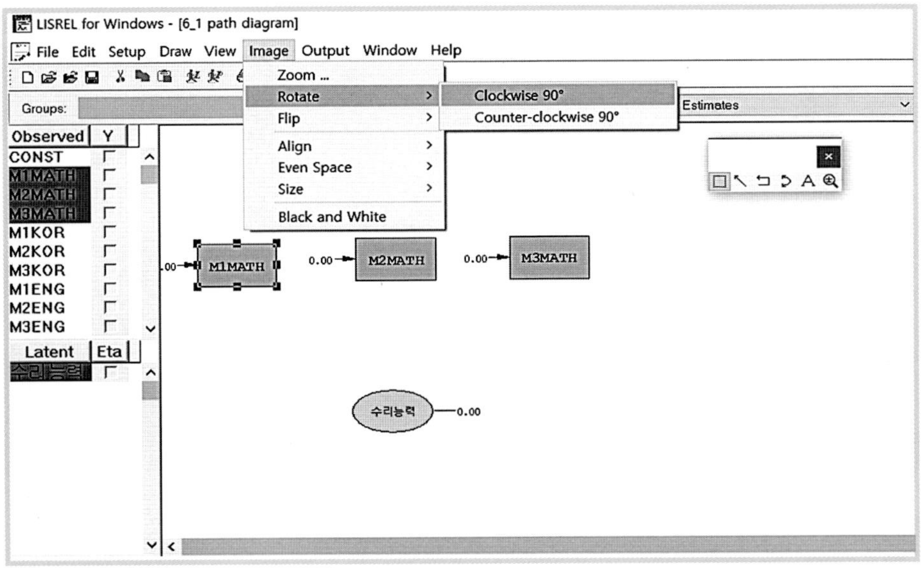

다음과 같이 모형의 모양이 바뀌게 된다. 이때 변수 개인별로 바꿀 수 있지만 모든 변수를 선택하면 한 번에 다 모형을 바꿀 수 있다.

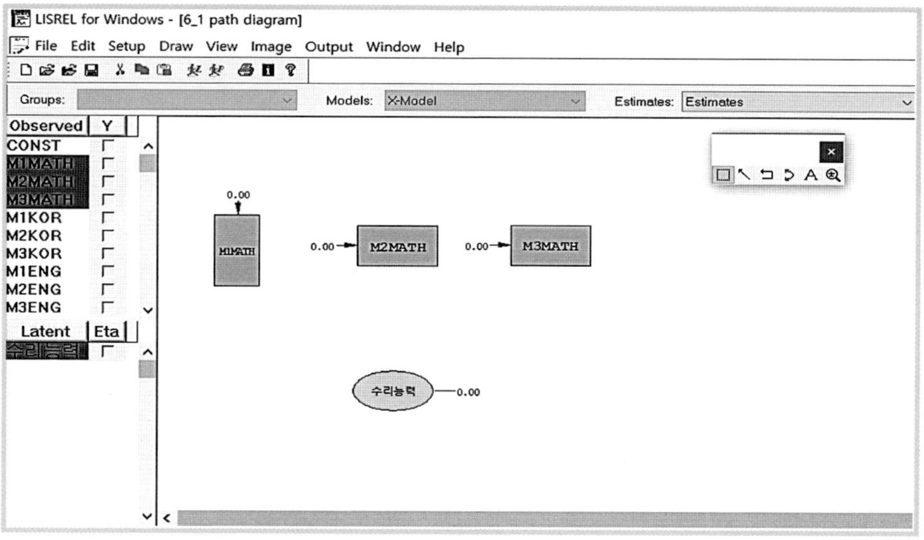

외생잠재변수에서 관찰변수로 가는 경로를 그린다. 도구모음 상자에서 일방경로를 나타내는 화살표를 선택한 후 그린다. 변수의 중간에서 다른 변수의 중간부분으로 연결시키려고 해야 에러가 발생하지 않는다는 것에 유의한다.

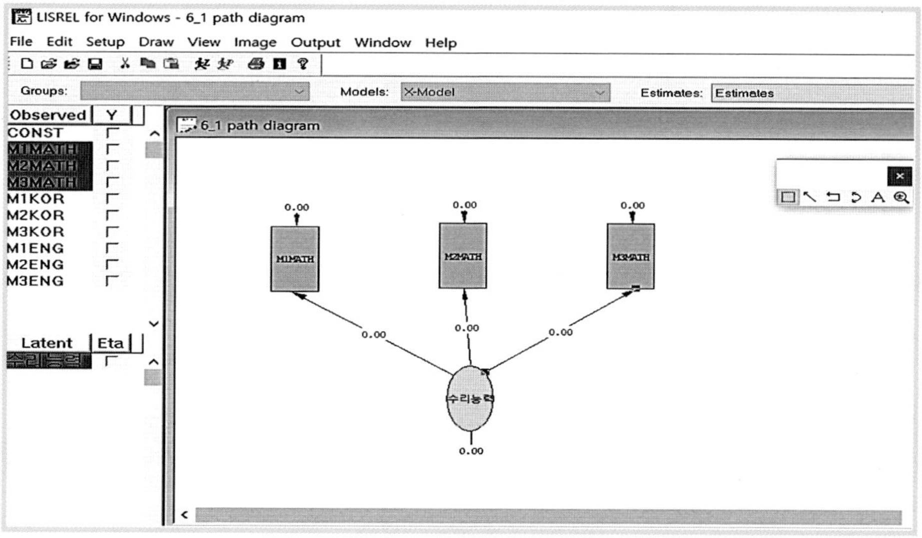

모형을 분석하기 위해서 [Setup] → [Build LISREL Syntax]를 선택한다.

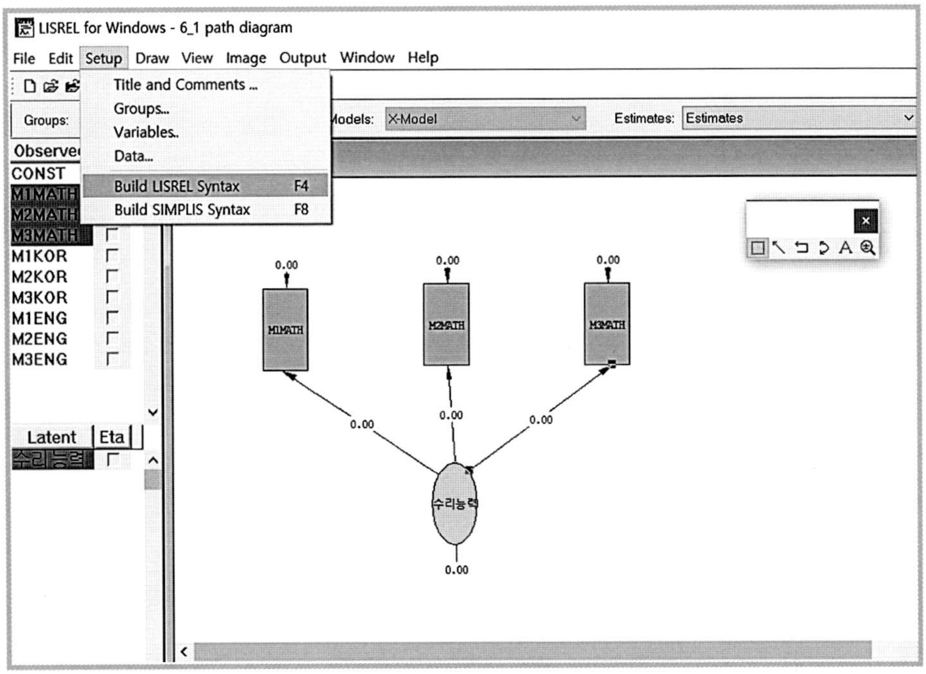

전체 구조모형의 syntax가 자동으로 완성되었다.

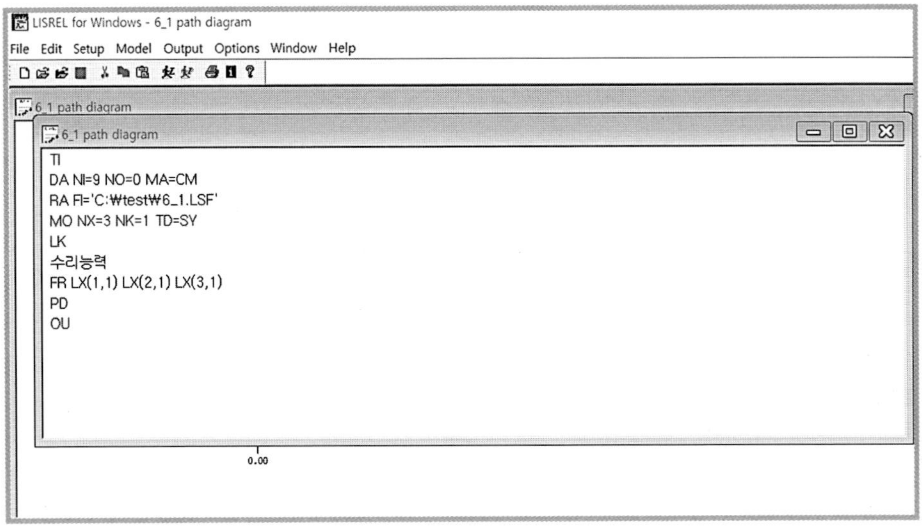

모수추정 방법으로 GLS를 지정한다. 지정하는 방법은 하단의 'OU' 옆에 'ME=GLS'를 입력한다. 입력 후 파란색 사람이 뛰는 모습 옆에 L이 표시된 버튼, 을 선택한다.

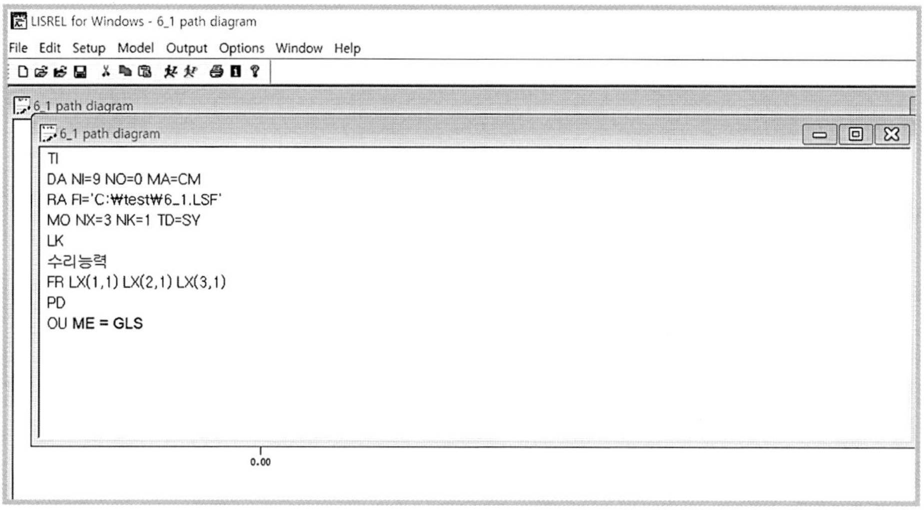

분석된 최종 결과이다.

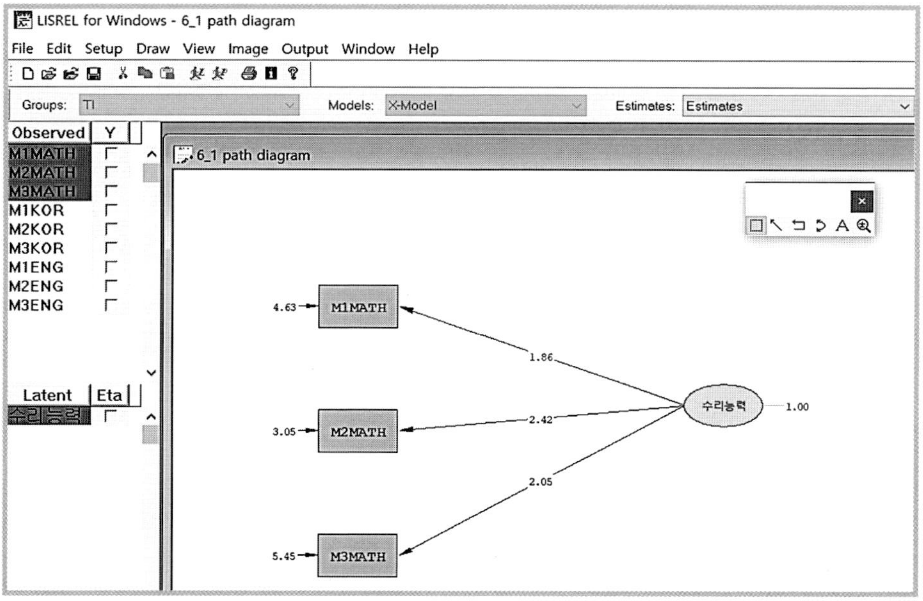

LISREL 9.1 프로그램을 실행시키고, 데이터를 불러들인다. 데이터를 불러오는 방법은 5장을 참고한다. 다음은 데이터를 불러들인 화면이다.

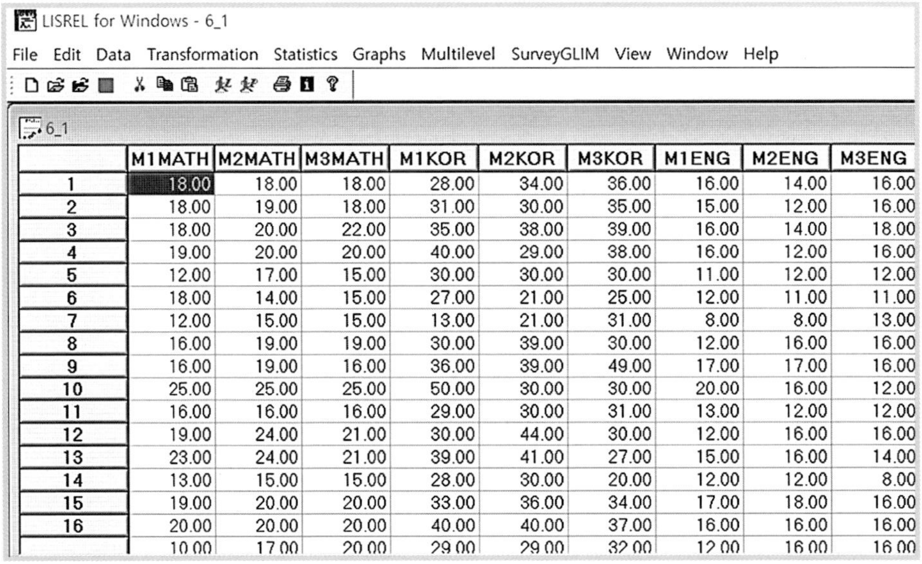

모형을 그리기 위해서 먼저 [File] → [New]를 선택한다. 이후 [Path Diagram]을 선택하고, [확인]을 선택한다.

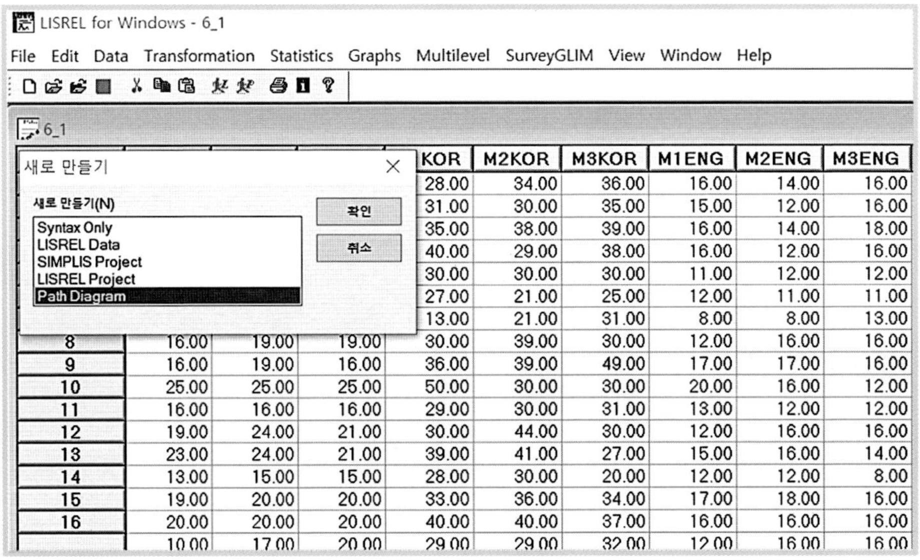

새롭게 만들어 낼 Path Diagram을 다른 이름으로 저장해야 한다.

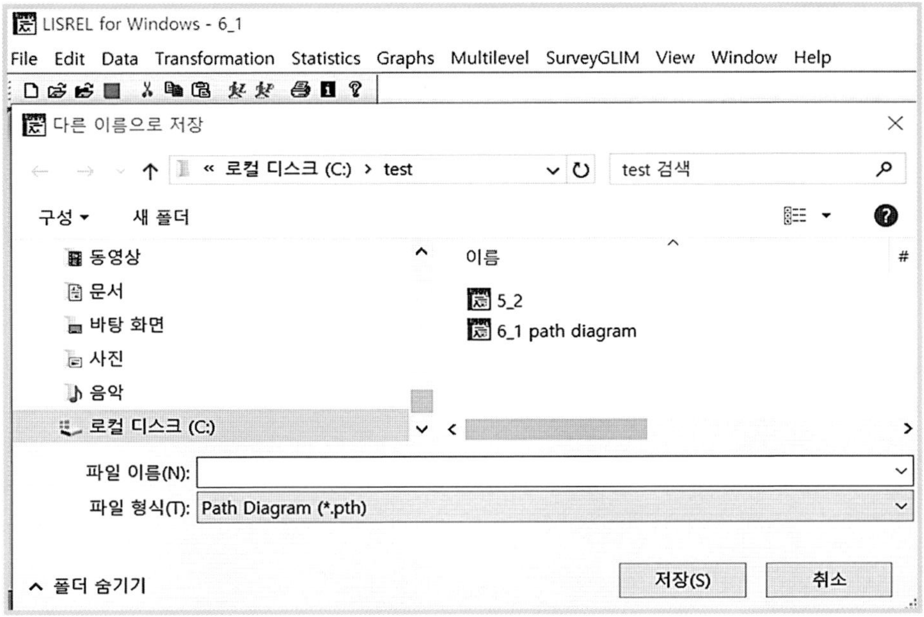

'6_2 path diagram'이라는 이름으로 지정하고, [저장]을 선택한다.

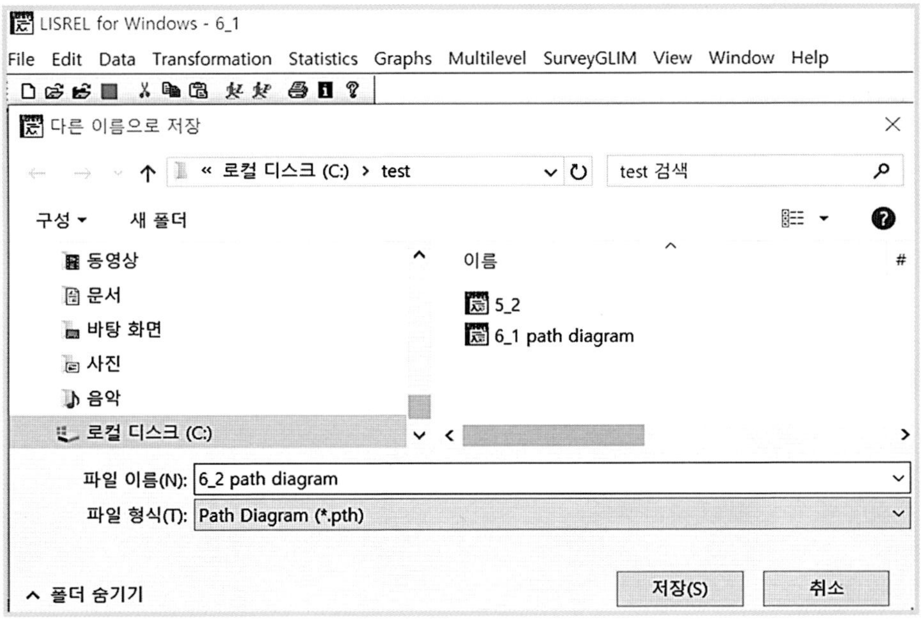

다음과 같은 대화상자가 나타난다.

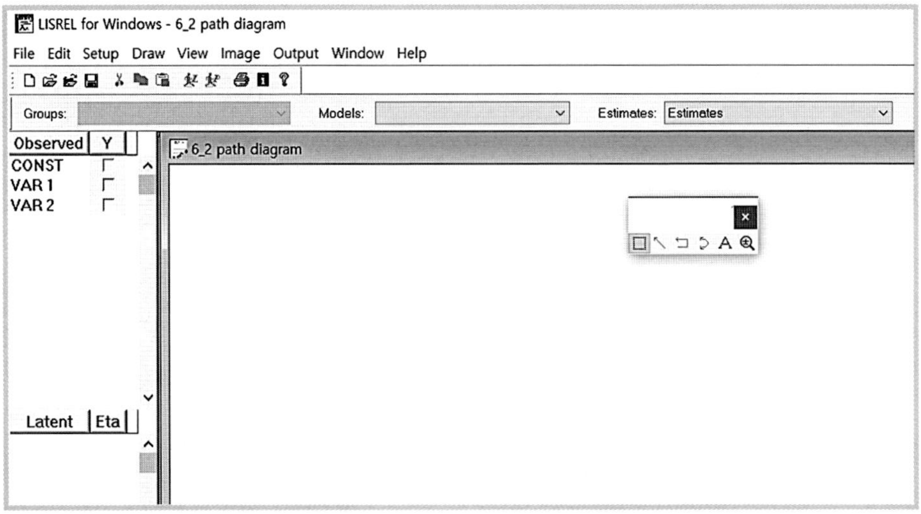

변수를 불러오기 위해 화면 상단의 [Setup] → [Variables]를 선택한다.

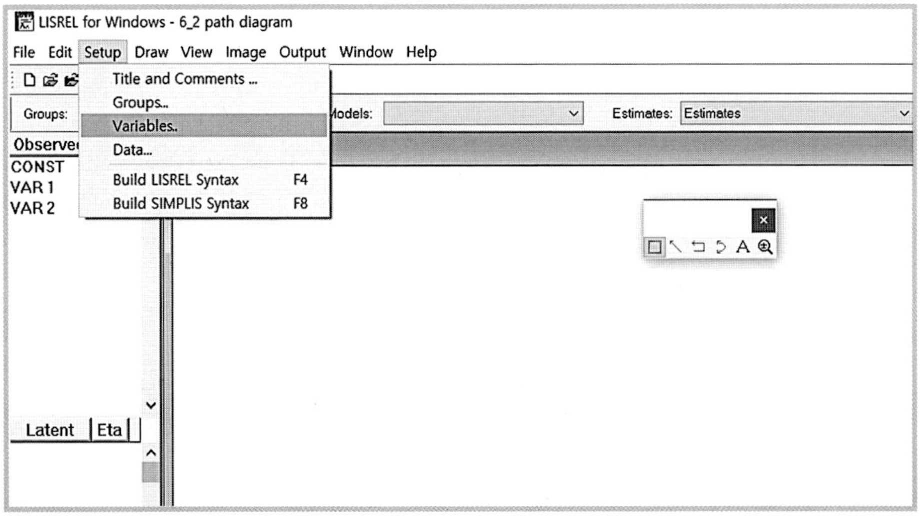

다음과 같은 창이 나타난다.

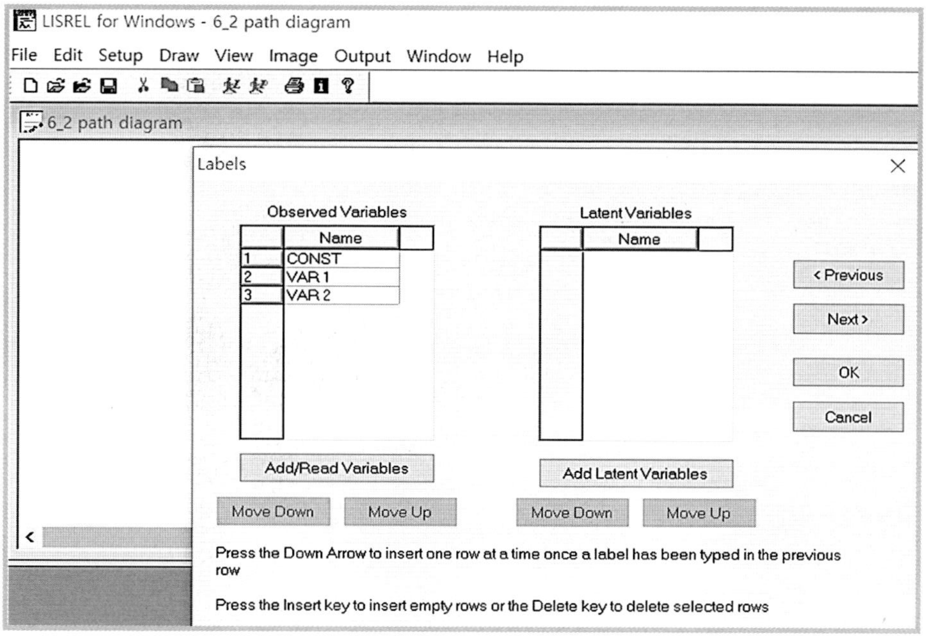

관찰변수를 불러오기 위해 관찰변수의 창 하단에 있는 [Add/Read variables]를 선택한다.

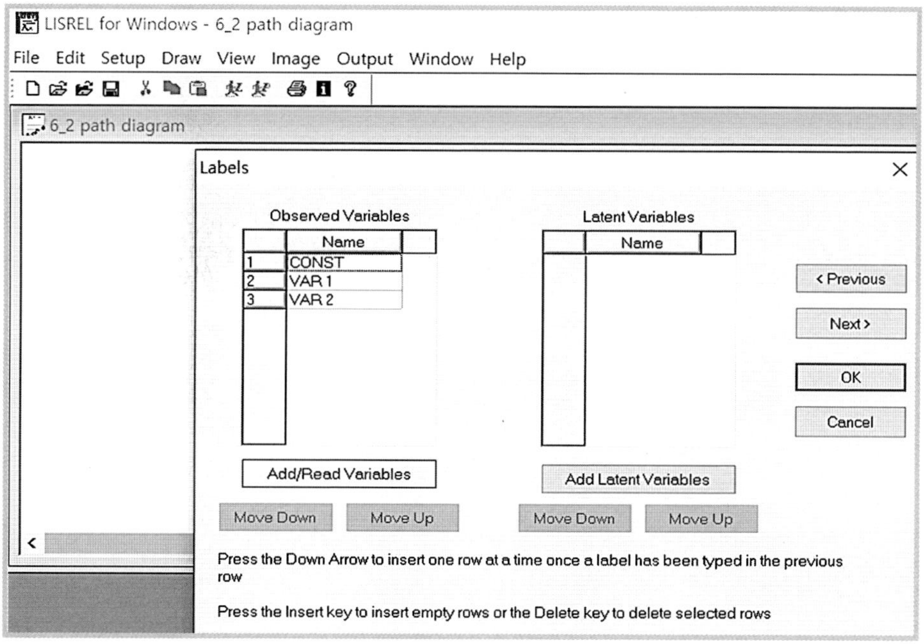

불러올 파일은 LISREL System File이기 때문에 파일형식을 LISREL System 파일로 변경한 후, 그 아래에 위치한 [Browse]를 선택한다.

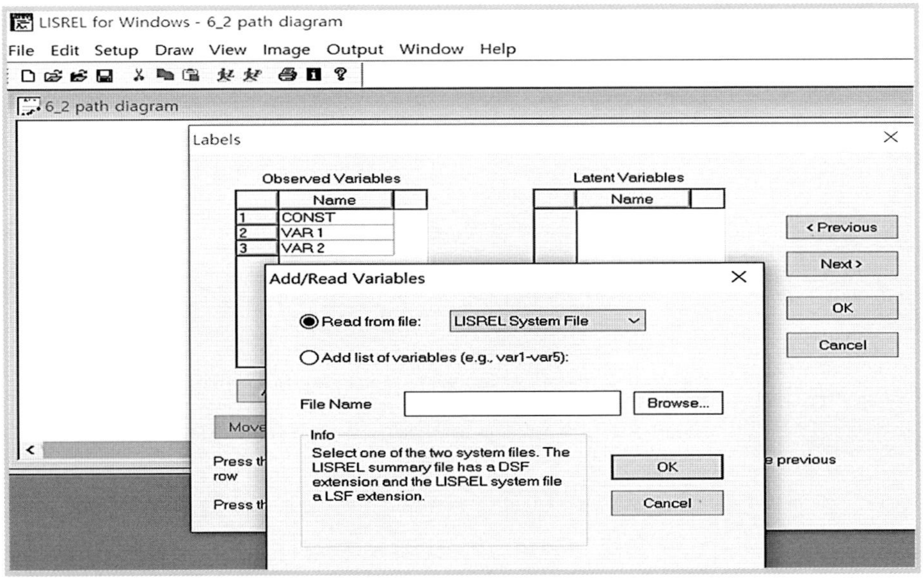

선택하면, 별도의 대화상자가 열리고 아까 저장한 '6_1.lsf'를 선택하고, [열기]를 선택한다.

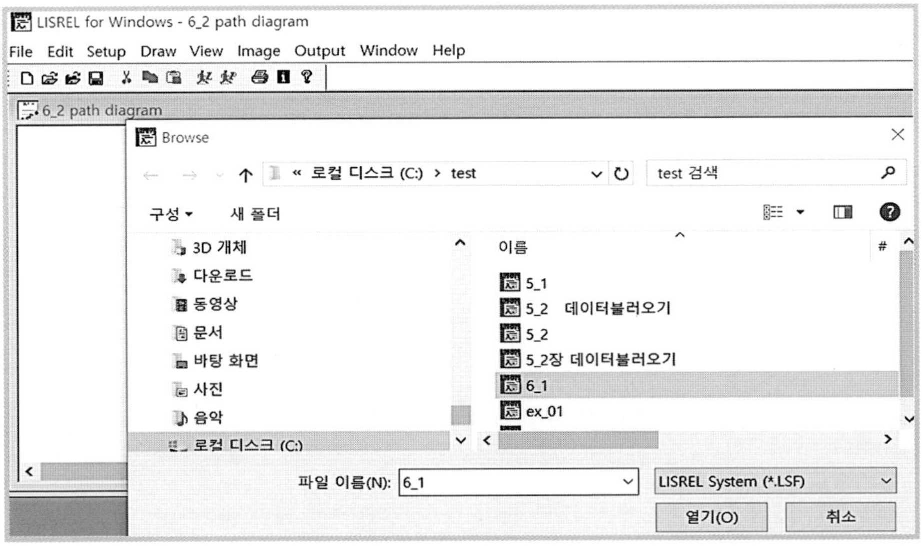

불러올 파일이 자동으로 'File Name'란에 입력된 것을 확인할 수 있다. [OK]를 선택한다.

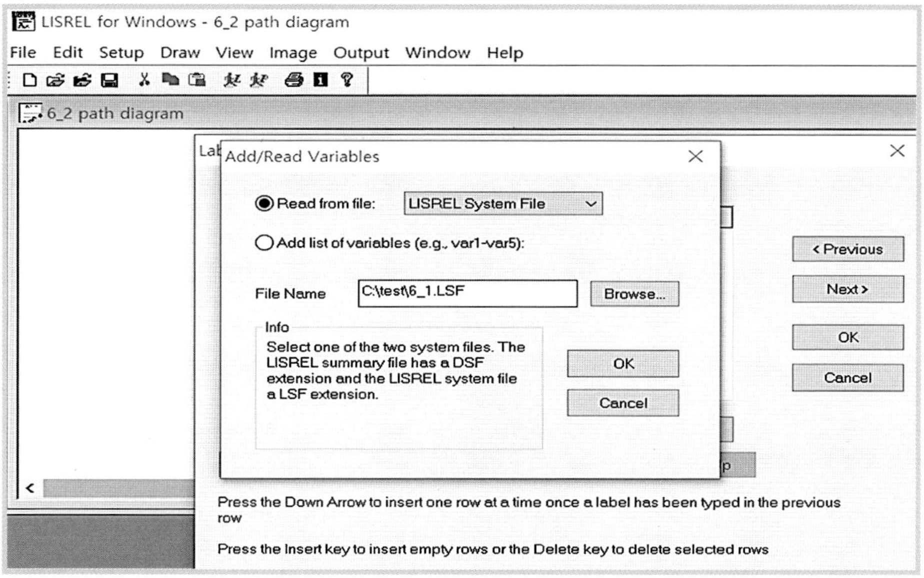

그 다음으로 대화상자 우측에 있는 [ADD Latent Variables]를 선택하여 잠재변수를 생성한다.

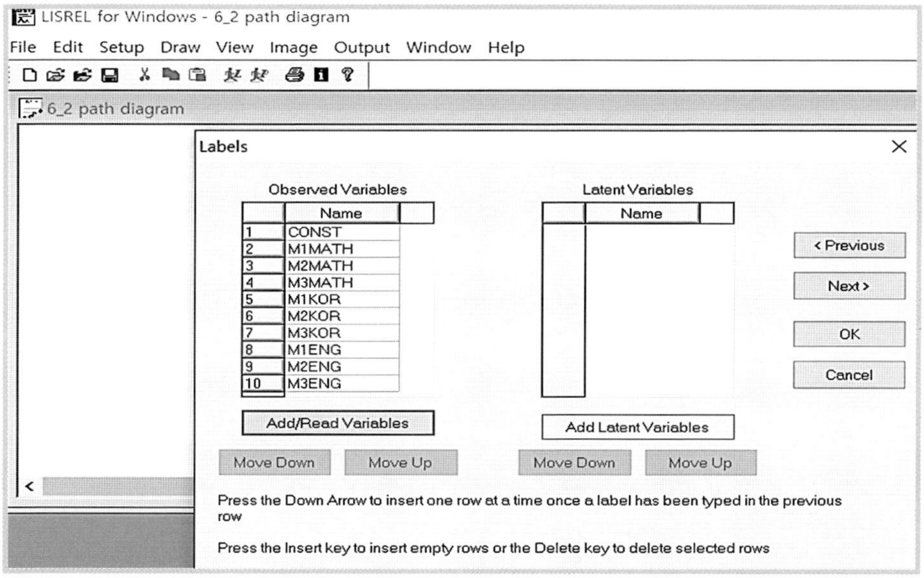

연구자가 설정한 잠재변수의 이름을 입력하고 [OK]를 선택한다. 여기서는 잠재변수의 이름을 '국어능력'이라고 입력한다.

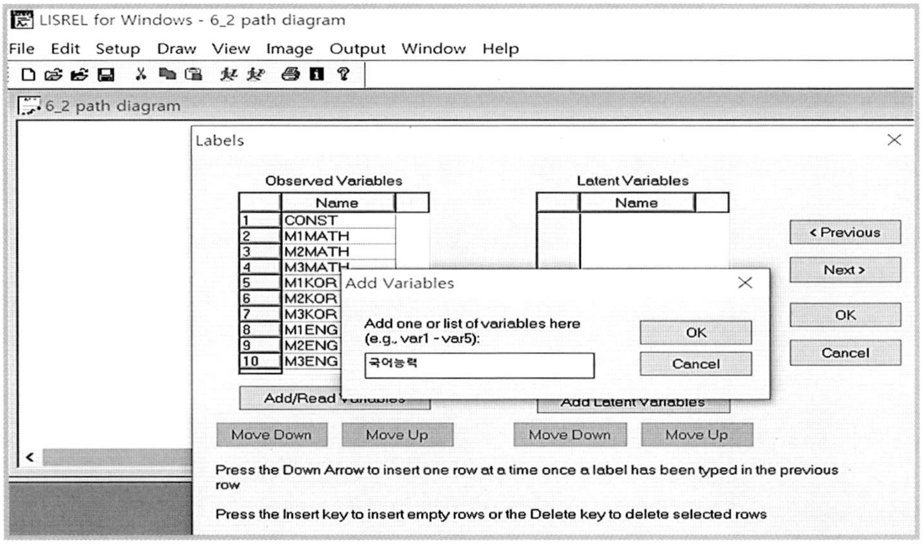

다른 잠재변수를 설정하려면 다시 [Add Latent Variables]를 선택한 후, 잠재변수 이름을 입력하면 된다. 여기서는 잠재변수의 이름을 '영어능력'이라고 입력한 후 [OK]를 선택한다.

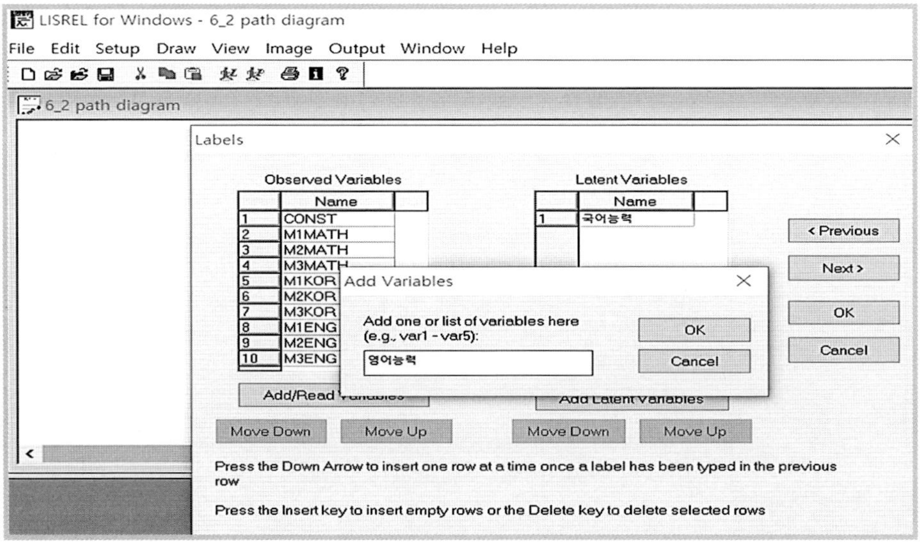

잠재변수 설정이 끝나면 [OK]를 선택한다.

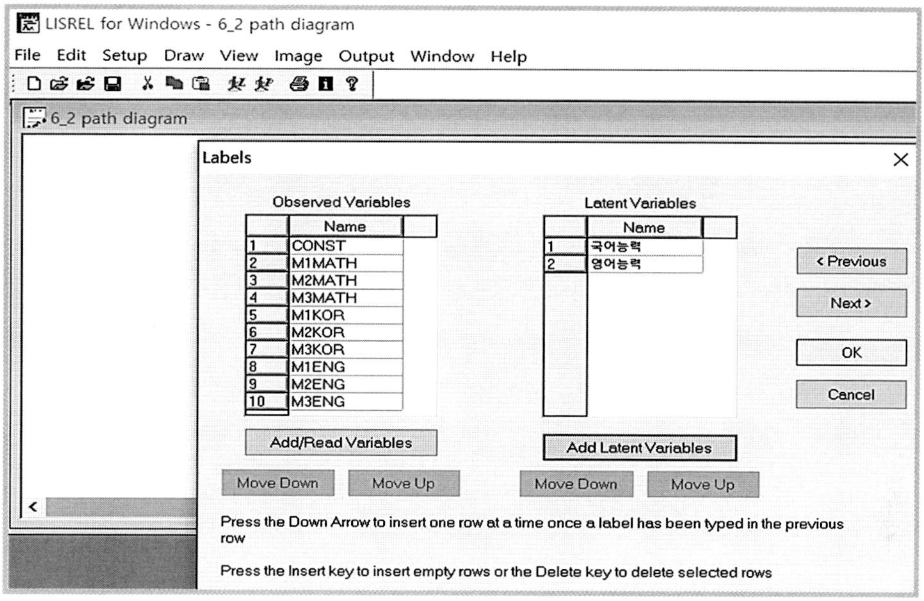

Path Diagram 좌측을 보면, 관찰변수와 잠재변수에 각 변수들이 입력되어 있는 것을 확인할 수 있다.

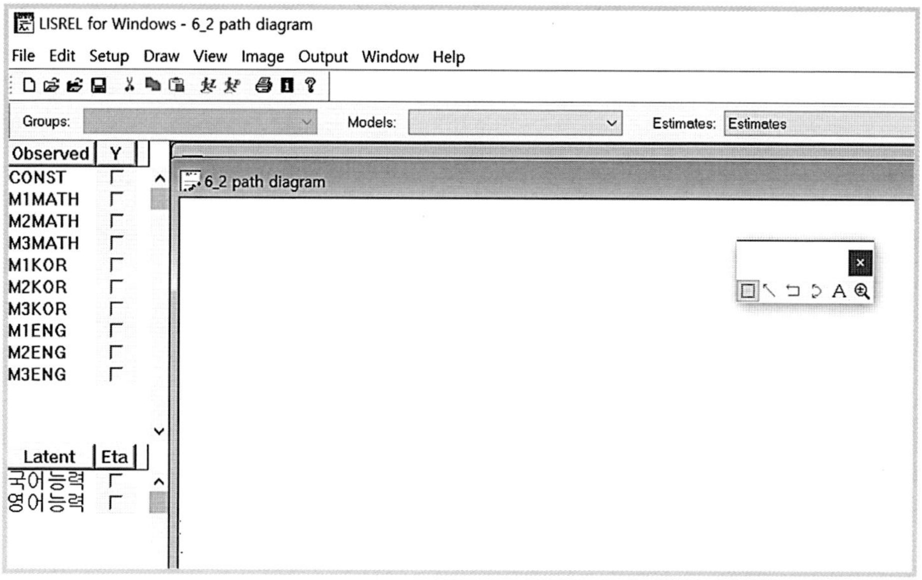

변수들을 차례로 우측 화면에 끌어온다. 끌어들일 변수는 관찰변수 'M1KOR' 'M2KOR' 'M3KOR' 'M1ENG' 'M2ENG' 'M3ENG'와 잠재변수 '국어능력' '영어능력'이다.

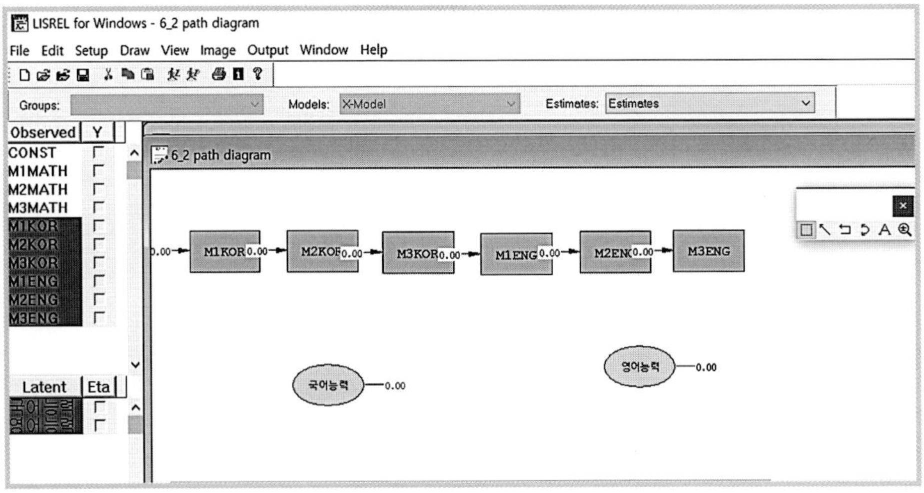

관찰변수와 잠재변수를 모두 끌어온 후, 모형의 모양을 세로로 변경하려면 화면 상단의 [Image] → [Rotate] → [Clockwias 90°]를 선택하면 모양이 바뀐다.

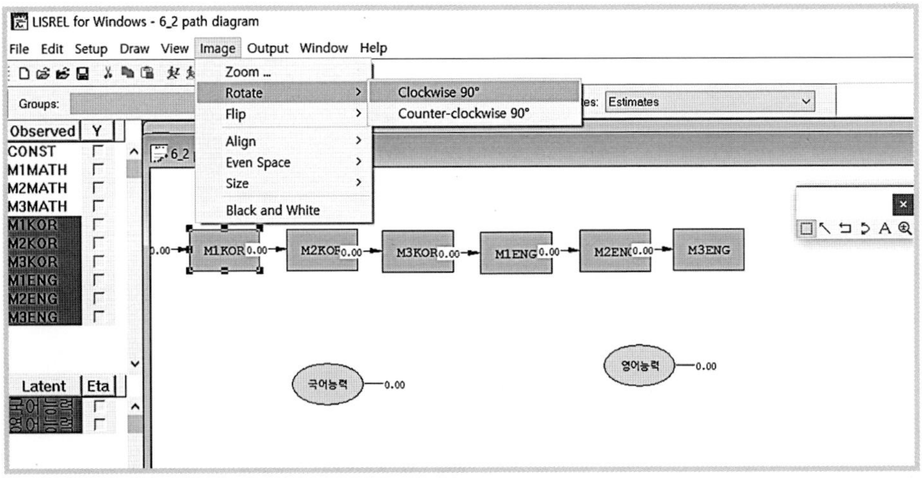

모형의 경로를 그린다.

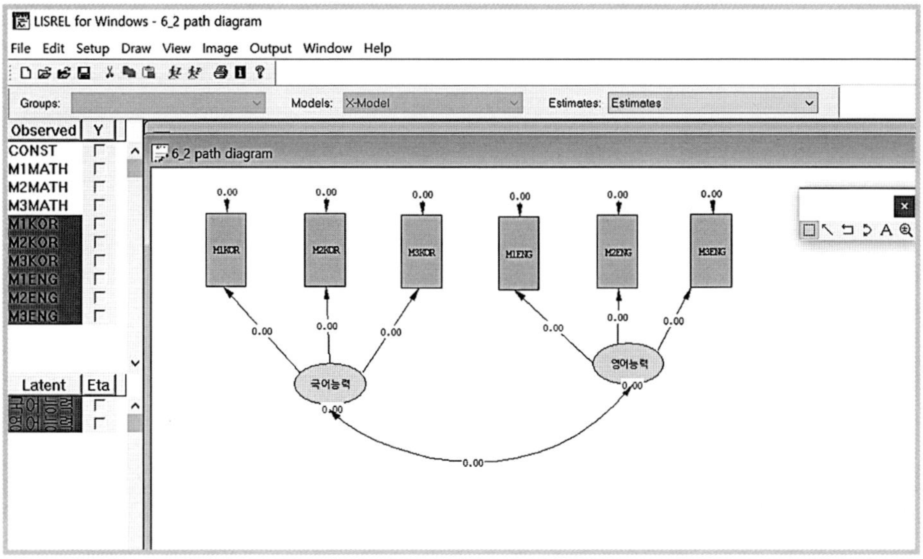

모형을 분석하기 위해서 [Setup] → [Build LISREL Syntax]를 선택한다.

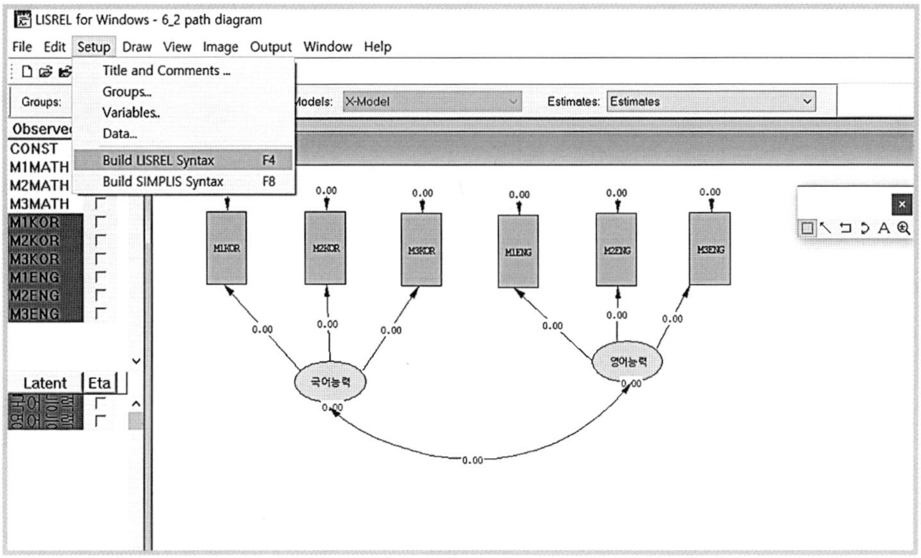

전체 구조모형의 syntax가 자동으로 완성되었다.

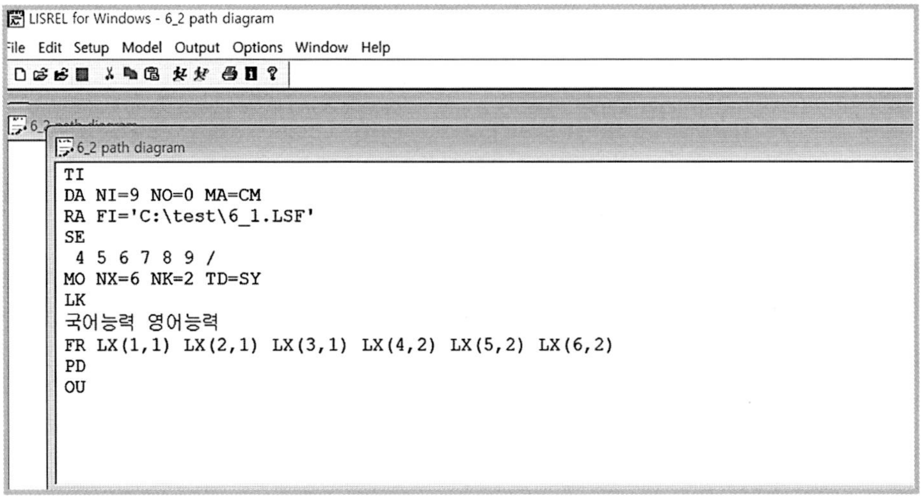

모수추정 방법으로 GLS를 지정한다. 지정하는 방법은 하단의 'OU' 옆에 'ME=GLS'를 입력한다. 입력 후 파란색 사람이 뛰는 모습 옆에 L이 표시된 버튼, 을 선택한다.

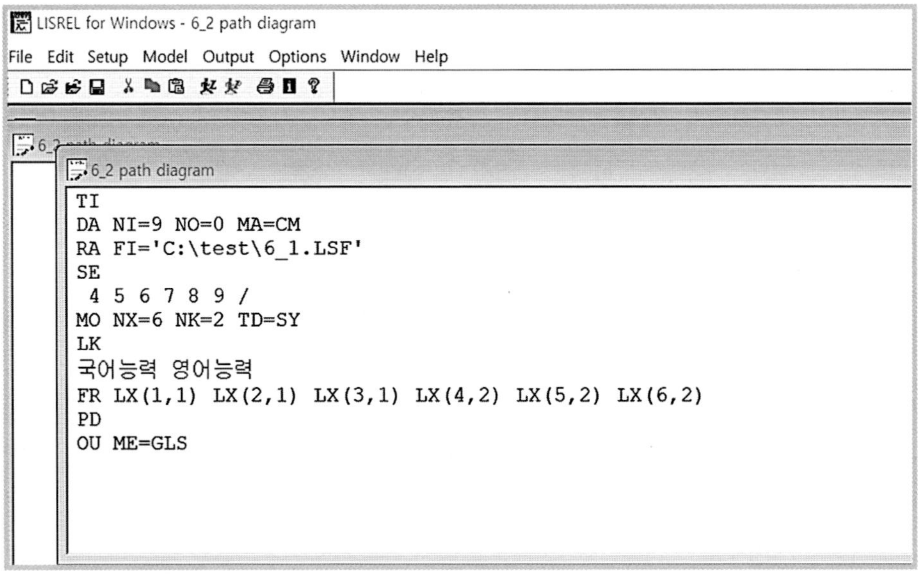

분석된 최종 결과이다.

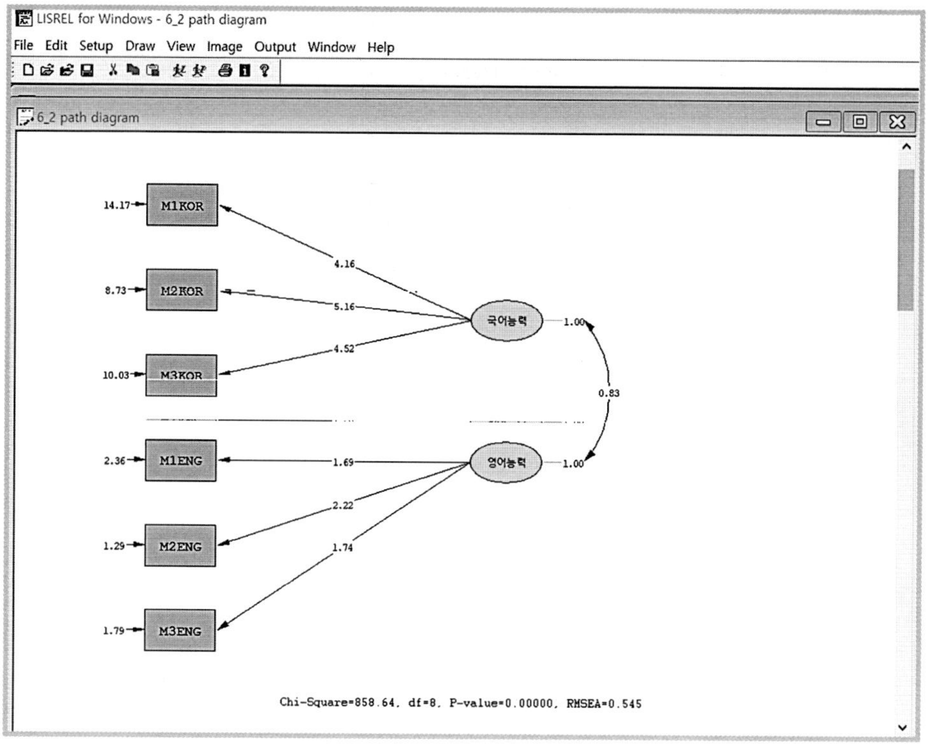

8. Second-order CFA

일반적 확인적 요인분석은 관찰변수가 잠재변수에 영향을 받는 관계만을 설명한다. 하지만 Second-order CFA는 잠재변수를 설명하는 상위의 잠재변수가 존재하여 2차 잠재변수가 1차 잠재변수에 영향을 미치고 다시 1차 잠재변수가 관찰변수에 영향을 미치는 구조적 관계를 설명한다.

LISREL 9.1 프로그램을 실행시키고, 데이터를 불러들인다. 데이터를 불러오는 방법은 5장을 참고한다. 다음은 데이터를 불러들인 화면이다.

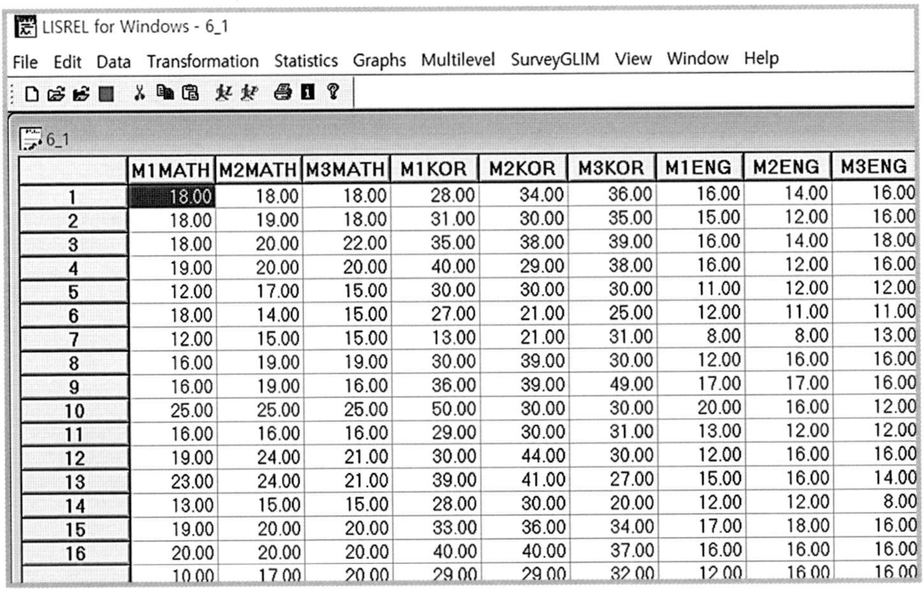

	M1MATH	M2MATH	M3MATH	M1KOR	M2KOR	M3KOR	M1ENG	M2ENG	M3ENG
1	18.00	18.00	18.00	28.00	34.00	36.00	16.00	14.00	16.00
2	18.00	19.00	18.00	31.00	30.00	35.00	15.00	12.00	16.00
3	18.00	20.00	22.00	35.00	38.00	39.00	16.00	14.00	18.00
4	19.00	20.00	20.00	40.00	29.00	38.00	16.00	12.00	16.00
5	12.00	17.00	15.00	30.00	30.00	30.00	11.00	12.00	12.00
6	18.00	14.00	15.00	27.00	21.00	25.00	12.00	11.00	11.00
7	12.00	15.00	15.00	13.00	21.00	31.00	8.00	8.00	13.00
8	16.00	19.00	19.00	30.00	39.00	30.00	12.00	16.00	16.00
9	16.00	19.00	16.00	36.00	39.00	49.00	17.00	17.00	16.00
10	25.00	25.00	25.00	50.00	30.00	30.00	20.00	16.00	12.00
11	16.00	16.00	16.00	29.00	30.00	31.00	13.00	12.00	12.00
12	19.00	24.00	21.00	30.00	44.00	30.00	12.00	16.00	16.00
13	23.00	24.00	21.00	39.00	41.00	27.00	15.00	16.00	14.00
14	13.00	15.00	15.00	28.00	30.00	20.00	12.00	12.00	8.00
15	19.00	20.00	20.00	33.00	36.00	34.00	17.00	18.00	16.00
16	20.00	20.00	20.00	40.00	40.00	37.00	16.00	16.00	16.00
	10.00	17.00	20.00	29.00	29.00	32.00	12.00	16.00	16.00

모형을 그리기 위해서 먼저 [File] → [New]를 선택한다. 이후 [Path Diagram]을 선택하고, [확인]을 선택한다.

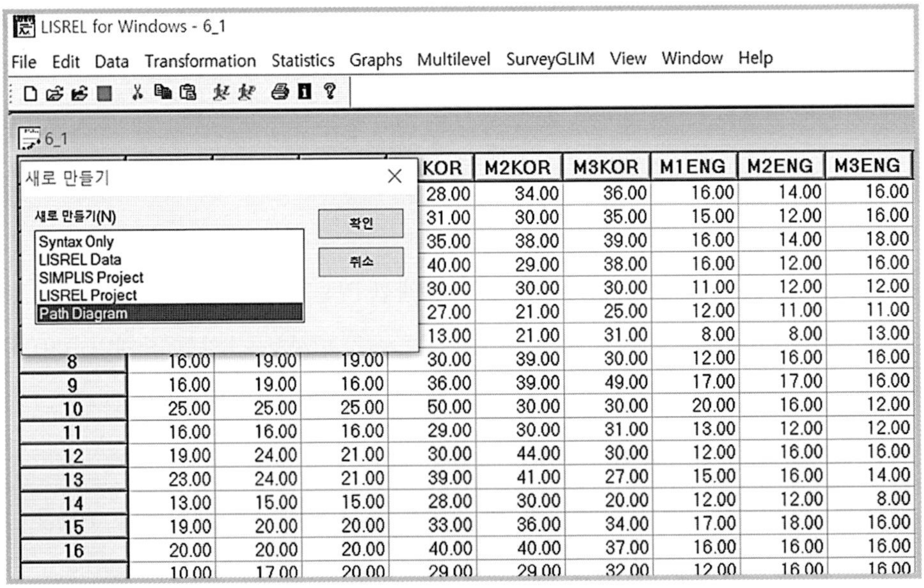

새롭게 만들어 낼 Path Diagram을 다른 이름으로 저장해야 한다.

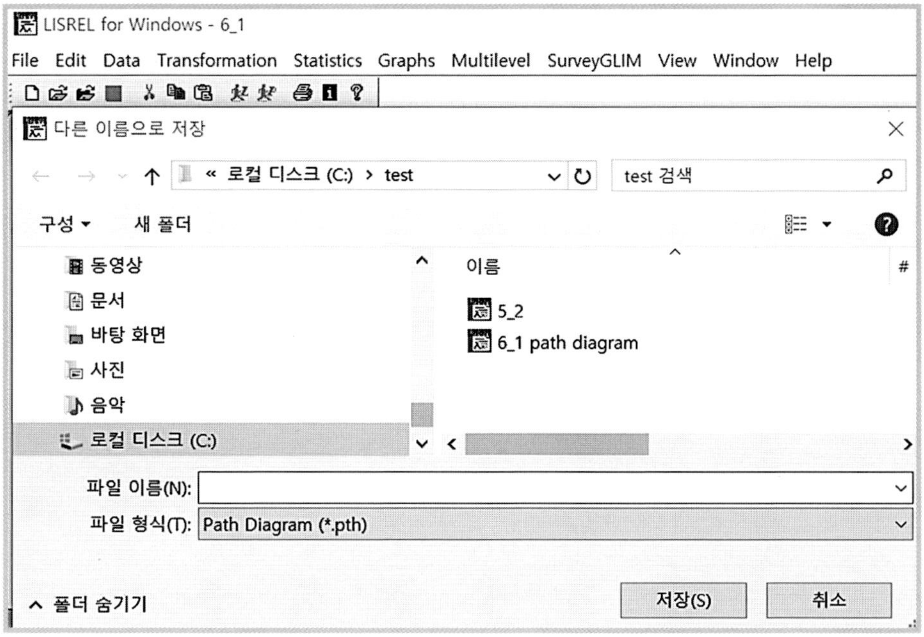

'6_3 path diagram'이라는 이름으로 지정하고, [저장]을 선택한다.

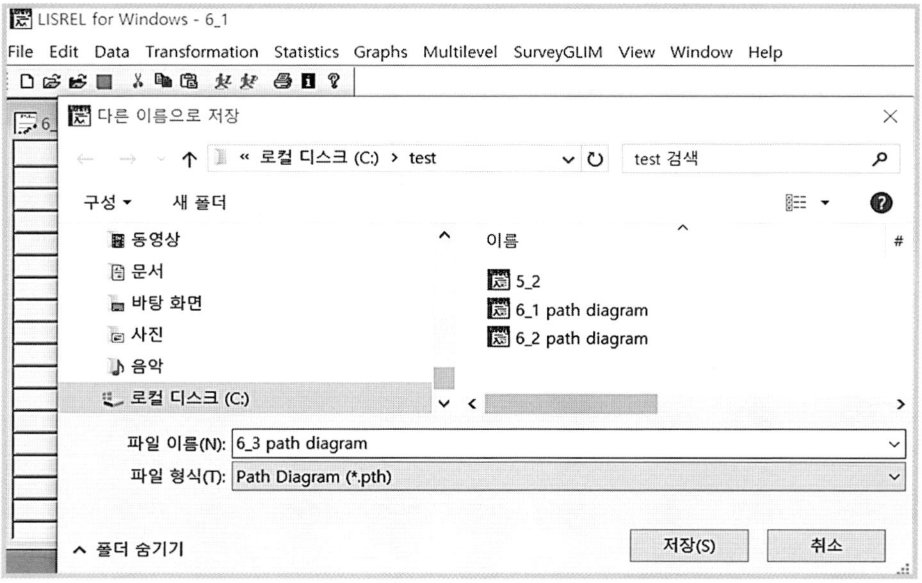

다음과 같은 대화상자가 나타난다.

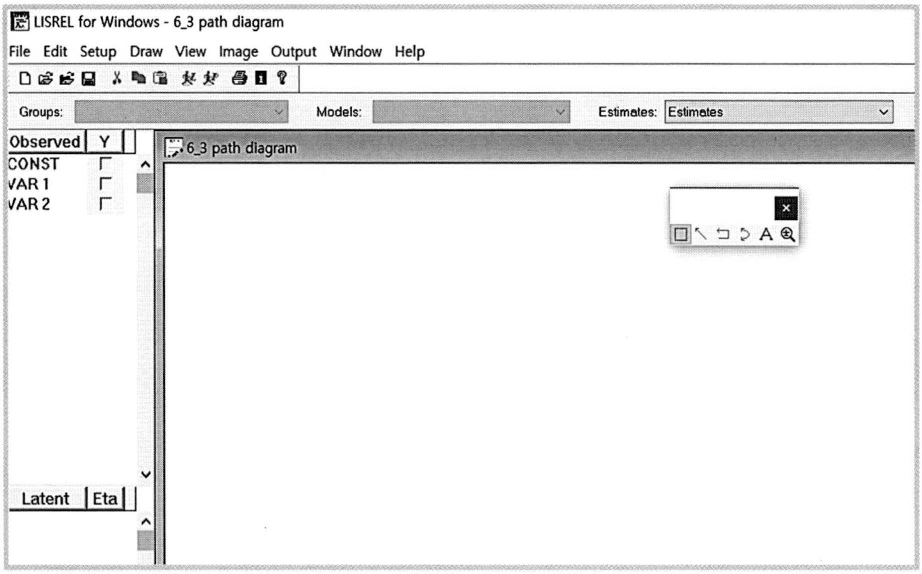

변수를 불러오기 위해 화면 상단의 [Setup] → [Variables]를 선택한다.

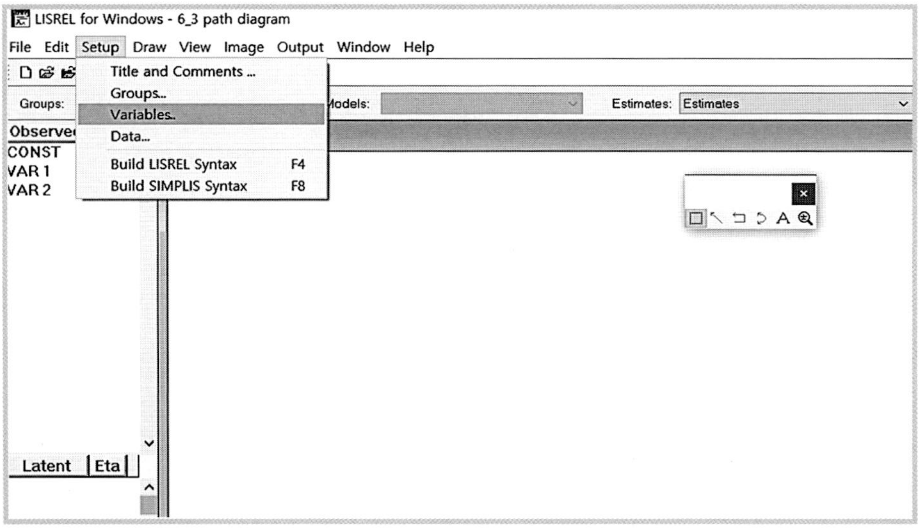

다음과 같은 창이 나타난다.

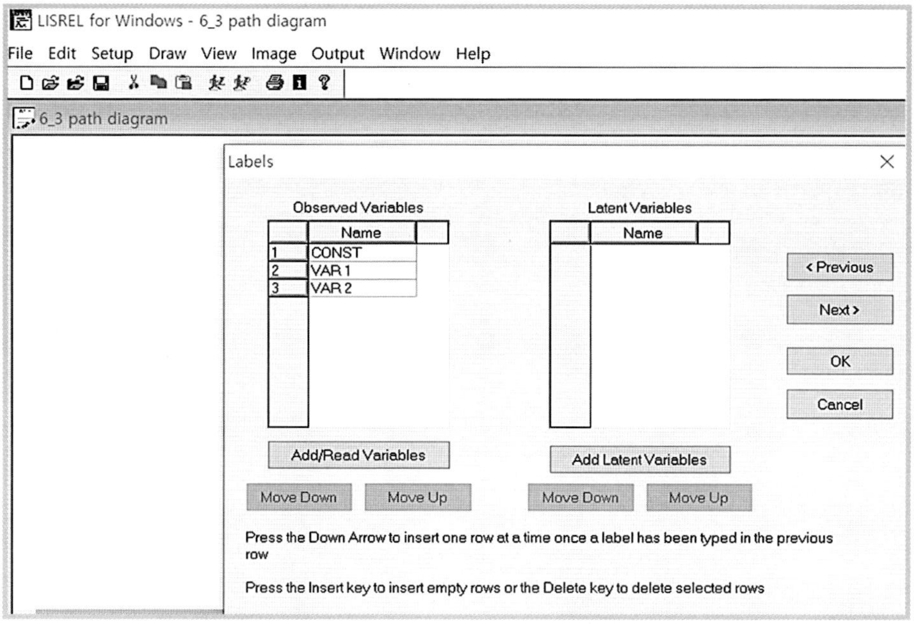

관찰변수를 불러오기 위해 관찰변수의 창 하단에 있는 [Add/Read variables]를 선택한다.

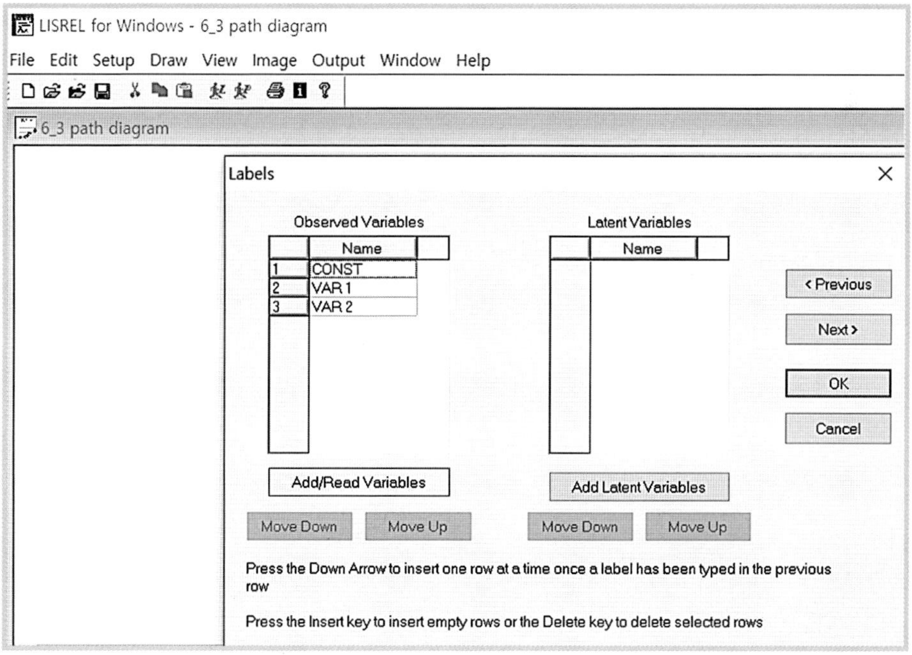

불러올 파일은 LISREL System File이기 때문에 파일형식을 LISREL System 파일로 변경한 후, 그 아래에 위치한 [Browse]를 선택한다.

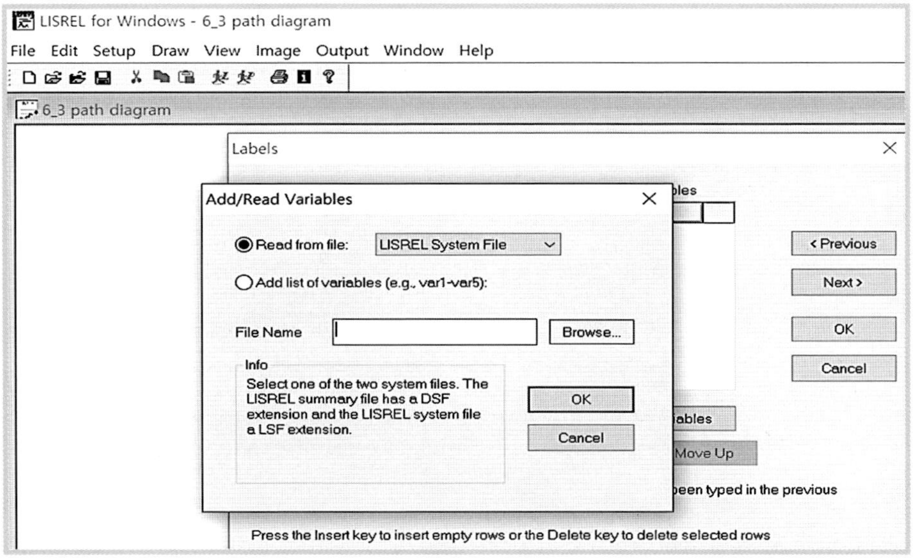

클릭하면, 별도의 대화상자가 열리고 아까 저장한 '6_1.lsf'를 선택하고, [열기]를 선택한다.

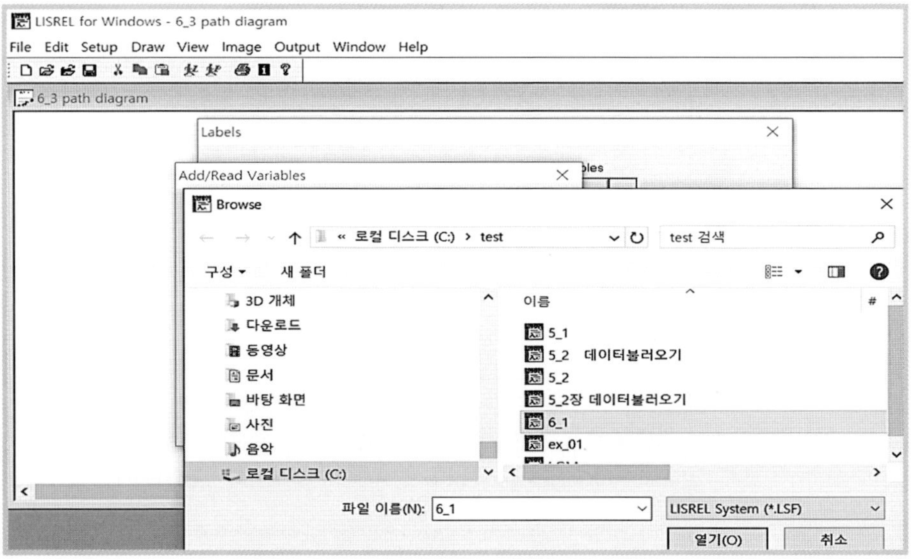

불러올 파일이 자동으로 'File Name'란에 입력된 것을 확인할 수 있다. [OK]를 선택한다.

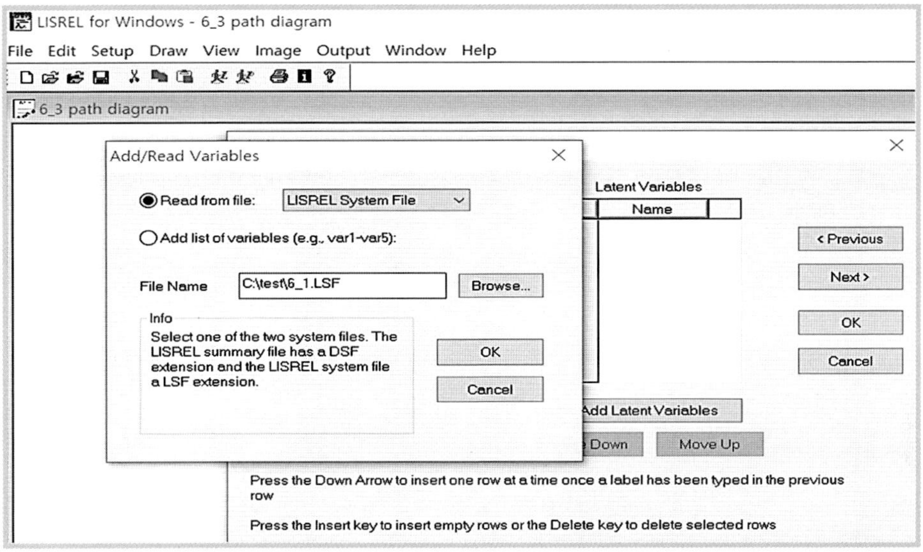

그 다음으로 대화상자 우측에 있는 [Add Latent Variables]를 클릭하여 잠재변수를 생성한다.

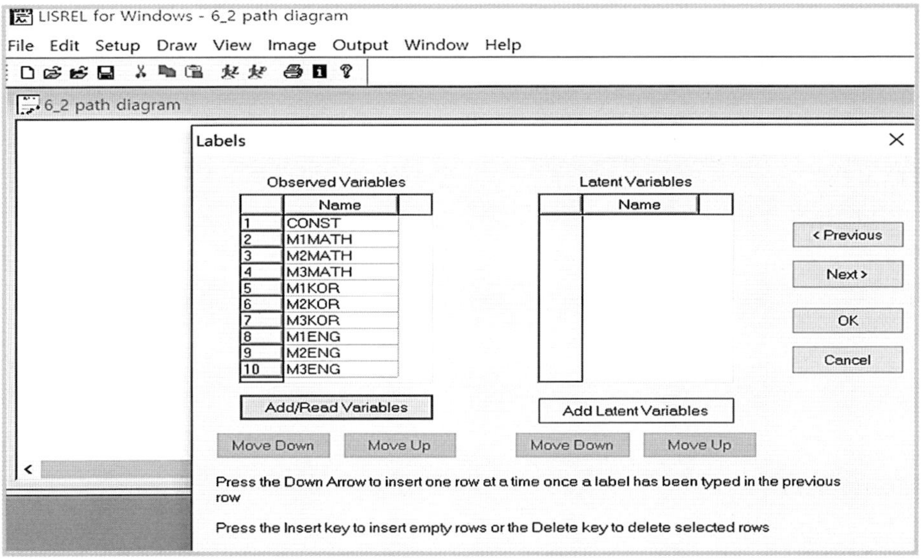

연구자가 설정한 잠재변수의 이름을 입력하고 [OK]를 선택한다. 여기서는 잠재변수의 이름을 'KOR(국어능력), ENG(영어능력), LANG(언어능력)'이라고 입력한다. 잠재변수 설정이 끝나면 [OK]를 선택한다.

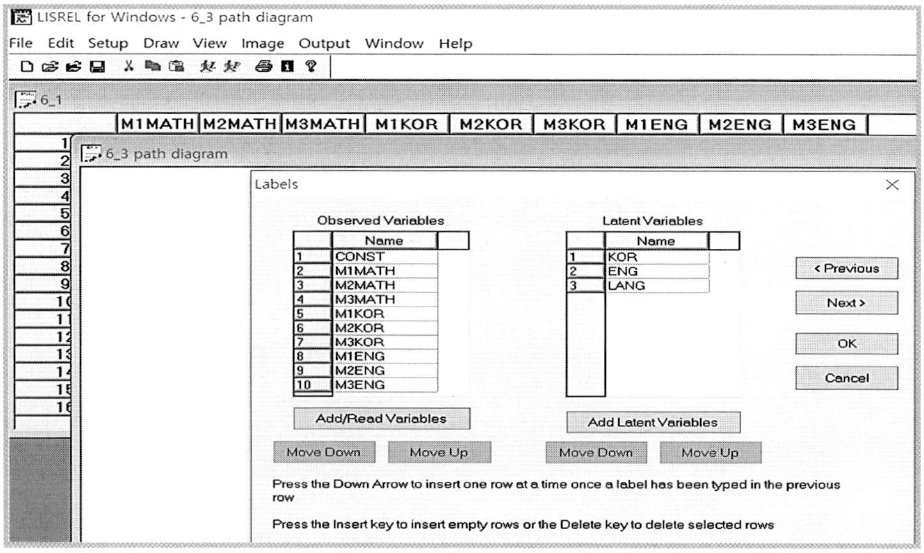

Path Diagram 좌측을 보면, 관찰변수와 잠재변수에 각 변수들이 입력되어 있는 것을 확인할 수 있다.

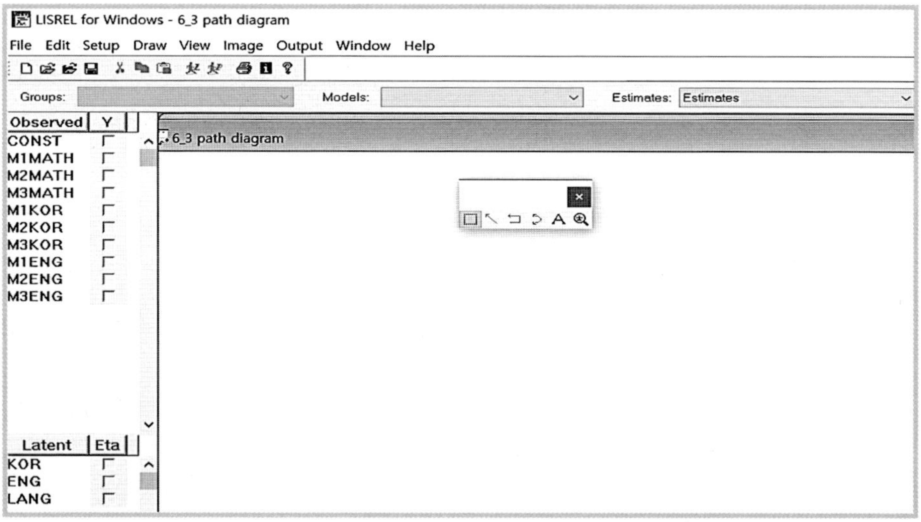

이후 [Setup] → [Build SIMPLIS Syntax]를 선택한다.

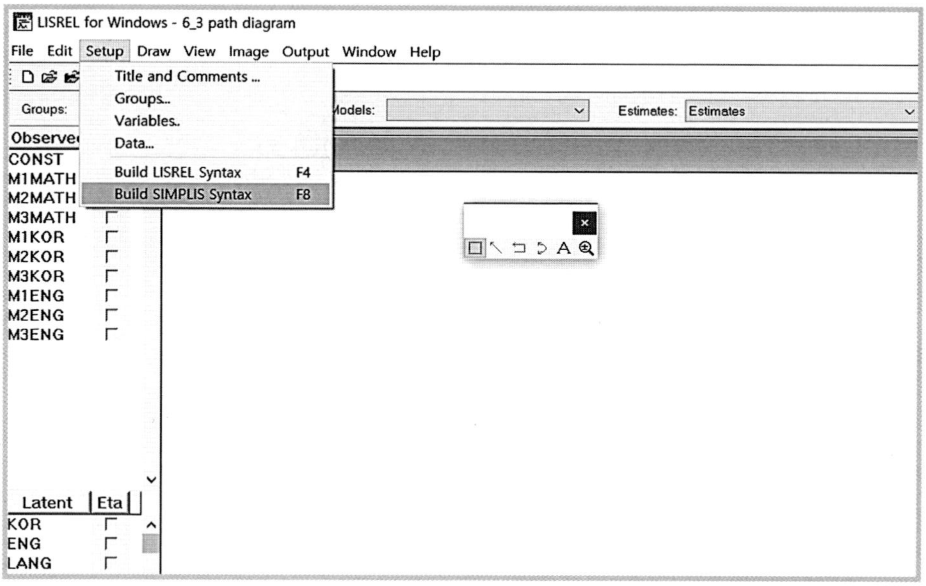

Build SIMPLIS Syntax를 선택하면 아래와 같은 화면이 나타난다.

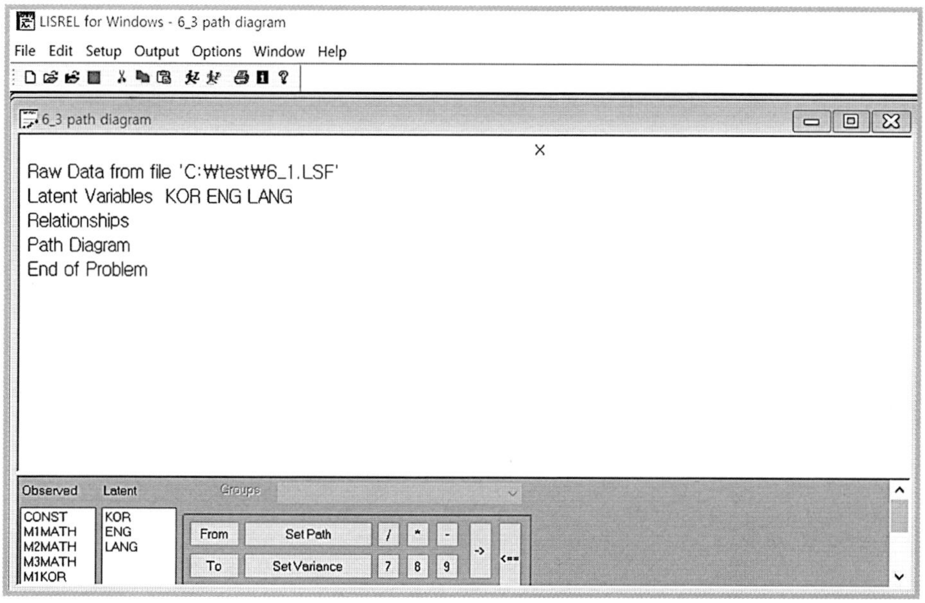

잠재변수와 관찰변수와의 관계를 Relationships 아래 설정을 하면 된다. 잠재변수와 관측변수와의 관계를 설정하는데 있어 Observed 아래 있는 변수들을 마우스로 드래그(drag)해서 명령문 창으로 이동을 해도 되고, 직접 입력을 해도 된다. 그리고 첫 번째 측정변수들에서 잠재변수로 가는경로를 1.00으로 고정해 주고, 잠재변수 2개(KOR=국어능력, ENG=영어능력)의 영향을 주는 상위의 잠재변수를 생성한다(LANG=언어능력).

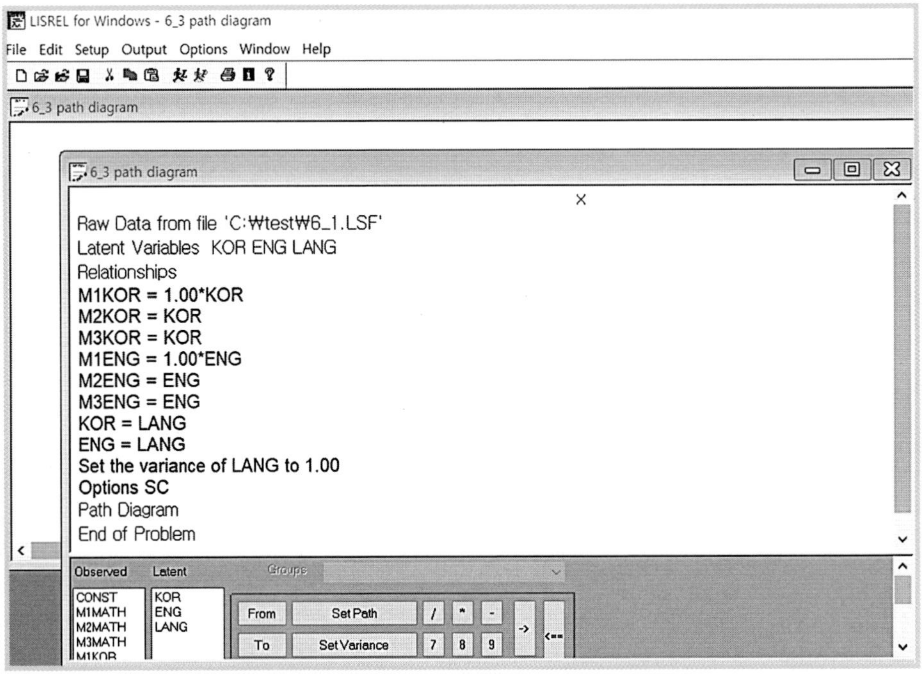

3개의 관찰변수, 그리고 2개의 잠재변수와 second-order에 속하는 잠재변수와의 관계에 대한 실행명령어는 아래와 같이 나타낼 수 있다.

```
Raw Data from file 'C:\test\6_1.psf'
Sample Size = 464
Latent Variables  KOR ENG LANG
Relationships
M1KOR  = 1.00*KOR
M2KOR = KOR
M3KOR = KOR
M1ENG = 1.00*ENG
M2ENG = ENG
M3ENG = ENG
KOR = LANG
ENG = LANG
Set the Variance of LANG to 1.00
Options SC
Path Diagram
End of Problem
```

명령어를 실행하면 다음과 같은 second−oder CFA 결과창이 나타난다.

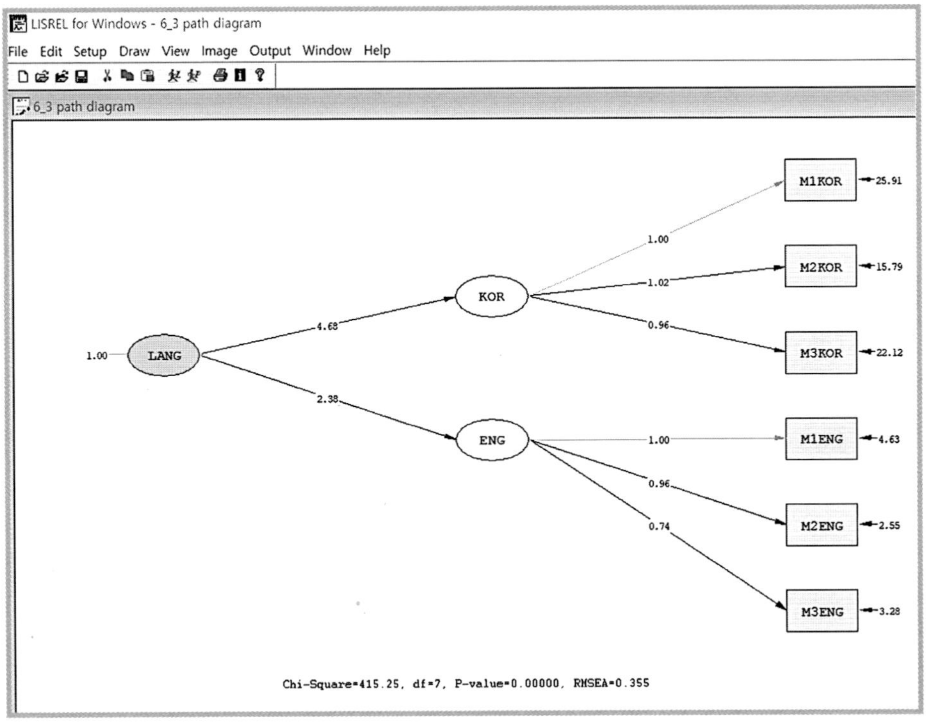
LISREL for Windows - 6_3 path diagram
File Edit Setup Draw View Image Output Window Help
6_3 path diagram
M1KOR
25.91
M2KOR
15.79
M3KOR
22.12
M1ENG
4.63
M2ENG
2.55
M3ENG
3.28
1.00
1.02
0.96
KOR
4.68
1.00
LANG
2.38
ENG
1.00
0.96
0.74
Chi-Square=415.25, df=7, P-value=0.00000, RMSEA=0.355

제7장
일반 구조방정식모형

지금까지 살펴본 구조방정식모형은 크게 두 가지 유형이었다. 하나는 경로분석과 같이 변수 간의 인과관계에 관한 것이고, 또 하나는 측정모형(확인적 요인분석)처럼 잠재변수와 관찰변수 간의 관계에 관한 것이었다. 여기서 살펴보려는 일반 구조방정식모형은 이 두 가지 유형을 통합해 놓은 것이라고 할 수 있다. 그런 의미에서 일반 구조방정식모형은 두 유형의 구조방정식모형이 혼합된 구조방정식모형이라고 할 수 있다. 일반 구조방정식모형이 지금까지 논의된 내용들을 하나로 통합한 것이므로 일반 구조방정식모형에서 논의되는 내용의 많은 부분은 지금까지 논의된 내용과 동일하다.

일반 구조방정식모형에서는 관찰변수 간의 인과관계가 잠재변수로 대치된다. 그러니까 더 이상 관찰변수 간에는 인과관계가 설정되지 않고 인과관계의 설정은 잠재변수 간에서만 성립된다. 그렇지만 각각의 잠재변수가 어떻게 관찰되는가, 다시 말해 어떤 관찰변수가 어떤 잠재변수를 대리하는가는 확인적 요인분석의 논리에서 바뀐 것이 없다. 잠재변수 간의 인과관계와 각각의 잠재변수의 관찰변수에 대한 관계가 하나로 묶인 것이 일반 구조방정식모형이다.

일반 구조방정식모형의 가장 큰 특징은 하나의 모형 안에서 잠재변수 간의 인과관계에 관한 가설과 잠재변수의 관찰변수에 대한 가설을 동시에 검증할 수 있다는 것이다. 이러한 점이 앞서 소개된 구조방정식모형에 비해 일반 구조방정식모형을 상대적으로 보다 탄력적인 모형으로 만드는 이유이다.

1. 일반 구조방정식모형에서의 모형설정

일반 구조방정식모형은 크게 두 부분으로 구성되어 있다. 하나는 잠재변수모형이고, 또 하나는 측정모형이다. 앞서 논의된 내용이 그대로 일반 구조방정식모형에 적용된다. [그림 7-1]은 일반 구조방정식모형의 한 예이다.

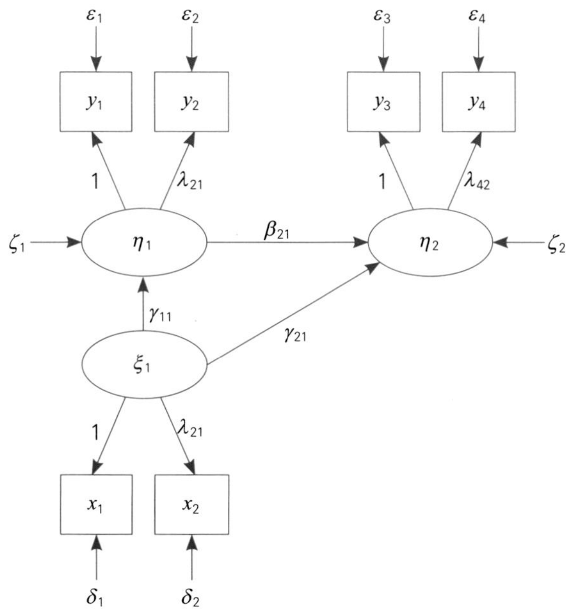

[그림 7-1] 일반 구조방정식모형의 예

일반 구조방정식모형에서 잠재변수모형의 구조방정식은 다음과 같다. 여기에 동원된 가정과 공식은 2장에 나타나 있다.

$$\eta = B\eta + \Gamma\xi + \zeta$$

잠재변수모형은 잠재변수 간의 관계를 모두 나타낸 것으로 인과관계에 대한 가설은 선행이론에서 도출된다. [그림 7-1]에서 외생잠재변수 ξ_1은 내생잠재변수 η_1과 η_2에 영향을 미치고, η_1은 η_2에 영향을 미친다는 것이 잠재변수 간의 가설이다.

이 인과관계에 관한 연구가설은 구인 간의 인과관계 혹은 영향관계에 의해 표현된다. 이 인과관계를 나타내는 행렬이 B와 Γ이다. 일반 구조방정식모형에서 잠재변수모형의 가정은 $E(\eta)=0$, $E(\xi)=0$, $E(\zeta)=0$이다. 즉, 잠재변수 및 방해오차의 평균은 0이고, 그리고 방해오차 ζ는 동분산성이라는 것이다. 잠재변수는 직접적으로 측정할 수 없으므로 측정단위를 규정할 필요가 있는데 이를 위해 잠재변수와 그 잠재변수를 측정하는 여러 측정변수 가운데 하나의 측정변수의 단위와 잠재변수의 단위를 일치시킨다. 예를 들어, Λ_x, Λ_y 중 특정 계수값을 1로 고정시킨다. 이렇게 함으로써 잠재변수와 참조지표는 동일한 척도를 갖는 것이다.

다음으로 일반 구조방정식모형의 측정모형은 다음과 같다. 이 측정모형 또한 2장에 제시되었던 형태와 동일하다.

$$y=\Lambda_y\eta+\varepsilon$$

y에 대한 측정모형은 내생잠재변수에 대한 측정모형으로 내생잠재변수 η와 관찰변수 y를 연결시키는 방정식이다. 여기서 Λ_y는 내생잠재변수 η가 관찰변수 y에 미치는 영향의 정도를 나타내는 계수행렬로 요인분석의 요인부하량과 비슷하다. 그리고 ε은 오차항이다.

$$\mathrm{x}=\Lambda_x\xi+\delta$$

x에 대한 측정모형은 외생잠재변수에 대한 측정모형으로서 외생잠재변수 ξ와 관찰변수 x를 연결시키는 방정식이다. 여기서 Λ_x는 외생잠재변수 ξ가 관찰변수 x에 미치는 영향의 정도를 나타내는 계수행렬이다. 그리고 δ는 오차항이다. 측정오차 ε은 η, ξ, δ와 상관이 없고, δ는 ξ, η, ε과 상관없다는 것이 기본적 가정이다. 그러나 LISREL 8부터는 ε과 δ 간의 상관을 허용한다. 측정모형에 대한 가설도 선행이론에서 도출된다. 측정모형에 대한 설명과 가정은 2장과 동일하다.

2. 일반 구조방정식모형에서의 모형공분산행렬

일반 구조방정식모형에서의 모형공분산행렬은 다음과 같이 제시될 수 있다. 다음에 제시되는 모형공분산행렬은 구조방정식모형에 등장하는 8개 모수행렬의 함수이며, 8개 모수행렬은 잠재변수모형과 측정모형을 나타내는 구조방정식을 통해 도출된 것이다. 일반 구조방정식모형의 모형공분산행렬은 다음과 같은 네 가지로 구분될 수 있다.

	$y_1, y_2, \cdots, y_p$	$x_1, x_2, \cdots, x_q$
$y_1, y_2, \vdots, y_p$	내생변수들의 분산-공분산	내생변수와 외생변수의 분산-공분산
$x_1, x_2, \vdots, x_q$	외생변수와 내생변수의 분산-공분산	외생변수들의 분산-공분산

이를 방정식으로 표시하면 다음과 같고, $y=\Lambda_y\eta+\varepsilon$이다.

$$\Sigma(\theta)=\begin{bmatrix}\Sigma_{yy}(\theta) & \Sigma_{yx}(\theta)\\ \Sigma_{xy}(\theta) & \Sigma_{xx}(\theta)\end{bmatrix}$$

$$\begin{aligned}\Sigma_{yy}(\theta) &= E(yy')\\ &= E\left[(\Lambda_y\eta+\varepsilon)(\Lambda_y\eta+\varepsilon)'\right]\\ &= E\left[(\Lambda_y\eta+\varepsilon)(\eta'\Lambda_y'+\varepsilon')\right]\\ &= E\left[(\Lambda_y\eta\eta'\Lambda_y')+(\Lambda_y\eta\varepsilon')+(\varepsilon\eta'\Lambda_y')+(\varepsilon\varepsilon')\right]\\ &= \Lambda_y E(\eta\eta')\Lambda_y'+\Lambda_y E(\eta\varepsilon')+E(\varepsilon\eta')\Lambda_y'+E(\varepsilon\varepsilon')\end{aligned}$$

이 식에서 두 번째와 세 번째 항은 가정에 의해 없어지게 된다. 여기에서 η를 풀어 보면 아래와 같이 나타낼 수 있다.

$$\begin{aligned}
&\eta = B\eta + \Gamma\xi + \zeta \\
&\eta - B\eta = \Gamma\xi + \zeta \\
&(I - B)\eta = \Gamma\xi + \zeta \\
&\eta = (I - B)^{-1}(\Gamma\xi + \zeta)
\end{aligned}$$

이 $\eta = (I - B)^{-1}\Gamma\xi + \zeta$를 이 식에 대입하면,

$$\begin{aligned}
&= \Lambda_y E[\{(I-B)^{-1}(\Gamma\xi+\zeta)\}\{(I-B)^{-1}(\Gamma\xi+\zeta)\}']\Lambda_y' + E(\varepsilon\varepsilon') \\
&= \Lambda_y E[\{(I-B)^{-1}(\Gamma\xi+\zeta)\}\{\xi'\Gamma'+\zeta')(I-B)^{-1\prime}\}]\Lambda_y' + \Theta_\varepsilon \\
&= \Lambda_y E[\{(I-B)^{-1}\Gamma\xi+(I-B)^{-1}\zeta\}\{\xi'\Gamma'(I-B)^{-1\prime}+\zeta'(I-B)^{-1\prime}\}]\Lambda_y' + \Theta_\varepsilon \\
&= \Lambda_y[(I-B)^{-1}\Gamma E(\xi\xi')\Gamma'(I-B)^{-1\prime}+(I-B)^{-1}\Gamma E(\xi\zeta')(I-B)^{-1\prime} \\
&\quad +(I-B)^{-1}E(\zeta\xi')\Gamma'(I-B)^{-1\prime}+(I-B)^{-1}E(\zeta\zeta')(I-B)^{-1\prime}]\Lambda_y' + \Theta_\varepsilon \\
&= \Lambda_y[(I-B)^{-1}\Gamma\Phi\Gamma'+(I-B)^{-1\prime}+(I-B)^{-1}\Psi(I-B)^{-1\prime}]\Lambda_y' + \Theta_\varepsilon
\end{aligned}$$

이 식에서 두 번째 항과 세 번째 항은 0이 된다. 그리고 $(I-B)^{-1}$과 $(I-B)^{-1\prime}$로 인수분해하면 ①과 같이 나타낼 수 있다.

$$= \Lambda_y(I-B)^{-1}(\Gamma\Phi\Gamma'+\Psi)(I-B)^{-1\prime}\Lambda_y' + \Theta_\varepsilon \cdots\cdots\cdots\cdots ①$$

$$\begin{aligned}
\Sigma_{yx}(\theta) &= E(yx') \\
&= E[(\Lambda_y\eta+\varepsilon)(\Lambda_x\xi+\delta)'] \\
&= E[(\Lambda_y\eta+\varepsilon)(\xi'\Lambda_x'+\varepsilon')] \\
&= \Lambda_y E(\eta\xi')\Lambda_x' + \Lambda_y E(\eta\delta') + E(\varepsilon\xi')\Lambda_x' + E(\varepsilon\delta')]
\end{aligned}$$

이 식에서 두 번째, 세 번째, 네 번째 항은 0이 된다. 여기에 η에서 산출된 공식 ($\eta = (I-B)^{-1}\Gamma\xi+\zeta$)을 대입하면 다음과 같이 나타낼 수 있다.

$$
\begin{aligned}
&= \Lambda_y E[\{(I-B)^{-1}(\Gamma\xi+\zeta)\}\xi']\Lambda_x' \\
&= \Lambda_y E[\{(I-B)^{-1}\Gamma\xi+(I-B)^{-1}\zeta\}\xi']\Lambda_x' \\
&= \Lambda_y E[\{(I-B)^{-1}\Gamma E(\xi\xi')+(I-B)^{-1}E(\zeta\xi')\}]\Lambda_x' \\
&= \Lambda_y (I-B)^{-1}\Gamma\Phi\Lambda_x' \quad \cdots\cdots ②
\end{aligned}
$$

$$
\begin{aligned}
\Sigma_{xy}(\theta) &= [\{\Sigma_{yx}(\theta)\}']_x \\
&= [\{\Lambda_y (I-B)^{-1}\Gamma\Phi\Lambda_x']] \\
&= \Lambda_x[\{\Lambda_y (I-B)^{-1}\}\Gamma\Phi]' \\
&= \Lambda_x\Phi'[\{\Lambda_y (I-B)^{-1}\}\Gamma]' \\
&= \Lambda_x\Phi'\Gamma'[\{\Lambda_y (I-B)^{-1}\}]' \\
&= \Lambda_x\Phi'\Gamma'(I-B)^{-1'}\Lambda_y' \quad \cdots\cdots ③
\end{aligned}
$$

③에서 $\Phi' = \Phi$ 이므로 Φ 로 표기될 수 있다.

$$
\begin{aligned}
\Sigma_{xx}(\theta) &= E(xx') \\
&= E[(\Lambda_y\xi+\delta)(\Lambda_x\xi+\delta)'] \\
&= E[(\Lambda_x\xi+\delta)(\xi'\Lambda_x'+\delta')] \\
&= E[(\Lambda_x\xi\xi'\Lambda_x')+(\Lambda_x\xi\delta')+(\delta\xi'\Lambda_x')+(\delta\delta')] \\
&= \Lambda_x E(\xi\xi')\Lambda_x'+\Theta_\delta' \quad \cdots\cdots ④
\end{aligned}
$$

이 식에서 두 번째 창과 세 번째 창은 0이 된다. 따라서 앞의 ①, ②, ③, ④를 합치면 다음과 같다.

$$
\Sigma(\theta) = \begin{bmatrix} \Sigma_{yy}(\theta) & \Sigma_{yx}(\theta) \\ \Sigma_{xy}(\theta) & \Sigma_{xx}(\theta) \end{bmatrix}
= \begin{bmatrix} \Lambda_y (I-B)^{-1}(\Gamma\Phi\Gamma'+\Psi)(I-B)^{-1'}\Lambda_y'+\Theta_\varepsilon & \Lambda_y (I-B)^{-1}\Gamma\Phi\Lambda_x' \\ \Lambda_x\Phi\Gamma'(I-B)^{-1'}\Lambda_y' & \Lambda_x\Phi\Lambda_x'+\Theta_\delta \end{bmatrix}
$$

[그림 7−1]에 제시된 모형에서 각각의 모수행렬은 다음과 같다.

$$B=\begin{bmatrix} 0 & 0 \\ \beta_{21} & 0 \end{bmatrix} \qquad \Gamma=\begin{bmatrix} \gamma_{12} \\ \gamma_{22} \end{bmatrix}$$

$$\Psi=\begin{bmatrix} \psi_{11} & 0 \\ 0 & \psi_{22} \end{bmatrix} \qquad \Phi=\begin{bmatrix} \phi_{11} \end{bmatrix}$$

$$\Lambda_y=\begin{bmatrix} 1 & 0 \\ \lambda_{21} & 0 \\ 0 & 1 \\ 0 & \lambda_{42} \end{bmatrix} \qquad \Lambda_x=\begin{bmatrix} 1 \\ \lambda_{21} \end{bmatrix}$$

$$\Theta_\varepsilon=\begin{bmatrix} VAR(\varepsilon_1) & 0 & 0 & 0 \\ 0 & VAR(\varepsilon_2) & 0 & 0 \\ 0 & 0 & VAR(\varepsilon_1) & 0 \\ 0 & 0 & 0 & VAR(\varepsilon_1) \end{bmatrix}$$

$$\Theta_\delta=\begin{bmatrix} VAR(\delta_1) & 0 \\ 0 & VAR(\delta_2) \end{bmatrix}$$

앞의 모형공분산행렬에서 내생관찰변수 간의 공분산행렬 $\sum_{yy}(\theta)$를 모수행렬로 나타내면 다음과 같다.

$$\begin{aligned}\sum_{yy}(\theta) &= \Lambda_y(I-B)^{-1}(\Gamma\Phi\Gamma'+\Psi)(I-B)^{-1\prime}\Lambda_y'+\Theta_\varepsilon \\ &= \begin{bmatrix} 1 & 0 \\ \lambda_{21} & 0 \\ 0 & 1 \\ 0 & \lambda_{42} \end{bmatrix} \left\{ \begin{pmatrix} 1 & 0 \\ 0 & 1 \end{pmatrix} - \begin{pmatrix} 0 & 0 \\ \beta_{21} & 0 \end{pmatrix} \right\}^{-1} \\ &\quad \left\{ \begin{pmatrix} \gamma_{11} \\ \gamma_{21} \end{pmatrix} (\phi_{11}) (\gamma_{11} \;\; \gamma_{21}) + \begin{pmatrix} \psi_{11} & 0 \\ 0 & \psi_{22} \end{pmatrix} \right\} \left\{ \begin{pmatrix} 1 & 0 \\ 0 & 1 \end{pmatrix} - \begin{pmatrix} 0 & 0 \\ \beta_{21} & 0 \end{pmatrix} \right\}^{-1\prime} \begin{bmatrix} 1 & 0 \\ \lambda_{21} & 0 \\ 0 & 1 \\ 0 & \lambda_{42} \end{bmatrix}' \\ &\quad + \begin{pmatrix} VAR(\varepsilon_1) & 0 & 0 & 0 \\ 0 & VAR(\varepsilon_2) & 0 & 0 \\ 0 & 0 & VAR(\varepsilon_3) & 0 \\ 0 & 0 & 0 & VAR(\varepsilon_4) \end{pmatrix}\end{aligned}$$

$$= \begin{bmatrix} 1 & 0 \\ \lambda_{21} & 0 \\ 0 & 1 \\ 0 & \lambda_{42} \end{bmatrix} \begin{pmatrix} 1 & 0 \\ \beta_{21} & 1 \end{pmatrix} \begin{pmatrix} \gamma_{11}^2\phi_{11} + \psi_{11} & \gamma_{11}\gamma_{21}\phi_{11} \\ \gamma_{21}\gamma_{11}\phi_{11} & \gamma_{21}^2\phi_{11} + \psi_{22} \end{pmatrix} \begin{pmatrix} 1 & \beta_{21} \\ 0 & 1 \end{pmatrix} \begin{pmatrix} 1 & \lambda_{21} & 0 & 0 \\ 0 & 0 & 1 & \lambda_{42} \end{pmatrix}$$

$$+ \begin{pmatrix} VAR(\varepsilon_1) & 0 & 0 & 0 \\ 0 & VAR(\varepsilon_2) & 0 & 0 \\ 0 & 0 & VAR(\varepsilon_3) & 0 \\ 0 & 0 & 0 & VAR(\varepsilon_4) \end{pmatrix}$$

$$= \begin{bmatrix} a & b & c & d \\ e & f & g & h \\ i & j & k & l \\ m & n & o & p \end{bmatrix}$$ (← 아래를 참조하여 대입)

a. $\gamma_{11}^2\phi_{11} + \psi_{11} + VAR(\varepsilon_1)$

b. $\lambda_{21}(\gamma_{11}^2\phi_{11} + \psi_{11})$

c. $\beta_{21}(\gamma_{11}^2\phi_{11} + \psi_{11}) + \gamma_{21}\gamma_{11}\phi_{11}$

d. $\lambda_{42}[(\beta_{21}(\gamma_{11}^2\phi_{11} + \psi_{11})) + (\gamma_{21}\gamma_{11}\phi_{11})]$

e. $\lambda_{21}(\gamma_{11}^2\phi_{11} + \psi_{11})$

f. $\lambda_{21}^2(\gamma_{11}^2\phi_{11} + \psi_{11}) + VAR(\varepsilon_2)$

g. $\beta_{21}[\lambda_{21}(\gamma_{11}^2\phi_{11} + \psi_{11})] + \lambda_{21}(\gamma_{21}\gamma_{11}\phi_{11})$

h. $\lambda_{42}[\beta_{21}[\lambda_{21}(\gamma_{11}^2\phi_{11} + \psi_{11})] + \lambda_{21}(\gamma_{21}\gamma_{11}\phi_{11})]$

i. $\beta_{21}(\gamma_{11}^2\phi_{11} + \psi_{11}) + (\gamma_{21}\gamma_{11}\phi_{11})$

j. $\lambda_{21}[\beta_{21}(\gamma_{11}^2\phi_{11} + \psi_{11}) + \gamma_{21}\gamma_{11}\phi_{11}]$

k. $\beta_{21}[\beta_{21}(\gamma_{11}^2\phi_{11} + \psi_{11}) + \gamma_{21}\gamma_{11}\phi_{11}] + [\beta_{21}(\gamma_{21}\gamma_{11}\phi_{11}) + \gamma_{11}^2\phi_{11} + \psi_{22}] + VAR(\varepsilon_3)$

l. $\lambda_{42}\{\beta_{21}[\beta_{21}(\gamma_{11}^2\phi_{11} + \psi_{11}) + \gamma_{21}\gamma_{11}\phi_{11}] + [\beta_{21}(\gamma_{21}\gamma_{11}\phi_{11}) + \gamma_{21}^2\phi_{11} + \psi_{22}]\}$

m. $(1+\lambda_{42}\beta_{21})(\gamma_{11}^2\phi_{11}+\psi_{11})\lambda_{42}(\gamma_{21}\gamma_{11}\phi_{11})$

n. $\lambda_{21}[(1+\lambda_{42}\beta_{21})(\gamma_{11}^2\phi_{11}+\psi_{11})+\lambda_{42}(\gamma_{21}\gamma_{11}\phi_{11})]$

o. $\beta_{21}[(1+\lambda_{42}\beta_{21})(\gamma_{11}^2\phi_{11}+\psi_{11})+\lambda_{42}(\gamma_{21}\gamma_{11}\phi_{11})]+[(1+\lambda_{42}\beta_{21})(\gamma_{21}\gamma_{11}\phi_{11})+\lambda_{42}(\gamma_{21}^2\phi_{11}+\psi_{22})]$

p. $\lambda_{42}[\beta_{21}[(1+\lambda_{42}\beta_{21})(\gamma_{11}^2\phi_{11}+\psi_{11})+\lambda_{42}(\gamma_{21}\gamma_{11}\phi_{11})]+[(1+\lambda_{42}\beta_{21})(\gamma_{21}\gamma_{11}\phi_{11})+\lambda_{42}(\gamma_{21}^2\phi_{11}+\psi_{22})]$
$+VAR(\varepsilon_4)$

내생관찰변수와 외생관찰변수 사이의 공분산행렬 $\sum_{yx}(\theta)$를 모수행렬로 나타내면 다음과 같다.

$$\begin{aligned}
\sum_{yx}(\theta) &= \Lambda_y (I-B)^{-1} \Gamma \Phi \Lambda_x' \\
&= \begin{bmatrix} 1 & 0 \\ \lambda_{21} & 0 \\ 0 & 1 \\ 0 & \lambda_{42} \end{bmatrix} \left\{ \begin{pmatrix} 1 & 0 \\ 0 & 1 \end{pmatrix} - \begin{pmatrix} 0 & 0 \\ \beta_{21} & 0 \end{pmatrix} \right\}^{-1} \begin{pmatrix} \gamma_{11} \\ \gamma_{21} \end{pmatrix} (\phi_{11}) \begin{pmatrix} 1 \\ \lambda_{21} \end{pmatrix}' \\
&= \begin{bmatrix} 1 & 0 \\ \lambda_{21} & 0 \\ 0 & 1 \\ 0 & \lambda_{42} \end{bmatrix} \begin{pmatrix} 1 & \beta_{21} \\ 0 & 1 \end{pmatrix} \begin{pmatrix} \gamma_{11} \\ \gamma_{21} \end{pmatrix} (\phi_{11}) (1 \ \ \lambda_{21}) \\
&= \begin{bmatrix} \gamma_{11}\phi_{11} & \lambda_{21}\gamma_{11}\phi_{11} \\ \lambda_{21}\gamma_{11}\phi_{11} & \lambda_{21}^2\gamma_{11}\phi_{11} \\ \beta_{21}\gamma_{11}\phi_{11}+\gamma_{21}\phi_{11} & \lambda_{21}(\beta_{21}\gamma_{11}\phi_{11}+\gamma_{21}\phi_{11}) \\ \lambda_{42}\beta_{21}\gamma_{11}\phi_{11} & \lambda_{21}\lambda_{42}(\beta_{21}\gamma_{11}\phi_{11}+\gamma_{21}\phi_{11}) \end{bmatrix}
\end{aligned}$$

외생관찰변수와 내생관찰변수의 공분산행렬 $\sum_{xy}(\theta)$를 모수행렬로 나타내면 다음과 같다.

$$\begin{aligned}
\sum_{xy}(\theta) &= \Lambda_x \Phi \Gamma' (I-B)^{-1'} \Lambda_y' \\
&= \begin{pmatrix} 1 \\ \lambda_{21} \end{pmatrix} (\phi_{11}) \begin{pmatrix} \gamma_{11} \\ \gamma_{21} \end{pmatrix}' \left[\left\{ \begin{pmatrix} 1 & 0 \\ 0 & 1 \end{pmatrix} - \begin{pmatrix} 0 & 0 \\ \beta_{21} & 0 \end{pmatrix} \right\}^{-1'} \right] \begin{bmatrix} 1 & 0 \\ \lambda_{21} & 0 \\ 0 & 1 \\ 0 & \lambda_{42} \end{bmatrix}' \\
&= \begin{pmatrix} 1 \\ \lambda_{21} \end{pmatrix} (\phi_{11}) (\gamma_{11} \ \ \gamma_{21}) \begin{pmatrix} 1 & \beta_{21} \\ 0 & 1 \end{pmatrix} \begin{bmatrix} 1 & \lambda_{21} & 0 & 0 \\ 0 & 0 & 1 & \lambda_{42} \end{bmatrix} \\
&= \begin{bmatrix} \gamma_{11}\phi_{11} & \lambda_{21}\gamma_{11}\phi_{11} & \beta_{21}\gamma_{11}\phi_{11}+\lambda_{21}\phi_{11} & \lambda_{42}(\beta_{21}\gamma_{11}\phi_{11}+\gamma_{21}\phi_{11}) \\ \gamma_{11}\lambda_{21} & \lambda_{21}^2\gamma_{11} & \beta_{21}\gamma_{11}\lambda_{21}+\gamma_{21}\lambda_{21} & \lambda_{42}(\beta_{21}\gamma_{11}\lambda_{21}+\gamma_{11}\lambda_{21}) \end{bmatrix}
\end{aligned}$$

외생관찰변수 사이의 공분산행렬 $\Sigma_{xx}(\theta)$을 모수행렬로 나타내면 다음과 같다.

$$\begin{aligned}\Sigma_{xx}(\theta) &= \Lambda_x \Phi \Lambda_x' + \Theta_\delta \\ &= \begin{pmatrix} 1 \\ \lambda_{21} \end{pmatrix} (\phi_{11}) \begin{pmatrix} 1 \\ \lambda_{21} \end{pmatrix}' + \begin{bmatrix} VAR(\delta_1) & 0 \\ 0 & VAR(\delta_2) \end{bmatrix} \\ &= \begin{pmatrix} 1 \\ \lambda_{21} \end{pmatrix} (\phi_{11}) (1 \ \lambda_{21}) + \begin{bmatrix} VAR(\delta_1) & 0 \\ 0 & VAR(\delta_2) \end{bmatrix} \\ &= \begin{bmatrix} \phi_{11} + VAR(\delta_1) & \lambda_{21}\phi_{11} \\ \lambda_{21}\phi_{11} & \lambda_{21}^2\phi_{11} + VAR(\delta_2) \end{bmatrix}\end{aligned}$$

3. 일반 구조방정식모형에서의 모수확인

일반 구조방정식모형에서도 설정된 모형에서 추정되는 자유모수는 이미 알고 있는 정보를 바탕으로 확인되어야 한다. 일반 구조방정식모형에서의 자유모수 확인을 위해 사용되는 규칙들은 앞에서 소개되었던 규칙들이 그대로 적용되는 것도 있고, 모양이 약간씩 변형되어 적용되는 것도 있다.

1) t 규칙

앞의 관찰변수로만 구성된 구조방정식모형이나 측정모형에서와 같이 일반 구조방정식모형에서도 추정되는 자유모수의 숫자보다 중복되지 않은 정보의 숫자가 더 크거나 같아야 한다. t 규칙은 필요조건이며 이 조건이 지켜지지 않으면 모형이 확인되지 않는다. 그러나 이 조건이 충족되었다고 해서 모든 모수들이 확인될 수 있는 것도 아니다. 일반 구조방정식 모형에 포함된 내생관찰변수 숫자를 p, 외생관찰변수의 개수를 q라고 할 때 중복되지 않은 정보의 숫자는 $\frac{1}{2}(p+q)(p+q+1)$이다. 그리고 산출되어야 할 자유모수의 수는 t이다.

$$t \le \frac{1}{2}(p+q)(p+q+1)$$

[그림 7−1]의 모형을 적용하면 내생관찰변수 p는 네 개가 되고 외생관찰변수 q는 두 개이다. 여기에서 중복되지 않는 정보의 수는 $\frac{1}{2}(4+2)(4+2+1)=21$이 된다. 여기서 산출되어야 할 모수의 수는 8개 모수행렬에 나타나며, 이를 행렬 형태로 살펴보면 다음과 같다.

$$B=\begin{bmatrix} 0 & 0 \\ \beta_{21} & 0 \end{bmatrix} \qquad \Gamma=\begin{bmatrix} \gamma_{12} \\ \gamma_{22} \end{bmatrix}$$

$$\Psi=\begin{bmatrix} \psi_{11} & 0 \\ 0 & \psi_{22} \end{bmatrix} \qquad \Phi=\begin{bmatrix} \phi_{11} \end{bmatrix}$$

$$\Lambda_y=\begin{bmatrix} 1 & 0 \\ \lambda_{21} & 0 \\ 0 & 1 \\ 0 & \lambda_{42} \end{bmatrix} \qquad \Lambda_x=\begin{bmatrix} 1 \\ \lambda_{21} \end{bmatrix}$$

$$\Theta_\varepsilon=\begin{bmatrix} VAR(\varepsilon_1) & 0 & 0 & 0 \\ 0 & VAR(\varepsilon_2) & 0 & 0 \\ 0 & 0 & VAR(\varepsilon_1) & 0 \\ 0 & 0 & 0 & VAR(\varepsilon_1) \end{bmatrix}$$

$$\Theta_\delta=\begin{bmatrix} VAR(\delta_1) & 0 \\ 0 & VAR(\delta_2) \end{bmatrix}$$

행렬에서 제시되었듯이 일반 구조방정식 모형에서 추정되어야 할 자유모수는 15개가 되므로 모형확인에 필요한 t 규칙을 충족한다.

2) 2단계 규칙

규칙의 이름이 의미하듯이 2단계 규칙은 두 단계로 되어 있다. 첫 번째 단계에서는 측정모형에서 적용되었던 규칙이 응용되며, 두 번째 단계에서는 관찰변수로

만 구성된 경우에서의 규칙이 적용된다.

첫 번째 단계는 설정된 모형을 마치 측정모형인 것처럼 간주한다. 내생잠재변수와 외생잠재변수의 구분 없이 설정된 모형 안에 있는 모든 잠재변수를 모두 외생잠재변수인 것처럼 취급한다. 같은 논리의 연장선에서 관찰변수도 모두 외생잠재변수의 관찰변수인 것처럼 간주한다. 그런 다음 이 모형의 자유모수가 확인되는지를 검사한다. 이 첫 번째 단계에서 측정모형에서 사용되었던 규칙들이 적용된다. 만약 모든 자유모수가 확인되면 다음 단계로 넘어간다. 그러나 확인되지 못하면 더 이상 앞으로 나갈 수 없다.

두 번째 단계는 설정된 원래 모형의 잠재변수모형을 마치 관찰변수로 구성된 구조방정식모형인 것처럼 간주한다. 달리 말해, 원래 모형의 모든 잠재변수는 마치 관찰변수인 것처럼 취급되는 것이다. 이때 측정모형은 마치 없는 것처럼 간주된다. 그런 다음 관찰변수로만 구성된 구조방정식모형에서 소개된 규칙을 사용해 B, Γ, Φ, Ψ 행렬의 자유모수가 확인되는지를 검사한다. 만약 두 번째 단계에서 모든 자유모수가 확인되면 원래 설정된 모형의 모든 자유모수는 확인된다.

예를 들면, [그림 7-1]과 같은 전체 모형이 있다고 할 때 이를 확인하기 위해서는 우선 1단계에서 [그림 7-2]와 같이 측정모형에서 적용되었던 형식으로 모형확인을 한다.

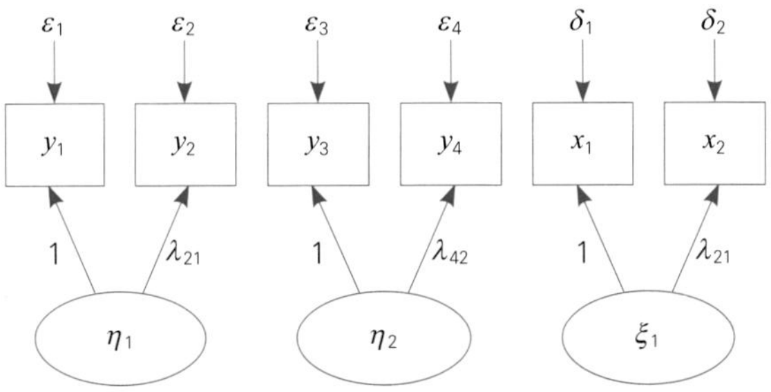

[그림 7-2] 측정모형에서 적용한 모형확인

여기서 모형확인이 되면 2단계로 넘어가서 관찰변수로만 구성된 구조방정식모형에서 적용되었던 방식으로 [그림 7-3]과 같이 모형을 확인하면 된다.

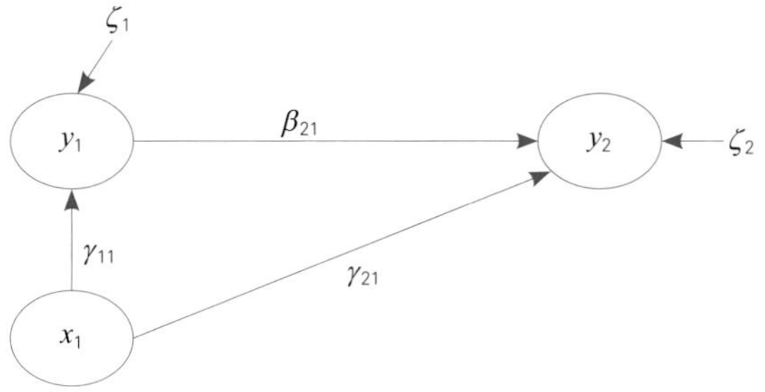

[그림 7-3] 관찰변수로만 구성된 구조방정식모형에서 적용한 모형확인

이와 같이 2단계의 모형이 확인되면 전체 모형이 확인된다.

덧붙여, 2단계 규칙은 자유모수가 확인되기 위한 충분조건이다. 따라서 2단계 규칙을 통과하면 설정된 모형의 모든 자유모수는 확인된다. [그림 7-1]에 설정된 모형에 2단계 규칙을 적용하면 모형이 확인됨을 알 수 있다.

3) MIMIC 규칙

여기서 MIMIC이란 용어는 Multiple Indicators and MultIple Causes of a single latent variable의 준말이다. 이 MIMIC 모형은 이름이 의미하듯이 잠재변수는 하나 있고, 이 잠재변수에 영향을 미치는 여러 개의 관찰변수가 있고, 이 잠재변수를 대리하는 관찰변수가 여러 개가 있는 일반 구조방정식모형의 특수한 경우이다. 이를 그림으로 나타내면 [그림 7-4]와 같다.

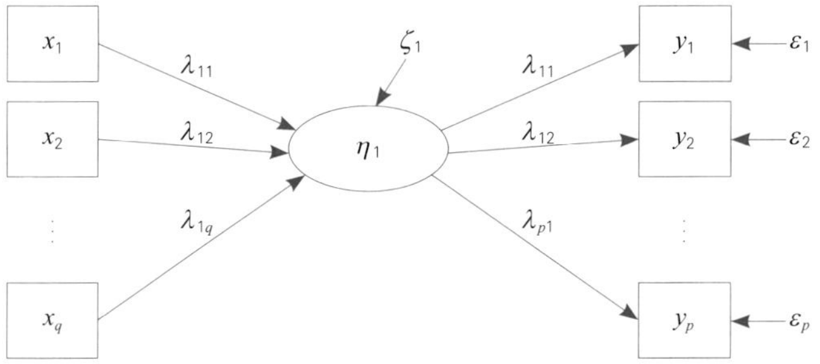

[그림 7-4] MIMIC 모형

이 MIMIC 모형을 나타내는 방정식은 다음과 같다. 다음의 방정식에서 관찰변수 x는 잠재변수 ξ의 완전무결한 대리인으로 간주된다.

$$\eta_1 = \Gamma_1 + \zeta_1$$
$$y = \Lambda_y \eta_1 + \varepsilon$$
$$x = \xi$$

앞의 방정식에서 알 수 있는 것처럼 잠재변수 η_1은 하나 또는 그 이상의 관찰변수 x에 의해 영향을 받으며, 하나 또는 그 이상의 관찰변수 y로 대리된다. 그리고 관찰변수 x는 잠재변수 ξ를 흠 없이 측정하고 있다고 간주된다.

앞과 같은 MIMIC 모형의 자유모수가 확인되기 위한 조건은 다음과 같다. 잠재변수 η_1이 참조지표와 같은 척도를 갖거나 또는 표준화될 때, 관찰변수 y가 두 개 이상이고, 동시에 관찰변수 x가 하나 이상이면 설정된 MIMIC 모형의 모든 자유모수는 확인된다. 이 MIMIC 규칙은 충분조건이다. 따라서 MIMIC 모형이 $p \geq 2$이고 $q \geq 1$이면 자유모수는 확인된다.

앞에서 설명한 모수확인 규칙들을 정리하면 〈표 7-1〉과 같다.

〈표 7-1〉 **일반 구조방정식모형에 대한 확인 규칙**

($\eta = B\eta + \Gamma\xi,\ y = \Lambda_y\eta + \varepsilon,\ x = \Lambda_x\xi + \delta$)

확인 규칙	조건	필요조건	충분조건
t 규칙	$t \leq \frac{1}{2}(p+q)(p+q+1)$	○	×
2단계 규칙	1. B, Γ, Φ, Ψ를 지워 원래 모형을 측정모형으로 만들고 측정모형에서 소개된 규칙을 사용해 자유모수 확인 2. 잠재변수모형을 관찰변수로 구성된 구조방정식모형으로 간주하고 관찰변수모형에서 소개된 규칙을 사용해 자유모수 확인	×	○
MIMIC 규칙	η_1이 참조지표와 같은 척도를 갖거나 표준화될 때 $p \geq 2$이고 $q \geq 1$이면 자유모수 확인	×	○

4) MIMIC 모형 예시

앞에 언급된 MIMIC 모형을 LISREL를 통해 분석해 보고자 한다. 예시 모형은 사회경제적 수준과 사회참여와의 관계를 언급한 Hodge와 Treiman(1968) 연구결과를 이용하였다. Hodge와 Treiman(1968) 연구에서 수입(income), 직업(occupation), 교육(education)은 사회참여를 설명한다. 반면, 사회참여는 교회참여(church), 소속감(membership), 친구(friend)에 영향을 준다. Hodge와 Treiman(1968) 연구에 사용된 변수들의 상관관계는 〈표 7-2〉와 같다.

〈표 7-2〉 측정변수의 상관행렬

수입	직업	교육	교회참여	소속감	친구
1.00					
.304	1.00				
.305	.344	1.00			
.100	.156	.158	1.00		
.284	.192	.324	.360	1.00	
.176	.136	.226	.210	.265	1.00

〈표 7-2〉에 제시된 변수들의 상관관계를 이용해 LISREL SIMPLIS 명령어를 이용함으로써 MIMIC 모형을 다음과 같이 구현할 수 있다. 우선 SIMPLIS 명령어 창을 열기 위해 [File] → [New]를 선택한다.

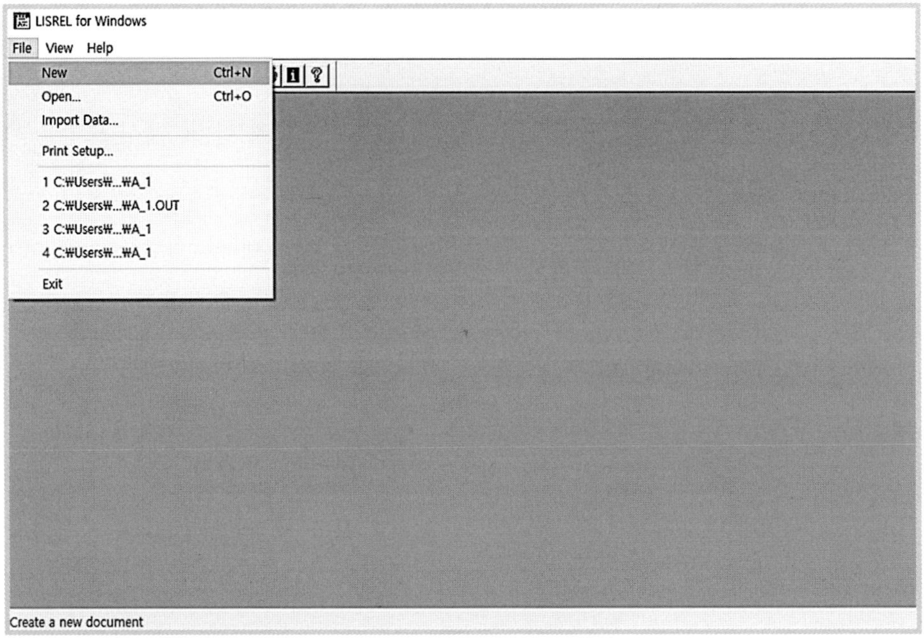

[File] → [New]를 선택한 후 생성된 창에서 [SIMPLIS Project]를 선택한다.

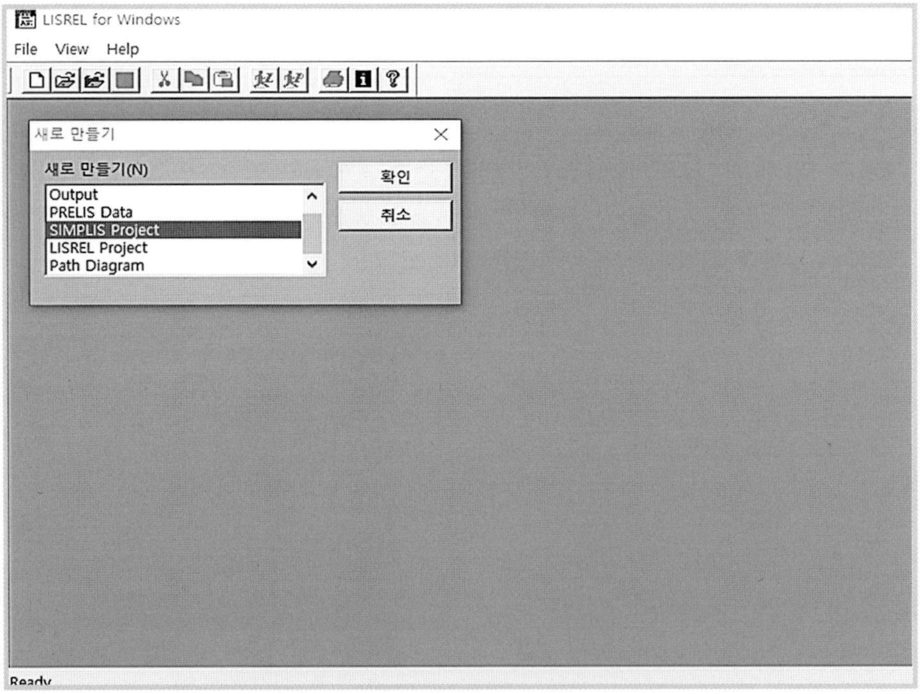

[File] → [New] → [SIMPLIS Project(*.spj)]를 선택한 후 생성된 파일에 이름을 부여하고 저장한다.

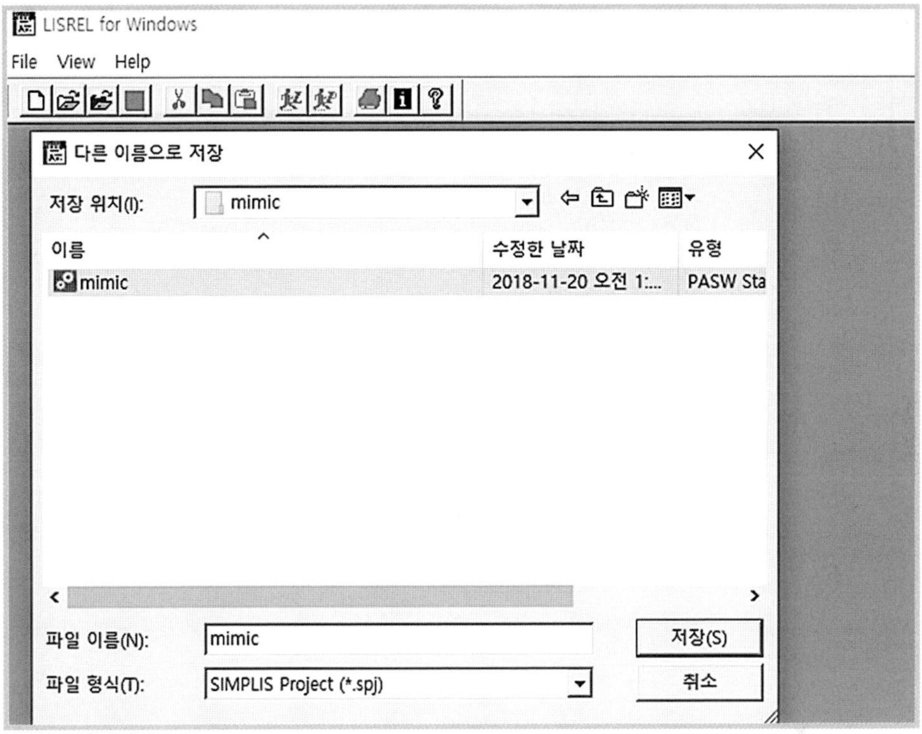

생성된 파일에 다음과 같이 SIMPLIS 명령어를 입력한 후 버튼 을 선택한다.

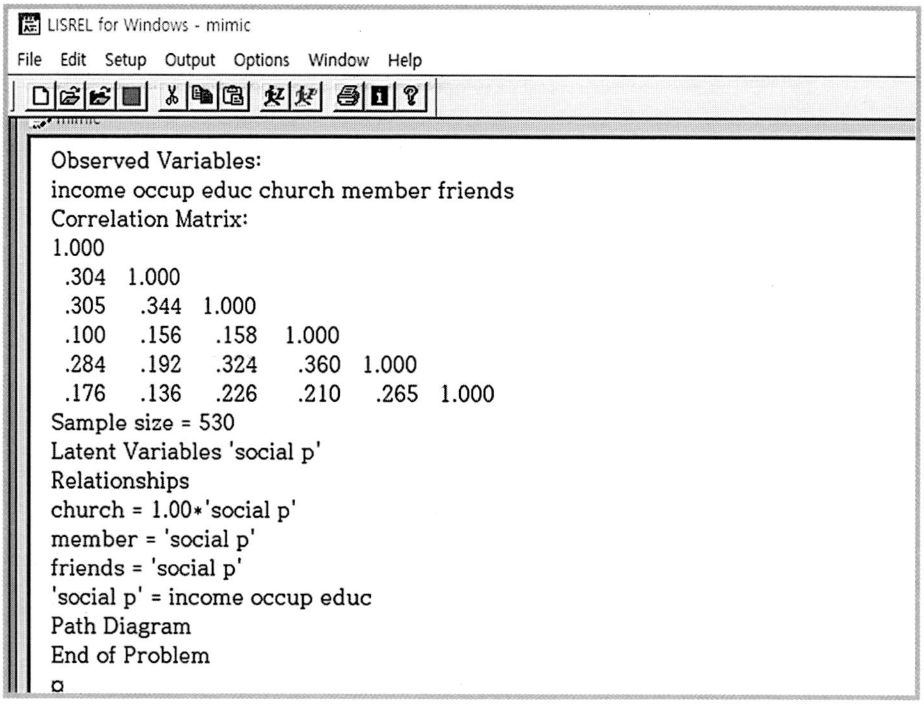


```
Observed Variables:
income occup educ church member friends
Correlation Matrix:
1.000
 .304  1.000
 .305   .344  1.000
 .100   .156   .158  1.000
 .284   .192   .324   .360  1.000
 .176   .136   .226   .210   .265  1.000
Sample size = 530
Latent Variables 'social p'
Relationships
church = 1.00*'social p'
member = 'social p'
friends = 'social p'
'social p' = income occup educ
Path Diagram
End of Problem
```

이후 결과창과 경로(Path diagram)가 같이 나타난다. 다음 그림에서 수입(income), 직업(occup), 교육(educ)은 사회참여에 영향을 미치는 것을 보여 준다. 또한 사회참여는 교회참여(church), 소속감(member), 친구(friends)에 영향을 미치는 것을 보여 주고 있다.

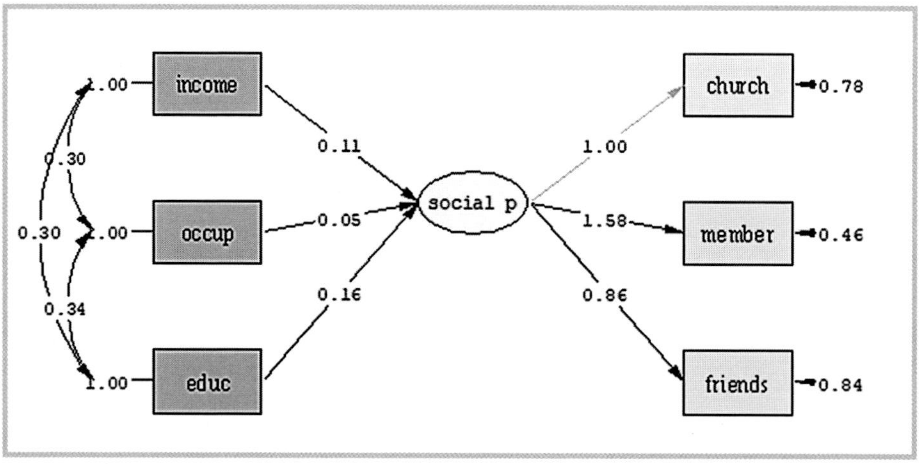

다음 χ^2분석결과는, $\chi^2(6)=12.50$, $p=.052$, 통계적으로 유의미하지 않은 것으로 나타나 영가설을 기각할 수 없다는 것을 보여 주고 있다. 즉, Hodge와 Treiman (1968)의 연구에서 설정된 모형은 적절하다는 걸을 보여 주고 있다.

```
Goodness of Fit Statistics

Degrees of Freedom = 6
Minimum Fit Function Chi-Square = 12.50 (P = 0.052)
Normal Theory Weighted Least Squares Chi-Square = 12.02 (P = 0.061)
Estimated Non-centrality Parameter (NCP) = 6.02
90 Percent Confidence Interval for NCP = (0.0 ; 20.00)

Minimum Fit Function Value = 0.024
Population Discrepancy Function Value (F0) = 0.011
90 Percent Confidence Interval for F0 = (0.0 ; 0.038)
Root Mean Square Error of Approximation (RMSEA) = 0.044
90 Percent Confidence Interval for RMSEA = (0.0 ; 0.079)
P-Value for Test of Close Fit (RMSEA < 0.05) = 0.56

Expected Cross-Validation Index (ECVI) = 0.079
90 Percent Confidence Interval for ECVI = (0.068 ; 0.11)
ECVI for Saturated Model = 0.079
ECVI for Independence Model = 0.95
```

Hodge와 Treiman(1968)의 연구에서 설정된 모형은 적절하지만 두 가지 측면에서 좀 더 향상시킬 필요성이 있다는 것을 보여 주고 있다. 첫 번째는 낮은 R^2의 값이다. 교회참여는 사회참여로 약 22%, 소속감은 약 54% 설명되지만 친구는 약 16% 정도만 설명되는 것으로 나타났다. 두 번째는 사회참여를 설명하는 데 사용된 변수들의 통계적 유의미성에 있다. 잠재변수 '사회참여'를 설명하는 데 수입과 교육은 통계적으로 유의미하지만 직업의 t값은 1.73으로 나타나 통계적으로 유의미하지 않기 때문이다.

```
church = 1.00*social p, Errorvar.= 0.78  , R? = 0.22
                                  (0.058)
                                   13.61

member = 1.58*social p, Errorvar.= 0.46  , R? = 0.54
      (0.24)             (0.075)
       6.71               6.10

friends = 0.86*social p, Errorvar.= 0.84  , R? = 0.16
      (0.14)             (0.058)
       6.03               14.51


   Structural Equations


social p = 0.11*income + 0.045*occup + 0.16*educ, Errorvar.= 0.16  , R? = 0.26
          (0.028)      (0.026)      (0.031)          (0.037)
           3.82         1.73         4.93             4.35
```

4. 모수추정

모수추정이란 모형을 구성하는 변수들의 분산과 중복되지 않은 공분산으로 일반 구조방정식 모형에서 추정되는 자유모수값의 크기를 정해 주는 것이다. 즉, 모형에서 추정되는 자유모수들이 공분산행렬의 정보(분산과 중복되지 않은 공분산)의 함수로 고유하게 나타나는 것이다. 모수추정의 방법으로는 여러 가지가 있다. 최대가능법은 5장에서, 일반화최소제곱법은 6장에서 언급되었으므로 여기에서는 가중최소제곱법과 비가중최소제곱법에 대해 언급한다.

1) 가중최소제곱법

가중최소제곱법은 변수가 동간척도 이하의 것으로 측정되었거나 정상분포가 아닐 때 사용할 수 있는 모수추정 방법으로 최대가능법과 마찬가지로 대표본 이론에 기초하고 있다. 가중최소제곱법이 제대로 그 기능을 발휘하려면 표본의 크기가 매우 커야 한다는 것이 전제이다. 이 가중최소제곱법이 성립되기 위한 통계적 가정은 관찰변수의 8차 모멘트(8th order moment)가 어떤 값을 갖는다는 것이다. 그 외는 다른 전제가 필요하지 않다.

F_{ML}과 F_{GLS}에 비해서는 다소 완화된 가정이기는 하나 F_{WLS} 추정치를 유도하기 위해서도 관찰변수의 분포에 대한 가정이 요구되는데, 이는 8차 모멘트는 유한하다는 것이다. 이는 평균에 대한 표본 4차 곱적률(product moment) ω_{ijkl}이 모집단 4차 곱적률 σ_{ijkl}에 일치하게 하기 위해 필요하다.

가중최소제곱법 합치함수는 다음과 같이 정의된다.

$$F_{WLS} = [s - \sigma(\theta)]' W^{-1} [s - \sigma(\theta)]$$

여기서 s는 S의 중복되지 않은 원소로 구성된 차수 $\frac{1}{2}(p+q)(p+q+1)\times 1$의 벡터이며, $\sigma(\theta)$는 s에 대응되는 것으로 $\Sigma(\theta)$의 중복되지 않은 원소로 구성된 차수 $\frac{1}{2}(p+q)(p+q+1)\times 1$의 벡터이다. θ는 차수 $t\times 1$의 자유모수벡터이며, W^{-1}은 차수 $\frac{1}{2}(p+q)(p+q+1)\times\frac{1}{2}(p+q)(p+q+1)$의 가중행렬로 양정치행렬이다. 벡터 θ의 자유모수들의 값은 잔차 $[s-\sigma(\theta)]$를 제곱한 가중합이 최소가 될 때의 값이다.

S를 차수가 $(p+q)(p+q)$인 모집단공분산행렬 Σ의 불편파 추정치라고 가정하자. 여기서 S는 N개의 독립적 사례수로 구성되며 어떤 4차 모멘트를 갖는 차수 $(p+q)\times 1$인 관찰변수 벡터 z로부터 얻은 것이다. z는 y와 x을 한데 묶은 것이다. S의 중복되지 않은 원소 s와 이에 대응하는 $\Sigma(\theta)$의 원소 $\sigma(\theta)$ 간의 차이를 잔차 형식으로 고려하면 다음과 같이 나타낼 수 있다.

$$\delta = (N-1)^{\frac{1}{2}}[s - \sigma(\theta)] \cdots\cdots ①$$

여기서 δ는 s와 $\sigma(\theta)$ 간의 불일치 잔차벡터를 나타낸다. 이때 ①이 잔차라면 $H_0 : \Sigma - \Sigma(\theta) = 0$이기 때문에 잔차벡터 δ는 주어진 표본 내에서 평균은 0벡터이고 공분산행렬은 $COV(\delta, \delta')$를 가지는 분포이다. 여기서 공분산행렬 $COV(\delta, \delta')$는 Y로 표시하자. 즉, $Y = COV(\delta, \delta')$이다. 여기서의 δ를 측정오차 δ나 비중심모수 δ와 혼동하면 안 된다.

따라서 Y의 원소를 ①을 이용하여 ②와 같이 나타낼 수 있다.

$$Y_{ij,kl} = COV\left\{(N-1)^{\frac{1}{2}}[s-\sigma(\theta)]_{ij},\ (N-1)^{\frac{1}{2}}[s-\sigma(\theta)]_{kl}\right\} \cdots\cdots\cdots\cdots ②$$

$[s-\sigma(\theta)]_{ij}$의 전치행렬이 $[s-\sigma(\theta)]_{kl}$이므로 Y를 ②에서 앞과 같이 나타낸 것이다.

$$Y_{ij,kl} = (N-1)COV\left\{[s-\sigma(\theta)]_{ij},\ [s-\sigma(\theta)]_{kl}\right\} \cdots\cdots\cdots\cdots ③$$

또한 주어진 표본에서 $(N-1)^{\frac{1}{2}}$은 상수이므로 이를 괄호 밖으로 빼면 $(N-1)$이 되어 ②를 ③과 같이 나타낼 수 있다. 이는 c가 상수일 때 $COV(cX_1, cX_2) = c^2COV(X_1, X_2)$가 되는 것과 같다.

$$Y_{ij,kl} = \Sigma(\theta)_{ik}\,\Sigma(\theta)_{jl} + \Sigma(\theta)_{il}\,\Sigma(\theta)_{jk} + \left(\frac{N-1}{N}\right)k_{ijkl} \cdots\cdots\cdots\cdots ④$$

④에서 $Y_{ij,kl}$의 ij, kl번째 원소는 스칼라로 표현되는 반면에, ③에서 ij, kl번째 원소는 $Y_{ij,kl}$의 원소를 가리킨다. k_{ijkl}는 4차 누적적률로 다음과 같이 나타낼 수 있다.

$$k_{ijkl} = \sigma_{ijkl} - \Sigma(\theta)_{ij}\,\Sigma(\theta)_{kl} - \Sigma(\theta)_{lk}\,\Sigma(\theta)_{jl} - \Sigma(\theta)_{il}\,\Sigma(\theta)_{jk} \cdots\cdots\cdots\cdots ⑤$$

여기서 $\sigma_{ijkl} = E\left[(z_i - \overline{z}_i)(z_j - \overline{z}_j)(z_k - \overline{z}_k)(z_l - \overline{z}_l)\right]$, $\overline{z}_i = E(z_i)$이다.

많은 경우에서 δ의 정확한 표본분포를 알지 못한다. 그러나 표본을 크게 해서 이에 근접하는 값을 찾을 수는 있다. δ의 분포는 평균이 0벡터이고 공분산행렬이 Y^*인 다중변수정상분포이다. 여기서 Y는 주어진 표본에서 $COV(\delta, \delta')$, Y^*는 무한표본에서의 공분산행렬 $COV(\delta, \delta')$을 의미한다. 즉, Y^*는 $\lim_{N\to\infty} COV(\delta, \delta')$이다. 이때 $Y^*_{ij,kl}$의 원소는 다음과 같다.

$$Y^*_{ij,kl} = \Sigma(\theta)_{ik}\,\Sigma(\theta)_{jl} + \Sigma(\theta)_{il}\,\Sigma(\theta)_{jk} + k_{ijkl} \cdots\cdots ⑥$$

⑤의 k_{ijkl}를 다시 ⑥에 대입하여 풀면 다음과 같다.

$$Y^*_{ij,kl} = \sigma_{ijkl} - \Sigma(\theta)_{ij}\,\Sigma(\theta)_{kl}$$

이것을 통해 모든 4차 누적적률이 0일 때, 어떤 주어진 표본에서의 불일치 잔차벡터 δ와 δ의 공분산행렬 Y는 무한표본에서의 불일치 잔차벡터 δ와 δ의 공분산행렬 Y^*와 정확히 일치한다는 것을 알 수 있다.

$$Y_{ij,kl} = Y^*_{ij,kl} = \Sigma(\theta)_{ik}\,\Sigma(\theta)_{jl} + \Sigma(\theta)_{il}\,\Sigma(\theta)_{jk}$$

모든 4차 누적적률이 0이기 때문이다. ④에서 k_{ijkl}이 0이 된다. 모든 4차 누적적률이 0인 경우, 모든 주변첨도(marginal kurtosis) 계수 γ_2과 이에 대응하는 다중변수첨도(multivariate kurtosis) 계수 $b_{2,p}$는 0이다. 따라서 z분포는 다중변수정상분포이다.

먼저 관찰변수 y와 x를 한데 묶어 벡터 z를 구성한다. 벡터 z의 r번째 관찰치는 $z_r = (z_{1r}, z_{2r}, \cdots, z_{ir}, \cdots, z_{(p+q)r})'$와 같이 나타낼 수 있으며 여기서 $r=1, 2, 3, \cdots, N$이다. 그리고 $\bar{z}_i$, w_{ij}, w_{ijkl}은 다음과 같이 정의된다.

$$\bar{z}_i = N^{-1}\sum_{r=1}^{N} z_{ir}$$

$$w_{ij} = N^{-1}\sum_{r=1}^{N}(z_{ir} - \bar{z}_i)(z_{jr} - \bar{z}_j) \cdots\cdots ⑦$$

$$w_{ijkl} = N^{-1}\sum_{r=1}^{N}(z_{ir} - \overline{z}_i)(z_{jr} - \overline{z}_j)(z_{kr} - \overline{z}_k)(z_{lr} - \overline{z}_l) \cdots\cdots ⑧$$

가정에 따르면, 표본의 2차 곱적률 w_{ij}는 모집단 2차 곱적률 $\Sigma(\theta)_{ij}$의 추정치와 일치할 것이며, $W_{ij,kl}$은 ⑥에서 정의된 $Y^*_{ij,kl}$의 추정치와 일치할 것이다. 여기서 $W_{ij,kl}$은 다음과 같다.

$$W_{ij,kl} = w_{ijkl} - w_{ij}w_{kl} \cdots\cdots ⑨$$

W의 각 항을 주의 깊게 살펴보면, ⑧에 나타난 w_{ijkl}은 두 변수의 곱을 다시 곱한 값의 기댓값이고, ⑦로부터 w_{ij}와 w_{kl}은 각각 두 변수의 곱의 평균임을 알 수 있다. 정의에 의해 $COV(Z_i, Z_j) = E(Z_iZ_j) - \mu_i\mu_j$이기 때문에, ⑨으로 표시된 행렬 W의 각 원소 $W_{ij,kl}$은 두 변수의 곱 $(z_{ir} - \overline{z}_i)(z_{jr} - \overline{z}_j)$와 $(z_{kr} - \overline{z}_k)(z_{lr} - \overline{z}_l)$ 간의 표본공분산이다. 따라서 행렬 W는 Y^*가 양정치이고 N이 $\frac{1}{2}(p+q)(p+q+1)$보다 큰 값을 가지면, 언제나 양정치행렬이다.

여기서 $\Sigma(\theta)_{ij}$의 불편파추정치는 S_{ij}이지만, ⑦을 통해 구해진 w_{ij}는 $\Sigma(\theta)_{ij}$의 편파추정치이다. 이는 앞의 ⑦과 ⑧에서 모두 $(N-1)^{-1}$ 대신 N^{-1}을 사용하여 계산이 이루어졌기 때문이다. 주어진 표본에서의 표본크기 N이 점점 커져 무한대로 가게 되면 W는 Y^*이 되고 불편파추정치나 편파추정치나 같게 된다. 주어진 표본에서의 표본공분산행렬 Y의 불편파추정치는 k-통계량(Kendall & Stuart, 1979)으로부터 계산될 수도 있다.

마지막으로 WLS 추정치 $\hat{\theta}$는 불일치잔차 이차형태를 최소화함으로써 얻어진다. θ에 대해 다음 합치함수가 최소화되는 것이다.

$$F_{WLS} = F(S, \Sigma(\theta)|W) = [s - \sigma(\theta)]'W^{-1}[s - \sigma(\theta)]$$

이 합치함수에서 s는 차수가 $\frac{1}{2}(p+q)(p+q+1)\times 1$의 벡터로서 표본공분산행렬 S의 중복되지 않는 원소들만 취한 것이다. $\sigma(\theta)$는 s에 대응되는 동일한 차수의 모형공분산행렬의 벡터이다. W는 가중행렬로서 차수가 $\frac{1}{2}(p+q)(p+q+1)\times\frac{1}{2}(p+q)(p+q+1)$이고, 표본크기가 무한대로 커짐에 따라 양정치행렬이 되는 확률행렬이다.

F_{WLS}는 변수분포라는 관점에서 볼 때 아주 일반화된 것이다. 변수분포에 대해 F_{ML}이나 F_{GLS}처럼 특별한 가정이 필요하지 않은 것이 F_{WLS}이므로 F_{WLS}는 F_{ML}과 F_{GLS}를 특수한 경우로 갖는다.

관찰변수 z의 첨도가 0이라면, $Y_{ij,kl}=\sum_{ik}\sum_{jl}+\sum_{il}\sum_{jk}$가 성립된다. 이 관계는 이미 앞에서 보인 바 있다. 그러므로 가중행렬 W의 원소는 $Y_{ij,kl}$에 대응된다.

$$W_{ij,kl}=V_{ik}V_{jl}+V_{il}V_{jk}$$

여기서 V는 차수가 $(p+q)(p+q)$이며, 표본크기가 무한대로 커짐에 따라 양정치행렬이 되는 확률행렬이다. 이 조건이 성립되면, 앞에 기술된 불일치잔차 이차형태는 6장의 F_{GLS}와 같게 된다. 또한 관찰변수가 다중변수정상분포이면, F_{ML}이 최솟값을 갖는 점에서 F_{WLS}도 최솟값을 가지므로, 불일치잔차 이차형태는 5장의 F_{ML}과 같게 된다. F_{ML}이 불일치 이차형태로 표시되지 않지만 F_{ML}도 F_{WLS}의 특수한 경우인 것이다.

2) 비가중최소제곱법

비가중최소제곱법은 다음의 합치함수를 최소화하는 방법으로 추정된다.

$$F_{ULS}=\frac{1}{2}tr\left\{\left[S-\Sigma(\theta)\right]^2\right\}$$

F_{ULS}을 최소화한다는 것은 잔차행렬의 제곱값인 $\left[S-\Sigma(\theta)\right]^2$을 최소화하는 것을 의미하는데, 이는 최대가능법과 마찬가지로 F_{ULS}를 편미분하고, 그 편미분한 값이

0이 되게 하는 값을 찾으면 된다. 다음의 간단한 구조방정식을 예를 들어 보자.

$$y_1 = x + \zeta_1$$

이 구조방정식의 y_1과 x_1에 대한 모집단공분산행렬과 구조모수에 대한 모형공분산행렬은 다음과 같다.

$$\Sigma = \begin{bmatrix} VAR(y_1) & COV(y_1, x_1) \\ COV(x_1, y_1) & VAR(x_1) \end{bmatrix} \qquad \Sigma(\theta) = \begin{bmatrix} \phi_{11} + \psi_{11} & \phi_{11} \\ \phi_{11} & \phi_{11} \end{bmatrix}$$

이러한 행렬을 통해 F_{ULS}를 다음과 같이 구할 수 있다.

$$\begin{aligned} F_{ULS} &= \frac{1}{2} tr\left[\left\{\begin{bmatrix} VAR(y_1) & COV(y_1, x_1) \\ COV(x_1, y_1) & VAR(x_1) \end{bmatrix} - \begin{bmatrix} \phi_{11} + \psi_{11} & \phi_{11} \\ \phi_{11} & \phi_{11} \end{bmatrix}\right\}^2\right] \\ &= \frac{1}{2} tr\begin{bmatrix} VAR(y_1) - \phi_{11} - \psi_{11} & COV(y_1, x_1) - \phi_{11} \\ COV(x_1, y_1) - \phi_{11} & VAR(x_1) - \phi_{11} \end{bmatrix}^2 \\ &= \frac{1}{2}\left(VAR(y_1) - \phi_{11} - \psi_{11}\right)^2 + 2\left(COV(y_1, x_1) - \phi_{11}\right)^2 + \left(VAR(x_1) - \phi_{11}\right)^2 \end{aligned}$$

F_{ULS}를 최소화하는 추정치를 찾기 위해 이를 편미분한 후 그 값을 0으로 하는 계수값을 찾는다.

$$\begin{aligned} \frac{\partial F_{ULS}}{\partial \phi_{11}} &= -VAR(y_1) - 2COV(y_1, x_1) - VAR(x_1) + 4\phi_{11} + \psi_{11} = 0 \\ \frac{\partial F_{ULS}}{\partial \phi_{11}} &= -VAR(y_1) + \phi_{11} + \psi_{11} = 0 \end{aligned}$$

이를 풀면 ϕ_{11}과 ψ_{11}의 값은 각각 다음과 같다.

$$\phi_{11} = \frac{VAR(x_1) + 2COV(y_1, x_1)}{3}$$
$$\psi_{11} = VAR(y_1) - \frac{VAR(x_1) + 2COV(y_1, x_1)}{3}$$

F_{ULS}를 ϕ_{11}과 ψ_{11}에 대해 각각 2차 편미분한 행렬이 양정치 값을 갖기 때문에 ϕ_{11}과 ψ_{11}의 값은 앞의 값과 동일하다고 할 수 있으며, 이는 곧 합치함수 F_{ULS}를 최소화하는 값이다. 여기서 추정된 ϕ_{11}의 값을 보면 $VAR(x_1)$보다 $COV(y_1, x_1)$이 더 많은 가중치를 갖게 된다. 따라서 $F_{ULS} = \frac{1}{2}\left(VAR(y_1) - \phi_{11} - \psi_{11}\right)^2 + 2\left(COV(y_1, x_1) - \phi_{11}\right)^2 + \left(VAR(x_1) - \phi_{11}\right)^2$의 공식을 보면 $COV(y_1, x_1)$ 값에 대해 두 배의 가중치가 부과되고 있음을 알 수 있다.

지금까지 설명한 비가중최소제곱법은 변수들의 분포에 대하여 어떤 가정도 요구하지 않는다는 장점이 있다. 최대가능법은 변수들이 다중변수정상분포임을 가정하고 있으나 이는 현실적으로 충족되기 어려우며, 일반화최소제곱법은 모든 4차 누적적률이 0이라는 가정이 있다. 또한 가중최소제곱법의 가정은 변수의 8차 모멘트가 어떤 값을 갖는다는 것이다. 이것들에 비해 비가중최소법의 경우 변수들의 분포에 관한 사전 가정이 전혀 없기 때문에 다중변수정상분포가 의심될 때는 이러한 방법을 사용하는 것이 보다 바람직하다.

그러나 몇 가지 문제점도 지니고 있는데, 첫 번째는 다른 표본에서 산출된 계수들의 값이 크게 달라질 수 있다는 점에서 최대가능법보다는 효율성이 떨어진다는 점이다. 두 번째로는 척도불변성을 가지지 않으므로 변수의 단위가 바뀌거나 관찰된 공분산 대신 관찰된 상관계수 행렬이 이용되면 합치함수 F_{ULS}의 크기가 변한다는 점이며, 마지막으로는 최대가능법과는 달리 F_{ULS}는 $(N-1)F_{ULS}$가 χ^2분포를 이루지 않으므로 전체모형 평가를 할 수 없다는 단점을 지니고 있다.

5. 총효과, 직접효과, 간접효과

한 변수의 다른 변수에 대한 효과는 두 가지로 구성된다. 하나는 한 변수가 다른 변수에 대해 영향을 미칠 때, 다른 변수를 통하지 않고 바로 영향을 미치는 것으로 이런 것을 직접효과라라고 한다. 또 다른 하나는 한 변수가 다른 변수에 영향을 미칠 때, 중간에 있는 다른 변수에 의해 효과가 전달되는 것으로 이런 것을 간접효과라고 한다. 이럴 때 효과를 중재하는 변수를 매개변수(intervening variable)라고 한다. 한 변수의 다른 변수에 대한 총효과는 직접효과와 간접효과를 더한 것이다.

또한 한 변수의 다른 변수에 대한 효과는 설정된 모형에 의한다는 점을 유의해야 한다. 설정된 모형이 어떤 것인가에 따라 한 변수의 다른 변수에 대한 효과는 달라진다. 어떤 변수의 다른 변수에 대한 효과는 그 변수에서 다른 변수로 가는 경로가 어떻게 설정되는가에 따라 달라진다. [그림 7-5]의 경로도를 예를 들어 설명해 보자.

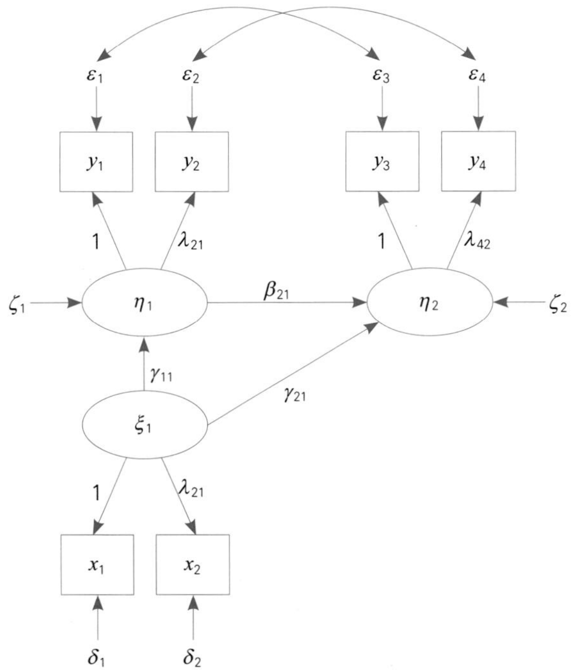

[그림 7-5] 총효과, 직접효과, 간접효과 모형

잠재변수 ξ_1의 잠재변수 η_1에 대한 효과를 살펴보자. 설정모형에 의하면 ξ_1에서 η_1으로 바로 가는 경로만 있고 다른 변수를 통해 매개되는 경로는 없다. 그러므로 직접효과만 있고 간접효과는 없으며, 이때의 직접효과는 γ_{11}이다.

이번에는 ξ_1의 잠재변수 η_2에 대한 효과를 살펴보자. 먼저 ξ_1에서 η_2로 직접 가는 경로로 γ_{21}은 매개되는 경로가 없는 직접효과를 나타낸다. 또한 ξ_1에서 매개변수 η_1를 통한 η_2에로 가는 경로는 간접효과로 $\gamma_{11}\beta_{21}$이 된다. 따라서 $\xi_1 \rightarrow \eta_2$의 효과는 직접효과(γ_{21})와 간접효과($\gamma_{11}\beta_{21}$)로 나타낼 수 있다.

6. 일반 구조방정식모형의 분석 예시

일반 구조방정식모형의 분석 예시는 다음과 같다. 이 분석 예시는 구조방정식모형을 다루는 LISREL(Jöreskog & Sörbom, 1993), EQS(Bentler, 1989), AMOS(Arbuckle, 1997) 등에 올라와 있는 Wheaton, Muthén, Alwin과 Summers(1977)의 연구이다. 이 연구는 소외감 같은 태도변수가 시간의 경과라는 측면에서 안정성이 있는지 또 그러한 변수가 교육년수나 사회경제적 지수와 같은 사회적 배경 변수와 어떤 관계가 있는지를 탐색하기 위한 것이다. 이 모형은 외생잠재변수 하나와 내생잠재변수 두 개가 있으며 각각의 잠재변수는 두 개씩의 관찰변수로 측정되었다. 소외감이라는 잠재변수는 건망성 실어증과 무기력감이라는 두 개의 관찰변수로 측정되었으며 사회경제적 지위라는 잠재변수는 학력과 사회경제적 지수의 두 관찰변수로 측정되었다. 설정된 모형은 [그림 7-6]과 같다.

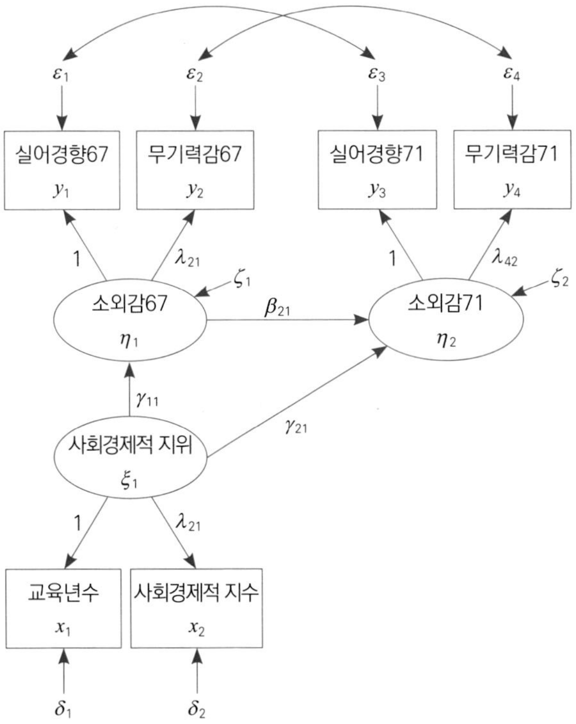

[그림 7-6] 소외감의 안정성에 관한 모형(Jöreskog & Sörbom(1993))

설정된 모형에서 자유모수는 [그림 7-1]에서 제시된 것과 Θ_ϵ만 다르고 모두 동일하며 Θ_ϵ는 다음과 같이 나타낼 수 있다.

$$\Theta_\varepsilon = \begin{bmatrix} VAR(\varepsilon_1) & & & \\ 0 & VAR(\varepsilon_2) & & \\ COV(\varepsilon_3, \varepsilon_1) & 0 & VAR(\varepsilon_3) & \\ 0 & COV(\varepsilon_3, \varepsilon_1) & 0 & VAR(\varepsilon_4) \end{bmatrix}$$

Θ_ϵ에서 차이점은 측정오차 간에 상관이 지정된 것이다. 동일한 사람들로부터 여러 번에 걸쳐 자료를 수집한 경우는 전형적인 반복측정에 해당되므로 서로 다른 시점 간의 측정오차 간에 상관이 가능할 수 있다.

자료는 미국 일리노이주에 있는 두 농촌에서 1966, 1967, 1971년의 세 번에 걸쳐 932명으로부터 수집되었다. 이 예시에서는 1967년과 1971년 자료만을 사용하였다. 수집된 자료는 〈표 7-3〉과 같다.

〈표 7-3〉 Wheaton 등이 수집한 표본공분산행렬

실어경향67 y_1	무기력감67 y_2	실어경향71 y_3	무기력감71 y_4	교육년수 x_1	사회경제적 지수 x_2
11.834					
6.947	9.364				
6.819	5.091	12.532			
4.783	5.028	7.495	9.986		
−3.839	−3.889	−3.841	−3.625	9.610	
−2.190	−1.883	−2.175	−1.878	3.552	4.503

공분산행렬 만들기

LISREL 프로그램을 실행시킨 후 데이터를 불러들인다. 데이터를 불러들이는 과정은 5장을 참고한다. 데이터를 불러들였으면 상단의 [Statistics] → [Normal Scores]를 선택한다.

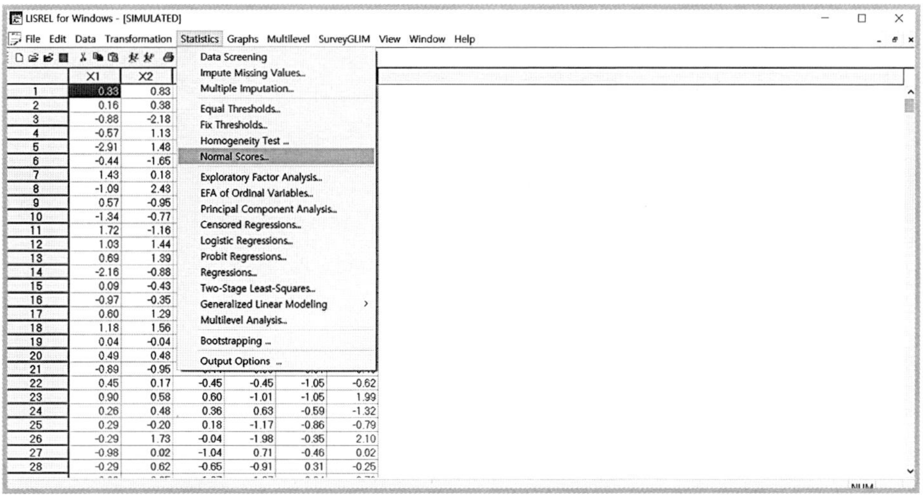

다음과 같은 창이 열리면 변수들을 모두 선택한다. 선택하는 방법은 변수 하나를 선택하고 'Shift' 키를 누른 상태에서 '↓'키를 함께 누르면 된다. 변수를 모두 선택하였으면 [Add]를 선택한다.

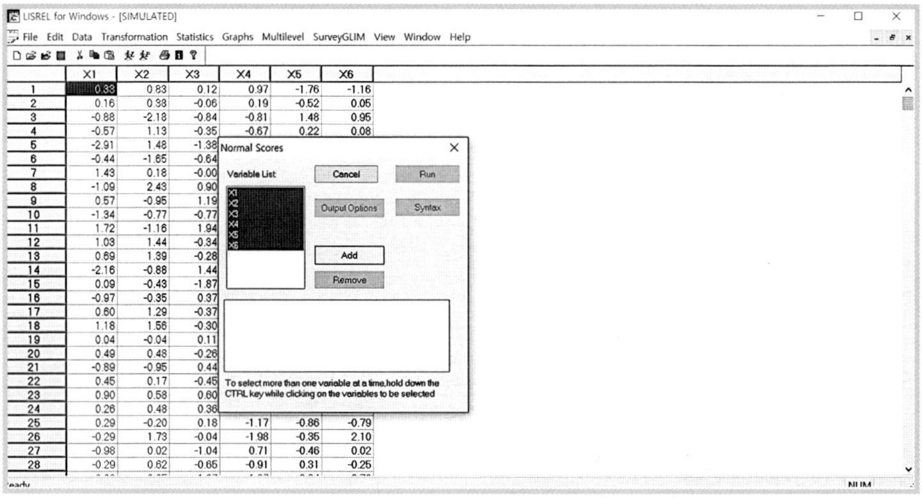

[Add]를 선택하면 하단의 하얀 박스 부분에 변수가 추가된 것을 확인할 수 있다.

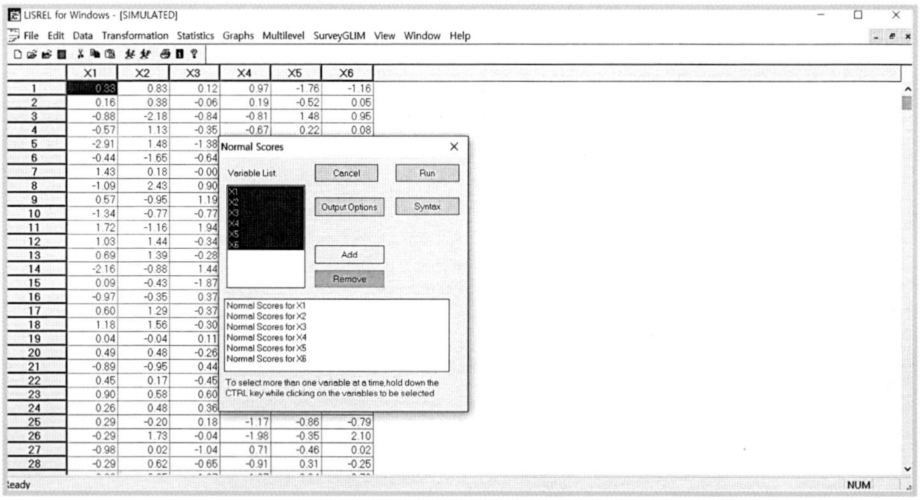

다음 [Output Options]를 선택한다.

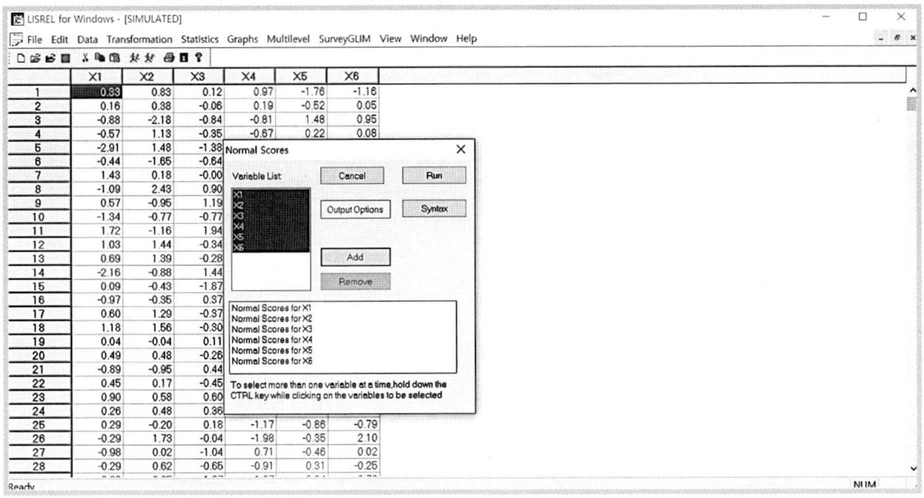

[Output Options]을 선택하면 다음과 같은 창이 나타나고, 'Moment Matrix'에서 'Covariances'를 선택한다. 그리고 'Save to File:'과 'LISREL system data'를 모두 선택한다. 다음 파일명을 입력한다. 여기서는 '7_COV'로 한다. 다음으로 Asymptotic Covariance Matrix에서 'Save to File:'과 'Print in output'을 모두 선택하고 파일명을 입력한다. 여기서는 '7_ACM'으로 한다. 다음으로 'Random seed'를 선택하고 [OK]를 선택한다.

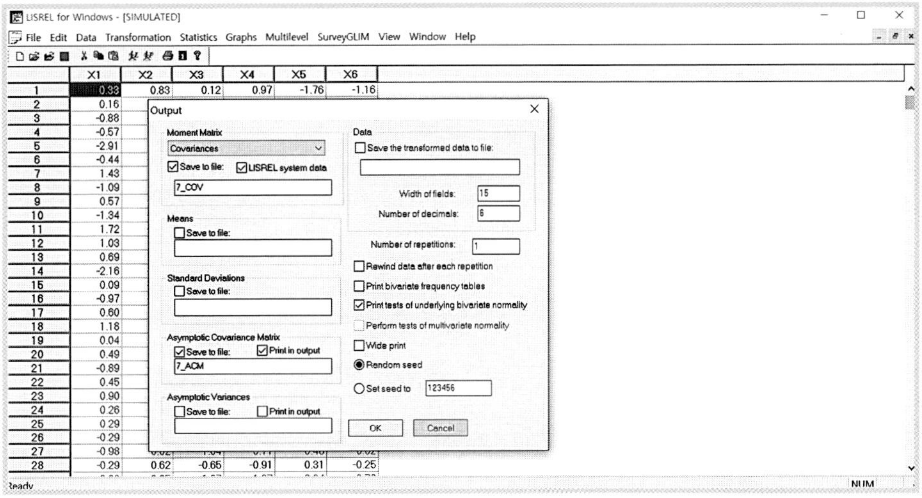

[Output Options] 선택을 완료하였으면, [Syntax]를 선택한다.

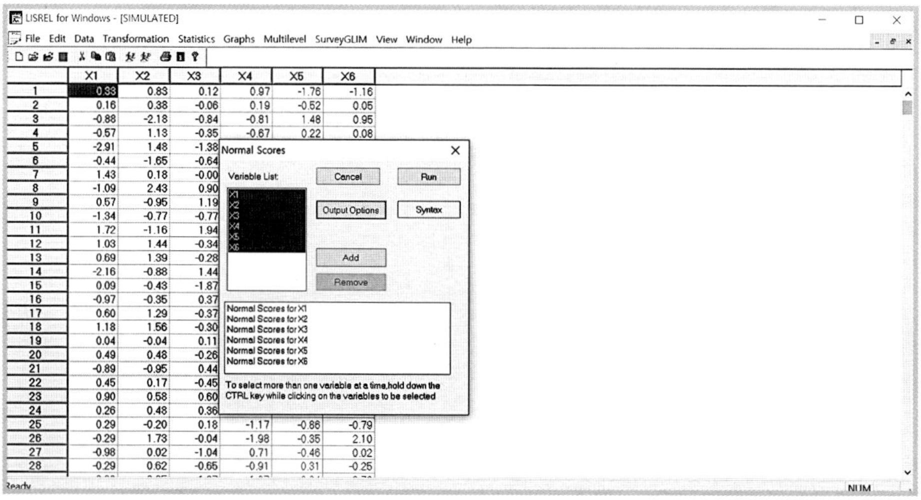

[Output Options]에서 지정했던 바대로 PRELIS Syntax가 구성되어 나타난다. PRELIS Syntax 확인 및 수정이 완료되면 위의 도구모음 중 달리는 사람모형 옆에 버튼, 을 선택한다.

분석된 결과파일이다.

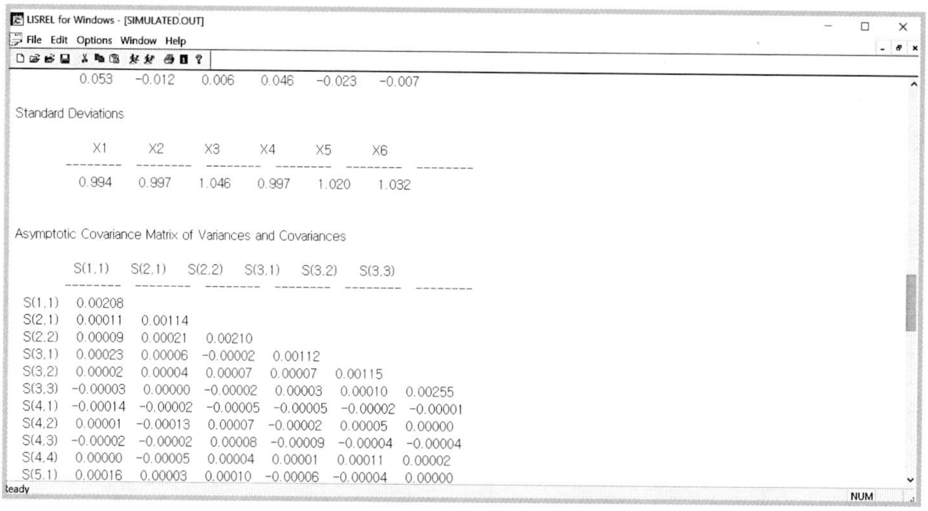

지정된 경로(C:/test/)바탕화면에 Output Option에서 지정한 Covariances Matrix (7_COV)와 Asymptotic Covariance Matrix(7_ACM)가 생성되었다.

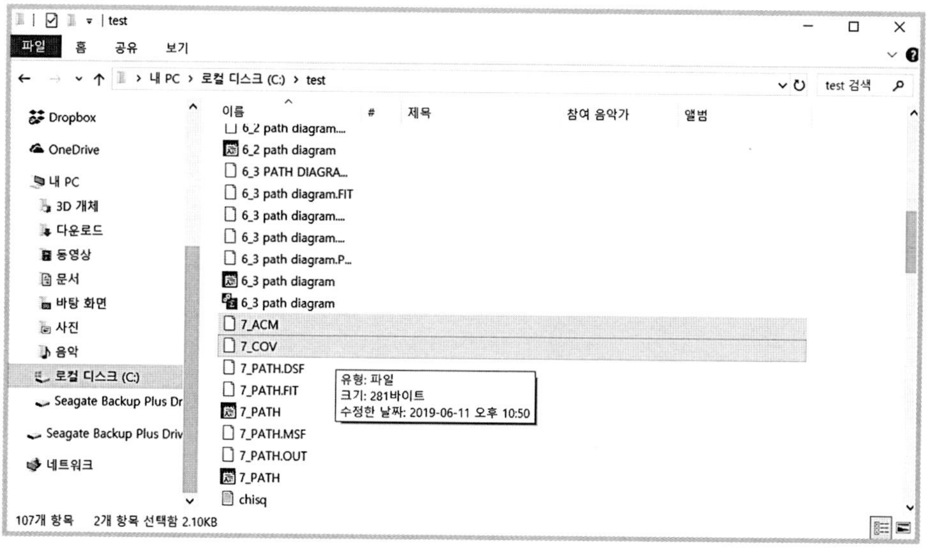

LISREL 9.1프로그램을 실행시키고, 데이터를 불러들인다. 다음 화면은 데이터를 불러들인 화면이다.

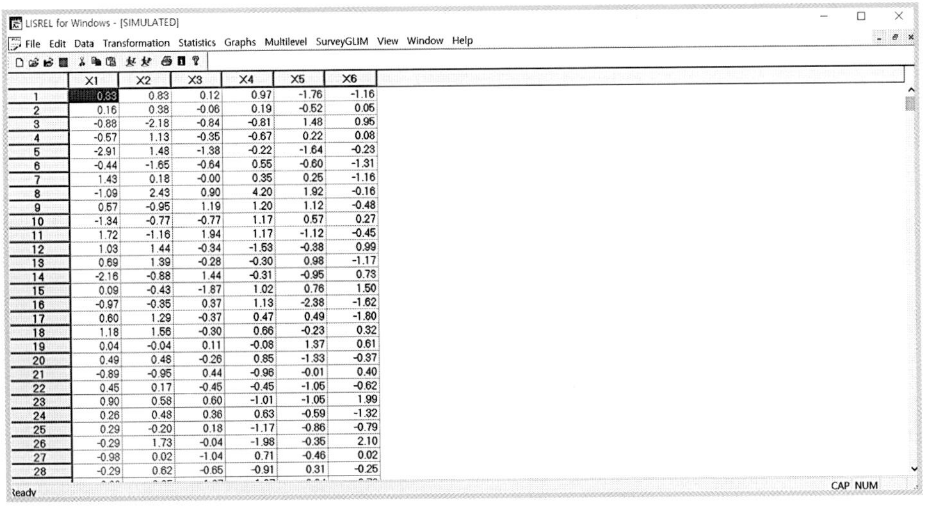

경로도를 그리기 위해 Path Diagram 창을 연다. 먼저 [File] → [New]를 선택한다.

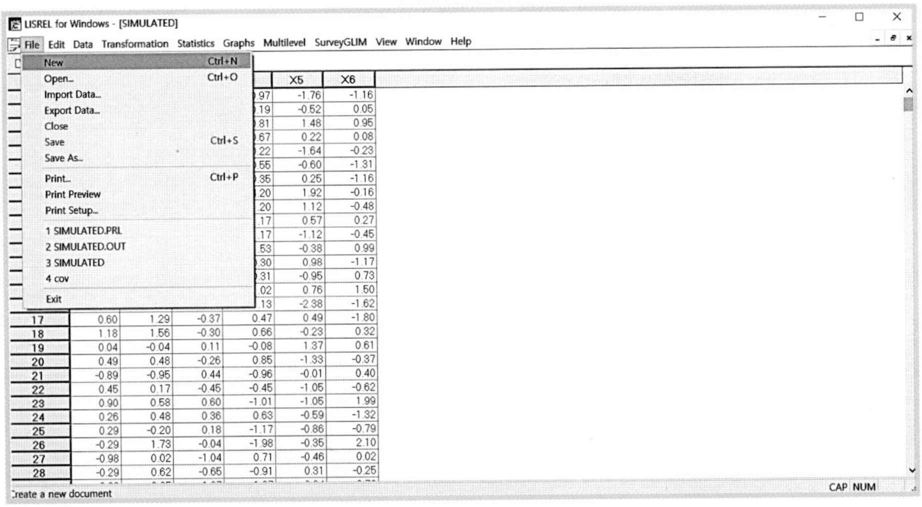

작은 대화상자가 나타나면 맨 마지막에 있는 'Path Diagram'을 선택하고 [확인]을 선택한다.

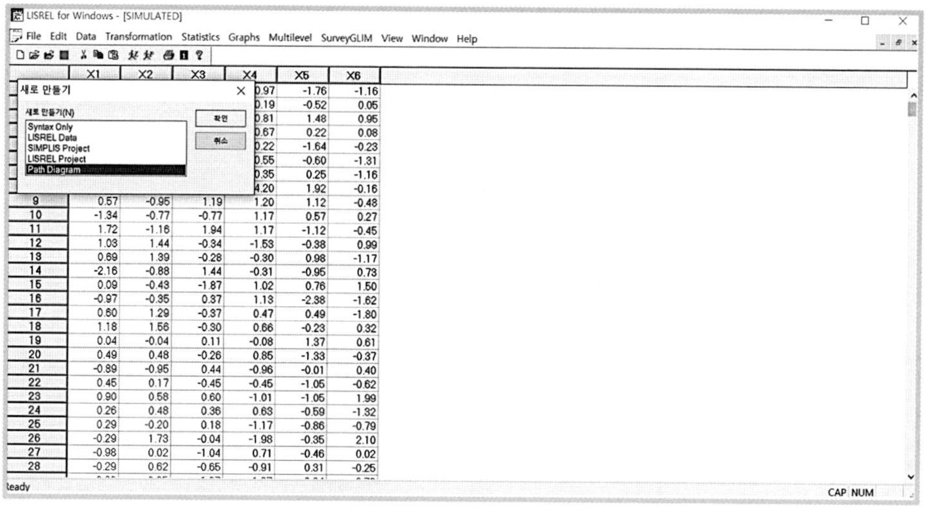

다른 이름으로 저장한다. 여기서는 '7_PATH'로 입력한다. [저장]을 선택한다.

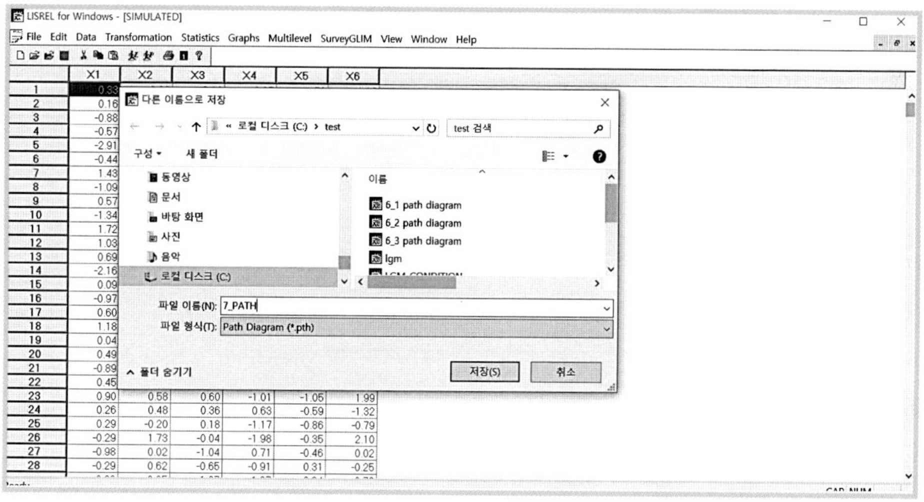

다음과 같이 경로도를 그릴 수 있는 Path Diagram 창이 생기면, 변수를 불러오기 위해 [Setup] → [Variables]를 클릭한다.

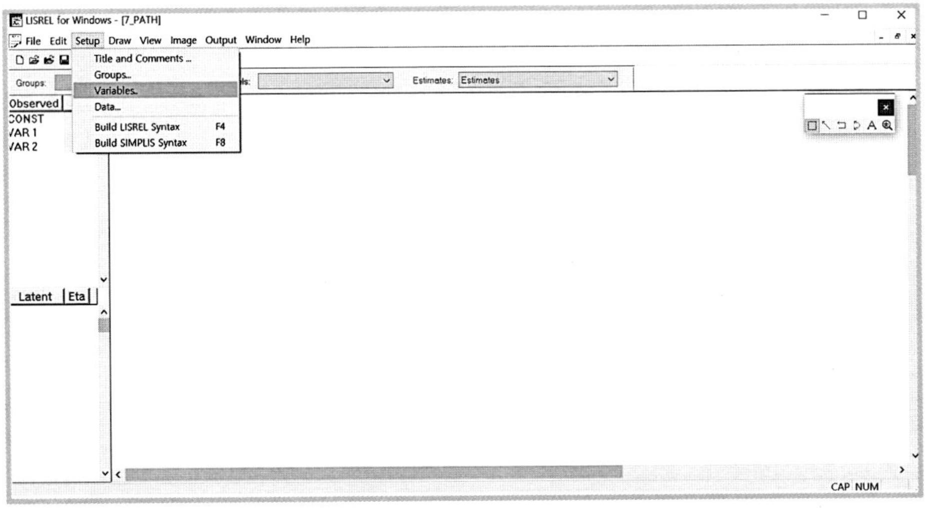

관찰변수를 생성하기 위해 좌측 칸 하단의 [Add/Read Variables]를 선택한다.

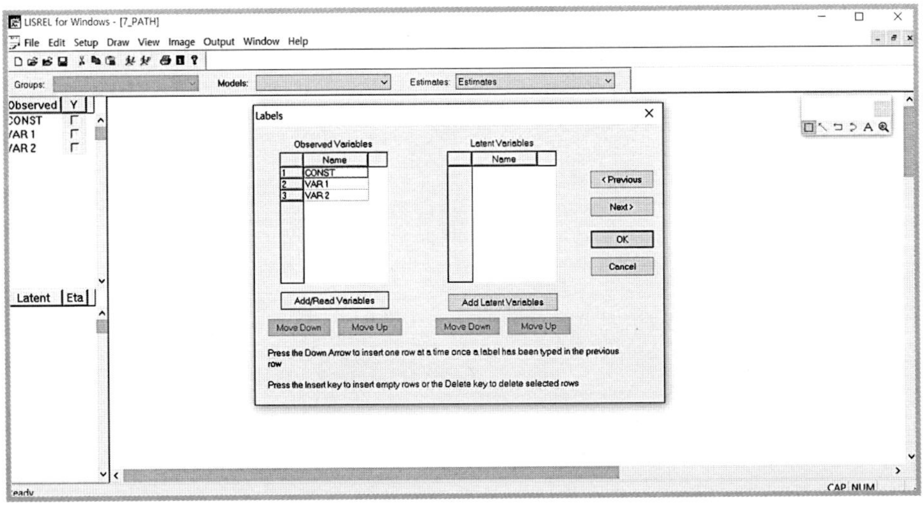

불러들일 변수의 파일형식이 LISREL 파일이므로 형식은 LISREL System File로 변경한다.

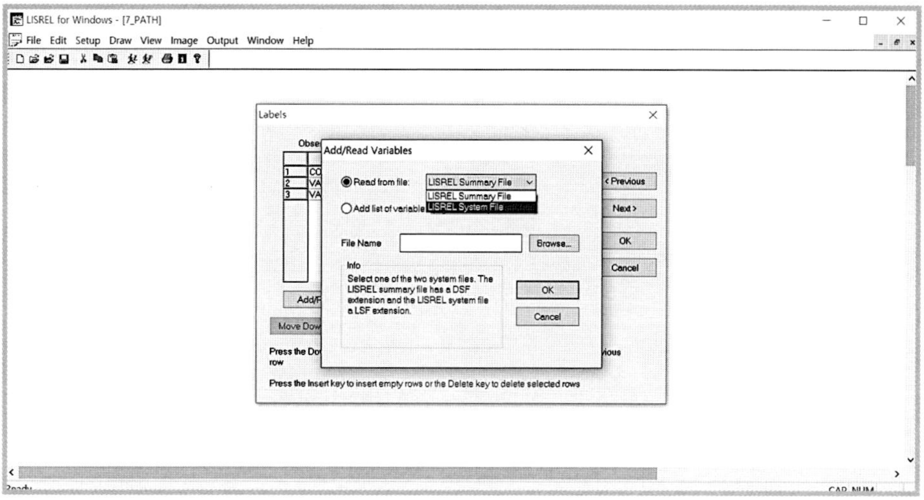

다음 [Browse]를 선택한다.

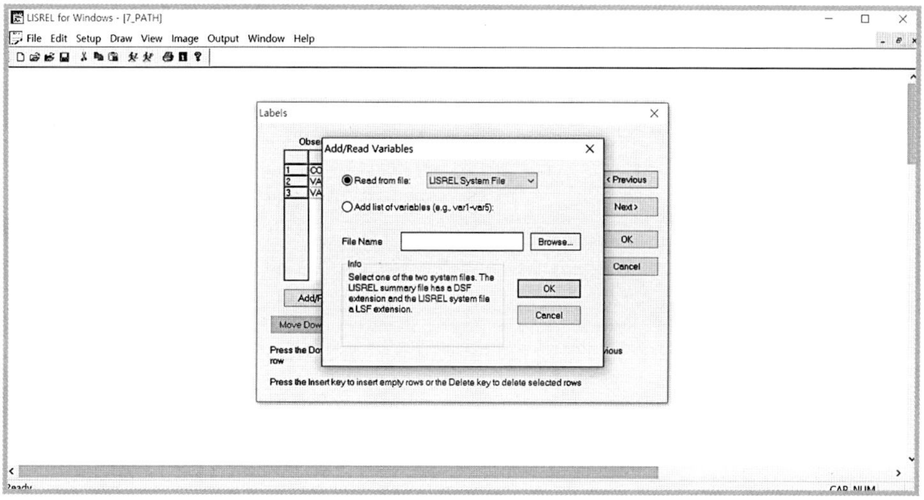

불러들일 파일을 선택하고 [열기]를 선택한다.

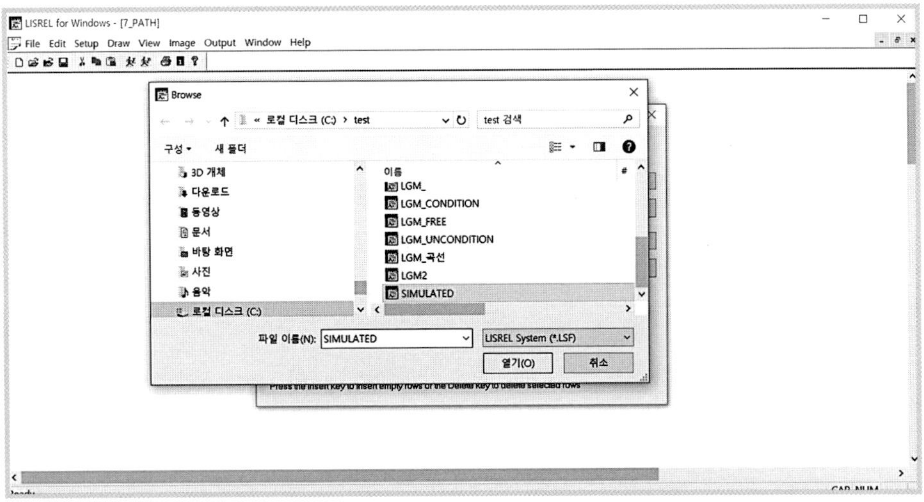

중간의 File Name에 파일이 지정된 것을 확인할 수 있다. [OK]를 선택한다.

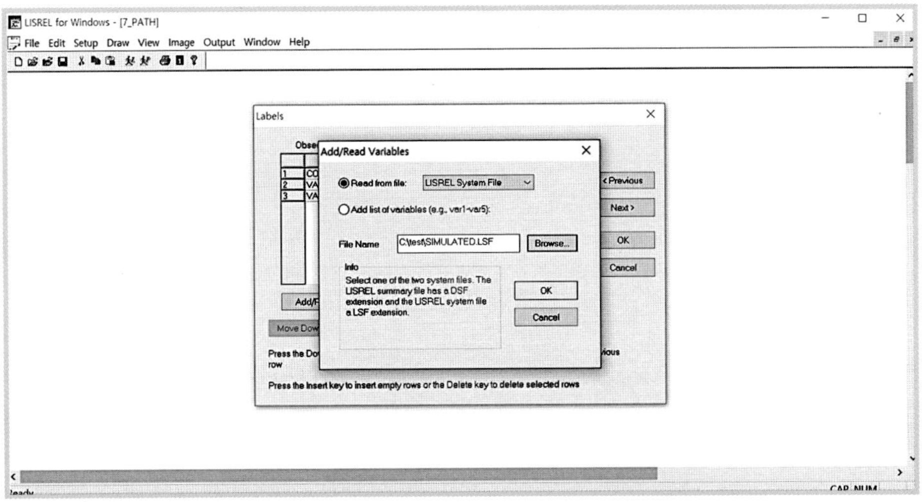

좌측 관찰변수 칸에 관찰변수가 생성되었다. 각각의 관찰변수를 더블선택하면 변수의 이름을 수정한다. 잠재변수를 생성하기 위해 좌측 Latent Variables 칸 아래의 [Add Latent Variables]를 선택한다. 'X1' 'X2' 'X3' 'X4' 'X5' 'X6'를 클릭하여 '실어증67' '무력감67' '실어증71' '무력감71' '교육년수' '사회경제'로 수정한다.

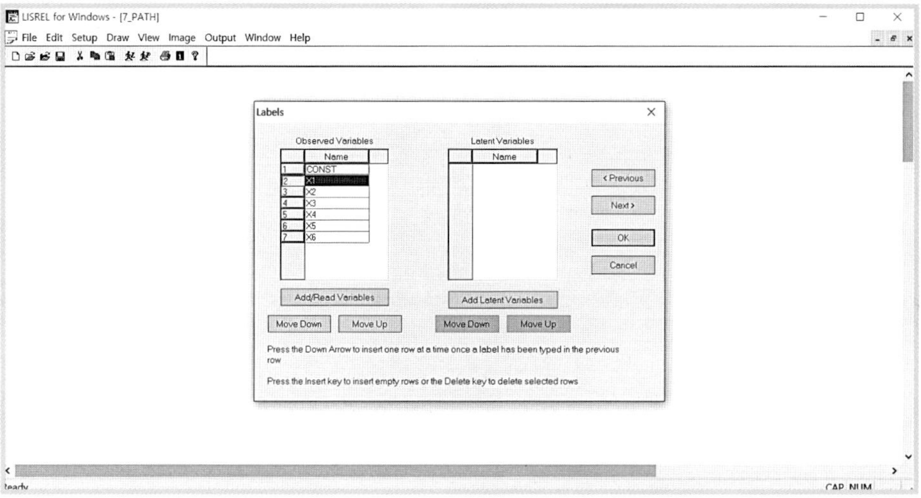

잠재변수의 이름을 입력하고, [OK]를 선택한다. 다시 [Add Latent Variables]를 클릭하여 잠재변수 '소외감67' '소외감71' '사회경제적'을 입력한다.

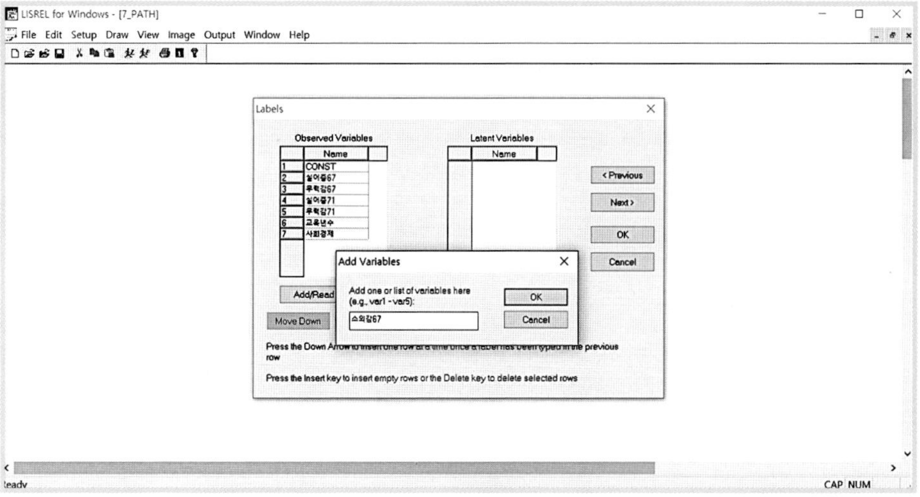

잠재변수를 모두 입력하였으면, [OK]를 선택한다.

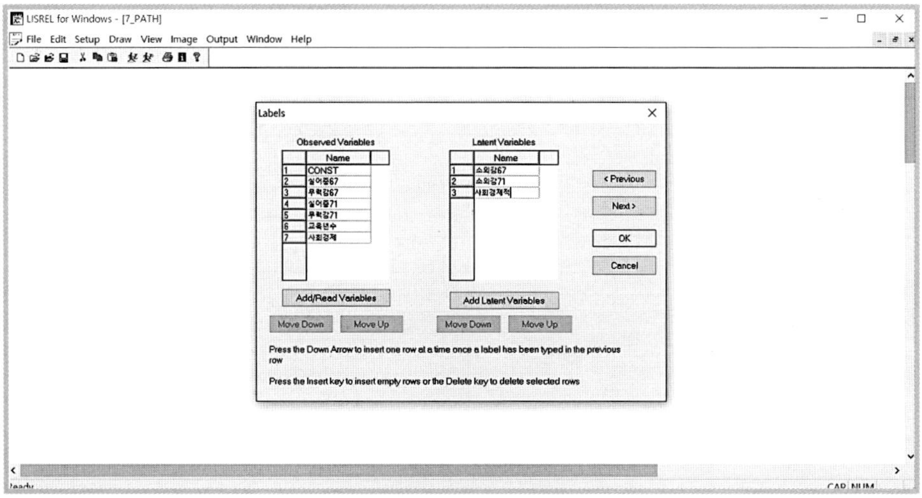

좌측 칸에 관찰변수와 잠재변수가 생성된 것을 확인할 수 있다.

모형의 'Y'변수와 'Eta'변수를 선택하고 모형을 그린다. 모형을 그릴 때에는 좌측에서 변수를 선택하고 그대로 우측 하얀 화면에 끌어와야 한다.

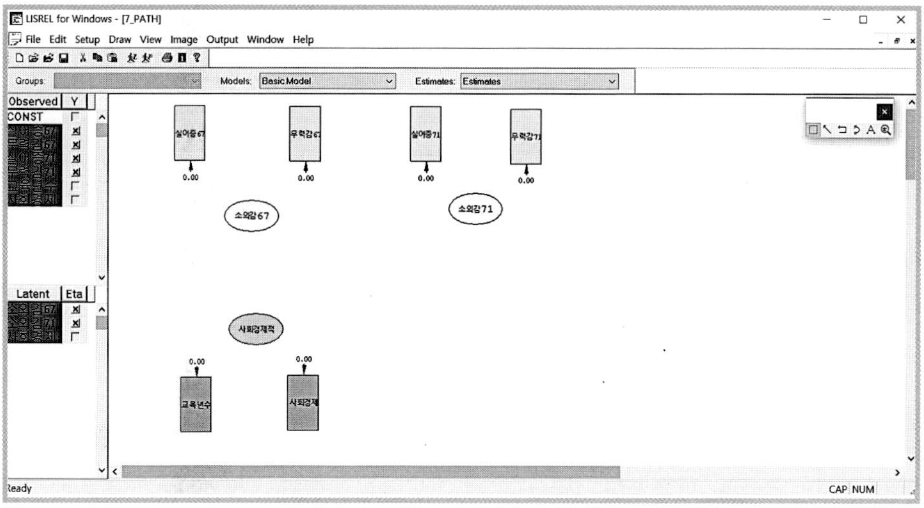

다음 경로도를 그린다. 경로도를 그릴 때에는 우측의 작은 도구모음 상자에서 '□'로 선택되어 있는 것을 '↖'로 바꾼 후에 그려야 한다. 그리고 변수의 중간에서 다른 변수의 중간을 연결한다는 생각으로 그려야 에러가 발생하지 않는다.

다음 화면은 경로도 설정까지 마친 화면이다.

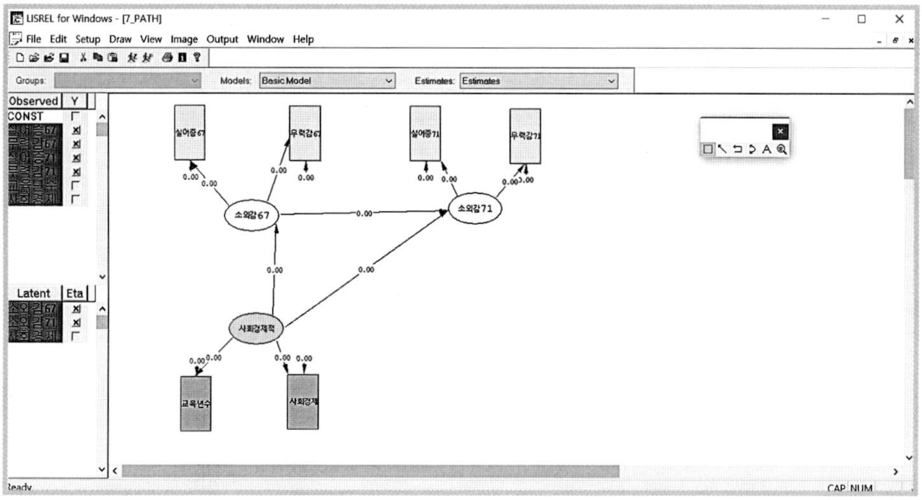

LISREL Syntax를 만들기 위해 [Setup] → [Build LISREL Syntax]를 선택한다.

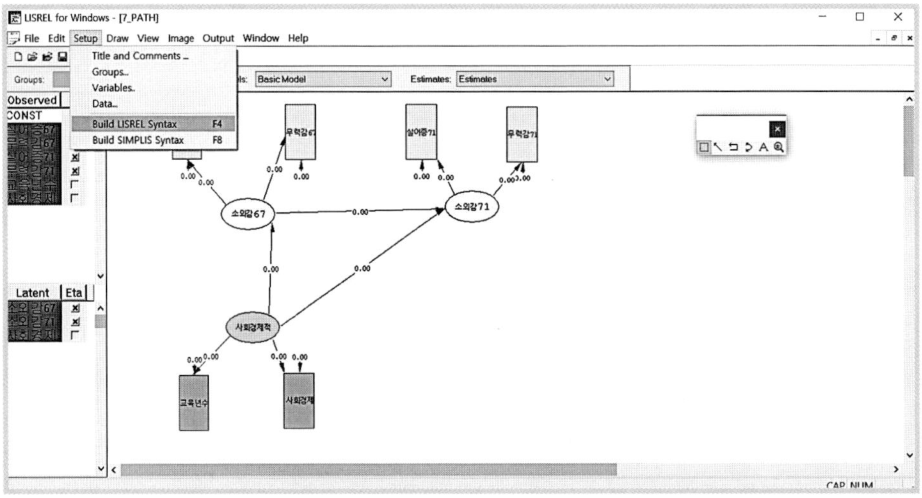

그리고 공분산 데이터와 Asymptotic Covariance Matrix 데이터를 지정한다. 지정하는 방법은 'CM FI=7_COV' 'AC FI=7_ACM'을 입력한다.

다음으로 분석방법으로 WLS를 지정한다. 지정하는 방법은 Syntax의 맨 아래 'OU' 옆에 'ME=WLS'를 입력하면 된다.

마지막으로 사례수를 입력한다. 사례수를 입력하는 방법은 Syntax 상단의 'NO=O'를 'NO=사례수'로 입력한다.

최종적으로 완성된 Syntax이다. 이 후 상단의 도구 모음에서 파란색 사람이 뛰는 모습 옆에 L이 새겨진 버튼, 을 선택하여 LISREL을 구동시킨다.

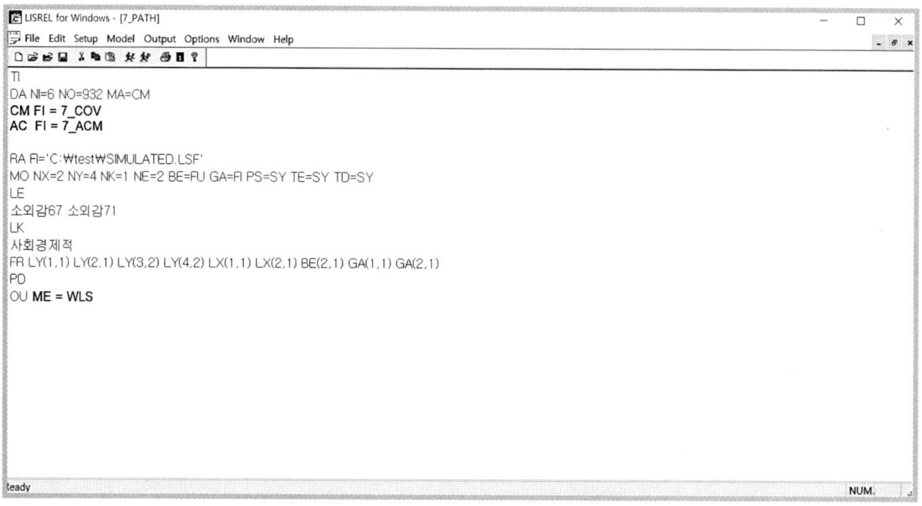

분석된 모형의 적합도와 경로계수 결과이다.

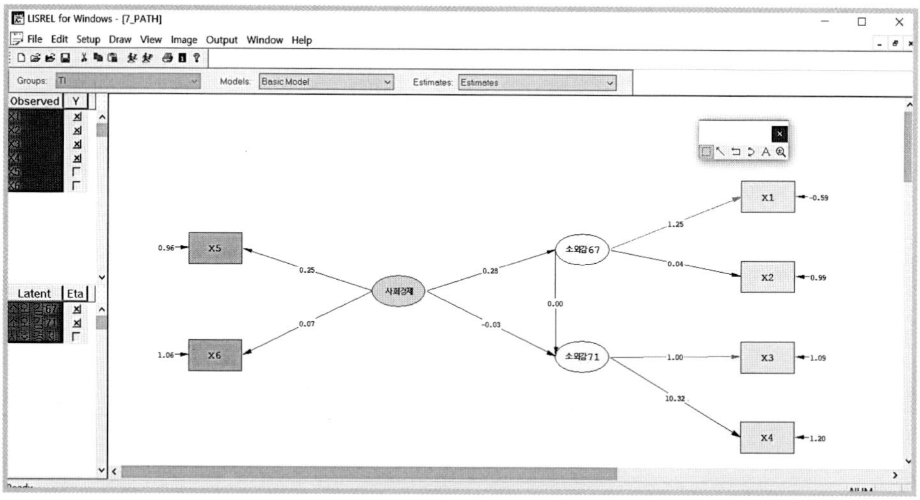

다음은 output 파일이다.

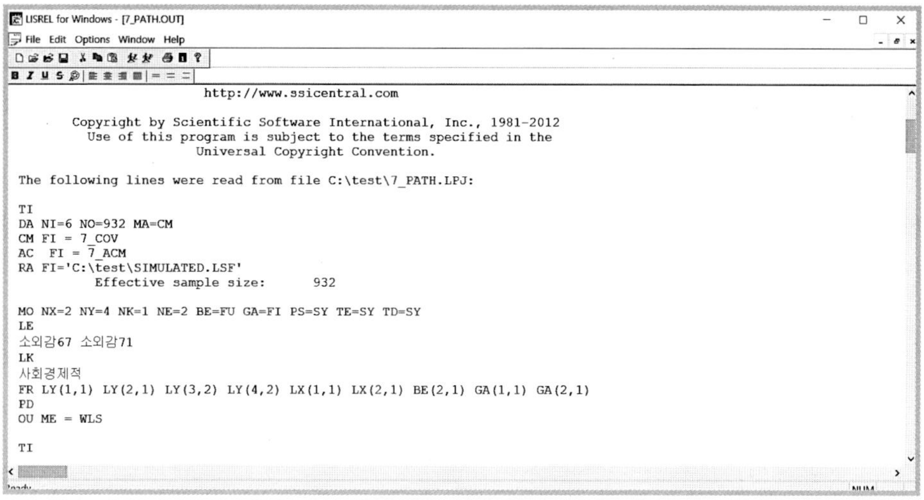
LISREL for Windows - [7_PATH.OUT]

File Edit Options Window Help

```
                         http://www.ssicentral.com

       Copyright by Scientific Software International, Inc., 1981-2012
         Use of this program is subject to the terms specified in the
                       Universal Copyright Convention.

 The following lines were read from file C:\test\7_PATH.LPJ:

 TI
 DA NI=6 NO=932 MA=CM
 CM FI = 7_COV
 AC  FI = 7_ACM
 RA FI='C:\test\SIMULATED.LSF'
           Effective sample size:       932

 MO NX=2 NY=4 NK=1 NE=2 BE=FU GA=FI PS=SY TE=SY TD=SY
 LE
 소외감67 소외감71
 LK
 사회경제적
 FR LY(1,1) LY(2,1) LY(3,2) LY(4,2) LX(1,1) LX(2,1) BE(2,1) GA(1,1) GA(2,1)
 PD
 OU ME = WLS

 TI
```

제8장
잠재성장모형

지금까지 연구자가 구조방정식모형을 사용해 분석한 자료는 어떤 특정한 하나의 시점에서 관찰된 것이었다. 주지하는 바와 같이, 어떤 특정한 시점에서 관찰된 자료는 그 특정한 시점에서 연구자가 관심을 갖는 현상에 관한 정보를 제공한다. 이렇게 현상의 어떤 특정 시점에서 일회적으로 관찰된 자료를 횡단(橫斷) 또는 횡단면(橫斷面) 자료라고 한다. 횡단면 자료는 한 시점에서 현상을 관찰한 것이기 때문에 그 특정 시점에서 현상을 나타내는 데 유용하다. 이렇듯 특정 시점에서 현상의 단면을 관찰하는 것에 연구자가 관심을 두는 경우도 많이 있다.

그러나 횡단면 자료는 특정 시점에서 일회적으로 현상을 관찰한 것이기 때문에 시간의 흐름에 따른 현상의 변화에 관해서는 아무것도 알려 줄 수 없다. 연구자는 때로는 시간의 흐름에 따라 현상이 어떻게 변화하는지, 달리 말해, 변화 추세 또는 양상에 관심을 가질 수도 있다. 횡단면 자료는 특정 시점에서 한번 관찰된 것이므로 연구자의 이런 관심을 충족시켜 줄 수 없다는 데 취약점이 있다.

이렇게 시간의 흐름에 따른 변화의 모습을 관찰하려면 현상을 일회적이 아닌 여러 번 지속적으로 관찰해야 한다. 여러 번 관찰된 자료를 종단(縱斷)자료라고 한다. 일반적으로 종단자료를 수집하는 방법은 패널조사와 코호트조사이다. '종단'이라는 용어는 일반적으로 패널조사와 코호트조사를 포괄하는 의미로 사용되나, 엄밀하게는 패널조사에만 종단이라는 수식어를 사용해야 한다고 주장되기도 한다(Glenn, 1977). 용어 사용에서 이런 미묘한 입장 차이가 생기는 이유는 패널조사와 코호트조사가 여러 번 관찰된다는 점에서는 동일하나 연구대상을 표본으로 하는 방법에서 차이가 있기 때문이다.

패널조사는 현상의 횡단면을 표본으로 하고 그 횡단면을 일반적으로 동일한 간격을 두고 시간대를 다르게 해서 쫓아가면서 관찰한다. 달리 표현하면, 패널조사는 횡단면에 포함된 동일한 피험자를 쫓아가면서 주기적으로 여러 번 반복적으로 관찰한다. 코호트는 라틴어로 함께 뜰에 있었던 사람이란 뜻으로 원래 로마군의 보병대를 가리키는 용어이다. 이 용어에서 유래되어 코호트는 특정한 시간대에 어떤 의미 있는 사건을 경험한 집단을 의미한다. 예컨대, 비행기 사고에서 살아남은 집단, 담배를 피우는 30~40세 사이의 남자, 2008년 금융위기 경험집단 등 코호트는 다양하다. 코호트조사는 특정한 시간대에 어떤 중요한 사건을 경험한 코호트로부터 여러 번 서로 다른 시점에서 매번 피험자를 표본으로 하여 관찰한다. 따라서 코호트가 서로 다른 시간대에 여러 번 반복적으로 관찰되지만, 매번 관찰되는 피험자는 코호트로부터 표본으로 뽑기 때문에 동일한 피험자가 뽑혀져 나올 개연성은 매우 낮다. 즉, 서로 다른 시점에서 관찰되는 피험자는 같은 코호트의 구성원이기는 하나, 표본으로 뽑히기 때문에 지금의 피험자가 다음 관찰에서도 표본으로 뽑혀 피험자가 될 개연성은 매우 희박하다.

이런 이유로 엄밀하게는 동일한 피험자 집단이 여러 번 동일한 조건 또는 매번 다른 다양한 실험조건에 관찰된 패널조사에만 국한해서 종단이라는 용어를 사용해야 한다는 것이다. 종단이라는 용어를 포괄적으로 사용하건 엄밀하게 사용하건 종단이라는 용어에서의 초점은, 관찰이 한 번이 아닌 여러 번이라는 데 있다. 종단자료는 피험자가 여러 번 반복적으로 관찰된다고 해서 반복측정이라고도 한다. 이런 유형의 연구 설계를 종단연구 또는 반복측정 실험설계라고 한다. 여기서는 종단연구와 반복측정 실험설계를 호환적으로 사용한다.

1. 종단자료의 구성 및 제한점

반복측정이라는 또 다른 이름에서도 알 수 있듯이 종단자료는 동일한 피험자가 시간의 흐름에 따라 여러 번 관찰된 자료이다. 따라서 종단자료의 특징은 여러 시점에서 관찰된 측정값이 피험자에 내재된다. 그 결과, 종단자료는 피험자에게서 반복해서 관찰된 측정값이 피험자에 내재되는 2중구조를 갖게 된다.

이런 2중구조를 갖는 자료는 주변에서 많이 볼 수 있다. 예를 들면, 학교효과를 관찰하는 연구의 경우, 학생에게서 관찰된 측정값은 학생이 학교에 속한 관계로 학교에 내재된 2중구조이다. 비유를 하면, 종단자료에서의 각각 반복측정값은 피험자에 소속되어 피험자에 내재된 것이며, 학교효과에서의 각각 학생은 학교에 소속되어 학교에 내재된 것이다. 더 나아가 종단자료에서 피험자에 영향을 끼치는 사회경제적 지위 같은 배경변수는 학교효과에서 학교에 영향을 미치는 학교소재지 같은 배경변수와 같은 것이다. 이를 그림으로 나타내면 [그림 8-1]과 같다.

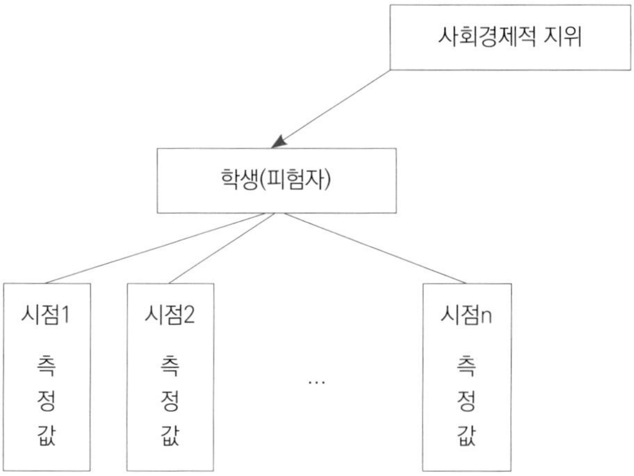

[그림 8-1] 2중구조의 예

[그림 8-1]에서 알 수 있듯이 반복측정값은 피험자에 내재된 2중구조를 갖는다. 또한 피험자에 영향을 미치는 배경변수는 여럿 있을 수 있다. 2중구조보다 더 많은 중층구조를 갖는 경우도 가능하지만 해석이 쉽지 않아 여기서는 2중구조로 논의를 제한한다.

반복측정 실험설계의 주요 목적은 시간의 흐름에 따른 각 실험조건에서 종속변수의 변화 모습을 관찰하는 것이다. 그러나 이런 목적이 충실하게 달성되기 위해서는 이월효과, 성숙, 역사 등의 내적 타당도를 저해하는 요인과 피험자 손실의 문제가 보완되어야 한다.

이월효과는 피험자 집단이 여러 번 관찰되는 데서 비롯되는 문제이다. 앞선 관찰에서의 모든 것이 그다음 관찰로 이월되어, 그다음 관찰에 영향을 미치는 것을 이월효과라고 한다. 동일한 피험자가 여러 번 실험조건에 노출되므로 연습이나 기억 또는 실험처치에 대한 순응이나 저항이 발생하게 된다. 예를 들면, 첫 번째 관찰에서 사용된 측정도구가 다음 관찰에서 사용되면, 첫 번째에서 문제를 풀었던 경험과 기억이 남아 있어 두 번째에서는 보다 빠른 속도로 문제를 풀 수 있다. 또한 앞서의 실험처치가 감각적으로 유쾌한 것이었다면 두 번째에서는 보다 적극적인 태도로 수용할 것이며, 이는 두 번째 관찰에서 보다 나은 결과를 빚게 된다. 반대로 불유쾌한 것이었다면, 두 번째에서는 첫 번째에서보다 더 큰 저항을 불러일으키게 되고 이는 첫 번째 관찰에서보다 더 저조한 결과를 빚게 된다.

반복측정에서는 실험처치가 실제로는 효과가 없었다고 하여도 시간이 흐름에 따라 앞에서의 관찰에 비해 그다음 관찰에서 신체적 또는 심리적으로 더 나은 모습을 보이게 된다. 이렇게 피험자가 실험처치와 무관하게 앞서의 관찰에서보다 후속관찰에서 더 나은 상태로 변화하는 것을 성숙(成熟)이라고 한다. 예컨대, 어린이에게 키를 크게 하는 운동을 시킨다고 해도 어린이는 성장기에 있기 때문에 따로 운동을 하지 않아도 키가 크게 된다. 따라서 어린이가 키가 크게 된 것이 실험처치인 운동효과에 의한 것인지의 여부를 판단하기 어렵다. 성숙은 독립변수의 종속변수에 대한 영향력을 희석시키는 것이어서 통제되어야 하나, 인간이 피험자인 경우 통제에 뒤따르는 윤리적 문제가 발생할 수 있다.

성숙이 피험자의 신체적·심리적 발달에 기인한 것이라면, 역사는 실험처치 중에 피험자가 경험하는 사건에서 비롯된다. 실험 도중에 피험자가 우연치 않게 경험하게 되는 일회적 또는 일련의 사건이 종속변수에 영향을 미치는 것을 역사라고 한다. 예를 들어, 재정적 문제로 야기된 우울증을 치료받는 피험자가 예기치 않게 거액의 복권에 당첨되었다면, 치료 프로그램의 효과와 무관하게 우울증은 현저히 완화된다. 이처럼 역사는 종속변수에서의 변화가 독립변수에 의한 것인지 아니면 예기치 않은 사건에 의한 것인지를 판단하기 어렵게 해 종속변수에 대한 독립변수의 영향력을 희석시킨다.

반복측정 실험설계는 피험자 집단 하나하나가 여러 번 관찰되기 때문에 독립표본의 실험설계에 비해 피험자 수가 상대적으로 적다. 예를 들어, 성별에 따른 학업성취도를 비교하는 경우 남자와 여자 두 집단이 필요하다. 그러나 반복측정의 경우 특별한 목적이 없는 한 하나의 남자 또는 여자 집단만 필요하다. 이렇게 상대적으로 적은 수의 피험자로도 연구가 가능하기 때문에 반복측정 실험설계를 선택하기도 하는데, 여러 번 관찰되는 도중에 피험자가 손실된다면 적정 크기 이하로 표본이 작아지기 때문에 타당한 결과를 얻기 어렵게 된다. 표본손실이 일어나는 경우는 피험자 학생이 전학을 간다거나 아니면 학교를 자퇴한다거나 다양하다.

2. 구형성 가정

종단자료를 분석하는 하나의 방법은 각각의 실험조건이 독립변수가 되고 그때마다 관찰된 종속변수의 실험조건별 평균 차이를 비교하는 것이다. 마치 독립표본의 분산분석처럼 자료를 분석하는 것이다. 그러나 이렇게 자료를 분석하려면 구형성 가정을 충족시켜야 한다.

실험처치효과가 없다는 영가설하에서 실험처치 평균제곱에 대한 평균제곱오차의 비율로 정의되는 F비율, 다시 말해 $F=\dfrac{MSA}{MSE}$가 분자의 자유도 $\nu_1=p-1$, 분모의 자유도 $\nu_2=(n-1)(p-1)$인 F분포가 되기 위한 필요충분조건이 구형성 가정으로 다음과 같이 정의된다(Huynh & Feldt, 1970). 여기서 ν는 자유도를 나타내는 기호, p는 실험조건의 숫자, n은 실험조건의 피험자 숫자이다.

$$C'\Sigma C=\lambda I$$

앞에서 C는 차수가 $(p-1)\times p$인 영가설을 나타내는 직교정규계수행렬, Σ는 차수가 $p \times p$인 모집단공분산행렬, λ는 영보다 큰 스칼라, I는 차수가 $(p-1)\times(p-1)$인 단위행렬이다.

직교행렬은 전위와 역행렬이 서로 같은 사각행렬—즉, 어떤 행렬 A가 $A' = A^{-1}$인 행렬로, 따라서 $A'A = AA' = I$가 되는—을 말한다. 이는 각 행 또는 열이 서로 90° 관계에 있으며 독립적이며 중복되지 않음을 뜻한다. 직교정규계수행렬은 직교관계를 나타내는 원소가 1인 행렬이다. 실험설계에서 서로 독립적이고 중복되지 않는 대비를 직교대비라고 부르는 것에서도 직교정규계수행렬의 의미를 유추해 볼 수 있다.

C가 직교정규계수행렬이 되어야 하는 것은 독립표본에서 분산분석의 영가설을 반영하기 때문이다. 독립적 집단의 집단평균이 서로 같다는 분산분석에서의 영가설—즉, $H_0 : \mu_1 = \mu_2 = \mu_3 \cdots = \mu_p$—은, p개의 실험집단은 독립적이기 때문에 서로 상관이 없는 직교관계에 있으며, 집단평균이 서로 같기 때문에 표준화된 1로 표시되어도 무방함을 나타낸다는 것이다. 따라서 C가 직교정규계수행렬이 된 것이다.

앞의 정의에서 등호 오른쪽을 살펴보자. 단위행렬 I는 대각선 원소의 값이 1이고 그 외의 원소는 모두 영인 행렬이며, λ는 영보다 큰 어떤 값이기 때문에 단위행렬 I에 영이 아닌 어떤 값 λ을 곱해서 나온 λI는, 차수가 $(p-1)\times(p-1)$이며 대각선 원소의 값은 λ이며 그 외의 원소는 영인 행렬이다. 그러므로 구형성 가정은 독립변수인 실험처치의 하위수준인 각각의 실험조건에서 종속변수의 분산은 λ이며, 공분산은 영이 되어야 한다는 것이다. 즉, 구형성 가정은 반복측정에서 피험자가 서로 다른 실험조건 또는 동일한 실험조건에서 여러 번 관찰될 때, 각각의 조건에서 관찰된 종속변수의 분산이 같아야 한다는 것이다. 한마디로, 독립변수인 각각의 실험조건에서 관찰된 종속변수의 분산이 같아야 한다는 것이 구형성 가정이다.

그러나 현실에서 구형성 가정은 지켜지기 힘들다. 왜냐하면 동일한 피험자 집단이 여러 번 반복해서 관찰될 때마다 모든 조건이 동일하지 않기 때문에 측정오차의 문제가 발생되기 때문이다. 측정오차를 해결하기도 쉽지 않지만 아주 정교한 절차를 통해 측정오차 문제가 완화된다고 해도 이월효과가 발생하게 된다. 반복측정 때마다 달리 나타나게 되는 측정오차나 이월효과로 각각의 관찰에서 종속변수의 분산이 같아지기는 매우 어렵다.

3. 종단자료 분석틀

일반적 실험설계에서는 독립변수를 제외한 제3의 변수가 종속변수에 영향을 미치지 않도록 통제한 상태에서 종속변수를 관찰한다. 이렇듯이 횡단자료는 종속변수에 영향을 미칠 수 있는 제3의 변수를 통제하는 방식으로 독립변수의 종속변수에 대한 효과를 탐색하고 있다. 그러나 이렇게 하면 종속변수에 대한 독립변수의 효과가 일관되지 않거나 모호하게 해석될 여지를 많이 가지고 있다. 종속변수에 영향을 미치기는 하지만 측정되지 않은 이질적 변수가 매번 다르게 영향을 미치기 때문이다. 따라서 이러한 이질적 변수가 충분히 통제되지 않는다면 실제와는 다른 결과를 얻게 된다.

또한 이질적 변수가 통제된다 해도 종속변수에서의 변화를 어떻게 파악할 것인가의 문제가 대두된다. 횡단자료처럼 특정 시점에서 현상을 관찰한 단면은 본질적으로 정적(靜的)이어서 그 시점에서 유용한 정보를 제공해 준다. 그러나 반복측정된 종단자료처럼 서로 다른 여러 번의 시점에서 나타나는 동적(動的)인 움직임을 파악하는데, 정적인 방법으로 자료를 분석하는 것은 분명 한계가 있다. 시간의 흐름에 따른 현상의 변화를 확인할 수 없기 때문에 그 결과 또한 횡단면에 대한 단편적인 적용에 그칠 수밖에 없다.

시간의 흐름에 따른 변화를 추적하기 위해서 과거에는 실험처치를 기준으로 전과 후의 변화를 추정하였다. 실험처치를 전후해서 종속변수에 어떤 차이가 있었는지를 관찰해 변화를 추정한 것이다. 그러나 이런 방식으로 변화를 추정하는 방식은 자료가 전과 후 두 개밖에 없어서 언제나 직선으로 나타나게 된다. 예를 들어, 전의 평균이 후의 평균보다 낮으면 증가하는 직선이 될 것이며, 반대의 경우는 감소하는 직선으로 나타나게 된다. 그러나 만약 변화가 직선이 아닌 곡선궤적이라면 전후의 변화만을 포착하는 이런 방식은 최소한의 정보만 제공하게 된다.

따라서 시간 흐름에 따라 여러 번 관찰되는 반복측정에 기초해 역동적으로 움직이는 변화추이를 파악할 수 있어야 한다. 서로 다른 시점에서 여러 번 자료가 관찰된다면 변화양태를 파악할 수 있다. 게다가 더 나아가 변화양태가 정적(正的)인지 부적(負的)인지 확인할 수 있으며, 변화의 궤적이 선형인지 비선형인지를 확인할 수 있다.

누누이 언급했듯이, 독립표본처럼 종단자료를 분석하는 것은 종단자료의 본성에 어긋나는 일이다. 종단자료는 본질적으로 피험자로부터 여러 번 반복적으로 관찰된 것이어서, 측정값이 서로 독립적이지 않은데다 동시에 피험자에 내재된 2중구조를 갖고 있다. 이 같은 측정값의 비독립적 성질과 2중구조가 자료 분석에 반영되어야 한다. 이런 비독립성이 무시되고 마치 독립적인 것처럼 자료를 분석하거나, 종단자료의 2중구조가 자료 분석에 적절히 반영되지 않는다면 실제와는 다른 엉뚱한 결론에 도착하게 된다.

또한 종단자료가 시간의 흐름에 따른 변화를 잘 반영하기 위해서는 매번 관찰되는 측정값이 공통척도와 단일차원성을 가져야 한다. 공통척도는 여러 시점에서 관찰되는 측정값이 하나의 척도상에서 해석 가능해야 한다는 것이다. 예컨대, 교육현장에서 피험자인 학생의 성장을 측정하는 데 주로 사용되는 것은 학업성취도이다. 그러나 매번 관찰되는 학업성취도는 서로 다른 내용을 담고 있는 때가 많다. 따라서 반복적으로 관찰되는 측정값이 하나의 척도에 위치되지 않는 한, 분석결과를 의미 있게 해석하기는 쉽지 않다. 심리측정에서 검사동등화의 여러 기법이 공통척도 문제에 일조할 수 있다. 단일차원성은 여러 시점의 측정값이 하나의 심리적 구인을 측정해야 한다는 것이다.

마지막으로 시간의 흐름에 따른 '변화' 또는 '성장'을 어떻게 모형에 담아낼 것인가가 명료해질 필요가 있다. 변화하고 성장하는 주체는 각각의 피험자 개인이다. 따라서 먼저 이 피험자 개개인의 개인 내 변화를 설명할 수 있는 모형이 설정되어야 한다. 피험자 개개인이 출발할 때 어떤 상태에 놓여 있었는지의 초기상태와 시간의 흐름에 따라 초기상태에서 어떻게 변화하였는지의 차이에 대한 설명이 있어야 한다. 다음으로 피험자 개개인의 개인 간 차이와 변화에 영향을 미치는 배경변수를 설명하는 모형이 설정되어야 한다. 피험자 개개인은 서로 동일하지 않다. 따라서 배경변수가 피험자 개개인에게 미치는 영향력도 다를뿐더러 변화의 모습도 서로 다르다. 이런 점을 설명하는 모형이 뒤따라야 한다. 한마디로, 변화 또는 성장의 개인 내 그리고 개인 간 차이를 설명하는 모형이 필요한 것이다.

변화 또는 성장이라는 용어는 혼용되어 사용되지만 어의에서 약간의 차이가 있다. 변화는 긍정적인 것과 부정적인 것을 모두 내포하나, 성장은 주로 긍정적인 것만을 지칭한다. 예컨대, 학생 성적이 올라가는 것도 떨어지는 것도 모두 변화이지만, 성장은 일반적으로 성적이 올라가는 것을 지칭한다. 변화라는 용어가 포괄적이어서 더 정확한 표현이나 여기서는 문맥에 따라 호환적으로 사용한다.

앞과 같이 성장에 대한 궁금증을 타당하게 설명해 주는 것이 잠재성장모형(Latent Growth Model, LGM)이다. 잠재성장모형에서 '잠재'라는 표현은 피험자 개개인의 초기상태와 변화율을 잠재변수로 만든다는 데서 비롯된 것이며, '성장'이란 표현은 시간의 흐름에 따른 피험자 개개인의 긍정적 변화를 나타내는 용어이며, '모형'이란 표현은 물론 종속변수에 대한 독립변수의 관계를 가리키는 용어이다. 잠재성장모형은 다층모형(multilevel model), 무선계수모형(random coefficient model), 위계선형모형(hierarchical linear model), 잠재성장곡선분석(latent growth curve analysis)이라고도 불린다.

4. 성장을 나타내는 틀

앞서도 언급되었듯이 성장의 주체는 각각의 피험자 개인이며 이런 개개인의 성장이 서로 다른 여러 시점에서 주기적으로 반복해서 측정된다. 그 결과, 피험자 각각에서 반복되어 측정된 결과는 피험자 개개인에게 내재된다. 이러한 피험자 개개인의 성장은 2중구조를 갖는 위계모형과 잠재성장모형으로 표현될 수 있다(Bryk & Raudenbush, 1992).

1) 위계모형 관점

위계모형에서 첫 번째 수준—흔히 1수준모형이라고 하며 Level 1 또는 L1로 표시되는—은 개인 성장에 관한 것이다. 시간의 흐름에 따라 초기상태에서 시작해 여러 번 반복적으로 측정될 때마다 각 개인은 변화하게 되는데, 이런 각 개인의 성장을 나타내는 것이 1수준모형이다. 달리 진술하면, 1수준모형은 피험자 개개인의 변화를 시간과 각 개인마다 고유한 성장의 함수로 표현한 것이다.

만약 개인 내 성장을 나타내는 1수준모형이 직선궤적이라면, 1수준모형이 성장을 설명하기 위해서는 두 개의 정보만 있으면 된다. 하나는 피험자 개개인의 초기상태에 관한 것이고, 또 하나는 시간의 흐름에 따른 변화율에 관한 정보이다. 궤적이 직선이기 때문에 초기상태를 나타내는 절편과 변화율을 나타내는 기울기가 성장을 설명해 주는 데 필요한 정보이다. 달리 말해, 절편과 기울기 두 개의 모수만 있으면 성장이 설명된다. 절편과 기울기를 합쳐 흔히 성장모수라고 한다. 여기서 모수란 용어는 정상분포에서 평균과 분산으로 정상분포가 설명되듯이, 절편과 기울기로 개인 내 성장이 설명된다는 의미의 모수이다.

여기서 변화율이란 용어에, 비율을 뜻하는 율이라는 표현이 들어 있어 변화한 비율이라는 느낌을 줄 수 있다. 그러나 변화율이 지칭하는 것은 비율이 아닌 변화궤적이다. 정확하게는 변화궤적이라는 용어를 사용하거나 또는 변화궤적의 결과물을 뜻하는 변화값, 아니면 이와 유사한 용어를 사용해야 하나, 변화율이라는 용어로 사용되는 경우가 많아 여기서도 이 용어를 그대로 사용한다.

만약 변화궤적이 직선이 아니라면 그에 대응되는 정보가 필요하게 된다. 예를 들어, 변화궤적이 곡선이면 2차항에 관한 모수가 1수준모형에 포함되어야 한다. 또한 곡선이 아니라면 3차항 또는 그 이상의 고차항이 필요하고 이에 상응하는 모수가 1수준모형에 포함되어야 한다.

위계모형에서 두 번째 수준—흔히 2수준모형이라고 하며 Level 2 또는 L2로 표시되는—은 개인 간 차이에 관한 것이다. 피험자 개개인은 시간이 흘러감에 따라 변화하지만, 그 변화의 내용은 서로 다르다. 동일한 초기상태에서 출발해도 어떤 피험자는 다른 피험자에 비해 더 빨리 또는 늦게 변화한다. 이런 이유로 인해 피험자 개인 간에 차이가 생기게 된다. 달리 말해, 모든 피험자가 머리끝에서 발끝까지 서로 같지 않기 때문에 개인 간 변산이 발생하게 된다. 이 개인 간 변산의 함수로 1수준모형에서 도출된 두 개의 모수를 진술한 것이 2수준모형이다.

부연하면, 피험자 개개인의 개인 내 성장이 피험자마다 달라서, 발생하는 개인 간 차이의 함수로 표현한 것이 2수준 모형이다. 개개인의 성장을 설명하는 1수준 모형에서의 절편과 기울기가 각각 종속변수가 되고, 이 종속변수 각각을 개인 간 차이에서 발생하는 변산이 독립변수가 되어 설명한 것이 2수준모형이다. 개인 내 변화를 나타내는 절편이나 기울기에서 또는 절편과 기울기 모두에서의 차이로 인해 개인 간 변산이 발생하고, 이를 반영하는 것이 2수준모형이다. 예를 들어, 같은 초기상태에서 출발했다고 하더라도 앞으로 나아가는 진전의 과정은 피험자 개인마다 다르게 나타나 개인 간 변산이 생기게 된다.

덧붙여, 어떤 영역, 예컨대 읽기교과에서의 변화가 다른 영역, 예를 들면 수학교과에서의 변화에 연계되어 있다면, 개인 내 성장모수는 읽기와 수학 교과와 같이 변하게 된다. 이때 읽기 및 수학 교과와 개인 내 성장모수 간의 이런 가설적 연계가 개인 간 차이모형인 2수준모형에 표현된다.

지금까지의 논의를 요약하면 다음과 같다. 개인 내 성장모형인 1수준모형은 반복해서 관찰된 측정값이 개인 내 변산으로 회귀되는 회귀방정식과 같다. 만약 변화궤적이 직선이라면, 이때 개인 내 변산을 반영하는 절편과 기울기 두 개 모수가 발생하게 된다. 그리고 개인 내 성장모수 두 개는 다시 종속변수가 되어 개인 간 변산으로 회귀된다. 이렇게 하는 이유는 피험자 누구나 성장하지만 개인 간 차이가 발생하기 때문이다. 이것이 개인 간 차이모형이며 2수준모형인 것이다. 한마디로, 개인 내 성장에 관해 한 번의 회귀분석이 이루어지고, 이 결과가 종속변수가 되어 개인 간 차이로 다시 한 번의 회귀분석이 이루어지는 것이 위계모형이다. 물론 변화궤적이 직선이 아니라면 이 부분을 반영하는 모수가 발생하게 된다.

2) 잠재성장모형 관점

시간의 흐름에 따른 피험자 개개인의 성장을 잠재변수로 만들고, 이 잠재변수 간의 관계를 밝히는 것이 잠재성장모형이다. 피험자 개개인으로부터 여러 번 반복해서 관찰된 측정값은 초기상태 및 변화율 잠재변수로 잠재화되어 측정모형을 통해 측정되고, 이 두 잠재변수 간의 관계는 이런 관계를 반영하는 잠재변수모형을 통해 밝혀지는 것이 잠재성장모형이다. 그러니까 한마디로 잠재성장모형은 구조방정식모형의 틀로 성장궤적을 탐구하는 것이다. Bryk과 Raudenbush(1992)의 표현처럼 구조방정식모형으로 종단자료를 분석하는 것이 잠재성장모형이다.

이때 초기상태 및 변화율 두 잠재변수는 피험자 개개인 간에 서로 다른 랜덤변수라고 가정된다. 잠재성장모형에서는 구조방정식모형에서 사용되는 공분산행렬 외에 평균을 분석에 사용한다. 이를 평균구조를 갖는 구조방정식모형이라고 부른다(Meredith & Tisak, 1990; McArdle, 1986; Muthen, 1991). 또한 잠재성장모형에서는 피험자 개개인의 반복측정값이 피험자에 내재된 2중구조라는 점과 그 결과 서로 독립적이지 않으며 자기상관이 있음이 반영된다. 그리고 위계모형에서처럼 개인의 성장모수가 개인 간 차이를 일으키는 배경변수로 설명되는 2수준모형이 구사된다.

잠재성장모형은 시간에 따른 변화특성을 개인 내 및 개인 간 성장궤적을 추적하여 알아낸다. 또한 초기상태와 변화율에 다른 배경변수가 어떻게 영향을 미치는지도 확인할 수 있다. 예컨대, 학업성취 초기상태를 나타내는 절편과 학업성취 변화율을 나타내는 기울기에 공부시간이 어떻게 영향을 미치는지를 검증할 수 있는 것이다. 물론 공부시간 외의 여러 개의 배경변수가 동시적으로 영향을 미치는 것도 검증할 수 있다. 잠재성장모형은 이와 같이 개인 내 및 개인 간 성장과정을 밝혀낼 수 있어, 개인 내 및 개인 간 차이만을 확인할 수 있는 전통적 통계방법보다 유용하다.

시간의 흐름에 따른 여러 영역에서의 개인 내 변화, 개인 간 변화, 그리고 그런 변화 간의 관계(상관)—흔히 1수준모형과 2수준모형으로 표현되는 위계모형—가 구조방정식모형으로 표현될 수 있는 것은 동일한 자료구조를 나타내는 각각의 수리적 표현이 서로 동등하기 때문이다. 개인의 성장에 대한 위계모형과 구조방정식모형은 서로 표현되는 방법은 달라도 모두 동일한 자료구조를 나타낸다. 피험자 개개인의 성장에 대한 위계모형은 여러 영역에서 여러 번 관찰된 자료의 모집단공분산행렬에 어떤 특정한 구조를 가정하는 것과 같다. 예를 들면, Θ_e의 분산이 서로 같다든가 B가 영행렬이라든가 하는 식으로 모집단공분산행렬 Σ를 구성하는 모수행렬에 어떤 제약을 가한 것이, 여러 영역에서의 개인의 성장을 나타내는 위계모형의 수리적 표현과 동등하기 때문이다. 이렇기 때문에 평균구조를 갖는 구조방정식모형으로 성장궤적을 밝혀낼 수 있고, 이를 잠재성장모형이라고 부르는 것이다.

지금까지의 논의에서 유추할 수 있듯이 잠재성장모형은 다음과 같은 상황에 적합하다. 첫째, 시간의 흐름에 따른 어떤 변수의 초기상태와 변화율에 관심이 있을 때이다. 둘째, 초기상태 및 변화율이 배경변수에 연계되어 배경변수의 영향력을 파악하고 싶을 때이다.

잠재성장모형을 사용하기 위해 필요한 요건은 다음과 같다. 첫째, 종속변수가 연속적이어야 한다. 기본적으로 자료 분석에 공분산행렬이 사용되기 때문에 연속변수이어야 한다. 그러나 성공/실패 같은 비연속적 자료도 가중최소제곱법 같은 모수추정 방법을 사용하면 가능하다(Kaplan, 2000). 둘째, 측정단위가 같아야 한다. 이는 공통척도 요건을 충족시켜 결과를 의미 있게 해석하기 위한 것이다. 셋째, 적어도 세 차례—흔히 wave라고 하는—의 측정이 있어야 한다. 성장궤적이 어떤 모습인지를 알 수 있는 최저 자료 개수가 세 개이므로, 적어도 세 차례 또는 그 이상의 측정이 있어야 한다. 비선형인 경우 적어도 네 개 이상의 측정이 필요하다. 물론 측정시점에서 원칙적으로 모든 피험자가 동시에 측정되어야 한다. 피험자 개인별로 서로 다른 시점에서 측정되면 보다 일반적인 틀 속에서 해결 가능하나 동시 측정이 바람직하다. 마지막으로, 시간구조가 원칙적으로 동일간격이어야 한다. t_1과 t_2의 간격이 1년이라면 그 외의 경우가 이것보다 짧거나 길어서는 안 된다. 그러나 시간구조가 반드시 동일하지 않아도 장애가 되지 않는다.

5. 성장의 통계모형

그러면 예제 자료를 통해 성장을 수리적 모형으로 나타내 보자. 예제 자료는 1년 주기로 464명의 피험자 개개인에게서 반복적으로 측정된 값으로 국어, 영어, 수학 학업성취도 측정값이 검사동등화가 이루어진 상태에서 관찰된 것으로 간주하였다.

〈표 8-1〉 **한국교육종단연구 패널자료**

	M1KOR	M1ENG	M1MATH	M2KOR	M2ENG	M2MATH	M3KOR	M3ENG	M3MATH
1	28	16	18	34	14	18	36	16	18
2	31	15	18	30	12	19	35	16	18
3	35	16	18	38	14	20	39	18	22
4	40	16	19	29	12	20	38	16	20
5	30	11	12	30	12	17	30	12	15
6	27	12	18	21	11	14	25	11	15

1) 위계모형 관점

(1) 위계모형의 1수준모형

〈표 8-1〉에 나타난 어떤 특정한 피험자 개인 p의 읽기와 수학 성적을 위계모형의 1수준모형으로 나타내 보자. 개인은 i로 표시하고 사람은 p로 표기하는 것이 관행이나 개인과 사람이라는 용어가 동일한 것이기 때문에 p로 표시하고, 대신 시간을 t로, 시간의 변화를 i로 표시한다. 그러면 사람(p)의 시간변화($i=1, 2, 3$)에 따른 읽기성적(y^r)과 수학성적(y^m)은 각각 다음과 같다. 측정값은 y로 표시되고, 읽기와 수학 과목 표시는 각각 위첨자 r과 m으로 표시된다.

$$y_{ip}^r = \pi_{0p}^r + \pi_{1p}^r t_i + \varepsilon_{ip}^r \cdots\cdots ①$$

$$y_{ip}^m = \pi_{0p}^m + \pi_{1p}^m t_i + \varepsilon_{ip}^m \cdots\cdots ②$$

여기에서 π_{0p}는 시간 $t_1=0$에서의 초기상태를 나타내며 수식의 절편이다. π_{1p}는 성장궤적을 나타내며 수식의 기울기이다. t_1은 모든 사람에게 동일한 시간차원으로, 예컨대 연령, 학년 등이 여기에 해당된다. ε_{ip}는 측정오차이다.

부연하면, 절편 π_{0p}는 시간 $t_1=0$에서의 사람(p)의 진점수로 출발점에서의 평균값이다. 기울기 π_{1p}는 t가 한 단위 변할 때 사람(p)의 진점수에서의 변화를 나타내며 시간의 흐름에 따른 변화율이다. 앞서도 언급했듯이, 절편과 기울기로 개인 내 성장을 설명할 수 있어 이 둘이 모수가 된다.

앞의 식 ①과 ②는 성장궤적이 직선인 경우를 나타내며, 만약 성장궤적이 곡선이라면 이 부분이 수리적 모형에 반영되어야 한다.

$$y_{ip} = \pi_{0p} + \pi_{1p}t_i + \pi_{2p}t_i^2 + \varepsilon_{ip} \cdots\cdots ③$$

이 식 ③에서 π_{2p}는 곡선성장궤적을 나타내는 항이다. 만약 성장궤적이 곡선이 아닌 다른 모습이라면 그에 상응되는 고차항이 모형에 반영되어야 한다. 예를 들면, 3차항이나 그 이상의 고차항이 모형에 포함될 수 있다.

지금까지의 1수준모형은 개인 내 성장에 관한 것으로, 개인에게서 반복측정된 성적이 개인에 내재되어 있음이 반영되고 있다. 2수준모형에서는 식 ① 또는 ②, 그리고 ③은 초기상태 및 성장궤적(변화율) 모수에서 개인 간 차이를 예측해 줄 수 있는 배경변수를 취급할 수 있는 형태로 확장된다. 이렇게 함으로써 종단자료의 2중구조를 반영한다.

(2) 위계모형의 2수준모형

위계모형의 2수준모형에서는 두 개의 모형이 설정된다. 하나는 초기상태 모수(π_{0p})에 관한 것이고, 또 하나는 성장궤적 모수(π_{1p})에 관한 것이다. 달리 말해, 만약 성장이 직선궤적이라면, 하나는 절편에 관한 것이고 또 하나는 기울기에 관한 것이다. 사람 p의 초기상태와 성장에 영향을 미치는 성별이나 사회경제적 지위 같은 배경변수를 x_p라고 하면 2수준모형은 다음과 같다.

$$\pi_{0p}=\mu_{\pi0}+\gamma_{\pi0}x_p+\zeta_{0p} \cdots\cdots ④$$

$$\pi_{1p}=\mu_{\pi1}+\gamma_{\pi1}x_p+\zeta_{1p} \cdots\cdots ⑤$$

여기에서 $\mu_{\pi0}$과 $\mu_{\pi1}$은 $x_p=0$일 때, 모집단에서의 상태와 성장을 나타내는 절편이며, $\gamma_{\pi0}$와 $\gamma_{\pi1}$은 x_p를 초기상태와 성장에 연결시키는 기울기이다.

덧붙여, 앞에 설정된 모형에서 성별 같은 배경변수는 시간의 흐름과 무관한 배경변수이나, 공부에 대한 부모의 압력처럼 시간에 따라 변하는 배경변수도 가능하다. 성별은 시간이 흘러도 변하지 않지만 부모압력은 시간에 따라 변할 수 있다. 배경변수는 시간과 무관한 변수도, 시간에 따라 변할 수 있는 변수도 모두 가능하다. 따라서 학교현장을 예로 들면, 시간 흐름에 따라 변하는 또는 변하지 않는 학교 및 학생수준 특성이 초기상태와 성장에 미치는 영향을 파악할 수 있다.

지금까지의 논의를 〈표 8-1〉의 자료를 사용하여 행렬로 표현해 보자. 읽기와 수학 두 과목에서 세 번의 측정이 이루어졌으므로 각 사람은 각 영역에서 y_{1p}, y_{2p}, y_{3p} 3개의 측정 자료를 갖는다. 따라서 개인 내 성장을 나타내는 1수준모형에서 식 ①과 ②는 다음 행렬처럼 된다.

먼저 읽기 영역에서 각 사람 p에 대해 다음과 같은 세 개의 측정값이 있다.

$$\begin{pmatrix} y^r_{1p} \\ y^r_{2p} \\ y^r_{3p} \end{pmatrix} = \begin{pmatrix} 1 & t_1 \\ 1 & t_2 \\ 1 & t_3 \end{pmatrix} \begin{pmatrix} \pi^r_{0p} \\ \pi^r_{1p} \end{pmatrix} + \begin{pmatrix} \varepsilon^r_{1p} \\ \varepsilon^r_{2p} \\ \varepsilon^r_{3p} \end{pmatrix}$$

다음으로 수학 영역에서 각 사람 p에 대해 다음과 같은 세 개의 측정값이 있다.

$$\begin{pmatrix} y^m_{1p} \\ y^m_{2p} \\ y^m_{3p} \end{pmatrix} = \begin{pmatrix} 1 & t_1 \\ 1 & t_2 \\ 1 & t_3 \end{pmatrix} \begin{pmatrix} \pi^m_{0p} \\ \pi^m_{1p} \end{pmatrix} + \begin{pmatrix} \varepsilon^m_{1p} \\ \varepsilon^m_{2p} \\ \varepsilon^m_{3p} \end{pmatrix}$$

여기서 읽기와 수학 영역을 따로따로 하면 단일변수인 경우가 되며, 함께 붙이면 다중변수의 경우가 된다. 만약 수직연결을 통해 두 영역을 함께 붙여 하나로 만들면 다음처럼 된다. 수직연결이란 이미 있는 두 행렬을 위아래로 그대로 갖다 붙여 하나로 만든 것이다.

$$\begin{vmatrix} y_{1p}^{r} \\ y_{2p}^{r} \\ y_{3p}^{r} \\ y_{1p}^{m} \\ y_{2p}^{m} \\ y_{3p}^{m} \end{vmatrix} = \begin{vmatrix} 1 & t_1 & 0 & 0 \\ 1 & t_2 & 0 & 0 \\ 1 & t_3 & 0 & 0 \\ 0 & 0 & 1 & t_1 \\ 0 & 0 & 1 & t_2 \\ 0 & 0 & 1 & t_3 \end{vmatrix} \begin{vmatrix} \pi_{0p}^{r} \\ \pi_{1p}^{r} \\ \pi_{0p}^{m} \\ \pi_{1p}^{m} \end{vmatrix} + \begin{vmatrix} \varepsilon_{1p}^{r} \\ \varepsilon_{2p}^{r} \\ \varepsilon_{3p}^{r} \\ \varepsilon_{1p}^{m} \\ \varepsilon_{2p}^{m} \\ \varepsilon_{3p}^{m} \end{vmatrix}$$

사람 p의 읽기와 수학 영역에서 반복적으로 관찰된 측정값이 한데 합쳐진 이 행렬은 3개의 서로 구분되는 요소로 되어 있다. 상수 1로 표시된 모든 사람에게 동일한 측정 횟수를 나타내는 부분이, 사람마다 다른 미지의 개인 내 성장에 관한 잠재모수벡터에 의해 뒤에서 곱해지고, 여기에 사람마다 다른 미지의 측정오차벡터가 더해진 것이다.

고전검사이론의 신뢰도에서 거론되는 신호와 잡음을 통해 앞의 행렬을 들여다보자. 주지하는 바와 같이, 송수신자가 서로 주고받은 정보의 총량 가운데 신호가 차지하는 부분이 커질수록 송수신이 정확하게 이루어지는 것이며, 반대로 잡음 부분이 커질수록 송수신은 불명료하게 된다. 앞의 행렬에서 잠재성장벡터는 시간의 흐름에 따른 진정한 변화를 나타내는 개인 내 신호와 같은 것이며, 오차벡터는 변화의 측정을 방해하는 개인 내 잡음과 같은 것이다.

식 ①과 ②에서 방해오차 ε_{ip}를 설정했으나 ε_{ip}의 분포에 관해서는 논의되지 않았다. 어쩌면 ε_{ip}는 동분산이며 독립적일 수도 있고, 아니면 이분산이거나 자기상관을 가질 수도 있다. 오차 ε_{ip}에 관한 일반적 가정은 ε_{ip}가 동분산이며 서로 독립적이라는 것이다. 이때 오차벡터는 다음과 같다.

$$\begin{vmatrix} \varepsilon_{1p}^{r} \\ \varepsilon_{2p}^{r} \\ \varepsilon_{3p}^{r} \\ \varepsilon_{1p}^{m} \\ \varepsilon_{2p}^{m} \\ \varepsilon_{3p}^{m} \end{vmatrix} \approx \mathrm{N}\left(\begin{vmatrix} 0 \\ 0 \\ 0 \\ 0 \\ 0 \\ 0 \end{vmatrix}, \begin{bmatrix} \sigma_{\varepsilon^r}^2 & 0 & 0 & 0 & 0 & 0 \\ 0 & \sigma_{\varepsilon^r}^2 & 0 & 0 & 0 & 0 \\ 0 & 0 & \sigma_{\varepsilon^r}^2 & 0 & 0 & 0 \\ 0 & 0 & 0 & \sigma_{\varepsilon^m}^2 & 0 & 0 \\ 0 & 0 & 0 & 0 & \sigma_{\varepsilon^m}^2 & 0 \\ 0 & 0 & 0 & 0 & 0 & \sigma_{\varepsilon^m}^2 \end{bmatrix} \right)$$

오차벡터는 정상분포를 이루며, 이때 오차벡터의 평균벡터는 영벡터($\mu=0$), 공분산행렬은 대각선행렬($\Sigma=D$)이다. 즉, 오차의 평균은 0이고 공분산은 없고 분산만 있는 행렬이다.

앞의 행렬에서 ε_{ip}는 한 영역에서는 동분산이나 다른 영역에서까지 동분산임을 가정할 수 없다. 즉, 읽기 영역에서는 동분산이지만 수학 영역에서도 동분산이라고 가정할 수는 없는 것이다. 그 이유는 오차분산 σ_{ε}^2이 두 영역에서 동일하다는 어떤 선험적 증거가 없기 때문이다. 만약 이런 것이 가정되면 이것에 관한 제약을 주고 이를 검증하면 된다.

모든 모집단 구성원이 한 영역에서 변화에 관해 동일한 함수형태를 갖는다고 해도, 성장모수에서 개인 간 변산이 존재하기 때문에 성장궤적은 사람에 따라 여전히 다를 수 있다. 더욱이 한 영역과 또 다른 영역에서 개인 내 성장모수 간에 공변산이 존재하기 때문에, 개인 내 변화는 모든 영역을 가로질러 일어나게 된다.

따라서 영역을 가로지르는 경우, 개인 내 성장모수벡터의 개인 간 분포에 관한 설명이 필요하게 된다. 개인 내 성장모수벡터의 개인 간 분포는 다음과 같다.

$$\begin{bmatrix} \pi_{0p}^{r} \\ \pi_{1p}^{r} \\ \pi_{0p}^{m} \\ \pi_{1p}^{m} \end{bmatrix} \approx \mathrm{N}\left(\begin{bmatrix} \mu_{\pi 0}^{r} \\ \mu_{\pi 1}^{r} \\ \mu_{\pi 0}^{m} \\ \mu_{\pi 1}^{m} \end{bmatrix}, \begin{bmatrix} \sigma_{\pi_0^r}^2 & \sigma_{\pi_0^r \pi_1^r} & \sigma_{\pi_0^r \pi_0^m} & \sigma_{\pi_0^r \pi_1^m} \\ \sigma_{\pi_1^r \pi_0^r} & \sigma_{\pi_1^r}^2 & \sigma_{\pi_1^r \pi_0^m} & \sigma_{\pi_1^r \pi_1^m} \\ \sigma_{\pi_0^m \pi_0^r} & \sigma_{\pi_0^m \pi_0^r} & \sigma_{\pi_0^m}^2 & \sigma_{\pi_0^m \pi_1^m} \\ \sigma_{\pi_1^m \pi_0^r} & \sigma_{\pi_1^m \pi_0^r} & \sigma_{\pi_1^m \pi_0^m} & \sigma_{\pi_1^m}^2 \end{bmatrix} \right)$$

여기에서 보는 것처럼, 개인 내 성장모수벡터는 평균벡터 μ와 공분산행렬 Σ를 갖는 정상분포이다. 평균벡터 μ는 읽기와 수학 영역에서 절편과 기울기 평균을 원소로 갖는 벡터이며, 공분산행렬 Σ는 대각선을 중심으로 절편과 기울기 간의 공분산을 원소로 하는 대칭행렬이다.

앞에서 가정된 분포가 변화에서 개인 간 차이를 나타내는 2수준모형이다. 앞의 모형은 모두 14개의 개인 간 모수로 되어 있다. 구체적으로, $\mu^r_{\mu 0}$부터 $\mu^m_{\mu 1}$까지의 4개 모집단평균, $\sigma^2_{\pi^r_0}$에서부터 $\sigma^2_{\pi^m_1}$까지 잠재성장벡터의 4개 분산, 그리고 $\sigma^2_{\pi^r_0 \pi^r_1}$부터 $\sigma^2_{\pi^m_0 \pi^m_1}$까지 잠재성장벡터의 6개 공분산이다. 이것은 각 영역에서 변화의 평균궤적, 각 영역에서 절편 및 기울기의 분산과 공분산, 그리고 절편 및 기울기의 영역 간의 공분산이다. 이 14개 2수준모형 모수로 있을 수 있는 모든 문제에 답할 수 있다.

잠재성장모형–무조건모형

궤적이 곡선인 경우도 직선인 경우와 마찬가지로 데이터를 불러온다. 데이터를 불러오는 과정은 5장을 참고하며, 다른 이름 'LGM_UNCONDITION'으로 입력한 후 저장을 누른다. 다음과 같은 화면이 나타난다.

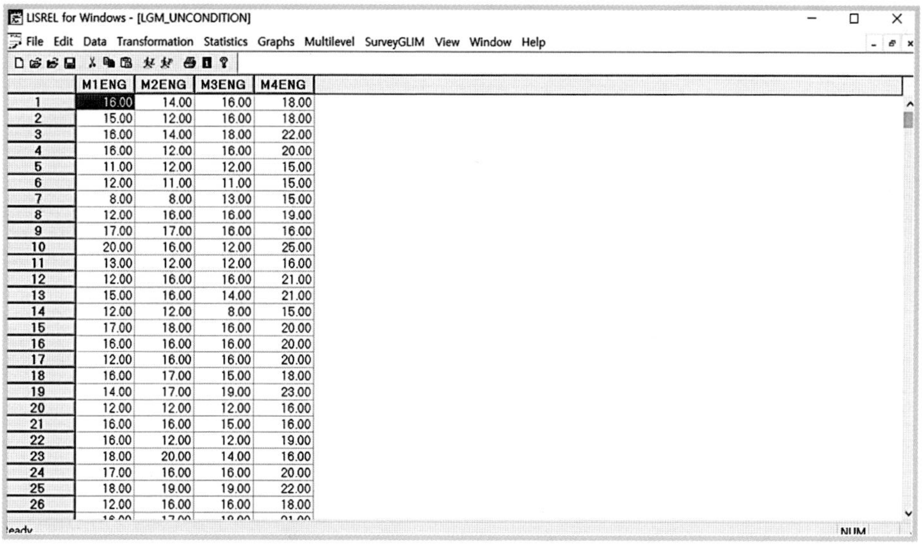

	M1ENG	M2ENG	M3ENG	M4ENG
1	16.00	14.00	16.00	18.00
2	15.00	12.00	16.00	18.00
3	16.00	14.00	18.00	22.00
4	16.00	12.00	16.00	20.00
5	11.00	12.00	12.00	15.00
6	12.00	11.00	11.00	15.00
7	8.00	8.00	13.00	15.00
8	12.00	16.00	16.00	19.00
9	17.00	17.00	16.00	16.00
10	20.00	16.00	12.00	25.00
11	13.00	12.00	12.00	16.00
12	12.00	16.00	16.00	21.00
13	15.00	16.00	14.00	21.00
14	12.00	12.00	8.00	15.00
15	17.00	18.00	16.00	20.00
16	16.00	16.00	16.00	20.00
17	12.00	16.00	16.00	20.00
18	16.00	17.00	15.00	18.00
19	14.00	17.00	19.00	23.00
20	12.00	12.00	12.00	16.00
21	16.00	16.00	15.00	16.00
22	16.00	12.00	12.00	19.00
23	18.00	20.00	14.00	16.00
24	17.00	16.00	16.00	20.00
25	18.00	19.00	19.00	22.00
26	12.00	16.00	16.00	18.00

[File] → [New]를 선택한다.

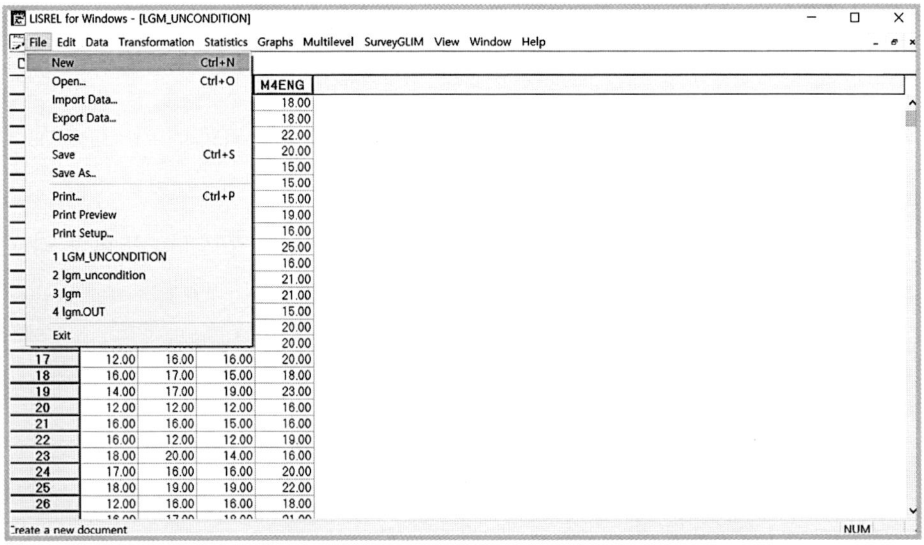

다음과 같은 '새로 만들기' 창이 나타나면, 'Path Diagram'을 선택한 후, [확인]을 선택한다.

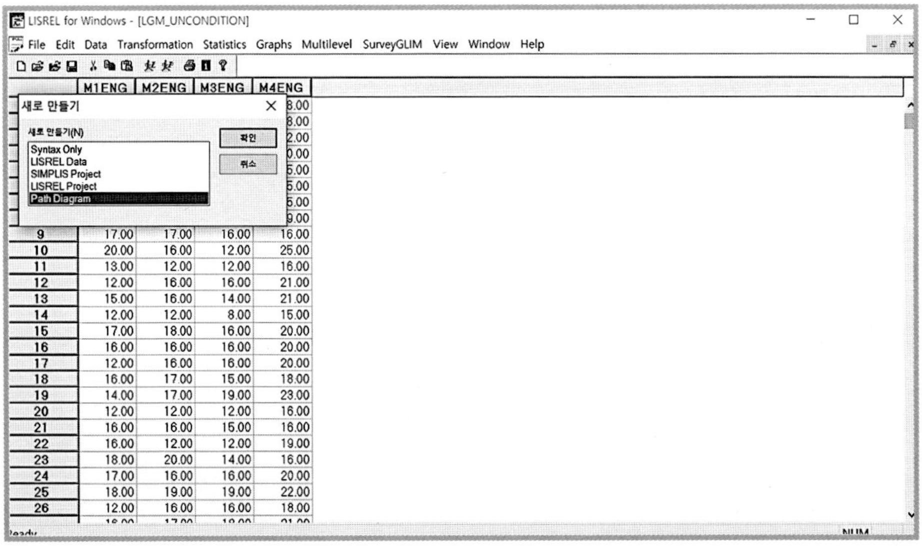

선택을 하면, 다음과 같은 '다른 이름으로 저장' 창이 생기는데 파일 이름을 'lgm_unconditon'으로 입력한 후, [저장]을 선택한다.

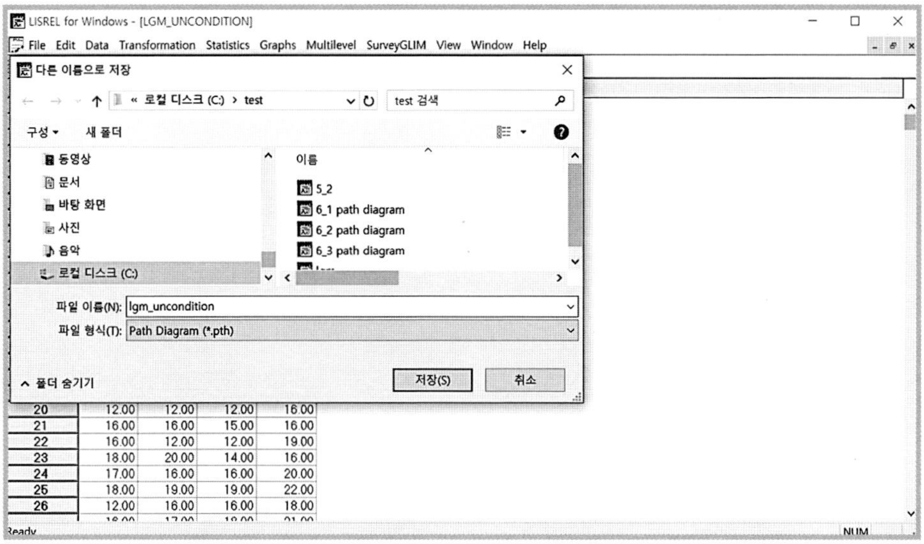

다음과 같이 'lgm_uncondition.pth' 창이 생긴다.

path diagram을 그리기 위해 상단의 [Setup] → [Variables]를 선택한다.

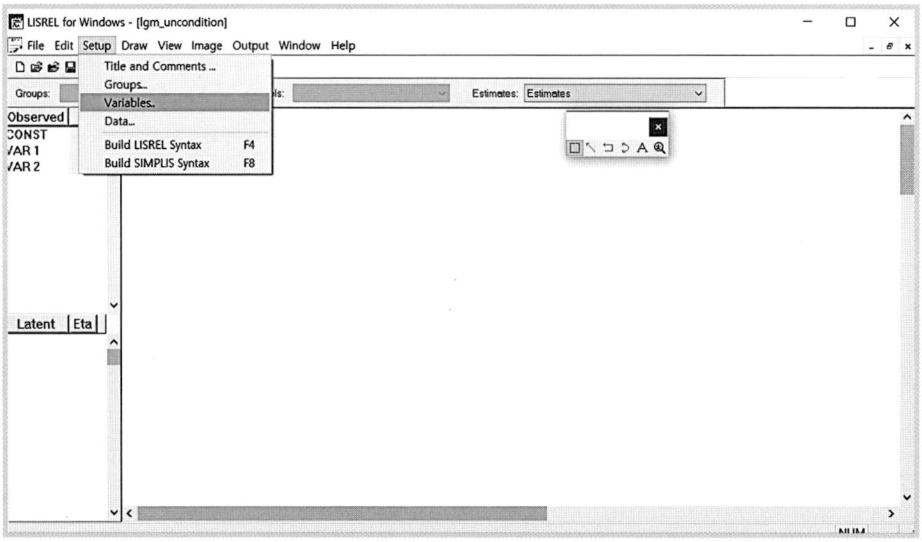

다음과 같은 'Labels' 창이 생긴다. 관찰변수를 불러오기 위해 좌측 하단의 [Add/Read Variables]를 선택한다.

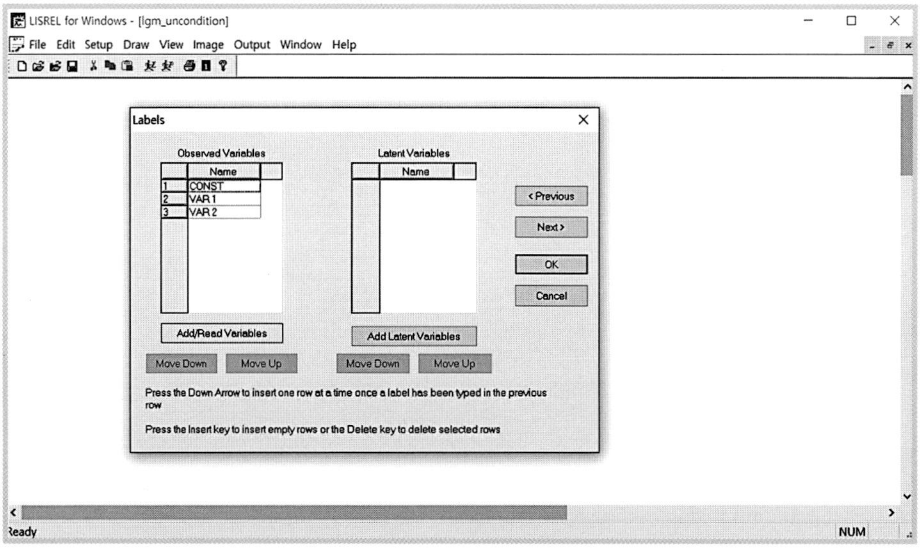

다음과 같은 창이 생기면, 'Read from file'에서 'LISREL System File'을 선택한다.

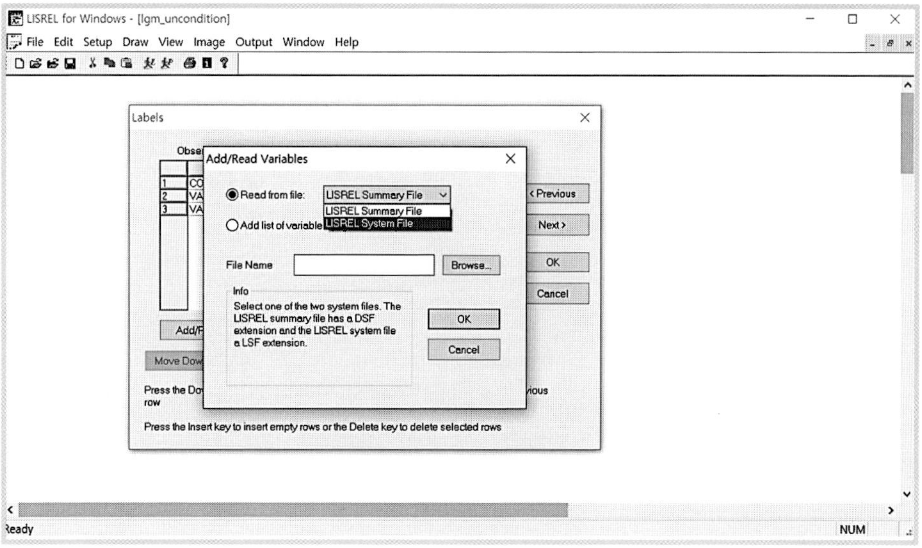

그리고 중간의 'File Name'의 [Browse]를 선택한다.

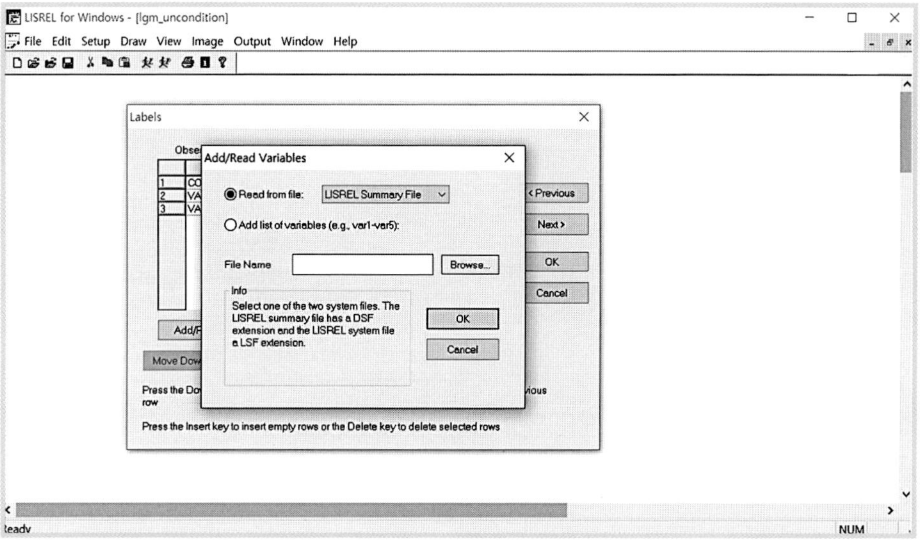

데이터를 불러올 때, 다른 이름으로 저장한 파일을 선택한 후 [열기]를 클릭한다. 여기서는 'LGM_UNCONDITION.lsf'를 선택한다.

다음과 같이 'File Name' 창에 데이터가 입력되었다. [OK]를 선택한다.

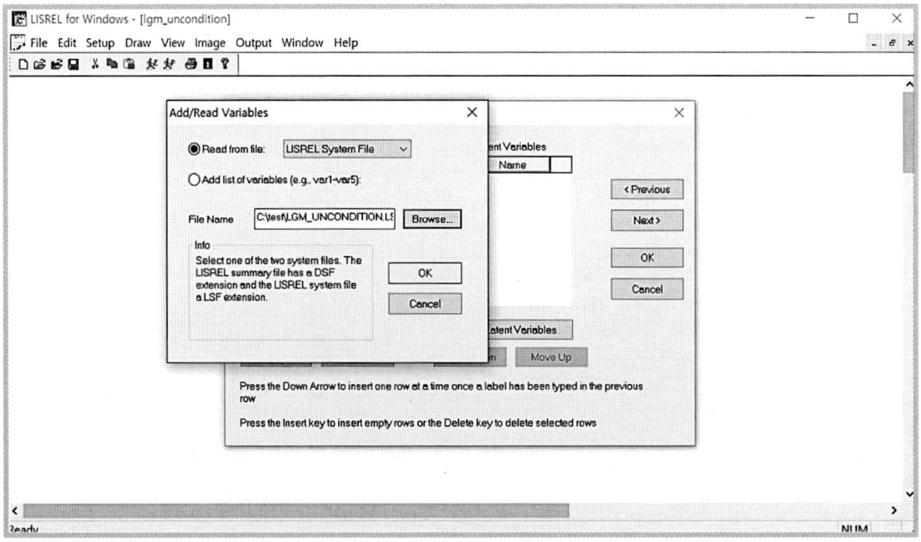

좌측 관찰변수 칸에 데이터의 변수가 읽혀 들어왔다. 잠재변수를 생성하기 위해 우측 하단의 [Add Latent Variables]를 선택한다.

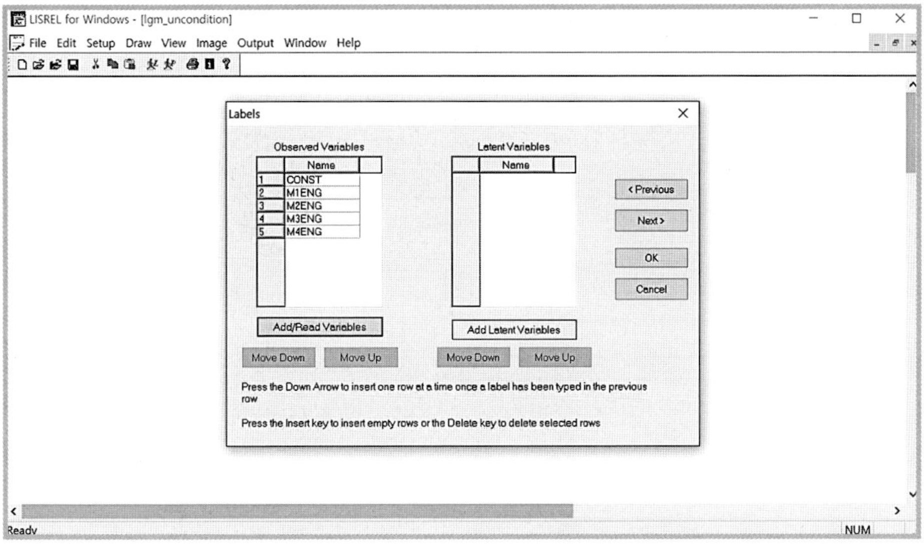

다음과 같은 창이 나타나면, 생성할 잠재변수의 이름을 설정해 준다.

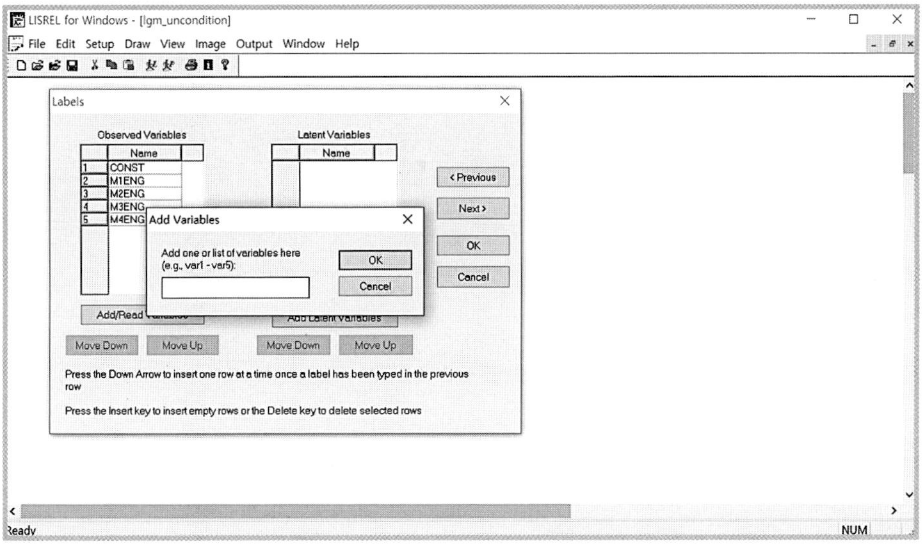

잠재변수의 이름 'intercept'를 입력한 후 [OK]를 선택한다.

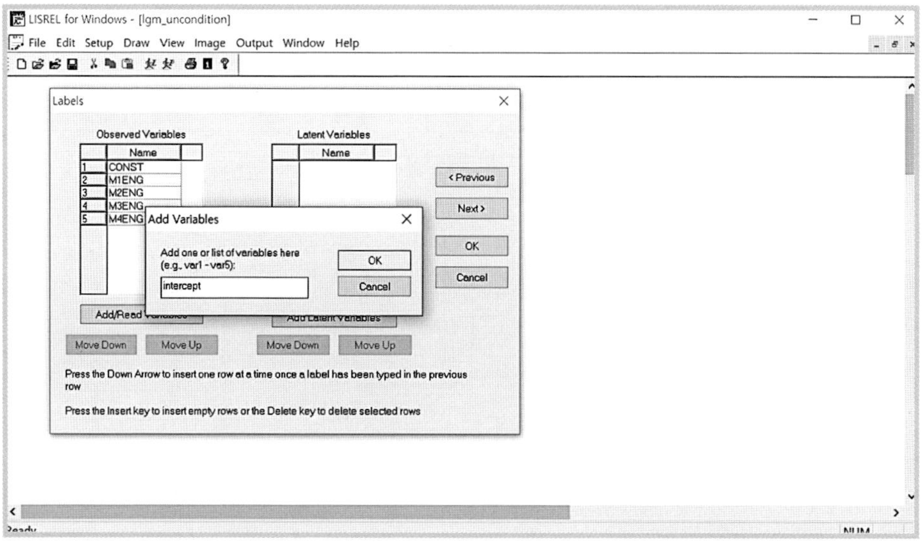

잠재변수 창에 입력한 'intercept' 잠재변수가 생성되었다. 동일한 방법으로 잠재변수 'slope'를 입력한 후 [OK]를 선택한다.

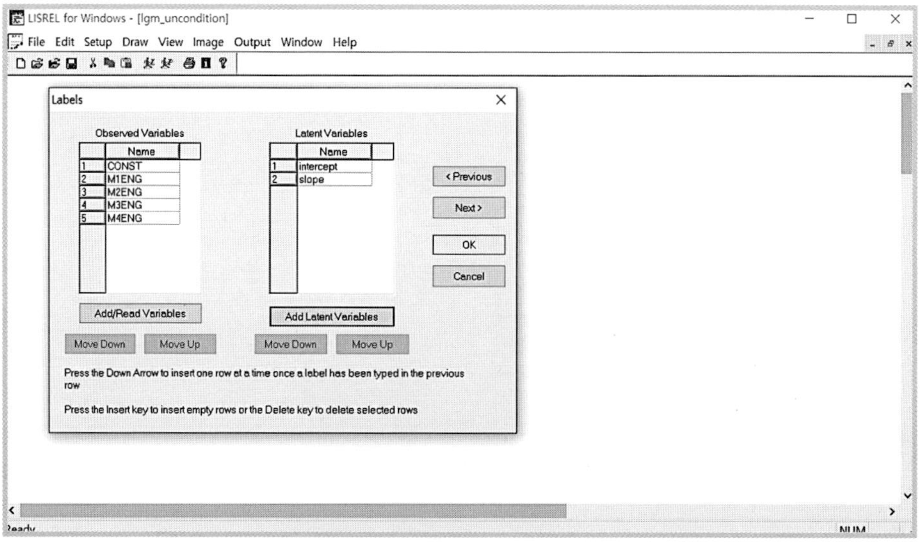

다음과 같이 좌측에 관찰변수와 잠재변수가 생성된 것을 확인할 수 있다. ‘lgm.pth’에 변수를 끌어들여 모형을 그린다. 끌어들일 변수는 관찰변수 ‘M1ENG’ ‘M2ENG’ ‘M3ENG’ ‘M4ENG’과 잠재변수 ‘intercept’ ‘slope’이다.

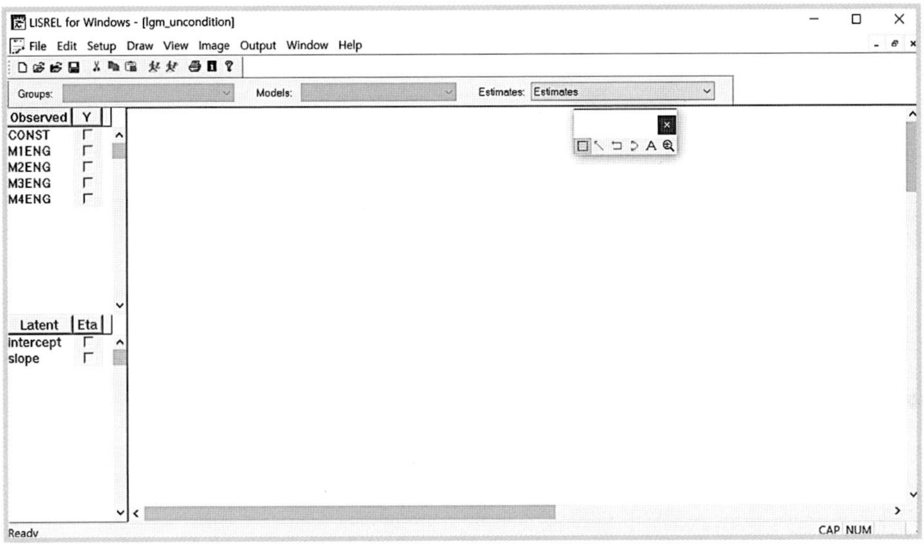

다음은 모형의 경로까지 설정한 모형이다. 모형의 경로를 그릴 때에는 작은 박스 안의 ‘↖’를 선택한 후 그린다.

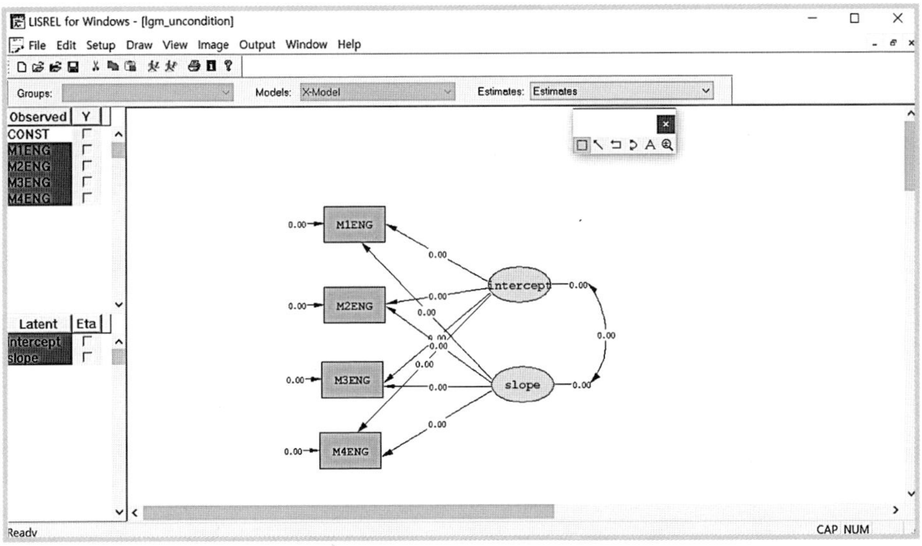

상단의 [Setup] → [Build SIMPLIS Syntax]를 선택한다.

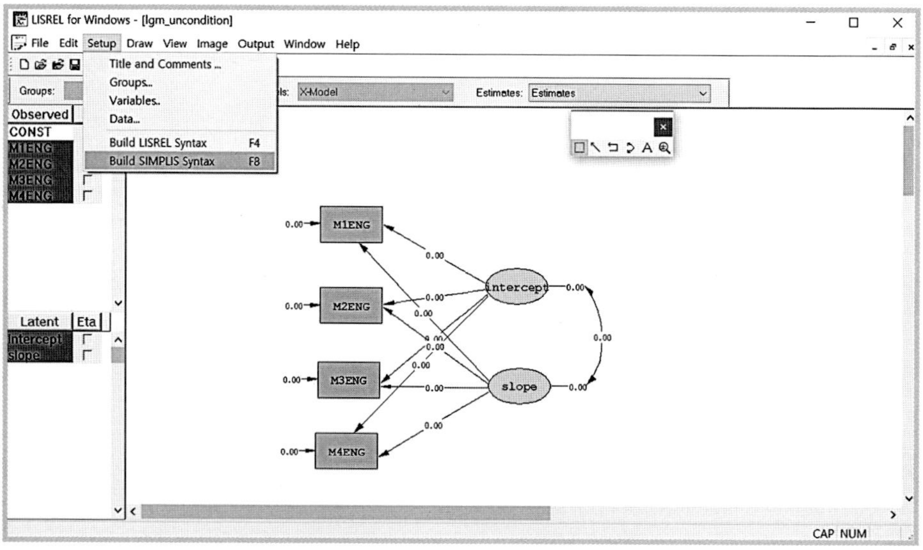

다음과 같이 Syntax 창이 생긴다.

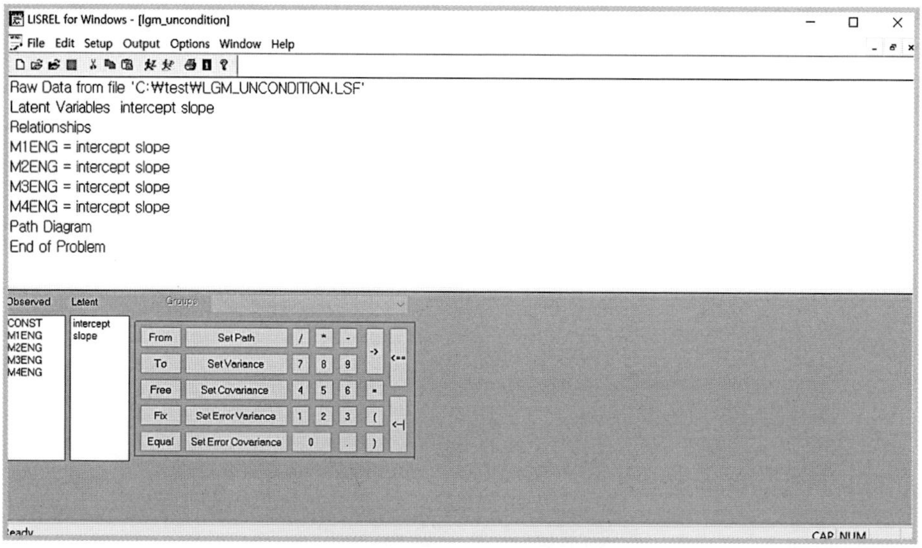

직선인 경우 각 변수 'intercept' 앞에 '1*'을 입력하고, 'slope'변수 앞에는 '0*' '1*' '2*' '3*'을 입력한다. 상단 도구 모음 중 파란색 사람이 뛰는 모습 옆에 L이 새겨진, 을 선택하여 LISREL을 구동시킨다.

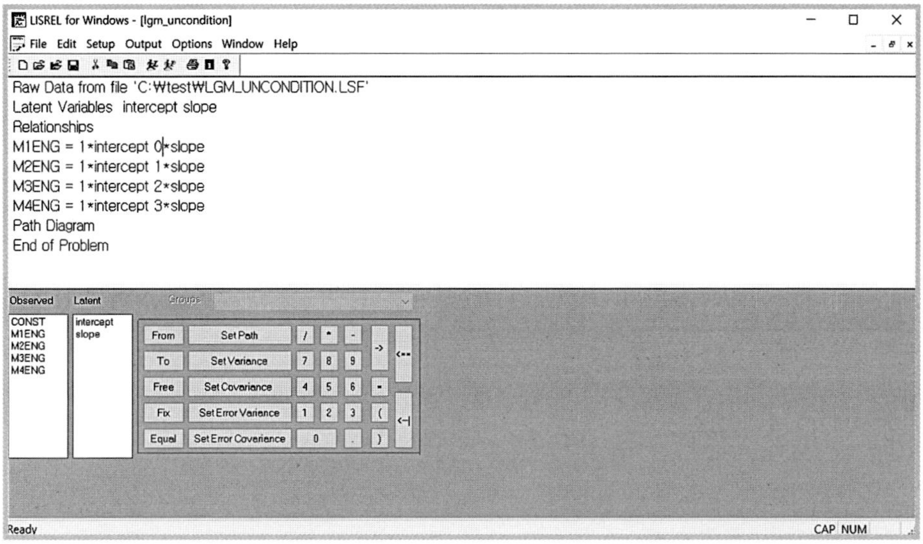

다음과 같은 결과가 나타난다.

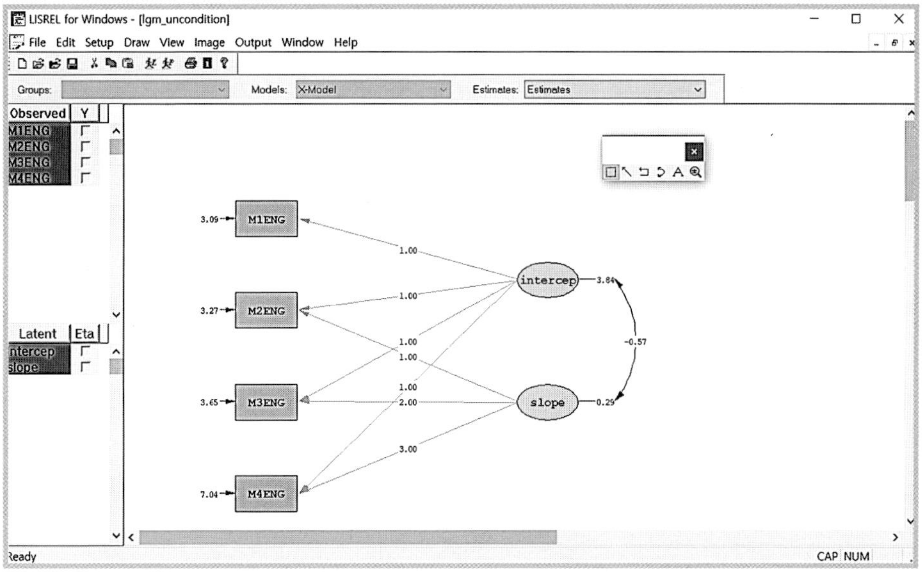

다음은 모형의 output 파일이다.

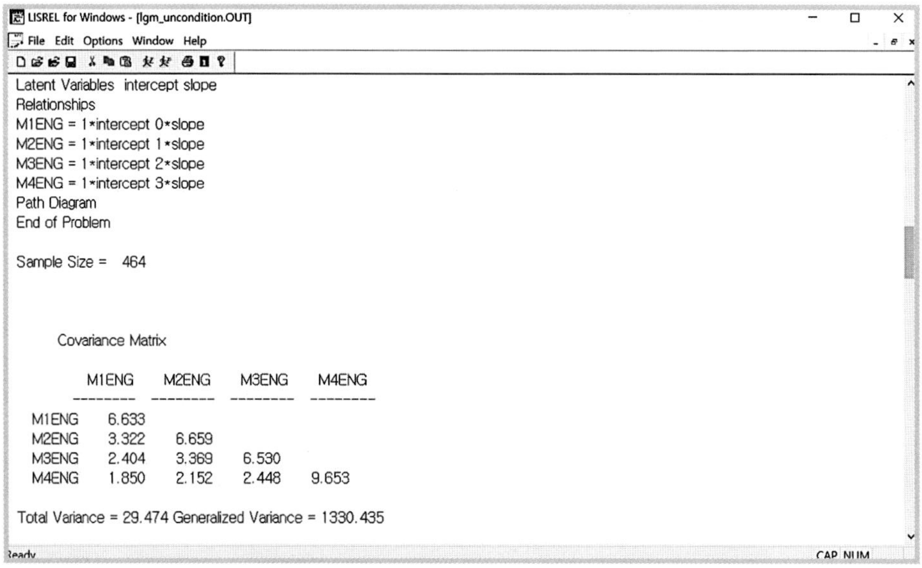

잠재성장모형-조건모형

데이터를 불러오는 과정은 5장을 참고하며, 다른 이름 'LGM_condition'으로 입력한 후 저장을 누른다. 이후, [File] → [New] → [Path Diagram] 선택 → [확인]을 선택한다.

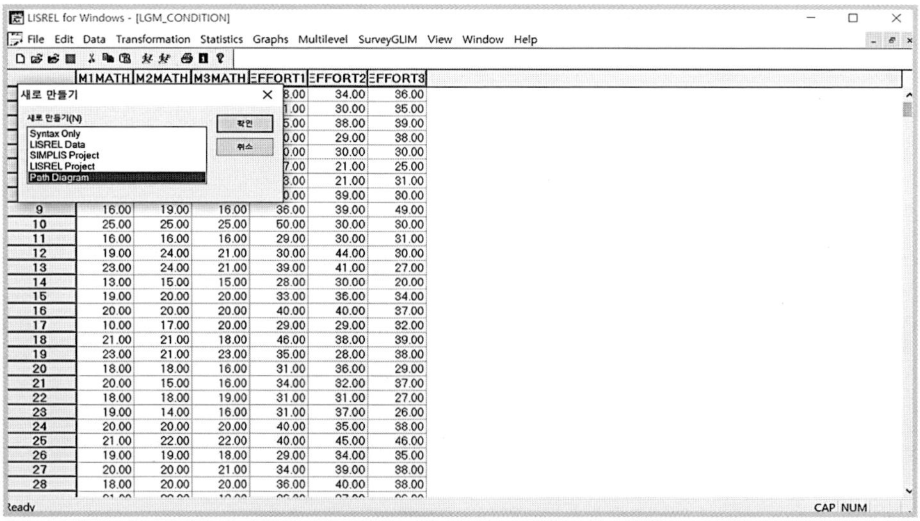

Path Diagram 창을 열기 위해 다른 이름으로 이름을 저장한다. 여기서는 'LGM_CONDITION'으로 한다.

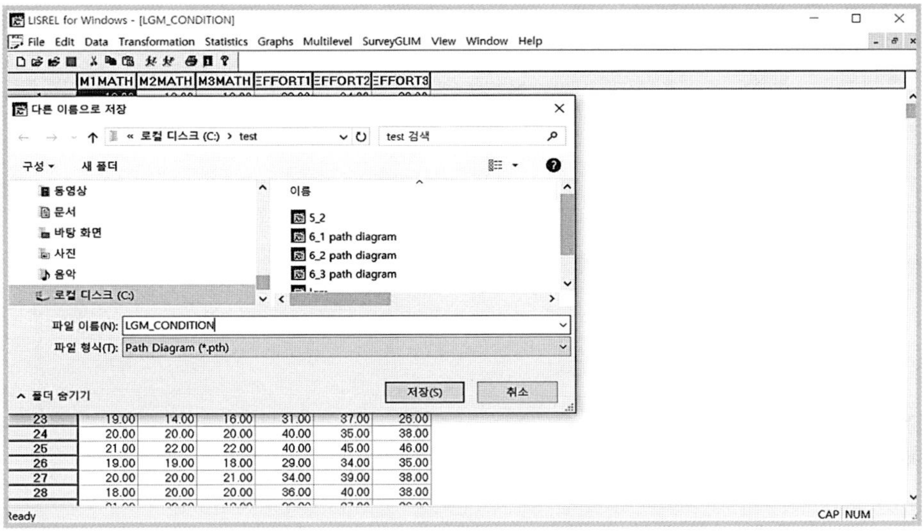

Path Diagram 기본 화면이다.

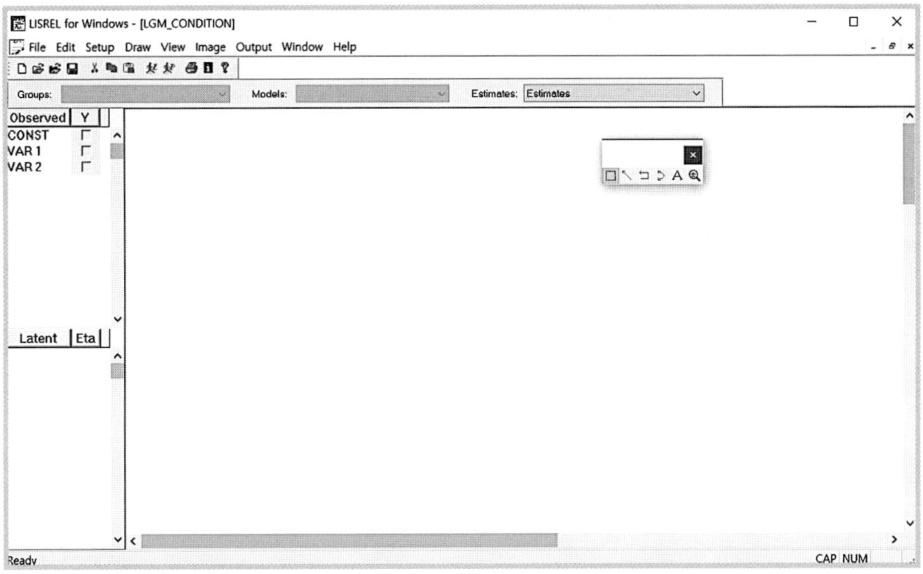

변수를 불러오기 위해 [Setup] → [Variables]를 선택한다.

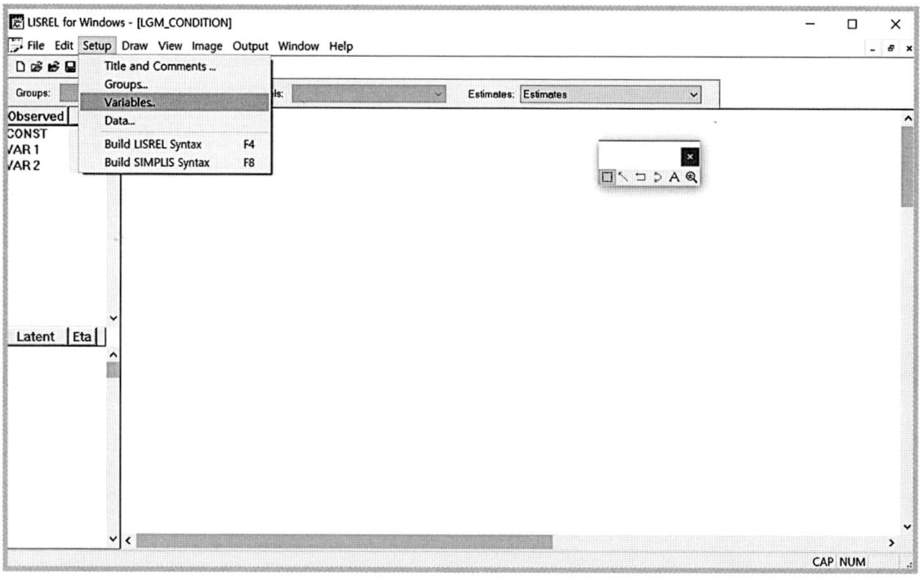

관찰변수를 생성하기 위해 좌측 하단의 [Add/Read Variables]를 선택한다.

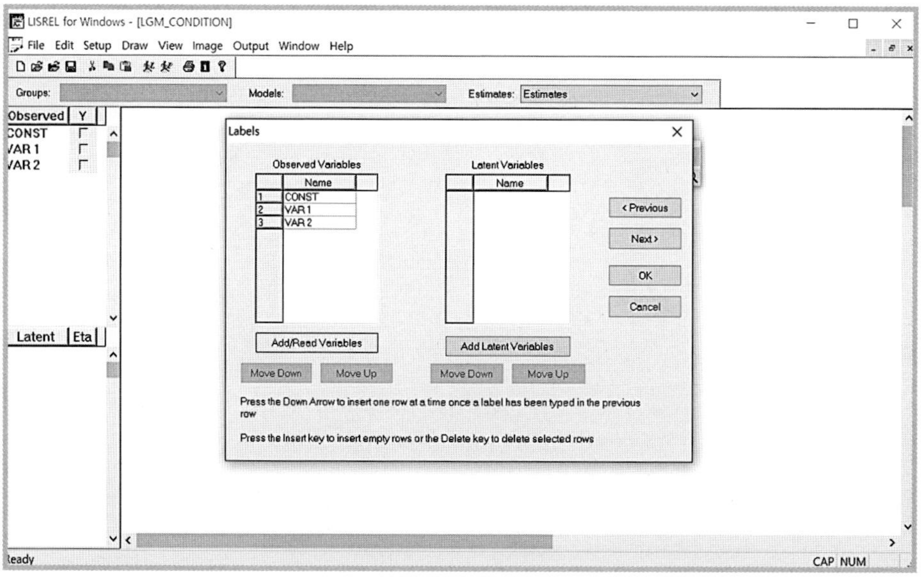

변수를 불러오기 위해 'Read from file'에서 형식을 LISREL System File로 변경한다.

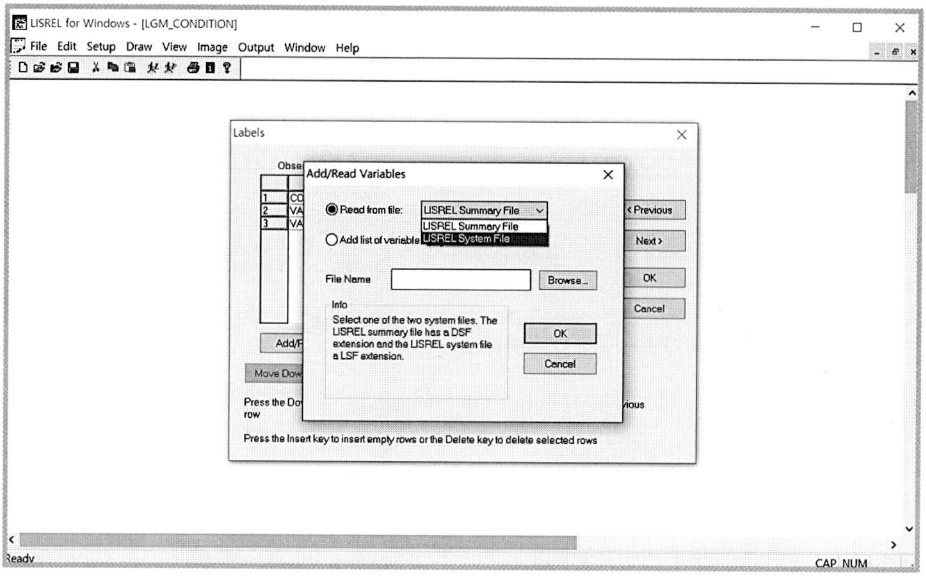

중간의 [Browse]를 선택하고, 불러들일 'LGM_CONDITION' LISREL 파일을 선택하면 다음 화면과 같이 File Name칸에 선택한 파일이 들어가 있는 것을 볼 수 있다. [OK]를 선택한다.

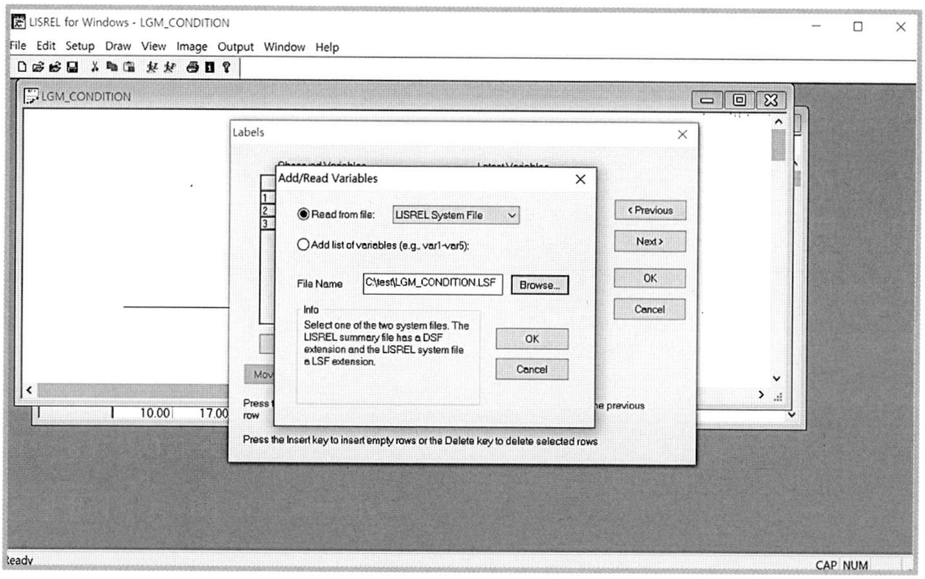

좌측 칸에 변수가 들어가 있는 것을 볼 수 있다. 다음 잠재변수를 생성하기 위해 우측 하단 [Add Latent Variables]를 클릭한다. 생성할 잠재변수의 내용을 입력한다. 여기서는 'Intercept' 'Slope' 'Effort'를 입력한다. 잠재변수 입력을 마치면 [OK]를 선택한다.

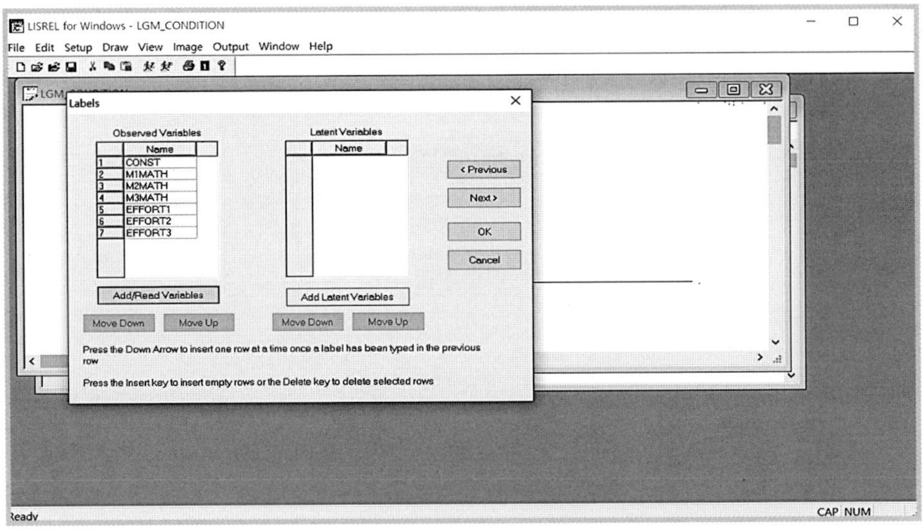

Path Diagram 창 좌측에 관찰변수와 잠재변수가 생성된 것을 확인할 수 있다.

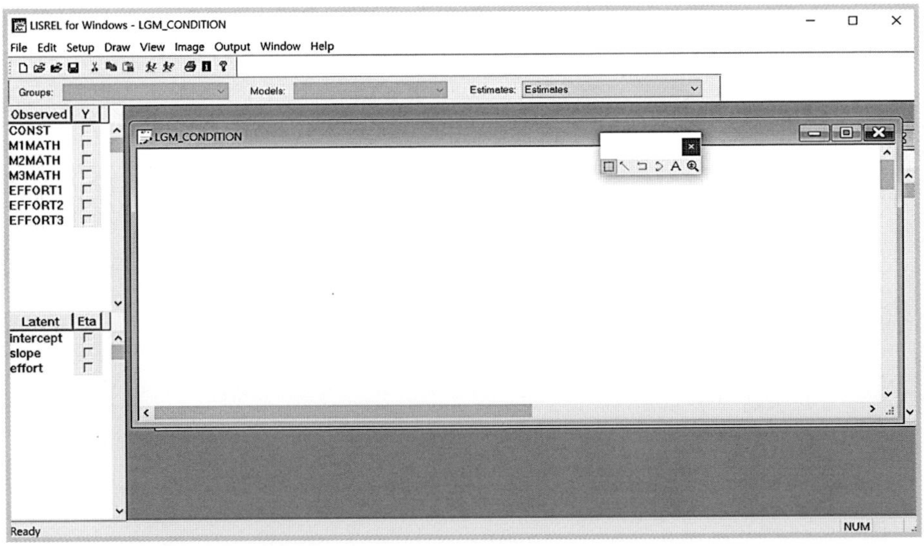

모형에서 'Y'변수와 'Eta'변수가 되는 변수를 클릭하면, 'X' 표시가 나타난다. 설정이 끝나면 모형을 그린다.

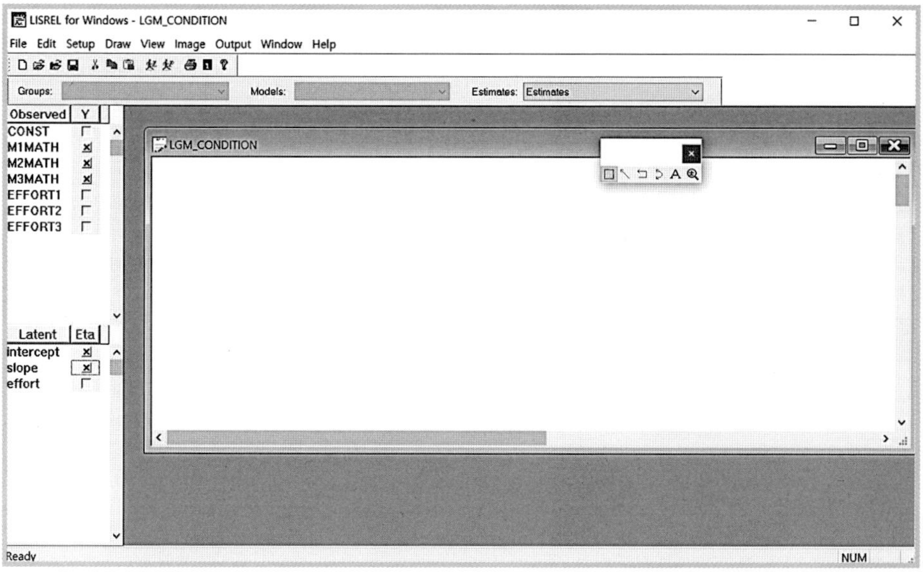

변수 모형그리기까지 마친 화면이다. 경로를 설정하기 위해 오른쪽의 작은 도구모음상자에서 화살표 '↖'를 선택하여 경로를 설정한다.

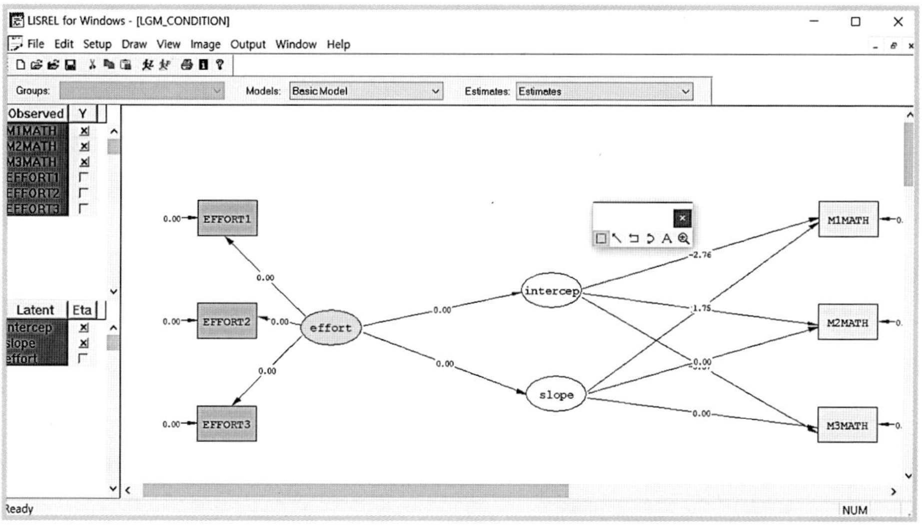

SIMPLIS Syntax를 생성하기 위해 상단의 [Setup] → [Build SIMPLIS Syntax]를 선택한다.

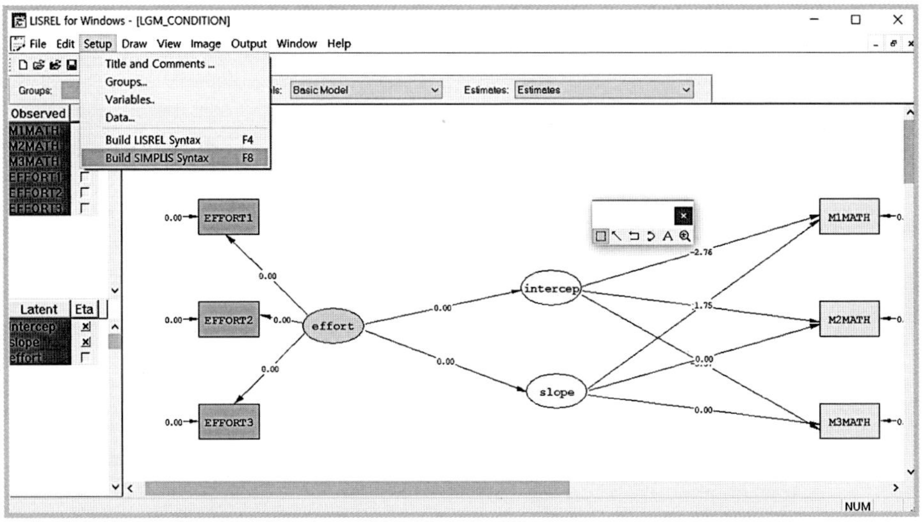

상단의 도구 모음에서 파란색 사람이 뛰는 모습 옆에 L이 새겨진 버튼, 을 선택하여 LISREL을 구동시킨다.

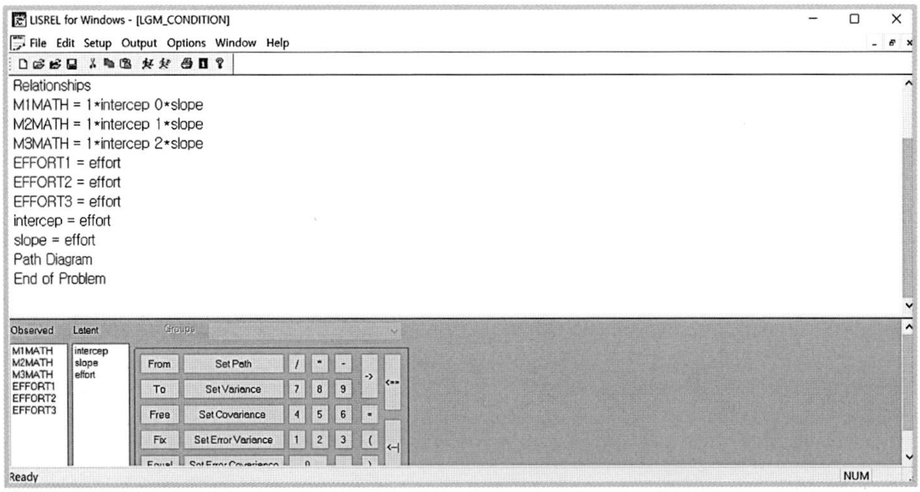

다음과 같은 결과가 나타난다.

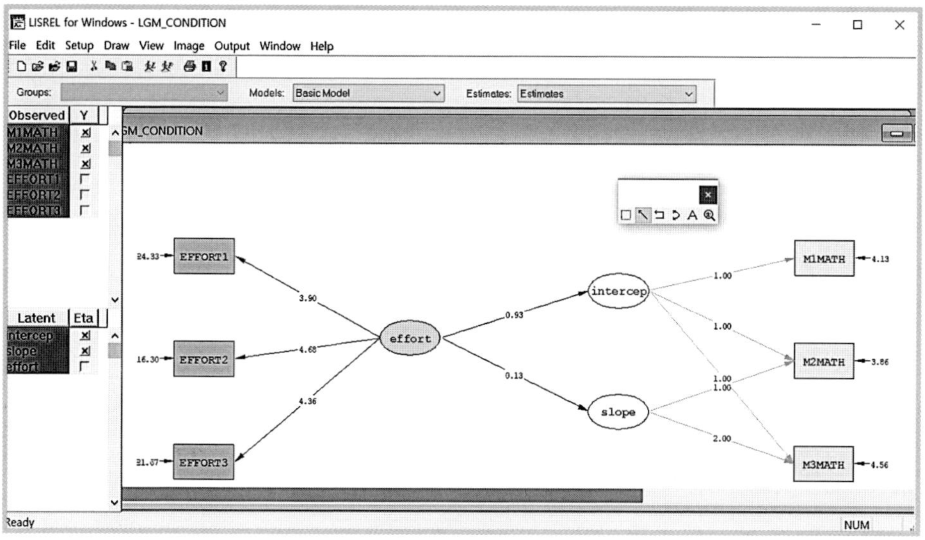

분석된 모형의 output 파일이다.

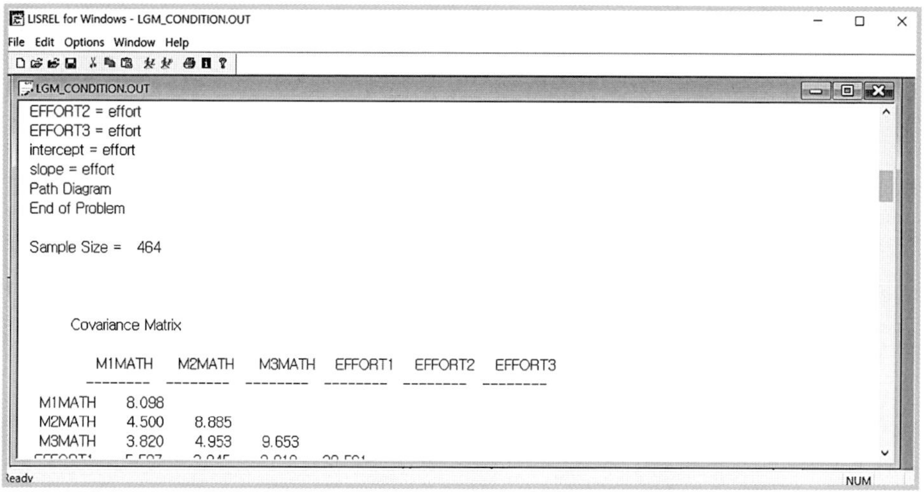
LISREL for Windows - LGM_CONDITION.OUT

File Edit Options Window Help

LGM_CONDITION.OUT

```
EFFORT2 = effort
EFFORT3 = effort
intercept = effort
slope = effort
Path Diagram
End of Problem

Sample Size =   464



     Covariance Matrix

        M1MATH   M2MATH   M3MATH   EFFORT1   EFFORT2   EFFORT3
       -------- -------- -------- -------- -------- --------
 M1MATH   8.098
 M2MATH   4.500    8.885
 M3MATH   3.820    4.953    9.653
```

Ready NUM

2) 구조방정식모형 관점

(1) 개인 내 성장모형

구조방정식모형에서 개인 내 성장모형은 측정모형으로 나타난다. 한 개인에서의 성장을 나타내는 초기상태와 변화율이 잠재변수가 되고, 주기적으로 관찰된 반복측정값이 이 두 잠재변수의 측정변수가 되는 측정모형이 구조방정식모형에서의 개인 내 성장모형이다.

〈표 8-1〉의 읽기와 수학 두 영역에서 사람 p의 반복측정값은 다음처럼 쓸 수 있다.

$$\begin{vmatrix} y^r_{1p} \\ y^r_{2p} \\ y^r_{3p} \\ y^m_{1p} \\ y^m_{2p} \\ y^m_{3p} \end{vmatrix} = \begin{bmatrix} 0 \\ 0 \\ 0 \\ 0 \\ 0 \\ 0 \end{bmatrix} + \begin{bmatrix} 1 & t_1 & 0 & 0 \\ 1 & t_2 & 0 & 0 \\ 1 & t_3 & 0 & 0 \\ 0 & 0 & 1 & t_1 \\ 0 & 0 & 1 & t_2 \\ 0 & 0 & 1 & t_3 \end{bmatrix} \begin{vmatrix} \pi^r_{0p} \\ \pi^r_{1p} \\ \pi^m_{0p} \\ \pi^m_{1p} \end{vmatrix} + \begin{vmatrix} \varepsilon^r_{1p} \\ \varepsilon^r_{2p} \\ \varepsilon^r_{3p} \\ \varepsilon^m_{1p} \\ \varepsilon^m_{2p} \\ \varepsilon^m_{3p} \end{vmatrix}$$

이 행렬은 어딘가 낯이 익은 느낌이 들 것이다. 그 이유는, 앞의 위계모형에서 제시된 사람 p의 관찰자료 앞에 영벡터가 더해진 것이기 때문이다. 이 행렬은 구조방정식모형의 측정모형과 동일하다. 5장의 측정모형의 앞에 영벡터가 더해진 이 행렬이 측정모형과 같은 것은 더해진 것이 영벡터이기 때문이다. 모든 원소가 영으로 고정된 영벡터가 더해져도 영을 더한 것이기 때문에 아무 변동이 없는 것과 같은 이치이다. 이 행렬을 일반적 형태로 표시하면 다음과 같다.

$$y = \tau_y + \lambda_y \eta + \varepsilon \quad \cdots\cdots ⑥$$

여기서 y는 사람 p의 측정 자료를 담고 있는 벡터, τ_y는 원소가 0으로 고정된 영벡터, λ_y는 1로 된 행과 시간을 나타내는 상수로 된 행을 갖는 고정행렬, η는 초기상태(π_{0p})와 변화율(π_{1p}) 모수를 담고 있는 잠재변수벡터, ε는 측정오차를 담고 있는 벡터이다.

앞의 식 ⑥은 행렬로 표시되었지만 회귀방정식과 같은 꼴로 되어 있는 것을 알 수 있다. 따라서 τ_y와 λ_y는 각각 회귀방정식의 절편과 기울기에 해당된다. 즉, τ_y는 절편벡터이며 λ_y는 기울기행렬이다. 예를 들어, 첫 번째 측정시점이 중1이면 λ_y의 시간을 나타내는 상수는 0, 1, 2가 된다.

여기서 τ_y와 λ_y의 원소가 일반적인 경우에서의 구조방정식모형과는 달리, 알고 있는 값과 상수로 구성되도록 제약을 부과한 것에 주목할 필요가 있다. 이렇게 제약을 가함으로써 위계모형과 구조방정식모형은 서로 표현되는 형태는 달라도 동일한 자료구조를 나타내는 동등한 모형이 된다.

또한 눈여겨볼 것은, 초기상태(π_{0p})와 변화율(π_{1p}) 모수가 잠재변수벡터 η에 흡수되어 있다는 점이다. 그렇기 때문에 이 모형을 잠재(변수)성장모형이라고 부른다. 때로는 η가 잠재성장벡터라고도 불린다. 여기서는 두 용어를 호환적으로 사용한다.

덧붙여, 측정오차 간의 공분산 $COV(\varepsilon_i, \varepsilon_j)$은 대각선행렬임을 가정한다. $COV(\varepsilon_i, \varepsilon_j)$가 대각선행렬이면 다음과 같다.

$$\Theta_\varepsilon = COV(\varepsilon_i, \varepsilon_j) = \begin{bmatrix} \sigma^2_{\varepsilon^r} & 0 & 0 & 0 & 0 & 0 \\ 0 & \sigma^2_{\varepsilon^r} & 0 & 0 & 0 & 0 \\ 0 & 0 & \sigma^2_{\varepsilon^r} & 0 & 0 & 0 \\ 0 & 0 & 0 & \sigma^2_{\varepsilon^m} & 0 & 0 \\ 0 & 0 & 0 & 0 & \sigma^2_{\varepsilon^m} & 0 \\ 0 & 0 & 0 & 0 & 0 & \sigma^2_{\varepsilon^m} \end{bmatrix}$$

측정오차 공분산행렬 Θ_ε에 여러 형태의 제약을 부과할 수 있다. 앞의 가정은 자기상관이 없다는 제약을 부과한 것과 같다. 대각선 이외의 원소를 0으로 고정하지 않고 자유모수로 설정하면 자기상관을 허용하는 것이며 이를 검증하면 된다.

또한 $\sigma^2_{\varepsilon^r}$에서부터 $\sigma^2_{\varepsilon^m}$까지 오차분산이 동분산이라는 제약을 부과할 수 있다.

즉, 대각선 원소가 같다는 등가제약을 부과하는 것이다. 만약 대각선 원소가 같다는 등가제약을 부과하지 않으면 이분산을 허용하는 것이 된다. 즉, 측정오차가 동분산이 아닌 이분산이라고 판단되면 대각선에 등가제약을 안 주고, 이를 검증하면 된다.

(2) 개인 간 차이모형

앞서의 개인 내 성장이 측정모형으로 표현된 것이라면, 개인 간 차이모형은 잠재변수모형으로 표현된다. 앞서 측정모형에서 계수행렬 λ_y가 상수 1과 시간을 나타내는 상수로 된 고정행렬로 설정된 바 있다. 계수행렬 λ_y가 고정행렬로 된 것은 1수준모형의 개인성장모수($\pi^r_{0p}\ \pi^r_{1p}\ \pi^m_{0p}\ \pi^m_{1p}$)를 구조방정식모형의 내생잠재변수벡터 η로 옮기기 위한 것이다. 그렇게 설정함으로써 η가 관심대상인 개인 간 수준의 모수를 포함하게 만들고, 이런 2수준모형 분석이 구조방정식모형의 잠재변수모형에서 이루어지게 하기 위한 것이다.

이렇게 하기 위해서 필요한 것은 단지 잠재성장벡터 η를 다음처럼 다시 쓰는 것이다.

$$\begin{bmatrix}\pi^r_{0p}\\ \pi^r_{1p}\\ \pi^m_{0p}\\ \pi^m_{1p}\end{bmatrix} = \begin{bmatrix}\mu^r_{\pi_0}\\ \mu^r_{\pi_1}\\ \mu^m_{\pi_0}\\ \mu^m_{\pi_1}\end{bmatrix} + \begin{bmatrix}0&0&0&0\\0&0&0&0\\0&0&0&0\\0&0&0&0\end{bmatrix}\begin{bmatrix}\pi^r_{0p}\\ \pi^r_{1p}\\ \pi^m_{0p}\\ \pi^m_{1p}\end{bmatrix} + \begin{bmatrix}\pi^r_{0p}-\mu^r_{\pi_0}\\ \pi^r_{1p}-\mu^r_{\pi_1}\\ \pi^m_{0p}-\mu^m_{\pi_0}\\ \pi^m_{1p}-\mu^m_{\pi_1}\end{bmatrix}$$

이 행렬을 일반적 형태로 다시 쓰면 다음과 같다.

$$\eta = \alpha + B\eta + \zeta \cdots\cdots ⑦$$

여기서 α는 초기상태($\mu_{\xi 0}$) 및 변화율($\mu_{\xi 1}$) 모수를 담고 있는 벡터, B는 영행렬, ζ는 피험자 개인의 성장모수에서 각각의 모집단평균을 뺀 편차벡터이다. 즉, ζ는

η에서 α를 뺀 방해오차벡터로, $\zeta=(\eta-\alpha)$이다.

앞의 식 ⑦은 구조방정식모형에서 등호 오른쪽의 $B\eta$항을 왼쪽으로 옮기기 전의 잠재변수모형과 같은 꼴이다. 즉, 등호 왼쪽이 $\eta-B\eta$가 되어 $(I-B)\eta$로 환원되기 전의 형태와 같은 것이다. 앞과 같이 절편과 기울기를 α로 옮겨 이를 추정할 수 있다.

방해오차벡터 ζ는 영평균벡터 0, 공분산행렬 Ψ를 갖는다. Ψ는 초기상태와 변화율의 분산과 공분산을 담고 있다.

$$\Psi = COV(\zeta_i, \zeta_j) = \begin{bmatrix} \sigma^2_{\pi_0^r} & \sigma^2_{\pi_0^r \pi_1^r} & \sigma^2_{\pi_0^r \pi_0^m} & \sigma^2_{\pi_0^r \pi_1^m} \\ \sigma^2_{\pi_1^r \pi_0^r} & \sigma^2_{\pi_1^r} & \sigma^2_{\pi_1^r \pi_0^m} & \sigma^2_{\pi_1^r \pi_1^m} \\ \sigma^2_{\pi_0^m \pi_0^r} & \sigma^2_{\pi_0^m \pi_1^r} & \sigma^2_{\pi_0^m} & \sigma^2_{\pi_0^m \pi_1^m} \\ \sigma^2_{\pi_1^m \pi_0^r} & \sigma^2_{\pi_1^m \pi_1^r} & \sigma^2_{\pi_1^m \pi_0^m} & \sigma^2_{\pi_1^m} \end{bmatrix}$$

이 방해오차 공분산행렬 Ψ가 성장에서 개인 간 차이를 설명해 줄 수 있는 많은 정보를 갖고 있다. 예를 들어, 읽기 영역에서 초기상태와 변화율 간에 상관이 있는가에 관한 정보는 $\sigma_{\pi_0^r \pi_1^r}$이 갖고 있으며, 읽기와 수학 영역의 초기상태가 서로 상관이 있는지에 관한 답변은 $\sigma_{\pi_0^r \pi_0^m}$이 해 줄 수 있다. 모든 경우를 예로 들지 않았지만, 한 영역에서 또는 영역을 가로지르는, 여러 가지 상관조합에 관한 정보가 바로 방해오차 간의 공분산행렬 Ψ에 담겨 있다. 어쩌면 이미 알고 있겠지만, 이 공분산행렬 Ψ의 기능은 위계모형의 개인 내 성장모수벡터의 개인 간 분포에서의 공분산행렬과 같은 것이다. 따라서 앞의 위계모형에서 언급했듯이 종단자료에서 있을 수 있는 모든 궁금증에 대한 답이 바로 Ψ에 있다.

주목해야 할 것은 앞의 식 ⑦은 성장 · 변화에 영향을 미치는 배경변수를 포함하고 있지 않다. 그러나 피험자 개인에 영향을 미치는 배경변수는 많이 있다. 예를 들면, 성별, 학교문화나 부모의 학업에 대한 압력 등 실로 다양한 배경변수가 피험자 개인에게 영향을 미친다. 배경변수에는 성별처럼 시간이 지나도 변하지 않는 것도 있고, 부모의 학업에 대한 압력처럼 시간에 따라 변하는 것도 있다.

시간에 따라 변하는 것이건 또는 아니건 간에 배경변수는 피험자 개인에게 영향을 미친다. 따라서 피험자 개인의 성장·변화에서 배경변수가 고려되어야 한다. 필요하다면 피험자 개인의 초기상태와 변화율에 영향을 미치는 배경변수가 잠재성장모형에 포함되어야 한다. 이런 경우 측정모형은 다음과 같다.

$$x = \tau_x + \lambda_x \xi + \delta \cdots\cdots ⑧$$

여기에서 x는 측정된 배경변수를 담고 있는 벡터, τ_x는 평균벡터, λ_x는 단위행렬, ξ는 편차점수로 된 배경변수벡터, δ는 영벡터이다. 여기서 δ가 영벡터라는 사실은 배경변수 x가 측정오차 없이 관찰된다는 것이고, 이 점에서 x는 회귀분석에서의 독립변수와 같다. 그리고 λ_x가 단위행렬이라는 것은 x가 ξ에 1:1 대응으로 관찰된다는 뜻이다.

덧붙여, ξ가 편차점수로 되어 있다는 것은 배경변수를 중심화하는 효과가 있다. 중심화란 한마디로 수집한 자료에서 어떤 값을 빼는 것을 말한다. 그러니까 원점수를 편차점수로 변환하는 것이 중심화이다. 원점수를 편차점수로 변환할 때, 빼는 값으로 평균이 사용될 수도 있고 그 외의 다른 값이 사용될 수도 있다. 주로 독립변수에 적용되는 중심화는 그렇게 해서 그 변수의 척도를 옮기고자 하는 것이다. 평균이 아닌 값을 사용한 중심화는 편차점수를 구한다는 점에서는 같으나 빼는 값이 달라 편차점수의 성질이 다르다.

앞의 식 ①—$y^r_{ip} = \pi^r_{0p} + \pi^r_{1p} t_i + \varepsilon^r_{ip}$—이나 식 ②에서, 절편의 의미 있는 해석을 위해 시간변수를 편차점수로 변환하는 경우를 생각해 보자. 이 식에서 절편 π_{0p}는 시간 t_1=0에서의 초기상태를 나타내는데, 이 절편이 진정한 의미의 초기상태를 나타내게 하기 위한 것이 중심화이다.

예를 들어, 피험자 개인에게서 반복적으로 측정된 값이 5년 주기로 5년, 10년, 15년, 20년에 있었다고 하자. 이 측정값이 편차점수화 되지 않고 수식에 사용되면, π_{0p}는 초기상태인 5년에서의 상태가 아니라 t_1이 영이 되는 0년에서의 상태를 나타낸다. 그러나 0년에서의 상태는 현실적으로 측정할 수 없는 의미 없는 값이다. 따라서 잠재성장모형에서는 처음 측정시점으로 모든 시간변수를 중심화해서 π_{0p}가 진정한 초기상태를 나타내게 한다. 즉, 시간변수 5년, 10년, 15년, 20년에서 처음 측정시점 5년을 빼서 시간변수를 0년, 5년, 10년, 15년으로 만드는 것이 중심화이다. 이렇게 함으로써 π_{0p}가 진정한 초기상태를 나타내게 하고, π_{1p}가 5년에서부터 20년까지의 변화율을 나타내게 한다.

또한 연구자가 출발시점에 관심을 두지 않고 다른 시점에 관심을 갖는다면 그 시점을 기준으로 중심화할 수도 있다. 예컨대, 10년에 관심을 갖는다면, −5년, 0년, 5년, 10년으로 중심화된다.

구조방정식모형으로 성장을 접근할 때의 장점은, 오차에 관한 유연성이 허락된다는 것과 오차가 독립적이고 동분산성이 있어야 한다는 일반적 가정이 완화될 수 있다는 것이다. 또한 일반적 반복측정설계에서 지켜져야 하는 구형성 가정도 잠재성장모형에서는 걸림돌이 되지 않는다(Hamagami & McArdle, 2001; Heck, 2001; Hess, 2000; Kaplan, 2000; Willett & Sayer, 1996: 곽수란, 이기종, 2009에서 재인용).

6. 잠재성장모형에서의 모형공분산행렬

지금까지 구조방정식모형에서 사용된 자료는 공분산행렬이다. 주지하는 바와 같이, 공분산은 평균에 관한 정보를 제공해 주지 않는다. 공분산을 사용할 때의 가정은 관찰변수와 잠재변수의 평균은 영이라는 것이다. 그러나 이런 가정은 때로는 현실과 맞지 않을 수 있다. 예를 들어, 반복적으로 측정된 변수의 평균은 서로 다를 수 있다. 따라서 모든 변수의 평균이 영이라는 가정은 현실과 맞지 않는 것이다. 구조방정식모형에서 때로는 평균에도 관심을 가질 수 있다. 이런 경우 평균구조를 갖는 구조방정식모형이 유용하게 사용된다.

앞서도 언급되었듯이, 평균구조를 갖는 구조방정식모형은 공분산행렬 외에 평균구조가 사용된다. 그러나 분산분석에서처럼 관찰변수의 평균에 관심을 갖는 것이 아니라 평균구조를 갖는 구조방정식모형에서는 잠재변수의 평균에 관심이 있다.

평균구조를 갖는 구조방정식모형에서는 평균이 영이라는 가정이 완화되고, 모형은 앞서 소개된 여덟 개 모수행렬 외에 네 개의 모수행렬이 더해진다. 새로운 네 개 모수행렬은 절편과 잠재변수의 평균에 관한 것이다.

앞서 소개된 잠재변수모형과 측정모형에 대응되는 평균구조를 갖는 구조방정식모형에서의 구조방정식은 다음과 같다. 다음 식은 이미 앞에서 제시된 바 있다.

$$y = \tau_y + \lambda_y \eta + \varepsilon \quad \cdots\cdots ⑥$$

$$\eta = \alpha + B\eta + \Gamma\xi + \zeta \quad \cdots\cdots ⑦$$

$$x = \tau_x + \lambda_x \xi + \delta \quad \cdots\cdots ⑧$$

여기서 α는 내생잠재변수 η의 평균을 담고 있는 벡터, τ_y는 관찰변수 y의 평균을 담고 있는 벡터, 그리고 τ_x는 관찰변수 x의 평균을 담고 있는 벡터이다. 내생잠재변수 η의 평균을 담고 있는 벡터 α는 실제로는 절편을 담고 있다. 또한 $E(\zeta)=0$, $E(\varepsilon)=0$, $E(\delta)=0$이라고 가정한다. 방해오차와 측정오차의 기댓값이 영이라는 이 가정은 앞서의 잠재변수모형이나 측정모형에서의 가정과 같다. 그러나 잠재변수 η와 ξ의 기댓값이 영이라고 가정하지는 않는다. 즉, $E(\eta)\neq 0$, $E(\xi)\neq 0$이다. 잠재변수 ξ의 기댓값을 κ(kappa)라고 표시하면, 잠재변수 η의 기댓값 $E(\eta)$는 아래의 과정을 통해 나타날 수 있다.

$$\eta = \alpha + B\eta + \Gamma\xi + \zeta$$

앞에서 η를 환원형태로 만들기 위해 등호 오른쪽의 η항을 왼쪽으로 옮기면 다음과 같다.

$$\eta - B\eta = \alpha + \Gamma\xi + \zeta$$

이를 다시 정리하면 다음과 같다.

$$(I-B)\eta=\alpha+\Gamma\xi+\zeta$$

그리고 최종적으로 환원형태로 만들기 위해 $(I-B)$로 등호 오른쪽을 나누면 다음과 같다.

$$\eta=(I-B)^{-1}(\alpha+\Gamma\xi+\zeta)$$

그리고 여기에 기댓값을 취하면, $E(\zeta)=0$이기 때문에 사라지고 잠재변수 ξ와 상수의 기댓값은 각각 κ와 상수이기 때문에 다음처럼 된다.

$$E(\eta)=(I-B)^{-1}(\alpha+\Gamma k) \cdots\cdots ⑨$$

그리고 관찰변수 y와 x의 기댓값은 따라서 다음과 같이 된다.

$$E(y)=\mu_y=\tau_y+\lambda_y(I-B)^{-1}(\alpha+\Gamma k) \cdots\cdots ⑩$$

$$E(x)=\mu_x=\tau_x+\lambda_y k \cdots\cdots ⑪$$

이 식 ⑩에서는 $E(\varepsilon)=0$이기 때문에 사라지고 η가 기댓값으로 대입된 것이고, 식 ⑪은 $E(\delta)=0$이어서 사라지고 남은 항을 정리한 것이다.

따라서 평균구조를 갖는 구조방정식모형은 이미 소개된 여덟 개 모수행렬에다 부가적으로 네 개의 모수행렬을 더 갖게 된다. 모수행렬이라고 표현했지만 실제로는 벡터이다.

〈표 8-2〉 평균구조를 갖는 구조방정식모형에서의 부가적 모수행렬

이름	표기	차수	기본형태	기본양식
Tau-Y(TY)	τ_y	NY×1	ZE	FI
Tau-X(TX)	τ_x	NX×1	ZE	FI
ALPHA(AL)	α	NE×1	ZE	FI
KAPPA(KA)	κ	NK×1	ZE	FI

각각의 모수행렬은 기본적으로 원소가 0으로 고정되어 있다. 그러나 필요에 따라서 자유모수로 지정할 수 있다. LISREL의 MO 명령문에서 각각의 모수행렬에 대해 지정할 수 있다.

7. 잠재성장모형에서의 모수확인

평균구조를 갖는 구조방정식모형에서 고려해야 할 것은 설정된 모형의 자유모수가 확인될 수 있는가이다. 잠재성장모형에서는 모수행렬에 제약을 가하지 않는 한 설정된 모형의 자유모수가 확인되지 않는다.

구조방정식모형에서 모수확인의 일반적 규칙은 t 규칙을 충족시키는가이다. 주지하는 바와 같이, t 규칙은 중복되지 않은 정보의 숫자가 설정된 모형에서의 자유모수의 숫자보다 크거나 같아야 한다는 것이다. 이 t 규칙이 잠재성장모형에서도 그대로 적용된다. 단지 예외가 있다면 중복되지 않은 정보의 숫자에 측정변수의 평균이 포함된다는 것이 다를 뿐이다.

$$t \le \frac{N(N+3)}{2}$$

여기서 N은 측정변수의 숫자이다. 여기서의 t 규칙은 지금까지 보아 오던 t 규칙과는 다르다. 다른 이유는 중복되지 않은 정보의 숫자에 측정변수의 평균이 포함되기

때문이다. 예를 들어, 측정변수가 3개이면 중복되지 않은 정보의 숫자는 $\frac{3(3+3)}{2}$개이다. 이 숫자는 지금까지의 중복되지 않은 정보의 숫자인 $\frac{1}{2}(p+q)(p+q+1)$에 평균 3개가 더해진 결과이다. 측정변수가 3개이니까 지금까지 방식으로 $(p\times q)$는 3이고 따라서 중복되지 않은 정보의 숫자는 6이다. 즉, 차수가 (3×3)인 공분산 행렬에서 대각선 원소인 분산 세 개와 비대각선 원소인 공분산 세 개가 중복되지 않은 정보의 숫자이다. 여기에 측정변수의 평균 세 개가 더해져 평균구조를 갖는 구조방정식모형에서 중복되지 않는 정보의 숫자인 9가 나온 것이다.

그러므로 부가적으로 더해진 모수행렬에서의 평균과 절편의 숫자가 측정변수의 평균의 숫자를 초과해서는 안 된다는 것이 바로 위 t 규칙이 시사하는 바이다. 구체적으로는 평균벡터의 모수숫자가 측정변수의 평균 숫자를 초과해서는 안 된다는 것이다. 따라서 이 t 규칙이 충족되지 않으면 잠재성장모형은 확인되지 않는다. 이 t 규칙이 충족되면, 그 이후는 지금까지 소개된 모수확인 방법을 사용하면 된다.

8. 잠재성장모형의 분석 예시

다음과 같은 모형이 설정되었다. 학생의 학업성취도가 어떤 궤적을 그리는지를 확인한다. 예제 자료는 1년 주기로 464명의 피험자 개개인에게 반복적으로 측정된 국어, 영어, 수학 학업성취도로, 이들 측정값은 검사동등화가 이루어진 상태에서 관찰된 것으로 한 가상자료를 만들었다.

1) 직선인 경우

궤적이 곡선인 경우도 직선인 경우와 마찬가지로 데이터를 불러온다. 데이터를 불러오는 과정은 5장을 참고하며, 다른 이름 'LGM_UNCONDITION'으로 입력한 후 저장을 누른다. 다음과 같은 화면이 나타난다.

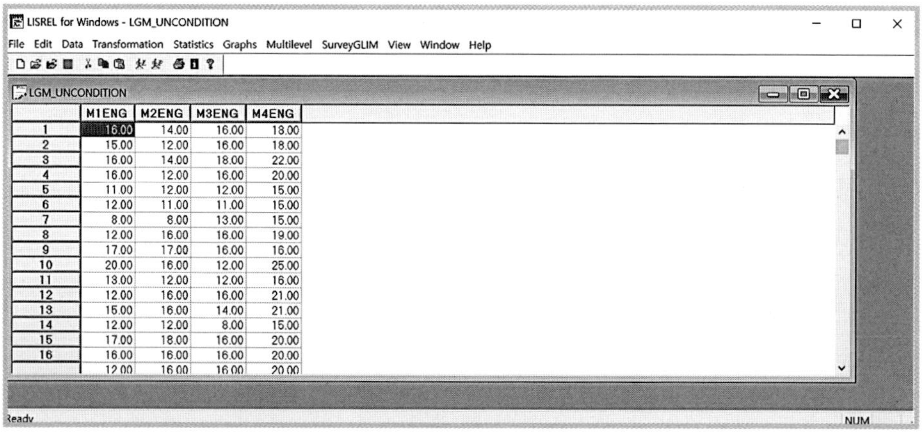

[File] → [New]를 선택한다.

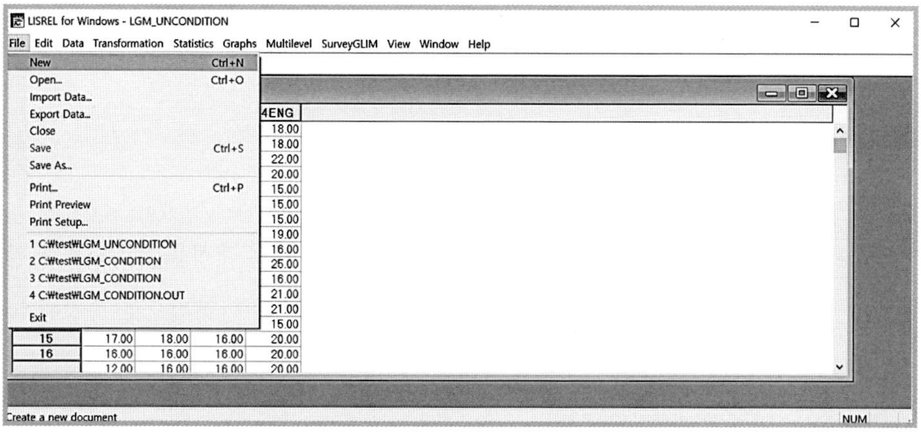

다음과 같은 '새로 만들기' 창이 나타나면, 'Path Diagram'을 선택한 후, [확인]을 선택한다.

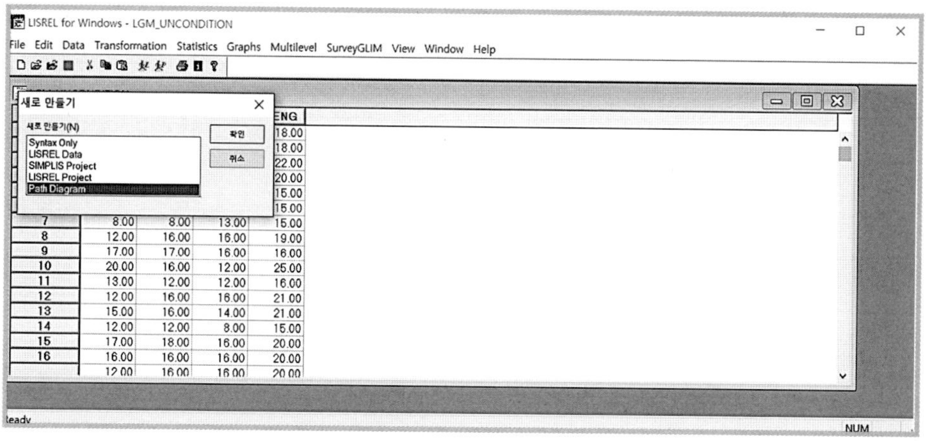

선택을 하면, 다음과 같은 '다른 이름으로 저장' 창이 생기는데 파일 이름을 'LGM_직선'으로 입력한 후, [저장]을 선택한다.

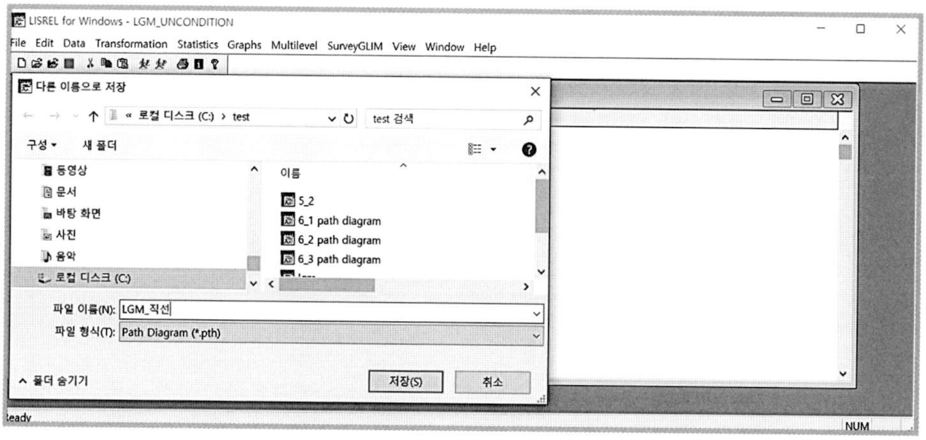

다음과 같이 'LGM_직선.pth' 창이 생긴다.

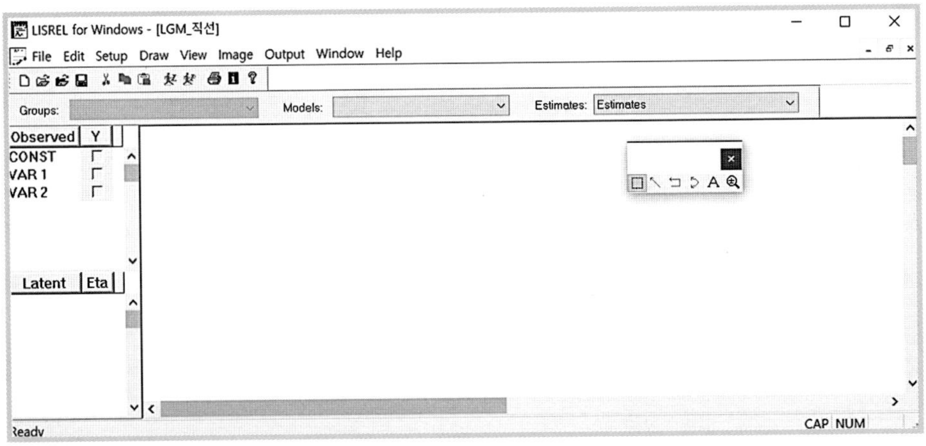

path diagram을 그리기 위해 상단의 [Setup] → [Variables]를 선택한다.

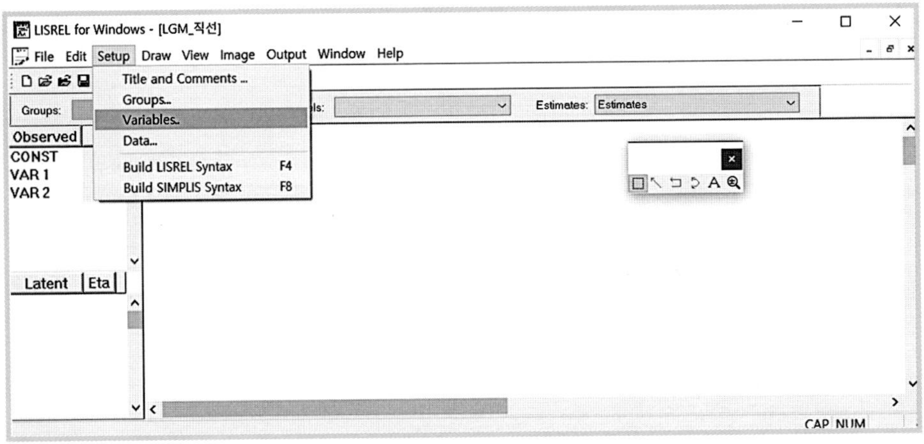

다음과 같은 'Labels' 창이 생긴다. 관찰변수를 불러오기 위해 좌측 하단의 [Add/Read Variables]를 선택한다.

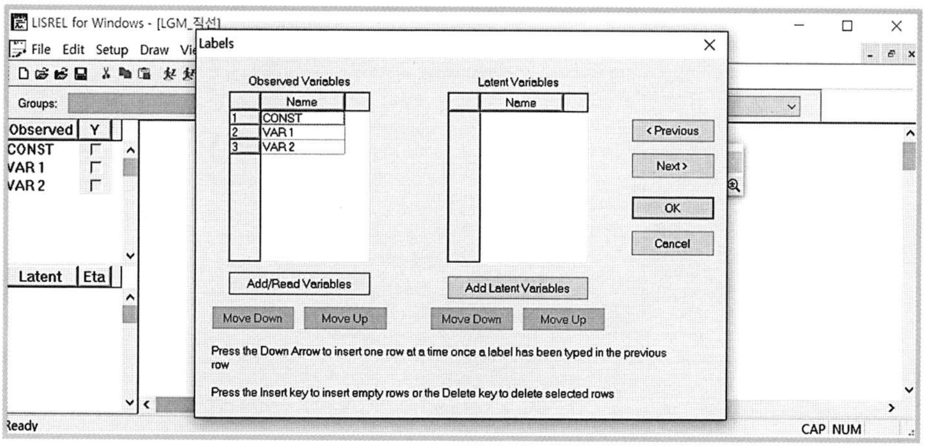

다음과 같은 창이 생기면, 'Read from file'에서 'LISREL System File'을 선택한다.

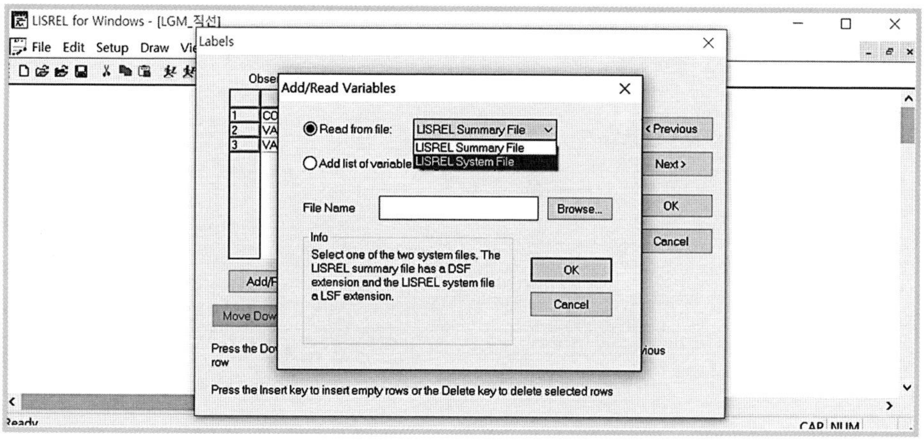

그리고 중간의 'File Name'의 [Browse]를 선택한다.

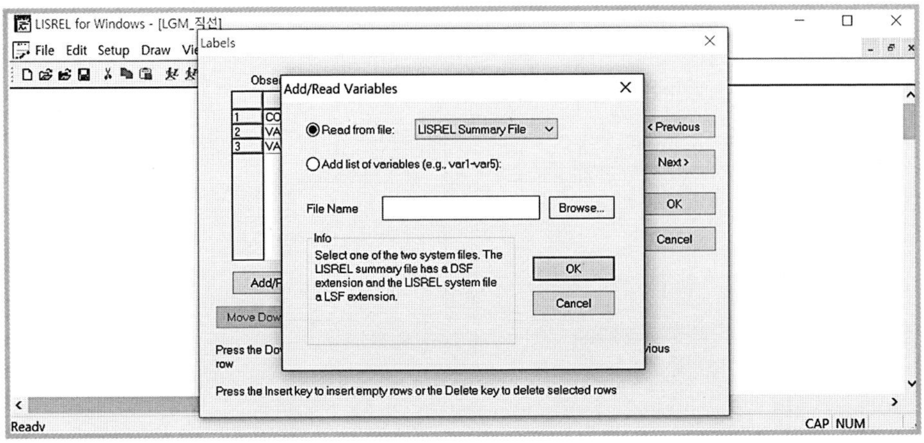

데이터를 불러올 때, 다른 이름으로 저장한 파일을 선택한 후 [열기]를 선택한다. 여기서는 'LGM_UNCONITION.lsf'를 선택한다.

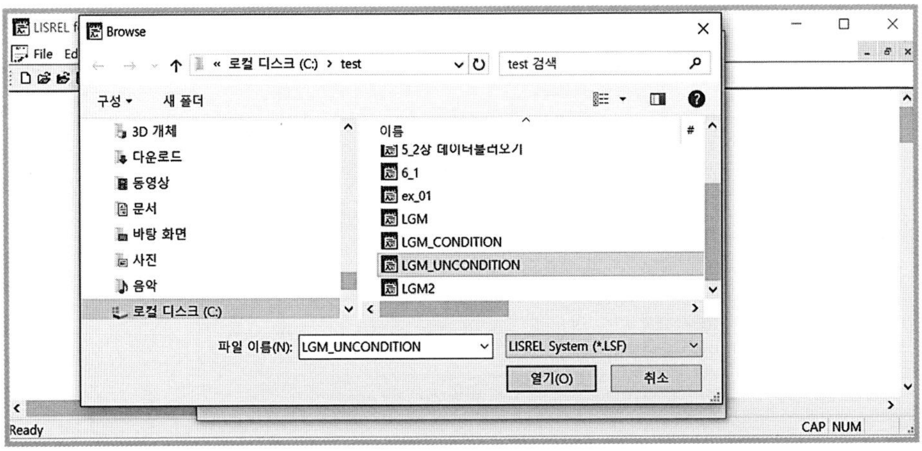

다음과 같이 'File Name' 창에 데이터가 입력되었다. [OK]를 선택한다.

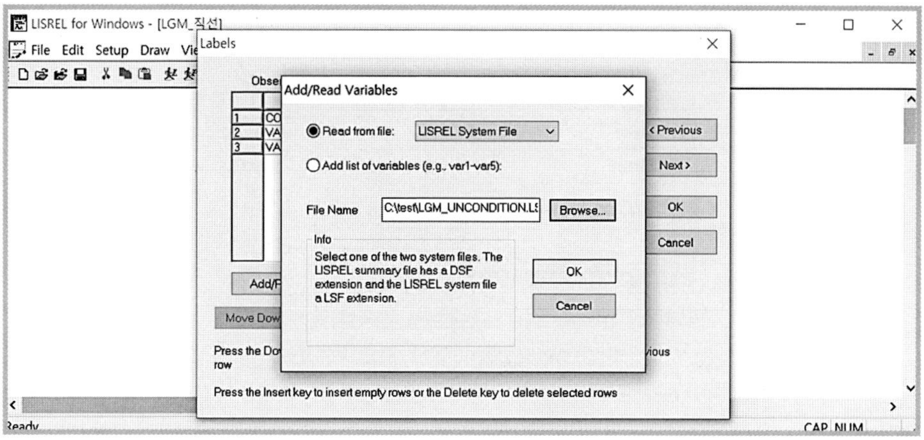

좌측 관찰변수 칸에 데이터의 변수가 읽혀 들어왔다. 잠재변수를 생성하기 위해 우측 하단의 [Add Latent Variables]를 선택한다.

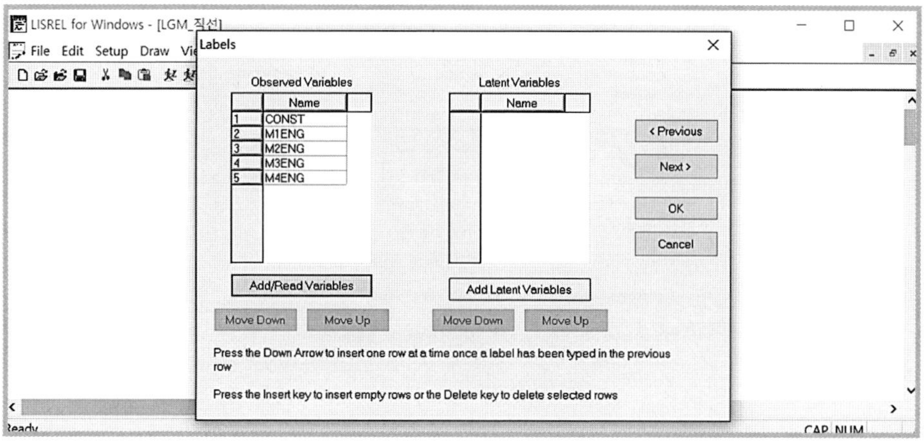

다음과 같은 창이 나타나면, 생성할 잠재변수의 이름을 설정해 준다.

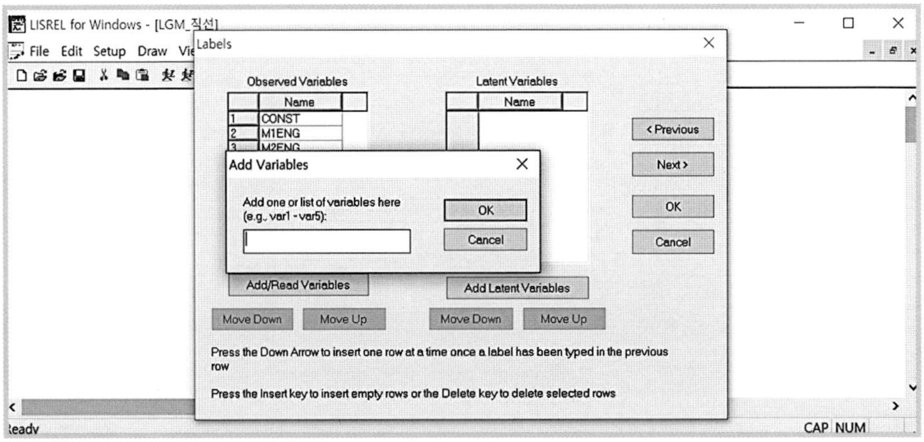

잠재변수의 이름 'intercept'를 입력한 후 [OK]를 선택한다.

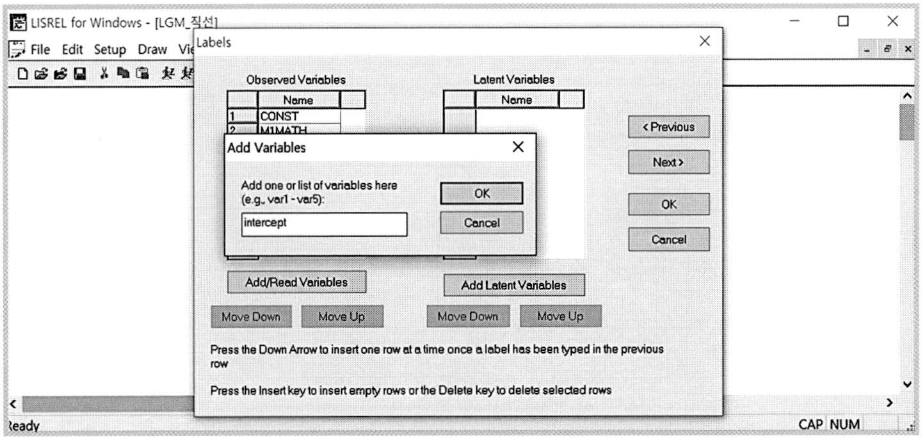

잠재변수 창에 입력한 'intercept' 잠재변수가 생성되었다. 동일한 방법으로 잠재변수 'slope'를 입력한다.

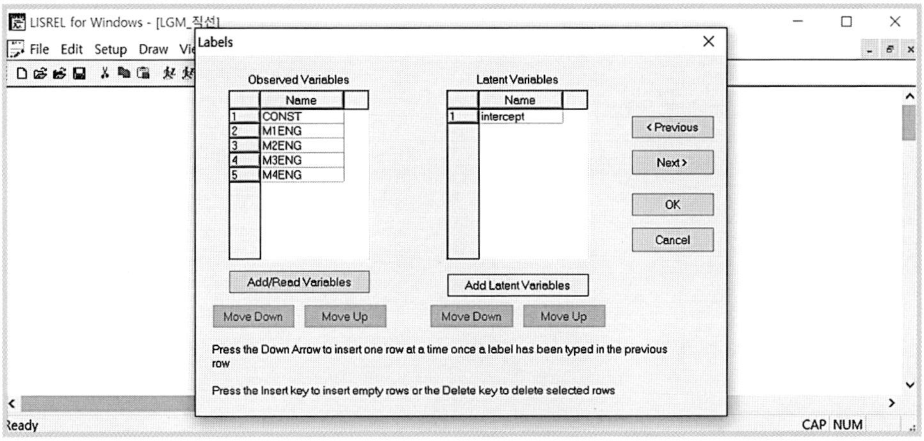

다음과 같이 우측의 잠재변수 창에 입력한 잠재변수가 생성된 것을 확인할 수 있다. 다음 [OK]를 선택한다.

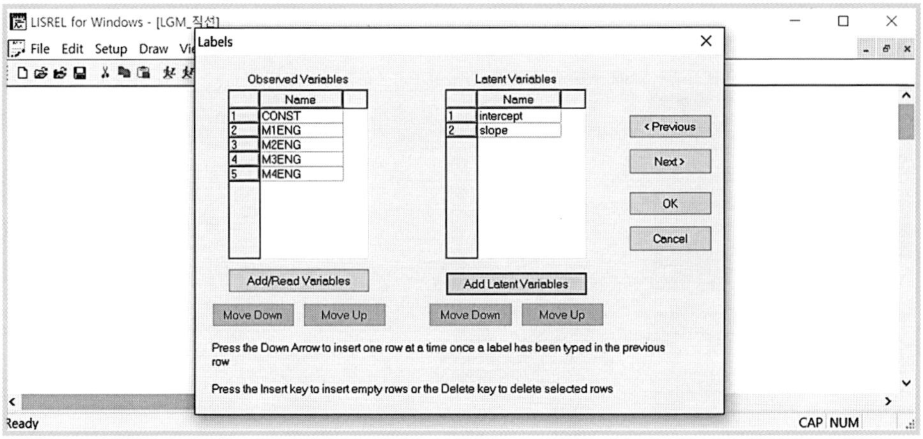

다음과 같이 좌측에 관찰변수와 잠재변수가 생성된 것을 확인할 수 있다. 'LGM_직선.pth'에 변수를 끌어들여 모형을 그린다. 끌어들일 변수는 관찰변수 'M1ENG' 'M2ENG' 'M3ENG' 'M4ENG'와 잠재변수 'intercept' 'slope'이다.

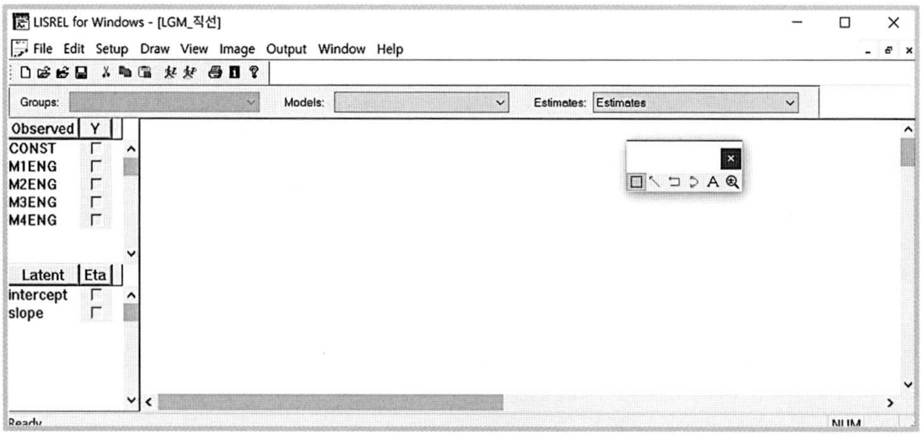

다음은 모형의 경로까지 설정한 모형이다. 모형의 경로를 그릴 때에는 작은 박스 안의 '↖'를 선택한 후 그린다.

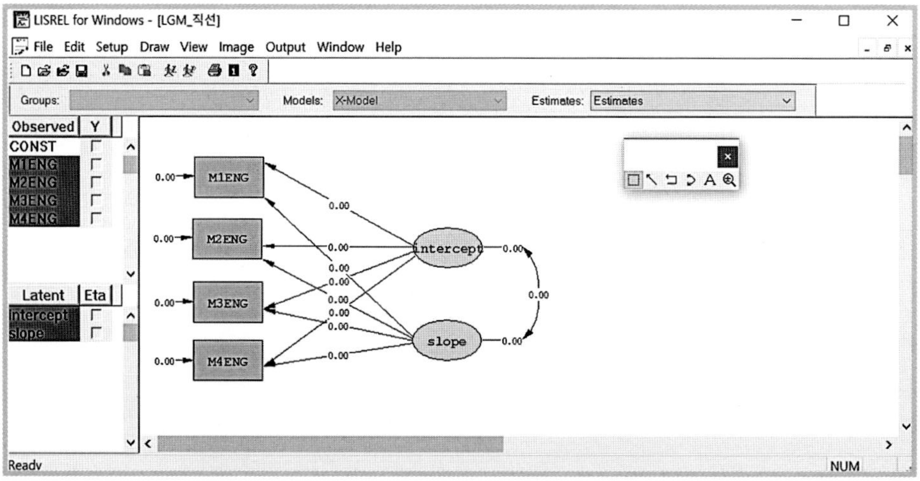

상단의 [Setup] → [Build SIMPLIS Syntax]를 선택한다.

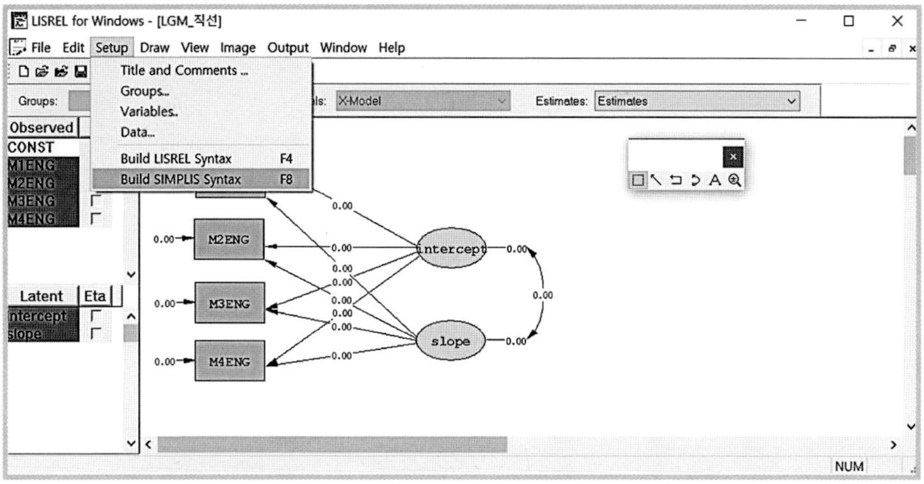

다음과 같이 Syntax 창이 생긴다.

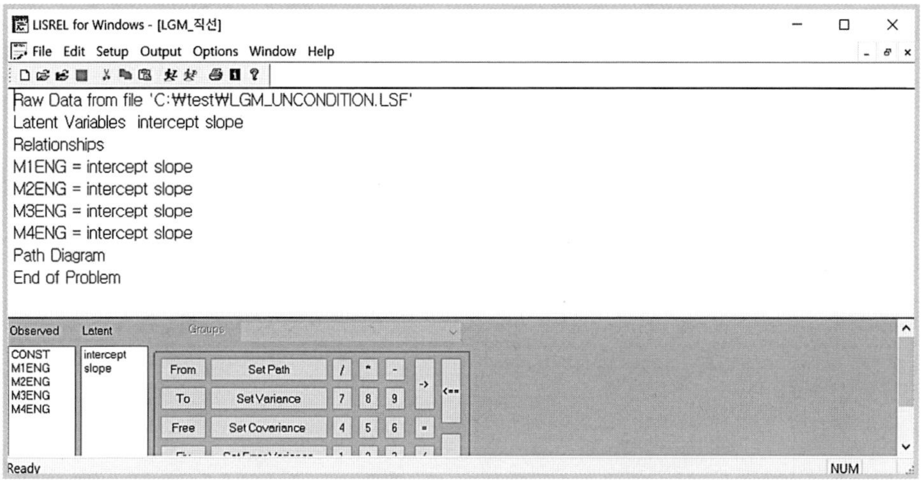

직선인 경우 각 변수 'intercept' 앞에 '1*'을 입력하고, 'slope'변수 앞에는 '0*' '1*' '2*' '3*'을 입력한다. 상단의 도구 모음에서 파란색 사람이 뛰는 모습 옆에 L이 새겨진 버튼, 을 선택하여 LISREL을 구동시킨다.

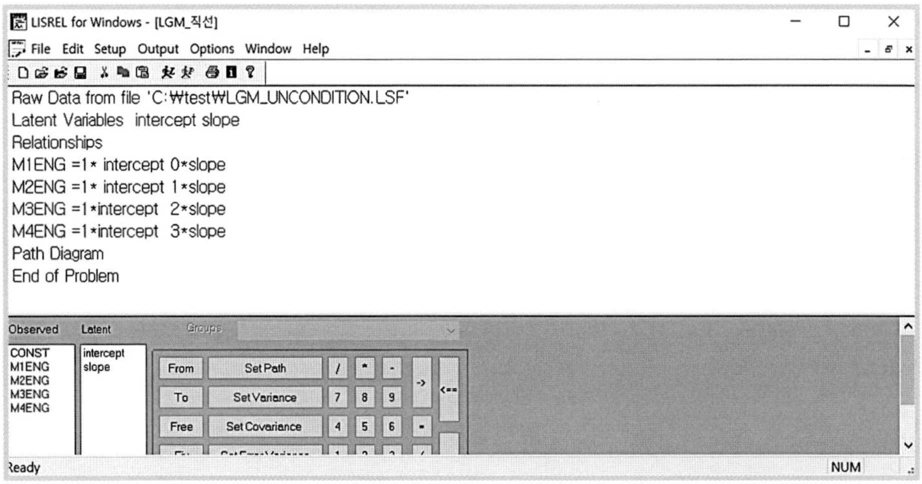

다음과 같은 결과가 나타난다.

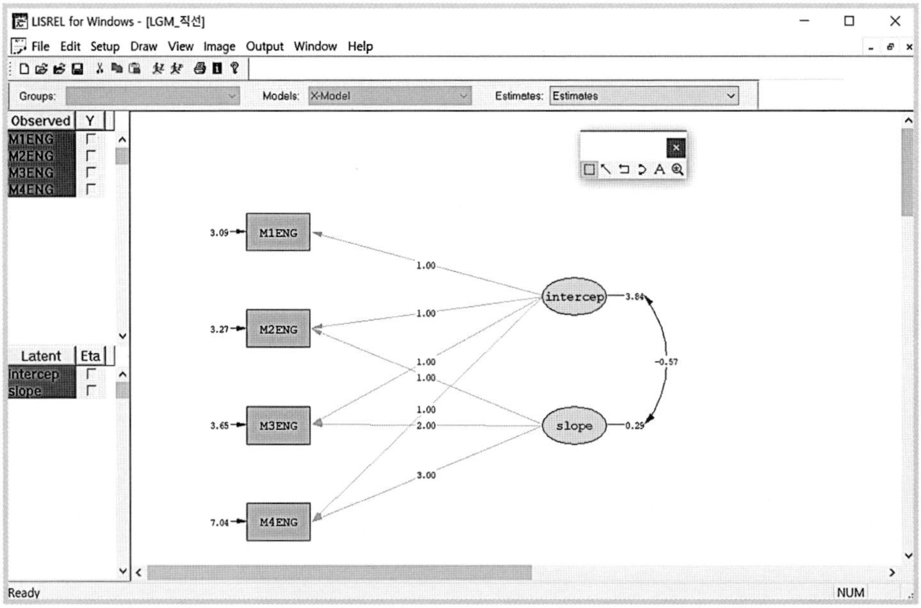

다음은 모형의 output 파일이다.

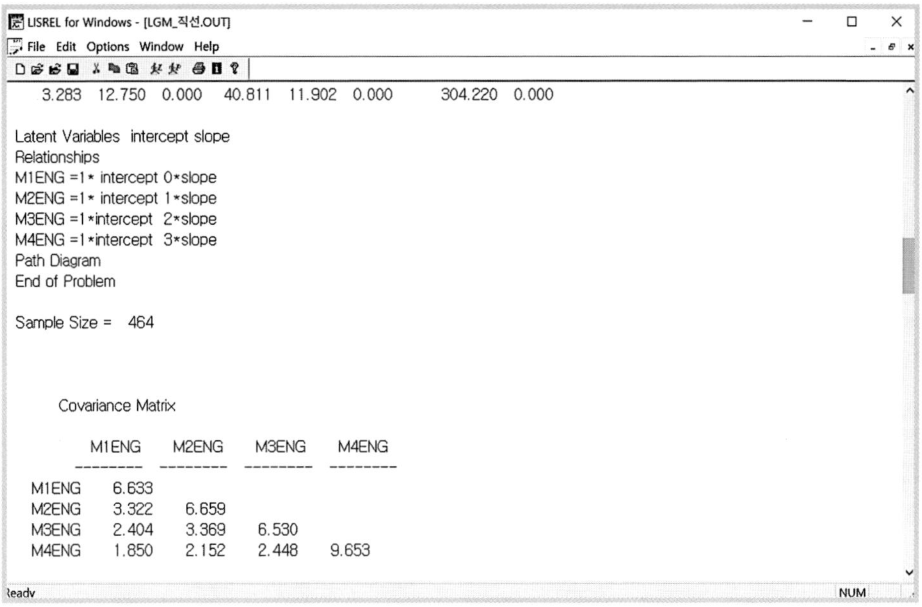

2) 곡선인 경우

궤적이 곡선인 경우도 직선인 경우와 마찬가지로 데이터를 불러온다. 데이터를 불러오는 과정은 5장을 참고하며, 다른 이름 '궤적이 곡선인 경우'도 직선인 경우와 마찬가지로 데이터를 불러온다. 'LGM_곡선'으로 입력한 후 저장을 누른다. 다음과 같은 화면이 나타난다.

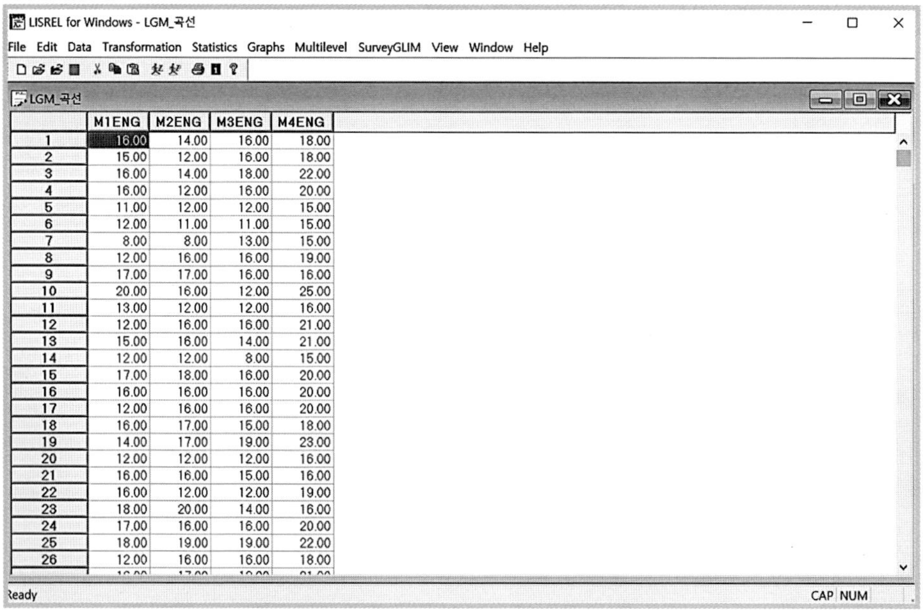

[File] → [New]를 선택한다.

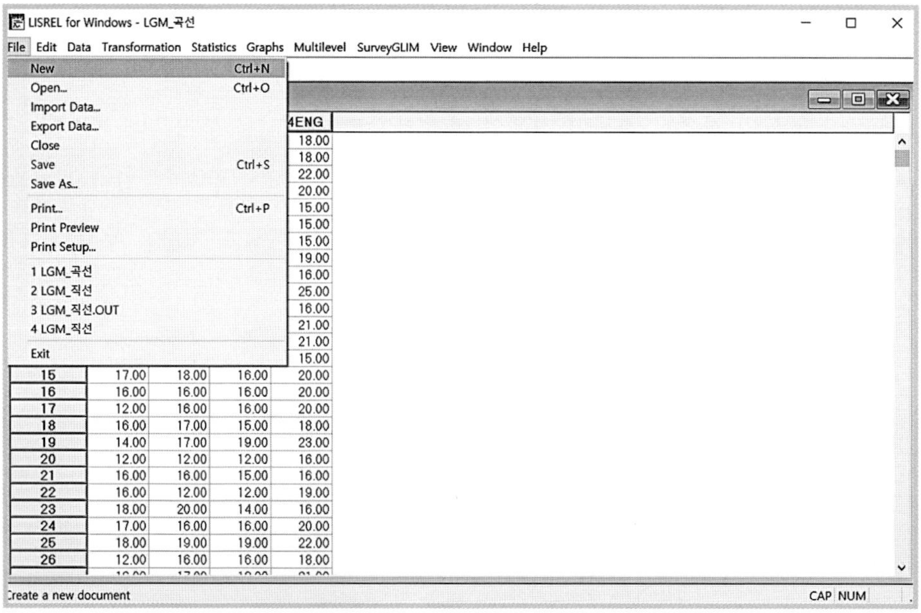

다음과 같은 '새로 만들기' 창이 나타나면, 'Path Diagram'을 선택한 후, [확인]을 선택한다.

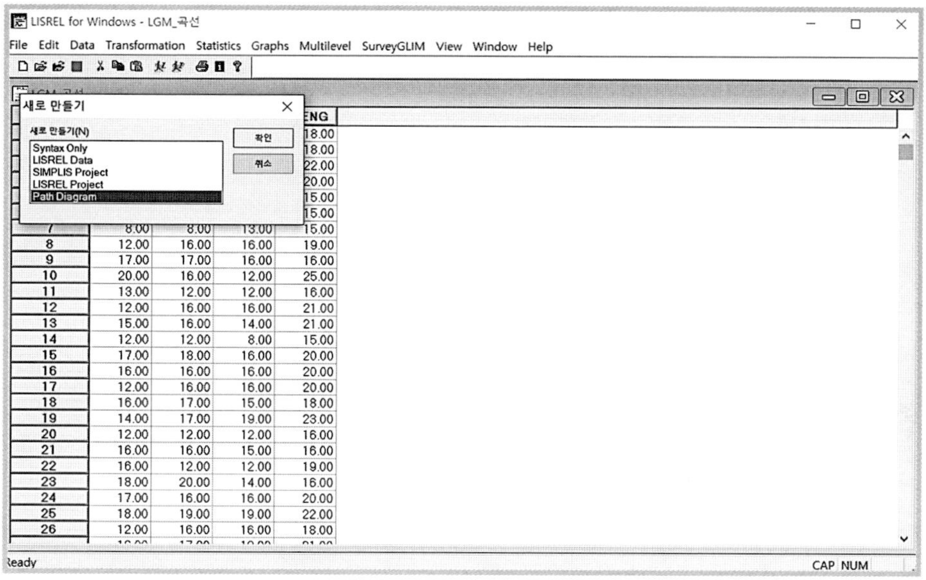

선택을 하면, 다음과 같은 '다른 이름으로 저장' 창이 생기는데 파일 이름을 'LGM_곡선'으로 입력한 후, [저장]을 선택한다.

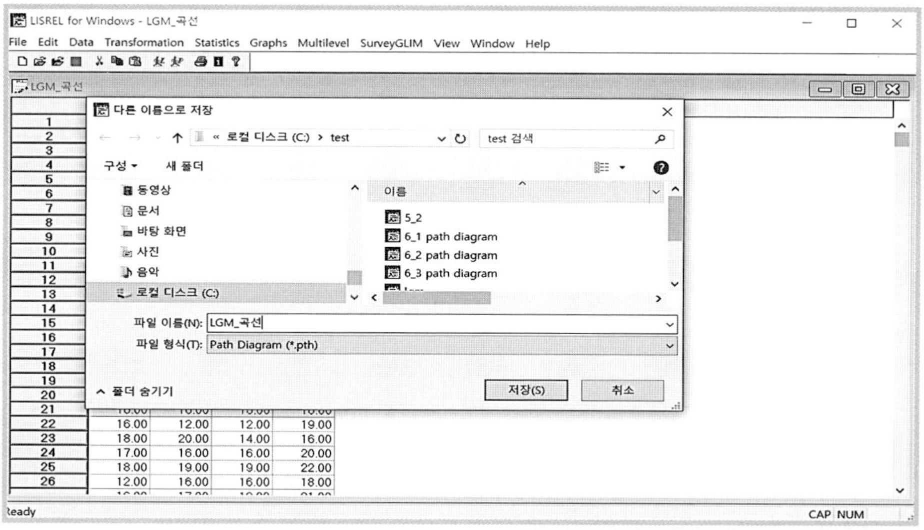

다음과 같이 'LGM_곡선.pth' 창이 생긴다.

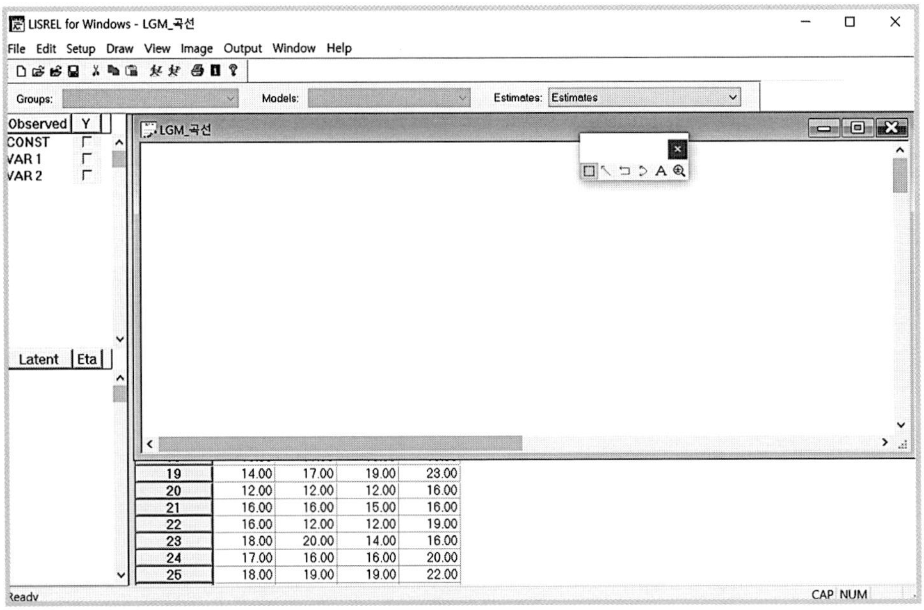

path diagram을 그리기 위해 상단의 [Setup] → [Variables]를 선택한다.

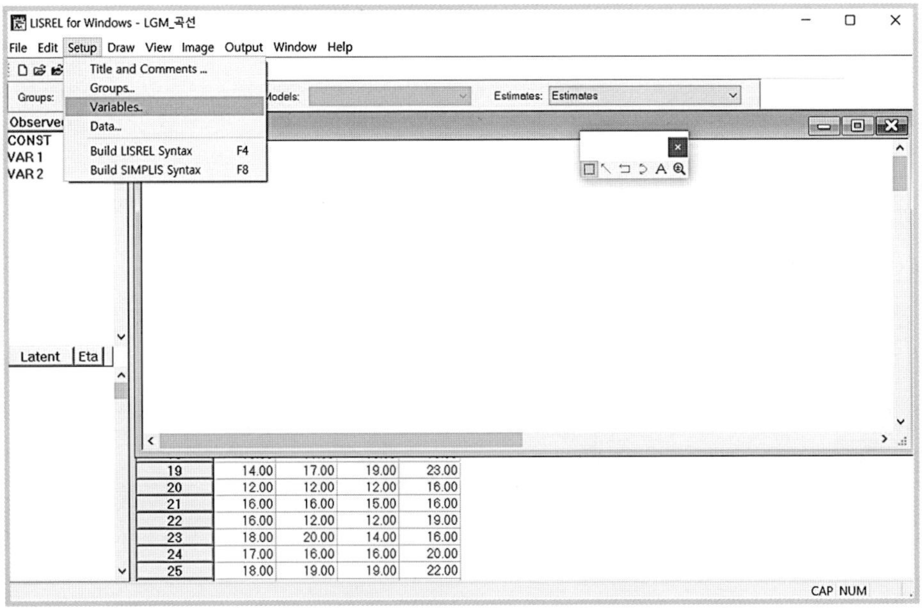

다음과 같은 'Labels' 창이 생긴다. 관찰변수를 불러오기 위해 좌측 하단의 [Add/Read Variables]를 선택한다.

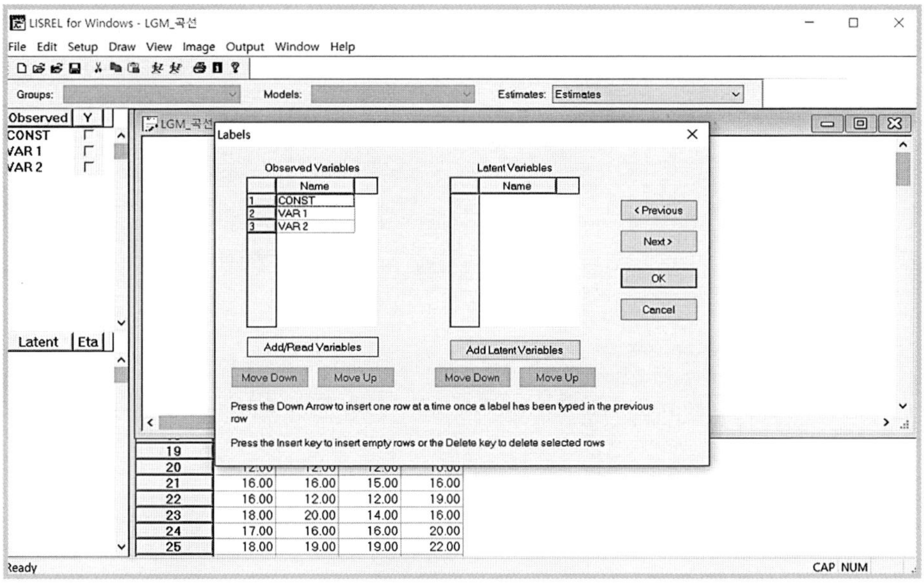

다음과 같은 창이 생기면, 'Read from file'에서 'LISREL System File'을 선택한다.

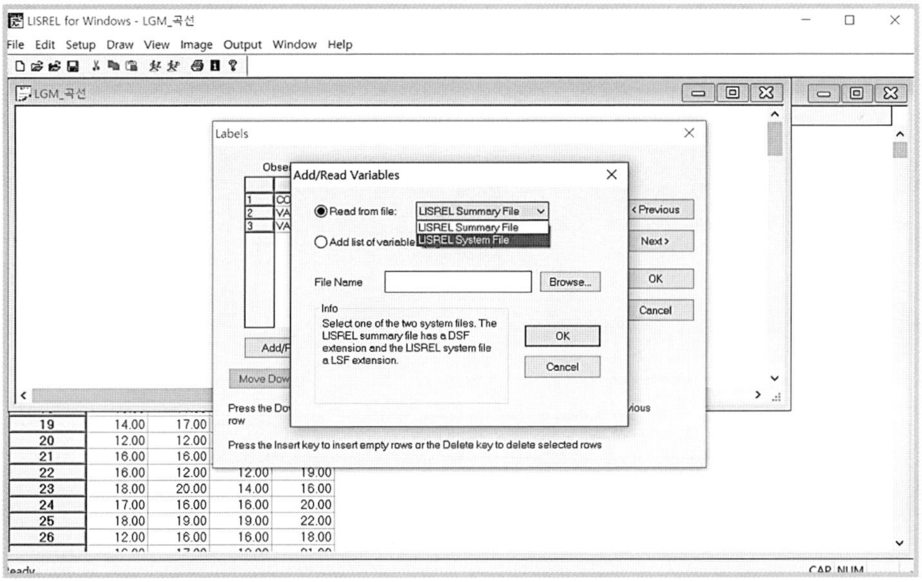

그리고 중간의 'File Name'의 [Browse]를 선택한다.

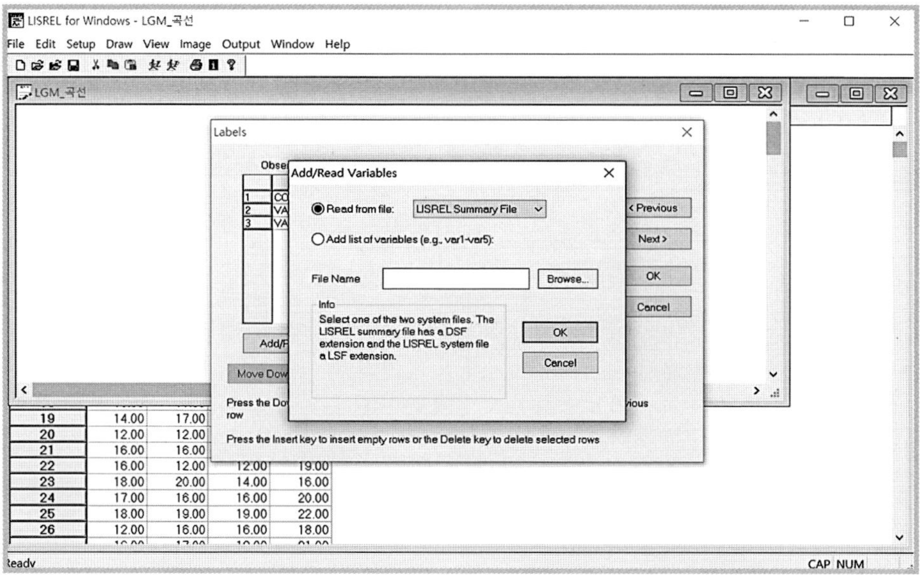

데이터를 불러올 때, 다른 이름으로 저장한 파일을 선택한 후 [열기]를 클릭한다. 여기서는 'LGM_곡선.lsf'를 선택한다.

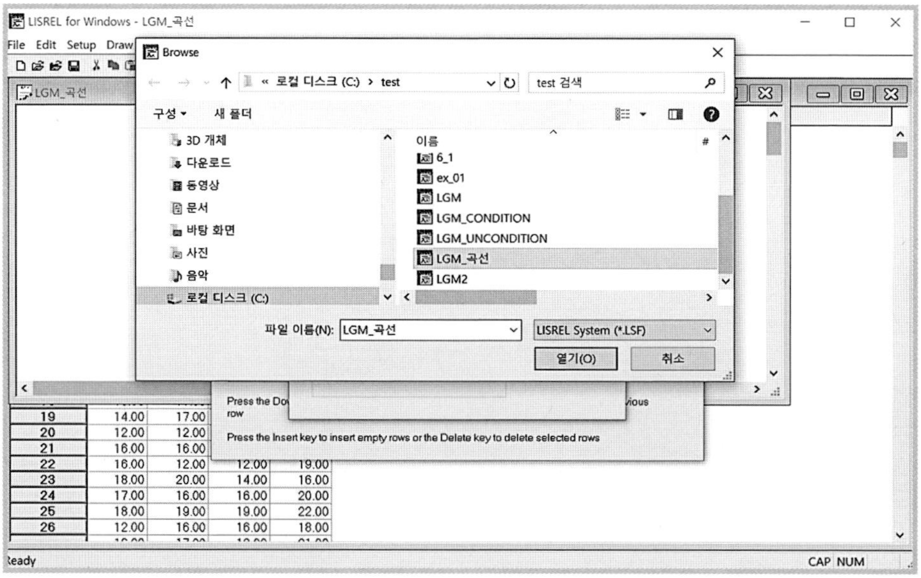

다음과 같이 'File Name' 창에 데이터가 입력되었다. [OK]를 선택한다.

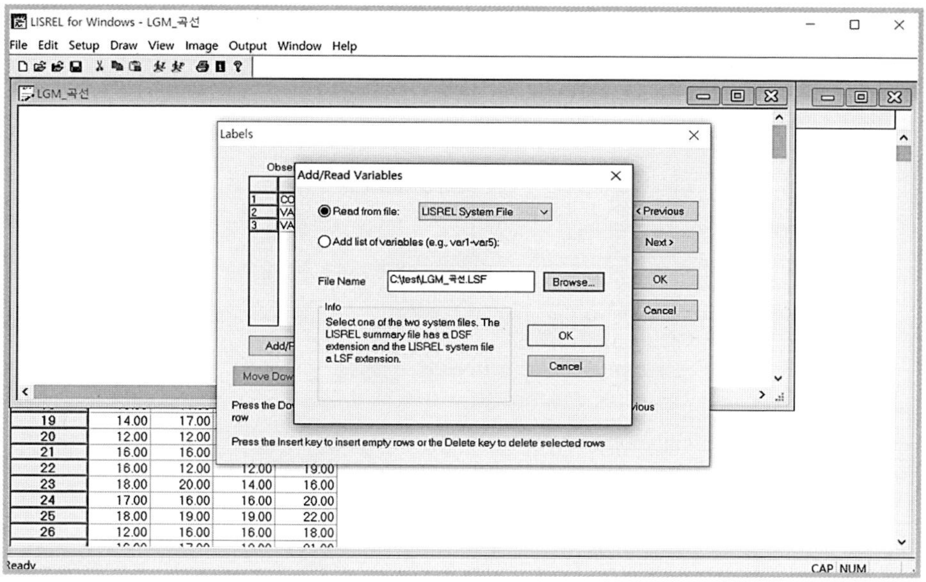

좌측 관찰변수 칸에 데이터의 변수가 읽혀 들어왔다. 잠재변수를 생성하기 위해 우측 하단의 [Add Latent Variables]를 선택한다.

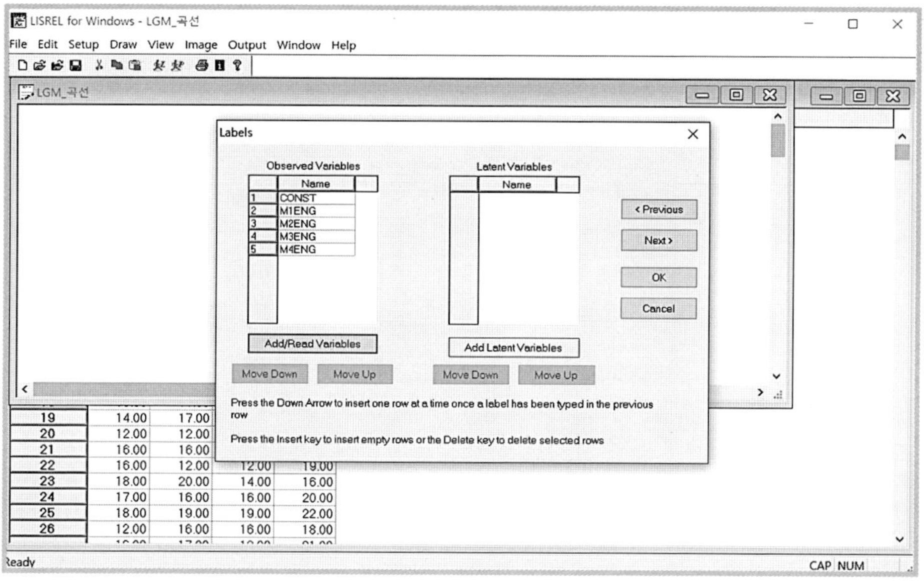

다음과 같은 창이 나타나면, 생성할 잠재변수의 이름을 설정해 준다.

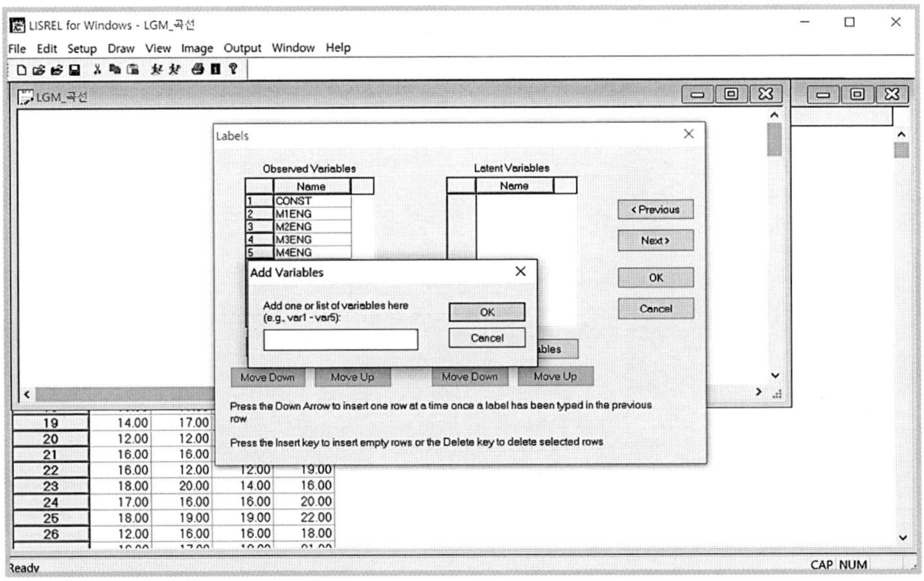

잠재변수의 이름 'intercept'를 입력한 후 [OK]를 클릭한다. 동일한 방법으로 잠재변수 'slope'를 입력한다.

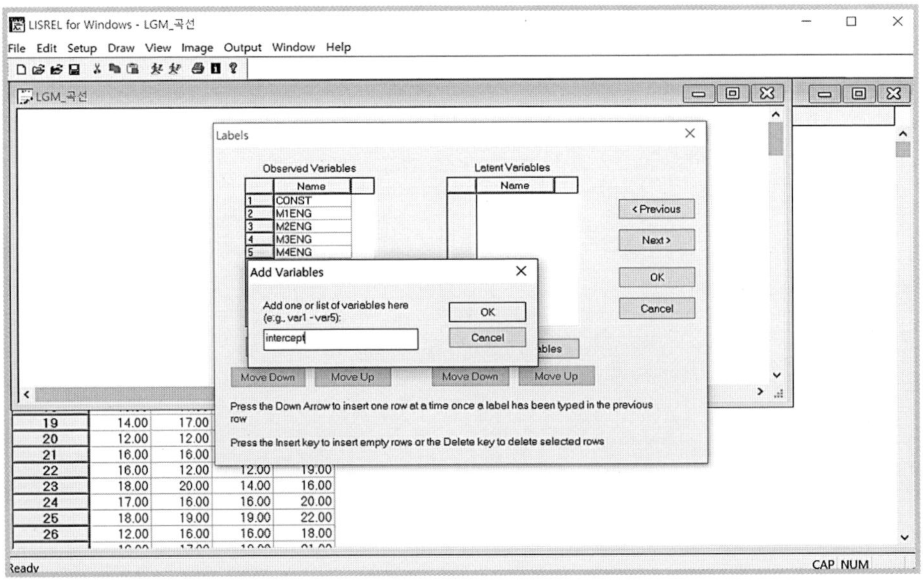

다음과 같이 우측의 잠재변수 창에 입력한 잠재변수가 생성된 것을 확인할 수 있다. 다음 [OK]를 선택한다.

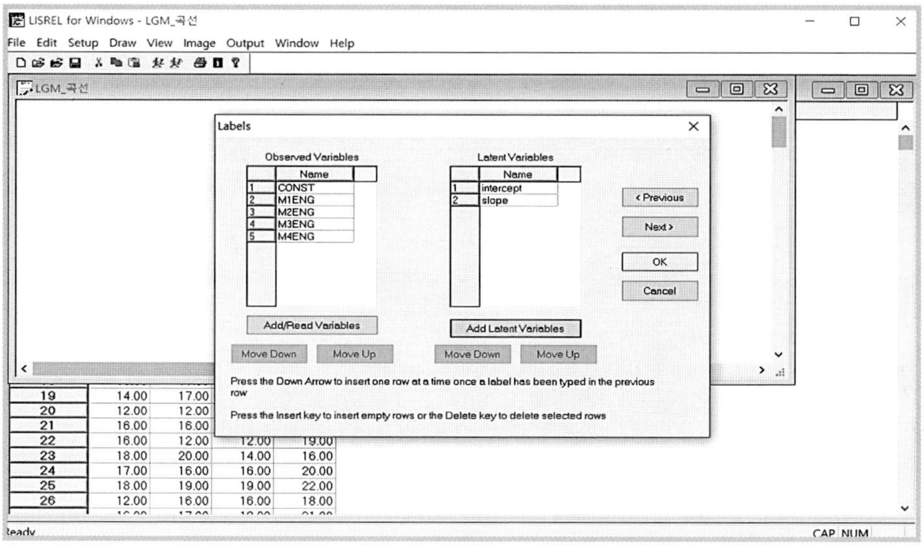

다음과 같이 좌측에 관찰변수와 잠재변수가 생성된 것을 확인할 수 있다. 'LGM_곡선.pth'에 변수를 끌어들여 모형을 그린다. 끌어들일 변수는 관찰변수 'M1ENG' 'M2ENG' 'M3ENG' 'M4ENG'와 잠재변수 'intercept' 'slope'이다.

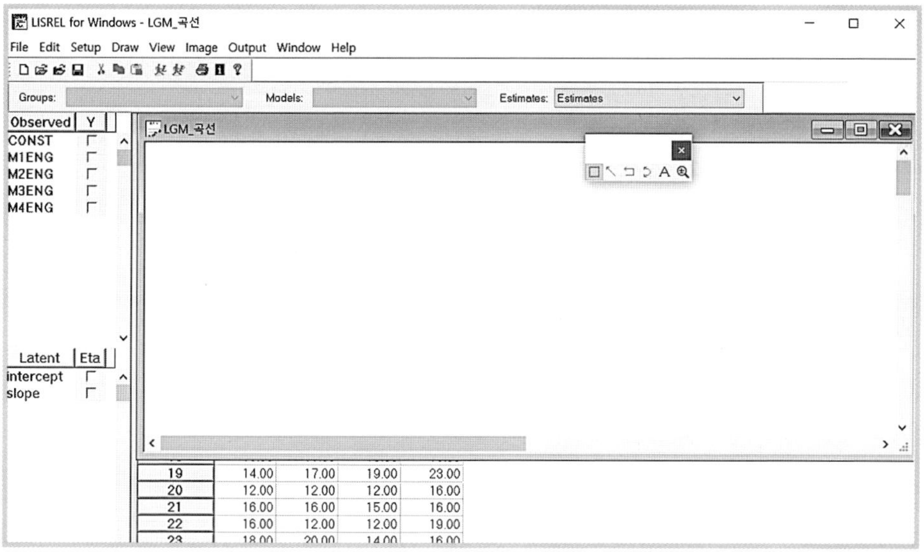

다음은 모형의 경로까지 설정한 모형이다. 모형의 경로를 그릴 때에는 작은 박스 안의 '↖'를 선택한 후 그린다.

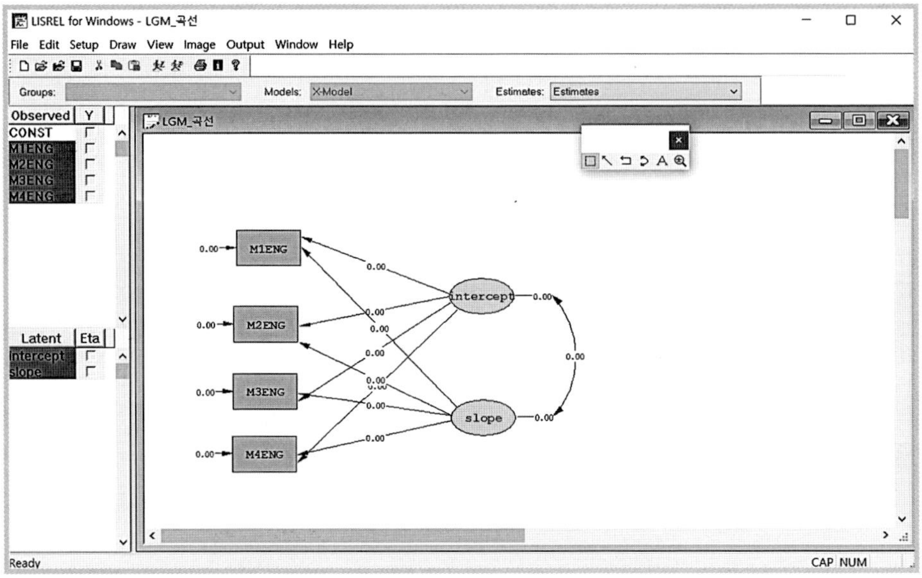

상단의 [Setup] → [Build SIMPLIS Syntax]를 선택한다.

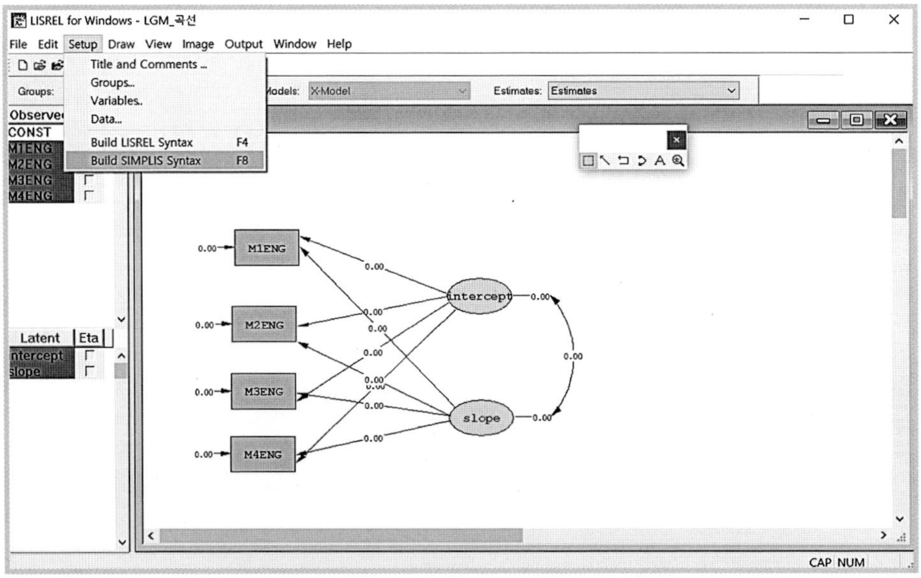

다음과 같이 Syntax 창이 생긴다.

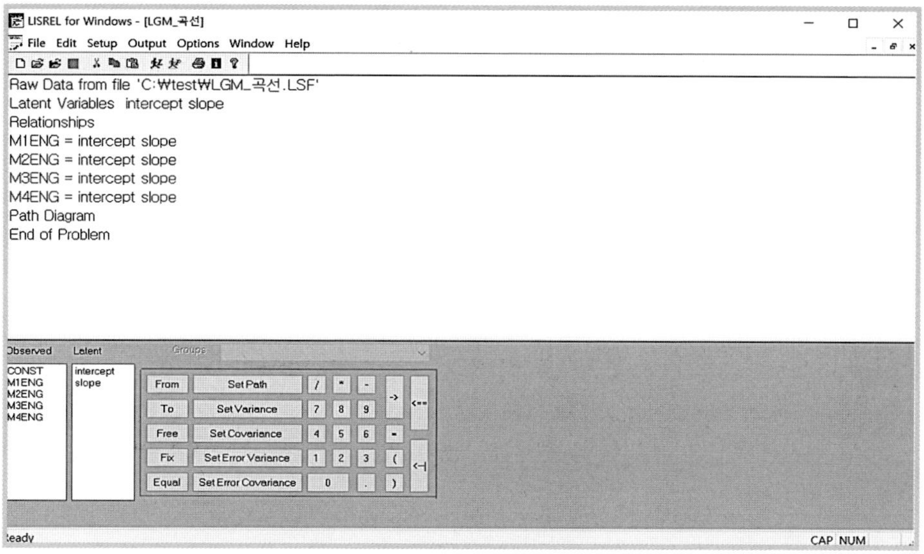

곡선인 경우 각 변수 'intercept' 앞에 '1*'을 입력하고, 'slope'변수 앞에는 '0*' '1*' '4*' '9*'을 입력한다. 상단의 도구 모음에서 파란색 사람이 뛰는 모습 옆에 L이 새겨진 버튼, 을 선택하여 LISREL을 구동시킨다.

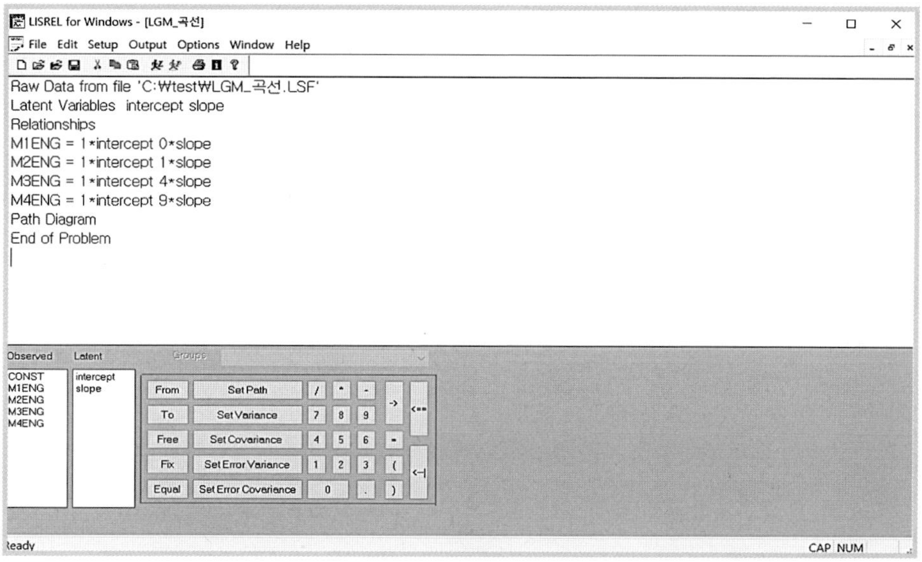

다음과 같은 결과가 나타난다.

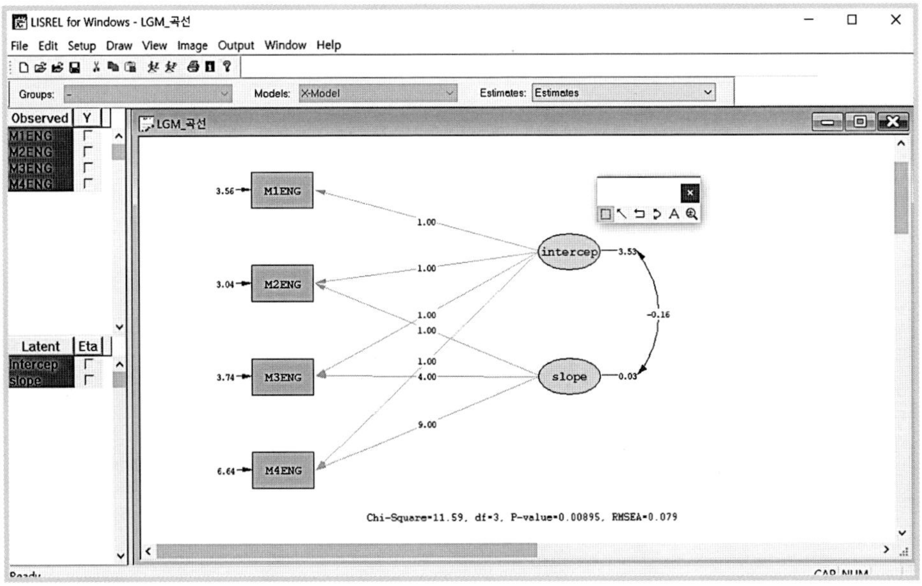

다음은 모형의 output 파일이다.

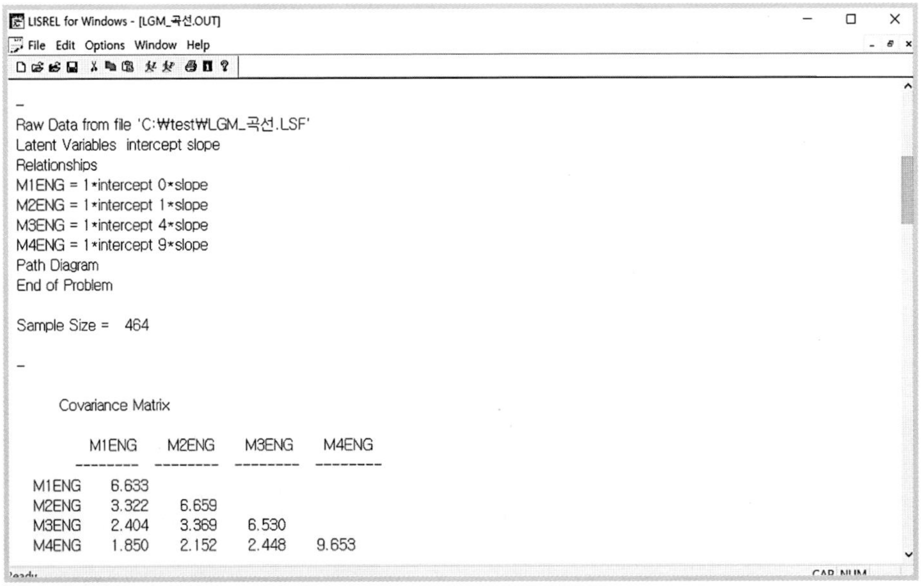
LISREL for Windows - [LGM_곡선.OUT]

File Edit Options Window Help

\-

Raw Data from file 'C:₩test₩LGM_곡선.LSF'

Latent Variables intercept slope

Relationships

M1ENG = 1*intercept 0*slope

M2ENG = 1*intercept 1*slope

M3ENG = 1*intercept 4*slope

M4ENG = 1*intercept 9*slope

Path Diagram

End of Problem

Sample Size = 464

\-

Covariance Matrix

	M1ENG	M2ENG	M3ENG	M4ENG
M1ENG	6.633			
M2ENG	3.322	6.659		
M3ENG	2.404	3.369	6.530	
M4ENG	1.850	2.152	2.448	9.653

3) 자유추정인 경우

궤적이 곡선인 경우도 직선인 경우와 마찬가지로 데이터를 불러온다. 데이터를 불러오는 과정은 5장을 참고하며, 'LGM_FREE'로 입력한 후 저장을 누른다. 다음과 같은 화면이 나타난다.

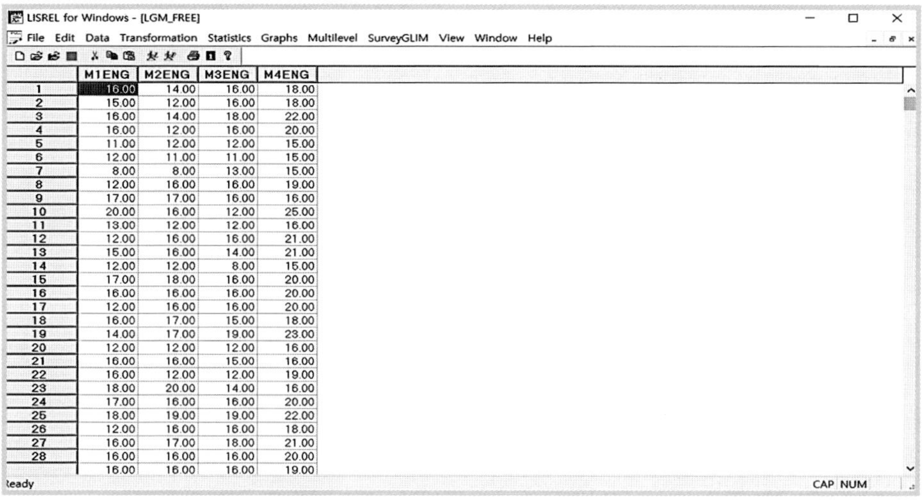

[File] → [New]를 클릭한다.

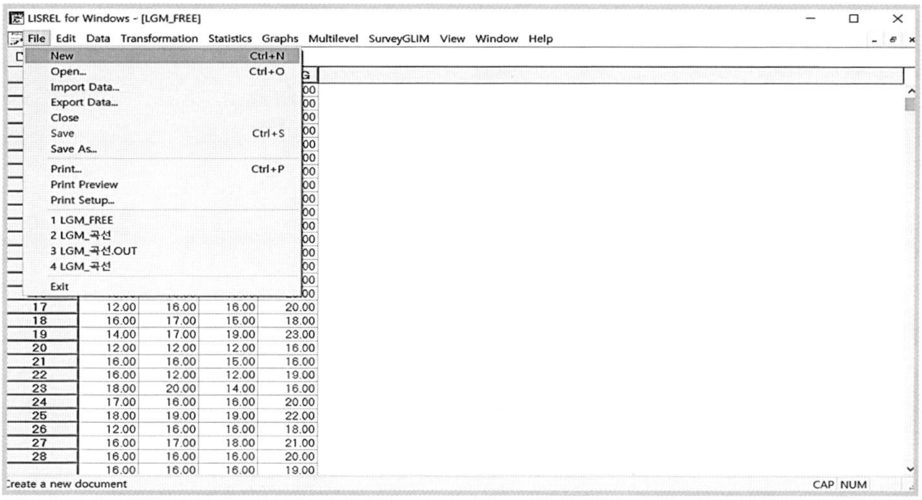

다음과 같은 '새로 만들기' 창이 나타나면, 'Path Diagram'을 선택한 후, [확인]을 선택한다.

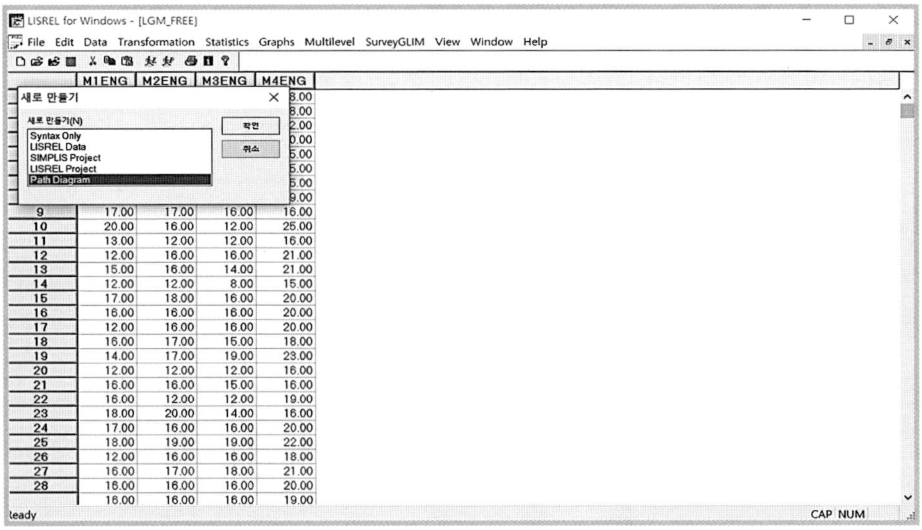

선택을 하면, 다음과 같은 '다른 이름으로 저장' 창이 생기는데 파일 이름을 'LGM_FREE'로 입력한 후, [저장]을 선택한다. LGM_FREE는 잠재성장자유추정이라는 뜻이다.

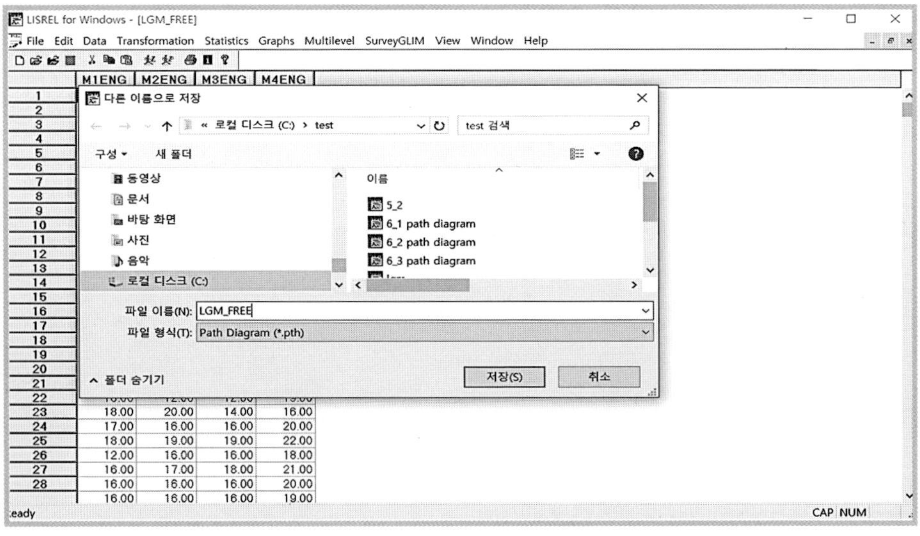

다음과 같이 'LGM_FREE.pth' 창이 생긴다.

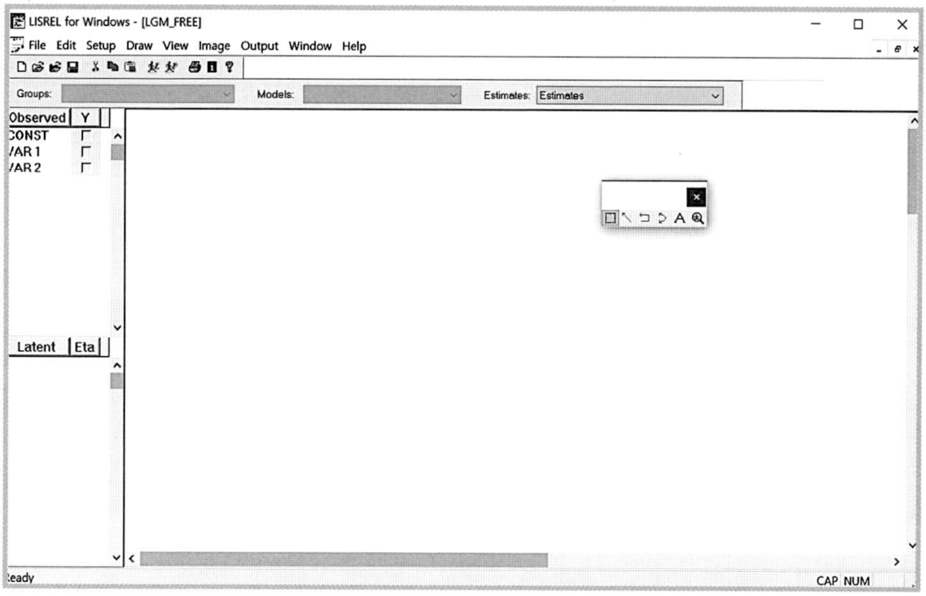

path diagram을 그리기 위해 상단의 [Setup] → [Variables]를 선택한다.

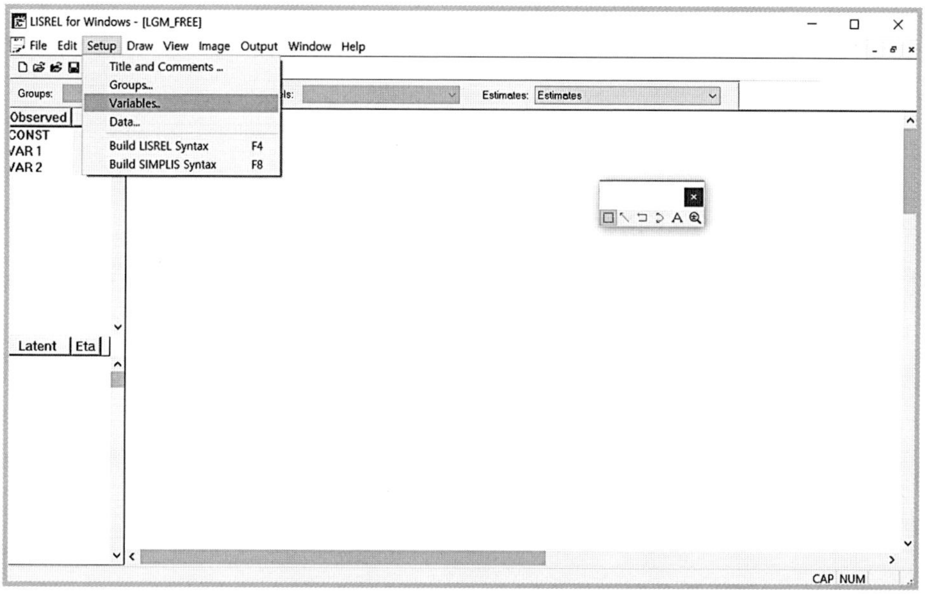

다음과 같은 'Labels'창이 생긴다. 관찰변수를 불러오기 위해 좌측 하단의 [Add/Read Variables]를 선택한다.

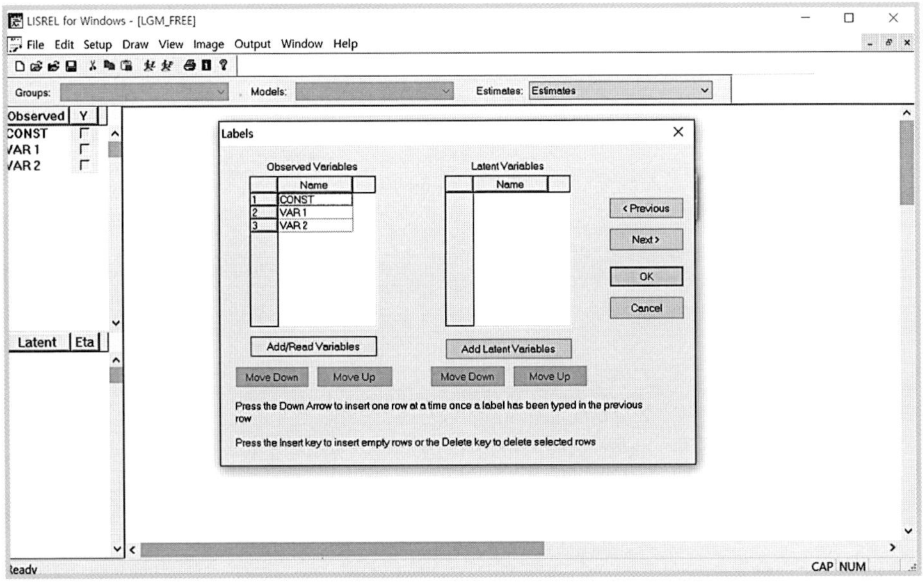

다음과 같은 창이 생기면, 'Read from file'에서 'LISREL System File'을 선택한다.

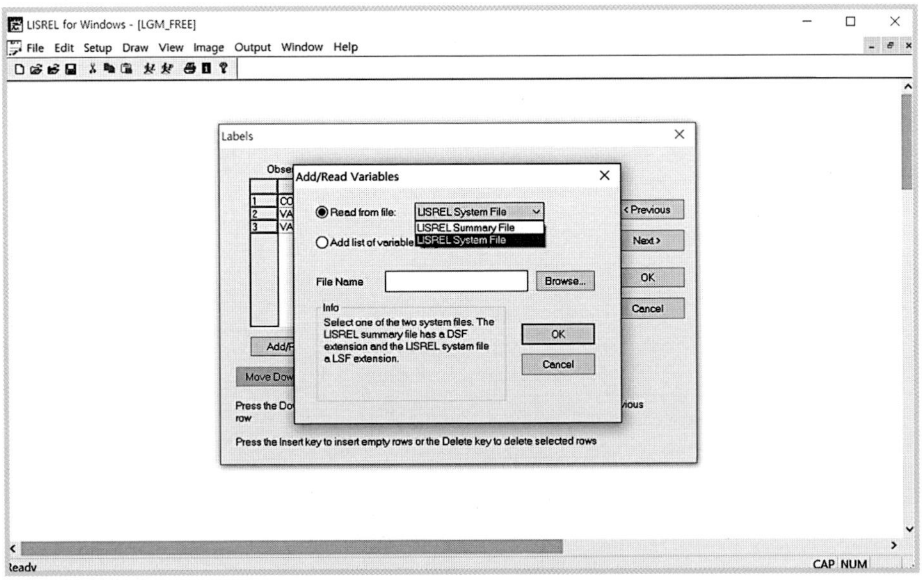

그리고 중간의 'File Name'의 [Browse]를 선택한다.

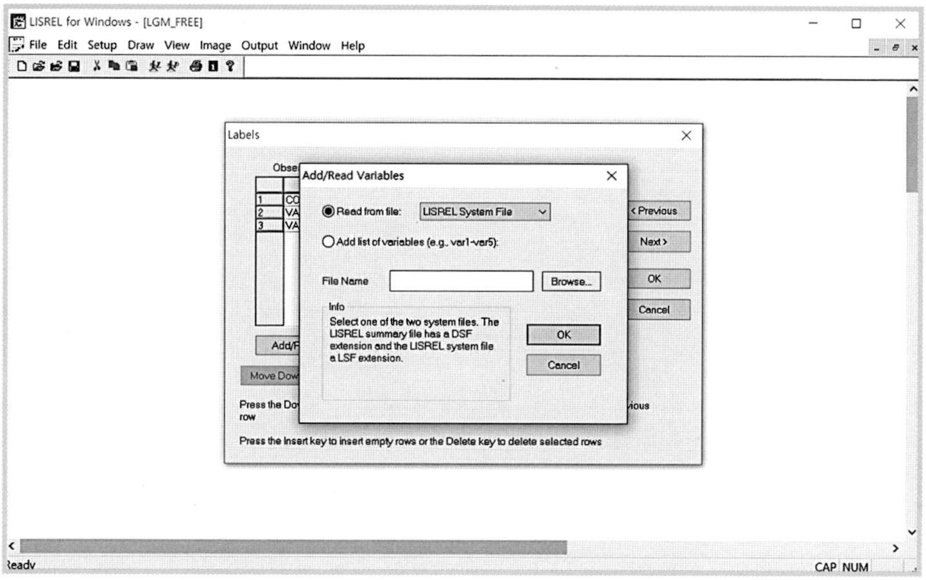

데이터를 불러올 때, 다른 이름으로 저장한 파일을 선택한 후 [열기]를 선택한다. 여기서는 'LGM_FREE.lsf'를 선택한다.

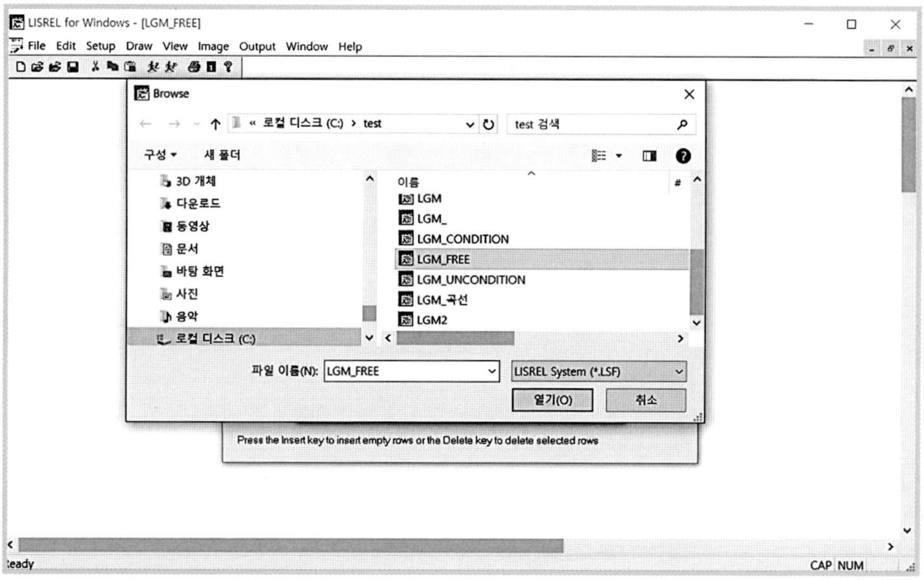

다음과 같이 'File Name' 창에 데이터가 입력되었다. [OK]를 선택한다.

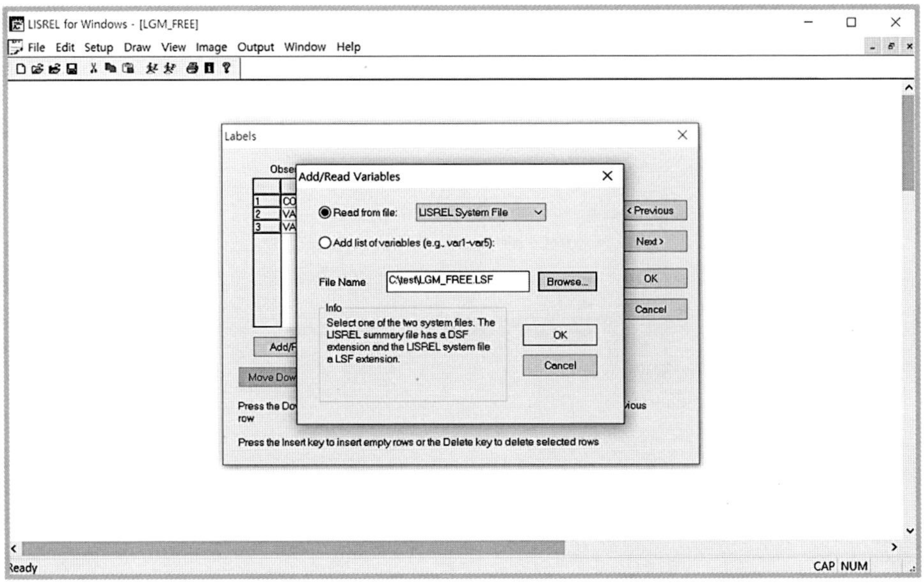

좌측 관찰변수 칸에 데이터의 변수가 읽혀 들어왔다. 잠재변수를 생성하기 위해 우측 하단의 [Add Latent Variables]를 선택한다.

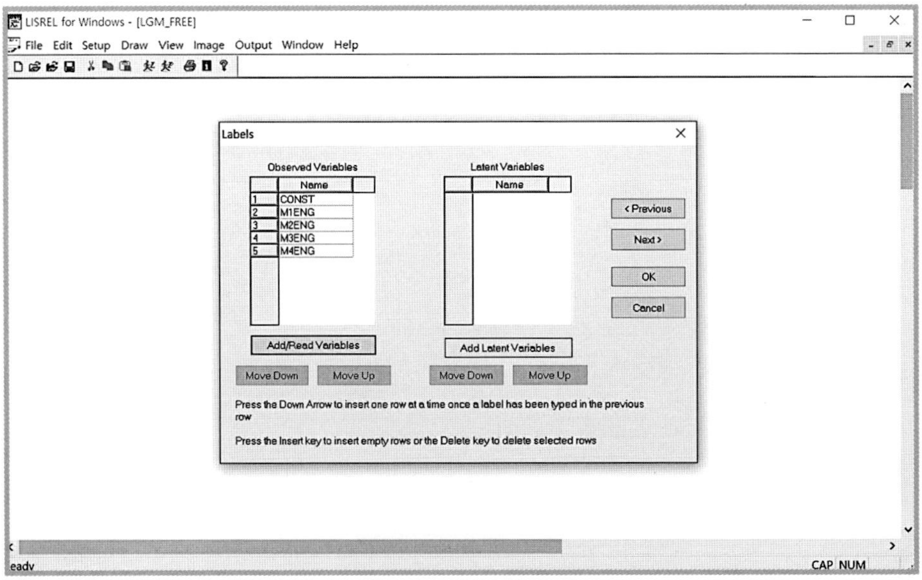

다음과 같은 창이 나타나면, 생성할 잠재변수의 이름을 설정해 준다.

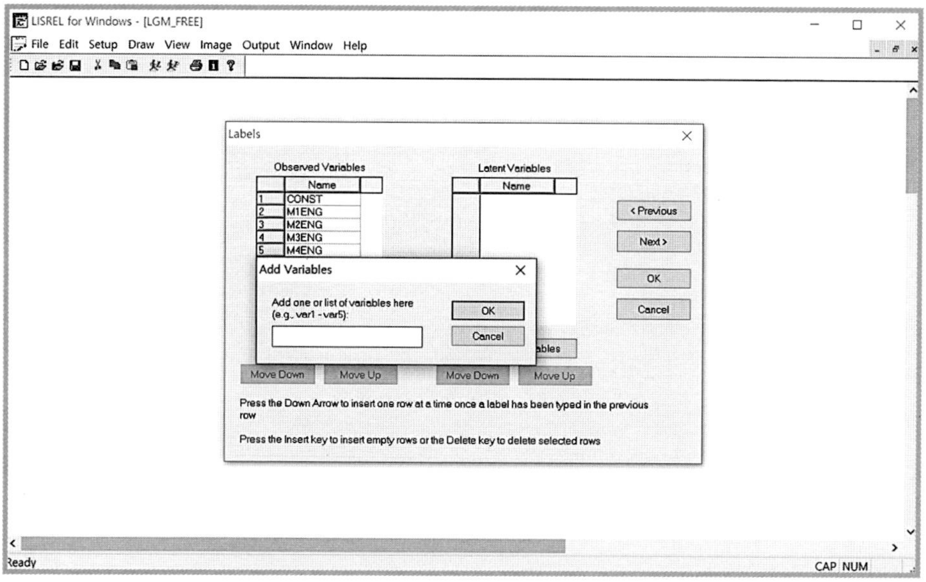

잠재변수의 이름 'intercept'를 입력한 후 [OK]를 선택한다. 동일한 방법으로 잠재변수 'slope'를 입력한다.

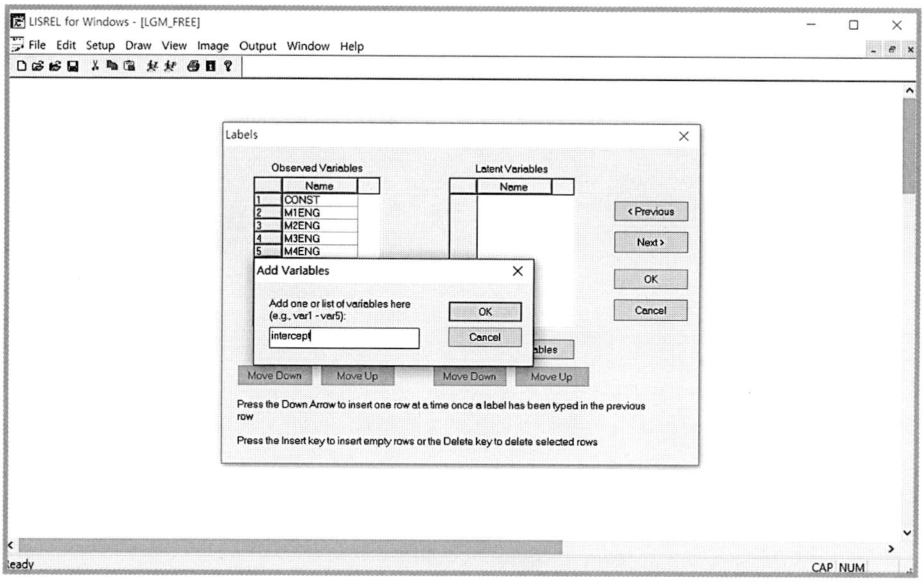

다음과 같이 우측의 잠재변수 창에 입력한 잠재변수가 생성된 것을 확인할 수 있다. 다음 [OK]를 선택한다.

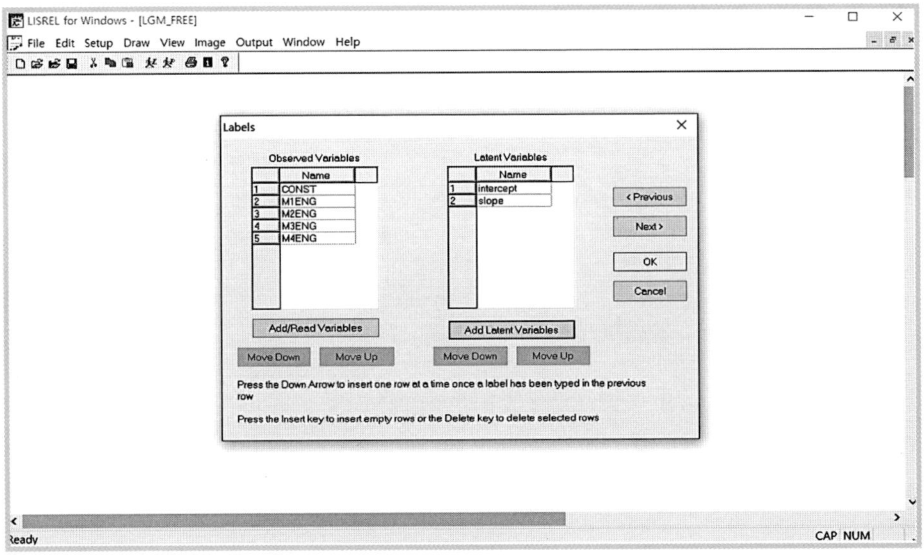

다음과 같이 좌측에 관찰변수와 잠재변수가 생성된 것을 확인할 수 있다. 'LGM_FREE.pth'에 변수를 끌어들여 모형을 그린다. 끌어들일 변수는 관찰변수 'M1ENG' 'M2ENG' 'M3ENG' 'M4ENG'와 잠재변수 'intercept' 'slope'이다.

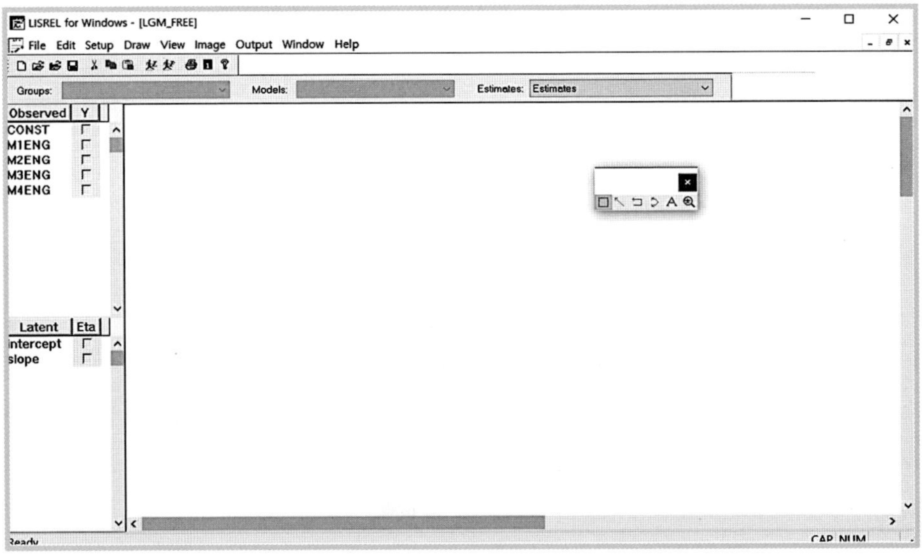

다음은 모형의 경로까지 설정한 모형이다. 모형의 경로를 그릴 때에는 작은 박스 안의 '↖'를 선택한 후 그린다.

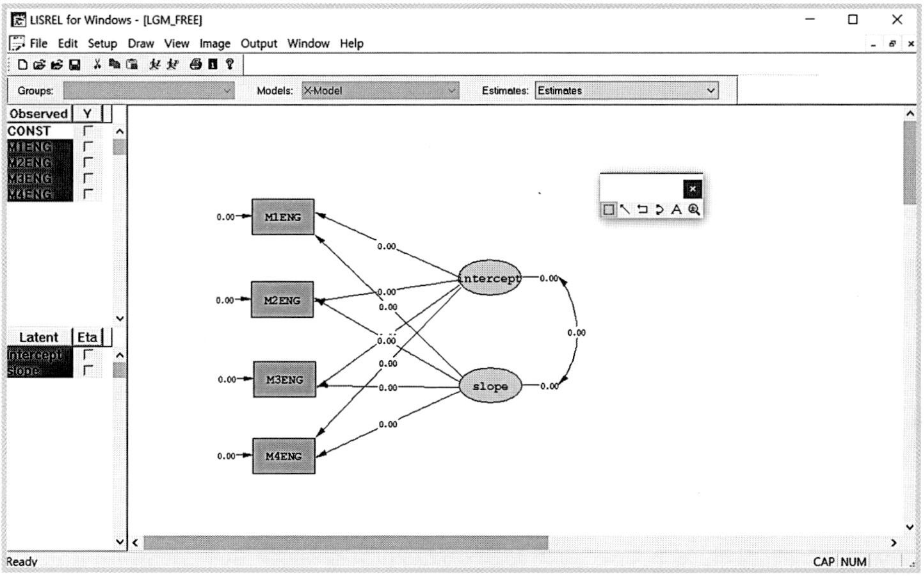

상단의 [Setup] → [Build SIMPLIS Syntax]를 선택한다.

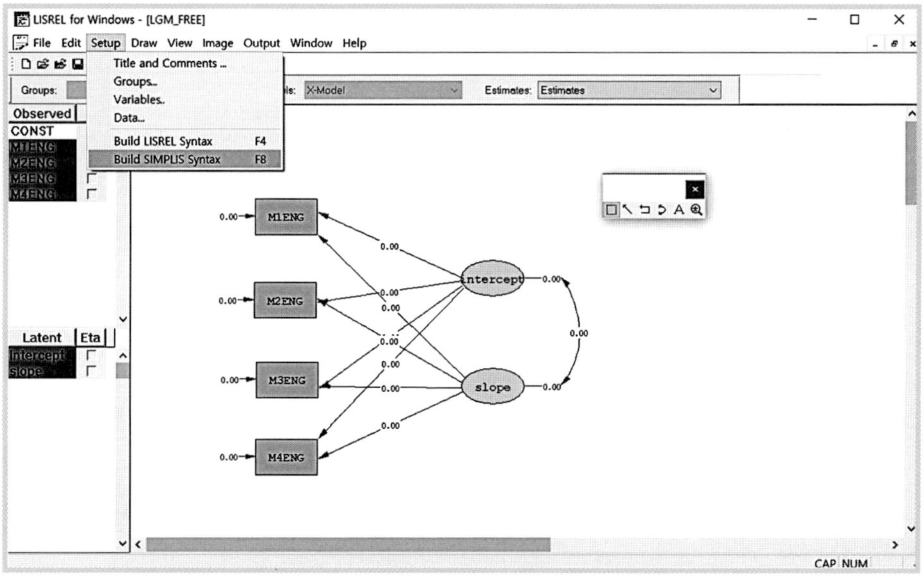

다음과 같이 Syntax 창이 생긴다.

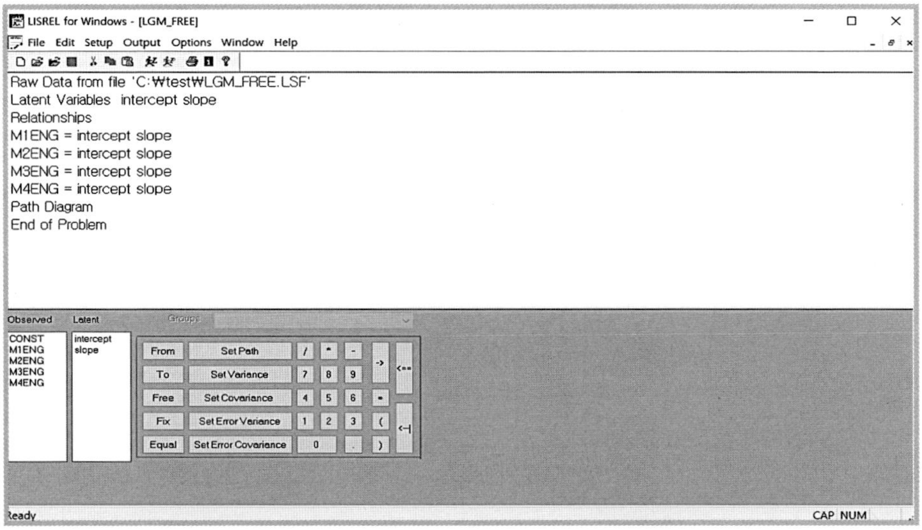

'M4ENG'에 대한 자유모수 크기를 추정하기 위해서 각 변수의 'intercept' 앞에 '1*'을 입력하고, 'slope'변수 앞에는 '0*' '1*' '2*'를 입력한다. 마지막은 입력하지 않는다. 상단의 도구 모음에서 파란색 사람이 뛰는 모습 옆에 L이 새겨진 버튼, 을 선택하여 LISREL을 구동시킨다.

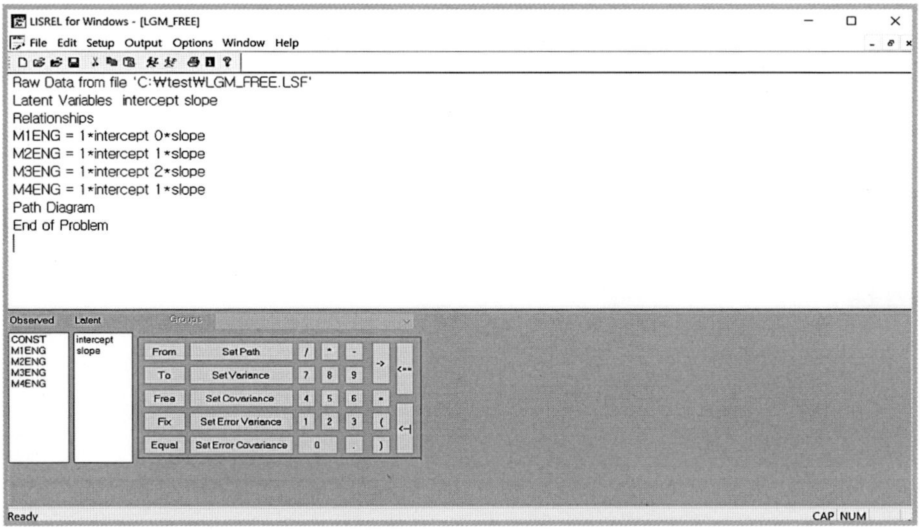

다음과 같은 결과가 나타난다. 자유모수를 크기 결과가 5.48로 직선인 경우 4에 가까워야 하며, 곡선인 경우 9에 가까워야 하는데, 이 경우는 곡선에 가까운 것을 알 수 있다.

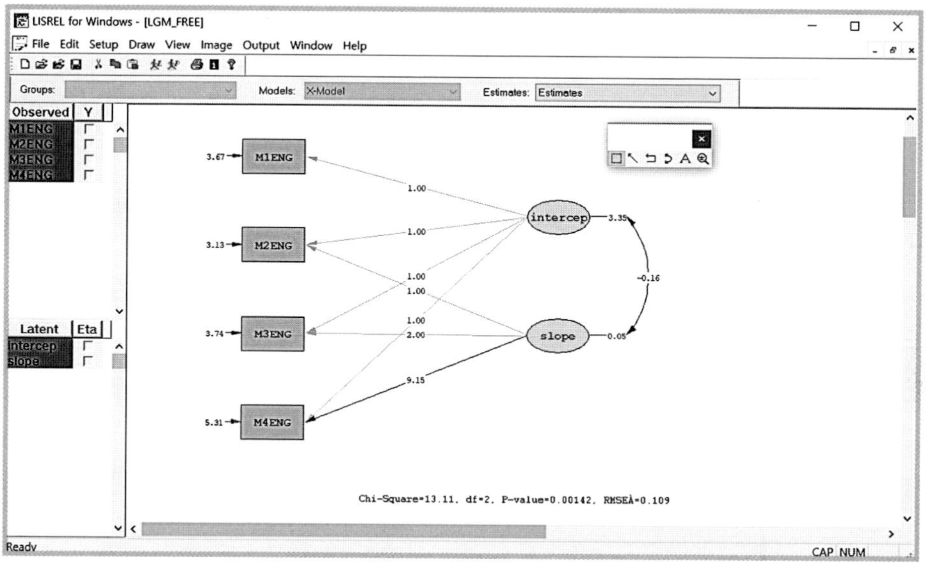

다음은 모형의 output 파일이다.

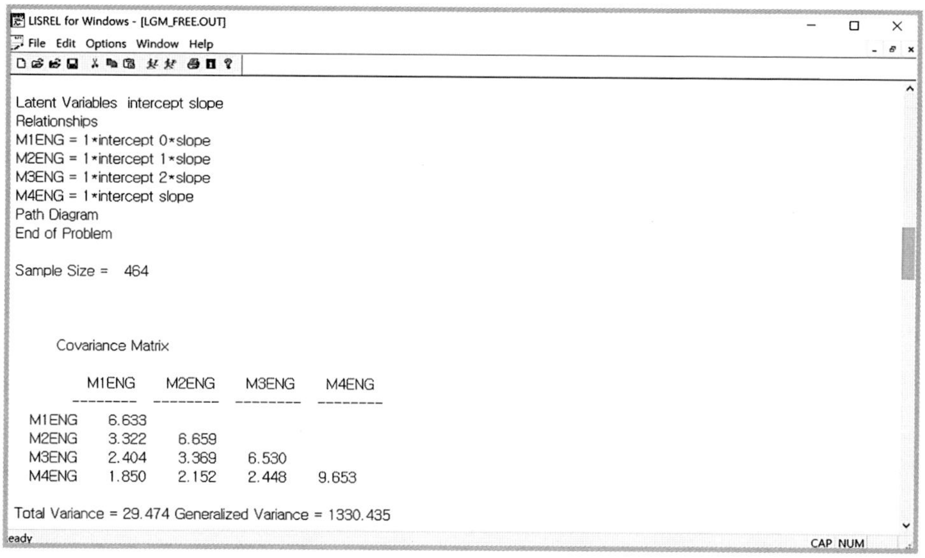
LISREL for Windows - [LGM_FREE.OUT]

File Edit Options Window Help

Latent Variables intercept slope
Relationships
M1ENG = 1*intercept 0*slope
M2ENG = 1*intercept 1*slope
M3ENG = 1*intercept 2*slope
M4ENG = 1*intercept slope
Path Diagram
End of Problem

Sample Size = 464

Covariance Matrix

	M1ENG	M2ENG	M3ENG	M4ENG
M1ENG	6.633			
M2ENG	3.322	6.659		
M3ENG	2.404	3.369	6.530	
M4ENG	1.850	2.152	2.448	9.653

Total Variance = 29.474 Generalized Variance = 1330.435

eady

CAP NUM

부록

행렬대수

스칼라, 벡터, 행렬

스칼라, 벡터, 행렬

원소가 하나 있는 것을 스칼라(scalar)라고 한다. 예를 들면, $COV(x_1, x_2)$는 $A=(4)$가 스칼라이다.

행(row)이나 열(column)에 원소가 두 개 이상 있는 것을 벡터(vector)라고 한다. 예를 들어, $\xi = \begin{pmatrix} \xi_1 \\ \xi_2 \end{pmatrix}$, $\Gamma' = (\gamma_{11} \ \ \gamma_{21} \ \ \gamma_{31})$이 벡터이다. 벡터는 ξ 같은 열벡터가 기본 형태이다. 열벡터의 차수(order)는 $r\times 1$이며, r은 행의 숫자이다. 행벡터의 차수는 $1\times c$이며, c는 열의 숫자이다. 진하게(boldface) 표시된 기호(글자)는 그것이 벡터 또는 행렬임을 나타내는 표시이다.

행렬(matrix)은 하나 이상의 행과 열로 구성된 것이다. 예를 들면, $S = \begin{pmatrix} s_{11} & s_{12} & s_{13} \\ s_{21} & s_{22} & s_{23} \\ s_{31} & s_{32} & s_{33} \end{pmatrix}$, $B = \begin{pmatrix} 0 & 0 \\ \beta_{21} & 0 \end{pmatrix}$이 행렬이다. 행렬의 차수는 $r\times c$이다. 예로 든 S의 차수는 3×3이다.

지금까지에서 알 수 있는 것처럼, 벡터와 스칼라는 행렬의 특수한 경우이다. 열벡터는 차수 $r\times 1$인 행렬이며, 행벡터는 차수 $1\times c$인 행렬이다. 또한 스칼라는 차수가 1×1인 행렬이다.

행렬연산

두 개 또는 그 이상의 행렬을 더하거나 빼려면 반드시 행렬의 차수가 같아야 한다. 연산의 결과로 생성되는 행렬도 같은 차수를 가지며 새로 생성되는 행렬의 원소는 대응되는 원소끼리 더하거나 뺀 것의 결과이다. 예를 들어, $B = \begin{pmatrix} \beta_{11} & \beta_{12} \\ \beta_{21} & \beta_{22} \end{pmatrix}$, $I = \begin{pmatrix} 1 & 0 \\ 0 & 1 \end{pmatrix}$의 두 행렬이 각각 있다고 하자. 이 두 개의 행렬을 서로 더하면, 만들어지는 행렬은 $B + I = \begin{pmatrix} \beta_{11}+1 & \beta_{12} \\ \beta_{21} & \beta_{22}+1 \end{pmatrix}$이다. 행렬을 빼면 새롭게 만들어지는 행렬은 $B - I = \begin{pmatrix} \beta_{11}-1 & \beta_{12} \\ \beta_{21} & \beta_{22}-1 \end{pmatrix}$이다.

차수가 같은 어떤 행렬 S, T, U가 있을 때, 다음과 같은 특성이 성립된다.

1. $S + T = T + S$
2. $(S + T) + U = S + (T + U)$

두 개의 행렬은 첫 번째 행렬의 열의 숫자와 두 번째 행렬의 행의 숫자가 서로 같을 때만 곱해질 수 있다. 이 조건을 정합(conformity)이라고 한다. 첫 번째 행렬의 차수가 $a \times b$이고 두 번째 행렬의 차수가 $b \times c$라면, 새로 만들어지는 행렬은 $a \times c$의 차수를 갖는 행렬이 된다.

새로 만들어지는 행렬의 ij번째 원소는 첫 번째 행렬의 i번째 행의 원소와 이에 대응되는 두 번째 행렬의 j번째 열의 원소를 서로 곱한 것을 모두 더한 것이다. 차수가 각각 $a \times b$, $b \times c$인 두 개의 행렬 S와 T를 곱하면 다음과 같은 새로운 행렬 U가 발생한다.

$$
\underset{S}{\begin{pmatrix} s_{11} \rightarrow s_{12} \rightarrow \bullet \rightarrow \bullet \rightarrow s_{1b} \\ s_{21} \quad s_{22} \quad \bullet \quad \bullet \quad s_{2b} \\ \bullet \quad \bullet \quad \bullet \quad \bullet \quad \bullet \\ \bullet \quad \bullet \quad \bullet \quad \bullet \quad \bullet \\ s_{a1} \quad s_{a2} \quad \bullet \quad \bullet \quad s_{ab} \end{pmatrix}}
\underset{T}{\begin{pmatrix} t_{11} & t_{12} & \bullet & \bullet & t_{1c} \\ \downarrow & & & & \\ t_{21} & t_{22} & \bullet & \bullet & t_{2c} \\ \downarrow & & & & \\ \bullet & \bullet & \bullet & \bullet & \bullet \\ \downarrow & & & & \\ \bullet & \bullet & \bullet & \bullet & \bullet \\ \downarrow & & & & \\ t_{b1} & t_{b2} & \bullet & \bullet & t_{bc} \end{pmatrix}}
=
\underset{U}{\begin{pmatrix} u_{11} & u_{12} & \bullet & \bullet & u_{1c} \\ u_{21} & u_{22} & \bullet & \bullet & u_{2c} \\ \bullet & \bullet & \bullet & \bullet & \bullet \\ \bullet & \bullet & \bullet & \bullet & \bullet \\ u_{a1} & u_{a2} & \bullet & \bullet & u_{ac} \end{pmatrix}}
$$

그러니까 $s_{11}t_{11} + s_{12}t_{21} \cdots + s_{1b}t_{b1}$이 u_{11}이 된다. U의 각각의 원소를 일반적인 형태로 표시하면 다음과 같다.

$$u_{ij} = \sum_{k=1}^{b} s_{ik} t_{kj}$$

하나의 예를 들어 보자. 행렬 B의 차수가 3×3, 벡터 η의 차수가 3×1이라면, $B\eta$는 3×1의 행렬이 된다.

$$
\underset{B}{\begin{pmatrix} 0 & \beta_{12} & 0 \\ \beta_{21} & 0 & \beta_{23} \\ 0 & 0 & 0 \end{pmatrix}}
\underset{\eta}{\begin{pmatrix} \eta_1 \\ \eta_2 \\ \eta_3 \end{pmatrix}}
=
\underset{B\eta}{\begin{pmatrix} \beta_{12}\eta_2 \\ \beta_{21}\eta_1 + \beta_{23}\eta_3 \\ 0 \end{pmatrix}}
$$

행렬 곱하기에서 정합이 되는 어떤 행렬 S, T, U가 있을 때, 다음과 같은 특성이 성립된다.

1. $ST \neq TS$ (특수한 경우 예외가 있다)
2. $(ST)U = S(TU)$
3. $S(T+U) = ST+SU$

4. $c(S+T) = cS+cT$ (c는 스칼라)

행렬 곱하기에서 중요한 것은 곱하는 순서이다. 행렬을 곱하는 순서에 따라 결과가 달라지게 된다. 앞에 곱하기(pre-multiply)와 뒤에 곱하기(post-multiply)로 나뉜다. 다음과 같은 어떤 행렬이 있을 때 $U=ST$, U는 S를 T의 앞에 곱해서 나온 것이라고 하거나, T를 S의 뒤에 곱해서 나온 것이라고 한다.

어떤 행렬의 행이 열이 되도록 위치를 바꾸는 것을 전위(transpose)라고 한다. 어떤 행렬의 전위는 프라임(prime) 기호(′)로 나타낸다. 다음과 같은 Γ와 Γ'을 보자. 차수가 3×2인 행렬 Γ가 전위된 것이 Γ'이며 행이 열로 바뀌었기 때문에 차수는 2×3가 된다.

$$\Gamma = \begin{pmatrix} \gamma_{11} & 0 \\ \gamma_{21} & 0 \\ 0 & \gamma_{32} \end{pmatrix}, \quad \Gamma' = \begin{pmatrix} \gamma_{11} & \gamma_{21} & 0 \\ 0 & 0 & \gamma_{32} \end{pmatrix}$$

전위와 관계되어 다음과 같은 특성이 성립된다.

1. $(S')' = S$
2. $(S+T)' = S'+T'$ (S와 T가 같은 차수인 경우)
3. $(ST)' = T'S'$ (S와 T가 가 곱할 수 있는 정합인 경우)
4. $(STU)' = U'T'S'$ (S, T, U가 곱할 수 있는 정합인 경우)

행렬 곱하기 연산에서 정사각형행렬(square matrix)인 경우 부가적 특성이 있다. 정사각형행렬은 행과 열의 숫자가 같은 행렬이다. 예를 들면, 다음과 같은 행렬이 정사각형행렬이다.

$$S = \begin{pmatrix} s_{11} & s_{12} \\ s_{21} & s_{22} \end{pmatrix}, \quad B = \begin{pmatrix} 0 & 0 \\ \beta_{21} & 0 \end{pmatrix}$$

대각선더하기(trace)는 정사각형행렬에 해당되는 것으로, 주대각선(main diagonal)의 원소를 더하는 것이다. 기호는 *tr*( )로 나타낸다. 괄호 안은 해당되는 정사각형 행렬이다. 행렬 대각선더하기는 대각합이라고도 불리운다. 대각선은 특별히 언급하지 않은 한, 대각선이라는 이름으로 사용된다. 예를 들어, 차수가 n×n인 정사각형행렬 S에 대해서 대각선더하기는 다음과 같다.

$$tr(S) = \sum_{i=1}^{n} s_{ii}$$

대각선더하기와 관련된 특성은 다음과 같다.

1. $tr(S) = tr(S')$
2. $tr(ST) = tr(TS)$ (T와 S가 가 곱할 수 있는 정합인 경우)
3. $tr(S+T) = tr(S)+tr(T)$ (S와 T가 더할 수 있는 정합인 경우)

정사각형행렬의 대각선 아래(왼쪽) 또는 위(오른쪽)의 모든 원소가 0인 행렬을 삼각행렬(triangular matrix)이라고 한다. 예를 들면, B가 삼각행렬이다.

$$B = \begin{pmatrix} 0 & 0 \\ \beta_{21} & 0 \end{pmatrix}$$

대각선 아래에만 원소가 있는 것을 아래삼각행렬(lower triangular matrix) 또는 하삼각행렬이라고 하며, 대각선 위에만 원소가 있는 것을 위삼각행렬(upper triangular matrix) 또는 상삼각행렬이라고 한다. 대각선 원소가 0이 아닐 수도 있다.

대각선을 제외한 모든 원소가 0인 정사각형행렬을 대각선행렬(diagonal matrix)

또는 대각행렬이라고 한다. 대각선행렬에서 대각선의 몇몇 원소는 0일 수도 있다. 예를 들면, 다음과 같은 행렬이 대각선행렬이다.

$$\Theta_\delta = \begin{pmatrix} VAR(\delta_1) & 0 & 0 \\ 0 & VAR(\delta_2) & 0 \\ 0 & 0 & VAR(\delta_3) \end{pmatrix}$$

대각선행렬의 대각선 원소가 모두 같은 행렬을 스칼라행렬(scalar matrix)이라고 한다. 예를 들면, 다음 행렬 X가 스칼라행렬이다.

$$X = \begin{pmatrix} 2 & 0 & 0 \\ 0 & 2 & 0 \\ 0 & 0 & 2 \end{pmatrix}$$

영행렬(null matrix)은 행렬의 모든 원소가 0인 행렬이다. 기호는 0으로 나타낸다. 예를 들어, 다음 행렬이 영행렬이다.

$$0 = \begin{pmatrix} 0 & 0 & 0 \\ 0 & 0 & 0 \end{pmatrix}$$

전위되기 전과 전위가 된 후가 같은 정사각형행렬을 대칭행렬(symmertic matrix)이라고 한다. 달리 말해, ij번째 원소와 ji번째 원소가 같은 정사각형행렬이 대칭행렬이다. 상관행렬이나 공분산행렬이 대표적인 대칭행렬이다. 예를 들면, 다음과 같은 모집단공분산행렬 Σ가 대칭행렬이다.

$$\Sigma = \begin{pmatrix} VAR(x_1) & COV(x_1,x_2) & COV(x_1,x_3) \\ COV(x_2,x_1) & VAR(x_2) & COV(x_2,x_3) \\ COV(x_3,x_1) & COV(x_3,x_2) & VAR(x_3) \end{pmatrix}$$

앞에서 보는 바와 같이 대칭행렬은 대각선을 중심으로 위아래가 서로 같아 중복된다. 이런 이유로 대각선 위의 원소는 공란으로 남겨 두고 표기하기도 한다.

대각선의 모든 원소가 1이며 대각선 위아래의 모든 원소는 0인 정사각형행렬을 단위행렬(identity matrix) 또는 항등행렬이라고 한다. 다음 행렬이 단위행렬이다.

$$I = \begin{pmatrix} 1 & 0 & 0 \\ 0 & 1 & 0 \\ 0 & 0 & 1 \end{pmatrix}$$

단위행렬의 연산에 관해 다음 특성이 성립된다.

1. $IS = SI = S$ (I와 S가 정합되어 서로 곱할 수 있는 경우)
2. $I = I'$

모든 원소가 1인 벡터를 단위벡터(unit vector)라고 한다. 예를 들면, 다음과 같은 열벡터와 행벡터가 단위벡터이다.

$$1 = \begin{pmatrix} 1 \\ 1 \\ 1 \end{pmatrix}, \quad 1' = \begin{pmatrix} 1 & 1 & 1 \end{pmatrix}$$

단위벡터 곱하기는 흥미로운 특성을 갖는다. 어떤 행렬의 앞에 정합인 단위벡터를 곱하면, 곱해지는 행렬의 열의 원소를 모두 더한 행벡터가 생성된다. 예를 들면, 차수가 1×3인 단위벡터를 차수가 3×2인 행렬 $T = \begin{pmatrix} 4 & -1 \\ 0 & 1 \\ 3 & 2 \end{pmatrix}$ 앞에 곱하면 T의 열원소를 더한 행벡터가 생성된다.

$$1'T = (1\ 1\ 1)\begin{pmatrix} 4 & -1 \\ 0 & 1 \\ 3 & 2 \end{pmatrix} = (7\ \ 2)$$

반대로 어떤 행렬의 뒤에 정합인 단위벡터를 곱하면, 곱해지는 행렬의 행원소를 모두 더한 열벡터가 생성된다. 예를 들면, 차수가 2×1인 단위벡터를 차수가 3×2인 행렬 $T = \begin{pmatrix} 4 & -1 \\ 0 & 1 \\ 3 & 2 \end{pmatrix}$ 뒤에 곱하면 T의 행원소를 더한 열벡터가 생성된다.

$$T1' = \begin{pmatrix} 4 & -1 \\ 0 & 1 \\ 3 & 2 \end{pmatrix}(1\ 1)' = \begin{pmatrix} 3 \\ 1 \\ 5 \end{pmatrix}$$

마지막으로, 정합인 단위벡터를 곱해지는 행렬의 앞과 뒤에 곱하면 곱해지는 행렬의 모든 원소를 더한 스칼라가 생성된다.

$$1'T1 = (1\ 1\ 1)\begin{pmatrix} 4 & -1 \\ 0 & 1 \\ 3 & 2 \end{pmatrix}(1\ 1)' = (9)$$

단위벡터와 행렬의 특성을 이용하여 공분산행렬을 계산할 수 있다. N개의 사례수로부터 p개의 관찰변수에 관한 표본자료를 수집하고, 이것으로 차수가 $N \times P$인 원점수행렬 X를 구성한다고 하자. 즉, X의 원소는 각각의 관찰변수를 측정한 원점수이다.

다음으로 각각의 관찰변수의 평균을 구하려면 p개의 관찰변수의 측정값을 더해야 한다. 이것은 $1'X$로 쉽게 구해지며, 이것의 차수는 $1 \times p$이다.

그런 다음, 앞에서 구한 행벡터의 원소를 사례수로 나누면, p개의 관찰변수 평균을 담고 있는 차수 $1 \times p$인 행벡터가 구해진다. $N^{-1}1'X$가 관찰변수 평균값을 원소로 하는 행벡터이다.

공분산을 구하려면 편차점수가 필요하게 된다. 편차점수는 원점수에서 평균을 뺀 것이므로, 대응되는 각각의 관찰변수의 평균을 담고 있는 행렬이 필요하게 된다. 즉, 첫 번째 열의 각각의 원소는 X의 첫 번째 관찰변수의 평균이며, 두 번째 열의 각각의 원소는 X의 두 번째 관찰변수의 평균이며, 이러한 방법으로 마지막 열의 각각의 원소는 X의 p번째 관찰변수의 평균으로 구성된 행렬이 필요하다. 이것은 $N^{-1}1'X$에 단위벡터 1을 앞에다 곱하면 된다. $1N^{-1}1'X$이며, 이 행렬의 차수는 $N \times P$이다.

X의 편차점수 형태는, X에서 각각 대응되는 관찰변수의 평균이 원소인 차수 $N \times P$인 행렬을 뺀 것이다. $X-1N^{-1}1'X$. 이 행렬의 원소는 편차점수이다. 이 편차점수 행렬은 Z 또는 때로는 소문자 z로 표기된다.

원소가 편차점수인 행렬 Z를 서로 곱하면 대각선은 각 관찰변수의 편차점수제곱합(sum of squares), 대각선 외의 원소는 ij번째 관찰변수 간의 편차점수를 서로 곱하여 더한 값(sum of cross products, 交積合)인 행렬이 생성된다. 이것을 SSCP 행렬이라고 한다. SSCP$=ZZ'$이며, 이것의 차수는 $p \times p$이다. 이 SSCP 행렬을 $(N-1)$로 나눈 것이 불편파표본공분산행렬 S이다. 표본크기가 큰 경우에는 $(N-1)$로 나누는 것과 N으로 나누는 것의 큰 차이가 없어 구분 없이 사용하기도 한다.

$$S=(N-1)^{-1}ZZ'$$

다음 예를 들어 공분산행렬 계산과정을 살펴보자. 원점수로 구성된 행렬 X가 다음과 같다고 하자.

$$X=\begin{pmatrix} 2 & 3 & 1 \\ -1 & 1 & 1 \\ 0 & 4 & 2 \\ -1 & 0 & 0 \end{pmatrix}$$

$$N^{-1}1'X = 4^{-1}\begin{pmatrix}1 & 1 & 1 & 1\end{pmatrix}\begin{pmatrix}2 & 3 & 1\\ -1 & 1 & 1\\ 0 & 4 & 2\\ -1 & 0 & 0\end{pmatrix} = \begin{pmatrix}0 & 2 & 1\end{pmatrix}$$

$$1N^{-1}1'X = \begin{pmatrix}1\\1\\1\\1\end{pmatrix}\begin{pmatrix}0 & 2 & 1\end{pmatrix} = \begin{pmatrix}0 & 2 & 1\\ 0 & 2 & 1\\ 0 & 2 & 1\\ 0 & 2 & 1\end{pmatrix}$$

$$X - 1N^{-1}1'X = Z = \begin{pmatrix}2 & 3 & 1\\ -1 & 1 & 1\\ 0 & 4 & 2\\ -1 & 0 & 0\end{pmatrix} - \begin{pmatrix}0 & 2 & 1\\ 0 & 2 & 1\\ 0 & 2 & 1\\ 0 & 2 & 1\end{pmatrix} = \begin{pmatrix}2 & 1 & 0\\ -1 & -1 & 0\\ 0 & 2 & 1\\ -1 & -2 & -1\end{pmatrix}$$

$$\text{SSCP} = Z'Z = \begin{pmatrix}2 & -1 & 0 & -1\\ 0 & -1 & 2 & -2\\ 0 & 0 & 1 & -1\end{pmatrix}\begin{pmatrix}2 & 1 & 0\\ -1 & -1 & 0\\ 0 & 2 & 1\\ -1 & -2 & -1\end{pmatrix} = \begin{pmatrix}6 & 5 & 1\\ 5 & 10 & 4\\ 1 & 4 & 2\end{pmatrix}$$

$$S = (N-1)^{-1}Z'Z = 3^{-1}\begin{pmatrix}6 & 5 & 1\\ 5 & 10 & 4\\ 1 & 4 & 2\end{pmatrix} = \begin{pmatrix}6/3 & 5/3 & 1/3\\ 5/3 & 10/3 & 4/3\\ 1/3 & 4/3 & 2/3\end{pmatrix}$$

$$= \begin{pmatrix}VAR(x_1) & COV(x_1,x_2) & COV(x_1,x_3)\\ COV(x_2,x_1) & VAR(x_2) & COV(x_2,x_3)\\ COV(x_3,x_1) & COV(x_3,x_2) & VAR(x_3)\end{pmatrix}$$

여기서 알 수 있는 것은 SSCP 행렬부터는 정사각형행렬이며 대각선을 중심으로 위아래가 같은 대칭행렬임을 알 수 있다. 표본공분산행렬의 원소를 나타내는 기호를 소문자로 표기한 것은 표본자료에서 얻은 정보임을 표시하기 위한 것이다. 모집단공분산행렬의 원소는 대문자로 표기한다. 표본공분산행렬의 대각선에는 분산이, 그 외에는 공분산이 위치하게 된다. 이런 이유로 공분산행렬을 정확하게 표기하려면 분산-공분산행렬이라고 표기해야 하나, 분산도 자신과의 공분산이므로 그냥 공분산행렬이라고 표기한다.

표본상관행렬을 구하기 위해서는 공분산행렬의 대각선 원소만을 취해 대각선행렬을 만든다.

$$D = \begin{pmatrix} VAR(x_1) & 0 & 0 \\ 0 & VAR(x_2) & 0 \\ 0 & 0 & VAR(x_3) \end{pmatrix}$$

대각선행렬에 제곱근을 취한다. 그렇게 되면 대각선 원소는 분산에서 표준편차로 바뀌게 된다.

$$D^{1/2} = \begin{pmatrix} \sqrt{VAR(x_1)} & 0 & 0 \\ 0 & \sqrt{VAR(x_2)} & 0 \\ 0 & 0 & \sqrt{VAR(x_3)} \end{pmatrix}$$

이 행렬의 역행렬 $D^{-1/2}$을 S의 앞과 뒤에서 곱하면 표본상관행렬 R이 된다. 상관은 공분산을 표준편차의 곱으로 나눈 것이기 때문에 $D^{-1/2}$을 앞과 뒤에서 곱하게 된다. 예를 들어 $r_{x_1x_2}$는 x_1과 x_2의 공분산을 x_1과 x_2 각각의 표준편차를 곱해서 나눈 것이다. 그렇게 되면 생성되는 표본상관행렬은 대각선에 1, 그 외에는 변수 간의 상관이 위치하게 된다. 모집단공분산행렬은 Σ로 표시한다.

$$R = D^{-1/2} S D^{-1/2}$$

덧붙임행렬(augmented matrix)은 두 개의 행렬을 서로 덧붙여 놓은 행렬이다. 예를 들어, 두 개의 행렬 $X = \begin{pmatrix} 2 & 1 & 3 \\ 3 & 2 & 2 \\ 1 & 0 & 3 \end{pmatrix}$, $I = \begin{pmatrix} 1 & 0 & 0 \\ 0 & 1 & 0 \\ 0 & 0 & 1 \end{pmatrix}$가 있다고 하자. 기호가 $[X \;\; I]$로 표시되는 덧붙임행렬은 다음과 같다.

$$[X \;\; I] = \begin{pmatrix} 2 & 1 & 3 & 1 & 0 & 0 \\ 3 & 2 & 2 & 0 & 1 & 0 \\ 1 & 0 & 3 & 0 & 0 & 1 \end{pmatrix}$$

또한 기호가 $\begin{bmatrix} X \\ I \end{bmatrix}$로 표시되는 덧붙임행렬은 다음과 같다.

$$\begin{bmatrix} X \\ I \end{bmatrix} = \begin{pmatrix} 2 & 1 & 3 \\ 3 & 2 & 2 \\ 1 & 0 & 3 \\ 1 & 0 & 0 \\ 0 & 1 & 0 \\ 0 & 0 & 1 \end{pmatrix}$$

덧붙임행렬을 나타낼 때 덧붙이는 행렬의 가운데 $[X|I]$처럼 | 표시를 하기도 한다. 덧붙임행렬은 확대행렬이라고도 한다.

임의의 정사각형행렬 S에 대해서 행렬식(determinant)이라고 부르는 스칼라가 존재한다. 행렬식은 기호로 $\det(S)$ 또는 $|S|$로 나타낸다. 차수가 2×2인 행렬인 경우, 행렬식은 $\begin{vmatrix} s_{11} & s_{12} \\ s_{21} & s_{22} \end{vmatrix} = s_{11}s_{22} - s_{12}s_{21}$이다. 또한 차수가 3×3이면, 행렬식은 $\begin{vmatrix} s_{11} & s_{12} & s_{13} \\ s_{21} & s_{22} & s_{23} \\ s_{31} & s_{32} & s_{33} \end{vmatrix} = s_{11}s_{22}s_{33} + s_{12}s_{23}s_{31} + s_{13}s_{21}s_{32} - s_{13}s_{22}s_{31} - s_{23}s_{32}s_{11} - s_{33}s_{12}s_{21}$이다. 차수가 올라가면 행렬식을 구하는 공식은 더 복잡해진다. 임의의 정사각형행렬의 행렬식을 구하는 일반적 규칙은 다음과 같다.

이 규칙을 설명하기 위해 소행렬식(minor)과 여인수(餘因數, cofactor)라는 개념이 필요하다. 소행렬식은 ij번째 행과 열이 제거되었을 때 남게 되는 행렬의 행렬식이다. 다음과 같은 행렬을 고려해 보자.

$S = \begin{pmatrix} s_{11} & s_{12} & s_{13} \\ s_{21} & s_{22} & s_{23} \\ s_{31} & s_{32} & s_{33} \end{pmatrix}$, s_{11}의 소행렬식은 $|S_{11}| = \begin{vmatrix} s_{22} & s_{23} \\ s_{32} & s_{33} \end{vmatrix} = s_{22}s_{33} - s_{23}s_{32}$이다. 또한 s_{22}의 소행렬식은 $|S_{22}| = \begin{vmatrix} s_{11} & s_{13} \\ s_{31} & s_{33} \end{vmatrix} = s_{11}s_{33} - s_{13}s_{31}$이다.

원소 s_{ij}의 여인수는 $(-1)^{i+j}|S_{ij}|$으로 정의된다. $C_{ij} = (-1)^{i+j}|S_{ij}|$

$$\text{여인수행렬 } C = \begin{pmatrix} +|S_{11}| & -|S_{12}| & +|S_{13}| \\ -|S_{21}| & +|S_{22}| & -|S_{23}| \\ +|S_{31}| & -|S_{32}| & +|S_{33}| \end{pmatrix}$$

행렬식은 어떤 행(또는 열)의 모든 원소를 대응되는 여인수로 곱한 것이다. 예를 들어, 이것을 표본공분산행렬 S의 첫 번째 행에 적용해 보자. $s_{11}|S_{11}| - s_{12}|S_{12}| + s_{13}|S_{13}| = s_{11}(s_{22}s_{33} - s_{23}s_{32}) - s_{12}(s_{21}s_{33} - s_{23}s_{31}) + s_{13}(s_{21}s_{32} - s_{22}s_{31})$이 된다. 이것은 앞서 계산한 차수 3×3행렬의 행렬식과 같음을 알 수 있다.

정합인 정사각형행렬 S와 T, 그리고 스칼라 c에 대한 행렬식 특성은 다음과 같다.

1. $|S'| = |S|$
2. $S = cT$이면, $|S| = c^q |T|$ (여기서 q는 S의 차수)
3. S가 두 개의 같은 행(또는 열)을 갖고 있으면, $|S| = 0$
4. $|ST| = |S||T|$

정사각형행렬 S의 역행렬(inverse) S^{-1}에 S를 앞이나 또는 뒤에다 곱하면 단위행렬이 된다.

$$SS^{-1} = S^{-1}S = I$$

어떤 행렬의 역행렬은 행렬식과 수반행렬(adjoint matrix)로부터 계산된다. 수반행렬은 여인수행렬이 전위된 것으로 기호로 *adj*( )로 표시된다. 수반행렬은 딸림행렬이라고도 한다.

$$adj(S) = \begin{pmatrix} +|S_{11}| & -|S_{21}| & +|S_{31}| \\ -|S_{12}| & +|S_{22}| & -|S_{32}| \\ +|S_{13}| & -|S_{23}| & +|S_{33}| \end{pmatrix}$$

역행렬은 다음과 같이 정의된다. $S^{-1} = \frac{1}{|S|} adj(S)$.

다음과 같은 관찰변수가 2개인 표본공분산행렬이 있다고 하자. $S = \begin{pmatrix} 20 & 10 \\ 10 & 20 \end{pmatrix}$.

행렬식 $|S| = (20)(20) - (10)(10)$. 여인수행렬$= \begin{pmatrix} 20 & -10 \\ -10 & 20 \end{pmatrix}$. $adj(S) = \begin{pmatrix} 20 & -10 \\ -10 & 20 \end{pmatrix}$.

따라서 $S^{-1} = \frac{1}{300} \begin{pmatrix} 20 & -10 \\ -10 & 20 \end{pmatrix}$이 된다. 앞에서 언급되었듯이 표본공분산행렬의 앞이나 뒤에 역행렬을 곱하면 단위행렬이 생성된다.

앞의 정의에서 알 수 있듯이, 역행렬은 행렬식이 0이면 존재하지 않게 된다. 행렬식이 0인 행렬을 비정칙행렬(singular matrix)이라고 한다. 역행렬이 존재하지 않는 정사각형행렬이 비정칙행렬이다. 비정칙행렬은 특이행렬이라고도 불리운다. 반면에, 역행렬이 존재하는 정사각형행렬을 정칙행렬(nonsingular matrix)이라고 한다. 그러므로 정칙행렬의 행렬식은 0이 아니다.

정합인 정사각형행렬 S, T, U가 있을 때, 다음과 같은 특성이 성립된다.

1. $(S')^{-1} = (S^{-1})'$
2. $(S^{-1})^{-1} = S$
3. $(ST)^{-1} = T^{-1}S^{-1}$; $(STU)^{-1} = U^{-1}T^{-1}S^{-1}$

행렬의 또 다른 중요한 특성은 계수(rank, 階數)이다. 한 행렬의 rank는 그 행렬의 선형독립된 행(또는 열)의 최대숫자이다. 기호로는 r 또는 rank로 표시한다. 이 책에서는 계수라는 한글 표현 대신에 rank라는 영어 단어를 그대로 사용한다. 그 이유는 흔히 사용되는 계수(係數)라는 용어와 한글이 같기 때문에 혼동을 피하기 위해서이다.

rank와 관련해 다음과 같은 특성이 성립된다.

1. $\text{rank}(S) \leq \min(a, b)$ 여기서 a는 행의 숫자이며 b는 열의 숫자이다.
2. $\text{rank}(ST) \leq \min[\text{rank}(S), \text{rank}(T)]$

정사각형행렬에서 중요한 특성은 고유값(eigenvalue)과 고유벡터(eigenvector)이다. 고유값은 잠재값(latent value) 또는 특성근(characteristic root), 고유벡터는 잠재벡터(latent vector) 또는 특성벡터(characteristic vector)라고도 한다.

차수가 $p \times p$인 정사각형행렬 A에 대해 다음과 같은 등식을 만족시키는 벡터 $x \neq 0$, 스칼라 λ가 존재하면 x를 A의 고유벡터, λ를 A의 고유값이라고 한다. 여기서 고유값을 나타내는 기호 λ를 구조방정식모형에서의 계수를 나타내는 λ와 혼동하면 안 된다.

$$Ax = \lambda x$$

이 식은 다음처럼 쓸 수 있다.

$$Ax - \lambda x = 0$$
$$(A - \lambda I)x = 0$$

$(A - \lambda I)$가 비정칙인 경우에만 앞의 등식에 대해 명백하지 못한 해(nontrivial solution)가 존재한다. $(A - \lambda I)$가 비정칙이면

$$|A - \lambda I| = 0$$

이 식을 λ에 대해서 풀면 고유값이 계산된다. 다음 행렬을 예로 들어 보자.

$$A = \begin{pmatrix} 1 & .50 \\ .50 & 1 \end{pmatrix}$$

$$A - \lambda I = \begin{pmatrix} 1-\lambda & .50 \\ .50 & 1-\lambda \end{pmatrix}$$
$$|A - \lambda I| = (1-\lambda)^2 - .25 = \lambda^2 - 2\lambda + .75$$

λ에 대해서 2차방정식을 풀면, 1.5와 .50의 값이 나온다. 이것이 행렬 A의 고유값이다. 각각의 고유값에 대해 고유벡터가 존재한다.

$$(A - \lambda I)x = 0$$

예를 들어, $\lambda=1.5$에 대한 고유벡터는 다음과 같이 구해진다.

$$\begin{pmatrix} 1-\lambda & .50 \\ .50 & 1-\lambda \end{pmatrix}\begin{pmatrix} x_1 \\ x_2 \end{pmatrix} = 0$$
$$\begin{pmatrix} 1-1.5 & .50 \\ .50 & 1-1.5 \end{pmatrix}\begin{pmatrix} x_1 \\ x_2 \end{pmatrix} = 0$$
$$\begin{pmatrix} -.50 & .50 \\ .50 & -.50 \end{pmatrix}\begin{pmatrix} x_1 \\ x_2 \end{pmatrix} = 0$$
$$-.05x_1 + .05x_2 = 0, \quad .05x_1 - .05x_2 = 0$$

정사각형행렬 A의 고유값에 대해 다음과 같은 특성이 성립된다.

1. 차수가 $b \times b$인 행렬 A에 대해 b개의 고유값이 존재한다(어떤 ~다).
2. $\prod_{i=1}^{b} \lambda_i = |S|$, 모든 고유값을 곱한 것은 행렬식과 같다.
3. 영이 아닌 고유값의 숫자는 행렬의 rank와 같다.
4. $\sum_{i=1}^{b} \lambda_i = tr(A)$, 모든 고유값을 더한 것은 대각선더하기와 같다.

이차형태(quadratic form)는 다음처럼 표시된다.

$$\underset{(1\times b)(b\times b)(b\times 1)}{x'Sx}$$

이 식에서 보듯, 이차형태는 언제나 스칼라를 만들어 낸다. 영이 아닌 모든 고유벡터 x에 대해 이차형태 $x'Sx$가 양수이면, S는 양정치행렬(positive definite matrix)이다. 영이 아닌 모든 고유벡터 x에 대해 이차형태가 음수가 아니면, S는 반양정치행렬(positive semidefinite matrix)이다. 양정치행렬의 고유값은 모두 양수이다. 만약 S가 양정치행렬이면, S는 정칙행렬이다. 반양정치행렬의 고유값은 양수이거나 영이다. 음정치행렬(negative definite matrix)이나 반음정치행렬(negative semidefinite matrix)은 반대의 정의와 특성을 갖는다.

vec 연산자는 어떤 행렬에서 각각의 열을 쌓아올림으로서 벡터를 구성하는 연산이다. 다음 행렬로 vec 연산의 예를 들어 보자.

$$vec(B) = vec\begin{pmatrix} 0 & \beta_{12} \\ \beta_{21} & 0 \end{pmatrix} = \begin{pmatrix} 0 \\ \beta_{21} \\ \beta_{12} \\ 1 \end{pmatrix}$$

두 행렬 $S(i \times j)$, $T(k \times l)$의 크로네커 곱하기(Kronecker product)는 다음과 같이 정의된다. 크로네커 곱하기는 직접곱하기(direct product)라고도 한다.

$$S \otimes T = \begin{pmatrix} s_{11}T & \bullet & \bullet & s_{1j}T \\ \bullet & & & \bullet \\ \bullet & & & \bullet \\ s_{i1}T & \bullet & \bullet & s_{ij}T \end{pmatrix}$$

왼쪽 행렬 S의 모든 원소는 T로 곱해진다. 생성되는 행렬의 차수는 $(ik \times jl)$이다. 다음 예를 들어 보자.

$$(\gamma_{11} \quad \gamma_{12}) \otimes \begin{pmatrix} 1 & \beta_{12} \\ \beta_{21} & 1 \end{pmatrix} = \begin{pmatrix} \gamma_{11} & \gamma_{11}\beta_{12} & \gamma_{12} & \gamma_{12}\beta_{12} \\ \gamma_{11}\beta_{21} & \gamma_{11} & \gamma_{12}\beta_{21} & \gamma_{12} \end{pmatrix}$$

$\underset{(ik \times jl)}{S \otimes T}$를 다른 기호로 표시하면 $[S \otimes T]_{ij,kl}$이 되고, 새로 생성되는 행렬의 원소들은 $s_{jl}t_{ik}$가 된다. 이때 순서에 주의해야 한다. 첫 번째 행렬의 열이 기준이 되어, 열끼리 곱한 것이 먼저이고 행끼리 곱한 것이 나중이다. 그러므로 원소형태인 $s_{jl}t_{ik}$에서 행렬행태인 $\underset{(ik \times jl)}{S \otimes T}$로 돌아가려면, 이번에는 반대로 두 번째 원소인 t의 행이 기준이 되어, 행끼리 곱한 것이 먼저이고 열끼리 곱한 것이 나중이다.

참고문헌

성태제(2002). 타당도와 신뢰도. 서울: 학지사.

이기종(2002). 구조방정식모형에서의 합치도는 어떻게 평가되어야 하는가?: χ^2 검증을 중심으로 한 사례교정 및 대안적 해석. 교육평가연구, 15(2), 71-84.

탁진국(1996). 심리검사. 서울: 학지사.

한국통계학회(1997). 통계학 용어집. 서울: 자유아카데미.

Akaike, H. (1974). A new look at the statistical model identification. *IEEE Transaction on Automatic Control*, *AC-19,* 716-723.

Akaike, H. (1987). Factor analysis and AIC. *Psychometrika*, *52*, 317-332.

Anderson, J., & Gerbing, D. W. (1984). The effects of sampling error on convergence, improper solutions and goodness-of-fit indices for maximum likelihood confirmatory factor analysis. *Psychometrika*, *49*, 155-173.

Arbuckle, J. L. (1997). *AMOS user's guide Version 3.6.* Chicago, IL: Smallwaters Corp.

Arbuckle, J. L., & Wothke, W. (1999). *AMOS 4.0 user's guide.* Chicago, IL: Smallwaters Corp.

Belsley, D. A., Kuh, E., & Welsch, R. E. (1980). *Regression Diagnostics: Identifying Influential Data and Sources of Collinearity.* New York, NY: Wiley.

Bentler, P. M. (1985). *EQS structural equations program manual*. L.A., CA: BMDP Statistical Software.

Bentler, P. M. (1986). Structural modeling and Psychometrika: An historical perspective on growth and achievements. *Psychometrika*, *51*(1), 35-51.

Bentler, P. M. (1989). *EQS structural equations program manual*. Los Angles, CA: BMDP Statistical Software.

Bentler, P. M., & Bonett, D. G. (1980). Significance tests and goodness-of-fit in the analysis of covariance structures. *Psychological Bulletin*, *88*, 588-600.

Bielby, W. T., & Hauser, R. M. (1977). Structural equation models. *Annual Review of Sociology*, *3*, 137–171.

Bollen, K. A. (1986). Sample size and Bentler and Bonett's nonnormed fit index. *Psychometrika, 51*, 375–377.

Bollen, K. A. (1988). *A new incremental fit index for general structural equation models.* A paper presented at 1988 Southern Sociological Society Meetings. Nashville, TN.

Bollen, K. A. (1989). *Structural equations with latent variables*. New York, NY: John Wiley & Sons.

Bollen, K. A. (1990). Overall fit in covariance structure models: Two types of sample size effects. *Psychological Bulletin, 107*(2), 256–259

Bollen, K. A., & Jackman, R. W. (1985). Regression diagnostics: An expository treatment of outliers and influential cases. *Sociological Methods and Research, 14*, 510–542.

Bollen, K. A., & Long, J. S. (1993). Introduction. In K. A. Bollen & J. S. Long (Eds.), *Testing structural equation models* (pp. 1–9). Newbury Park, CA: Sage Publications.

Boomsma, A. (1983). *On the robustness of LISREL(maximum likelihood estimation) against small sample size and non-normality*. Unpublished doctoral dissertation. University of Groningen.

Brodbeck, M. (1963). Logic and scientific method in research on teaching. In N. L. Gage (Ed.), *Handbook of research on teaching* (pp. 44–93). Chicago, IL: Rand McNally.

Browne, M. W. (1982). Covariance structure. In D. M. Hawkins (Ed.), *Topics in Multivariate Analysis* (pp. 72–141). Cambridge: Cambridge University Press.

Browne, M. W. (1984). Asymptotically distribution free methods for the analysis of covariance structures. *British Journal of Mathematical and Statistical Psychology*, *37*, 62–83.

Browne, M. W., & Cudeck, R. (1993). Single sample cross validation indices for covariance structures. *Multivariate Behavioral Research*, *24*, 445–455.

Bryk, A., & Raudenbush, S. (1992). *Hierarchical linear model: Applications and data analysis methods*. London: Sage Publications.

Carmines, E. G., & McIver, J. P. (1981). Analyzing models with unobserved variables: Analysis of covariance structures. In G. W. Bohmstedt & E. F. Borgatta (Eds.), *Social Measurement* (pp. 65–115). Thousand Oaks, CA: Sage Publications.

Cook, R. D., & Weisberg, S. (1982). Criticism and influence analysis in regression. In S. Leinhardt (Ed.), *Sociological Methodology* (pp. 313–362). San Francisco, CA: Jossey–Bass.

Cronbach, L. J., & Gleser, G. C. (1964). The signal-noise ration in the comparison of reliability coefficients. *Educational and Psychological Measurement, 24*, 467–480.

D'Agostino, R. B. (1986). Tests for the normal distribution. In R. B. D'Agostino & A. Stephens (Eds.), *Goodness-of-fit techniques* (pp. 367–419). New York, NY: Marcel Dekker.

Finch, J. F., & West, S. G. (1997). The investigation of personality structure: Statistical models. *Journal of Research in Personality, 31*, 439–485.

Gerbing, D. W., & Anderson, J. C. (1993). Monte Carlo evaluations of goodness-of-fit indices for structural equation models. In K. A. Bollen & J. S. Long (Eds.), *Testing structural equation models* (pp. 40–65). Newbury Park, CA: Sage Publications.

Glymour, C., Scheeines, R., Spirtes, P., & Kelly, K. (1987). *Discovering causal structure: Artificial intelligence, philosophy of science, and statistical modeling.* New York, NY: Academic Press.

Hartmann, W. M. (1989). *SAS user's guide: Statistics.* Cary, NC: SAS Institute Inc.

Hayduk, L. A. (1987). *Structural equation modeling with LISREL.* Baltimore, MD: The Johns Hopkins University Press.

Hoaglin, D., & Welsh, R. (1978). The hat matrix in regression and ANOVA. *American Statistician*, *32*, 17–22.

Hodge, R. W., & Treiman, D. J. (1968). Social participation and social status. *American Sociological Review*, *33*, 723–740.

Hoelter, J. W. (1983). The analysis of covariance structures: Goodness-of-fit indices. *Sociological Methods and Research, 11*, 325–344.

Hogg, R. V., & Tanis, E. A. (1983). *Probability and statistical inference.* New York, NY: Macmillan Publishing Co.

Huynh, H., & Feldt, L. S. (1970). Conditions under which mean square ratios in repeated measurement designs have exact F-distributions. *Journal of the American Statistical Association*, 65, 1582-1589.

Jaccard, J., & Wan, C. K. (1996). *LISREL approaches to interaction effects in multiple regression*. Thousand Oaks, CA: Sage Publications.

Jöreskog, K. G. (1969). A general approach to confirmatory maximum likelihood factor analysis. *Psychometrika*, *34*, 183-202.

Jöreskog, K. G. (1970). A general method for analysis of covariance structures. *Biometrika*, *57*, 239-251.

Jöreskog, K. G. (1973). Analysis of covariance structure. In P. R. Krishnaiah (Ed.), *Multivariate Analysis — III.* New York, NY: Academic Press.

Jöreskog, K. G., & Sörbom, D. (1984). *LISREL VI user's guide*. Moorsville, IN: Scientific Software.

Jöreskog, K. G., & Sörbom, D. (1986). *LISREL VI user's guide*. Moorsville, IN: Scientific Software.

Jöreskog, K. G., & Sörbom, D. (1990). *SPSS LISREL 7 and PRELIS: User's guide & reference.* Chicago, IL: SPSS Inc.

Jöreskog, K. G., & Sörbom, D. (1993). *LISREL 8: Structural equation modeling with the SIMPLIS command language.* Chicago, IL: Scientific Software International Inc.

Jöreskog, K. G., & Sörbom, D. (1999). *LISREL 8.30*. Chicago, IL: Scientific Software International Inc.

Kaplan, D. (2000). *Structural equaiton modeling: Foundations and extentions*. Thousand Oaks, CA: Sage Publications.

Keesling, J. W. (1972). *Maximum likelihood approaches to causal analysis*. Unpublished doctoral dissertation. University of Chicago.

Kendall, M. G., & Stuart, A. (1979). *The advanced theory of statistics, Vol.3: inference and relationship*. London: Griffin.

Kenny, D. A. (1979). *Correlation and causality*. New York, NY: John Wiley & Sons.

Kirk, R. E. (1995). *Experimental design: Procedures for the behavioral sciences*. Pacific Grove, CA: Brooks/Cole Publishing Co.

Kline, R. B. (1998). *Principles and practice of structural equation modeling*. New York, NY: The Guilford Press.

Lawley, D. N., & Maxwell, A. E. (1971). *Factor analysis as a statistical method.* London: Butterworth.

Lee, S., & Hershberger, S. (1990). A simple rule for generating equivalent models in covariance structure modeling. *Multivariate Behavioral Research*, *25*, 313–334.

Loehlin, J. C. (1987). *Latent variable models: An introduction to factor, path, and structural analysis*. Hillsdale, NJ: Lawrence Erlbaum Associates.

Loehlin, J. C. (1998). *Latent variable models: An introduction to factor, path, and structural analysis*. Mahwah, NJ: Lawrence Erlbaum Associates.

Long, J. S. (1983). *Covariance structure models: An intriduction to LISREL.* Beverly Hills, CA: Sage Publications.

MacCallum, R. (1986). Specification searches in covariance structure modeling. *Psychological Bulletin, 100*, 107–120.

Mardia, K. V. (1970). Measures of multivariate skewness and kurtosis with applications. *Biometrika*, *57*(3), 519–530.

Mardia, K. V. (1974). Applications of some measures of multivariate skewness and kurtosis in testing normality and robustness studies. *Sankhya: The Indian Journal of Statistics, 36*, Series B, Part 2, 115–128.

McArdle, J. J. (1986). Latent variable growth within behavior genetic models. *Behavior Genetics, 16*(1), 163–200.

McDonald, R. P. (1980). A simple comprehensive model for the analysis of covariance structures: Some remarks on applications. *British Journal of Mathematical and Statistical Psychology, 33*, 161–183.

Meredith, W., & Tisak, J. (1990) Latent curve analysis. *Psychometrika, 55*, 107–122.

Mislevy, R. J. (1986). Recent developments in the factor analysis of categorical variables. *Journal of Educational Statistics*, *11,* 3–31.

Muthén, B. (1991). Analysis of longitudinal data using latent variable models with varying parameters. In L. Collins & J. Horn (Eds.), *Best methods for the analysis of change. Recent advances, unanswered questions, future directions* (pp. 1–17). Washington, DC: American Pychological Association.

Muthén, B., & Muthén, L. (1999). *Mplus user's guide*. Los Angeles, CA: Muthen & Muthen.

Nunnally, J. C., & Bernstein, I. H. (1994). *Psychometric theory*. New York, NY: McGraw Hill Inc.

Parker, D. (1989). *AcroSpin.* Evamston, IL: SYSTAT.

Pearl, J. (2000). *Causality: Models, reasoning and inference.* Cambridge, UK: Cambridge University Press.

Pedhazur, E. J. (1982). *Multiple regression in behavioral research.* New York, NY: Holt, Rinehart, & Winston.

Reisenzein, R. (1986). A structural equation analysis of Weiner's attribution affect model of helping behavior. *Journal of Personality and Social Psychology, 50*, 1123–1133.

Rhee, K. (1992). *Alternative estimation methods in structural equation modeling with LISREL–7: Effects of noncontinuity and nonnormality of variables with varying sample sizes.* Unpublished doctoral dissertation, University of Illinois, Urbana-Champaign.

Romney, D. M., Jenkins, C. D., & Bynner, J. M. (1992). A structural analysis of health-related quality of life dimensions. *Human Relations*, *45*, 165–176.

Saris, W. E., & Stronkhorst, L. H. (1984). *Causal modeling in nonexperimental research: An introduction to the LISREL approach.* Amsterdam, The Netherlands: Sociometric Research Foundation.

SAS Institute (1991a). *JMP: Statistical visualization software for the Apple Macintosh*. Cary, NC: SAS Institute.

SAS Institute (1991b). *SAS–Insight: Statistical visualization software for workstations*. Cary, NC: SAS Institute.

SAS Institute. (2002). *SAS version 9, Online Help*. Cary, NC: SAS Institute.

Schumacker, R. E., & Lomax, R. G. (1996). *A biginner's guide to structural equation modeling*. Mahwah, NJ: Lawrence Erlbaum Associates.

Schwarz, G. (1978). Estimating the dimensions of a model. *Annals of Statistics*, *6*, 461–464.

Silvia, E. S., & MacCallum, R. C. (1988). Some factors affecting the success of specification searches in covariance structure modeling. *Multivariate Behavioral Research*, *23*, 297–326.

Siotani, M., Hayakawa, T., & Fujikoshi, Y. (1985). *Modern multivariate statistical analysis: A graduate course and handbook*. Columbus, OH: American Sciences Press.

Steiger, J. H. (1989). *EZPATH: A Supplementary Module for SYSTAT and SYSGRAPH*. Evanston, IL: SYSTAT.

Stevens, J. (1992). *Applied multivariate statistics for the social sciences* (2nd ed.). Hillsdale, NJ: Lawrence Erlbaum Associates.

Tanaka, J. S. (1987). "How big is big enough?": Sample size and goodness of fit in structural equation models with latent variables. *Child Development*, *58*, 134–146.

Tucker, L. R., & Lewis, C. (1973). A reliability coefficient for maximum likelihood factor analysis. *Psychometrika*, *38*, 1–10.

Tukey, J. W. (1977). *Exploratory data analysis*. Reading, MA: Addison–Wesley.

Ullman, J. B. (2001). Structural equation modeling. In B. G. Tabachnick & L. S. Fidell (Eds.), *Using Multivariate Statistics* (pp. 653–771). Needham Heights, MA: Allyn & Bacon.

Wald, A. (1950). A note on the identification of economic relations. In T. C. Koopmans (Ed.), *Statistical inference in dynamic economic models* (pp. 238–244). New York, NY: John Wiley & Sons.

Wechsler, D. (1944). *The measurement of adult intelligence*. Baltimore, MD: Williams & Wilkins.

Wheaton, B., Muthén, B., Alwin, D. F., & Summer, G. (1977). Assessing reliability and stability in panel models. *Sociological Methodology, 8*, 84–136.

Wiley, D. E. (1973). The identification problem for structural equation models with unmeasured variables. In A. S. Goldberger & O. D. Duncan (Eds.), *Stuructural Equation Models in the Social Sciences* (pp. 69–83). New York, NY: Seminar Press.

Wright, S. (1934). The method of path coefficient. *Annals of Mathematical Statistics, 5*, 161–215.

찾아보기

인명

내용

저자 소개

이기종(Rhee Ki-Jong)

University of Illinois, Urbana-Champaign에서 박사학위 취득 후 현재 국민대학교 사회과학대학 교육학과에서 통계 · 평가 · 심리측정을 가르치고 있으며, 이와 관련된 여러 저서를 집필하고 논문을 발표하였다. 구조방정식모형, 잠재성장모형, 그리고 빅데이터에도 관심이 많아 관련된 여러 연구와 사회활동을 하고 있다.

E-mail: rhee0408@kookmin.ac.kr

나종민(Ra Jongmin)

University of Georgia, Athens에서 박사학위 취득 후 현재 국민대학교 사회과학대학 교육학과에서 통계 · 평가 · 측정을 가르치고 있다. 구조방정식모형, 문항반응이론, 베이지안 추정, 동등화, 그리고 빅데이터에 관심이 많아 관련된 여러 연구와 사회활동을 하고 있다.

E-mail: rems2002@kookmin.ac.kr

구조방정식모형: 원리와 적용

Structural Equation Modeling:

Principle and Application

2019년 8월 10일 1판 1쇄 인쇄
2019년 8월 20일 1판 1쇄 발행

지은이 • 이기종 · 나종민
펴낸이 • 김진환
펴낸곳 • (주) 학지사
04031 서울특별시 마포구 양화로 15길 20 마인드월드빌딩
대표전화 • 02)330-5114 팩스 • 02)324-2345
등록번호 • 제313-2006-000265호

홈페이지 • http://www.hakjisa.co.kr
페이스북 • https://www.facebook.com/hakjisa

ISBN 978-89-997-1871-7 93310

정가 27,000원

이 도서의 국립중앙도서관 출판시도서목록(CIP)은 서지정보유통지원시스템 홈페이지(http://seoji.nl.go.kr)와 국가자료공동목록시스템(http://www.nl.go.kr/kolisnet)에서 이용하실 수 있습니다.
(CIP 제어번호: CIP2019028609)